G. BREDEMANN

BIOCHEMIE UND PHYSIOLOGIE DES FLUORS

und der industriellen Fluor-Rauchschäden

DR. GUSTAV BREDEMANN

em. ord. Professor an der Universität Hamburg

BIOCHEMIE UND PHYSIOLOGIE DES FLUORS

und der industriellen Fluor-Rauchschäden

Zweite, neubearbeitete und erweiterte Auflage

1956

AKADEMIE-VERLAG · BERLIN

Erschienen im Akademie-Verlag GmbH., Berlin W 8, Mohrenstraße 39
Lizenz-Nr. 202 · 100/110/55
Gesamtherstellung: VEB Druckerei „Thomas Müntzer" Bad Langensalza
Bestell- und Verlagsnummer: 5050/2
Printed in Germany

VORWORT ZUR 1. AUFLAGE

Diese Monographie entstand aus den laufenden Vorarbeiten zu einer gedachten Neuauflage des Rauchschadenbuches von *E. Haselhoff, G. Bredemann* und *W. Haselhoff* (368)[1]. Seit Erscheinen dieses im Jahre 1932 sind zur Biochemie und Physiologie des Fluors überaus zahlreiche Arbeiten veröffentlicht worden. Man kann wohl sagen, daß mit der zunehmenden Forschung über dieses reaktionsfähigste Element auch die Erforschung der Biochemie und Physiologie des Fluors in diesem Zeitraum einen ähnlichen Aufschwung genommen hat, wie es bei der Erforschung der Biochemie und Physiologie des Jods in den Jahren zwischen etwa 1920 und 1930 der Fall war. Nur der kleinste Teil dieser Forschungen behandelt die industriellen Rauchbeschädigungen der Vegetation, Menschen und Tiere durch Fluor direkt, viele stehen jedoch indirekt mit ihnen und ihren physiologischen Wirkungen und Nachwirkungen in Beziehung. Und darüber hinaus gewinnt die Fluor-Frage immer mehr Interesse und Bedeutung, nachdem sich herausgestellt hat, daß das Fluor nicht nur bei Überdosierung für Pflanzen, Mensch und Tier schädlich ist, sondern auch bei Unterdosierung, d. h., daß Mensch und Tier (für Pflanzen liegen darüber noch keine Erfahrungen vor) gewisse Mindestmengen an Fluor für ihre Gesundheit — zumindest was die Cariesresistenz ihrer Zähne anbelangt — bedürfen.

Diese, wie wir sehen, sehr verschiedenartigen Fragenkomplexe nach dem gegenwärtigen Stand der Forschung darzustellen und zusammenhängend zu betrachten, um gleichzeitig zu erkennen, welche Auffassungen als gesichert erscheinen, wie viele und welche aber noch der Lösung harren, erschien als eine ebenso reizvolle wie nützliche Aufgabe.

Die nachstehenden Ausführungen berücksichtigen nur die einschlägigen Arbeiten ab etwa 1932, unter Einbeziehung eigener, noch unveröffentlichter Untersuchungen (119/20). Frühere Arbeiten werden nur erwähnt, soweit es das unmittelbare Verständnis erfordert. Sie und die Literaturhinweise auf das ältere Schrifttum findet man in einer Reihe eingehender Publikationen, so:

über Fluor als Spurenelement bei *L. Willis* 1935 bis 1947 (1059),

über Fluor in Böden, Wasser, Pflanzen und Tieren bei *H. Mitchell* und *M. Edman* 1945 (678) sowie *Th. von Fellenberg* 1948 (251),

---

[1] Die in Klammern gesetzten Zahlen sind die Nummern, unter denen die betreffenden Publikationen im Literaturverzeichnis erscheinen. Ein s vor den Zahlen, z. B. (s. 251), bedeutet, daß in der unter dieser Nummer im Literaturverzeichnis genannten Publikation nähere Einzelheiten und auch ältere Literaturhinweise zu finden sind.

über Fluor in seiner physiologischen Wirkung auf Pflanzen, Mensch und Tier, auf verschiedene Enzyme, den Ca-Stoffwechsel usw. bei *F. McClure* 1933 (641) und 1935 (642) — z. T. veraltet —,

über Fluor-Wirkung auf Oxydasen bei *H. Borei* 1945 (100),

über Fluor-Vergiftung bei Mensch und Tier bei *J. Schulz* 1938 (887), *V. Mühlenbach* 1938 (692), *D. Greenwood* 1940 (330), *M. Stas* 1941 (936), *R. Truhaut* 1948 (988),

über Beziehungen zwischen Fluor-Gehalt der Zähne und Cariesresistenz bei *Hch. Schmid* 1948 (873),

über Fluor vom Standpunkt der Gewerbehygiene und der experimentellen Pharmakologie bei *K. Roholm* 1937/39 (826/30),

über industrielle Fluor-Rauchschäden, ihre Entstehung, Erkennung und Beurteilung bei *E. Haselhoff*, *G. Bredemann* u. *W. Haselhoff* 1932 (368) sowie *E. Tiegs* 1934 (978),

über Fluor in seiner Anwendung zur Schädlingsbekämpfung bei *R. Carter* 1937 (138), *O. Appel* 1939 (25), *S. Marcovitch* und *W. Stanley* 1942 (615),

über Fluor-Bestimmung, qualitative und quantitative Methoden, bei *F. Hernler* und *R. Pfeningberger* 1938 (387),

über Fluor-Bestimmung, quantitative Methoden, bei *M. Stas* 1941 (441) und *Th. von Fellenberg* 1948 (251).

Das umfangreiche Schrifttum des Auslands war nicht immer im Original zu beschaffen, sondern mußte dann als Referat eingesehen werden. Auch bei denjenigen Publikationen jedoch, die im Original vorlagen, sind nach Möglichkeit die Stellen mit angegeben worden, an denen Referate über sie zu finden sind. Die Sorge, ob es gelingen könne, auch die während der Kriegs- und Nachkriegsjahre erschienene ausländische Literatur restlos zu erfassen, erwies sich dank der vorzüglichen deutschen und ausländischen Referierorgane bald als gegenstandslos. Außerdem wurde ich von den ausländischen Kollegen in wahrhaft großzügiger Weise durch Überlassung ihrer Originalarbeiten unterstützt, wofür ihnen allen auch an dieser Stelle herzlichst gedankt sei.

Hamburg, November 1950 *G. Bredemann*

VORWORT ZUR 2. AUFLAGE

Die erste Auflage dieser Monographie erschien im Frühjahr 1951 und war unerwartet rasch schon gegen Ende 1954 vergriffen. In der Zwischenzeit hat die Fluorforschung im In- und Ausland rasche Fortschritte gemacht und ist eine fast erdrückende Fülle von Veröffentlichungen auf unserem Gebiet erschienen. Ihre Sammlung und Verarbeitung hat das Erscheinen der vorliegenden zweiten Auflage etwas verzögert, dafür war aber Gelegenheit gegeben, die gesamte bis Ende 1955 erschienene neue Literatur aus aller Welt zu erfassen. Bei ihrem gewaltigen Umfang mußte wiederum eine gewisse Beschränkung auf die für unsere speziellen Gebiete wichtigsten Arbeiten erfolgen unter Weglassung besonders der zahlreichen Veröffentlichungen, die zur Hauptsache Bekanntes wiederholen. Trotzdem mußte das Literaturverzeichnis um über 600 auf rund 1200 Zitate vermehrt und auch der Text des Buches um das Doppelte erweitert werden.

Die intensive Weiterforschung auf unserem Gebiet machte eine vollständige Überarbeitung der Erstauflage nötig; zahlreiche Abschnitte wurden teilweise oder ganz neu gefaßt, andere entsprechend ergänzt. Wie schon in der ersten Auflage wiederholt betont, harren trotz reger Weiterarbeit noch viele Fragen der endgültigen Lösung oder widersprechen sich die Forschungsergebnisse. Wir mußten in vielen Fällen also einfach referierend berichten und konnten dann nur bei eigener, allerdings ausgedehnter, experimenteller Erfahrung kritisch Stellung nehmen. Aber auch referierende Darstellung aus einer fast unübersehbaren Literatur ist von Nutzen.

Es ist mir eine angenehme Pflicht, allen, die mich bei der Abfassung dieser Neuauflage unterstützten, aufrichtig zu danken. Besonderer Dank gebührt meiner lieben Frau *Anna Maria* für ihre unentwegte gewissenhafte Hilfe bei der Bearbeitung des Literaturverzeichnisses, des Sachregisters und beim Korrekturlesen, auch meinen langjährigen Mitarbeitern im Staatsinstitut für Angewandte Botanik, Herrn Dr. *Kurt Garber* und Frau *Margarete Hinz*, geb. Osbahr, für vielerlei Hilfe, hauptsächlich beim Korrekturlesen, sowie Frl. *Mathilde Behn* für die oft nicht leichte Besorgung der benötigten in- und ausländischen Originalliteratur. Ebenso sei dem Verlage für sein stets bereitwilliges Eingehen auf alle meine Wünsche bestens gedankt.

Hamburg, Juni 1956 *G. Bredemann*

INHALTSVERZEICHNIS

I. VERBREITUNG DES ELEMENTS FLUOR IN DER NATUR

Fluor in Mineralien und Gesteinen

Das Fluor ist ein über die ganze Erde weit verbreitetes Element. Auch in Meteoriten ist es nachgewiesen worden (s. 251). Aber es ist nicht, wie früher angenommen wurde, ein geringfügiger Bestandteil der Erdkruste. Nach V. M. Goldschmidt 1937 (317) enthält sie etwa 0,027% F und er reihte das F ebenso wie P. Niggli 1948 (717) an 17. Stelle der die Erdkruste zusammensetzenden Elemente ein — an 1. Stelle O mit 49,4%, an 5. Ca mit 3,6%, an 7. K mit 2,59%, an 11. P mit 0,0786%, an 13. Cl mit 0,048%, an 17. F mit 0,027%. Aber die Untersuchungen von E. Shepherd 1940 (909) an einer großen Anzahl von Gesteinen und Proben des Ozeanbodens zeigten, daß F offenbar in gleichen, zuweilen auch in größeren Mengen in der Erdkruste vorhanden ist als Cl, nämlich zu 0,04%. Nach B. Wasserstein 1941 bzw. F. Barth 1947 (s. 491 u. 48) ist der Durchschnittswert jedoch noch wesentlich höher, nämlich 0,08%. Danach wäre in Atomprozenten das F sogar dreimal häufiger als Cl und es hätte an die 13. Stelle in der Häufigkeitsreihe der Elemente zu rücken. In neuester Zeit kommt S. Koritnig 1951 (491) bei seiner Aufstellung der F-Bilanz der obersten Lithosphäre zu ähnlichen Werten: 0,070% F als Durchschnittsgehalt der magmatischen Gesteine und 0,065% der der Sedimente.

Fluor ist in vielen *Mineralien* der Erdkruste enthalten, vorwiegend im Flußspat[1] (Fluorit) CaF_2, Apatit $3\,Ca_3(PO_4)_2 \cdot Ca(F, Cl, OH)_2$ und Kryolith Na_3AlF_6; auch Topas, Turmalin, Hornblende und die Glimmer, wie Muskovit, Phlogopit, Biotit, Lepidolith, Zinnwaldit und weitere Mineralien haben beachtlichen F-Gehalt. Da das einwertige F fast dieselbe Größe des Ionenradius besitzt (1,33 Å) wie der zweiwertige Sauerstoff (1,32 Å), vertritt es in vielen Mineralien leicht die einwertige OH-Gruppe, namentlich in den Silikaten und Phosphoriten (s. 318). Apatit stellt hierbei übrigens insofern einen Ausnahmefall dar, als es das einzige bekannte Mineral ist, in dem Cl, das einen größeren Ionenradius als F hat, durch F ersetzt werden kann.

Wie verbreitet das F ist, zeigen Untersuchungen von J. Ottemann 1940 (732), der durch Hochvakuum-Anreicherung nach H. Rose u. R. Böse in den

[1] Der Flußspat führt seinen Namen, weil er bei metallurgischen Prozessen als Flußmittel dient (s. S. 13), ebenso die Bezeichnung Fluor von fluere = fließen.

meisten Mineralien (und Gesteinen) des Harzes F spektrographisch nachwies, wie im Epidot, Quarz und den Feldspaten Orthoklas, Plagioklas und Albit, in letztgenannten allerdings nur in Mengen von weniger als 0,001% (s. auch H. Rose 1947 — 833 —).

Der F-Gehalt der *Gesteine* ist im allgemeinen (Ausnahmen s. u.) abhängig von ihrem Gehalt an F-Mineralien. Die meisten Gesteine enthalten mehr oder weniger große bzw. kleine F-Mengen. C. Jeffries 1951 (437) z. B. untersuchte 32 Proben gewöhnlichen Kalk- u. Dolomitgesteins aus Pennsylvania, Ohio, New York, New Jersey, Maryland, Kentucky und West-Virginia quantitativ und fand zwischen Spuren bis 0,103 (Mittel 0,035)% F, doch enthielten zwei Proben die hohen Mengen von 0,61 und 2,11%. Zahlreiche Analysen über den F-(und P_2O_5-)Gehalt der Gesteine verdanken wir S. Koritnig 1951 (491) in seinen Beiträgen zur Geochemie des Fluors. Betrachtet man z. B. die F-Werte der Tiefengesteine, so sieht man, daß es beachtliche Mengen sind, die hier bei der Pneumatolyse gebunden wurden. 24 deutsche Greisen hatten im Durchschnitt einen F-Gehalt von 2,04%, d. h., daß in 1 m^3 Gestein rd. 56 kg F enthalten sind. In einem Greisen von Zinnwald mit 4,45% F nach E. Tröger 1935 (s. 48) steigt dieser Wert sogar bis auf das Doppelte, 125 kg F je m^3. In den meisten der untersuchten Tiefengesteinsproben konnte übrigens — mit Ausnahme des Basalts — der Apatit nicht als wesentlicher F-Träger betrachtet werden, sondern es sind die OH-haltigen Mineralien, vor allem Glimmer und Hornblenden, die wesentlich für den F-Gehalt verantwortlich zu machen sind; in granitischen Gesteinen tritt noch Fluorit hinzu. Bei den Ergußgesteinen konnten für wesentliche Mengen des F keine Mineralkomponenten als F-Träger gefunden werden. S. Koritnig nimmt an, daß bei der relativ raschen Erstarrung der Ergußgesteine diese nicht vollkommen entgasen konnten und einen Teil des F daher in die Kristalle der Grundmasse eingeschlossen haben; in welcher Form, ist noch unbekannt. Daß tatsächlich Lava recht beträchtliche F-Mengen enthalten kann, zeigt das Beispiel aus dem Vulkangebiet von Katmai in Alaska, wo nach E. Zies 1929 (s. 48) sieben Jahre nach der Eruption noch jährlich auf einem Gebiet von 77 km^2 neben anderem 200000 t HF = 190000 t F durch Entgasung geliefert wurden. Das sind 2,5 kg F auf den m^2. Als Durchschnittswerte für den F-Gehalt der verschiedenen Gesteinsgruppen der Eruptivgesteine wurde von S. Koritnig berechnet (mg% F): Granit 85, Diorite 52, Gabbro + Basalte 40. Für die der Sedimente sind die entsprechenden Werte: Tonschiefer 74, Sandsteine 27, Kalke 35, Dolomit 18. In den klassischen Sedimenten sind die Glimmer die F-Träger, in den biogen ausgeschiedenen Kalken kommt die Hauptmenge durch Kalkschalenbildner als CaF_2 vor; im Dolomit sind die Verhältnisse ähnlich, auch hier ist die Hauptmenge an CaF_2 gebunden, das sich von Schalenresten ableitet.

Wie unten im Abschnitt „F in Meerwasser und Salzlagerstätten" dargelegt, ist F auch in chemischen Sedimenten, in Salzgesteinen, vorhanden. Und zwar steckt es nach S. Koritnig in den in ihnen enthaltenen kleinen Anhydriteinschlüssen, dort in erster Linie feindispers als CaF_2 oder auch als Einbau im Anhydritgitter; auch Sellait (MgF_2) könnte in Frage kommen. In den Kalisalzen scheint das F nur an Anhydrit gebunden zu sein (s. S. 38).

H. Borchert 1953 (97) vergleicht in einer übersichtlichen bildlichen Darstellung zur Geochemie des Fluors, s. Abb. 1, die zur Zeit vorherrschende Lehrmeinung über das Vorkommen und den Kreislauf des Fluors (Abb. 1, rechter Teil) mit der im Werden begriffenen neueren Auffassung, daß die überwiegenden Mengen der sauren Eruptiva nicht im strengen Sinne juvenil sind, sondern aus Wiederaufschmelzung von Sedimenten herrühren (Abb.1, linker Teil). Er sagt zu dieser Verschiedenheit der Grundvorstellungen: „Mindestens als wissenschaftliche Frage ist nicht gleichgültig, ob die $2 \cdot 10^5$ t HF, die jährlich aus dem Tal der 10000 Dämpfe in die Atmosphäre rauchen, aus dem Erdinneren stammen, oder ob diese Fluoratome schon früher einmal vom Licht der Sonne getroffen sind. Auch diese Frage wird sich eines Tages mit an Sicherheit grenzender Wahrscheinlichkeit entscheiden lassen".

Für chemisch-technische Zwecke sind Flußspat, Kryolith und Fluorapatit von größter Bedeutung. Für *Flußspat* sind abbaufähige Lagerstätten an vielen Stellen der Erde vorhanden, jedoch verkehrstechnisch vielfach so ungünstig gelegen, daß sich Aufschluß nicht lohnt. Die wichtigsten Lieferanten von Flußspat sind heute USA, UdSSR, England, Frankreich, Spanien und Deutschland. Allein in USA sind schätzungsweise über 7 Millionen t Flußspat mit über 35% F (theoretisch 48,7%) vorhanden, dort hauptsächlich in den Staaten Kentucky und Illinois (s. 722). Über die Geologie der Flußspatlagerstätten von Illinois berichten eingehend J. Weller et al. 1952 (1033). Auch in Neufundland wird Flußspat in großen Mengen (79 000 t) und in großer Reinheit (41—46% F) abgebaut (14/15). Die Flußspatbezirke Deutschlands liegen im Vogtland, im Thüringer Wald, Harz und Schwarzwald und in der Oberpfalz. Der meist auf Erzgängen die Erzmineralien als Gangart begleitende Flußspat wird bergmännisch abgebaut und bei der folgenden Aufbreitung von den Schwermetallen getrennt. W. Finn 1953 (261) bespricht die dabei zur Anwendung kommenden Verfahren, die alte naßmechanische Aufbereitung, das Sinkscheideverfahren, die Flotation und die elektrostatische Aufbereitung. Nach dem D. B. P. 842 931 Kl. 1c vom 25/8. 1950, ausg. 3/7. 1952, wird zwecks Gewinnung von reichem Flußspatkonzentrat aus Schwerspat-Flußspatgemischen bei der Schwimmaufbereitung ein Eisensalz, besonders Eisenchlorid, zum Vorbehandeln der Trübe bzw. Mineralmischung verwendet. Man erreicht damit die für einen Säurespat erforderliche Konzentration von 97% CaF_2. Ähnlich wird nach F. P. 1 041 285 vom 23/8. 1951, ausg. 22/10. 1953, um bei der Trennung von Baryt ein an CaF_2 reiches Konzentrat zu erhalten, dem Mineralgemisch ein Fe-Salz, besonders $FeCl_3$ in feuchtem Zustand zugemischt; s. auch E. Sauerbrei 1947 (851) sowie N. Hamrick u. W. Voskuil 1948 (355).

Kryolith wird wegen seines niedrigen Schmelzpunktes und weil er schon durch Erwärmen zersetzt wird, in der Technik so weitgehend bevorzugt, daß man ihn auch synthetisch herstellt. Für die elektrolytische Gewinnung von

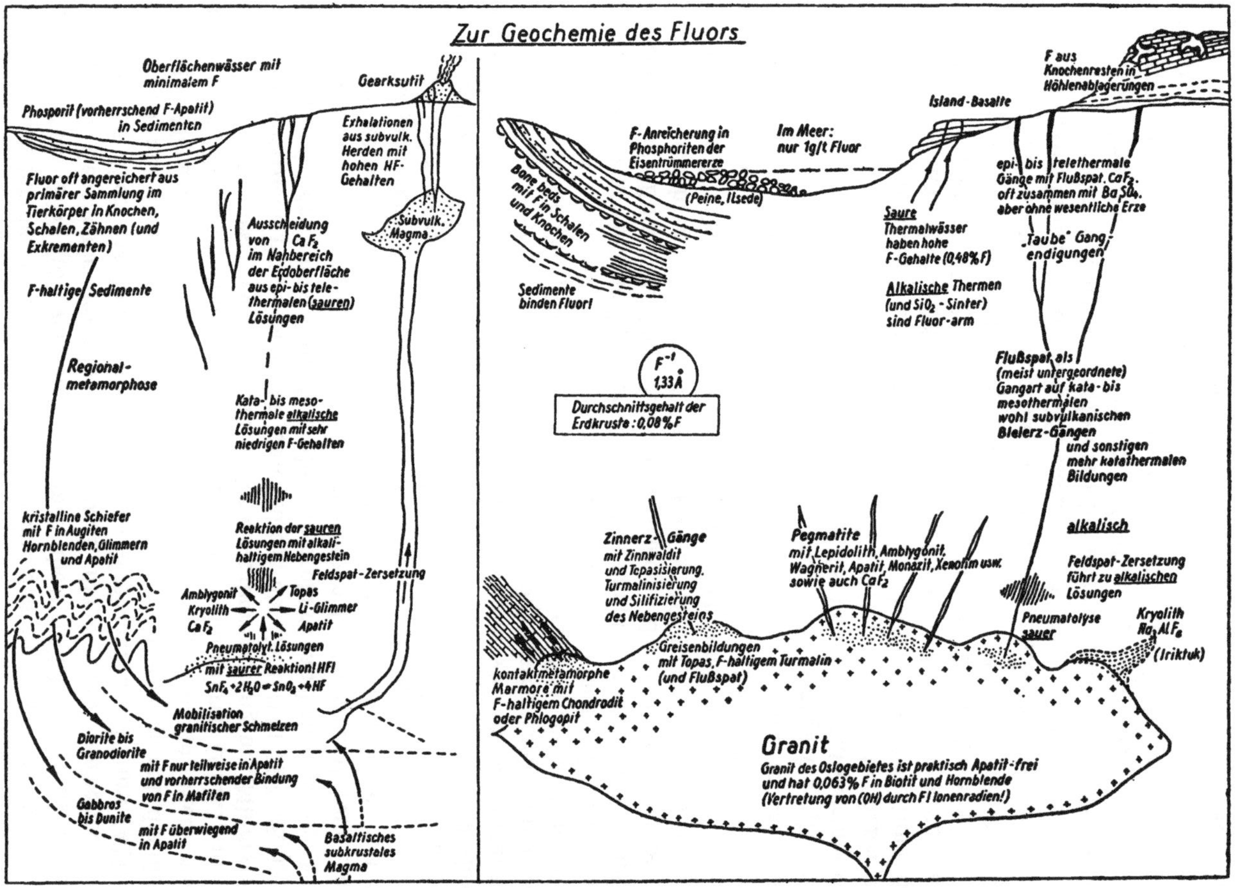

Abb. 1. Zur Geochemie des Fluors. Nach H. Borchert 1953 (97)

Aluminium und die HF-Industrie wird er in immer steigendem Ausmaße benötigt. Die Kryolithpegmatit-Lagerstätten Grönlands sind in günstiger Lage abgebaut. Die übrigen Kryolith-Vorkommen sind entweder zu gering, oder wegen ungünstiger Lage nicht in Angriff genommen. Man hilft sich dann, wie in Nord- und Südamerika, durch Abbau von Topas. Nach Ansicht von FR. VOGEL 1951 (1004) sind zur Herstellung von synthetischem Kryolith bei Anwendung entsprechender Verfahren auch die billigsten Rohstoffe, durch HCl leicht zersetzliche Tonerdesilicate und quarzreiche Rohfluorite, auch Alkalisilicofluoride, als Ausgangsmaterial durchaus geeignet. — Ebenso wie die Herstellung synthetischen Kryoliths ist übrigens auch die von synthetischem Glimmer gelungen, synthetischem Fluorphlogopit $KMg_3AlSi_3O_{10}F_2$, in dem gegenüber dem natürlichen Phlogopit alle OH-Gruppen durch F ersetzt sind, s. 16 u. 996 und eine Reihe von Patenten.[1]

Apatit, der hauptsächliche Anteil der für P_2O_5-Düngungszwecke in der Landwirtschaft unentbehrlichen Phosphate, findet sich in großen Lagerstätten in USA (Florida, Tennessee, South Carolina), Sowjetunion, Nordafrika (Tunis, Algerien) und den Pazifischen und Westindischen Inseln. Fast alle im Handel befindlichen Rohphosphate, die im allgemeinen erst nach Aufschluß und dabei erfolgender Austreibung eines Teiles des F-Gehalts brauchbare P_2O_5-Düngemittel liefern (s. S. 65), haben hohen F-Gehalt. S. GERICKE 1949 (292) und G. TRÖMEL 1953 (987) stellten eine große Anzahl von Analysen zusammen. Sie zeigen, daß der durchschnittliche F-Gehalt der meisten Festlandphosphate um 3,5% liegt, bei Marokko-Phosphat betrug er bis 4,2%. Die geologisch jüngeren Inselphosphate bestehen z. T. auch aus Hydroxylapatit und sind daher durchweg F-ärmer (und P_2O_5-reicher). Geringsten F-Gehalt zeigte Curacao-Island-Rohphosphat mit 0,38—0,91% bei 4 Proben. Bei vielen Phosphaten ist das Verhältnis F-Gehalt zu P_2O_5-Gehalt annähernd gleich und liegt um 0,115, ist also wesentlich höher als das theoretische Verhältnis (0,0891) im reinen Fluorapatit erwarten läßt. Ähnliche Werte gibt TH. VON FELLENBERG 1948 an (251). Daß die geologisch jüngeren Inselphosphate geringeren F-Gehalt haben, würde mit der Theorie von K. JACOB 1940 (s. 722) übereinstimmen, daß die Phosphate aus ursprünglichem Calciumtriphosphat mit nur geringem oder gar keinem F-Gehalt entstanden seien durch allmähliche Absorption von F aus dem durchsickernden Wasser bis das Verhältnis P:F sein Maximum erreicht hat, d. h. bis alles Triphosphat in F-Apatit umgewandelt ist. Ein Analogon wäre der bekannte Umstand, daß Knochen und Hydroxylapatit sehr leicht F aus verdünnten Lösungen absorbieren (Anwendung dieser Erkenntnis zur Altersbestimmung fossiler Knochen s. S. 39). Die geologisch jüngeren Phosphate hätten demnach noch nicht genügend Zeit gehabt, den theoretisch höchsten F-Gehalt zu erreichen.

---

[1] Z. B. D. B. P. 907 886 Kl. 12i v. 23/8. 1936, ausg. 29/3. 1954; Schwz. P. 254 797 v. 24/12. 1943, ausg. 3/1. 1949; E. P. 661 065 v. 12/5. 1949, ausg. 14/11. 1950; A. P. 2 645 060 v. 21/5. 1949, ausg. 14/7. 1953 und 2 659 657 v. 30/8. 1952, ausg. 17/11. 1953.

Die Löslichkeit der wichtigsten anorganischen F-Verbindungen zeigt nachstehende (umgerechnete) Tabelle 1 nach BUCHWALD, s. K. ROHOLM 1937 (826).

TABELLE 1

Verbindung	berechneter Fluorgehalt %	Löslichkeit bei 25° C	
		1 g F-Verbindung in ... Wasser	in je 100 Teilen Wasser sind löslich g F-Verbindung
CaF_2 Flußspat, Fluorit	48,67	1:58800	0,0017[1]
Na_3AlF_6 Kryolith	54,29	1: 2560	0,039
Na_3AlF_6 Kryolith synthetisch		1: 1590	0,063[2]
NaF	45,24	1: 23,7	4,220[3]
Na_2SiF_6	60,62	1: 132	0,759
K_2SiF_6	51,75	1: 565	0,176
$BaSiF_6$	40,80	1: 4160	0,024

[1] Nach CARTER 1928 s. H. BORSI 1945 (100) u. R. TRUHAUT 1948 (826) CaF_2 = 0,004.
[2] Desgl. Kryolith synthetisch 0,061.
[3] Desgl. NaF = 4,054.

Diese Zahlen beziehen sich auf reines Wasser. Schon in schwachen Säuren ist aber die Löslichkeit der schwerlöslichen Verbindungen, wie Flußspat und Kryolith, wesentlich größer. Bei 25° C lösen z. B. 100 cm³ einer 0,5%igen HCl 0,032 g CaF_2 bzw. 0,270 g Kryolith. Das ist für die Giftwirkung von großer Bedeutung.

Fluor im Erdboden[1]

Die weltweite Verbreitung des Fluors in den Gesteinen erklärt auch sein fast allgegenwärtiges Vorkommen in den Acker- und sonstigen Böden. Deren F-Gehalt wird besonders bestimmt von ihrem größeren oder kleineren Gehalt an Glimmermineralien, wie Biotit und Muskovit und an Hornblende (823), in besonderen Fällen auch an Apatit und Flußspat. Hinzu kommen dann noch die aus Resten abgestorbener Tiere und besonders Pflanzen, den Humusbestandteilen, stammenden und die dem Boden mit dem Bodenwasser, mit Düngemitteln und evtl. mit Flugstauben, Abgasen, Regen und F-Insektiziden

[1] In der neueren amerikanischen Literatur sind die Gehaltsangaben meist in p. p. m. (parts per million, also mg je 1000) ausgedrückt, sonst und in der älteren Literatur finden wir sie vorwiegend in %, mg%, mg/Liter oder γ/Liter angegeben, bei Mineralien, Gesteinen und Böden auch in g/t. Um alle auf leicht vergleichbare Werte zu bringen, sind hier die Gehaltsangaben stets auf mg je 100 g (mg%) umgerechnet worden. Nur bei Flüssigkeiten, Wasser, Wein, Milch usw., werden sie traditionsgemäß in mg je Liter (mg/l) bzw. auch in mg je Kilogramm (mg/kg) angegeben.

0,01 p. p. m.	= 1 γ in 100	= 0,001 mg %	= 0,000001 %	= 0,01 g/t
0,1 „ „ „	= 10 „ „ „	= 0,01 „ „	= 0,00001 „	= 0,1 „
1,0 „ „ „	= 100 „ „ „	= 0,1 „ „	= 0,0001 „	= 1,0 „
10,0 „ „ „	= 1000 „ „ „	= 1,0 „ „	= 0,001 „	= 10,0 „
100,0 „ „ „	= 10000 „ „ „	= 10,0 „ „	= 0,01 „	= 100,0 „
1000,0 „ „ „	= 100000 „ „ „	= 100,0 „ „	= 0,1 „	= 1000,0 „
10000,0 „ „ „	= 1000000 „ „ „	= 1000,0 „ „	= 1,0 „	= 10000,0 „

zugeführten F-Mengen (s. S. 32 u. 134). Ältere Analysenwerte von L. Steinkoenig 1919 (s. 97, 577, 823, 830), der in 15 Erdproben von 9 Örtlichkeiten aus den östlichen USA zwischen 0 und 150, i. M. 30 mg% F fand, aber die Möglichkeit offen ließ, daß in Böden mit größerem Glimmergehalt noch größere F-Mengen vorkommen können, liegen im Rahmen der neueren Untersuchungen. H. Wislicenus (s. 827) hatte im Lehm einer Ziegelei, die Rauchschäden in einem Walde verursachte, 160 mg% F gefunden. S. Gericke u. B. Kurmies 1955 (302) fanden in dem ohne F-Düngemittel gedüngten kalkreichen Lehmboden eines Göttinger Versuchsfeldes im Mittel der betr. Teilstücke 24,5 mg%, in den 40 Jahre lang mit F-haltigen Düngemitteln gedüngten 28,9 mg%, in saurem Sandboden der F-frei gedüngten Teilstücke eines Darmstädter Versuchsfeldes 7,0 mg% F (säurelösl. F), auf den seit 1900 mit Superphosphat gedüngten im Mittel 9,2 mg% (s. S. 73). A. Mayrhofer 1938 (625) stellte im Gartenboden des Josephinums in Wien nur 1,2 mg% F fest. W. MacIntire et al. 1942 (590) fanden in der Oberfläche 6 verschiedener Böden aus Tennessee zwischen 8,0 und 33,8, i. M. 14,1 mg% F. In ähnlichen Grenzen bewegen sich die von J. McHargue u. W. Hodgkiss 1939 (651) gefundenen Werte. Nach W. MacIntire et al. liegt unter humiden Bedingungen das F wesentlich als CaF_2 vor, in das die anderen Formen rasch übergehen. Nach W. Machle et al. 1942 (s. 97) können Böden bis 600 mg% F enthalten. Hohen Gehalt stellten auch W. Robinson u. G. Edgington 1946 (823) fest. Sie untersuchten 30 Profile, im ganzen 137 Proben, charakteristischer USA-Böden verschiedener Struktur, Abstammung und geographischer Verteilung. Der F-Gehalt war außerordentlich unterschiedlich. Bei 23 der Böden schwankte er zwischen Spuren und 50 mg% F, bei 3 betrug er 60—100 mg%, bei weiteren 3 zwischen 200 und 400 mg%, und bei einem, Rohphosphat enthaltenden Tennessee-Boden sogar 707 mg%. Im allgemeinen stieg der F-Gehalt mit zunehmender Bodentiefe bisweilen beträchtlich, so in einem Falle von 20 mg% an der Oberfläche auf 130 mg% in 9—14 cm Tiefe und bei genanntem besonders F-reichen Boden von 50 mg% an der Oberfläche auf 707 mg% in 6—10 cm Tiefe. F fand sich besonders im kolloidalen Material konzentriert, sandige Böden waren entsprechend am F-ärmsten. In den Böden mit höchstem F-Gehalt liegt viel F in Form von Apatit vor, in den gewöhnlichen Böden ist die hauptsächlichste F-Quelle glimmerhaltiger Lehm. 6 Proben solchen glimmerhaltigen Lehms, wie er wahrscheinlich in den Böden vorkommt, hatten zwischen 30 und 740 mg% F. — F. Bear 1954 (54) fand in den oberen etwa 20 cm von 16 der wichtigsten landwirtschaftlichen Böden New Jersey's, USA, durchweg Lehm und mehr oder weniger lehmiger Boden, zwischen 40,9 und 10,5, in einem Sandboden nur 2,9 mg% F. Der F-Gehalt dieser Böden, im Mittel 18,8 mg%, wurde von anderen Spurenelementen nur durch Mn mit 84,3 mg% übertroffen, von allen anderen wesentlich untertroffen: Zn = 8,0, B = 4,7, Ni = 1,6, Cu = 2,0, Co = 0,8, Mo = 0,2 mg% F, alles Mittelwerte bezogen auf Trockenmasse.

In der UdSSR scheinen nach A. Winogradow 1954 (1067), der 250 Böden untersuchte, die F-Gehalte der Böden im allgemeinen ziemlich niedrig zu sein.

Er fand meist zwischen 3 und 32 mg%, im Durchschnitt etwa 20 mg%. Nur in Gebieten früherer oder gegenwärtiger vulkanischer Tätigkeit mit an F-Apatit reichen Böden, auf der Kola-Halbinsel, war der F-Gehalt über 60 mg%. Höchster F-Gehalt wurde durchweg im Untergrund gefunden. Sandige Böden waren F-ärmer als lehmige.

In Neuseeland fand G. GEMMEL 1946 (s. 97) als Grenzwert in einem podsoligen Grobsand 6,8 und in einem tonigen Rendzinaboden 54 mg% F. Untersuchungen von 6 Schweizer Böden durch TH. VON FELLENBERG 1948 (251) ergaben einen F-Gehalt zwischen 9,8 und 29,6 mg%; im allgemeinen traf bei ihnen ein höheres p_H mit einem höheren F-Gehalt zusammen, was zeigen würde, daß alkalische Böden das F besser zurückhalten als saure. Der genannte höchste Gehalt wurde in einem mit P_2O_5 stark überdüngten Gartenboden gefunden, möglicherweise also teilweise aus dem Dünger stammend. Genannter Forscher macht übrigens darauf aufmerksam, daß, wenn ein Boden bzw. Gestein säurelösliches und säureunlösliches F enthält, man bei direkter Destillation unsichere und zu niedrige Werte findet und in diesem Falle sowohl das säurelösliche (in n-$HClO_4$) als auch das säureunlösliche, an Silicate gebundene F bestimmen muß. Er gibt dafür eingehende Vorschrift (vorheriger Aufschluß des auf säureunlösliches F zu untersuchenden fein gepulverten Materials mit Natron- und Kaliumcarbonat). Indes weist H. NÕMMIK 1953 (722) gerade darauf hin, daß sich auch mit Sodaschmelze keine zuverlässigen F-Werte erhalten ließen, weil die bei der folgenden Destillation ausfallende kolloidale Kieselsäure die quantitative Austreibung des F stört (s. S. 221). Deshalb destillierten W. MACINTIRE et al. 1951 (500) die Bodenproben direkt mit H_2SO_4 1+1 im Wasserdampfstrom und H. NÕMMIK führte stets vier F-Bestimmungen aus: 1. im Wasserlöslichen, erfaßt das im Bodenwasser lösliche F und auch z. T. das adsorptiv- und kristallgitter-gebundene F; 2. im Citronensäurelöslichen (2% = $p_H \sim 1{,}8$), erfaßt besonders das F aus dem Apatit und Fluorit mit geringen Mengen gelösten F-Silicats; 3. im in konzentrierter $HClO_4$ Löslichen, erfaßt den gesamten F-Gehalt der organischen Substanz, das adsorptiv gebundene F, das F der Nicht-Silicat-F-Mineralien und Teile der F-Silicate; 4. in der Sodaschmelze den gesamten F-Gehalt des Bodens. Seine diesbezüglichen zahlreichen Untersuchungen schwedischer Böden bestätigen obengenannte Befunde von W. ROBINSON u. G. EDGINGTON 1946 (823), daß F besonders im kolloidalen Material konzentriert ist und daß der F-Gehalt mit zunehmender Bodentiefe zunimmt. Allerdings in den untersuchten 4 Profilen bis zu 10 m Tiefe nicht so sehr beachtlich und auch nie ganz progressiv ansteigend, sondern, wie verständlich, in den verschiedenen Bodentiefen nach deren mineralogischen Zusammensetzung, besonders nach Tongehalt differierend, wobei sich wiederum der glaziale Ton als F-reicher erwies als der postglaziale. H. NÕMMIK hält es für wahrscheinlich, daß die oberste Bodenkruste mehr dem Zersetzungsprozeß der Silicate ausgesetzt ist, besonders in sauren Böden, wobei das F allmählich ausgewaschen wird. Die fraktionierte Untersuchung von 31 Böden ergab zusammenfassend folgende Werte in mg% F:

TABELLE 2

Tongehalt der Bodenproben %	wasserlösliches F	in Citronensäure lösliches F	in konzentr. $HClO_4$ lösliches F
0 bis 5	0,53	2,64	7,6
5 bis 15	0,95	2,92	18,4
über 15	2,03	5,38	34,6

Daß der F-Gehalt im citronensäurelöslichen Anteil mit zunehmendem Tongehalt am wenigsten ansteigt, erklärt H. Nõmmik damit, daß in grobkörnigen Böden ein relativ hoher Anteil des Gesamt-F in Form von Apatit und Fluorit vorliegt, deren Löslichkeit stark vom p_H-Wert der Extraktionsflüssigkeit abhängt. — In 10 organischen Böden Schwedens mit mindestens 60% organischer Substanz wurden zwischen 4,2 und 12,3, i. M. 7,7 mg% F gefunden, bezogen auf Trockenmasse. Rund 65% des in $HClO_4$ löslichen F konnte mit Citronensäure entzogen werden.

In Nordafrika untersuchten A. Charnot und M. Langlais 1934 (s. 830) in der Umgebung großer Phosphoritlager Erde auf F-Gehalt. Da, wo die Lager an die Oberfläche ragen, waren bis zu 60 mg% F vorhanden. Aber auch weit über diese Gebiete hinaus ließen sich erhebliche Mengen nachweisen, hauptsächlich verursacht durch verwehten Staub. Diese F-reichen Staube und Erden spielen eine große Rolle bei der Entstehung des in Nordafrika verbreiteten Zahnleidens „Darmous" (s. u.). Dies Leiden kam nur bei F-Gehalten über 20 mg% vor. T. Ni 1937 (s. 830) fand im Erdboden aus der Nähe einer Flußspatmine in China zwischen 10 und 50 mg% F. Daß fast alle im Handel befindlichen Rohphosphate der ganzen Welt hohen F-Gehalt haben, sahen wir oben S. 5.

Über die Beziehung zwischen F-Gehalt der Phosphate und ihrer Düngewirkung bzw. zwischen F-Gehalt des Bodens und Löslichkeit der Bodenphosphorsäure s. unten S. 65.

Natürlicher Fluorgehalt des Wassers, seine Bedeutung für die Gesundheit bei Mensch und Tier
(Zahnfluorose, Knochensklerose, Zahncaries)

Daß F auch im Wasser vorkommt, ist seit etwa 100 Jahren bekannt, nachdem 1849 Wilson im Meerwasser CaF_2 gefunden und auch im Wasser von Quellen und Flüssen F nachgewiesen hatte (s. 729). Der F-Gehalt des Trinkwassers ist inzwischen zu einem wichtigen Problem der Volksgesundheit geworden. Man hatte nämlich 1931 (s. 469 u. 988) entdeckt, daß es der fortgesetzte Genuß stark fluorhaltigen Wassers ist, der die besonders in USA und Nordafrika bei Mensch und Tier verbreitete Erkrankung des „gefleckten Schmelzes", der „gesprenkelten Zähne", Enamel stained, Mottled enamel, Mottled teeth bzw. Darmous, Dermeus, Émail tacheté, Moucheté, Dientes veteados, Denti scritti hervorruft.[1] Bei dieser Zahnfluorose verliert der Schmelz der Zähne seinen normalen Glanz, wird trübe oder kreidig und bekommt — besonders an den dem Licht ausgesetzten Stellen — braune oder gelbe oder auch völlig schwarze, mehr oder weniger ineinanderfließende Flecken, Streifen oder Bänder. Stärker geschädigte Zähne werden bröcklig und schleifen sich schnell ab. Histopathologische Untersuchung zeigte, daß die Struktur des Schmelzes an den Flecken defekt ist, die Schmelzkristalle sind nicht völlig verkalkt und die „interprismatische Substanz" ist ungesund entwickelt. Über die eigentliche Natur des dunklen Pigments ist noch nichts bekannt (722)[2]. Bemerkenswert ist, daß für das Auftreten der Dentalfluorose beim Menschen die F-Zufuhr in der Zeit entscheidend ist, in der die zweiten Zähne verkalken, also etwa bis zum 12. Lebensjahr. Sie ergreift daher nur solche Kinder, die an Ort und Stelle aufgewachsen sind und in der Regel nur bleibende Zähne, Milchzähne selten. Erwachsene und Kinder nach dem 7. Lebensjahr, die erst in die Gegend übersiedeln, entgehen der Krankheit. Diese Zahnschädigungen brauchen zwar erfahrungsgemäß keine sonstige Gesundheitsschädigung zur Folge zu haben, stellen aber eine dauernde Verunstaltung des Gebisses dar. Sie zwingen zu besonderer Aufmerksamkeit, denn erhöhte, länger anhaltende F-Zufuhr kann außer diesen Zahnschäden auch schwere Knochenerkrankungen (Knochensklerose) hervorrufen (s. u.). Als Frühsymptom genannter chronischer F-Vergiftung beschreibt L. Spira 1943 und 1951 (928/31) das Auftreten von „mottled nails", gesprenkelten Nägeln an Fingern und Füßen. Die Nägel bekommen trübe, kreidig-weiße Pünktchen, Flecken, Querbänder, Längsstreifen, dann Querfurchen, werden brüchig und lösen sich vom Nagelbett ab, je nach Fortschritt der Erkrankung. Nach angemessener Behandlung der Fluorose kommen diese Veränderungen zum Stillstand, und nachdem die in Mitleidenschaft gezogenen oberen Nagelpartien abgeschnitten sind, haben die Nägel wieder ihr normales Aussehen. Die Nageldystrophie ist häufig von frühzeitigem Haarausfall und Dermatosen begleitet.

In USA wurden bis 1936 bereits nicht weniger als 335 endemische Areale von Trinkwasserfluorose in 25 Staaten gefunden, später noch weitere. Es gibt dort drei Areale mit extrem hohem F-Gehalt des Grundwassers: 1. Indiana, Ohio, Illinois, 2. South Dakota, 3. Texas. Auch in Argentinien (Gouvernement Pampa und in den Provinzen Buenos Aires und Cordoba) fand man 175 endemische Areale, ferner tritt die Erkrankung in mehr oder minder starkem Um-

---

[1] R. Truhaut 1948 (988) weist darauf hin, daß in Wirklichkeit die erste Beobachtung dieser Zahnveränderungen schon 1901 durch J. Eager in USA gemacht wurde, und zwar an dorthin ausgewanderten Italienern aus Pozzuoli bei Neapel — s. auch Hch. Schmid 1948 (416) —. Als man dann in der Heimat dieser Auswanderer weitere Erhebungen anstellte, kamen die amerikanischen Forscher auf die Vermutung, daß diese Zahnveränderungen auf vulkanische Einflüsse zurückzuführen sind. Und tatsächlich stellten sie das Auftreten schwarzer Zähne, der „Denti di Chiaie" (benannt nach dem Prof. Stefano Chiaie) auch bei Bewohnern aus der Umgebung von Messina fest, deren Trinkwasser durch Lava floß.

[2] W. Rathje 1955 (788a) erklärt die Entstehung von geflecktem Schmelz bei zu hoher F-Zufuhr durch Verminderung der Bindung von Schmelzeiweiß an Apatit.

fang auf in Mexico, Canada, auf Barbados und den Bahamainseln, in Nordafrika, Ost-, West- und Südafrika, auf den Kapverdischen Inseln, in China, Japan, in Ostindien, besonders in der Präsidentschaft Madras, in Hyderabad und im Punjab — D. WILSON 1939 (1060) —; im vorderen Orient in Innerarabien, Kleinasien, Syrien, Mesopotamien, Jordanien, Palästina, auch auf den Bahrein-Inseln — M. CLAWSON et al. 1940 (153) —; in Europa in Italien — s. auch R. GUTZEIT 1948 (340) —, Spanien und Portugal, Island, England und Schottland, Holland, Schweiz (s. 153 u. 988), auch in der UdSSR — W. PATRIKEJEW 1950 (736) sowie R. GABOWITSCH 1950 (278) — und in Schweden — H. NÕMMIK 1953 (722). V. MÜHLENBACH 1938 (692) gab über die bis dahin beobachteten Fälle eine eindrucksvolle zusammenfassende Darstellung mit 95 Schrifttumsangaben, desgl. K. ROHOLM 1939 (830). Auch in Deutschland ist neuerdings (s. W. HOFFMANN-AXTHELM 1953/54 [399/400]) Dentalfluorose beobachtet worden und zwar bei Schulkindern in Berggießhübel, einem am Ostrand des sächsischen Erzgebirges in 340 m Höhe gelegenen Orte mit veränderlichem F-Gehalt des Trinkwassers (maximal 2,2 mg/l). Als letzte Ursache für das Vorhandensein von F wurden hier allerdings nicht die geologischen Verhältnisse des Quelleneinzugsgebietes ermittelt, sondern Abgase (nebst Abwässern und Flugstaub) der 11 km NNW entfernten HF, NaF und Kryolith herstellenden Fabrik in Dohna. Auch in Dohna selbst und den wenige km von Dohna entfernten Heidenau, Wesenstein und Mühlbach wurde Dentalfluorose gefunden, gleichzeitig aber auch bei den Schulkindern eine wesentliche Reduzierung der Cariesanfälligkeit festgestellt. Nach R. WOHINZ 1955 (1137) ist für das Auftreten von Dentalfluorose in Berggießhübel ein Bergwerksstollen verantwortlich, der seit 17 Jahren zur Trinkwasserversorgung benutzt wird. In Stalaktiten aus dem Stollen wurden 30 mg% F gefunden. Außerdem kommt eine der in den Stollen mündenden Wasseradern aus einem Flußspatlager. — Vgl. auch S. 25.

Man kann also sagen, daß die Dentalfluorose als Folge des Genusses von Wasser mit zu hohem F-Gehalt über die ganze Erde weit verbreitet ist.

Übrigens darf das Krankheitsbild nicht verwechselt werden mit einem ähnlichen, zuerst in Italien, dann aber auch in der Schweiz und in Holland beobachteten der „denti screziati", das aber durch eher gelbliche und bräunliche Flecken bzw. Sprenkelung gekennzeichnet ist und hervorgerufen wird durch überschüssige Mg-Zufuhr bei gleichzeitigem Ca-Mangel, s. HCH. SCHMID 1948 (873).

Nach M. SMITH (s. 692) bewirkt ein Gehalt von 0,7 bis 0,8 mg/l F beim Menschen noch keine Dentalfluorose, von 0,9 bis 1 mg/l eine sehr milde, von 1 bis 2 mg/l eine leichte bis mäßig ausgeprägte, von 3 bis 5 mg/l eine ernsthafte. Jedoch sahen C. BROMEHEAD et al. 1943 (127) in England auch viele Fälle von „gesprenkelten Zähnen" in Gebieten, wo Trinkwasser nur rd. 0,3 mg/l enthält; in Gebieten mit 5 mg/l wurden durchweg schwere Fälle beobachtet. H. EULER 1939 (s. 873) gibt an, daß in Gegenden mit höherem Gehalt als 1 mg/l bereits Schmelzflecken zu beobachten seien. Ähnliche Grenzzahlen nennen auch neuere Forscher: R. GABOWITSCH 1950 (278) über 2 mg/l,

W. Patrikejew 1950 (736) über 1 mg/l, C. Schaeffer 1950 (s. 278) über 1—2 mg/l; F. Njuschko u. G. Owrutzki 1952 (720) fanden bei 0,3 mg/l keine Dentalfluorose, bei 0,3—0,5 mg aber schon 7% schwach ausgeprägte, bei 0,5—1 mg = 11% hauptsächlich leichte Form, bei 1—1,5 mg = 14 bis 17% mittelschwere Form, bei 1,5—2 mg = 28%, bei 3 mg = 40% und bei über 3 mg/l bis zu 60%. In Argentinien wurden bei F-Gehalt im Liter unter 2 mg nur ausnahmsweises Auftreten, bei 2—3 mg starkes Schwanken im Auftreten und der Fleckengröße, bei 3—6 mg sehr häufiges Auftreten in leichterem bis mittlerem Grad, bei 6—14 mg entsprechend schwerere Erkrankungen beobachtet.

Bei Kindern und jungen Erwachsenen mit Zahnfluorose stellten F. Kemp et al. 1942 (464) röntgenologisch auch starke Störungen der Knochenbildung fest. Sie nehmen an, daß neben dem stark F-haltigen Trinkwasser auch mangelhafte Ernährung die Voraussetzungen für die Krankheit begünstigt. Auch F. Njuschko u. G. Owrutzki 1952 (720) sowie R. Pohloudek-Fabini et al. 1953 (760) sind der Meinung, daß die Schwankungen des Prozentsatzes des Befalls in verschiedenen Gegenden mit gleichem F-Gehalt des Wassers und die wesentlich voneinander abweichenden Krankheitsbilder der Zahnfluorose darauf hindeuten, daß die Erkrankung auch noch von anderen Faktoren abhängig ist. Wir werden darauf noch S. 117 zu sprechen kommen.

Eine weitgehende Art der Knochenveränderung bei Mensch und Tier als Folge chronischer Vergiftung durch fortgesetzte Aufnahme stark F-haltiger Wässer oder Nahrung oder F-haltigen Flugstaubes, verbunden mit starker Zunahme des Knochengewichtes und des F-Gehalts der Knochen, ist in Gebieten mit hohem F-Gehalt des Trinkwassers, in der Umgebung F exhalierender Fabriken und Vulkane (beim Weidevieh) und auch als Berufskrankheit bei Arbeitern in F-Fabriken zu beobachten. Wir werden die Erscheinungen dieser von P. Møller u. S. Gudjonsson 1932 (682) als F-Erkrankung aufgeklärten Knochensklerose, für die sie den Namen Fluorosis prägten, in Abschnitt III unter Fluor-Rauchschäden eingehend betrachten, s. S. 162.

Anderseits muß aber darauf hingewiesen werden, daß einer „Hyperfluorose" — s. H. Euler 1949 (237) — d. h. schädlichen Folgen einer übermäßigen F-Zufuhr, eine „Hypofluorose" = nachteilige Folgen einer ungenügenden F-Zufuhr gegenübersteht, daß also eine ausreichende Zufuhr von F für den menschlichen und tierischen Organismus nötig ist. Man hatte nämlich nicht nur erkannt, daß es sich bei den „gefleckten Zähnen" um eine Hyperfluorose, um die schädlichen Folgen einer zu großen F-Zufuhr handelt, sondern 1929 beobachtete F. McKay (s. 875) erstmalig, daß in endemischen Gebieten weniger Zahncaries auftrat, als in solchen mit F-armem Wasser. Diese Beobachtung wurde nach ihm von vielen Forschern bestätigt und experimentell an Mensch und Tier erhärtet (s. S. 110). Hierbei stellte sich weiter heraus, daß der physiologisch günstigste F-Gehalt des Trinkwassers zur Cariesprophylaxe um 1 mg/l liegt, nach anderen zwischen 0,7 und 1,3 bzw. 1,5 mg/l. Mit anderen Worten: Wird diese Grenze unterschritten, so entsteht Gefahr für verstärkten Cariesbefall, wird sie überschritten, entsteht Gefahr für Zahnfluorose und evtl.

auch für Knochensklerose. Man steht vor der wichtigen Tatsache, daß die Grenze zwischen Hyper- und Hypofluorose zwischen den schädlichen Folgen einerseits einer zu großen und anderseits einer zu geringen F-Zufuhr nur sehr eng gezogen ist und knapp 1 mg/l beträgt. Eine Erscheinung übrigens, die durchaus nicht spezifisch für Fluor alleine ist, sondern die wir auch bei anderen Spurenelementen, Jod z. B., Alkaloiden und anderen seit langem kennen und beachten. Schon PARACELSUS sagte: „Alle Dinge sind Gifte. Allein die Dosis macht, daß ein Ding kein Gift ist".

Nachdem zweifellos erwiesen war, daß in Gebieten mit F-armem Trinkwasser Zahncaries stärker auftrat als in solchen mit höherem Gehalt (auch ganz hohem, der dann aber zu „gesprenkelten Zähnen" Anlaß gab), ging man, zuerst in USA, dazu über, F-freiem oder zu schwach F-haltigem Wasser F in Form löslicher F-Verbindungen prophylaktisch zuzusetzen (Trinkwasserfluoridierung) oder fehlendes F sonstwie zu ergänzen, s. S. 16 u. 120.

Die umfangreichen Untersuchungen an Trinkwässern, wie sie überall ausgeführt werden, bezwecken also die Unzuträglichkeit solcher Wässer sowohl wegen eines zu großen als auch wegen eines zu geringen F-Gehaltes festzustellen, um danach eine eventuelle Prophylaxe unterlassen oder einleiten zu können bzw. die Entgiftung gefährlicher Trinkwässer vorzunehmen.

Auch hier ist es wichtig zu wissen, daß nach den Untersuchungen von HCH. SCHMID 1948 (873) die ersten zehn Lebensjahre für die Einverleibung eines bleibenden F-Depots maßgebend sind, und daß das in der Jugend gesetzte F-Depot in späteren Jahren bestehen bleibt, aber daß der F-Gehalt nicht mehr auf den hohen Durchschnittswert gesteigert werden kann, wenn der Mensch sich erst beim Heranwachsen oder erst im Erwachsenenalter in einem F-Gebiet niederläßt. Immerhin haben die neueren Untersuchungen von A. RUSSEL u. L. ELVOVE 1951 (843) sowie von P. ADLER 1951 (s. 722) gezeigt, daß auch ältere Altersgruppen bis zu 45 Jahren bei fortgesetztem Genuß F-haltigen Wassers die gleiche relative Cariesresistenz zeigten, wie bei Kindern beobachtet. Diese Erkenntnis, daß eine feste Korrelation zwischen F-Gehalt des Trinkwassers und sowohl der Zahnfluorose wie dem Cariesbefall besteht, war Ursache dafür, daß das Fluor, vor kaum 2 Dezennien noch unter die biologisch bedeutungslosen Elemente eingestuft, heute zu den am meisten diskutierten gehört (s. 1074).

Verfahren zur Beseitigung bzw. Verminderung der Fluoride aus bzw. in stark F-haltigen Trinkwässern (Defluoridierung)[1]

Die Bedeutung dieser Verfahren für bestimmte Gebiete zeigt eine Statistik von J. HILL et al. 1949 (s. 722), nach der von 36,9 Millionen Menschen in 6299 größeren Gemeinden von 32 Staaten der USA nicht weniger als 1,7 Mil-

[1] Vgl. hierzu die Untersuchungen von M. THÉVENARD 1950 (968) über die Frage, ob und wieweit eine gesundheitsgefährdende F-Verseuchung des Trinkwassers von Lyon durch die oberhalb der Stadt in die Rhone entlassenen Abwässer dortiger synthetisches Kryolith herstellender Fabriken erfolgt.

lionen in 378 Gemeinden ihr Trinkwasser aus öffentlichen Wasserversorgungen mit über 1,5 mg/l F bezogen. Etwas günstiger erscheint die Statistik von O. Muegge 1952 (691); sie zeigt, daß 1950 von 98,4 Millionen Leitungswasser konsumierenden Personen zwar nur 1,2%, aber das sind immerhin 1,13 Millionen Verbraucher, Trinkwasser mit über 1,5 mg/l F hatten (s. auch S. 31).

Das einfachste und billigste Verfahren zur Verminderung des F-Gehalts besteht naturgemäß darin, daß man, falls technisch durchführbar, ein F-reiches Wasser mit einem F-armen mischt, also z. B. das Wasser eines Wasserwerkes, das aus F-freiem Oberflächenwasser und F-reichem Grundwasser gespeist wird oder das aus verschiedenen Quellen mit verschiedenem F-Gehalt kommt. Für erstgenannten Fall bringt X. Murden 1953 (706) ein Beispiel aus Portsmouth, Virginia, für zweitgenannten H. Nõmmik 1953 (722) aus Schweden: dort 2 Quellen aus Quartär-Formation, 10 bis 14 m tief, F-Gehalt bis 0,1 mg/l, Höchstleistung 1500 bis 2000 m^3/24 h; 2 Quellen in Fels gebohrt, rd. 140 m tief, F-Gehalt 4 bis 5 bzw. 3 mg/l, Höchstleistung 1000 bis 1500 m^3/24 h. Durch Regelung der Zuflußstärke wird der F-Gehalt insgesamt unter 1,5 mg/l gehalten. Natürlich sind periodische Untersuchungen nötig.[1]

Für die Beseitigung überschüssigen Fluors aus Trinkwasserversorgungen gibt es eine ganze Reihe von Möglichkeiten. Meist wendet man Filterung mit $Al_2(SO_4)_3$ bzw. $Al(OH)_3$, Zeoliten, Bauxit, Silicagel, Ton, auch über Sand + Al-Pulver an, oder über MgO, $MgO + Mg(OH)_2$ oder über $Ca + Ca_3(PO_4)_2$, oder über calcinierte Knochen bzw. Ca-Orthophosphat, auch über Aktivkohle usw. — 61, 101, 195, 259, 320, 466, 498, 646, 654, 664, 713, 901, 917, 956, 1080 —, ferner A. P. 2 043 705 (1933), 2 059 552/3 (1933), 2 072 376 (1934), 2 207 725 (1937), 2 210 965/6 (1937), 2 227 432 (1938), 2 376 897 (1945), E. P. 490 972 (1937), F. P. 892 300 (1944), 911 564 (1945) u. a. —. K. Haller 1952 (352) nennt „Fluo-Karb“, ein aus besonders behandelten Knochen bestehendes Filtermaterial, das auf eine aus 3 verschiedenen Körnungen bestehende Kiesstützschicht geschüttet wird; es läßt sich mit 2—5%iger NaOH-Lösung regenerieren. — Die Bedingungen, unter denen bei Verwendung von $Al_2(SO_4)_3$ beste und schnellste Entfluorierung erfolgt, speziell der Einfluß des p_H, wurden von C. Kempf 1942 (465) eingehend am Leitungswasser der Stadt Ankeny (USA) studiert. — Ss. Moissejew 1951 (681) untersuchte die optimale $Al_2(SO_4)_3$-Menge für Fluß- und artesisches Wasser bei verschiedenen Temperaturen. Wesentlich wurde die Einstellung des p_H auf 8,4 innerhalb sehr enger Grenzen befunden. J. Lee 1952 (544) schlägt aktiviertes Al_2O_3 als nicht kostspieliges Mittel zum Entfernen schädlicher F-Mengen aus öffentlichen Wasserversorgungen vor; es adsorbiert oder absorbiert die Fluoride; seine Regenerierung erfolgt durch Waschen mit verdünnter NaOH und nachfolgend mit verdünnter H_2SO_4.

---

[1] Ph. La Moreaux 1950 (1126) weist darauf hin, daß man in Gebieten mit hohen F-Konzentrationen gewöhnlich F-freies Wasser erhalten könne, wenn man die überliegenden oder tieferliegenden Formationen anbohrt. Man könne dann also F-freies Wasser mit F-haltigem kombinieren und so ein für die Gesundheit bestgeeignetes Wasser von optimalem F-Gehalt erhalten.

A. u. E. ZETTLEMOYER u. W. WALKER 1947 (1084) fanden MgO als billigstes und wirksamstes F-Adsorbens. Ihre Untersuchungen zeigten, daß dabei kein einfacher physikalischer, sondern ein chemischer Prozeß stattfindet. Die Adsorption durchläuft folgende Reaktionen: 1. teilweise Hydratisierung des MgO zu $Mg(OH)_2$, 2. Bildung von MgF_2 und NaOH aus der Reaktion von NaF mit $Mg(OH)_2$, 3. Aufnahme der gebildeten MgF_2 vom MgO unter Bildung eines stabilen Komplexes von Oxyfluorid, das an der Oberfläche nicht anhaftet und sie so zu weiterer Hydratisierung und Adsorption befähigt. Nach F. MAIER 1953 (607) eignet sich Mg besonders für Wasser mit geringerem F-Gehalt, etwa 3 bis 4 mg/l oder weniger.

Jetzt verwendet man auch synthetische Kunstharz-Ionen-Austauscher, Amberlite, Permutite und ähnliche, s. auch J. THOMPSON u. FR. MCGARVEY 1953 (973). Nach Versuchen von K. VENKATARAMANAN et al. 1951 (999) wurde durch übliche Entsalzung über ein aus einheimischem Tanninextrakt (Avaram aus Cassia auriculata) und CH_2O hergestelltes Kationenaustauschharz und Anionenaustauscher der bis zu 5 mg/l eingestellte F-Gehalt unter 0,5 mg/l F reduziert. Amberlite IR-4 war wirksamer als m-Phenylendiaminharz oder ein Anilinschwarzüberzug auf Bimsstein. Das mit 1%iger $Al_2(SO_4)_3$-Lösung vorbehandelte bzw. damit regenerierte Avaram-H-Harz nahm ebenfalls F unter gleichzeitiger Entbasung des Wassers bis auf 0,7 bis 0,8 mg/l F Restgehalt auf. T. RAMAKRISHNAN et al. 1953 (779) stellten ein Ionenaustauschermaterial aus Kaffeebohnenschalen durch geeignete Behandlung mit H_2SO_4, NaCl und Alaun her. Es zeigte gute Wirkung bei der Entfernung von Ca aus 0,1%iger $CaCl_2$-Lösung und von F aus Trinkwasser, dem 0,25 mg F in Form von NaF zugesetzt worden war. Gleichen Erfolg hatten G. RAO u. S. PILLAI 1954 (785) bei ähnlicher Behandlung von Kaffeegrund. Gemeinsam sind für alle Verfahren, die auf Adsorption, Bildung von Komplexsalzen oder Ionenaustausch bestehen, die hohen Kosten. Sie betragen nach H. FABER 1948 (241) für die Verringerung von 6 auf 1 mg/l 90 bis 275 $ per Million Gallonen = 3780 m^3. Ähnliche Kosten gibt auch F. MAIER 1953 (607) an. Interessant ist auch aus seinen Ausführungen zu entnehmen, daß die erste Entfluoridierungsanlage in USA 1937 in Climax, Colo., angelegt wurde, dann folgte Scooba, Miss., 1940. Beide benutzten Tricalciumphosphat = synthetisches Hydroxylapatit. F. MAIER gibt eine Beschreibung der im März 1952 in Bartlett in Betrieb gesetzten Entfluoridierungsanlage, die das dortige 8 mg/l F enthaltende Wasser auf 1 mg/l zu bringen hat, also 7 mg/l entfernen muß. Er hat dort auch Versuche mit verschiedenen Entfluoridierungsverfahren, Calciumphosphat, Ionenaustauscher, Mg- und Al-Verbindungen ausgeführt und die jeweiligen Kosten dieser berechnet.

Nach L. SPIRA u. F. GRIMBLEBY 1943 (929) kann der F-Gehalt eines Wassers durch Kochen herabgesetzt werden, jedoch wird das F aus dem Kesselstein beim Stehen wieder herausgelöst, falls man nicht filtriert. TH. VON FELLENBERG 1951 (253) zeigte, daß für die Frage, ob F-Verlust beim Kochen des Wassers eintritt, die temporäre Härte des Wassers von Bedeutung ist. Erfolgt beim Kochen keine Kalkausscheidung, so tritt weder beim Kochen in Glas-, noch in Aluminiumgefäßen F-Verlust ein. Bei harten Wässern (Härte 13,6 bis 17) tritt dagegen durch Adsorption an das ausfallende $CaCO_3$ beträchtlicher F-Verlust auf. Das spielt jedoch beim Kochen von Speisen keine Rolle, weil hier der F-Anteil sich mit dem $CaCO_3$ auf den Speisen abscheidet. Beim Kochen von Tee und bei Verwendung von Boilerwasser ist mit einem gewissen F-Verlust zu rechnen. Verwendung von Al-Gefäßen beim Kochen von Speisen einschl. Milch läßt F-Verluste kaum auftreten. Wenn sie Gemüse in Wasser kochten, dem 5 und 24 mg/l F zugesetzt waren, wurde, wie Versuche von H. SMITH u. M. VAVICH 1945 (918) zeigten, etwas F aufgenommen, besonders von Getreide, Bohnen und anderen trockenen Nahrungsmitteln, die während des Kochens größere Mengen an Wasser aufnehmen. Versuche von D. MARTIN 1951 (618) bestätigen diese Befunde: Der F-Gehalt aller untersuchten Gemüse stieg entsprechend dem F-Gehalt des verwendeten Wassers an, wobei das unter Druck gekochte Gemüse weniger F aufnahm als das auf gewöhnliche Art gekochte. Tiefgekühltes Gemüse nahm beim Kochen in F-reichem Wasser (0,5 mg%) mehr F auf als frisches; in Wasser mit 0,1 bis 0,2 mg% war der Unterschied gering. H. FRYE u. I. HILL 1952 (276) kamen zu gleichen Ergebnissen.

Nach H. J. SCHMIDT 1954 (876) tritt beim Kochen von Trinkwasser mit einem natürlichen F-Gehalt ein höherer F-Verlust (ca. 50%) ein als beim Kochen von künstlich fluoridiertem Wasser (10—15%). Jedoch kann dies Verhalten wohl nicht verallgemeinert werden, sondern dürfte von der Zusammensetzung des Wassers abhängig sein. Nach H. J. SCHMIDT kann genannter Verlust durch „Umhärtung des Wassers" (Hygro-Nährschutz-Verfahren) ausgeschaltet werden, wobei durch das erhöhte Angebot von leicht resorbierbarem Ca auch eine eventuelle toxische F-Wirkung vermindert wird. Auch bei Kochversuchen mit Kartoffeln in künstlich fluoridiertem Wasser verringerte Hygro-Nährschutz den F-Verlust (aus den Kartoffeln und dem Wasser) wesentlich (876b).

In Gebieten F-reicher Phosphoritlagerstätten Nordafrikas hat man nach M. GAUD et al. (s. 988) eine Verringerung des „Darmous" beobachtet, seitdem die Bewohner ihr Trinkwasser in irdenen Gefäßen aufbewahren, statt wie früher in Ziegenhäuten, in denen sich die festen Bestandteile kaum absetzen können. Bei solchen, durch feste F-haltige Bestandteile verunreinigten Wässern kann also eine gewisse „Entgiftung" schon durch Absetzenlassen in Bassins bzw. durch Filtrieren erzielt werden.

Verfahren zur Erhöhung des F-Gehalts F-armer Trinkwässer (Trinkwasserfluoridierung) [1]

Die S. 11 dargelegte Erkenntnis, daß ein F-Gehalt des Trinkwassers um 1 mg/Liter der optimale (s. u.) Gehalt ist, der bei einem Minimum an Ver-

[1] Dieser Ausdruck wurde auf der 1. Tagung der „Europäischen Arbeitsgemeinschaft für Fluorforschung und Kariesprophylaxe" (Organisme européen de coordination des recherches sur le fluor et la prophylaxie de la carie dentaire — ORCA —) am 29. und 30. Mai 1954 in

änderung der Zähne (s. S. 9) ein Maximum an Schutz gegen Caries gibt (s. 875), führte dazu, daß man begann, das Trinkwasser auf diesen Gehalt einzustellen, entweder, wie wir soeben gesehen haben, durch „Entfluoridierung" bei zu F-reichem Wasser oder durch Zusatz von löslichen F-Salzen bei F-freien oder F-armem Wasser. Letztgenanntes Verfahren der Fluoridierung (Fluorierung, Fluorisierung, Fluoridation) des Trinkwassers wie überhaupt die F-Kontrolle der Trinkwasserversorgung der Bevölkerung hat inzwischen besonders in USA, wo nach J. KNUDSEN 1952 (484) 98% der Bevölkerung an Zahncaries zu leiden hat, einen sehr großen Umfang angenommen, nachdem dort 1949 auch die America Water Works Association die Zugabe von F zum Trinkwasser empfahl (s. H. FABER 1949 [242]). — Wie wir S. 111 noch sehen werden, hat man mit diesen Maßnahmen so gute Erfolge erzielt, daß vom „Committee on Hygiene and Public Health of the America Medical Association" auf der vom 4. bis 7. Dezember 1951 in Los Angeles, Calif., stattgehabten Clinical Session folgende Entschließung angenommen wurde[1], die ihrer Bedeutung wegen hier im Wortlaut bzw. in Übersetzung wiedergegeben werden soll:

Weil sorgfältig kontrollierte Untersuchungen gezeigt haben, daß Fluoridierung öffentlicher Wasserversorgungen günstigen Einfluß auf die Verminderung der Zahncaries bei Menschen jüngeren Alters hat und

Weil das Council on Pharmacy and Chemistry berichtet hat, daß ein F-Gehalt von 1 Teil in 1 Million (= 1mg/Liter) in öffentlichen Wasserversorgungen unschädlich ist und

Weil die F-Zugabe in öffentlichen Wasserversorgungen Vorteil zu haben scheint, ist

Resolved, That the House of Delegates of the America Medical Association endorse the principle of fluoridation of community water supplies.

Und auf der jährlichen Zusammenkunft der „American Dental Association" vom 28. September bis 1. Oktober 1953 im House of Delegates wurde die Empfehlung wiederholt, daß „alle örtlichen Verwaltungen veranlassen sollten, daß der F-Gehalt ihrer öffentlichen Wasserversorgungen auf die von ihrer staatlichen und lokalen Gesundheitsverwaltung empfohlenen Höhe gebracht wird." Dabei wurde nochmals betont, daß die Fluoridierung keine nachteilige Wirkung auf den allgemeinen Gesundheitszustand habe, sondern die Gesundheit durch Verringerung des Zahnverfalls deutlich verbessere.

Die erste Fluoridierung städtischen Trinkwassers begann 1945 in Grand Rapids, Mich., USA. Nach R. PHILLIPS 1953 (753) erfolgte 1946 schon in 9 Wasserwerken mit 301 520 angeschlossenen Personen F-Zusatz, 1949 waren es bereits 27 Werke mit 777 033 Personen, 1950 16 Staaten mit 62 Werken und 1,384 Millionen Personen, Ende 1952 43 Staaten mit 354 Trinkwasserversorgungen für 447 Gemeinden mit 12,590 Millionen Personen. Die Zahlen nehmen ständig rasch zu. — In Canada, wo man ebenfalls 1945 mit der Fluoridierung einer 40 000 Personen versorgenden Wasserleitung in Brantford begann, hat

---

Salzburg bevorzugt, um auch den Gegensatz zur Chlorierung herauszustellen. Anfang 1956 umfaßte die ORCA 22 Staaten mit 143 über Fluorprobleme arbeitende Wissenschaftler; Präsident 1954/55: Prof. Dr. A. J. HELD, Genf, Institut de Médecine Dentaire; 1955/56 Dr. Hs.-R. HELD, Genf; Generalsekretär Dr. H. J. SCHMIDT, Stuttgart-Degerloch.

[1] J. Amer. Water Works Assoc., New York, 44, 1952, 148.

nach PHILLIPS die Fluoridierung anscheinend wenig Fortschritte gemacht, obgleich dort inzwischen in den 5 Jahren einem Bericht von W. HUTTON et al. 1951 (421) zufolge, deutlich günstiger Effekt bei Caries festgestellt werden konnte. 1952 fluoridierten in Canada erst fünf Wasserwerke mit 128 000 Verbrauchern. — Auch in Brasilien hat man — zunächst in Guandu — mit der Fluoridierung des Trinkwassers begonnen. Desgleichen in Holland, zunächst in der kleinen Stadt Tiel und zum Vergleich in der etwa gleiche Einwohnerzahl und gleich zusammengesetztes Trinkwasser aufweisenden Stadt Culenborg. Beiderseits sollen 5 Jahre hindurch je 100 Kinder der Altersklassen 11 bis 15 Jahre durch jährliche Gebiß- und Röntgenuntersuchung getestet werden. In Belgien wird seit Anfang Januar 1956 fluoridiert; in Assesse bei Namur, in Norrköpping/Schweden seit 1953, weitere Versuchsanlagen sind in anderen Staaten geplant oder schon in Betrieb.

In Deutschland hat als erste die Stadt Kassel, Stadtteil Wahlershausen, mit 12 000 Einwohnern Ende 1952 die Trinkwasserfluoridierung aufgenommen.

In diesem Abschnitt soll nur einiges über die Technik der Trinkwasserfluoridierung gesagt werden. Über die verschiedenen gesundheitlichen Ansichten zur Fluoridierung selbst und ihren eventuellen Ersatz durch F-Tabletten, F-Kochsalz, F-Milch, Brotkrusten-Fluoridierung usw. sowie durch direkte Applikation von F an die Zähne (Mundwasser, Zahnpasten, F-Pinselungen usw.) wird in Kap. II, S. 109 zu sprechen sein.

Auch hier ist, umgekehrt wie bei den Verfahren zur Verminderung des F-Gehalts in stark F-haltigen Trinkwässern gezeigt, das einfachste und billigste Verfahren, das aus verschiedenen Quellen einer Wasserversorgung mit verschiedenem F-Gehalt kommende Wasser so zu mischen, daß das in der Leitung strömende Wasser den gewünschten F-Gehalt aufweist. Indes ist das wohl nur in den seltensten Fällen möglich. Andernfalls setzt man dem F-armen Wasser lösliche F-Verbindungen zu. In den von R. PHILLIPS 1953 (753) genannten 357 Trinkwasserversorgungen wurde NaF in 147 = 40%, Na_2SiF_6 in 176 = 50%, H_2SiF_6 in 32 = 9% und HF und $(NH_4)_2SiF_6$ = je 0,5% in je einem Werk verwendet. Bei Na_2SiF_6 erfolgte der Zusatz in fast allen Werken durch Trockendosierung, bei NaF zu etwa 40%, sonst in Lösung. C. HOWELL et al. 1952 (408) meinen, daß über die Wirkung des Na_2SiF_6 noch Erfahrungen zu sammeln seien; bei Hamstern war Na_2SiF_6 (und CaF_2) bei gleichem F-Gehalt der Nahrung (5 mg) weniger wirksam als NaF. Auch A. RADICKE u. J. MUHLER 1953 (776) stellten bei verschiedenen F-Verbindungen verschiedene Wirkung fest; in diesem Fall wirkte bei gleicher F-Gabe SnF_2 stärker carieshindernd als NaF. I. ZIPKIN u. F. McCLURE 1951/54 (1091/92) dagegen folgern aus ihren Versuchen an weißen Ratten, daß NaF, Na_2SiF_6 oder Na_2PO_3F als Fluoridierungsmittel dem Trinkwasser zugesetzt, gleiche carieshemmende Wirkung haben. KPF_6 und trifluoressigsaures Na waren wirkungslos.

Welche der F-Verbindungen man wählt, richtet sich nach den jeweiligen Umständen und auch wohl nach den örtlich günstigsten Preisen. In dem gemeinsamen Bericht, den N. JACKSON et al. 1953 (429) über ihre Erfahrungen mit den 1951/2 erfolgten Anlagen für Trinkwasserfluoridierung bei 5 Wasserwerken sehr verschiedener Größe bei einem täglichen Verbrauch von rd. 7000 bis 1 Million m^3 geben, weisen sie darauf hin, daß, um einen F-Gehalt von 1 mg/l mit Na_2SiF_6 zu erzielen, immerhin *täglich* rd. 11 bis 1600 kg (= rd. 4 bis 600 t jährlich) Na_2SiF_6 erforderlich sind, bzw., wenn das natürliche Wasser bereits F-haltig ist, entsprechend weniger. Genannte Werke fluoridieren mit Na_2SiF_6, einem Nebenprodukt der Phosphatindustrie, weil es trotz geringerer Löslichkeit (1:132) als NaF (1:24) verschiedene Vorteile hat: höheren F-Gehalt (rd. 60%) gegenüber NaF (rd. 45%), damit weniger Lagerraum beansprucht, also größere Handlichkeit besitzt, auch Betriebssicherheit und relative Billigkeit (1952 dort zwischen 6 u. 9 $ je 50 kg). Es ist nicht hygroskopisch, nur bei Lagerung in hohen Schichten neigt es zur Klumpenbildung. Es kommt in Säcken oder Fässern oder Eisentrommeln in den Handel. Fässer sind am staubfreiesten zu handhaben. Es soll nicht zu viel — durch Siebprobe leicht feststellbare — staubförmige Anteile enthalten. Zweckmäßig werden die Arbeiter bei Handhabung mit allen pulverförmigen F-Verbindungen aber mit Schutzanzügen und besonders mit Staub-Schutzmasken ausgerüstet. Die leeren Säcke werden am besten gesammelt und in nicht zu großen Mengen in geeignetem Verbrennungsofen auf freiem Felde in genügender Entfernung von vorhandenen Bäumen usw. verbrannt (657). Besondere Rücksicht muß auf die Wahl des richtigen Zuflußortes der F-Zusätze zum Leitungswasser genommen werden. Denn in den Klärbecken, Wasserbehältern und Filteranlagen, besonders über Sand + Alaun findet mit der Alaunausflockung ein F-Verlust von 10—20% durch Adsorption statt.

Die F-Speiser-Apparate (Fluoride Feeder, Fluoridator), wie sie von verschiedenen Spezialfirmen geliefert werden, beschreibt H. Medbery 1953 (657) und bildet in seinem Bericht über Kosten und Probleme der Fluorierung eine Anzahl solcher ab. Sie richten sich in ihrer Größe und Konstruktion nach dem Wasserverbrauch der betr. Wasserwerke, der schwankenden Strömungsgeschwindigkeit und besonders auch nach der zur Verwendung kommenden F-Verbindung, ob diese in Lösung, Aufschwemmung oder in trockener Form zugesetzt werden soll, ferner nach dem durch sie bewirkten p_H, ihren korrodierenden oder inerten Eigenschaften, ihrem Verhalten gegenüber hartem Wasser und Weichmachern usw. (705). Es gibt handbetriebene, halb- oder ganzautomatisch betriebene. Alle haben automatische Kontroll- und Warnungseinrichtungen bei Unter- oder Überdosierung oder Störung in der Pumpanlage. Die Trocken-Feeders arbeiten entweder volumetrisch oder gravimetrisch. Für mittelgroße Wasserwerke sind im allgemeinen die volumetrisch arbeitenden vorzuziehen, für große die gravimetrisch arbeitenden. Ständige Beaufsichtigung ist aber trotz durchweg zufriedenstellender Leistung zu empfehlen. Anfänglich z. B. bisweilen vorkommende Verstopfung im Zuführungstrichter bei Trockendosierung durch feucht gewordenes Na_2SiF_6 ließ sich durch Einbau einer 100-Watt- oder einer Infrarot-Lampe zum Trocknen des Na_2SiF_6 leicht beheben. Auch regelmäßige chemische Kontrolle des F-Gehalts des

Wassers ist erforderlich. Bei den verschiedenen Wasserwerken in USA wird sie noch nicht nach einheitlichen Methoden ausgeführt. Man hat sie nach Möglichkeit zu vereinfachen versucht, s. Kap. IV, Quantitative F-Bestimmung. — Besonders vermerkt wird, daß Fluoridierung und Chlorung sich gegenseitig nicht stören, und daß sogar zur Vereinfachung und Verbilligung gleichzeitiger Zufluß der Na_2SiF_6-Lösung und der zur Entchlorung dienenden Natriumbisulfit-Lösung möglich ist. — Die Kosten werden, abhängig vom F-Gehalt des natürlichen Wassers je Kopf und Jahr auf 5 bis 10 Cents angegeben, nach H. FABER 1949 (242) in Milwaukee, Wisc., nur auf 2,75 Cents. Jedoch sind seit 1952 die Preise für die Fluorsalze gestiegen (753). In Milwaukee hat man berechnet, daß die Fluoridierung des Trinkwassers in 16 Jahren die öffentlichen Ausgaben für die Zahnpflege um 50 Millionen $ verringert haben wird (s. 958).

Auch eine ganze Reihe anderer Autoren berichten über ihre ähnlichen betriebstechnischen Erfahrungen bei der Fluoridierung, so L. HARPER 1951 (358), R. PHILLIPS 1951 (752), F. MAIER 1952 (606), G. WOOD 1952 (1076), R. FERRINGER 1953 (256), H. MUNROE 1953 (705). Die bei der Fluoridierung bislang aufgetretenen Hauptschwierigkeiten sind: Nicht ungefährliche Handhabung der Chemikalien, Korrosion der Leitungsrohre, Gefahr der Überdosierung und Einspruch der Verbraucher. Einen zusammenfassenden Bericht gibt der Report of the United Kingdom Mission. London, H. M. S. O. (for Ministry of Health) 1953 (801). — W. WHITE et al. 1952 (1041) haben als auch für Trockendosierung geeignetes neues Flockungs- und gleichzeitig F-Zusatzmittel gute Erfahrungen mit „Flural" gemacht, einem durch Digestion von Flußspat erhaltenen trockenen, in Wasser löslichen Produkt mit 11—18% F und 21—26% Al_2O_3. S. auch die A. P. P. 2 643 179 v. 21/7. 1950 und 2 643 226 v. 10/6. 1950, beide ausg. 23/6. 1953, betr. Behandlung von fluorierten, Aluminium enthaltenden Mineralstoffen zur Gewinnung eines Mittels zur Wasserbehandlung. A. P. 2 671 755 v. 5/8. 1949, ausg. 5/3. 1954 verwendet feinverteiltes Calciumchloridfluorid CaClF; das in wäßriger Suspension von 0,1% sich bildende feinverteilte CaF_2 wird dem Hauptwasserstrom in gewünschter Menge zugegeben. Nach TH. HÜRNY 1955 (1119) würde CaF_2, in Form von sehr feingemahlenem natürlichen Flußspat dem Sandfilter zugesetzt, bei nicht zu großer Filtriergeschwindigkeit genügende F-Konzentration ergeben können; jedoch ist beim Rückspülen des Filters ein Abschwemmen des feinen CaF_2 zu befürchten. Die beim Zusatz der verschiedenen trockenen und flüssigen Chemikalien bei der Wasserfluoridierung zu beobachtenden Gesichtspunkte untersuchte B. GRAHAM 1955 (1111) und beschreibt geeignete Zuführungsapparate.

Erwähnt sei auch, daß G. LEVIN u. N. JACKSON 1953 (557) zur Kontrolle der Vorgänge im Netzwerk des Verteilungssystems großer Wasserwerke Zusatz von F empfehlen und Kontrolle der F-Verteilung durch quantitative F-Bestimmung an verschiedenen Punkten des Leitungssystems zu verschiedenen Zeiten. Das Verfahren hat sich in dem 2000 km langen Wasserverteilersystem im Columbia-Distrikt USA bestens bewährt. Anwendung kommt besonders unmittelbar vor Aufnahme der Fluoridierung einer Wasserversorgungsanlage in Frage.

Über die in Kassel-Wahlershausen 1952 in Deutschland erstmalig versuchsweise eingerichtete Trinkwasserfluoridierungsanlage und ihre Bedienung gibt H. HUGELMANN 1953 (412) eine Beschreibung. In einem Hochbehälter, der den Bezirk speist, wird der natürliche F-Gehalt von 0,3 mg/l auf 1 mg/l durch Fluoridierung erhöht. Die Einhaltung dieser Grenze wird durch mehrfache Untersuchung von im Verteilernetz entnommenen Proben überwacht, an Ort und Stelle mit dem Taylor-Comparator durch colorimetrische Prüfung mit Testlösung (s. S. 223). Die Fluoridierung wird durch Einpumpen von NaF-Lösung in die Wasserabgangsleitung durch ein vom Wasserstrom mittels WOLTMAN-Zähler gesteuertes Dosiergerät vorgenommen.

Der Wassergenuß der Kinder ist recht unregelmäßig und wechselt außer mit der Jahreszeit mit den besonderen örtlichen klimatischen Bedingungen, besonders Temperatur und Feuchtigkeit, und auch individuell. Nach H. DEAN 1951 (194) findet z. B. bei 21° C ein doppelt so hoher Wasserverbrauch statt wie bei 10° (daher auch bisweilen leichte Fluorose der Kinder bei starkem Verbrauch von nur 1 mg/l F enthaltenden Wasser). Diesen Gegebenheiten muß die Menge des dem Wasser zugesetzten F angepaßt werden, um Überdosierungen zu verhüten — s. D. GALAGAN 1953 (285). Die von verschiedenen Staaten der USA festgesetzten Grenzen schwanken zwischen 0,8 u. 1,2 mg/l. In New England und den Mittel-Atlantik- und NO-Zentral-Gebieten ist das Minimum 1,0, in den NW-Zentralstaaten, Kentucky und einigen der Rocky Mountain-Staaten 1,0—1,2, in den S-, SW- und Pazifikküsten-Bezirken 0,4 und 1,0 mg/l (753). Auch R. PHILLIPS 1951 (752) erwähnt, daß in Charlotte, North Carolina, der F-Zusatz nach dem Absatz der Mineralwasserindustrie zwischen 0,6 mg/l im Sommer und 1,1 mg/l im Winter eingestellt wird. Ebenso weist H. BOORSMA 1953 (94) darauf hin, daß es unwahrscheinlich sei, daß der in USA gültige optimale F-Zusatz auch für die niederländischen Verhältnisse gelte; eine Vergleichsuntersuchung zwischen zwei soziologisch gleichen niederländischen Städten mit F-haltigem und F-freiem Wasser sei im Gange (s. S. 18) und werde zeigen, ob der Frage der allgemeinen Fluoridierung des Trinkwassers in den Niederlanden näherzutreten sei.

Die von der Bevölkerung von Madison USA anfänglich vorgebrachten Befürchtungen, die F-Zugabe (hier 60%ige HF) könne Geschmacksbelästigungen erzeugen oder den Gebrauch des Wassers beeinträchtigen oder schädlich beim Begießen der Blumen oder in Fischbehältern wirken, haben sich nicht bewahrheitet. Auch die Brauereien, Käsereien und Mineralwasserfabriken haben keine Beanstandungen gehabt, s. L. SMITH 1949 (919). G. COX u. J. NATHANS 1952 (168/69) fanden zwar, daß ein Zusatz von 1 mg/l F geschmacklich merklich sein kann (aber in destilliertem Wasser!). Erfahrungen über den Einfluß von fluoridiertem Wasser auf Geschmack, Farbe und Struktur von Dosenkonserven und auf die Dosenkorrosion sind nach C. GREENLEAF 1951 (329) noch nicht gesammelt. Nach S. GOLDSTEIN 1952 (319) können pharmazeutische Zubereitungen, für die Leitungswasser genügt, bedenkenlos mit fluoridiertem Wasser hergestellt werden, Lösungen von Antibioticis und solche für Injektionen dagegen sollen nur mit destilliertem Wasser hergestellt werden.

Über die durchweg günstigen Erfolge der Trinkwasserfluoridierung und Stimmen für und gegen diese, beides vom gesundheitlichen Standpunkt aus, s. S. 113. Vom technischen Gesichtspunkt aus weisen J. McKEE 1953 (652/53) sowie auch A. MIRIMANOFF 1954 (675) darauf hin, daß gegen eine Fluoridierung des Trinkwassers die geringe Nutzung durch die Kinder von 1—12 Jahren spreche; sie betrage nur 0,04% des Verbrauchs, der Rest sei verloren[1], hinzu käme, daß die Kinder je nach Alter, Jahreszeit und auch individuell ganz verschiedenen Wasserbedarf hätten. Und da es ferner unmöglich sei, Quellwasser oder Brunnen auf dem Lande oder in kleinen Orten zu fluoridieren, halten sie F-Zufuhr in anderer Form für zweckmäßiger[2], McKEE durch F-Zusatz zu in Flaschen abgefüllte Getränke, wie es z. B. in Süd-Californien schon geschieht, oder besonders zu Milch, MIRIMANOFF durch F-Zugabe in Form von NaF-Tabletten, besonders für Länder, in denen der Großteil der Bevölkerung außerhalb größerer Städte wohnt, wie in der Schweiz und in Frankreich. S. auch S. 120.

Mit der stärkste Widerspruch gegen die Fluoridierung geht nach J. McKEE 1953 (652), um das hier bereits mit zu erwähnen, von religiöser Seite aus. Z. B. haben die „Christian Scientists" gegen eine „mass medication" protestiert, indem sie anführten, daß dabei die Einzelperson gezwungen würde, eine medizinische Substanz oder Behandlung gegen ihren Willen und gegen ihre religiöse Überzeugung zu ertragen. Ein wichtiges Argument gegen die Fluoridierung ist, daß mit ihr ein Präzedenzfall für eine medizinische oder ernährungstechnische Behandlung durch die öffentliche Wasserversorgung geschaffen sei.

---

[1] Nach Erhebungen des Bundeswirtschaftsministeriums (24) förderten die öffentlichen Wasserwerke der Bundesrepublik Deutschland im Jahre 1951 etwa 2,2 Milliarden m³ Wasser. Zu deren Gesamtfluoridierung wären rd. 3600 t Na_2SiF_6 bzw. 4900 t NaF jährlich erforderlich. Oder anders berechnet: Für einen jährlichen Wasserverbrauch von 100 Millionen m³ (wie etwa Hamburg) sind erforderlich jährlich rd. 165 t Na_2SiF_6 bzw. 222 t NaF_2, d. h. im Mittel täglich rd. ½ t Na_2SiF_6 bzw. 0,7 t NaF_2. Alle diese Zahlen schließen allerdings das Industrie-, Bade- und Waschwasser für die Haushaltungen usw. mit ein. In Hamburg z. B. werden z. Zt. von den rd. 100 Millionen m³ Jahresgesamtverbrauch rd. 25 Millionen m³ für technische Zwecke verwendet. Wenn, wie angestrebt, das für technische Zwecke dienende Wasser den Betrieben in besonderen Zuleitungen getrennt vom Trink-Grundwasser zugeführt wird, ein wegen seiner Kosten zwar wohl noch in weiter Ferne liegender Plan, würden die berechneten F-Mengen sich naturgemäß wesentlich verringern.

[2] Darauf weist auch ein Bericht des „Ad Hoc Committee on Fluoridation of Water Supplies", Washington, hin: Denn wenn gegenwärtig (1950) auch etwa ⅓ der USA-Bevölkerung öffentliche Wasserversorgung habe, so könne bis auf weiteres doch nur die Hälfte der Bevölkerung in den Genuß der Fluoridierung gelangen, weil in kleineren Ortschaften, die zwar Wasserleitung, aber nur wenige Kinder haben, die Fluoridierung sich bisweilen nicht lohne (800). Ende 1952 wurde 13% der städtischen Bevölkerung der USA mit fluoridiertem Wasser versorgt (753).

Wenn er sich durchsetze, sei es nur ein Schritt weiter, auch z. B. Vitamin B_{12} zur Anregung des Wachstums der Kinder durchzusetzen, oder Cu bzw. andere Spurenelemente.[1]

G. Bratton 1953 (114) ist der Meinung, daß bei der Fluoridierung des Wassers außer zahnärztlichen bzw. medizinischen Problemen und solchen des öffentlichen Gesundheitswesens auch Fragen industrieller und handelstechnischer Art zur Diskussion stünden. Z. B. für die Mais-Naßmüllerei: Wenn das Einweichwasser schon 1 mg/l F enthält, ist für das konzentrierte Einweichwasser mehr als 6 mg/l F zu erwarten und für den Stärkesirup mehr als 5 mg/l, womit die vielseitige Verwendung des eingedampften Einweichwassers und der Verkauf und Export des Stärkesirups in Frage gestellt werden könne. Ähnliche Schwierigkeiten bestünden für die Malzextraktfabrikation, die bei 1 mg/l F des Ausgangswassers bis 8 mg/l im fertigen Malz enthielte; auch für die Fabrikation der Backhefe, die stark mit F angereichert, in ihrer Gärfähigkeit geschädigt und wegen ihres hohen F-Gehalts für viele pharmazeutische Zwecke und für Kindernährmittel unbrauchbar würde. Aber W. Weir 1953 (1030) hält diese Bedenken für gegenstandslos. Auf Hefe wirke ein F-Gehalt von 1—5 mg/l leicht stimulierend, bis 10 mg/l ebenfalls, oder je nach F-Verbindung leicht hemmend und erst bei 25 mg/l endgültig hemmend, und die obengenannte Zunahme sei ganz unwesentlich im Vergleich zu den in anderen Nahrungs- und Futtermitteln bereits vorhandenen F-Mengen. Bei H. Webber u. L. Taylor 1954 (1027a) zeigten bis 10 mg/l F in Form von NaF oder Na_2SiF_6 im Wasser keinen nachteiligen Einfluß auf die Vergärung bei obergäriger Hefe, bei 2 mg/l möglicherweise eine Steigerung. Bei höheren Gaben wurde F von der Hefe stark aufgenommen. Eine kumulierende Übertragung von F von einer Vergärung zur nächsten wurde bei 9 Führungen in Mengen bis 20 mg/l nicht beobachtet.

Nach Beobachtungen von W. Grune u. R. Sload 1955 (1112) üben Konzentrationen von 5 mg/l F, das wäre etwa das 10fache dessen, was bei der üblichen Trinkwasserfluorierung (lmg/l) als in den abgesetzten Frischschlamm übergehend angesehen werden kann, keinerlei meßbaren Einfluß auf die Schlammführung aus und zwar weder auf die Geschwindigkeit noch auf die endgültige Gasausbeute.

Erwähnt sei an dieser Stelle, daß nach D. B. P. 903 800 Kl 85b vom 2/10. 1948, ausg. 11/2. 1954, F-Zusatz zum Enthärten von Wasser erfolgt. Man arbeitet unter Ausschluß von Alkalicarbonaten und setzt dem zu enthärtenden Wasser NaF und $Ca(OH)_2$ zu mit der Maßgabe, daß auf 100 Teile NaF 50 bis höchstens 88 Teile $Ca(OH)_2$ kommen. NaF kann ganz oder teilweise durch NH_4F und $Ca(OH)_2$ durch NaOH ersetzt werden.

Mit der Fluoridierung des Trinkwassers bei uns zusammenhängende Rechtsfragen behandelte O. Hofmann 1953 (398), während W. Land u. Ed. Mosen-

[1] S. auch H. Hornung: Die Argumente gegen die Trinkwasserfluoridierung, 1955 (160a, 146—153).

THAL 1953 (522) eine Anzahl von in den USA 1952 gefällten Gerichtsentscheidungen bespricht. Bei ihnen ging es durchweg um die Frage, ob das Fluoridierungsprogramm einen Einbruch in die religiöse Freiheit bedeutet. Die Trinkwasserfluoridierung wurde in einigen Orten wohl auf einige Monate unterbrochen, jedoch in allen Fällen wieder gerichtlich zugelassen. Kein Gericht hat sie bis jetzt dauernd zurückgehalten.

Fluor-Gehalt verschiedener Trinkwässer der Erde, von Regenwasser, von Mineralwässern („Fluor-Quellen"), des Meerwassers und der Salzlagerstätten

Besonders die zahlreichen amerikanischen Trinkwasseruntersuchungen auf F-Gehalt haben zur Verfeinerung der Analysenmethoden geführt und damit auch zur neuerlichen Bestimmung kleiner und kleinster F-Mengen in pflanzlichem und tierischem Material (s. Abschn. IV). Und die nach diesen inzwischen ausgeführten Untersuchungen zeigen durchweg, daß die nach älteren Methoden erzielten F-Werte oft zu hoch sind.

Nachstehend soll eine Anzahl neuerer Analysen aus den verschiedenen Ländern mitgeteilt werden. Die Zusammenstellung macht keinen Anspruch auf Vollständigkeit, kann aber doch einigen Aufschluß geben.

a) Trinkwässer (Quell-, Fluß- und Leitungswässer)[1]

Deutschland: In der damaligen Landesanstalt für Wasser-, Boden- und Lufthygiene in Berlin-Dahlem hatte man (s. G. GAD 1952 [282]) 1938 begonnen, Trinkwasser aus allen Teilen Deutschlands auf seinen F-Gehalt zu untersuchen. Leider konnten die Arbeiten nicht abgeschlossen werden, aber es zeigte sich, daß die F-Werte durchschnittlich bei 0,15 mg/l liegen; F-Gehalte über 0,5 mg/l wurden nicht angetroffen. — Im Münchener Leitungswasser fanden K. KRAFT u. R. MAY 1937 (497) 0,144 mg/l — 1951 von K.-E. QUENTIN (771) mit 0,115 mg/l bestätigt —; in dem von Kreuth 0,220, Oberammergau 0,200, im Schweighofwasser (Rottach) 0,280, im Isarwasser bei Tölz 0,167, Weißachwasser bei Kreuth 0,203 mg/l F, also stets eine Erhöhung des F-Gehalts im Gebirge. Im Amperwasser bei Fürstenbrück fand K.-E. QUENTIN 1952 (771) 0,10 mg/l. Nach genanntem Forscher ist die Aufstellung einer Fluorbilanz der bayerischen Wässer durch die Chemische Abteilung des Balneologischen Instituts in München im Gange. In Mineralwässern, bei denen extreme Verhältnisse vorliegen, wurden viel höhere F-Mengen gefunden (s. auch S. 33). Auch nach G. GAD 1952 (282) werden in deutschen Flüssen nur geringe F-Gehalte angetroffen, durchschnittlich 0,15 mg/l. Er gibt an: in Wasser der Berliner Westsektoren 0,18 (Spandau) bis 0,35 (Rohwasser) bzw. 0,23 mg/l (Reinwasser) Tiefwerder, ähnlich Kladow. In Wasser des Berliner Ostsektors: Johannistal 0,35, bis Müggelsee und Stolpe 0,20, Potsdamer Wasserwerk I 0,40; ferner Bad Schandau 0,10,

[1] W. FRIESE 1955 (1107) macht darauf aufmerksam, daß Fehler dadurch entstehen können, wenn Holzrohrleitungen mit Fluoriden imprägniert sind, die vom durchfließenden Wasser nach und nach herausgelöst werden.

verschiedene deutsche Trinkwasserversorgungen alle unter 0,50 mg/l. R. POHLOUDEK-FABINI et al. 1953 (760) fanden F mg/l: Leipziger Großwasserwerk Naunhof I = 0,16, Naunhof II = 0,16, Thallwitz 0,79 (!), Canitz 0,45, in 7 Randwasserwerken 0,22 bis 0,33, in Mischwässern 0,34 bis 0,60, aber schwankend, je nachdem das Thallwitzer Wasser an der Trinkwasserzusammensetzung mehr oder weniger stark beteiligt war. In 12 verschiedenen Wässern öffentlicher Brunnen aus dem Stadtgebiet Leipzig wurden zwischen 0,10 und 0,32 gefunden; im Trinkwasser Audigast/Sa. 0,23, Döbeln/Sa. 0,14, Crimmitschau/Sa. 0,25, Altenburg/Thür. 0,11, Potsdam-Rehbrücke 0,22. Für den höheren F-Gehalt Thallwitz können die petrographischen Eigenschaften des Grundwasserstauers und des Grundwasserträgers keine Erklärung liefern; vielleicht wird das Grundwasser mit Sickerwasser aus der benachbarten Mulde vermischt, bei der ein höherer F-Gehalt in Anbetracht der in sie fließenden Abwässer der Stadt Wurzen nicht verwunderlich wäre.

W. FRIESE 1955 (1107) sagt, daß es beabsichtigt sei, für die Gesundheitsämter eine F-Gehaltskarte der natürlichen Wässer Sachsens aufzustellen. Über 200 Untersuchungen im Dresdner Bezirk zeigten, daß die gefundenen F-Werte den optimalen Wert von 1 mg/l F meist beträchtlich unterschritten. Werte über 0,5 mg/l kamen selten vor. Bemerkenswert ist, daß die in der Umgebung Dresdens liegenden Tiefbrunnen einen Gehalt um 0,7 mg/l aufwiesen. In Dohna a. d. Müglitz zeigte diese einen F-Gehalt (in mg/l) oberhalb des oben schon genannten F-Werkes 1,0, unterhalb 25,0; die Elbe oberhalb der Einmündung der Müglitz 0,7, unterhalb 4,0. Im Schneeschmelzwasser des Dohnaer Tales bei dem F-Werk = 3,4, in 1 km Entfernung flußabwärts nur noch 0,55; in Dohna selbst: Stadtleitung 0,8, Brunnen 0,85 bis 1,60 (s. auch S. 11).

Im Wasser der Saale fanden F. HEIDE u. J. KAEDING 1954 (1117) an verschiedenen Stellen 0,15 bis 0,90 mg/l F (J=0,0014—0,0142, Br=0,0041—0,1328, Cl = 14,0—1250). Der Gehalt an letztgenannten beiden Halogenen ist durch Abwässereinleitungen der Kaliindustrie erklärlich. Verfasser berechnen, daß bei einer mittleren Einflußmenge der Saale von 90 m³ der Elbe in einem Jahr folgende Halogenmengen in 1000 t zugeführt werden: F = 2,5; J = 0,04; Br = 0,37; Cl = 3500.

Fast dieselben geringen F-Werte stellten HAACK u. ZIMMERMANN 1952 (341) bei ihren Untersuchungen über den F-Gehalt des Trinkwassers im Rheinisch-Westfälischen Industrieraum fest. Die Bevölkerung des Ruhrgebietes erhält ihr Trinkwasser überwiegend aus teils uferfiltriertem, teils mit Grundwasser künstlich angereichertem „Ruhrwasser". Daneben dienen 4 Talsperren und zahlreiche Quellwasservorkommen der Trinkwasserversorgung; echte Grundwassergewinnung tritt stark zurück. Die Ruhr selbst zeigte im oberen Teil geringen F-Gehalt, 0,08 bis 0,17 mg/l; im mittleren und unteren ist er höher, 0,20 bis 0,23. Die Quellwässer hatten meist unter 0,1, höchstens um 0,2, die der Talsperren 0 bis 0,06 mg/l. In Brunnenwasser der Kalksteinformation im Rheingebiet wurde 0,05 bis 0,1 mg/l gefunden, in solchen im Einzuggebiet der Lippe 0,1 bis 0,22, in uferfiltriertem Rheinwasser 0,2 bis 0,23 und in dem der

Ruhrwasserwerke 0,09 bis 0,23. Der F-Gehalt erwies sich als recht konstant: im Wasserwerk Steele-Horst, oberhalb Essen, schwankte er von April bis September, also bei starken Schwankungen der Wasserführung der Ruhr bei rd. 50 Untersuchungen meist um 0,20 (einmal 0,16, höchstens 0,23) mg/l.

Aus dem Lande Nordrhein-Westfalen führten weiter H. KAUFMANN u. A. HEESCH 1953 (459) umfangreiche Untersuchungen an Trinkwässern aus. — Methode s. S. 230 —. Auch bei diesen zeigte sich, daß der F-Gehalt durchweg niedrig ist:

Von 190 untersuchten Trinkwasserproben aus dem Lande Nordrhein-Westfalen hatten einen F-Gehalt von 0,0 bis 0,6 mg/l nach H. KAUFMANN u. A. HEESCH 1953 (459)

TABELLE 3

Anzahl der	F-Gehalt mg/Liter bis zu						
	0,0	0,10	0,20	0,30	0,40	0,50	0,60
untersuchten Proben	1	45	75	33	27	7	2
= % der untersuchten Proben	0,5	23,7	39,5	17,3	14,2	3,7	1,1

Der F-Gehalt erwies sich als im ganzen Untersuchungsgebiet unterschiedlich verstreut und als nicht geographisch fixiert. In manchen Städten wurden oft mehrfach unterschiedliche F-Gehalte gefunden, die auf die Vorbehandlung des Wassers zurückgeführt werden. — s. auch G. GAD u. E. FÜRSTENAU 1954 (282a).

Danzig: In mehreren Hundert Wässern des Bezirks Danzig fanden Zo. GESCHWIND u. JA. JURKIEWICZ 1952 (1109) meist $< 0,5$ mg/l F, selten höhere Werte von 0,6 bis 4 mg/l. Die höchsten Werte wurden im östlichen Teil des Gebietes gefunden, vorwiegend in artesischen Brunnen.

Schweden: Besonders umfangreiche und systematische Untersuchungen des Wassers auf F-Gehalt und dessen Zusammenhang mit den geologischen Gegebenheiten wurden von H. NÕMMIK 1953 (722) mitgeteilt. 4000 Wasseranalysen illustrieren die F-Verteilung in Schwedens Quellwässern:

Von 208 größeren und kleineren Städten und Dörfern Schwedens bezogen ihr Trinkwasser aus öffentlichen Wasserleitungen mit einem F-Gehalt von 0,0 bis über 1,2 mg/l — nach H. NÕMMIK 1953 (722)

TABELLE 4

Anzahl der	F-Gehalt mg/Liter						
	0,00—0,19	0,20—0,39	0,40—0,59	0,60—0,79	0,80—0,99	1,00—1,19	>1,20
Ortschaften	103	48	22	14	8	7	6
Bevölkerung (in Tausend)	1970	567	161	148	45	89	92
= % der Gesamtverbraucher (3 072 000)	64,1	18,5	5,2	4,8	1,5	2,9	3,0

Der Durchschnitt aus rd. 3000 Analysen läßt erkennen, daß der F-Gehalt mit zunehmender Tiefe, aus der die Quelle entspringt, ansteigt; z. B. F-Gehalt mg/l:

Oberflächenwasser	0,169 ± 0,017
3 bis 5 m tief	0,361 ± 0,010
11 bis 20 m tief	0,516 ± 0,039
31 bis 40 m tief	0,830 ± 0,073
41 bis 50 m tief	1,022 ± 0,090

Die F-Werte zeigten auch klare ansteigende Tendenz mit der zunehmenden Härte und p_H-Zahl des Wassers und mit zunehmendem Gehalt an Bicarbonaten, Chloriden und Sulfaten (vgl. auch S. 33 Mineralwässer). Im einzelnen waren die Beziehungen zwischen F-Gehalt des Wassers und dem Tongehalt der Quartär-Ablagerungen deutlich erkennbar, besonders auch zwischen F-Gehalt und der Dicke der Tonschicht, ein Faktor, der sich für den F-Gehalt des Quellwassers als von größter Wichtigkeit erwies. Jedoch zeigte es sich, daß der F-Gehalt mit zunehmendem Tongehalt nur bis zu einer gewissen Grenze ansteigt um dann mit weiter ansteigendem Tongehalt wieder abzunehmen. In Gebieten, wo die Quartärformation aus sehr schwerem Ton besteht, wurden selten hohe F-Gehalte gefunden. Höchsten F-Gehalt wiesen vielmehr die Quellwässer in Gebieten mit mittelschwerem Boden auf, die auch weniger kalkhaltig sind. Die schweren Tonböden sind verhältnismäßig reich an organischer Substanz. Schwerer Tonboden wird erfahrungsgemäß von Wasser nur langsam durchdrungen, und Quellen in ausgedehnten Tongebieten erhalten ihr Wasser oft von Gebieten außerhalb dieser oder durch Zufluß von Oberflächenwasser. In Gebieten mit höchstem F-Gehalt war der Boden regelmäßig mehr durchlässig infolge geringen Tongehalts und größeren Beimengungen von gröberen Bodenteilchen. Ihr recht hoher Gehalt an organischer Substanz, oft schwefelhaltigen Verbindungen, macht sie auch relativ sauer, und in einer solchen Umgebung erfolgt rasche chemische Verwitterung. Die Art des Tiefengesteins erwies sich als von geringerem Einfluß auf den F-Gehalt des Quellwassers. Vielmehr zeigte sich, daß in Gebieten, wo die Oberflächenquellen F-reich waren, das gleiche auch für die in den Fels gebohrten Tiefenquellen galt und umgekehrt. Abweichungen von dieser Regel kamen vor, indem einige Tiefenquellen mit besonders hohem F-Gehalt in normal F-armem Gebiet gefunden wurden. Das liegt wahrscheinlich an lokalem Vorkommen von F-Mineralien und wahrscheinlich an Pyrit und anderen Sulfiden.

Bemerkenswert ist auch, daß Untersuchungen an Quellen mit 1 bis 1,5 mg/l F, aus denen zu 5 bis 6 verschiedenen Zeiten des Jahres Proben entnommen wurden, zeigten, daß jahreszeitliche Schwankungen unbedeutend waren, etwa ±3%, also praktisch ohne Bedeutung. Bei Quellen, die Verunreinigungen durch Regenwasser während der Schneeschmelze oder durch Regen ausgesetzt sind, kann die Sachlage naturgemäß anders sein. Auch nach Neufassung einer Quelle sind, wie hinzugefügt sei, wesentliche Änderungen in ihrer Zusammensetzung möglich, s. auch S. 35.

Frankreich: R. CHARONNAT u. S. ROCHE 1934 (145) fanden in Trinkwässern nur bis zu einigen mg/l. F. CLARKE 1916 (s. 590) hatte in Flußwasser zwischen 0,02 und 0,6 mg/l gefunden. Bei den von G. GAD 1952 (282) mitgeteilten Werten: Wasser der Arve oberhalb ihrer Mündung in die Rhône 0,047 (nach TH. VON FELLENBERG 1948 [251] bei Réseau de Vessy 0,11), das Wasser der Loire abwärts von Tours 0,233, das der Saône oberhalb Villefranche 0,46 mg/l, handelt es sich um ältere Analysen.

Großbritannien: Von 43 untersuchten Derbyshire-Trinkwässern hatte 1937 (11) nur eins einen F-Gehalt von 1,4 mg/l, 0 = 0,0, 18 = 0,1 bis 0,2, 10 = 0,3 bis 0,5, 5 = 0,6 bis 0,8. C. BROMEHEAD et al. 1943 (127) fanden bei Untersuchung zahlreicher englischer Trinkwässer bei 15 = 0,0, 17 = 0,1, 32 = 0,2, 21 = 0,3, 11 = 0,4, 5 = 0,5 und 6 = über 0,6 bis maximal 1,2 mg/l, letztere nur in Lincolnshire (Quellen aus phosphathaltigem Gestein), Suffolk (Apatit), Oxfordshire und Warwickshire (Ton). Einige Tone der letztgenannten Gebiete, die für Ziegelherstellung dienen, zeigten beachtlichen F-Gehalt. Von R. HOATHER 1953 (396) wurde festgestellt, daß F in den meisten Wässern von oberen Schichten in England und Wales fast völlig fehlt ($<$0,1 mg/l), ebenso auch bei einem großen Teil der Wässer aus tiefen Schichten; einige mit einem F-Gehalt bis etwa 5 mg/l stammten aus solchen. Ein gewisser Zusammenhang zwischen F-Gehalt und Ca-Gehalt war vorhanden: In Wässern, in denen die Härte größer war als die Alkalität, waren die F-Gehalte gering und bei umgekehrtem Verhältnis höher; s. auch bei Schweden, S. 27. Auch A. BOND u. M. MURRAY 1953 (89) fanden in 295 Wasserproben aus Großbritannien nur bei 7 einen F-Gehalt über 1 mg/l.

Irland: Bei 42 der wichtigsten Trinkwasserversorgungen wurde von J. DRUM 1949 (209) nur in 10 Fällen ein F-Gehalt von 0,1 bis 0,3 mg/l festgestellt. In der Bevölkerung Irlands ist Fluorose selten.

Italien: Im Bodenwasser eines Ortes in der Nähe des Vesuvs, wo an älteren Kindern schwere Zahnfluorose beobachtet worden war, stellte H. SAINSBURY 1946 (s. 340) 7 mg/l F fest. D. DALL'ECO 1939 (181) fand in 177 Proben Leitungswasser und Quellen des Bezirks Valsugana (Trentino) zwischen 0,05 und 1,70 mg/l F. — Das Wasser der Egeriaquelle (Heiligen Quelle) in Rom wies nach M. TALENTI u. BORGIOLI 1953 (1134) einen bemerkenswert gleichmäßigen F-Gehalt von $\sim$ 1 mg/l auf.

Jugoslawien: Nach I. IVANČEVIĆ 1946 (s. 985 h) enthält das Leitungswasser der Stadt Zagreb (Agram) 0,186 bis 0,188 mg/l F, Quell- u. Brunnenwasser der nächsten Umgebung 0,137 bis 0,205, das Wasser der Save bei Zagreb 0,189 mg/l. D. TOMIĆ 1946/54 (985) ermittelte im Trinkwasser von Rijeka (Fiume) nur 0,045, in dem von Lipik dagegen 0,290 bis 0,482; Quellwässer Montenegros enthielten nur 0,067 und 0,078, 2 Brunnenwässer dort 0,067 und 0,081, 12 dortige Leitungswässer 0,035 bis 0,120 und ein Zisternenwasser (gesammeltes Regenwasser) 0,052 mg/l; woher im letzten Fall das F stammen könnte, ist nicht gesagt. 7 Fluß- und Binnenseewässer enthielten 0,043 bis 0,090 (Scutari-See bei Virpazar). Der F-Gehalt westkroatischer (aus der Lika,

Norddalmatien) Trinkwässer war ähnlich gering: 2 Brunnenwässer 0,105 mg/l, 10 Leitungswässer 0,050 bis 0,156, 8 Fluß- und Binnenseewässer 0,085 bis 0,145 mg/l. Bemerkenswert ist, daß trotz des geringen F-Gehalts in letztgenannten Gebieten nach V. RITTERMANN 1953 (818) dort ein außerordentlich niedriger Prozentsatz (4,1%) an Caries beobachtet wurde. — In Macedonien unterscheiden sich nach D. TOMIĆ 1954 (985 g) die Trinkwässer westlich des Vardar stark von denen Ostmacedoniens. Erstgenannte sind F-arm, 0,035 bis 0,250 mg/l, die Ostmacedoniens beträchtlich höher, bis 1 mg/l, besonders im Gebiet der dortigen Blei- und Zinkgruben und Thermalquellen mit sehr hohen F-Gehalten. Von den Flüssen hat die Radika mit 0,062 mg/l geringsten, die Strumica höchsten F-Gehalt mit 0,360 mg/l F. Ungewöhnlich hoch erwies sich mit 2,25 mg/l F das Wasser des Dojraner-See, in dessen Umgebung sich warme Quellen befinden.[1]

Niederlande: Nach Untersuchungen von M. STAS et al. 1937 (937) hatte von 461 Trinkwässern der Niederlande nur ein einziges einen oberhalb 0,9 mg/l liegenden F-Gehalt; nach HCH. SCHMID 1948 (873) ist dort bisher erst in Sluis ein über 2 mg/l F-haltiges Trinkwasser gefunden. Zur Feier des 40jährigen Bestehens des Rijksinstituut vor Drinkwatervoorziening (1953) wurde von der niederländischen Staatsdrukkerij herausgegeben „Holland and its drinking water problems" (32 S.), — s. auch H. BOORSMA 1953 (94).

Österreich: Im Wasser von Wien fand A. MAYRHOFER 1938 (625) nur 0,006 bis 0,01 mg/l F, allerdings nach etwas grober quantitativer Methode (s. Abschn. IV, S. 229). H. BALLCZO 1949 (41) ermittelte in 5 Trinkwässern des Gasteiner Tales zwischen 0 (Mischtrinkwasser von Dorfgastein, linke Talseite) und 0,272 mg/l (Leitungstrinkwasser von Badgastein). Mit zunehmender Entfernung vom Tauernhauptkamm nahm der F-Gehalt der Trinkwässer ständig ab — F-Gehalt der Thermen s. S. 34. — Die Tatsache, daß bei Dorfgastein, wo bereits merklich Kalk ansteht und das Wasser eine nicht unbedeutende Härte aufweist, das Wasser sehr F-arm ist, ließe darauf deuten, daß Ca-reiche Wässer auch F-arm sind, weil ein großer Teil des F zu schwerlöslichem CaF_2 abgebunden wird; doch ist dessen Löslichkeit immer noch groß genug, um etwa 8 mg/l F-Ionen in Lösung zu lassen; vgl. auch S. 27, Schweden. — Nach Untersuchungen von J. MÖSE u. H. EXNER 1952 (687) wiesen von 110 meist aus Einzelversorgungen stammenden Proben steirischen Trinkwassers über 75% einen F-Gehalt unter 0,1 mg/l auf; nur eine Probe hatte 0,8 mg/l.

Polen: Im Wasser von 1846 untersuchten Brunnen der Wojwodschaft Warschau wurde von J. DŹULYŃSKA u. J. JUST 1950 (211) im wesentlichen nur ein F-Gehalt bis zu 0,5 mg/l gefunden, 14 der Wässer besaßen einen F-Gehalt von 0,5 mg/l.

Schweiz: Bei Untersuchung von 64 Trinkwässern fand TH. VON FELLENBERG 1938 (250) zwischen 0,030 und 1,39 mg/l F, bei Wässern aus der Triasformation

[1] Vgl. auch V. RITTERMANN: Kariesfrequenz und Fluor in Kroatien, 1955 (160a, S. 165—170.).

im Mittel 0,705, Jura 0,178, Tertiär 0,157, Diluvium 0,144, Alluvium 0,103 mg/l F, also von der älteren zur jüngeren Formation eine deutliche Verminderung des F-Gehalts. In einer weiteren Arbeit gibt derselbe Forscher 1948 (251) die F-Analysen von 200 Schweizer Trinkwässern und 86 Schweizer Mineralwässern wieder. Von den Trinkwässern erwiesen sich 51% mit einem Gehalt unter 0,1 mg/l als äußerst F-arm; 35% hatten zwischen 0,1 und 0,3 mg/l; 5% der Wässer mit 0,3 bis 0,4 mg/l bezeichnet Th. von Fellenberg als „mit genügendem F-Gehalt". Alle Wässer über 0,5 mg/l, insgesamt rd. 8%, stammen aus Keuper und Muschelkalk der Jura- und Triasformation, die 6 Proben mit höchstem F-Gehalt über 0,8 mg/l, davon 3 mit 1,12 bis 1,42 mg/l aus Muschelkalk der Triasformation.

Sowjetunion: A. Winogradow et al. 1937 (1068), die in einer Reihe von Flüssen der UdSSR den F-Gehalt in verschiedenen Jahreszeiten bestimmten, stellten im allgemeinen nicht höheren F-Gehalt als 0,2 mg/l fest. In den Fluß- und Seewässern des Chibina-Gebietes (Apatit-Nephelingestein) wurde von J. Zavyalow 1940 (1082) und V. Danilova 1940 (186) der F-Gehalt fast durchweg zwischen 0,1 und einigen 0,1 mg/l gefunden. — In Gebieten früherer oder gegenwärtiger vulkanischer Tätigkeit mit an F-Apatit reichen Böden fand A. Winogradow 1954 (1067) stark F-haltiges Grundwasser, was die dort vorkommenden Erkrankungen der Bevölkerung an Fluorose erklärt. Nach Untersuchungen von R. Gabowitsch 1950 (278) schwankte der F-Gehalt in 2500 Wasserproben aus verschiedenen Gegenden der Ukraine zwischen Spuren und 5,3 mg/l. F. Njuschko u. G. Owrutzki 1952 (720) fanden in Oberflächenwasser höchstens 0,39, in artesischen Brunnen 0,4—2,2, in Schachtbrunnen 0,11 bis 4,6 mg/l.

Tschechoslowakei: Nach H.-K. Koníř 1952 (489) beträgt der mittlere F-Gehalt im Wasser des Flußgebiets der böhmischen Elbe 0,2 bis 0,4 mg/l. Die Sávaza weist mit 0,5 mg/l den höchsten, die Wilde Adler mit weniger als 0,05 mg den niedrigsten F-Gehalt auf.

Ungarn: Zahlreiche Wässer Ungarns wurden von P. Adler et. al. 1951 (2/3) auf F-Gehalt untersucht. Sie fanden z. B. in den artesischen Brunnen von Kunszentmarton (Stadt) zwischen 0,76 u. 1,55, i. M. 0,99 mg/l, in der Umgebung 0,18 bis 1,77, i. M. 0,72 mg/l; in dem 19 km entfernten Békésszentandrás 0,10 bis 0,51, i. M. 0,21 mg/l und dem zwischen beiden am Unterlauf des Körös-Flusses in der Tiefebene gelegenen Öcsöd 0,07 bis 0,32, i. M. 0,21 mg/l, in Komádi (am Oberlauf) 0,87 bis 1,55, i. M. 1,09 mg/l; in Biharnagybajom 0,13 bis 0,70, i. M. 0,33 mg/l; in Sárrétudvari 0,10 bis 0,29, i. M. 0,20 mg/l, alle Orte auf der östlichen Donauseite und artesische Brunnen; in der öffentlichen Wasserleitung von Szekszárd auf der westl. Donauseite 0,76 mg/l. — Sz. Papp u. A. Dippold 1950 (s. 760) fanden in städtischen Leitungswässern verschiedener Gebiete Ungarns Spuren (Debrecen) bzw. 0,01 (Pápa) bis 0,47mg/l (Salgótarján).

USA: Nach einer von R. Truhaut 1948 (988) wiedergegebenen Tabelle des F-Gehalts verschiedener Wässer aus verschiedenen Gebieten der USA schwankte der F-Gehalt zwischen 0,6 (Pueblo, Colorado) und 12 (Aukeny, Iowa) mg/l; in Wässern aus Illinois zwischen 1,3 und 1,8, in solchen aus Texas zwischen 0,7 und 5,7, aus South Carolina zwischen 0,9 und 4 mg/l. W. MacIntire et al. 1942 (590) stellten in 10 Flußwasserproben aus dem Tennessee Valley meist unter 0,2 mg/l F fest, außer in einem 0,7 mg/l enthaltenden Wasser aus der Rockphosphat-Region.

Von 6299 Gemeinden in 32 Staaten der USA bezogen ihr Trinkwasser aus öffentlichen Wasserversorgungen mit einem F-Gehalt von 0,0 bis 5 mg/l — nach J. Hill et al. 1949 (722)

TABELLE 5

Anzahl der	F-Gehalt mg/Liter 0,0—0,5	0,6—0,99	1,0—1,5	1,6—2,0	2,1—3,0	3,1—5,0	>5,0
Gemeinden	4883	571	467	149	124	80	25
Bevölkerung (in Tausend)	32072	1863	1240	921	626	127	40
= % der Gesamtverbraucher (36 889 000)	86,9	5,1	3,4	2,5	1,7	0,3	0,1

Im Jahre 1950 war der Stand nach Berichten aus 44 (von 48 bzw. mit Alaska und Hawai 50) Staaten der USA folgender — nach O. Muegge 1952 (691):

TABELLE 6

Anzahl der	unbekannt	F-Gehalt mg/Liter <0,69	0,7—0,99	1,0—1,49	1,5—1,99	2,0—2,99	>3,00
Wasserwerke	2768	10506	524	424	170	171	112
Bevölkerung (in Tausend)	6509	87737	2032	1026	427	405	298
= % der Gesamtverbraucher (98 434 000)	6,6	89,1	2,1	1,0	0,5	0,4	0,3

Auf Hawai ist das Wasser nach R. Nekomoto 1945 (712) F-arm, zwischen 0,02 und 0,2 mg/l; in einer brackigen Quelle waren aber auch 2,2 mg/l vorhanden (s. 536).

Sonstige Länder: Über den F-Gehalt des in Santander (Spanien) konsumierten Trinkwassers haben E. Cavayé u. A. Hoyos 1953 (143) eingehende Untersuchungen angestellt. Es enthält 0,068 mg/l F, also nur einen Bruchteil der erforderlichen F-Menge; das macht z. T. den auffallend großen Prozentsatz an Caries in diesem Gebiet erklärlich. — In Neuseeland hat nach M. Harrison 1949 (360) das Trinkwasser ebenfalls nur geringen F-Gehalt (Stadt Dunedin 0,05 mg/l); als hauptsächlichste F-Quelle dient der dortigen Bevölkerung der Tee. — In chinesischen Trinkwässern fand T. Wang 1936 (1016) bis zu 7 mg/l; vgl. auch L. Kilborn et al. 1950 (473). — Quellwasser von Arusha, Tanganjika Territory enthielt nach Th. von Fellenberg 1948 (251) 6,07 mg/l F; andere Quellen sollen 9 mg/l enthalten. Zahnfluorose ist dort weit verbreitet. In Butana, Sudan, fanden D. Smith et al. 1953 (914) 1—4 mg/l und bis zu 60% Zahnfluorose bei Schuljungen. — Quellwässer aus dem Zentralplateau von Nigeria erwiesen sich nach D. Wilson 1954 (1062) mit 0,2 bis 0,4 mg/l als F-arm. Im Niger- und Bentue-Tal dagegen stieg der F-Gehalt stellenweise bis zu 3,3 mg/l (bei Abakaliki), trotzdem ist Zahnfluorose bei den dortigen Eingeborenen selten. — Den F-Gehalt der Wasserversorgung der Stadt São Paulo, Brasilien, untersuchte

M. POURCHET CAMPOS 1948/49 (762); R. PARAJE 1950 (735a) führte Untersuchungen über den F- (nebst V- und As-) Gehalt in den Wässern des Südens der Provinz Córdoba (Departement General Roca), Argentinien, aus. C. OVALLE 1949 (732a) untersuchte in Guatemala den F-Gehalt von Trinkwässern.

b) Fluor-Gehalt von Regenwasser

Der F-Gehalt des Regenwassers ist abhängig von dem jeweiligen Gehalt der Luft an gasförmigen und auch festen (Flugstaub!) F-Verbindungen, wie sie von F-verarbeitenden Betrieben (und Vulkanen) entlassen werden; s. auch Kap. III, S. 134. — Auch durch Kohlenfeuerung allein gelangt F in die Atmosphäre, denn der F-Gehalt der Steinkohlen ist zwischen etwa 5 und 50 mg% schwankend gefunden, s. S. 134. Normalerweise sind die Konzentrationen und die mit dem Regenwasser dem Boden zugeführten F-Mengen aber nur in der Nähe solcher F-Quellen von einiger Bedeutung. W. MACINTIRE et al. 1942 (590) berechnen, daß nach Analysen der University of Tennessee in einer Örtlichkeit mit hohem Kohlenverbrauch durch das Regenwasser jährlich 0,15 Pfund F je acre = rd. 170 g F je ha zugeführt werden. 1949 (s. 722) fanden sie in Regenwasser des Crossville-Distriktes, fernab von Ortschaften und Industrie 0,0 bis 0,02 mg/l F (das wären bei angenommenen 800 mm Niederschlag jährlich 160 g F je ha, also ähnliche Zahlen wie oben), im Stadtgebiet von Knoxville dagegen 0,29 mg/l (das wären immerhin jährlich rd. 2300 g F je ha).

TH. VON FELLENBERG 1948 (251) fand ähnliche Zahlen im November nach einem schwachen Regen, der nach einigen Stunden aufhörte und in Bern 1,22 mm betrug, in dem in der Nähe des Bahnhofes in Bern gesammelten Regenwasser 0,026 mg/l F, in Muri, einem Villenquartier bei Bern 0,016 mg/l, im Schnee Mitte Dezember in Muri 0,11 mg/l. Auch er vermutet, daß dies F beim Verbrennen von Steinkohlen in die Atmosphäre gelangt sei. In der Tat konnte er in einem rußigen Ansatz eines Kamins 4,9 mg% wasserlösliches F nachweisen und in einem Koks 1,9 mg%, obgleich vermutlich die Hauptmenge des in der Steinkohle enthaltenen F bei der Gasherstellung ausgetrieben wird.

Übrigens folgert TH. VON FELLENBERG daraus, daß die von ihm im Regenwasser aufgefundene F-Menge nahezu dem Gehalt eines sehr F-armen Trinkwassers gleichkam, daß das F des Trinkwassers nicht nur durch Herauslösen von Fluoriden aus dem Gestein aufgenommen wird, sondern „daß es sich dabei immer zugleich um atmosphärisches F handelt, welches als Regenwasser in die Erde eindringt und dann als Quell- oder Grundwasser der Benutzung zugeführt wird". Dieser weitgehende Schluß kann allerdings wohl höchstens für solche Gebiete zutreffen, in denen sich auch wirklich F in der Atmosphäre findet, also letzten Endes überall da, wo größere Mengen Kohle verbrannt werden (s. S. 134).

Auch die von K. GARBER 1954 (286) gefundenen F-Werte ähneln den obengenannten. Er sammelte in verschiedener Entfernung von einer Blei- und Zinkerz (unter Zusatz von Flußspat als Flußmittel) verarbeitenden Metallhütte und einer ihr benachbarten Superphosphatfabrik von Mitte Mai bis

Ende November das gesamte Regenwasser in großen Auffanggefäßen von 30 cm Durchmesser. Der mit niedergeschlagene Flugstaub wurde abfiltriert und im Filtrat das F nach A. Bond u. M. Murray 1953 (89) quantitativ bestimmt. In Entfernung von etwa 100 bis 300 m von beiden Werken wurden rd. 0,2 mg% F im Filtrat gefunden und gab der Filterrückstand sehr stark positive Kristallfällungsreaktion als Na_2SiF_6 nach Bredemann und Radeloff, enthielt also schätzungsweise mindestens 10 mg% F (s. S. 189). Mit zunehmender Entfernung nahm dann der F-Gehalt des Filtrats ab, in verschiedenem Ausmaß je nach vorherrschender Windrichtung. Aber noch in fast 2 km Entfernung wurden bis 0,07 mg% F gefunden, während der Filterrückstand, also der Flugstaub, in dieser Entfernung keine F-Reaktion mehr gab. Diese Werte zeigen, daß die von den beiden Werken normalerweise exhalierten gasförmigen F-Mengen nur gering waren und daß sie oder der F-Gehalt des Regenwassers kaum eine Gefahr für die Vegetation darstellen. Die stark F-haltigen Flugaschen dagegen, die allerdings vorwiegend in der Nähe der Werke niedergingen, könnten zu nicht unbedenklicher F-Anreicherung des Futters für die landwirtschaftlichen Nutztiere führen, besonders wenn sie, was anzunehmen, auch noch schädliche Metalle enthalten.

c) Fluor-Gehalt von Mineralwässern

Die Bezeichnung „Mineralwässer" an Stelle der in den vom Deutschen Bäderverband 1952 herausgegebenen „Begriffsbestimmungen" gewählten Bezeichnung „Heilwässer" ist im vorliegenden Falle wohl solange vorzuziehen, bis entschieden ist, ob auch Fluor zu den für Heilwässer charakteristischen Stoffen zu zählen ist. In der Balneologie hat man bekanntlich alle Heilwässer in Gruppen eingeteilt, wobei sich die Nomenklatur nach denjenigen Elementen richtet, die diesen Gruppen durch ihre Anwesenheit ihren spezifischen Charakter verleihen. Und zwar gilt nach den „Nauheimer Beschlüssen" 1911, die heute durch die vom Deutschen Bäderverband 1952 herausgegebenen „Begriffsbestimmungen" abgelöst sind, als Mineralwasser ein Wasser, das mehr als 1 g/kg gelöster fester Bestandteile enthält. Aber durch die Nauheimer Beschlüsse wurden gleichzeitig für eine Reihe von Elementen Grenzzahlen aufgestellt, bei deren Überschreitung ein Wasser, auch wenn es einen geringeren Gehalt an Mineralstoffen aufwies, zu den Mineralwässern gerechnet werden konnte. So wurde für z. B. Eisenquellen mindestens 10 mg/kg Fe gefordert, für arsenhaltige Wässer mindestens 0,7 mg/kg As, für jodhaltige mindestens 1 mg/kg J usw. Für „Fluorquellen" war nach den Nauheimer Beschlüssen ein Mindestwert von 2 mg/kg F festgesetzt — s. E. Wollmann 1943 (1075a). — Die Festlegung dieser Grenzwerte erfolgte allerdings rein chemisch-statistisch, nicht auf Grund der biologischen Wirkung, des betreffenden Stoffes. Da nun aber seit Auffinden des F als Wasserbestandteil vor nunmehr etwa 100 Jahren ein Beweis für die therapeutische Wirksamkeit des im Wasser enthaltenden Fluors nicht erbracht worden war — außer einer einzigen negativen: der Trinkwasserfluorose — forderte E. Wollmann 1943 (1075a), sie bei einer neuen Heilwassernormung auszuscheiden, die Elemente F (neben Ba, B, Br, Li, Si u. Sr) also nicht mehr zu den für Heilwässer charakteristischen Stoffen zu rechnen.

Die jüngsten Verhandlungen in den entsprechenden Ausschüssen des Deutschen Bäderverbandes ergaben, daß man allgemein mit der Streichung aller genannten Stoffe mit Ausnahme von F und Li einverstanden ist. Die Entscheidung, ob eine Aufnahme dieser beiden Stoffe erfolgen solle, wurde gerade in Anbetracht der in den letzten 20 Jahren sehr intensiv betriebenen Forschungsarbeit der Mediziner, Biologen und Chemiker über das Fluor zurückgestellt, bis weitere pharmakologische Ergebnisse über die Wirksamkeit bestimmter Mengen dieser Elemente vorliegen; s. K.-E. Quentin 1952 (771).

Deutsche Mineralwässer besitzen größtenteils F-Werte unter 2 mg/l. Nachstehend seien diejenigen aufgeführt, die soweit bekannt, F-Werte über 2 mg/l aufweisen, womit natürlich nicht gesagt sein soll, daß ein Mindestgehalt von 2 mg/l F Voraussetzung für eine mögliche therapeutische Wirksamkeit des F ist.

Bad Aachen: Die alkalische Kochsalztherme Obere Rosenbadquelle 2,30; die alkalische Schwefel-Kochsalzquelle Kaiserquelle 2,36 — nach der Kartothek der früheren Reichsanstalt für das Deutsche Bäderwesen (= K) —.

Bad Kreuth: Kreuzquelle 2,20 (771); Schwefelquelle 2,20 (497).

Bad Wiessee: Wilhelminenquelle 2,60 (K); König-Ludwig-III-Quelle 2,90 (K), nach K.-E. Quentin 1955 (773a) 13,80 u. 13,76.

Bad Soden: Ottoquelle 5,40 (K)[1].

Füssing (Niederbayern): Therme 4,90 (771).

Sächsische Mineralquellen (1107): Wiesa/Kamenz, Georgsquelle 7,50; Bad Brambach, Grenzquelle 3,60; Bad Dürrenberg, Heilwasser 2,32.

In *Österreich*, in den *Gasteiner Thermen* fanden R. Bisanz u. E. Kroupa 1939 (78) mg/l: Grabenbäcker-Quelle 1,77; Sophien-Quelle 2,70; Fledermaus-Quelle 2,42; Franzens-Quelle 3,22; Elisabeth-Quelle 2,79; Franz-Josefs-Quelle 3,40. H. Ballczo 1949 (41) fand bedeutend höhere Werte und bestätigte mit ihnen unveröffentlichte Ergebnisse von E. Kroupa 1939 (41): Franzens-Quelle 5,06 (5,04); Elisabeth-Quelle 4,96 (4,94); außerdem fand H. Ballczo im dortigen Thermalmischwasser 4,82 (4,50), im Sickerwasser Radhausberg, Unterbaustollen bei 1120 m 3,30; in der Strochner-Quelle dagegen nur 1,18, letztgenannte erhält wahrscheinlich Vermischung mit Oberflächenwasser.

Die *Karlsbader Thermen* in der Tschechoslowakei enthalten alle um 2 mg/l: Die alkalisch-salinischen Thermen Mühlbrunnen 2,30 (835) bzw. 2,00 (K); Franz-Joseph-Quelle 2,10; Theresienbrunnen 2,10; Neubrunnen 2,13; Elisabethquelle 2,60; Felsenquelle 2,70 und die muriatisch-alkalisch-salinischen Thermen Sprudel 2,10; Kaiserbrunnen 2,30; Bernhardbrunnen 2,50 (alle nach K).

---

[1] Die Deutsche Fluorkommission gibt bekannt (s. Zahnärztl. Mitt., Köln, Nr. 1 v. 1. 1. 1955): Eine in der Tages- und Fachpresse mehrfach veröffentlichte Meldung, daß die Otto-Quelle in Bad Soden/Salmünster 5 mg/l F enthalte, entspricht nach der auf unseren Wunsch freundlicherweise vom Hessischen Minister des Inneren, Abteilung Öffentliches Gesundheitswesen, veranlaßten Analyse nicht den Tatsachen. Der titrimetrisch nach Rinck festgestellte F-Ionen-Gehalt beträgt höchstens 0,1 mg/l.

In der Schweiz untersuchte TH. VON FELLENBERG 1948 (251) 86 verschiedene Mineralwässer. 24% von ihnen erwiesen sich mit einem Gehalt unter 0,1 mg/l als äußerst F-arm; rd. 28% hatten zwischen 0,1 und 0,3 mg/l; 39% über 0,5, davon 21% über 1 mg/l. Als die F-reichsten Mineralwässer erwiesen sich in der Regel Glaubersalz-, Gips-, oder Bitterwässer, meist stammten sie aus der Trias. Besonders F-reich sind die Quellen von Stabio (Schwefelwasser mit akratischer Mineralkonzentration). In einer derselben, der Pancrazioquelle, wurde Anfang Oktober 1947 ein F-Gehalt von 7,46 mg/l gefunden, Anfang April 1948 nur 5,18 mg/l, was im Gegensatz zu den Befunden von H. NÕMMIK 1953 (722) — s. S. 27 — zeigen würde, daß der F-Gehalt stark schwanken kann. Zu den F-reichsten Schweizer Mineralwässern gehören nach dem Buch „Die Mineral- und Heilquellen der Schweiz" ferner die von Lavey-les-Bains mit 4,13 mg/l; Baden 3,34; Sissach 3,27; Birmenstorf 2,24; Peiden-Bad: Luziusquelle 2,22, Badequelle 2,06; Schinznach-Bad 1,88; Schimberg-Bad 1,70; Leukerbad 1,72 mg/l. — O. GÜBELI u. Y. DORTA-SCHAEPPI 1950 (337), die die Vollanalysen von 26 in den Jahren 1943/49 neu untersuchten schweizerischen Mineralquellen mitteilen, geben die von Leukerbad mit 2,18 bis 3,13 mg/l F an, dazu noch Bad Ragaz mit 1,34 mg/l.

Von 93 *französischen* Mineralquellen erwiesen sich nach G. GAD 1952 (282) 87 als F-haltig (bis zu 8 mg/l F). Er erwähnt auch, daß der F-Gehalt des Eau de Luxeuil, der normalerweise 2,38 mg/l betrug, nach einem Erdbeben auf fast 4,80 stieg, um nach einem Jahre wieder auf seinen ursprünglichen Gehalt zurückzugehen. R. CHARONNAT u. S. ROCHE 1934 (145) konnten bei Untersuchung zahlreicher französischer Mineralwässer die Hypothese von dem vulkanischen Ursprung des Mineralwasser-F nicht bestätigen. Höchsten F-Gehalt fanden sie in schwefelhaltigen Wässern (4—6 mg/l), andere Quellen hatten nur 0,5—2 mg/l. Für Bad Bronn-Histenholz im Unterelsaß gibt W. FRIESE 1955 (1107) 3,82 mg/l an.

In *Jugoslawien* untersuchte D. TOMIĆ 1946/53 (985) außer zahlreichen Trink-, Fluß- und Binnenseewässern (s. S. 28) auch eine größere Anzahl dortiger Thermen. Als ausgesprochen F-reich wurden nur wenige gefunden: Warme Schwefelquelle von Ilidža bei Sarajewo 2,03 mg/l; Säuerlinge von Jamnica und Lasinja 2,22 bis 2,45 bzw. 2,00; Thermal-Trinkbrunnen von Bad Lipik (Kroatien) 11,24 (!); sonst schwankten die Werte zwischen etwa 0,1 und 1,0 mg/l.

Nach den Bäderkalendern des *Balkans* finden wir in Ungarn keine, in der Slowakei nur eine mit 2,54 mg/l und in Bulgarien zahlreiche F-Quellen in den Werten 2—12 mg/l. In den Iberischen Ländern sind wesentlich höhere Werte zu finden, z. B. in NW-Spanien Carballino 23,0; Morgovejo 18,0 mg/l; in Portugal Soucre Lucy 3,2; Forte 7,6; Mendes 10,3; Aguas novas 10,6; de Contraforte 11,5; dela Bica 12,1 mg/l — s. PRISSOK 1945 (767) —. Auch A. DE CARVALHO 1936 (140) stellte in portugiesischen Mineralwässern z.T. sehr hohe F-Gehalte fest. — T. WANG 1936 (1016) fand in chinesischen Thermen bis 13mg/l. Über japanische Heilwässer finden sich in dem von japanischen Ministerium für Volksgesundheit 1954 herausgegebenen Buch „Japanische Mineralquellen"

1155 Einzelanalysen, die auch Angaben über vorhandene Spurenelemente enthalten (1121). Die Mineral- und Thermalquellen der Türkei wurden von K. ÇAĞLAR 1950 (136) untersucht.

PRISSOK 1945 (767) macht noch auf eine andere Frage aufmerksam, nämlich, ob dem F vielleicht eine Bedeutung als sog. Nebenbestandteil in Heilwässern zuzusprechen sei. Wir wissen, daß die in den Heilwässern vorhandenen Mineralien sich z. T. gegenseitig in ihrer Wirkung beeinflussen, hemmen oder fördern. So modifiziert das Kochsalz die Glaubersalzwirkung, Kupfer und Mangan fördern die Eisenwirkung usw. So wäre auch eine Beeinflussung anderer Elemente durch das F wohl denkbar. Ebenso wies F. MCCLURE (s. 251), der bei kleinen F-Gaben einen stimulierenden Einfluß auf den Appetit und evt. auch auf das Körpergewicht der Versuchstiere glaubte festgestellt zu haben, darauf hin, daß F bei gewissen Krankheiten die Kur sehr wohl unterstützen könne. Darauf deutet auch eine von TH. WENSE 1951 (1034) in vitro gemachte und von J. HASLAUER 1953 (370) am biologischen Objekt bestätigte Beobachtung, daß die Beschleunigung der oxydativen Adrenalin-Inaktivierung durch Gasteiner Thermalwasser, die als mögliche Ursache für die Verminderung des Sympathicotonus in Frage kommt, z. T. mit durch Spurenelemente, z. B. F bewirkt wird.

Es fällt auf, daß trotz des verbreiteten F-Vorkommens der F-Gehalt der Wässer einerseits im allgemeinen nur sehr gering ist, anderseits bei bestimmten Wässern trotz der geringen Löslichkeit des CaF_2 (17 mg/kg = 8 mg/kg F) diesen Wert wesentlich überschreitet. Der erste Fall, geringer F-Gehalt, kann dadurch bewirkt werden, daß die betreffenden Gewässer gezwungen sind auf ihrem Wege nach der Erdoberfläche Kalksteinschichten zu durchlaufen, und je länger sie das tun, desto größer wird der Verlust an vorhanden gewesenem F sein. Der zweite Fall, abnorm hoher F-Gehalt, kann eintreten, wenn die Löslichkeit des F-Gesteins durch bestimmte Verbindungen erhöht wird. Man vermutet z. B., daß die Natriumhydrokarbonat-Ionen solche erhöhende Rolle spielen, wofür der Umstand spricht, daß hoher F-Gehalt besonders in alkalischen Quellen gefunden wurde. Zeigen solche Quellen trotzdem niedrige F-Werte, so haben sie Ca-Schichten durchlaufen. C. BROMEHEAD 1943 (127) weist u. a. daraufhin, daß der hohe F-Gehalt der Wässer in den Küstengebieten von Essex, Suffolk und Norfolk dadurch zu erklären sei, daß dort das Grundwasser einen ungewöhnlich hohen Gehalt an NaCl aufweise, welches sich mit dem dort vorhandenen Apatit zu leicht löslichem NaF umsetze. Auch die Temperatur einer Quelle kann naturgemäß für die Höhe ihres F-Gehaltes ausschlaggebend sein. — B. JORDAN u. G. FRARY 1938 (447) fanden bei Tiefbrunnenwässern aus dem Dakota-Sandstein einen mit dem Salzgehalt steigenden F-Gehalt von 2 bis 3,6 mg/l bei weichem und von 2—6 mg/l bei hartem Wasser. Wässer aus Flachbrunnen und Staubecken enthielten unter 1 mg/l. — Zwischen dem Bikarbonat- und dem F-Gehalt besteht nach Untersuchungen von R. CHARONNAT u. S. ROCHE 1934 (145) an 150 französischen Mineralwässern kein Zusammenhang (s. auch S. 27, Schweden).

E. Heinerth 1945 (375) weist darauf hin, daß größere F-Gehalte auf juvenile Herkunft des Wassers deuten, d. h. darauf, daß solches mit Quellen in Verbindung steht, die ihren Ursprung im Eruptivgestein haben. Auch H. Ballczo 1949 (41) betont, daß bei der Analyse der Mineralwässer das F eines jener Elemente ist, das eine ziemlich sichere hydrologische Beurteilung gestatte, ob eine Quelle juvenilen Charakter besitzt oder vadoses Oberflächenwasser erhält.

d) Fluor-Gehalt des Meerwassers und der Salzlagerstätten

Im *Meerwasser* fanden Th. Thompson u. H. Taylor 1933 (974) in Übereinstimmung mit älteren Angaben zwischen 1 und 1,4 mg/l F, unabhängig von der Jahreszeit und mit der Tiefe ansteigend und zwar im annähernden Verhältnis zum steigenden Salzgehalt. H. Wattenberg 1938/43 (1022/23) fand im Mittel im Tiefenwasser 1,4, Th. von Fellenberg 1948 (251) in Meerwasser bei Scheveningen 0,86 mg/l[1]. Das sind sehr hohe Gehalte an F im Verhältnis zu anderen im Meerwasser vorkommenden sog. Spurenelementen: J 0,05, Cu 0,0002 bis 0,005, P 0,001 bis 0,06, As 0,015, Fe 0,002, Au 0,000004 mg/l[2] usw. Der Umstand, daß ein F-Gehalt von 1,4 mg/l die 700fache Menge des im Meerwasser enthaltenen Eisens ist, führte H. Wattenberg zu dem Schluß, daß das Eisen als Fluorid im Meerwasser enthalten sein müsse.

An sich ist der Gehalt von 1,4 mg/l F nicht hoch; nach T. Barth 1947 (48) sind das nur 0,2% des durch Verwitterungsprozesse der Gesteine gelösten Mengen. Auch H. Borchert 1953 (97) betont den großen Unterschied zwischen tatsächlichem und theoretischem F-Gehalt des Meerwassers. Beide weisen darauf hin, daß F in großen Mengen aus dem Meere entzogen wird und Lagerstätten bildet. S. Koritnig 1951 (491) untersuchte die Frage, wo das im Meerwasser vorhandene F bei der *Salzlagerstätten*-Bildung geblieben sei und kam zu dem bereits S. 2 dargelegten Ergebnis, daß es in den in ihnen enthaltenen kleinen Anhydriteinschlüssen steckt. Ein Teil des F hat sich auch in den tonigen Elementen der Salzlagerstätten abgeschieden. Beides erklärt auch die Analysenbefunde, daß *reines* Steinsalz nur sehr geringe F-Mengen enthält, die um so größer werden, wie die Verunreinigungen zunehmen. Koritnig betont dabei, daß das im Steinsalz nach dem Lösen in Wasser gefundene F auf die geringen Mengen dabei mit in Lösung gegangenen Anhydrits u. nicht auf darin enthaltenes NaF zurückzuführen sei. So fand Th. von Fellenberg 1948 (251) in Kochsalz aus den Rheinsalinen und des Bergwerkes von Bex in der Schweiz

---

[1] In „Meerestiefenwasser", auf hoher See geschöpftem und mittels Berkefeld-Filter keimfrei gemachtem Nordseewasser für Meerwassertrinkkuren wurden laut Prospekt der vertreibenden Firma Spuren bzw. 2,7 mg/l ermittelt. In einem „Ostsee-Heilwasser" sind nach dem Flaschenetikett Spuren F enthalten, im Ostseewasser von Kühlungsborn nach W. Friese 1955 (1107) 0,7 mg/l.

[2] Nach neusten Untersuchungen von G. Putnam, J. chem. Educat. 30, 1953, 576—579, liegt der mittlere Au-Gehalt des Meerwassers sicher unter 0,0005 mg/l. Er ist jedoch starken Schwankungen unterworfen, die von 0,000 003 bis mindestens 0,044 mg/l angegeben werden, Werte, die auch für andere Schwermetallkonzentrationen im Meerwasser bekannt und durch Meeresströmungsüberlagerungen zu erklären sind.

nur Spuren von F, wesentlich größere, aber auch nur geringe Mengen im groben Siedesalz von Bex (0,049 mg%); hoch dagegen erwies sich der F-Gehalt des Schlammes der Reinigung der Sole der Rheinsalinen mit 2,31 bzw. 5,38 mg%. Kochsalz aus verschiedenen chinesischen Provinzen enthielt nach F. Cheng u. C. Tsao 1936 (146) bis zu 5,40 mg%, nach L. Cheng u. T. Chou 1940 (147) in 14 Proben zwischen 3,48 und 11,51 mg% F; H. Lockwood 1937 (264) fand in 2 Proben Kochsalz in England jedesmal 0,60 mg% F.

S. Koritnig fand in 4 Proben Steinsalz aus Staßfurt und Reyershausen zwischen 0,20 und 0,70 mg%, in einem solchen aus Reyershausen mit Rückstand 5,70 mg% und in grauem Salzton 275 mg% F.

Auch in den *Kalisalzen* scheint das F nur an Anhydrit gebunden zu sein. Der F-Gehalt schwankt somit auch nach dem oben Gesagten. S. Koritnig fand mg% F: Altes Kalilager 30, Hauptlöser altes Kalilager 137, Th. von Fellenberg 1948 (251) im Kainit 1,42, davon wasserlöslich 0,11, HCl-löslich 1,31; S. Gericke 1951 (295) gibt an: Kainit 1 bis 2, 40er Kalisalz 2 bis 3 mg% F.

Natürlicher Fluor-Gehalt menschlicher und tierischer Knochen und Zähne
Unterschied bei Land-, Süßwasser- und Meerestieren
Unterschied rezenter und fossiler Knochen (Fluor-Test)

Entsprechend dem höheren F-Gehalt des Meerwassers haben dorther ihre Nahrung beziehende Meerestiere[1] höheren F-Gehalt als Land- und Süßwassertiere. R. Klement 1935 (475) fand in der anorganischen Substanz der *Knochen* bei Meeressäugern im Mittel 550 mg% F, bei Landsäugern (und Mensch) 50, Meeresfischen 320, Süßwasserfischen 30 mg% (Ostseefischen 40—70 mg%) — s. auch A. Keil 1941 (462). L. Tolman 1937 (s. 643) fand in der Frischsubstanz von Süßwasserfisch 0,16, Kabeljau 0,70, Sardinen 1,25 mg% F, R. Gabowitsch 1951 (279) in Meeresfischen einen 16mal höheren F-Gehalt als in Flußfischen. Nach Th. von Fellenberg 1948 (251) enthalten Schalen von Süßwassermuscheln 0,73 mg%, die einer Meeresschnecke 4,47 und einer Meeresmuschel, beide aus dem Atlantik, 8,70 mg%. Muschelschrot des Handels enthält nach S. Gericke u. B. Kurmies 1951 (300) rd. 7 mg% F. Ähnliche Verhältnisse zeigen nach Klement die *Zähne*: Mensch 30; Rind, Dentin 70, Schmelz 50; Delphin 710, Hai 1080, Menschenhai 690 mg% F. Die größte Menge F befindet sich übrigens im Dentin und nicht, wie früher angegeben, im Schmelz, s. auch S. 41.

S. Gericke u. B. Kurmies 1952 (299) haben berechnet, daß bei einem F-Gehalt des ganzen Zahnes von normal etwa 10—20 mg% (s. u.) sich ein Anteil an Fluorapatit im Zahn mit 0,25—0,50% ergibt, bei einem optimalen F-Gehalt von 30—40 mg% ein solcher von 0,75—1,0%. Der Hauptanteil der Zahnsubstanz besteht demnach aus Hydroxylapatit, der weit weniger widerstands-

[1] Auch wohl Meerespflanzen. Th. von Fellenberg 1948 (251) fand in Meeresalgen aus Scheveningen den für Pflanzen relativ hohen F-Gehalt von 0,476 u. 1,100 mg% F in der Trockenmasse, in „Konbu“, einer eßbaren japanischen Meeresalge allerdings nur 0,195 mg% (vielleicht präpariert ?).

fähig ist als Fluorapatit. Es ist daher verständlich, daß mit zunehmendem F-Gehalt die Widerstandsfähigkeit des Zahnes gegen Caries wächst. Das gilt erst recht für den Zahnschmelz, der noch weniger F enthält als das Dentin.

Der Mechanismus der F-Bindung in Knochen wurde von M. FALKENHEIM u. H. HODGE 1947 (245) studiert: Gepulverte, mit radioaktivem Phosphor ^{32}P markierte Knochenproben, die mit F-Lösung behandelt wurden, fixierten F. Dabei tritt aber wahrscheinlich kein Austausch mit dem Phosphat ein, denn in der Lösung wurde nicht mehr ^{32}P gefunden als in Abwesenheit von F.

Nach R. KLEMENT ist die Anwesenheit von F in der anorganischen Knochensubstanz eine mehr zufällige Erscheinung insofern, als in der aus Hydroxylapatit $3\,Ca_3\,(PO_4)_2 + Ca\,(OH)_2$ bestehenden anorganischen Knochensubstanz (476, 873) das F je nach vorhandener Menge einfach einen Teil des OH unter Mischkristallbildung ersetzt. Dafür spricht auch sein Befund — s. auch P. DANCKWORTT 1941 (184) und TH. VON FELLENBERG 1948 (251) —, daß fossile Knochen im Laufe ihrer langen Lagerung steigende F-Mengen aus dem Grundwasser aufgenommen und sich allmählich in das sehr beständige Fluor-Apatit verwandelt hatten, also eine ähnliche Erscheinung, wie sie auch bei den Phosphatmineralien zu beobachten ist. Der theoretische F-Gehalt des Fluor-Apatits beträgt 3,77%, der höchste in der Knochenasche beobachtete ist 3,69% (s. 826).

Neuere Untersuchungen von R. OLSEN 1950 (728) an 11 verschiedenen miozänen Pferdeknochen ergaben 1700 bis 2600 mg% F, unabhängig von der Knochengröße; in rezenten Knochen sind nach ihm 10 bis 30 mg% zu finden.

Die fortschreitende F-Festlegung in Knochen, die F-haltigem Grundwasser ausgesetzt sind, ist etwa proportional der Zeit der Einwirkung des Grundwassers. Daraus entwickelte schon 1845 J. MIDDLETON (s. 722) eine Methode um das relative Alter von Fossilien zu bestimmen. Die Methode ist inzwischen verfeinert worden und wird mit der Vorsicht, daß der F-Gehalt der Bodenlösungen von Ort zu Ort stark schwanken kann, als sogen. „*Fluor-Test*" heute noch mit Erfolg angewandt. Um besser vergleichbare Werte zu bekommen, setzt man auch den gefundenen F-Gehalt zum gleichzeitig ermittelten P_2O_5-Gehalt in Beziehung. Mit Hilfe des mit modernsten Methoden durchgeführten Fluor-Testes hat man jetzt z. B. den berühmten Piltdown-Fund bei Sussex (England) aufklären und zeigen können, daß der Unterkiefer, der in der Nähe des in einer Eiszeitschicht entdeckten menschlichen Schädelbruchstückes aufgefunden war, zeitlich nicht zu diesem gehört und eine Fälschung ist[1]. G. HEBERER 1950 (373) schließt aus den mittels dieser Methode bisher gewonnenen wichtigen Ergebnissen, daß die Paläanthropologie nunmehr in dem „Fluor-Test" über ein Verfahren verfügt, welches es erlaubt, die relativen Altersbeziehungen problematischer, paläontologisch-stratigraphisch unauflösbarer Fundkomplexe zu klären, wenn es sich um größere Zeitspannen von mindestens

[1] Noch 1950 hatte man auf Grund eines (wohl mit zu geringen Materialmengen u. mit nicht verfeinerten Methoden) durchgeführten Fluor-Testes die zeitliche Zusammengehörigkeit von Schädel und Unterkiefer als bewiesen angesehen (s. U. LEHMANN, Naturw. Rdsch. 7, 1954, S. 206 und G. KURT, ebenda, S. 290—292), ferner ebenda 8, 1955, 319).

10 000 Jahren handelt. T. STEWART 1952 (946) allerdings, der die Schlußfolgerungen aus den Untersuchungsergebnissen der in der Conkling-Höhle (New Mexico) zusammen aufgefundenen Knochen von Menschen und ausgestorbenen Tieren diskutiert, glaubt, daß der F-Test für diesen Fund wenig Beweiskraft und damit einige Grenzen bei der Altersbestimmung habe. — Kurz am Rande sei vermerkt, daß man inzwischen die Altersbestimmung mit Erfolg auch nach der Kohlenstoffmethode von Libby vernimmt (Ermittlung des ^{14}C in prähistorischem biologischen Material. Zerfallsgeschwindigkeit des $^{14}C = 5600$ Jahre, obere Altersgrenze etwa 30 000 Jahre, untere etwa 1000 Jahre), oder auch durch röntgenographische Untersuchung der fossilen Gebeine (zunehmender Ersatz des Calciumphosphat durch Kalkspat).

Man hat auch in den Zähnen vorgeschichtlicher Menschen höheren F-Gehalt gefunden und daraus geschlossen, daß das die Ursache der größeren Cariesresistenz der damaligen Menschen gewesen sei. Aber BRAUER 1943 (s. 875) weist sehr richtig darauf hin, daß der höhere F-Gehalt wahrscheinlich auf die lange Einlagerung in der Erde zurückzuführen sei und nicht als Merkmal erhöhter Cariesresistenz gewertet werden könne.

Interessant ist in diesem Zusammenhang auch, daß die erste 1803 von MORICHINI gemachte und damals natürlich überraschende Entdeckung von F in der Tierwelt an solchem fossilen Material erfolgte, an Mammutzähnen aus der römischen Campagna (bei Behandlung mit Schwefelsäure beobachtete er, daß das entweichende Gas das Glas angriff). Zu dieser Entdeckung und den zahlreichen Befunden anderer Forscher, welche den besonders hohen F-Gehalt fossiler Knochen bestätigten, schreibt R. TRUHAUT 1948 (988), daß es kaum möglich erscheine, daß das F in einer solchen Konzentration in den gesunden lebenden Tieren vorhanden war und äußert die Vermutung, daß man die F-reichen Phosphatlager, die ja aus einer Ablagerung prähistorischer Tierknochen bestehen, vielleicht auf ein Massensterben durch plötzliches Auftreten schwerer Fluorose-Epidemien zurückführen könne, die ihrerseits durch vulkanische und von geologischen Veränderungen begleiteten Ausbrüchen hervorgerufen seien.

Fluor-Zunahme in Zähnen und Knochen bei chronischer Fluor-Vergiftung

Für den Nachweis chronischer F-Vergiftungen infolge fortgesetzter Aufnahme zu stark F-haltiger Trinkwässer oder Nahrung besitzt erfahrungsgemäß die starke — um das 5- bis 10fache, aber auch bis um das 25fache — Zunahme des F-Gehaltes der Zähne und Knochen wesentliche diagnostische Beweiskraft. Man hat sich deshalb weiter bemüht, den „Normalgehalt" an F in den Zähnen und Knochen gesunder Menschen und Tiere zu bestimmen. In Tab. V und VI teilt R. TRUHAUT 1948 (988) eine größere Anzahl von allerdings meist älteren F-Analysen normaler Zähne, Knochen und sonstiger Organe von Mensch und Tieren mit (s. auch S. 44). Auch H. J. SCHMIDT 1951 (875) verdanken wir eine Zusammenstellung zahlreicher F-Analysen von Schmelz und Dentin gesunder und cariöser menschlicher Zähne aus den Jahren 1898 bis 1949. Hier seien zur Ergänzung einige weitere, in genannten Zusammenstellungen nicht aufgeführte Untersuchungen mitgeteilt.

a) Zähne

Nach bei F. McClure 1939 (643) genannten verschiedenen Untersuchern wurde von diesen gefunden mg% F

In menschlichen Zähnen:

in Gebieten, wo das Trinkwasser keine toxischen F-Mengen enthielt	0—68	(1933)
in solchen mit 2 mg/l, wo die Personen 10 Jahre gelebt hatten	65—112	(1933)
in normalen Zähnen	20—30	(1936)
„ „ „	7—17	(1938)
gesundes Dentin	20	(1939)
cariöses Dentin	18	(„)
Dentin mit Flecken	37—43	(„)
Gesunder Schmelz	10—16	(„)
cariöser Schmelz	6—9	(„)

In Rattenzähnen:

normale	9—25	(1936 u. 39)
bisweilen Streifungen	22—30	(„ „ „)
endgültige Streifungen	39	(„ „ „)

Bei eigenen Untersuchungen fanden F. McClure u R. Likins 1951 (650) in Zähnen von Menschen, die fortlaufend Trinkwasser mit 0—0,3 mg/l genossen = ca. 10 mg% im Zahnschmelz und 24 mg% im Dentin. Trinkwasser in Aurosa, Ill., mit 1,1 bis 1,2 mg/l, wo auffällige Reduzierung der Caries festzustellen war, ergab 13,3 mg% im Zahnschmelz und 38,5 mg% im Dentin. K. Roholm 1937 (826) fand im Dentin menschlicher Zähne 30—31 mg% F, P. Danckwortt 1938/41 (182/85) 11 mg%, Th. von Fellenberg 1938 (249) in der Asche von 3 Kinderzähnen 6 bis 8 (= 100mal niedriger als die Angabe von Wrampelmeyer 1892: Kinder 650 bis 1400, Erwachsene 1160 bis 1370); Ss. Moissejew 1951 (680) fand im Mittel von 20 gesunden menschlichen Zahnkronen 87,5 mg% F. — In gesunden Rinderzähnen fand P. Danckwortt (s. o.) 37 bis 48, i. M. 44 mg%. J. Delga u. J. Fournier 1950 (198) stellten fest: in Zähnen von Kaninchen 10,4, von Meerschweinchen 8,1 und von Ratten 10,5 mg% F.

Man sieht, daß die Werte auch bei gesunden Zähnen in ziemlich weiten Grenzen schwanken. Der Hauptgrund dafür dürfte verschiedene Untersuchungstechnik der verschiedenen Untersucher sein. Aber trotzdem ist der höhere F-Gehalt bei längerer F-Aufnahme ohne oder mit F-Erkrankung deutlich zu sehen, ebenso die größere Cariesanfälligkeit F-armer Zähne. Letztgenannte Tatsache geht noch klarer aus einer Zusammenstellung von S. Gericke 1951 (295) nach Schweizer Untersuchungen hervor: Bei einem F-Gehalt von nur 4,4 mg% waren krank 75% der Zähne, bei 9 bis 10 mg% = 60%, bei 14 mg% = 45% und bei 20 bis 30 mg% = 3%.

Sehr umfangreiche Untersuchungen über das Problem F-Gehalt der Zähne — Cariesresistenz (s. auch S. 109) führten TH. VON FELLENBERG 1948 (251) und HOH. SCHMID 1948 (873) in der Schweiz an rd. 1200 Zähnen durch. Ein deutlicher Zusammenhang zwischen niedrigem F-Gehalt der Zähne (und des Trinkwassers) und der Cariesanfälligkeit und umgekehrt zwischen hohem F-Gehalt der Zähne (und des Trinkwassers) und Cariesresistenz wurde festgestellt. In Gebieten mit F-armem Trinkwasser und hoher Cariesanfälligkeit betrug der F-Gehalt der Zahnasche durchschnittlich nur 3 bis 7 mg% (berechnet auf ganzen Zahn $\times$ 0,7 = 2,1 bis 4,9 mg%). In Gebieten mit höherem und hohem F-Gehalt des Trinkwassers wurden Werte von 80 bis 150 mg% in der Zahnasche gefunden. Mit dem Alter steigt der F-Gehalt allgemein an. Beide Forscher machen auch auf mögliche Fehlerquellen bei derartigen Untersuchungen aufmerksam: In einigen Fällen wurden plötzlich aus dem Rahmen fallende Werte, in F-armen Gebieten 135 und 233 mg%, gefunden. Es stellte sich heraus, daß sie durch plastische Füllmassen bewirkt waren, die z. T. sehr hohen F-Gehalt aufweisen, z. B. Silikat-Porzellanzement S. S. White = 12000 mg%, Deutsches Silikat-Porzellan „Mamorith" = 10600 mg% F. Solche Füllmassen müssen mitsamt der möglicherweise F-angereicherten Schmelz- und Dentinschicht vor der Untersuchung sorgfältig entfernt werden. Dadurch verringert sich nun aber der Kronenanteil des Zahnes gegenüber dem Wurzelanteil, was zu einer weiteren Fehlerquelle führen kann. Die Wurzeln sind ungefähr doppelt so F-reich wie die Kronen. Wenn nun ein großer Teil der Krone durch die Caries bzw. durch die Reinigung von den Füllmassen verlorengegangen ist, so erscheint der übriggebliebene Zahnanteil wegen seines relativ großen Wurzelanteiles F-reicher und kann damit einen F-Anstieg im cariösen Zahn vortäuschen. Aus demselben Grunde ist der obere, meist dreiwurzelige Stockzahn F-reicher, als der untere, meist zweiwurzelige. Auch bei Milchzähnen variiert der F-Gehalt sehr, je nachdem die Wurzel resorbiert ist, oder nicht. Ist sie resorbiert, so ist der F-reichere Anteil weg, und die Krone ist F-ärmer, als der ganze Zahn war. Eine genaue morphologische Beschreibung ist daher angezeigt, womöglich getrennte Analyse von Krone und Wurzel. Noch genauere Ergebnisse zeitigen getrennte Schmelz- und Dentinproben.

b) Knochen

Auch über den F-Gehalt der Knochen liegen zahlreiche Analysen vor. So fanden P. BISHOP 1936 (79) in normalen menschlichen Oberschenkelknochen 76 mg% F, der leider verstorbene verdienstvolle dänische F-Forscher K. ROHOLM 1937 (826) in der Asche menschlicher Rippen 48 bis 210 (?), in der Asche der Knochen junger Tiere 12 bis 38, älterer Tiere 18 bis 81; CH. CHANG et al. 1934 (144) bei Milchkühen in der Trockenmasse der Knochen und Zähne 42 bis 63, P. DANCKWORTT 1938/41 (182/85) in Rippenknochen gesunder Rinder 91, in Mittelfußknochen 51; M. STAS 1941 (936) in Knochenasche gesunder Weidetiere aus verschiedenen Gegenden der Niederlande 25 bis 100, R. NETTO 1953 (713) in solcher gesunder Rinder in Brasilien je nach Methode (s. S. 213) 16,8 bis 30,8; E. LARGENT et al. 1943 (535) in feuchten Kaninchenknochen vor der F-Gabe 11 bis 18, nach der F-Gabe bis 288, im Kiefer bis 794; in Kuhknochen (Trockensubstanz) vor der F-Fütterung 41, nach der F-Fütterung 1816 mg% F; J. DELGA u. J. FOURNIER 1950 (198) in verschiedenen Knochen gesunder Hunde i. M. 40,8; FR. HEYROTH 1953 (390) in Hundeknochen nach 5 Jahre langer Zufütterung mit 3 bis 5 mg F je kg Körpergewicht 10mal mehr F als ohne F-Zufütterung. S. GERICKE 1951 (295) gibt als durchschnittlichen F-Gehalt der Knochen 40 bis 60 mg% an. In „Knochenmehl" des Handels finden sich nach S. GERICKE u. B. KURMIES 1951 (300) 27 bis 45 mg% F, in „Knochenmehl, entleimt" nach TH. VON FELLENBERG 1948 (251) 75 mg% F. L. GISIGER 1954 (312a) fand in der Knochenasche von um Bern verunfallter Rehe 52,2 mg% F (wohl als Normalgehalt anzusehen), in der von in einem ausgesprochenen F-Schadengebiet verendeter 552 und 1170 mg% F, in der vom Kniegelenk eines fluorosekranken Rindes 466 mg% F, in der des Kiefernknochens einer notgeschlachteten F-kranken Kuh 266 mg% F. Weitere Werte s. Tab. 7, 8, 9.

Bemerkenswert ist, daß nach den Befunden DANCKWORTTS das F in den Knochen und Zähnen nicht ganz unlöslich vorliegt, beim Auskochen mit Wasser oder Alkohol gingen ziemlich erhebliche Mengen in Lösung. Auch beim Tee liegt das F zum Teil in wasserlöslicher Form vor, desgleichen im Kaffee und in Gemüsen (627), ebenso stellten G. BREDEMANN und H. RADELOFF 1937 (122) und G. BREDEMANN (119) fest, daß das von den Sprossen und Blättern bei F-Beräucherung in ihrer Rinde (s. S. 154) bzw. im Blattgewebe (s. S. 156) bis zu großen Mengen aufgenommene F zum Teil in wasserlöslicher Form gespeichert wird.

Fluor-Gehalt sonstiger menschlicher und tierischer Gewebe, des Blutes, der Milch, des Harnes, Fluor-Gehalt von Hühnereiern

Über den F-Gehalt in anderen tierischen (und menschlichen) Geweben liegen neuere Untersuchungen von CH. CHANG und Mitarbeitern 1934 (144) sowie K. ROHOLM 1937 und 1938 (392 und 395) vor. Sie zeigen, daß der F-Gehalt bei den inneren Organen und der Muskulatur von Mensch und Tier um etwa 0,5 bis 2 mg in 100 g der Trockenmasse beträgt, was die älteren Zahlen von E. ZDAREK 1910 (s. 26) bestätigt, während die von A. GAUTIER und P. CLAUSMANN 1913 vielfach höher, aber auch nicht wesentlich höher liegen. Ausreichende Anhaltspunkte dafür, daß einzelne Organe (Hypophyse und Nebenniere, vielleicht auch Milz und Niere — s.u.) wesentlich reicher oder ärmer an F sein sollten, sind noch nicht vorhanden. Jedoch bestätigten die Untersuchungen von TH. VON FELLENBERG 1948 (251) an Meerschweinchen und Fischen die älteren Angaben von GAUTIER und CLAUSMANN, daß sich stark erhöhte Werte in der Haut und ihren Annexen finden. Die Haut der Meerschweinchen war reicher als die übrigen Organe und die Klauen erreichten nahezu den Wert der Zähne. In den menschlichen Nägeln wurde ein 7mal geringerer Wert gefunden (0,36 mg%), als in den Klauen der Meerschweinchen, während die menschlichen Haare sich als F-reicher erwiesen (0,24 mg%), als die der Meerschweinchen (0,12 mg%)[1]. Die Haut der Sardinen war 5mal F-reicher (5,05 mg%) als der ganze Fisch (1,05 mg%), die Haut des Kabeljaus 20mal reicher (3,29 mg%) als das Fleisch (0,15 mg%), alle Werte auf frische Substanz bezogen. Im Gegensatz zu älteren Untersuchungen zeigen die von CH. CHANG et al. 1934 (144), M. GAUD et al. 1934 (s. 829) und K. ROHOLM 1937 (826), daß weder bei langdauernder Fütterung noch bei spontaner chronischer F-Vergiftung größere Mengen F in den inneren Organen abgelagert werden. Bei längerer Zeit durchgeführter F-Fütterung fanden erstere in den Organen von Rindern nur Erhöhung auf etwa das Doppelte; allein die Schilddrüse hatte den F-Gehalt auf das 240fache erhöht. Für die fleischhygienische Beurteilung F-kranker Tiere kommt daher nach P. COHRS 1941 (157) lediglich der Ernährungszustand der Tiere in Frage, sofern keine sekundären Erkrankungen vorliegen.

Nachstehend sei eine Reihe von Analysen aus neuster Zeit von J. DELGA u. J. FOURNIER 1950 (198), TH. VON FELLENBERG 1948 (251), R. FABRE u. S. BAZILLE (s. R. TRUHAUT 1948 [988] und E. LARGENT 1950 (530) mitgeteilt. Wenn auch nicht direkt miteinander vergleichbar, weil die vier Untersuchungen wiederum leider mit nicht ganz gleicher Methodik durchgeführt wurden, so zeigen sie doch sehr anschaulich die Verteilung des F-Gehalts in den verschiedenen Organen bei gesunden und F-kranken Tieren.

TABELLE 7

Fluorgehalt der Organe kleiner gesunder Laboratoriumstiere nach J. DELGA u. J. FOURNIER 1950 (198)

(mg% F in der frischen Substanz)

	Kaninchen	Meerschweinchen[1]		Ratte
Niere	0,415	0,520	(0,006)	0,335
Leber	0,120	0,160	(0,040)	0,120
Lunge	0,180	0,720	(0,040)	0,320
Gehirn	0,250	0,700	(0,052)	0,435
Milz	2,281	2,850	—	—
Schenkelknochen	10,380	8,130	—	8,490
Zähne	10,380	8,130	(2,825)	10,540
Muskelfleisch	0,280	0,320	—	0,560
Blut	0,155	0,210	(0,013)	—

[1] Die eingeklammerten ( ) Werte nach TH. VON FELLENBERG 1948 (251).

Also eine besonders starke Lokalisation in den Knochen, Zähnen, der Hypophyse und Nebenniere, nicht dagegen in den sonstigen inneren Organen. Auch hinsichtlich des erhöhten F-Gehaltes der Haare werden die oben genannten Be-

[1] In den Finger- und Zehennägeln eines Patienten mit chronischer F-Vergiftung fand L. SPIRA 1948 (930) 2,40 mg% F, in den Haaren 0,116 mg%, was nach ihm für eine spezifische Anhäufung des F in dem keratinhaltigen Gewebe sprechen würde. Er macht dabei auf diesbezügliche Übereinstimmung mit dem Arsen aufmerksam, das ebenfalls besonders über die Hautannexe ausgeschieden wird. — FABRE u. BAZILLE fanden in Haaren F-kranker Kaninchen 6,80 bzw. 11,00 mg% F, s. Tab. 8.

funde der betreffenden übrigen Forscher bestätigt. Die von K. Roholm gefundene starke Erhöhung des F-Gehaltes der Lunge bei Kryolith-Arbeitern rührt naturgemäß von eingeatmetem Staub dieses F-Minerals her.

TABELLE 8

Fluorgehalt der Organe F-kranker Kaninchen nach Analysen von R. Fabre u. S. Bazille (s. R. Truhaut 1948 [988])

	Akute Vergiftung Kaninchen 2,49 kg nach einer Gabe von 2,5 g NaF		Chronische Vergiftung Kaninchen, 2,80 kg nach täglichen Gaben von 11 mg NaF während 4 Monate	
	mg%	bezogen auf Blut = 1	mg%	bezogen auf Blut = 1
Niere	1,65	1,15	0,51	0,56
Leber	1,83	1,28	0,52	0,54
Lunge	2,53	1,77	0,29	0,30
Gehirn	1,66	1,15	0,42	0,44
Milz	10,01	7,07	5,87	6,17
Knochen	13,60	10,50	23,30	35,00
Zähne	149,00	115,00	246,50	259,50
Galle	6,03	4,64	8,00	8,41
Hypophyse	52,60	36,70	82,30	86,60
Nebenniere	41,50	29,00	—	—
Geschlechtsorgane	0,63	0,44	0,33	0,35
Haare	6,80	5,30	11,00	11,58
Harn (Blase)	1,53	1,07	1,00	1,05
Blut	1,43	1,00	0,95	1,00

TABELLE 9

Fluorgehalt der Organe dreier Kühe, die 4 bis 9 Jahre auf einer Farm in der Nähe einer Rockphosphat verarbeitenden Fabrik gelebt hatten[1]

nach *E. Largent* 1950 (530) mg% in der frischen Substanz

Nr. der Kuh:	F1	F2	F3
Alter, als sie auf die Farm kam:	von der Geburt an		5 Jahre
Dauer des Aufenthalts auf der Farm: Jahre:	8—9	9	4
Geschlachtet am:	16. 1. 1947	15. 8. 1947	24. 6. 1947
Niere	0,423	0,130	0,168
Leber	0,080	0,031	0,057
Lunge	0,282	0,085	0,110
Gehirn	0,334	0,135	0,960
Milz	0,090	0,058	0,046
Herz	0,077	0,039	0,043
Magen	1,100	0,156	—
Eingeweide	0,174	0,274	—
Gallenblase	—	0,072	0,058
Galle	0,094	0,013	0,063
Harn	4,600	1,210	—
Knochen, verschiedene, im Mittel	842,000	1440,000	590,000
Blut	0,068	0,031	0,054

[1] Grasproben von den Weiden zeigten 30 mg% F-Gehalt, Ulmenblätter sogar fast 700 mg%. Die Konzentrationen nahmen mit der Entfernung von der Fabrik ab, während der F-Gehalt im Laufe der Vegetationszeit zunahm.

Auch im *menschlichen Blut* wurde der F-Gehalt wiederholt untersucht, weil man glaubte, Beziehungen zwischen gewissen Krankheitsbildern — Hämophilie, (s. 248), Basedow (s. 497, 1079) — und dem F-Gehalt beobachtet zu haben. Die alte Angabe von A. Gautier 1913 über den F-Gehalt des menschlichen Blutes (Frischsubstanz), 0,46 mg%, erwies sich um ein Vielfaches zu hoch. K. Kraft u. R. May 1937 (497) fanden den Normalgehalt bei etwa 0,10 bis 0,12 mg%, während bei Basedowikern, Thyreotoxikose u. ä. der F-Gehalt im allgemeinen deutlich niedriger lag, etwa 0,05—0,08 mg% (s. auch S. 170). Aber H. Wulle 1939 (1079), die in Menschenblut etwa 0,08—0,09 mg% als normal ansieht, konnte eine Zuordnung der einzelnen Werte zu bestimmten Krankheitsbildern zunächst nicht durchführen. H. Hartmann et al. 1940 (365) fanden in 10 normalen menschlichen Blutproben Werte zwischen nur 0,027 und 0,074 mg. Landois-Rosemann 1947 (s. 1031) geben 0,05 bis 0,11 mg% an. H. Stetter 1948 (943) fand in einer Probe 0,064 mg% F, Th. von Fellenberg 1948 (251) in vier Proben 0,011 und 0,017 mg%. Im Blute von an ausgesprochener Osteosklerose erkrankten Eingeborenen in Gegenden von Indien, wo das Wasser F-haltig ist, fanden H. Shortt et al. 1937 (s. 829) bis zu 1,85 mg% F, ein Wert, der aber wohl noch einer Nachprüfung bedarf. — Das Blut gesunder *Tiere* ist ebenfalls F-arm. In Pferdeblutserum fand H. Wulle 1939 (1079) 0,049 bis 0,07 mg%, Th. von Fellenberg 1948 (251) in Blut von Ochse 0,021, Kuh (252) 0,094, Kalb 0,069, Schwein 0,017, Meerschweinchen 0,013; Fr. Smith u. D. Gardner 1951 (916) in Blut von Hund und Kaninchen (beide gleich) meist 0,010 mg% F. E. Largent 1950 (530) fand im Blut einer F-kranken Kuh 0,08 mg%; nach ihrer Überführung in ein F-freies Gebiet fiel der F-Gehalt nach einem Monat auf 0,03, blieb dann während mehrerer Wochen etwa auf dieser Höhe, um erst nach etwa 8 Monaten den niedrigen Gehalt von 0,003 mg% zu erreichen. J. Delga u. F. Fournier 1950 (198) fanden in Rinderblut 3,70 mg% F, bezogen auf Trockensubstanz.

Vermehrte mäßige F-Aufnahme bewirkte in Untersuchungen von Hch. Schmid 1948 (873) keinen deutlich höheren Blutspiegel. Nach genanntem Forscher läßt das offenbar darauf schließen, daß das mit der Nahrung aufgenommene F nicht lange im Blute kreist — worauf die Versuche mit radioaktivem F hindeuten, s. S. 180 —, sondern rasch im Hydroxylapatit der Knochen eingebaut wird und von da, nach und nach, je nach Bedarf oder nach einem bestimmten Verteilungsgesetz, wieder in den Blutkreislauf zurückgeht. So kann der Mensch in fötalem Zustand das F in den Knochen einlagern, welches bei Anlage der Zähne teilweise in den Zahnkeim transportiert wird. Daß das F in den Knochen nicht unbedingt für alle Zeiten festgelegt ist, zeige der Fall einer Arbeiterin in einem Kryolithwerk, welche drei Jahre nach Austritt aus diesem Betrieb ein Kind gebar, dessen Zähne Fluorose aufwiesen. Auch in Indien wurden Schmelzflecken an Milchzähnen solcher Kinder beobachtet, deren Mütter unter hohem F-Angebot standen, dagegen nicht die Kinder selbst (s. 379). Hs. Held 1952/54 (379/80) kam in Belastungsversuchen mit 6 Schwangeren zu anderen Ergebnissen: Nach Verabreichung von 5 mg F während zweier Tage stieg der F-Blutspiegel von

0,032 auf 0,037 mg%, d. h. um 14,5%; nach 5 Tagen von 0,028 auf 0,044 mg%, d. h. um 55,6% im Mittel; am 6. Tage um 92,9%. Da ein F-Gehalt über 0,04 mg% bereits die Wirkung der Phosphatase hemmen kann, würden also rasch toxische F-Werte im Blut erreicht. Weitere Versuche ergaben, daß das aus der Nahrung aufgenommene F längere Zeit im Blute kreist.

Die oben bereits angeschnittene Frage, ob das F die Placenta passiert, war lange umstritten. Einzelheiten darüber s. K. Roholm 1938 (829), R. Truhaut 1948 (988) sowie Hs. Held 1950/52 (378/79). Nach den neueren von genannten Forschern mitgeteilten und den von R. Evans u. P. Phillips 1939 (239) sowie von H. Mitchell u. M. Edman 1945 (678) gemachten Beobachtungen ist sie fraglos im positiven Sinne entschieden. Hs. Held 1952 (379) untersuchte zur Klärung der Frage Blut, das gleichzeitig im Mutter- und im Fötalblutkreislauf (aus der Nabelschnurvene), also zu gleicher Zeit auf beiden Seiten der „Placentarschranke" entnommen wurde. Es ergab sich fraglos, daß die Placenta das F in den Fötalblutkreislauf durchtreten läßt. Im allgemeinen entsprachen die höheren F-Werte im Mutterblut auch den höheren F-Werten im Fötalblut. Eine Placentarschranke für die F-Passage kann also nicht bestehen.

Für die *Milch* war die sehr wichtige Frage, ob F in die Milch von Mensch und Tier auch bei vermehrter F-Aufnahme übertritt, ebenfalls lange umstritten. Hs. Held 1951 (378) zitiert eine ganze Reihe von Forschern, von denen 6 direkte Abhängigkeit der Milch vom F-Gehalt der Kost und des Trinkwassers bejahen, 4 dagegen eine solche ablehnen. Normale Milch gesunder Kühe ist F-arm. In Berner Marktmilch wurde von Th. von Fellenberg 1937 (249) 0,14 mg F im Liter = 0,014 mg% gefunden, 1948 (251) in 4 Proben zwischen 0,55 und 0,97 mg/l, 1951 (252) 0,32 mg/l. Letztgenannte Befunde stimmen mit Untersuchungen von P. Phillips et al. 1934/39 (s. 829, 936) wenig überein, nach denen die Milch normaler Kühe nur zwischen 0,05 und 0,25 mg/l F enthält; diese Menge wurde durch anhaltende experimentelle F-Vergiftung nicht erhöht, auch nach Versuchen von M. Smith 1935 (920) nicht. — F. McClure 1939 (643) gibt in seiner Zusammenstellung an: Frische Milch 0,1 bis 0,4 mg/l, Milch von Kuh mit F-Futter 0,1 bis 0,3 mg/l. — In der Milch des Bezirks Kirowsk, der über reiche Apatitvorkommen verfügt, fand A. Georgijewski 1947 (291) zwischen 0,09 und 0,35, i. M. 0,22 mg/l F, sie unterschied sich also nicht von der Milch aus F-armen Gebieten. Anderseits muß auf die Arbeit von J. McClendon et al. 1942 (637) hingewiesen werden, die beim Vergleich zwischen dem F-Gehalt der Marktmilch von 28 Orten in 13 Staaten der USA und dem Vorkommen von Zahncaries der 12—14 jährigen Kinder dieser Orte fanden, daß die Zahncaries im umgekehrten Verhältnis zum F-Gehalt der Kuhmilch stand. — In der Milch einer Kuh, die seit ihrer Geburt 9 Jahre lang auf einer Farm gelebt hatte, die in der Nähe einer Rockphosphat verarbeitenden Fabrik lag, fand E. Largent 1950 (530) 0,21 mg/l, bei einer anderen unter chronischer Fluorose leiden 0,31 bis 0,51 mg/l F.

H. Nõmmik 1953 (722) untersuchte 88 Milchproben aus Schweden, die in den Monaten August/September aus allen Gegenden des großen Landes entnommen waren. Ihr F-Gehalt betrug i. M. 0,22 mg/l, schwankend in den Einzelproben von 0,09 bis 0,33 mg/l. Es war zwar festzustellen, daß einige Gegenden sich durch höheren F-Gehalt auszeichneten, andere durch geringeren, aber Übereinstimmung mit dem höheren bzw. geringeren F-Gehalt des Trinkwassers (oder des Futters) war nicht zu erkennen. Zu ähnlichen Ergebnissen waren auch H. u. M. Smith u. M. Vavich 1945 (918) gekommen: Zusatz von NaF in Mengen von 0,2 bis 500 mg/l zum Tränkwasser der Kühe (also bis über das Hundertfache des F-Gehalts, welcher für die Hervorbringung der menschlichen Zahnfluorose als höchst gefährlich gilt) während der Versuchsdauer von 2 bis 13 Tagen bewirkte zwar nur geringe, aber doch deutliche Erhöhung des F-Gehalts der Milch, in keinem Falle aber über 0,5 mg/l. Danach wäre also keine Gefahr vorhanden, daß kurzfristige Verwendung von Tränkwasser mit viel höherem Gehalt, als er die Zahnfluorose bei Kindern veranlaßt, bei Milchkühen den F-Gehalt ihrer Milch toxisch erhöht. Es wurde auch beobachtet, daß der größte Teil des F von den Kühen durch die Nieren ausgeschieden wird.

Die neueren Untersuchungen von Hs. Held 1952 (379) über die Frage des Übertritts von F in die Milch stillender Frauen zeigen deutlich, daß F-arm ernährte stillende Frauen F in ihre Milch ausscheiden. Die gefundenen F-Werte bewegten sich alle normal zwischen 0,08 und 0,12 mg/l, aber sie standen in keinem Verhältnis zum Blut-F (s. vorne). Durch Zugabe von F zur Nahrung konnte mit Erhöhung des Blutfluorspiegels auch der F-Gehalt der Milch in einem gewissen Grade erhöht werden, jedoch nicht im gleichen Verhältnis. Einer Erhöhung von z. B. 55,6% im Blut entsprach eine solche von 14,3% in der Milch und einer von 92,9% im Blut nur 39,8% in der Milch.

Daß F durch die Milch ausgeschieden wird, hatten schon die oben erwähnten Fälle gezeigt, daß Kinder von unter hohem F-Angebot stehenden Müttern Fluorose der Milchzähne aufwiesen. K. Roholm 1937/39 (827, 830) hatte ebenfalls beobachtet, daß bei Kindern von Kryolith-Arbeiterinnen „gesprenkelte Zähne“ hervorgerufen werden, wenn sie längere Zeit gestillt wurden. Auch junge Ratten, die von Rattenweibchen bei F-haltiger Kost genährt wurden, wiesen nach M. Murray 1936 (707) abnorm hohen F-Gehalt in den Knochen auf.

An Ziegen wurden von A. Constantini 1937 (161, s. auch 936) Versuche über den Einfluß F-haltigen Futters auf den F-Gehalt der Milch ausgeführt. Über die Ergebnisse wird in zwei vorliegenden Referaten widersprechend berichtet: In einem, daß auch bei längerer Verabreichung von täglich 1 g NaF kein F in die Milch übertritt und daß weder die Menge noch der Fettgehalt der Milch durch die F-Behandlung beeinträchtigt werden, in dem anderen, daß der Milchertrag von 600 auf wenige cm³ zurückging, die Reaktion von leicht alkalisch auf leicht sauer und daß in der Milch der mit NaF gefütterten Tiere 1 mg F in 100 cm³ gefunden wurden, während normale Milch (nach der Ätzmethode!) die Abwesenheit von F zeigte. — An Merinoschafen konnte J. Harvey 1953 (367) beobachten, daß auch bei Aufnahme von Tränkwasser mit 10 mg/l F kein F in die Milch überging.

In den verschiedenen Anteilen einer Vollmilch mit 0,204 mg/l F = 0,0204 mg% stellten R. EVANS u. P. PHILLIPS 1939 (240) fest: mg im Kasein-Anteil = 0,005, im heißgefällten Protein-Anteil = 0,0012, im Äther-Extrakt = 0,0012 und im Rest = 0,014; die größte Menge also im wäßrigen Anteil. Das bestätigen auch die Untersuchungen von H. NÕMMIK 1950 (722): Er fand in 27 Proben *Käse* zwischen 0,16 und 1,31, i. M. 0,60 mg/kg F, also etwa dreimal mehr als in der Milch; aber Käse enthielt etwa 60% Trockensubstanz, Milch 12%; berechnet auf Trockensubstanz ist der F-Gehalt der Milch also höher als der des Käses, es geht also bei der Käseherstellung eine beachtliche F-Menge in der Molke verloren. — F-Mengen bis 35,9 mg% in *Kasein* des Handels, wie sie von R. EVANS u. P. PHILLIPS 1939 (240) gefunden wurden, oder sogar bis 200 mg% von H. HODGE et al. 1939 (397) dürften auf Zusätze F-haltiger Konservierungsmittel zurückzuführen sein (Vorsicht bei Verwendung solcher Kaseine zu Fütterungsversuchen!). Dieselben Forscher fanden andere Kaseinproben auch ganz oder fast F-frei.

Im *Harn* des Menschen beträgt nach W. MACHLE 1936 (591) die normale Ausscheidung im Mittel etwa 1 mg/l F. Dies Ergebnis wurde erzielt bei Untersuchung des Urins zahlreicher Männer, Frauen und Kinder, gesunden und kranken, aus sehr verschiedenen Gegenden der USA und Canadas, und zwar bei Leuten, die nicht in irgendwie F-verarbeitenden Betrieben tätig waren. Die Werte schwankten allerdings zwischen 0,5 und 2,8 mg/l, aber ohne erkennbare Ursache. Er sagt, es sei bemerkenswert, daß man F-Mengen von mehr als 1—2 mg/l, die in Trinkwasser regelmäßig Flurose der Zähne verursachen, auch bei ganz normalen Personen finden könne und meint, daß für die Entstehung der Zahnfluorose nicht allein besonders hohe F-Mengen im Trinkwasser verantwortlich seien, sondern daß auch die Nahrungsmittel eine Rolle spielen. Ähnliche Werte wurden von vielen Forschern gefunden; vgl. auch W. MACHLE et al. 1939 (597). — Nach Untersuchungen von G. BRUN et al. 1941 (131) schwankte bei normalen Personen die Tagesausscheidung zwischen 0,18 und 1,85 mg/l F, bei Kryolitharbeitern dagegen zwischen 2,41 und 43,31 mg/l F, Mittel 16,5 mg. Von ehemaligen Kryolitharbeitern hatten nur die mit klinischer Osteosklerose erhöhte F-Ausscheidung von 2,06 bis 9,26 mg/l F. H. SHORTT et al. (s. 533 u. 829) hatten schon 1937 im Harn von an ausgesprochener Osteosklerose erkrankten Indern aus Gegenden mit F-reichem Wasser bis über 40 mg/l F nachgewiesen. Und Untersuchungen von F. MCCLURE u. C. KINSER 1944 (649) des Harnes einer großen Reihe von Männern und Knaben zeigten, daß, wenn das Trinkwasser frei von F war, der F-Gehalt des Harnes etwa 0,3 bis 0,5 mg/l betrug. Bei größerem F-Gehalt des Wassers von 0,5 bis 5,1 mg/l stieg die ausgeschiedene F-Menge im Harn an, und zwar proportional dem F-Gehalt des Trinkwassers. Genannte Forscher folgern, daß das „water-borne“ F eine wichtige F-Quelle für die menschliche Nahrung sei und daß die gefundene Korrelation zwischen F-Gehalt des Trinkwassers und des Harnes zeige, daß die vermeintliche Gefahr einer kumulativen Knochenfluorose hervorrufenden Giftwirkung durch den Genuß von Trinkwasser mit bestimmtem natürlichen F-Gehalt reichlich übertrieben erscheine.

Dem wurde von E. LARGENT 1952 (531) widersprochen, der nachwies, daß bei 4 bis 5 mg F-Aufnahme täglich F gespeichert wird. Bei unter hohem F-Angebot stehenden Personen wurde je nach Umständen stets mehr oder weniger starke Erhöhung des F-Gehalts des Harnes nachgewiesen. Auch bei Tieren, weshalb E. KRÜGER 1949 (507) für die Frühdiagnose einer F-Vergiftung ergänzende Untersuchung des Harnes erkrankter Tiere vorschlug (s. auch S. 180). Ähnlich hatten schon E. LARGENT u. I. FERNEAU 1944 (534) darauf hingewiesen, daß F-Bestimmung im Harn von Arbeitern in F-exhalierenden Industriebetrieben eine vorläufige Schätzung der F-Verunreinigung der betr. Arbeitsstätte sein könne. Sie hatten nämlich in einer Magnesiumgießerei, in der die Arbeiter ziemlich starken, aber an verschiedenen Örtlichkeiten des Werks unterschiedlichen HF-Konzentrationen der Luft ausgesetzt waren, durchweg Erhöhung des F-Gehalts des Harnes festgestellt, aber in verschiedenem Ausmaß je nach Örtlichkeit. Und im allgemeinen waren die Erhöhungen auch nicht groß. Auch bei zahlreichen F-Bestimmungen, die E. LARGENT 1947 (528) im Harn und im Gewebe von Menschen aus Betrieben, in denen Alkylierungen mit Hilfe von HF durchgeführt wurden, vornahm, zeigte sich, daß keine wesentliche Erhöhung der F-Ausscheidung durch den Harn eintrat. Auch eine Anreicherung in den Geweben fand, wenn überhaupt, nur unwesentlich statt. In diesen Fällen handelte es sich aber um Einfluß von gasförmigem HF, von dem wesentlich geringere Mengen absorbiert werden als bei F-Aufnahme per os. Ähnlich berichten G. COLLINGS et al. 1952 (158), daß es bei einer Versuchsperson, die 6 h einer F-Konzentration von 4,8 mg/m³ Luft ausgesetzt wurde, zwar zu einem F-Anstieg im Harn kam, der aber in 24 h fast auf den Ausgangswert zurückging. Neuere Untersuchungen von E. LARGENT et al. 1951 (533) bestätigen obengenannte: In 2 Fabriken anorganischer Fluoride zeigte der Harn der dort tätigen Leute ebenfalls sehr verschiedenen F-Gehalt je nach Art und Ort der Beschäftigung, z. B. im Büro weniger als 1 mg/l, im Hof und in der Garage 1 bis 4 mg/l, direkt mit HF oder NaF arbeitend bis 28 mg/l F usw.

Der Metabolismus, die Resorption, Elimination und Retension des F, bei denen die F-Ausscheidung durch den Harn naturgemäß eine große Rolle spielt, ist besonders von W. MACHLE et al. 1934/39 (591/97) sowie E. LARGENT et al. 1947/52 (528, 530/34) sorgfältig studiert. Normalerweise werden etwa 80% des aufgenommenen F vom Darm resorbiert und im Harn ausgeschieden. Ausscheidung mit der Faezes ist bei löslichen F-Salzen nur gering. Ausscheidung durch die Haut, die F. MCCLURE et al. (s. 532) in ebenso großer Menge wie durch die Nieren glaubten festgestellt zu haben, konnte nicht bestätigt werden. Aber S. u. A. ROBINSON 1954 (1128) konnten F im Schweiß nachweisen.

In normalen *Hühnereiern* konnten B. PURJESZ et al. 1934 (770) kein F nachweisen, wohl aber in den Eiern von vorher mit NaF-Injektionen intravenös behandelten Hühnern bis zu 0,046 mg% (vgl. auch S. 130). P. PHILLIPS et al. 1935 (759) wiesen nach, daß F fast ausschließlich in der Lipoidfraktion des Eidotters abgelagert wird. In 100 g Eidotter von F-gefütterten Hennen (Zugabe von 3% Rock-Phosphate) wurden 0,32 mg F gefunden, im Kontrollmaterial nur

0,09 mg. Die Größe der Eier blieb unverändert. H. LOCKWOOD 1937 (569) fand in Eidotter 0,20 mg% F, TH. VON FELLENBERG 1948 (251) in 7 Hühnereiern verschiedener Herkunft zwischen 0,013 und 0,042 mg%. Letztgenannte Werte stimmen gut mit den von F. McCLURE 1939 (643) in seiner Tabelle angegebenen überein: Eidotter 0 bis 0,06 mg%, Eigelb 0,04 bis 0,2 mg% F. Auch R. GABOWITSCH 1951 (279) gibt 0,19 mg% für Eigelb an.

Fluor-Gehalt von Pflanzen und pflanzlichen Nahrungs-, Genuß- und Futtermitteln

Die älteren Untersuchungen seit der Entdeckung des F in Pflanzen, durch MULLER und BLAKE 1845 bis zu den mit verbesserter Methodik ausgeführten Untersuchungen von A. GAUTIER u. P. CLAUSMANN 1916 (s. auch 121, 275, 823) finden wir bei R. TRUHAUT 1948 (988) zusammengestellt. Aber auch die von letztgenannten beiden Forschern gefundenen Werte, auf die sich die Angaben im älteren Schrifttum über den natürlichen F-Gehalt von Pflanzen und pflanzlichen Nahrungsmitteln vorwiegend stützen, bedürfen nach den mit weiter verbesserten quantitativen Verfahren ausgeführten Untersuchungen vielfach einer Revision. Diese neueren Untersuchungen zeigen, daß die älteren Werte oft viel zu hoch sind. W. ROBINSON u. G. EDGINGTON 1946 (823) halten es sogar für möglich, daß die von GAUTIER u. CLAUSMANN gefundenen zum Teil sehr hohen Werte (z. B. Sauerampfer 13,9, Rübenblätter 13,4, Möhren 0,36, Kartoffelknollen 0,30, Esparsette, Stengel und Blätter 7,25, Löwenzahnblätter 8,2, Weiße Bohnen 2,1, Linsen 1,8 mg% in der Trockenmasse) durch F-Aufnahme der untersuchten Pflanzen aus der Atmosphäre — Kohlenfeuerung, Industrieprozesse — bedingt seien. TH. VON FELLENBERG 1948 (251) dagegen vermutet, daß das vor der Veraschung zugesetzte und anscheinend zuvor nicht kontrollierte $Ca(OH)_2$ F-haltig gewesen sei. Er selbst fand sogar in einem $Ca(OH)_2$ pro analysi Merck 19,2, in einem unbekannter Herkunft 70,3 γ pro g oder 7,03 mg% F, also Mengen, welche die Analysen erheblich fälschen müssen.

In der Zwischenzeit sind zahlreiche neuere Untersuchungen über den natürlichen F-Gehalt einer großen Reihe von *Pflanzen* und pflanzlichen Nahrungs- und Genußmitteln vorgenommen worden.

H. NÕMMIK 1953 (722) meint, daß eine Zusammenstellung der erreichbaren Daten über den F-Gehalt unserer wichtigsten Nahrungsmittel zwar sehr erwünscht sein möge, daß sie jedoch kaum viel nützen könne. Denn die Unterschiede im F-Gehalt von Proben derselben Art aber verschiedener Herkunft seien oft so groß, daß es schwierig sei, wirkliche Unterschiede zwischen verschiedenen Produkten zu erkennen. Das stimmt. Aber genauere Kenntnisse über die Schwankungen des F-Gehalts unserer Nutzpflanzen und pflanzlichen Lebensmittel dürften doch von Bedeutung sein. Erstens rein wissenschaftlich, zumal wenn man dabei, wie H. NÕMMIK selbst und das an verschiedenen Beispielen zeigt (s. u.), den Ursachen der Schwankungen und der Möglichkeit ihrer Beeinflussung nachgeht, und zweitens praktisch. In praktischer Beziehung sei z. B. an die Beurteilung industrieller Rauchschäden erinnert, ob natürlicher

F-Gehalt vorliegt oder Aufnahme F-haltiger Abgase, Verunreinigung mit F-haltigem Flugstaub usw. Auch für die Lebensmittelbeurteilung ist es wichtig zu wissen, ob es sich um natürlichen F-Gehalt handelt oder um Anwesenheit F-haltiger Konservierungs- bzw. Schädlingsbekämpfungsmittel u. dgl. Sogar an die Möglichkeit der Bevorzugung oder Ausschaltung bestimmter F-haltiger Lebens- bzw. Futtermittel in F-armen bzw. F-reichen Trinkwassergebieten kann vielleicht gedacht werden. Heute allerdings sind unsere Kenntnisse noch weit davon entfernt, sichere Antwort auf solche oder ähnliche Fragen zu geben. Dazu bedarf es noch fortgesetzter weiterer Forschung. Immerhin sind unsere Kenntnisse in den letzten Jahren schon erfreulich erweitert worden, wofür nachstehend eine Reihe von Beispielen gegeben sei, nach Nutzpflanzen und deren Erzeugnisse geordnet. Bei allen handelt es sich um Untersuchungen nach 1932, also mit modernen Methoden durchgeführten, allerdings leider nicht nach einheitlichen, so daß mehr oder weniger große Differenzen schon auf diese zurückzuführen sein dürften. Auch TH. VON FELLENBERG macht darauf aufmerksam und betont, daß gerade bei pflanzlichem Material die F-Bestimmung bedeutend schwieriger auszuführen sei, als z. B. in Wasser oder in Zähnen, und daß man mit gewissen Fehlern rechnen müsse. Wir werden darauf noch bei Besprechung der Untersuchungsmethoden zurückkommen (S. 209).

a) Getreide

Die Tabelle 10 zeigt, daß die Körner aller genannten Getreide verhältnismäßig F-arm sind. Wichtig sind zunächst die Befunde von H. NÕMMIK, dessen Untersuchungen an einem Weizenmehl verschiedener Ausmahlungsgrade deutlich zeigen, daß der F-Gehalt mit zunehmenden Ausmahlungsprozenten um über das 10fache ansteigt. Auch die von verschiedenen Untersuchern gefundenen meist höheren F-Werte für Kleie und Keime gegenüber ganzen Körnern deuten darauf hin.

Den vollständig anormalen F-Gehalt einer Weizen- und Gerstenprobe von einem Fluorid-Areal mit über 100- bzw. 500fach vergrößertem F-Gehalt hatten schon M. GAUD et al. (s. 643) zu wenigstens ¾ örtlicher Verunreinigung der Getreidekörner mit Fluoritstaub zugeschrieben. Die von einem Fluoritminen-Areal stammenden chinesischen Weizen-, Gersten- und Reisproben, die REID untersuchte, zeigen keinen abnorm hohen F-Gehalt, scheinen also kaum vom F-Gehalt des Bodens beeinflußt zu sein. Daß Boden und Standort den F-Gehalt beeinflussen können, ist sicher. Einzelheiten wissen wir noch nicht und im allgemeinen ist der Einfluß nicht sehr bedeutend, keinenfalls in genanntem Ausmaß. Wir werden darauf S. 69 noch eingehender zu sprechen kommen. Im vorliegenden Fall konnte NÕMMIK bei den 21 Proben „Ergo"-Winterweizen aus verschiedenen Gegenden Schwedens z. B. zwar Unterschiede im F-Gehalt zwischen 0,038 und 0,135 mg%, also um das rd. 4fache feststellen, jedoch keinerlei Abhängigkeit des F-Gehalts von der Bodenart, dem p_H-Wert des Bodens und seinem P_2O_5-Gehalt (nach EGNÉR). Er weist aber darauf hin, daß die relativ geringe Probenzahl auch schwerlich weitergehende Schlüsse

TABELLE 10

Getreide

	In der Trockenmasse mg% F	[1]
I. *Weizen*		
ungedüngt	0,03—0,08	
Rockphosphat-Düngung	0,05—0,09	E
Knochenmehl- „	0,03	
Superphosphat- „	0,05—0,10	
von Fluorit-Areal	0,17—0,20	B
„ normalem Boden	0,20	E
„ Fluorit- „	22,60	
Körner, ganze	1,05	E
Kleie	1,22	
Körner	<0,10	E
Keime, Handelsware	<0,10—4,00	
Mehl	0,11—0,12	E
Weißes Mehl	0,13	E
Körner, ganze	0,10	[2]
Weißbrot	0,10	C
Biskuit-Mehl	0	
Biskuits	0—0,20	
Körner	0,080	
Weißmehl	0,031	G
Kleie	0,033	
Keime	0,100	
„Ergo"-Winterweizen, 21 Proben aus verschied. Teilen Schwedens	0,038—0,135	H
i. Mittel	0,079	
ebenso, v. 4 anderen Anbaustellen	0,057—0,135	H
i. Mittel	0,103	
9 versch. Sorten Winterweizen v. gleicher Anbaubaustelle in Schweden	0,092—0,369	H
i. Mittel	0,202	
„Diamant II", Sommerweizen v. 4 versch. Anbaustellen in Schweden	0,052—0,244	H
Körner, 44 Proben	0,018—0,315	
i. Mittel	0,093	[6]
Weizenmehl[3]		
Ausmahlung % 0—50	0,019	
50—70	0,043	
70—80	0,054	H
80—85	0,104	
85—100	0,236	
Körner von		
Triticum vulgare var. compact.	0,051	
„ polonicum	0,024	
„ turgidum	0,026	H
„ monococcum	0,062	
„ dicoccum	0,053	
„ durum	0,070	
„ spelta	0,033	
Stroh von		
4 versch. W-Weizen v. gleicher Anbaustelle in Schweden	0,23—0,64	
i. Mittel	0,44	
Tr. vulg. var. compact.	0,92	
„ polonicum	0,23	H
„ turgidum	0,58	
„ monococcum	0,18	
Tr. dicoccum	0,87	
„ durum	0,39	H
„ spelta	0,98	
Wurzeln von		
Triticum sativum	2,20	
„ polonicum	2,70	H
„ monococcum	2,10	
„ spelta	2,20	

[1] Untersucher: A = A. MAYRHOFER, CHR. SCHNEIDER u. A. WASITZKY 1932 (627); B = E. REID 1936 (796); C = H. LOCKWOOD 1937 (569); D = A. MAYRHOFER 1938 (625); E = F. MCCLURE 1939 (643), Zusammenstellung nach verschiedenen Autoren; F = W. ROBINSON u. G. EDGINGTON 1946 (823); G = TH. VON FELLENBERG 1948 (251): H = H. NOMMIK 1953 (722); P = P. VON POLHEIM u. H. DIETRICH 1955 (760a).

[2] nach TH. VON FELLENBERG 1951 (252).

[3] der englische Lebensmittelstandardisierungs-Ausschuß 1953 (23) empfahl, die höchstzulässige F-Menge in backfähigen Mehlen auf 0,3 mg%, für Backpulver auf 1 mg% festzusetzen.

[4] nach H. WEBBER u. L. TAYLOR 1952 (1026/27). Nach ihren Untersuchungen liegt der F-Gehalt des Grünmalzes niedriger als der der entsprechenden Gerste, weil beim Weichprozeß ein Teil des F entfernt wird. In Darren mit Kohlenfeuerung (Anthrazit = 17,8 mg% F, s. auch S. 134) reichert sich das F hauptsächlich an der Oberfläche der Körner an. Malze, die in einer Darre mit Ölfeuerung hergestellt oder luftgetrocknet sind, haben nur den natürlichen F-Gehalt des Grünmalzes. — In Flaschenbieren wurde ein (unbedenklicher) F-Gehalt von 0,015 bis 0,086 mg% festgestellt (s. auch S. 23).

[5] nach H. CHURCHILL et al. 1948 (150).

[6] nach S. GERICKE u. B. KURMIES 1955 (302) — lufttrocken.

TABELLE 10, Fortsetzung

	In der Trockenmasse mg% F	[1]
II. Roggen		
Ganze Körner	0,069	G
„ „	0,050	2
„ „ , 14 Proben	0,042—0,710	6
i. Mittel	0,153	
do v. „Royal II"-W-Roggen v. 5 versch. Anbaustellen i. Schweden	0,028—0,163	H
i. Mittel	0,095	
Winterroggen, Schweden:		
Körner	0,077	
Stroh	1,150	H
Wurzeln	4,700	
Roggenbrot	0,530	E
III. Gerste		
Körner, normal	0,037	E
„ , v. Fluoridareal	18,450	
„ , „ „	0,020	B
„ , v. „Maja" v. 5 versch. Anbaustellen i. Schweden	0,050—0,557	H
i. Mittel	0,174	
Körner, 13 Proben	0,043—0,480	6
i. Mittel	0,118	
Körner, normal	<0,020	4
Malz	<0,02—1,22	
Malz	0,10—0,15	C
Hordeum distichum		
Körner	0,043	
Stroh	0,900	H
Wurzeln	6,900	
Hord. hexastichum		
Körner	0,044	
Stroh	1,800	H
Wurzeln	10,400	
Hord. agriogrithon		
Körner	0,058	
Stroh	1,900	H
Wurzeln	7,800	
IV. Hafer		
Körner	0,029	G
„ , gequetscht	0,020	E
„ , normal	0,130	
„ , v. Rockphosphat-Düngung	0,180	E
„ , „ Superhposphat-Düngung	0,070	
Körner, v. Knochenmehl-Düngung	0,170	E
Körner	0,300	5
„ , v. „Goldregen II" v. 4 versch. Anbaustellen in Schweden	0,021—0,091	H
i. Mittel	0,050	
Körner, 12 Proben	0,018—0,078	6
i. Mittel	0,045	
i. d. Milchreife, Baden, 4 Proben.		
ganze Pflanzen	0,38—0,54	
i. Mittel	0,490	
Ährenrispen	<0,01—0,03	P
i. Mittel	0,010	
Avena sativa		
Körner	0,018	
Stroh	0,680	H
Wurzeln	1,700	
Stroh	1,100	5
Av. sativ. var. nigra		
Körner	0,037	
Stroh	0,500	H
Wurzeln	3,500	
Av. sativ. var. nuda		
Körner	0,030	
Stroh	0,190	H
Wurzeln	5,300	
Avena orientalis		
Körner	0,028	H
Stroh	0,310	
V. Mais		
Körner	0,070	G
„ , 8 Proben	0,015—0,038	6
i. Mittel	0,025	
„ , gemahlen	0,210	E
„ , „	0,850	E
„ v. Gelben Mais	<0,100	E
Keime	1,500	E
Blätter	0,790	F
Grünmais, Baden, 6 Proben		
Stengel u. Blätter	0,22—0,63	P
i. Mittel	0,36	
Kolben	0,09—0,24	P
i. Mittel	0,16	

TABELLE 10 (Fortsetzung)

	In der Trockenmasse mg% F	[1]		In der Trockenmasse mg% F	[1]
VI. Reis			*VII. Hirse*		
Körner m. Silberhäutchen	0,076	G	Körner	0,020	B
„ , geschält	0,007	A	„	0,091	G
„ , v. Fluorid-Areal	0,07—0,09	B			
„ , ganze	<0,010	E			
„ , „	0,090	E			

zuließe. Aus gleichem Grund kann man auch noch nicht sagen, ob sich die genannten 7 Getreidearten im F-Gehalt ihrer Körner unterscheiden. Jedenfalls muß die Angabe J. STOKLASAS in seinem Buche „Das Brot der Zukunft", daß Roggen von Weizen sich durch besonders hohen F-Gehalt auszeichne und daher besser für die Zähne sei, als überholt betrachtet werden[1], nicht jedoch sein Befund, daß das F seinen Sitz besonders in der Kleie habe.

Nach vorliegenden Untersuchungen bewegt sich der F-Gehalt der Getreidekörner durchweg um 0,1 mg%. Nur die Haferkörner scheinen etwas F-ärmer zu sein, nicht dagegen Haferstroh und Wurzeln. Größer jedenfalls als der Unterschied der 7 Getreidearten untereinander kann der Unterschied zwischen Sorten ein und derselben Getreideart am gleichen Anbauort sein, wie das der Versuch von NÕMMIK mit 9 verschiedenen Weizensorten vom gleichen Anbauort in Schweden zeigt (s. Tab. 10): Sorte „Borg" = 0,092, Sorte „Odin" = 0,369 mg%, also ebenfalls das rd. 4fache, wobei Sorten mit hohem F-Gehalt des Korns auch hohen F-Gehalt des Strohs zeigten. Daß ebensogroß wie die Sortenunterschiede auch die Unterschiede bei ein und derselben Sorte auf verschiedenen Anbaustellen sein können, haben wir bereits gesagt, ein weiteres Beispiel dafür sehen wir in der Tabelle 10 beim Winterroggen „Royal II", dessen F-Gehalt der Körner an 5 verschiedenen Anbaustellen zwischen 0,028 und 0,165 mg%, also um rd. das 6fache schwankend war. Dabei ist es interessant zu sehen, daß am gleichen Anbauort, an dem der Roggen höchsten F-Gehalt der Körner aufwies, auch die anderen Getreide, Winter- und Sommerweizen, Gerste und Hafer, höchsten F-Gehalt hatten. Auch sonst ist zu sehen, daß bei genannten 5 Getreidearten an einem Ort immer hoher, am anderen niedriger F-Gehalt gefunden wurde.

Auffallend ist der hohe F-Gehalt des Strohs und besonders der Wurzeln, die den F-Gehalt des Korns um ein vielfaches übertreffen, wobei, wie oben erwähnt, hoher F-Gehalt des Strohs mit hohem F-Gehalt des Korns parallel zu gehen pflegt, aber nicht hoher F-Gehalt der Wurzeln. Auf den viel höheren

[1] Nach der neuesten Arbeit von S. GERICKE u. B. KURMIES 1955 (302) scheint doch dem Roggen wieder der Sieg zuzufallen (s. Tab. 10), jedoch sind die Mittelzahlen für Roggen beeinflußt durch einige aus dem Rahmen fallende abnorm hohe F-Werte für Roggen (0,48 bzw. 0,71 mg%). Diese zeigen aber doch, daß solche hohen Werte bei Roggen vorkommen können, ob auch bei Weizen, ist noch unbekannt. Die Frage wäre noch weiter zu prüfen.

F-Gehalt der Wurzeln gegenüber den oberirdischen Organen hatten auch schon R. Bartholomew 1935 (49), W. Robinson et al. 1945 (823), W. MacIntire 1947 (587) sowie Th. von Fellenberg (251) hingewiesen. Er erreicht nach den Untersuchungen von H. Nõmmik besonders bei Gerste eine erstaunliche Höhe, nicht viel geringer als bei manchen Teesorten, die bisher als die F-reichsten Pflanzen galten. Daß bei F-„Düngung" auch der F-Gehalt gesunder Wurzeln eine erstaunliche Höhe erreichen kann, das rd. 70fache der Blätter, werden wir im Abschnitt „Beziehungen zwischen F-Gehalt des Bodens und dem der Pflanzen" sehen, aber auch das Umgekehrte (bei Möhren), daß das Möhrenkraut rd. 40fachen F-Gehalt zeigen kann als die Möhren. — Die starke F-Einlagerung in die Getreidewurzeln beginnt frühzeitig. Das zeigt ein Keimpflanzenversuch von S. Gericke u. B. Kurmies 1955 (302). Sie fanden nach 14 Tagen auf Sand mit Roggen (γ je 100 Pflanzen): „Düngung" 2 mg F: Sprosse = 18, Wurzeln = 61; „Düngung" 36 mg P_2O_5 + 2 mg F: Sprosse = 18, Wurzeln = 110.

b) Kartoffeln, Tomaten und andere Solanaceen

A. Mayrhofer 1938 (625) glaubte aus seinen und den Untersuchungen von A. Mayrhofer et al. 1932 (627) schließen zu dürfen, daß die Solanaceen sich durch besonders niedrigen F-Gehalt auszeichnen. Das trifft, wie die Tabelle 11 zeigt, nach den neueren Untersuchungen nicht zu. Im Gegenteil zeigt sie, daß die Kartoffelknollen unter Umständen auch unter ganz normalen Bedingungen (s. z. B. Versuchsfeld Darmstadt i. d. Tab. 11) ziemlich erhebliche F-Mengen speichern können; auch bei anderen Solanaceen ist das der Fall (Tomatenblätter, Stroh von Solan. melongena, Tab. 11). Und wie wir S. 72 noch sehen werden, sind es gerade die Kartoffeln, die ganz besonders auf schon in kleinster Gabe erfolgten F-„Düngung" mit Erhöhung ihres F-Gehalts ansprechen. Im übrigen zeigen, wie wir das bereits beim Getreide gesehen haben, die sorgfältigen Untersuchungen von H. Nõmmik 1953 (722) auch bei Kartoffeln, daß die verschiedenen Sorten recht verschiedenen F-Gehalt aufweisen und daß der F-Gehalt ein und derselben Sorte an verschiedenen Anbaustellen stark variieren kann (hier um das rd. 4fache). Von deutschen Kartoffelsorten wiesen höchsten F-Gehalt auf: Hindenburg, Jubel und Stärkereiche I, niedrigsten Magnum Bonum und Wekaragis. Die Schale (10% des Gesamtgewichts) hatte immer höheren F-Gehalt als der innere Teil der Knolle, etwa den 3- bis 4fachen; besonders hoher F-Gehalt der Schale war aber nicht immer mit besonders hohem F-Gehalt des Inneren verbunden.

Eine interessante Beobachtung wird von H. Nõmmik noch erwähnt: Bei Sorten mit höchstem F-Gehalt trat keine Schwarzfärbung des Kartoffelbreis beim Stehen dieses ein, während sich der Brei der Sorten mit niedrigem F-Gehalt verfärbte. Die Verfärbung wird bekanntlich als enzymatischer Vorgang (Polyphenoloxydasen) angesehen, und Nõmmik hält es für nicht ausgeschlossen, daß F-Ionen oder undissoziierte Moleküle eine hemmende Wirkung auf genannten Vorgang ausgelöst hätten. In Düngungsversuchen war es allerdings

TABELLE 11

Kartoffeln, Tomaten und andere Solanaceen

	In der Trockenmasse mg%F	[1]		In der Trockenmasse mg% F	[1]
Kartoffeln[2]			50 Jahre m. je 2,8 bzw.		
Knollen	0	A	5,6 dz/ha Superphosphat =		
„	0,100	C	je 4,5 bzw. 9 kg/ha F	1,260 u. 1,300	5
„	0,140	F	i. Mittel	1,280	
„ , geschält, Böhms	0,035	G			
„ , Schale	2,250	„	*Tomaten*		
„ , weiße	<0,020	E	Früchte	0	A
„ , „Magnum Bonum"			„	0	F
10 Proben v. versch.			„	0,137	G
Anbaustellen Mittel-			„	0,06—0,09	E
schwedens	0,144—0,520	4	Kraut ohne Hauptachse	0,540	F
„ , 30 verschied. Sorten			Blätter }	1,0—3,8	
vom gleichen Anbau-			Wurzeln }	1,0—2,3	3
ort Schwedens	0,048—0,448	4			
i. Mittel	0,144		*Tabak*		
10 do Schale	0,252—0,972	4	Blätter v. Nicotiana tabac.	0	A
i. Mittel	0,500		„ v. N. rustica	0	D
„ Versuchsfeld Göttingen			*Sonstige Solanaceen*		
40 Jahre ohne					
F-haltigen Dünger	0,067—0,146	5	Blätter von		
i. Mittel	0,120		Datura stramonium	0—0,036	D
40 Jahre mit je			Atropa belladonna	0—0,008	D
2,8 dz/ha Superphosphat =			Hȳoscyamus niger	0,046	D
je 4,5 kg/ha F	0,118—0,272	5	Physalis alkekengi,		
i. Mittel	0,165		Blätter u. Stengel	0,008	D
Versuchsfeld Darmstadt			Solanum melongena,		
50 Jahre ohne F-haltigen			Stroh	1,830	H
Dünger	0,460—0,810	5			
i. Mittel	0,624				

[1] Untersucher, s. Fußnote 1 zu Tab. 10.
[2] Frische Kartoffelknollen enthalten rd. 25% Trockenmasse.
[3] Nach E. Brennan 1950 (125).
[4] Nach H. Nommick 1953 (722), dort für Frischmasse angegeben, hier auf Trockenmasse umgerechnet (×4).
[5] Nach S. Gericke u. B. Kurmies 1955 (302).

nicht möglich, durch F-Gabe einen Einfluß auf die Nichtverfärbung des Kartoffelbreis zu erzielen.

c) Tee, Kaffee, Kakao

Der von allen Untersuchern gefundene hohe F-Gehalt des Tees, den auch G. Bredemann (119) an verschiedenen Teeproben des Handels bestätigen konnte (s. S. 194), ist auffällig und wird nach unseren bisherigen Kenntnissen normalerweise von den oberirdischen Teilen keiner anderen Pflanze erreicht außer bei Dichapetalum cymosum, der südafrikanischen „Giftblume", s. S. 74, mit etwa 15 mg% F, bei welcher Pflanze das F aber als sehr toxisch wirkende Monofluoressigsäure vorliegt. Auf den gleichfalls sehr hohen F-Gehalt in Getreidewurzeln, besonders Gerste, hatten wir soeben hingewiesen.

W. ROBINSON u. G. EDGINGTON 1946 (823), die den F-Gehalt des Tees nach P. CLIFFORD 1945 als im Mittel mit 9,70 mg% und bis 40,0 mg% (also wie REID, s. Tab. 12) angeben, bezeichnen ihn als „definitely a fluorine accumulator". Von dem anormal hohen Gehalt der in der Tabelle 12 genannten im August gesammelten Probe (sonst wird im Frühling gesammelt) von 175, 78 mg meint E. REID 1936 (796), daß er daher rühre, daß die Blätter mit zunehmenden Alter sich an F anreichern, vgl. auch S. 58. In diesem Ausmaße erscheint das aber doch wohl unwahrscheinlich, obgleich T. WANG et al. 1949 (1017) darauf hinweisen, daß alte Blätter wesentlich mehr F enthalten als jüngere. T. WANG betont ausdrücklich, daß seine hohen F-Gehalte weder auf Ver-

TABELLE 12

Tee, Kaffee, Kakao

	In der Trockenmasse mg% F	[1]
Teeblätter, Kongo	0,058—0,060 (0,58—0,60 ?[2])	A
„ , Souchong [rd. 70% des F-Gehalts wasserlöslich]	0,048 (0,475 ?[2])	A
„ , Indien u. Ceylon	0,87—3,81	B
„ , China	3,75—39,9	B
„ , v. einem Fluorid-Areal d. Provinz Tschekiang; i. August geerntet	175,78	B
„ , gerösteter Tee aus derselben Gegend [81—86% F wasserlöslich]	1,50—7,10	B
„ , 5 verschied. Proben [rd. 75% F wasserlöslich]	1,00—7,30	C
„ , verschied. Proben	4,10—6,60	[3]
„ , 7 versch. Arten	0,08—9,13	[4]
„ , 30 Sorten a. Fukien [rd. 50% F wasserlöslich]	5,70—35,50	[5]

	In der Trockenmasse mg% F	[1]
Tee, versch. a. Nordindien u. Ceylon	6,80—14,70	[6]
4 versch. aus Ceylon u. Indochina	18,69—19,73	
i. Mittel	19,05	[7]
Blütenknospen, Indochina	16,56	[7]
Grusinische Teesorten [50—98% F wasserlösl.]	7,1—13,2	[8]
10 versch. Sorten bzw. Typen brasilian. Anbaues	8,75—9,08	
i. Mittel [rd. 65% F wasserlösl.]	8,95	[9]
Kaffeebohnen	0,025 (0,25 ?[2])	A
„ geröstet [rd. 80% F wasserlösl.]	0,024 (0,24 ?[2])	A
„ Arabien	0,16	B
„ Brasilien	0,02—0,07	B
„ Java	0,11	B
„ verschied. Proben	0,02—0,16	E
Kakao	0,05—0,20	C

[1] Untersucher, s. Fußnote 1 zu Tab. 10.
[2] Es scheinen in der Originalarbeit hier Druckfehler vorzuliegen, indem zum Beispiel beim Kongotee der F-Gehalt von 0,58—0,60 mg je *Kilogramm Trockenmasse* angegeben wird, während für den 10%igen wässerigen Auszug desselben Tees ebenfalls für 1 kg des Auszuges (das wären 100 g Tee) 0,38 mg angegeben werden, dann allerdings wieder wird „pro Kilogramm des pflanzlichen Rückstandes" dieses Tees 0,19 mg gesagt. Die höheren Werte 0,475—0,600 mg% für Tee und 0,250 bzw. 0,240 mg% für Kaffee erscheinen die wahrscheinlicheren.
[3] nach S. MARCOVITCH, G. SHUREY u. W. STANLEY 1937 (s. 829).
[4] nach L. CHENG u. T. CHOU 1940 (147).
[5] nach T. WANG et al. 1949 (1017).
[6] nach M. HARRISON 1949 (359).
[7] nach R. FABRE u. M. POURCHET DE CAMPOS 1950 (244).
[8] nach R. GABOWITSCH 1951 (279).
[9] nach M. POURCHET CAMPOS 1951 (762a).

unreinigungen noch auf hohen F-Gehalt in dem Boden des Standortes zurückzuführen sind. Die verschiedenen Teearten nähmen unterschiedliche F-Mengen aus dem Boden auf und die Verarbeitungsmethoden hätten keinen Einfluß auf die Höhe des F-Gehalts der Endproduktion. Auch M. Pourchet Campos 1951 (762a) folgert aus ihren Analysen, daß der F-Gehalt des Tees vorwiegend von der Herkunft, weniger von der botanischen Art oder der Art der Verarbeitung abhängig sei. Sie fand zwar große Unterschiede zwischen Tee brasilianischer Herkunft (i. M. 8,95 mg%) und Tee ostasiatischer Herkunft (i. M. 18,97 mg%), aber auffallenderweise sehr geringe Unterschiede bei den verschiedenen Sorten bzw. Typen. — Wie wir das schon bei den Knochen gesehen haben (s. S. 43) ist auch ein Teil des in den Teeblättern (in welcher Form?) enthaltenen Fluors wasserlöslich und geht in den Aufguß über, nach Befunden der verschiedenen Untersucher sogar zwischen etwa 50 und 90%. Nach T. Wang et al. 1949 (1017) scheint der leicht extrahierbare Anteil durch die Fermentierung und sonstige Bearbeitung vermehrt zu werden: Unbearbeitete, einfach getrocknete Blätter ergaben F-arme Aufgüsse, halbfermentierte etwas F-reichere, grüne Teesorten reichere als vollfermentierte schwarze. M. Harrison 1949 (359) hat berechnet, daß bei einer täglichen Teeration von 8 g zwischen 0,45 und 0,93 mg F aufgenommen werden.

d) Grünlandpflanzen, Stroh von Gräsern und Riedgräsern (Seggen)

Über diese Pflanzengruppen liegen bislang nur verhältnismäßig wenig Untersuchungen vor, s. Tab. 13. Den größten Anteil mit den interessantesten Fragen verdanken wir wiederum H. Nõmmik 1953 (722). Aus ihnen ergibt sich, daß bei den untersuchten Grünlandpflanzen in Schweden der F-Gehalt zu Beginn der Vegetationsperiode relativ hoch ist, dann aber bis zur zweiten Junihälfte abfällt und darauf bis Ende Juni oder Anfang Juli wieder mehr oder weniger stark ansteigt. Im weiteren Verlauf blieb er bei den Leguminosen ziemlich unverändert, bei Phleum fiel er wieder stark ab. — Hinsichtlich des Witterungseinflusses zeigte sich, daß höchster F-Gehalt während der Trockenperiode erzielt wurde; nach heftigen Regengüssen war in der Regel ein Abfall im Gehalt festzustellen. — Unzweideutige Antworten auf die Fragen, ob zwischen dem F-Gehalt und z. B. den Ansprüchen auf Bodenfeuchtigkeit der Pflanzen, ihrer Aufnahmefähigkeit für Mineralbestandteile, ihrem Wurzelsystem usw. Beziehungen bestehen, konnten nicht gegeben werden. Nur ist zu sehen, daß Gräser mit kleinerem Wurzelsystem F-reicher waren als Arten mit einem gut entwickelten. — Wenngleich, wie Tab. 13 zeigt, sowohl bei den Leguminosen wie bei den Gramineen die einzelnen untersuchten Arten recht große Unterschiede im F-Gehalt aufweisen, so zeichnen sich die Leguminosen doch im allgemeinen, ebenso wie bei den Untersuchungen von W. MacIntire et al. 1942 u. 1947 (587, 590) durch höheren F-Gehalt aus, ein Verhältnis, das auch für verschiedene andere Spurenelemente wie Cu, Ni, Zn und B charakteristisch ist. Daß das Stroh der Riedgräser ähnlich hohen F-Gehalt wie das der Leguminosen aufweist, erscheint etwas überraschend.

TABELLE 13

Grünlandpflanzen, Stroh von Gräsern u. Riedgräsern

	In der Trockenmasse mg% F	[1]
Medicago sativa	0,39[2]	B
„ in Blüte	0,21	F
„ 4jährig. Bestand i. versch. Entwicklungszeiten	0,15—0,33	H
i. Mittel	0,241	
„ , Kraut	0,40—0,80	[3]
„ Wurzeln	1,50—2,00	
Luzernegrünmehl d. Handels, 6 Proben	0,48—1,76	P
i. Mittel	1,03	
Trifolium hybridum, 2jähr. Bestand i. versch. Entwicklungszeiten	0,28—0,78	H
i. Mittel	0,543	
Trifolium pratense, diploid, 2jährig. Bestand i. versch. Entwicklungszeiten	0,25—0,50	H
i. Mittel	0,368	
do, tetraploid	0,26—0,42	H
i. Mittel	0,360	
Trifolium pratense	0,30—1,40	[3]
Alexandrinerklee, grün 7 Proben	0,59—3,64	P
Lupinen, grün, 6 Proben	0,42—0,77	P
i. Mittel	0,61	
Heu bzw. Stroh von:		
Trifolium pratense	1,76	H
Onobrychis sativa	1,26	„
Lupinus luteus	1,13	„
Pisum arvense	3,43)	„
Erbsenkraut in Blüte	0,73)	F
Lespedeza seriaca	0,22	F
8 Heuproben, Schweiz	0,074—0,626	G
i. Mittel	0,129	
1 do, Nähe Ziegelei	1,27	G

	In der Trockenmasse mg% F	[1]
In nächster Nähe einer Al-Fabrik, Schweiz:		[5]
Weißklee	153,0	„
Trespe (Bromus)	47,0	„
in 1000 m Entfernung:		„
Klee, Frühjahr	20,0	„
„ , Herbst	46,0	„
Knaulgras, Herbst	29,0	„
in 2500 m Entfernung:		
Grassilage	10,0	„
in 3000—4000 m Entfernung:		
Heu	1,7—3,2	„
Wiesenheu, 71 Proben	0,024—0,333	[4]
i. Mittel	0,215	„
do, 82 Proben	0,05—1,59	P
i. Mittel	0,63	
do, aus der Nähe F exhalierender Fabriken	0,27—4,11	P
Phleum pratense, 1jährig. Bestand i. versch. Entwicklungszeiten	0,12—0,58	G
i. Mittel	0,324	H
do, 2jährig	0,05—0,25	H
i. Mittel	0,160	
Lolium perenne	0,20—0,60	[3]
Sorghum sudanense	0,10—0,80	„
Stroh von:		
Grassamen, 15 Proben,	0,03—0,59	P
i. Mittel	0,27	
Eragrostis abyssinica	0,39	H
Festuca rubra	0,71	„
„ arundinacea	0,86	„
Panicum miliaceum	0,54	„
Stipa pennata	0,22	„
Carex riparia	1,04	„
„ Goodenowii	1,49	„
„ arenaria	0,54	„

[1] Untersucher, s. Fußnote 1 zu Tab. 10.
[2] nach GAUTIER u. CLAUSMANN 5,65 mg%!
[3] nach W. MACINTIRE et al. 1942/47 (587, 590).
[4] nach S. GERICKE u. B. KURMIES 1955 (302).
[5] nach L. GISIGER 1954 (312a).

e) Gemüse, Obst und verschiedene andere Pflanzen

Die in Tabelle 14 zusammengefaßten Untersuchungen betreffen in der Hauptsache Gemüse und Obst, dazu verschiedene andere besonders für die Rauchschadenexpertise wichtige Pflanzen und zwar aus Mitteleuropa (A, D, G),

USA (E u. F) und Ostasien (B). Die von W. Robinson u. G. Edgington 1946 (= F der Tab. 14) untersuchten Pflanzen stammten von Lehmboden aus Virginia (USA) mit einem F-Gehalt von 13,7 mg% der Oberfläche und 17,2 mg% des Untergrundes; p_H der Oberfläche 6,7, des Untergrundes 5,5. Alle Proben waren auf einer kleinen Fläche gesammelt, die von Bäumen umgeben war und frei von möglichen atmosphärischen Einflüssen erschien. Einige kleinere Superphosphatfabriken und Ziegeleien waren mindestens 15 km entfernt. Trotz dieses Hinweises lassen die durchweg höheren F-Gehalte dieser Proben doch den Verdacht aufkommen, daß die Atmosphäre nicht oder wenigstens zeitweise nicht ganz F-frei gewesen sei. — Die von Th. von Fellenberg 1948 (= G der Tab. 14) untersuchten Materialien stammen, soweit es sich um frische Pflanzen handelt, meist aus Muri bei Bern — in der Tab. 14 mit M bezeichnet — oder vom Berner Markt, also jedenfalls aus F-armer, wenn auch nicht ganz F-freier (s. S. 32) Gegend.

Die Werte der Tab. 14 sind z. T. recht widerspruchsvoll und zeigen, daß wir — mit Ausnahmen — z. Z. noch weit davon entfernt sind, Genaues über den F-Gehalt unserer wichtigsten Gemüse aussagen zu können. Beim *Obst* läßt sich erkennen, daß alle untersuchten Obstarten F-arm sind und daß ihr F-Gehalt in der Regel unter 0,1 mg% liegt; Ausnahmen mit besonders hohem F-Gehalt finden sich unter ihnen nicht. Auch der F-Gehalt der *Gemüse* erweist sich als durchweg nicht hoch, wenngleich höher als beim Obst. Ähnliche Werte erhielten auch S. Marcovitch et al. 1937 (s. 829), nämlich zwischen 0,02 und 0,40 mg% in Apfelfleisch, Kohl, Spinat und Getreide. Im allgemeinen scheinen in unserer Tabelle 14 die der Atmosphäre direkt ständig ausgesetzten Pflanzenteile größeren F-Gehalt zu besitzen, z. B. bei Kohl die äußeren Blätter mehr als die inneren, lockerer Lattichsalat mehr als geschlossene Köpfe, oberirdische Teile mehr als unterirdische, Blätter mehr als Samen. Das ließe auf eine gewisse zusätzliche F-Aufnahme aus der Atmosphäre schließen, die, wie wir gesehen haben, besonders bei Robinson u. Edgington (= F der Tabelle) und vielleicht auch bei von Fellenberg (= G der Tabelle) in der Tat möglicherweise nicht ganz F-frei war. Das braucht nicht im Widerspruch zu den Befunden von W. Machle et al. 1939 (597) zu stehen, die als mittleren F-Gehalt von 51 Nahrungsmitteln aus einem nicht-endemischen „mottled enamel"-Gebiet Cincinnatis 0,092 mg% F fanden und von einem endemischen Gebiet in Arizona nur 0,045 mg%; denn die Zahnfluorose wird in erster Linie durch den zu hohen F-Gehalt des Trinkwassers hervorgerufen, der seinerseits den F-Gehalt der Pflanzen nicht zu beeinflussen braucht. — Besonders hoch, allerdings selten 1 mg% F in der Trockenmasse erreichend, zeigt sich in unserer Tabelle 14 der F-Gehalt der Gewürzkräuter, Petersilie, Bohnenkraut usw., von denen der Mensch aber nur sehr geringe Mengen zu sich zu nehmen pflegt. Extreme Befunde, wie 4,23 mg% in jungen Schossen der Amerikan. Kermesbeere, Phytolacca americana L., bedürfen zunächst wohl noch der Nachprüfung. Auffällig unterschiedlich sind die für Spinat angegebenen Werte, die zwischen 0,099 und 2,830 mg% in der Trockensubstanz schwanken; aber

TABELLE 14

Gemüse, Obst und verschiedene andere Pflanzen

	In der Frischmasse mg% F	In der Trockenmasse mg% F	[1]		In der Frischmasse mg%	In der Trockenmasse mg% F	[1]
Spinat, Sommer-, April	0,016	0,133	A[2]	Oxalis, oberird. Teile		0,510	F
„ , Winter-, Januar	0,022	0,187	A	Kresse	0,024	0,438	G
darin wasserlöslich	0,005		A	Petersilienkraut		1,130	F
Spinat		0,099	E	„ , M	0,104	0,873	G
„		0,630	E	Sellerie, eßbare Blatt-			
		0,860	E	stengel		0,850	F
„ , Winter-		2,830	F	Sellerie, Kraut, M	0,070	0,570	G
Spinat	0,220	2,180	[10]	Majoran, M	0,192	0,868	G
	0,044	0,380	G	Basilicum, M	0,056	0,518	G
Gartensalat	0,011	0,135	A	Bohnenkraut	0,267	1,210	G
Lattichsalat		0,060	E	Gurken	Spur		A
		0,080	E	Runkelrüben		0,430	F
Kopfsalat	0,030	0,445	G	„ , Blätter		0,540	F
„ , lockere Köpfe		1,130	F	Zuckerrüben		0,330	F
Salat	0,019	0,209	[10]	Rote Beete		0,280	B
Feldsalat, Nüßler		0,518	G	Kohlrüben, Kraut		0,700	F
Kohl		0,050	E	„ , Wurzeln		0,290	F
		0,030	E	Radieschen, Kraut		0,200	[4]
Kohlköpfe		0,340	F			1,000	[4]
Kohl, äußere Blätter, M**	0,080	0,950	G	„ , Wurzeln		0,100	[4]
„ , eßbarer Anteil	0,015	0,150	G			0,200	[4]
Weißkraut, Berner Markt	0,009	0,164	G	Löwenzahnblätter[3]			
Federnkohl, Blattanteil, M	0,038	0,131	G	29 Proben, i. Mittel		0,340	G
„ , Stengelanteil	0,007	0,040	G	Ahornblätter		0,200	[5]
Blumenkohl, Blume, M	0,012	0,086	G	Turnips, Kraut		0,170	F
„ , Blätter	0,008	0,083	G	„ , Wurzeln		0,260	F
Rübkohl, geschält,				„ , gesalzen*		4,040	B
Berner Markt	0,058	0,788	G	Senfblätter, „ *		0,300	B
„ , Rinde	0,018	0,097	G			26,550	B
Rippenmangold, Blatt-				Möhren		<0,02	E
rippen, M	0,032	0,609	G	„		0,044	E
„ , Blattanteil	0,038	0,345	G	„		0,840	F
Amaranth, roter		0,850	B	„	0,022	0,151	[10]
„ , grüner		0,690	B	Möhrenkraut	0,680	4,005	[10]
Amer. Kermesbeere,				Karotten	0,022	0,200	G
junge Schosse		4,230	F	Knoblauch	0,150		[11]

* von einem Fluoritminen-Areal stammend.
** M: siehe Text.
[1] Untersucher, s. Fußnote 1 zu Tab. 10.
[2] nach Gautier u. Clausmann 1916: 3,00 mg%!
[3] in F-haltiger Atmosphäre bis 5,86 mg%.
[4] nach W. MacIntire et al. 1942 (590).
[5] nach J. McClendon u. J. Gershon-Cohen 1953 (638). Ahornblätter aus einer nicht ganz F-freien Atmosphäre (Versuchsfarm etwa 40 km von Philadelphia entfernt, F-Gehalt des dortigen Regenwassers 0,002—0,004 mg/l), enthielten 0,2mg% wasserlösl. F in der Trockenmasse.
[6] nach R. Woodmann 1940 (s. 296) selbst auf stark F-haltigem Boden = 0.
[7] nach S. Gericke 1951 (296).
[8] nach H. Churchill et al. 1948 (150).
[9] nach H. Nommik 1951 (722).
[10] nach S. Gericke u. B. Kurmies 1955 (302) — lufttrocken.
[11] nach A. Minch 1953 (1125).

TABELLE 14, Fortsetzung

	In der Frischmasse mg% F	In der Trockenmasse mg% F	[1]		In der Frischmasse mg% F	In der Trockenmasse mg% F	[1]
Küchenzwiebel[6]	0,048	0,304	A	Heidelbeeren, französische	0,002	0,012	G
	0,024	0,240	G	Apfel, Saurer Grauech, M	0,005	0,021	G
	0,014	0,135	[7]	„ , Winterzitrone, M	0,004	0,013	G
Süßkartoffeln		<0,02	E	„		0,090	E
Grüner Pfeffer*		0,140	B	„		0,130	E
Bohnen, grüne*		0,170	B	Apfel, geschält		0,080	E
„ , eßbare Hülsen		0,320	F	„ , Schale		0,030	E
		0,480	F	„ , ganze		0,080	E
Bohnen, grüne, M	0,015	0,101	G	Birne, M	0,006	0,031	G
„ , hellgrüne, im Schatten gewachsen	0,011	0,073	G	Quitten, ohne Kernhaus	0,006	0,037	G
				„ , Kernhaus	0,029		G
Buschbohnen, grüne	0,006	0,058	A	Aprikosen, M	0,002	0,008	G
„ , reife	0,010		A	„ , Wallis	0,006	0,024	G
Bohnen, getrocknete		0,020	E	Pflaumen, kleine Sorte	0,002	0,010	G
Linsen	0,017		A	Traubensaft	0,009		G
„	0,023	0,026	G	Traubentrester	0,011		G
Erbsen	0,029	0,033	G	Zitrone, geschält	0,003		G
Sojabohnen*		0,400	B	„ , Schale	0,005		G
		0,670	B	„ , Kerne	0,017		G
Kuherbsen*		0,430	B	„ , Saft	0,014		B
Mondbohnen		0,220	F	Orange, Saft	0,016		B
Erdnüsse		<0,02	E		0,022		B
Erdnußkerne		0,150	F				
Erdnuß-Kraut		0,170	F	Blätter v. Rheum palmat.		0,512	D
Buchweizen, ganz		0,170	B	„ , Aesculus hippocast.		0,343	D
„ , gedroschen		0,200	[8]	„ , Sambucus nigra		0,254	D
„ , Kleie		0,160	B	Cannabis sativa,			
„ , diploid		0,233	[9]	Blätter u. Stengel		0,298	D
„ , tetraploid		0,151	[9]	Iris germanica, Blätter		0,206	D
Winterraps, Samen		0,143	[10]			0,232	D
Mandeln	0,009	0,009	G	„ „ , Rhizome		0,234	D
Haselnüsse	0,003	0,003	G			0,287	D
Kastanien, geschält		0,011	G	Labiatenblätter i. M.		0,200	D
„ , Schale		0,024	G	Taxus baccata, Nadeln		0,036	D
Kirschen, schwarze, Berner Markt	0,018	0,061	G	Pinus silvestris, „		0,073	D
Johannisbeeren, M	0,012	0,069	G	Chenopod. ambrosioides, Blätter		0,019	D
Stachelbeeren, M	0,011	0,072	G			0,028	D

der überragende F-Gehalt des Spinats dürfte außer Zweifel stehen. Bei den beiden Proben „Gesalzene Turnips“ und „Gesalzene Senfblätter“ könnte nach REIDS Meinung der abnorm hohe F-Gehalt von dem zugesetzten Kochsalz herrühren, vgl. dazu S. 37. Sonst unterscheiden die chinesischen Nahrungsmittel sich in ihrem F-Gehalt wohl kaum von dem der übrigen Länder. L. CHENG u. T. CHOU 1940 (147), die 52 chinesische Nahrungsmittel, davon 32 Arten

Gemüse, Obst und Getreide untersuchten, fanden in ihnen Werte zwischen 0,10 und 7,55 mg% F in der Trockenmasse.

f) Sonstige Nahrungs- und Genußmittel

In sonstigen Nahrungsmitteln fand H. Lockwood 1937 (569) mg% F: Gelatine und Ananaskonserven 0, Traubenzucker 0,05, Honig und Ingwer 0,10. Im Gegensatz zu D. Lloyd 1933 (568), daß Speisegelatine, die aus mit NaF bzw. Na_2SiF_6 konservierten Häuten hergestellt war, nur unwesentliche Erhöhung des F-Gehalts zeigte, 13 bis 16 mg% (!) gegenüber 10 mg% in normaler Hautgelatine, fanden L. Stuart et al. 1937 (952), daß in solcher Gelatine der F-Gehalt doch beträchtlich erhöht sein kann. Sie stellten in deutscher, englischer und amerikanischer Handelsgelatine übrigens nur zwischen 0,4 bis 1,0 mg% fest. Auch F-Mengen von 35 mg%, wie sie C. Griebel et al. 1938 (331) in Aprikosenpulpe nachwiesen, die Massenerkrankungen hervorgerufen hatte, beruhen nur auf Zusatz (verbotener!) F-haltiger Konservierungsmittel. Auch aus weichen Emails können saure Lebensmittel bedenkliche Bestandteile, wie Pb, Sb und F unbeabsichtigt aufnehmen (s. 20), wobei bei der Untersuchung Rücksicht genommen werden muß.

In Wein (Weißwein) fand A. Mayrhofer 1938 (625) 0,15—0,22 mg/l F, in Bier 0,09. In 3 chinesischen Weinen fand E. Reid 1936 (796) zwischen 0,05 und 0,09 mg/l F, nur in einem „Portwein" 0,24 mg/l. Th. von Fellenberg 1937 (249) — s. auch 1948 (251) — fand bei Untersuchung von 35 Schweizer Weinen 6mal 0, 14mal 0,20, 9mal bis 0,40, 3mal bis 0,55, 3mal 4,68 bis 6,34 mg/l F; normal ist der Gehalt bis etwa 0,20 mg/l, bei den Weinen mit 0,4 bis 0,5 mg/l handelt es sich um solche aus der Nähe einer F-Verbindung exhalierenden Fabrik, und bei den 3 Weinen mit 4,68 bis 6,34 mg/l dürften Reste von F-haltigen Spritz- oder auch Desinfektionsmitteln Schuld haben. Auf diese Möglichkeit hatten auch schon H. Fabre u. E. Brémont 1934 (243) hingewiesen. Nach den gesetzlichen Bestimmungen der USA vom 20. 6. 1933 darf der Höchstgehalt der Weine nicht mehr als 1,43 mg/l betragen, desgleichen auch bei Obst. F. Johnson u. L. Fischer 1935 (442) fanden in 37 West-Weinen der USA zwischen den 2—20fachen Mengen dieses Höchstgehaltes. Bei Untersuchungen von K. Hennig u. F. Villforth 1938 (385) einer großen Zahl von Rheingauer Weinen ergaben sich F-Gehalte zwischen 0,064 und 0,543 mg/l. Sie meinen, daß solch hohe, wie die durch von Fellenberg gefundenen F-Werte auch verursacht werden könnten durch F-haltige Konservierungsmittel (zur Verhinderung der Nachgärung), wozu nach H. Fabre u. E. Brémont 1934 (243) schon 3 Teile F in Form von BaF_2 oder NaF auf 10 Millionen genügen = 0,3 mg/l F. Bisweilen werden auch in Fässern eingestampfte Trauben mit Fluoriden versetzt, um Gärung während des Transportes zu verhindern. Die Auffassung, daß zugesetzte Fluoride bei der Klärung des Weines wieder ausfallen, ist irrig — F. Johnson u. L. Fischer 1935 (442) —. Auch wird der F-Gehalt des Mostes als Folge der Anwendung von Spritzmitteln nicht wie der Arsengehalt durch die Gärung vermindert, sondern er kann leicht zu einer

Störung der Gärung führen (25). Daß F-haltige Spritzmittel recht lange an dem bespritzten Obst und Gemüse haften bleiben können, ist bekannt. H. Wichmann u. D. Dahle 1933 (1042) fanden an bespritzten Äpfeln 0,2 mg% = 2 mg/kg (s. S. 98), an Kohl außen 3,36 mg%, innen 0,27 mg%, auf Sellerieblättern bis zu 13,5 mg% F.

Im holländischen Warengesetz von 1948 ist zum Nachweis von Konservierungsmitteln in Limonaden, Bier usw. eine Gärprobe mit Saccharomyces cerevisiae aufgenommen: Beim Ausbleiben der normalen Gärung ist auf Anwesenheit einer wirksamen Konzentration von Konservierungsmitteln zu schließen. D. Mossel 1952 (689) fand, daß hierbei die in manchen Naturprodukten vorkommenden F-Ionen die alkoholische Gärung erst in Konzentrationen von 250 mg/l stören, das wäre das rd. 100fache der Werte, die in den F-reichsten Lebensmitteln angetroffen werden.

Nach W. Weir 1952 (1030) erzeugte eine Brauerei, die Wasser mit einem natürlichen F-Gehalt von 1,6 mg/l benutzte, eine Hefe, die (trocken) 2,4 mg% F enthielt; ein mit diesem Wasser gebrautes Bier enthielt 0,7 mg/l F.

g) Düngemittel und Mineralstoff-Futtermittel

Düngemittel und Mineralstoff-Futtermittel sind hier und in Tabelle 15 nach S. Gericke u. B. Kurmies 1951 (295/300) Th. von Fellenberg 1948 (251), H. Nõmmik 1953 (722), G. Trömel 1953 (987) u. a. zusammengefaßt, weil bekanntlich manche, wie Knochenmehl, Dicalciumphosphat, Thomasphosphat, Kohlensaurer Kalk sowohl als Düngemittel wie auch als Futtermittel bzw. Futtermittelzusatz verwendet werden.

Bei den als Düngemittel gebrauchten Phosphaten spielt der F-Gehalt eine bedeutende Rolle für deren Löslichkeit und damit für ihren Gebrauchswert. Je höher der Anteil an Fluorapatit $Ca_{10}F_2(PO_4)_6$ ist, desto geringwertiger ist dieses als Düngemittel. Fluorapatit ist sehr schwer löslich und wird im Boden weder durch die Ausscheidungen der Pflanze noch durch die der Bakterien aufgeschlossen und zugänglich gemacht. Die Anwendung solcher Phosphate bleibt daher in der Landwirtschaft erfolglos, mit Ausnahme die der weicherdigen Phosphate aus Marokko und Algier, die meist F-ärmer sind, auf sauren Hochmoorböden und unter Umständen auf sauren Heidesandböden. Zur Herstellung hochwirksamer Phosphorsäure-Düngemittel aus Rohphosphaten ist Aufschluß nötig, der den Fluorapatit-Komplex zerstören und das F entfernen soll, um eine Rückbildung in diese schwerlösliche Zustandsform zu verhindern. Das kann geschehen durch Behandeln mit Säure, durch Reduktion mit Koks, durch Glühen oder Schmelzen. In den großtechnischen Verfahren zur Erzeugung von Superphosphat und von Glühphosphat (Rhenaniaphosphat) werden genannte Ziele des Aufschlusses normalerweise nicht voll erreicht. Daher enthalten sowohl Super- als auch Rhenaniaphosphat noch bemerkenswerte F-Mengen. Die ausschlaggebende Bedeutung dieses F-Gehalts für die Düngewirkung wurde durch zahlreiche amerikanische Untersuchungen und durch die von S. Gericke 1949/53 (292/94) übereinstimmend bestätigt. Mit zunehmender

TABELLE 15

Düngemittel[1] und Mineralstoff-Futtermittel

	mg% F		mg% F
Rohphosphate[3]	380—6300	Hüttenkalk	390—1020
(s. S. 5)		Kohlensaurer Kalk	12—24
Moordünger	3300—4000	„ (Bunges Kalk)	10
Hyperphosphat Reno	3000—4500	Branntkalk	5—19
Rhenaniaphosphat	1500—2800	Düngekalk v. Reuchenette	7
Palatiaphosphat	1500—2600	Mergel	6—27
Superphosphat	1400—2600	Dolomit	22
Doppelsuperphosphat	1200—2150		
Werdenbergerphosphat	1360	Schwefelsaures Ammoniak	0,3
Röchlingphosphat	1000—2000	Kalkammonsalpeter	1,4
Camaphos	1100—1400	Kalkstickstoff	58
Camaphoska	1100—1400		
Rhekaphos	800—1000	Stallmist, frisch	0,3
Thermophos	1900	„ , verrottet	0,4
Nitrophoska }			
Volldünger Höchst }	900—1200	Knochenfutterschrot	18—60
Ruhrvolldünger }		i. Mittel	38
Amsupka	1100—1450	Phosphors. Futterkalk	30—40
Kampkadünger	800—1700	i. Mittel	35
Knochenmehlphosphat	300	Futterkalkmischungen	8—25
Alphaphosphat	50—150	i. Mittel	17
Thomasphosphat	1—20	Futterschlemmkreide	28
i. Mittel	8	Gelita-Futterkalk	22
Dicalciumphosphat	31—140	Muschelschrot	7
Dinatriumphosphat	7		
Knochenmehl	27—45		
„ entleimt	75[2]		

[1] Kalidüngungsmittel s. S. 38.
[2] Daher der oft hohe F-Gehalt von (Knochenmehl enthaltenden) Kindernährmitteln, nach M. HAM u. M. SMITH 1950 (1115) 25 bis 29 mg %F.
[3] davon citronensäurelösliches F nach P. EHRENBERG u. A. BUCHNER 1951 (222) 1020 bis 1270 mg%.

Verflüchtigung des F tritt ein starker Anstieg der Löslichkeit und damit der Wirksamkeit der Phosphorsäure ein. Die eigentliche Wirkung der Phosphorsäure setzt erst ein, wenn ihre Löslichkeit in Ammoncitrat-Lösung, der Grundlage der Wertbemessung im Glühphosphat für Düngezwecke, 65% erreicht hat. Sie ist am höchsten bei einer Citrat-Löslichkeit von 90%. Eine ganze Reihe neuerer Patente, bei denen es darum geht, möglichst weitgehende Entfernung des F und große Citratlöslichkeit zu erzielen, zeigt die Bedeutung dieser Aufgabe. Genannt seien z. B. D. B. P. 825 094 Kl. 16 vom 9/3. 1950, ausg. 17/12. 1951; D. B. P. 840 095 Kl. 16 vom 4/8. 1949, ausg. 26/5. 1952; A. P. 2 499 767 vom 7/5. 1946, ausg. 7/3. 1950; A. P. 2 531 046 vom 26/4. 1946, ausg. 21/11. 1950; A. P. 2 531 068 vom 25/6. 1946, ausg. 21/11. 1950; A. P. 2 504 446 vom 31/7. 1947, ausg. 18/4. 1950; A. PP. 2 556 541 vom 8/1. 1949 u. 2 556 542 vom 28/11. 1953, ausg. 12/6. 1951; N. P. 76 512 vom 25/5. 1948, ausg. 27/3. 1950; Schwz. P. 278 299 vom 18/5. 1948, ausg. 16/1. 1952.

Neben dem F spielt auch die Gegenwart von SiO_2 im Phosphat eine Rolle (S. Gericke). In Rhenaniaphosphat, das je nach dem Ausgangsmaterial etwa 2—3% F enthält und trotzdem eine Citratlöslichkeit von 90% und mehr besitzt, beruht die Unschädlichkeit des F auf dem hohen SiO_2-Gehalt des Phosphats von etwa 10%. Es zeigte sich, daß SiO_2-Mengen bis zu etwa 20% den Einfluß des F ausschalten können (höhere führen wieder zu einer Herabsetzung der Löslichkeit); trotz steigenden F-Gehalts nimmt die Citrat-Löslichkeit zu, die Fluorapatit-Bildung im Boden wird durch die Gegenwart von SiO_2 zurückgedrängt. Das gleiche gilt für Thomasphosphat und Superphosphat, in denen das vorhandene F durch SiO_2 ebenfalls soweit unschädlich gemacht ist, daß es zu einer Beeinträchtigung der Düngewirkung praktisch nicht kommt. Auch für Thomasphosphat trifft das zu, wenn dessen durch Zuschläge eingeschleppter F-Gehalt 20 mg% übersteigt, was höchst selten ist. Der normalerweise im Thosmasphosphat enthaltene geringe F-Gehalt, etwa 8 mg%, beeinflußt die Löslichkeit der Phosphorsäure überhaupt nicht. — In diesem Zusammenhang interessiert, daß nach Befunden von W. MacIntire et al. 1952 (586) genügende Anwesenheit von Ca-Metasilicaten im Boden die Wanderung von F (auch P und Ca) in das Drainagewasser durch Regen erhöht.

Mit diesen wichtigen Fragen der Bedeutung des F-Gehalts für die Düngewirkung der Phosphate haben sich gerade in letzter Zeit zahlreiche Forscher beschäftigt, von denen besonders genannt seien: S. Gericke 1949/53 (292/94, 298, 863), B. Kurmies 1953 (298,512), W. Jung 1953 (450, 863), G. Trömel 1953 (987), Fr. Koch 1953 (485), K. Scharrer 1953 (863), E. v. Zezschwitz 1953 (1085), H. McCann 1953 (632), R. Turner u. H. Rice 1952 (991).

Ähnlich kann übrigens ein natürlicher F-Gehalt des Bodens wirken: Die Ackerböden des Thüringer Muschelkalkes sind gegenüber denen des Buntsandsteins arm an pflanzenaufnehmbarer Phosphorsäure. Untersuchungen von G. Michael u. B. Blume 1952 (666) zeigten, daß das F im Buntsandstein dort vorwiegend als schwerlöslicher Glimmer vorliegt, im Muschelkalk vorwiegend als CaF_2, welch letzteres gelöstes F zu Verfügung stellen kann. Das läßt den Schluß zu, daß in den Muschelkalkböden entsprechend größere Phosphorsäuremengen zu schwerlöslichem Fluorapatit gebunden werden.

In diesem Zusammenhang, obwohl eigentlich erst in das Kapitel II „Physiologische Wirkung des Fluors“ gehörend, soll schon eine Arbeit von G. Rohde 1953 (824) genannt werden. Nach ihm sind zur Ausnutzung F-haltiger schwerlöslicher Phosphorsäureverbindungen im Boden und damit auch zur Ausnutzung von F-reichen P_2O_5-Düngemitteln boranreichernde, d. h. borliebende Pflanzen geeignet. Er begründet das damit, daß zwischen F und B im Stoffwechsel der Pflanzen antagonistische Beziehungen bestünden: In der Pflanzenzelle würden für die P_2O_5-Aufnahme wichtige Oxydationsvorgänge durch F gehemmt, durch B gefördert; F inaktiviere die Askorbinsäure, die sich in mit B genügend versorgten Pflanzen ansammle; F hemme die Stoffwechseltätigkeit des Mg, B fördere sie; im Überschuß aufgenommenes F könne durch B entgiftet werden (?).

Wenn das stimmt, müßten aber doch wohl auch besonders B-reiche Pflanzen auch besonders F-widerstandsfähig sein und umgekehrt. Das trifft aber keineswegs zu. Z. B. ist Inkarnatklee mit 7 mg% B und auch Rotklee mit 3,6 mg% B keineswegs weniger F-resistent als Getreide mit nur rd. 0,3 mg%, eher umgekehrt. — W. MacIntire et al. 1949 (582) empfehlen Rotklee ausdrücklich als Indikatorpflanze für F, und auch die Gartenbohne (Phaseolus), die bisweilen auch bei F-Rauchschäden als Fangpflanze benutzt wird, mit 4,3 mg% B ist alles andere wie F-resistent. Diese Beziehungen scheinen also doch wohl noch eingehender Nachprüfung zu bedürfen.

An die *Mineralstoff-Futtermittel* die bisweilen erhobene Forderung zu stellen, daß sie F-frei seien, ist, wie S. Gericke 1951 (295) sehr richtig betont, weder erfüllbar noch berechtigt, da alle Futtermittel F enthalten und auch weil F zum Aufbau des Tierkörpers[1] benötigt wird. Dieser Tatsache ist seitens der DLG bereits dadurch Rechnung getragen, daß Futterkalk und mineralische Zusatzfuttermittel bis zu 30 mg% F enthalten dürfen. Nach Berechnungen von S. Gericke würde für solche Zusatzfuttermittel, die wie die meisten einen großen Überschuß an Ca und P_2O_5 enthalten, ein zulässiger Gehalt von 50 mg% durchaus vertretbar sein und auch geringe Überschreitung noch keine Gefahr bedeuten. Ein solcher Gehalt würde — immer gesundes Wirtschafts- und Kraftfutter und Tränkwasser mit normalen F-Gehalten vorausgesetzt — bei den üblichen Gaben auf keinen Fall zu F-Schäden der Tiere führen, zumal der Überschuß an Ca und P_2O_5 die Löslichkeit und damit Schädlichkeit des F stark herabsetzt. Rohphosphate und aus ihnen hergestellte Produkte dagegen wären zu vermeiden. H. Nõmmik 1953 (722) erwähnt auch, daß in Schweden oft Knochenmehle, Dicalciumphosphat oder $CaCO_3$ gegeben würde, aber kein Rohphosphat wegen Vergiftungsgefahr. Bei 200 g Dicalciumphosphat (136 mg% F) als normale Gabe für milchende Kühe wären das 272 mg F täglich, und obgleich diese Menge befähigt sei, sekundäre toxische Wirkung auszulösen, habe man bislang keine beobachtet. — Nach W. Weir 1952 (1030) enthalten viele in den USA gebräuchliche Futterzusätze 30—45 mg% F. Durch entsprechende Mischung mit dem übrigen Futter wird dieses dann auf den richtigen F-Gehalt eingestellt. Dieser soll nach „Association of American Feed Control Officials" maximal betragen für Rindvieh 9, für Schafe 10, für Schweine 14 mg%.

Übrigens ist der F-Stoffwechsel je nach Reaktion des Futters u. U. sehr unterschiedlich. Bei F-Bilanzversuchen von A. Schulz 1951 (886a) mit Kaninchen unter Zufütterung eines 300 mg% F enthaltenden Futterkalkes zeigte sich, daß bei alkalisch reagierenden Futtergemischen bis zu 90% der aufgenommenen F-Mengen überwiegend mit dem Kot wieder ausgeschieden wurden. Bei neutralem Futter sank das wiedergefundene F auf 50—70%, die

---

[1] Neben anderen Spurenelementen. In Mercks Jahresbericht 1947/48, Jahrg. 61/2 (663) wird in diesem Zusammenhang auf die von R. Schwarz entwickelte Salzmischung hingewiesen, die unter dem Namen „Ubisal" im Handel ist. Sie enthält je Tablette u. a. auch 0,05 mg F.

zum größten Teil im Harn erschienen, während bei sauren Futtergemischen der Kot frei von F war und im Harn 30—40% der aufgenommenen Menge zu finden war. Schädigungen der Tiere waren bei den Versuchen nicht zu beobachten.

Beziehungen zwischen Fluor-Gehalt des Bodens und dem der Pflanzen

Ob Beziehungen zwischen dem F-Gehalt des Bodens und dem der Pflanze bestehen, ist besonders durch die umfangreichen Versuche von W. MacIntire et al. 1942 (590) und 1947 (587) im positiven Sinne entschieden, d. h. mit der Einschränkung, daß man nicht allgemein sagen kann: auf F-reichen Böden bzw. durch Zusatz von F-haltigen Düngemitteln wird auch der F-Gehalt der Pflanzen erhöht, sondern je nach Beschaffenheit des Bodens und des Düngemittels kann eine mehr oder weniger starke Erhöhung des F-Gehaltes der Pflanzen erfolgen oder auch ausbleiben, und auch die verschiedenen Pflanzen verhalten sich verschieden, wie das die Untersuchungen von A. Hurd-Karrer 1950 (417) erneut zeigen, s. auch S. 71. Schon die vorgenannten Untersuchungen von A. Mayrhofer 1938 (625) und noch eindrucksvoller wohl die von H. Nõmmik 1953 (722) zeigen die auch für die Rauchschäden-Expertise unter Umständen wichtige Tatsache, daß gleiche Pflanzen auf verschiedenen Böden ziemlich unterschiedlichen F-Gehalt haben können. Z. B. Datura 0 und 0,036 mg%, 21 Proben Winterweizen „Ergo" aus verschiedenen Gegenden Schwedens 0,038 bis 0,135, i. M. 0,078 mg%, ebenso 5 „Maja"-Wintergerste sogar 0,050 bis 0,557, i. M. 0,174 mg%, 10 „Magnum-Bonum"-Kartoffeln 0,036 bis 0,130 usw., s. Tab. 10—14. Von Th. von Fellenberg 1948 (251) wurde diese Frage an Löwenzahnblättern von 35 verschiedenen Standorten der Schweiz untersucht. Abgesehen von 6 Proben, deren abnorm hoher F-Gehalt von 0,77 bis 5,86 mg% in der Trockenmasse fraglos bzw. vielleicht (bis etwa 50 km Entfernung!) von der Aluminiumfabrik in Chippis herrührte, ergaben sich Unterschiede von 0,10 bis 0,97 mg%; in 15 dieser 29 Proben lag der F-Gehalt um 0,25 mg%. Auch die Verteilung des F in den Pflanzen selbst wurde von genanntem Forscher untersucht: An einer Himbeerstaude wurde im Frühling gefunden in mg% der frischen Substanz: Blätter 0,111, Stengel 0,037, Hauptwurzel (möglichst gründlich gewaschen) 0,741, Wurzelfasern (desgl.) 2,35. Daß verschiedene Pflanzen gleichen Standorts verschiedene F-Werte aufweisen, ist nicht weiter verwunderlich. R. Wasicky 1938 (1020) weist darauf hin, daß man daraus in Übereinstimmung mit anderen Bioelementen eine durch innere Faktoren beeinflußte Aufnahme und Speicherung annehmen müsse. M. Gaud et al. 1934 (s. 829 und 988) fanden, daß der F-Gehalt der Pflanzen von der F-Konzentration des Bodens abhängig ist. Bodenproben aus zwei verschiedenen Orten in Nordafrika wiesen 16 bzw. 60 mg% F auf; und in Stroh von Weizen, der in den betreffenden Gegenden geerntet war, wurden die hohen Werte von 7,42 bzw. 20,90 mg% F, bezogen auf Trockenmasse, gefunden. In der zuletzt erwähnten Gegend bemerkte man an den Pflanzenfressern Anzeichen von chronischer F-Vergiftung, in der ersteren nicht[1]. Nach den in vorstehenden Tabellen 10 und 14 mitgeteilten Werten von E. Reid 1936 (796) von Fluoritminen-Areal dagegen scheint auf F-reichem Boden keine wesentliche Zunahme der F-Speicherung durch die Pflanzen stattgefunden zu haben. Auch nach den Untersuchungen von E. Hart et al. 1934 (364) enthielten Pflanzen, die 16—36 Jahre auf F-reichem Boden gewachsen waren, nicht mehr F als solche von F-armen Böden, und Düngung mit F-haltigen Düngemitteln hatte keinen merklichen Einfluß auf den F-Gehalt der Pflanzen, besonders Getreide und sonstige Gräser. Desgleichen hatten W. Machle et al. 1939 (597) in Arizona keine Beziehungen zwischen dem F-Gehalt von Nahrungspflanzen und dem des örtlichen Wassers feststellen können. Dagegen zeigte in Versuchen von H. Smith u. M. Vavich 1945 (918) Zusatz von 50 mg% F in Form von CaF_2 zum Boden bei Getreide und Leguminosen und von 320 mg% bei Gemüse, daß die auf diesem Boden gewachsenen Pflanzen höheren F-Gehalt aufwiesen, als ohne CaF_2-Zusatz. Jedoch war die von den Pflanzen aufgenommene F-Menge nicht proportional der im Boden vorhandenen. Die aufgenommene F-Menge war auch je nach Pflanzenart und Pflanzenteil verschieden. Rüben und Süßkartoffeln z. B. nahmen mehr F auf als Tomaten und Bohnen, ebenso Weizenhalme und -blätter mehr als Weizenkörner. In einem Düngungsversuch von Th. von Fellenberg 1948 (251) mit Hyperphosphat erhöhte sich der F-Gehalt der Versuchspflanze (Kresse) um das Doppelte von 0,615 auf 1,260 mg% in der Trockenmasse. Düngungsversuche von H. Churchill et al. 1948 (150) mit Kryolith, Flußspat und Superphosphat (1660 mg% F) zu Rasenflächen wiederum ergaben keinen merklichen Einfluß auf den F-Gehalt des Grases. Ebenso ergaben in Versuchen von R. Gabowitsch 1951 (279) 200 kg/ha Superphosphat auf 4 Parzellen einen nur gering angestiegenen F-Gehalt der angebauten Pflanzen, bei 1000 kg/ha jedoch einen bedeutenden Anstieg. Und auch die umfangreichen Versuche von W. MacIntire et al. 1942 (590) zeigen, daß durch den üblichen Gebrauch F-haltiger Düngemittel keine in Betracht kommende Erhöhung des F-Gehaltes der Pflanzen bewirkt wurde. Aber die von letztgenannten Forschern mitgeteilten zahlreichen Analysen lassen doch recht unterschiedliche F-Werte der jeweils untersuchten Pflanzen erkennen, die beweisen, daß die F-Aufnahme unter bestimmten Bedingungen sehr verschieden sein kann. So wurden im Sudangras im allgemeinen zwischen 0,1 und 0,3 mg% gefunden (alle Werte bezogen auf Trockensubstanz), aber auch 0,4 bis 1,3; und in einer neueren Arbeit von W. MacIntire et al. 1947 (587) sogar bis 17, in allen Fällen zwar in verschieden kräftig entwickelten, aber anscheinend an sich gesunden Pflanzen, wenigstens werden pathologische Erscheinungen nicht erwähnt. Noch viel größer (587) waren die Unterschiede bei Raygras, Lolium perenne L., nämlich 0,2 bis 110 mg%, welche Zahlen zunächst fast unwahrscheinlich klangen. Ähnliche sind inzwischen aber auch

[1] Das wären also „biogeochemische Gebiete" im Sinne A. Winogradows 1954 (1067), als welche er Gebiete mit einem Überschuß (bzw. Mangel) an bestimmten Elementen bezeichnet. In solchen treten oft typische Erkrankungen der Tiere und Pflanzen auf, sogen. „bio-geochemische Endemien".

von anderen Forschern gefunden worden (s. u.). In Radieschenkraut wurden (590) zwischen 0,2 und 2,5 mg% gefunden, in Radieschenwurzeln 0,1 bis 0,2, in Steinklee 0,5 bis 0,9, in Rotklee 0,2 bis 2,5, in Luzerne 0,4 bis 3,8 mg% (Robinson u. Edgington 0,21, Reid 0,39, s. Tab. 13). Wenn letztgenannte Unterschiede auch nicht gerade anomal sind, trotzdem sie, ebenso wie vorgenannte überraschende Ergebnisse in Gefäßversuchen mit z. T. absichtlich anomal großen Gaben der F-haltigen Düngemittel erzielt wurden, so zeigt sich doch, daß viele Pflanzen imstande sind, anscheinend ohne Schaden sehr große F-Mengen aus dem Boden bzw. der Nährlösung aufzunehmen und zu speichern, wobei eine ganze Reihe von Faktoren eine Rolle spielen kann: Gesteinsart, Bodenbeschaffenheit, p_H-Wert, Nährstoffgehalt, besonders Ca, Mg, P_2O_5 und N, Art des F-Düngemittels, Feinheit der Mahlung, Feuchtigkeit, Temperatur usw. Auch die verschiedenen Pflanzen verhalten sich verschieden; vgl. Sudangras und Raygras sowie (s. u.) Salat und Spinat. Die vorerwähnten Befunde von M. Gaud et al. 1934 hatten ähnlich hohe Zunahmen in Weizenstroh von nordafrikanischen Böden mit hohem F-Gehalt gezeigt. Bei den unerwartet großen F-Mengen, die H. Churchill et al. 1948 (s. S. 156) in den Blättern vieler Baumarten sowie in Gras und Luzerne fanden, und zwar, wie ausdrücklich betont wird, in völlig normalen und gesunden Pflanzen, ist die F-Anreicherung nicht auf F-Aufnahme aus dem Boden, sondern aus der Atmosphäre zurückzuführen. Aber die gefundenen Werte ähneln obigen von MacIntire angegebenen, z. B. Gras von Rasenflächen 1,6 bis 5,3 mg%, Luzerne 1,5 (Juni-Ernte) bis 3,6 (Oktober) oder in einer anderen Luzerne: Blätter 4,6, Stengel 1,3 mg%. — Die diesbezüglichen Versuche von G. Bredemann u. H. Radeloff 1932 (121) und die gegenteiligen Befunde von R. Bartholomew 1939 (50) sind in Kapitel II besprochen.

Daß gesundes Getreidestroh schon auf „normalen" Böden recht hohen F-Gehalt aufweisen kann, haben wir bereits S. 55 und auch in Tab. 10 gesehen. Und auch in zahlreichen Vegetationsversuchen, die H. Nõmmik 1953 (722) in Sand- und Lehmböden mit Zusatz von NaF ausführte, zeigte das Weizenstroh starke F-Anreicherung: Bei kleineren Mengen ohne Giftwirkung, sogar mit Ertragssteigerung (s. S. 84), Zunahme von 0,24 auf 3,68 mg%, bzw. von 0,11 auf 8,08 mg% (bei den Körnern nur von 0,20 auf 0,34), bei stärkeren NaF-Gaben (aber bei Schädigung!) in Sandboden sogar auf 40,36 mg%.

Von welchem Einfluß der Ernährungszustand bzw. die Düngung sein kann, zeigen Versuche von A. Hurd-Karrer 1950 (417): Z. B. Kohl, normal 0,5 mg% F-Gehalt, mit F-Düngung + Kalk Pflanzen ungeschädigt = 4,3 mg%, do. ohne Kalk Pflanzen geschädigt = 9,6 mg% F. Buchweizenpflanzen, die sich als unempfindlicher erwiesen, zeigten bei einem F-Gehalt von 90 mg% (!) noch gesundes äußeres Aussehen, Weizenpflanzen noch bei 60 mg%, bei welchem Gehalt die empfindlichere Gerste aber geschädigt wurde. Auch aus den Vegetationsversuchen von E. Brennan et al. 1950 (125) mit gleichmäßigem F-Zusatz aber verschiedenen N-, P- und Ca-Gaben ist zu entnehmen, daß der Ernährungszustand großen Einfluß auf die F-Aufnahme der Tomaten ausüben kann. Z. B. wurde gefunden in mg% F der Trockensubstanz bei sehr schwachem N-Zusatz (1,4 mg%) zu einem Standard-Nährsubstrat: Blätter = 7,4, Wurzeln = 28,0; 4facher N-Zusatz: Blätter = 9,6, Wurzeln = 301; 32facher N-Zusatz: Blätter = 16,0, Wurzeln = 180,0 (alles nach 13 Tagen und ohne merkliche Schäden an den Pflanzen). Aber bei 8fachem N-Zusatz: mäßiger Schaden an Wurzeln und Blättern, dabei in den Blättern = 54,0, in den Wurzeln = 200 mg% F!. Ähnlich in der P-Reihe bei verschiedenen P-Gaben: Blätter = 27,4 bis 101,0, Wurzeln = 97 bis 273,9 mg% F, alle etwas beschädigt ansteigend mit den P-Mengen. Und in der Ca-Reihe bei verschiedenen Ca-Gaben: Blätter = 6,2 bis 17,0, Wurzeln = 46 bis 436,0, alle ohne Schaden; aber bei sichtbarem Schaden Blätter = 95,0, Wurzeln = 129,0. Das sind ziemlich durcheinandergehende Werte, wie denn überhaupt, worauf auch S. Gericke u. B. Kurmies 1955 (302) wiederholt hinweisen, Unregelmäßigkeiten und starke Schwankungen im F-Gehalt charakteristisch für das Verhalten der Kulturpflanzen gegenüber F-Zufuhr sind. Einstweilen kann man aus den Versuchen nur entnehmen, daß gleiche NaF-Gaben bei verschiedenem Ernährungszustand sehr verschiedene Wirkungen auszuüben vermögen. Sichere Relationen jedoch sind dabei nicht zu erkennen, nur die, daß bei augenfälliger Beschädigung der Blätter auch ihr F-Gehalt wesentlich erhöht ist, daß der F-Gehalt der Wurzeln dabei aber nicht mit dem Grade der Blattschädigung übereinstimmt. Auch die F-Begasungsversuche der gleichen Forscher werden uns (s. S. 160) den Einfluß des Ernährungszustandes auf die F-Aufnahme der Pflanzen und auf den Grad ihrer Beschädigung zeigen, beide korrespondieren ebenfalls durchaus nicht immer.

Bemerkenswert ist übrigens der oft außerordentlich hohe F-Gehalt äußerlich gesund erscheinender Wurzeln, worauf schon S. 55 hingewiesen wurde. Er beträgt bis zum 70fachen des der Blätter. W. Robinson et al. (822) hatten schon 1945 in Wasserkulturen mit 1 mg% F bei Kuherbsen bis 197 mg% F festgestellt.

Auch Kartoffeln können erhebliche F-Mengen speichern. Sie sprechen überhaupt schon auf sehr geringe F-Gaben durch Erhöhung ihres F-Gehaltes an. H. Nõmmik 1953 (722) erhielt in Gefäßversuchen auf humusreichem Sand mit hohem Lehmgehalt, p_H 8, und bei Zugabe von Wasser mit steigendem NaF-Gehalt von 0 bis 200 mg/l F steigende Erhöhung des F-Gehalts der frischen Knollen von 0,027 auf 0,147 und des Krautes von 1,20 auf 25,12 mg%, ohne Ertragsänderung oder Anzeichen einer F-Vergiftung. Bei CaF_2-Gabe, die bis zu 200 g je Topf keinerlei Ertragsänderung oder Schädigung hervorrief, wurde der F-Gehalt der frischen Knollen nur von 0,023 auf 0,043, der des Krautes von 0,98 auf 2,60 mg% F erhöht. Ähnliches Bild zeigen seine Gefäßversuche zu Weizen, bei denen NaF-Zusatz den F-Gehalt der Körner um das dreifache, den des Strohs um das 70fache steigern ließ. Bei anderen großen Untersuchungsserien (Getreide, Grünland- und Futterpflanzen im Freiland auf natürlichem Boden ohne F-Zusatz) zeigten Winterweizen und Winterroggen jedoch keine Beziehungen zum F-Gehalt des Bodens. Bei den Grünland- und Futterpflanzen schien ein höherer F-Gehalt der von F-reicheren Tonböden geernteten Pflanzen gegenüber den auf F-ärmeren Sandboden gewachsenen erkennbar zu sein. Aber NÕMMIK weist mit Recht darauf hin, daß man bei der Beurteilung vorsichtig sein müsse, denn auch die botanische Zusammensetzung könne großen Einfluß haben, im vorliegenden Falle z. B. viel Leguminosen auf den lehmigen Böden, auf sandigen dagegen überwiegend Gräser. Auch brauchten Pflanzen von F-reicheren Tonböden nicht höheren F-Gehalt aufzuweisen als solche von grobkörnigen, denn die Möglichkeit sei vorhanden, daß in der Bodenlösung andere Ionen und besonders Anionen großen Einfluß auf die F-Aufnahme durch die Pflanzenwurzeln ausüben.

Einen wesentlichen Beitrag zur Klärung dieser Fragen haben in neuster Zeit S. GERICKE u. B. KURMIES 1955 (302) geliefert. In Gefäßversuchen mit steigenden F-Gaben zu Spinat, Salat und Möhren zeigte sich, daß grundsätzlich die Tendenz einer Erhöhung des F-Gehalts bei steigender F-Gabe besteht. Am stärksten war das bei Spinat der Fall, dessen F-Gehalt bei höchster F-Gabe (0,6 g F als NaF je 6—7 kg Boden) verdreifacht wurde von 0,206 auf 0,642 mg% in der Trockenmasse. Geringste F-Zunahme zeigte Salat, bei dem Erhöhung von etwa 0,2 auf 0,3 mg% stattfand. Genannte Forscher berechnen aus dem Ergebnis der Gefäßversuche, daß, um im Freiland eine Steigerung des F-Gehalts herbeizuführen, auf 1 ha rd. 200—250 kg F erforderlich wären = 4½ bis 5½ dz/ha NaF (!) = 125—155 dz/ha Superphosphat mit 1,6% F. Da eine normale Phosphatdüngung jährlich 4 dz/ha beträgt, wäre erst nach Jahrzehnten eine F-Konzentration des Bodens erreicht, bei der eine Veränderung des F-Gehalts der Pflanze zu erwarten ist, wobei F-Verluste durch Auswaschung nicht mitgerechnet sind. Demnach wäre selbst bei langjähriger Anwendung normaler Gaben F-haltiger Düngemittel eine Einwirkung auf den F-Gehalt der Ernte nicht zu erwarten. Diese theoretische Berechnung wurde durch Untersuchung der Ernte von langjährigen Düngungsversuchen vollauf bestätigt. In einem dieser Versuche z. B. (Göttinger E-Feld, kalkreicher Lehmboden) war das Feld 40 Jahre lang jährlich mit 2,8 dz/ha Superphosphat gedüngt, hatte also jährlich 4,5 kg F/ha erhalten, d. h. im Verlauf der 40 Jahre 180 kg F/ha = rd. 6 mg F je 100 g Boden. Untersuchung des Bodens ergab 28,9 mg% F gegenüber 24,5 mg% im F-frei gedüngten Boden, also eine Zunahme von 4,4 mg je 100 g Boden, aus der sich wiederum Erhöhung der F-Menge des Bodens im Verlauf der 40jährigen Phosphatdüngung von rd. 130 kg F/ha errechnet, welche Menge gut mit der theoretisch berechneten unter Berücksichtigung der Auswaschverluste usw. übereinstimmt. Untersuchung der geernteten Feldfrüchte, Roggen, Gerste, Mais, Bohnen und Kartoffeln zeigte in Übereinstimmung mit W. MACINTIRE et al. 1949 (s. 302), wonach 9jährige starke Superphosphatdüngung den F-Gehalt der Ernten nicht erhöhte, daß eine Erhöhung des F-Gehalts der Körner gegenüber F-frei gedüngt allgemein nicht eintrat, während sie bei den Kartoffelknollen sich als möglich erwies und bei einem weiteren Feldversuch (Darmstadt, saurer Sandboden) signifikant war, i. M. 0,624 auf 1,28 mg% in der Trockenmasse. In einem dritten Feldversuch

(Weihenstephan) zeigten Weizenkörner keine, Rapssamen anscheinend geringe F-Erhöhung.

GERICKE u. KURMIES weisen darauf hin, daß diese durch F-Düngung möglichen Veränderungen bei weitem von den durch den Boden und die Wachstumsverhältnisse verursachten natürlichen Schwankungen im F-Gehalt (die, wie erwähnt, stark und allgemein charakteristisch für das Verhalten der Kulturpflanzen gegenüber F-Zufuhr sind) übertroffen werden. Und da zudem Zufuhr von F zum Boden ganz allgemein zu vermeiden ist, weil jede F-Menge gemeinsam mit dem Ca des Bodens über die Bildung von Fluorapatit einen Teil der Boden- und Düngerphosphorsäure pflanzenphysiologisch unwirksam macht, besteht praktisch keine Aussicht, die Pflanze durch Zufuhr von F zum Boden anzureichern und auf dieseWeise dem menschlichen und tierischen Körper fehlende F-Mengen zuzuführen.

Natürliches Vorkommen toxischer Fluor-Verbindungen in Pflanzen

In allen bisher behandelten Fällen ist die Verbindung, in welcher das F in den betreffenden Pflanzen vorhanden ist, nicht bekannt. Nur weiß man, daß es teils in unlöslicher, aber zum Teil auch in wasserlöslicher Form vorliegt (z. B. beim Tee zu 75% und mehr, s. Tab. 12, S. 58), jedoch auch in letztgenannter Form nicht als spezifisch toxische Verbindung. Erst in neuester Zeit ist eine stark toxisch wirkende F-Verbindung erstmalig in einer Pflanze nachgewiesen worden. Bei seinen Untersuchungen über das bis dahin vergeblich identifizierte toxische Prinzip von Dichapetalum cymosum (Hook.) Engl. = Chailletia cymosa Hook., der sog. Gifblaar (= Giftblume), einer der zu schweren Viehverlusten führenden Pflanze Südafrikas, erkannte J. MARAIS 1943/44 (610/11) — s. auch C. KLINGENSMITH 1945 (477) — den von ihm isolierten und ursprünglich (1943) „K cymonate“ benannten Wirkstoff als Monofluoressigsäure $F \cdot CH_2 \cdot COOH$, eine Verbindung, die etwa ebenso giftig wirkt wie Strychnin (vgl. S. 92 und 100). MARAIS schlug bereits vor, daß die einfach fluorierten organischen Säuren als wertvolle Gifte und Insektizide dienen könnten, und seit 1945 ist das fluoressigsaure Natrium unter der Bezeichnung „1080“ als sehr wirksames Rodentizid (= Nagetier-Bekämpfungsmittel) zur Anwendung gelangt (s. S. 104). Auch als systemisches (innertherapeutisches) Insektizid zeigt es große Wirksamkeit bei geringer Phytotoxizität. Allgemeiner Anwendung stehen jedoch die sehr starke Giftigkeit für Warmblüter und die lange Dauerwirkung entgegen, s. auch S. 92. J. MARAIS 1944 fand in einer im ersten Frühling gesammelten Probe von Dichapetalum cymosum 15 mg% F, bezogen auf Trockensubstanz, was 92 mg% monofluoressigsaurem Kalium entsprechen würde. Als Dosis letalis hatte er 1943 für sein „K cymonate“ 0,50 bis 0,75 mg/kg Kaninchen gefunden, sowohl oral als auch intravenös oder subkutan. Die theoretische letale Dosis der trockenen Blätter beträgt danach 0,5 bis 0,8 g/kg Kaninchen; experimentell ermittelte er 1,0 bis 1,5 g/kg.

Außer Dichapetalum cymosum gibt es eine ganze Reihe anderer Dichapetalum-Arten, die ebenfalls giftig und für das Weidevieh, Schafe, Ziegen,

Großvieh, auch Esel, sehr gefährlich sind, so in Tanganjika Dichapetalum Stuhlmannii Engl. und D. mosambicense Engl., in Westafrika, speziell Sierra Leone und Kamerun, D. toxicarium Engl. (Chailletia toxicaria Don). Sie werden von K. Braun 1908 (115), A. Engler u. O. Drude 1915 (230) sowie A. Engler u. K. Krause 1931 (231) beschrieben und abgebildet; schöne Photos der Steinfrüchte von D. toxicarium mit ihren Samen im Inneren gibt R. Peters 1954 (745). K. Braun stellt mit 25 Literaturangaben auch die bis dahin bekannten Erfahrungen über die Giftigkeit der Dichapetalum-Arten und über die Untersuchung und Behandlung erkrankter Tiere zusammen. Weitere Literatur bei J. Watt u. M. Breyer-Brandwijk: The medicinal and poisonous plants of Southern Africa, Edinburgh 1932, A. Léemann 1939 (545) sowie C. Klingensmith 1945 (477). An der Sierra Leone werden die Früchte zum Vergiften von Ratten benutzt und daselbst „Ratsbane“ (=Rattengift) genannt; auch zum Vergiften von Fischen sind sie im Gebrauch. Von anderen Arten wird aber angegeben, daß die Früchte genossen werden. Ob alle zu den Dichapetalaceae, einer ihrer systematischen Stellung nach noch umstrittenen aber den Euphorbiaceae nahestehenden Familie, gehörenden giftigen Dichapetalum-Arten ebenfalls, wie D. cymosum, Fluoressigsäure als toxischen Wirkstoff enthalten, ist zwar noch nicht bekannt; R. Peters 1954 (745) wies neuerdings nach, daß die aktive Substanz aus D. toxicarium in naher Beziehung zum Agens von D. cymosum steht. A. Engler 1915 (230) teilt mit, daß schon 3 bis 4 Blätter von D. cymosum einen Ochsen töten sollen. A. Léemann 1939 (545) gibt als Dosis letalis 0,5 bis 1 g trockene Blätter für 1 kg Kaninchen an, womit die Befunde von J. Marais 1943 und 1944 übereinstimmen würden. J. Watt u. M. Breyer-Brandwijk weisen darauf hin, daß die Beobachtung, nur die jungen Blätter seien giftig und sollten nach 3 Monaten unschädlich werden, wahrscheinlich damit zu erklären ist, daß die Pflanze im Frühling erscheint, wenn noch kein Gras gewachsen ist, und sie um diese Zeit als eine der wenigen grünen Pflanzen dem Vieh zu Verfügung steht. Nach Engler soll Vieh, welches sich längere Zeit in einer Gegend aufhält, in der die Pflanze vorkommt, dieselbe meiden. Dagegen sollen Tiere aus anderen Gegenden, welche durch ein Gebiet getrieben werden, in dem das ihnen noch nicht bekannte D. cymosum wächst, die Pflanze eifrig verzehren und nach wenigen Stunden verenden, besonders nach reichlichem Genuß von Wasser.

R. Peters 1954 (745) berichtet von D. cymosum, daß zweimal im Jahr ihre Blätter so giftig seien, daß 20 g genügen, um ein Schaf zu töten (die tödliche Dosis ändert sich sehr von Tier zu Tier, s. S. 100). Die Ausrottung dieses Unkrauts ist wegen seiner sehr verzweigten Wurzeln nicht leicht. Es wächst zerstreut zwischen Felsblöcken, und man muß zur Abzäunung Zuflucht nehmen, um die Weidetiere davon fernzuhalten. Natürlich hat sich die Landwirtschaft um ein Gegengift bemüht. Gewisse C_2-Gruppen enthaltende Substanzen, wie Monoazetin = Glycerin-Monoacetylester, ferner Azetamid (s. S. Gitter et al. 1953 [313]) haben einigen Erfolg gezeigt, jedoch nur bei sofortiger Injizierung nach einer tödlichen Dosis, und R. Peters ist der

Meinung, daß vorläufig prophylaktische Maßnahmen mehr Erfolg versprechen als die entgiftenden, s. auch S. 102.

Eine eingehende Studie der Morphologie, Anatomie und Histologie aller Teile von Dichapetalum cymosum mit zahlreichen Abbildungen und Literaturhinweisen verdanken wir A. LEEMANN 1939 (545), zu welcher Zeit allerdings das giftige Prinzip dieser Pflanze noch nicht als Fluoressigsäure identifiziert war. Die Pflanze ist eine der am meisten hervorstechenden Vertreter des „Cryptodrymiums" Transvaals, ein Geophyt mit Kletter-Struktur, durch ein bis 30 m langes unterirdisches Wurzel- bzw. Sproß-System gegen Dürreperioden und die „Veld"-Brände geschützt. An nicht von Grasbränden betroffenen Standorten entwickelt sie sich zu einem holzigen Halbstrauch von 30 bis 50 cm Höhe, der bisweilen ganze Strecken dicht bedeckt. Im Gebiet der Grasbrände dagegen treibt die Pflanze aus dem starken unterirdischen Wurzel- bzw. Sproßsystem im Frühling, also dort um Anfang Oktober nur zahlreiche kurze Blattbüschel, zwischen denen bald auf gleicher Höhe mit dem Boden die Blütenstände mit ihren weißen Blüten erscheinen. Abbildung auch bei R. PETERS 1954 (745).

In den im Oktober bei Pretoria gesammelten Blättern von Dichapetalum cymosum, die Dr. SCHWEICKERDT, Universität Pretoria, freundlichst besorgte, erhielt G. BREDEMANN 1950 (119) mittels der mikrochemischen Kristallfällungs-Methode als Na_2SiF_6 (s. S. 189) in 0,5 g (lufttrocken) deutlich positive F-Reaktion. Da die Erfassungsgrenze bei 1 g Blattsubstanz um 0,05 mg liegt, würde der hier in 0,5 g Blattsubstanz noch deutliche Ausfall der Reaktion auf einen F-Gehalt von etwa 0,075 mg = 15 mg% schließen lassen, ein Wert, der mit dem obengenannten Befunde von J. MARAIS sehr gut übereinstimmen würde.

Der hohe F-Gehalt der Pflanze deutet auf einen hohen F-Gehalt des Bodens, der auf den in ariden Gebieten weit verbreiteten Glimmer zurückgeführt werden dürfte.

II. PHYSIOLOGISCHE WIRKUNG LÖSLICHER UND „UNLÖSLICHER" F-VERBINDUNGEN

Wenngleich wir über die Wirkung des F auf viele enzymatische Vorgänge im menschlichen und tierischen Körper bereits recht gut Bescheid wissen (s. u.) ist man sich über die Bedeutung des F im Organismus, also darüber, ob es als lebensnotwendiges Element anzusehen ist oder nicht, nach wie vor noch nicht im klaren. Nachdem die vorher besprochenen Zusammenhänge zwischen F und Zahncaries nachgewiesen waren, neigte man dazu, das F zu den Biospurenelementen im Sinne AMMONS zu rechnen (s. 958), aber eine Reihe neuerer Forschungsergebnisse läßt doch wieder Zweifel daran aufkommen, ob das richtig ist. Und es ist noch weiteren Forschungen vorbehalten, ob das F vielleicht ähnlich wichtige biologische Funktionen ausübt wie z. B. Cu, B, Mn, Co, Zn, deren normales Vorkommen früher auch als zufälliges, als eine Art Verunreinigung angesehen wurde (829). Einige Untersuchungen, besonders ältere, deuten darauf hin, daß F für die Fortpflanzung notwendig sei, möglicherweise auch für das Wachstum von Tieren und Pflanzen. Nach STUBER-LANG 1930 (s. 1031) hat F eine Beziehung zur Blutgerinnung und soll F-Mangel Hämophylie erzeugen. R. KLEMENT 1935 (475) hält es nach seinen S. 38 erwähnten Befunden für unwahrscheinlich, daß dem F biologische Bedeutung im Sinne lebensnotwendigen Vorhandenseins zukomme. Auch O. RYGH 1949 (845) fand bislang keinen Anhaltspunkt dafür, daß F (oder Si) an sich für die Calcinierung der Knochen im Organismus unentbehrlich sind, sondern daß die Ablagerung der Kalksalze im Knochen unter Mitwirkung von Sr- und V-Ionen stattfindet[1]. S. GERICKE 1951 (295) dagegen hält F für das Knochenwachstum unbedingt erforderlich, weil es im Verein mit P_2O_5 und Ca durch die Bildung von schwerlöslichem stabilen Apatit den Knochen die Festigkeit und Widerstandsfähigkeit gegen mechanische Abnutzung gäbe, was besonders für die Zähne gelte. Nach K. LANG 1949 (s. 958) haben Tierversuche an mehreren Generationen von Ratten gezeigt, daß Fehlen von F keinerlei Ausfallssymptome erzeugt, F also offenbar nicht lebenswichtig ist. — Hinsichtlich der Funktion

[1] Damit im Zusammenhang ist der Befund von C. GEYER 1953 (307) interessant, daß beim Syrischen Hamster durch V-Gabe bei cariogener Kost Entstehung von Caries verhindert werden konnte, dieses also hierfür das F zu ersetzen vermochte. Das V wird im Dentin eingelagert und färbt dieses, nicht aber den Schmelz, rotbraun (307a). Vgl. auch S. 116.

des F bei der pflanzlichen Ernährung ordnet R. THATCHER 1934 (966) bei seiner diesbezüglichen Klassifikation der chemischen Elemente das F zusammen mit Cl (Br, J) in seine 6. Gruppe ein: Säurebildner unveränderlicher Valenz mit unbekannter Funktion. H. SCHWEIGART 1951 (896) rechnet F zu den biologisch integrierenden Spurenelementen, das als Aktivator beim normalen Verlauf des Amylase-Enzymsystems bei Pflanze und Tier wirkt. Und in einer neusten Arbeit glauben J. MCCLENDON u. J. GERSHON-COHEN 1953 (638) nachgewiesen zu haben, daß Hefe und auch höhere Pflanzen sich in völlig F-freien Nährlösungen normal entwickeln, daß also F für sie nicht unbedingt erforderlich ist. Jedenfalls sind F-Mangelerscheinungen an Pflanzen bisher auch noch nicht festgestellt worden. — K. SCHARRER 1955 (862, S. 380) läßt die Frage an sich offen, sagt aber sehr treffend: „Manche Elemente, vor allem Co, aber auch J und F, werden nach bisherigen Kenntnissen nicht von der Pflanze, aber von Tier und Mensch benötigt; es ist daher wichtig, die Pflanze auch mit solchen Stoffen anzureichern, um eine vollwertige Ernährung von Tier und Mensch zu ermöglichen. Wie W. LAATSCH 1950 mit Recht betont, braucht daher eine gesunde Pflanze nicht durchaus schon eine vollwertige Ernährung für Mensch und Tier zu garantieren“.

1. F-Wirkung auf Enzyme und auf Mikroorganismen (Pilze, einschl. Hefen, Boden-, Mund- und andere Bakterien)

F wirkt in entsprechenden Konzentrationen auf die meisten Enzyme hemmend. Daher ist z. B. Hemmung der Urease-Wirkung Grund dafür, daß Anwendung der Urease-Methode zur enzymatischen Harnstoff-Bestimmung wegen des üblichen Zusatzes von NaF und Thymol als Blutkonservierungsmittel zu falschen Resultaten führt; die Hemmung der F-Ionen kann jedoch mit Mg-Ionen wieder aufgehoben werden, s. H. STETTER 1951 (944). — Nachdem die Beeinflussung der Enzymwirkung von Leberlipase schon 1907 von S. AMBERG u. A. LOEVENHART zum Nachweis geringer F-Mengen in Lebensmitteln untersucht war, wurde die starke Hemmwirkung der F-Ionen auf Esterasen (Phosphatase) von A. CONTARDI u. C. RAVAZZONI 1935 (162) zum Nachweis von F-Vergiftungen bei Pflanzen herangezogen und von B. HELFERICH u. H. STETTER 1947/48 (s. 944) dazu benutzt, um geringe F-Mengen außer qualitativ auch quantitativ zu erfassen, s. S. 229. — Über den Einfluß von F-Verbindungen auf enzymatische Vorgänge liegen zahlreiche neuere Untersuchungen vor, besonders auf die enzymatischen Vorgänge bei der Atmung und Gärung der *Hefe*. Von ihnen seien nur einige kurz erwähnt: So stellte F. LIPMANN 1934 (567) potentiometrische Untersuchungen an über die Bildung des Gärungsreduktans in Gegenwart von F-Verbindungen. E. LEHNARTZ 1934 (548) studierte die Einwirkung von F auf die intermediären Vorgänge bei der Glykolyse der Hefe. J. RUNNSTRÖM et al. 1938/43 (837/41), ferner H. BOREI 1939 und 1942 (98/99) und R. MARCUSE 1941/43 (616/7) und untersuchten den Einfluß von F-Verbindungen auf die Atmung und Gärung, O. WARBURG u. W. CHRISTIAN 1941/42 (1018/19) den auf das Gärungsferment Enolase, L. MASART u.

R. DUFAIT 1939 (620) den auf Hefephosphatase, W. KUTSCHER u. H. WÜST 1942 (515) den auf saure Phosphatase. Vgl. auch P. OHLMEYER u. W. FUCHS 1946 (727), ferner (Wirkung auf Enzyme) F. McCLURE 1933 (641) und K. ROHOLM 1938 (829). P. BERAUD 1943 (66) bestätigte die Beobachtung von EFFRONT 1891, daß Hefen nach einer Vorbehandlung mit HF (20 mg/l) bei Überimpfen verstärktes Wachstum zeigen, was jedoch nicht auf etwa mit eingebrachten kleinen F-Mengen beruht. Über den Einfluß von Fluoressigsäure auf den Stoffwechsel von Hefe und Bakterien arbeiteten G. KALNITZKY u. E. BARRON 1947. (452). M. MALM 1948 (608) untersuchte die Permeation von F in der Hefezelle sowie die Plasmaveränderungen, welche der eingedrungene HF bewirkt. In an Reservestoffen verarmte Hefezellen dringt HF rascher ein als in frische. Aber das raschere Eindringen kann nicht die größere Empfindlichkeit von Atmung und Gärung der verarmten Hefe gegen Fluorid erklären. J. MACKWORTH u. E. WEBB 1948 (600) und E. WEBB 1948 (1025) studierten die Reaktion von Alkylfluorphosphonaten mit Esterasen. Diese ungeheuer toxischen F-Verbindungen hemmen die Cholinesterase des Serums, des Gehirns, Leberesterase, Lipase der Frauenmilch, Nierenphosphatase, waren aber gegen andere geprüfte Enzyme, außer vielleicht gegen Pyrophosphatase der Hefe ohne Wirkung. Eine ausführliche monographische Studie mit zahlreichen Literaturangaben widmete H. BOREI 1945 (100) den Fragen der Störung oxydativer Prozesse in der Zelle durch Fluoride.

Nach Untersuchungen von O. EICHLER, H. HINDEMITH u. F. BARFUSS 1949 (218) werden Hefegärung und saure Phosphatase von vielen organischen F-Verbindungen nicht beeinflußt, wohl aber die organischen Knochenphosphatasen, denen eine besondere Funktion in der Verknöcherung zugeschrieben wird. Für diese fanden sich z. B. in Jodfluortyrosen Hemmungskörper. Die Ursache, daß letztgenannte Verbindungen in alkalischem, aber nicht im sauren Milieu wirksam sind, NaF dagegen im sauren und nicht im alkalischen, dürfte an den Bedingungen zur Komplexbildung mit Mn und Mg liegen, welche Metalle als Aktivatoren der Phosphatase anzusehen sind, — J. WHITE u. D. MUNNS 1951 (1040) stellten systematische Untersuchungen über die Hemmstoffwirkung der bekanntesten Elemente in Ionenform auf das Wachstum der Hefe auf synthetischen Nährböden an. Sie stufen das F in die Klasse der „mittelmäßig giftigen" ein, zusammen mit Co, Li, B, Ni, V, Cr, As, Te, Be, Sn, unter die „stark giftigen" dagegen Cd, Cu, Ag, Os, Hg u. Pd. — E. RIESENFELD 1946 (s. 722) weist übrigens darauf hin, daß niedere Pflanzen eine spezifische Empfindlichkeit gegenüber F-Verbindungen haben. Das wird z. B. in der Gärnugsindustrie ausgenutzt: Durch Zugabe von HF kann man die wilden Hefen ohne nennenswerte Schädigung der Kulturhefen zurückdrängen und so geringere Bildung von Fuselöl bei der Alkoholgärung erreichen.

Interessant in diesem Zusammenhang ist auch ein Befund von R. NILSSON, FR. ALM u. D. BURSTRÖM 1942 (718): Alkoholische Gärung sowie die Glykolyse im Muskel können durch Vergiftung mit NaF vollständig unterdrückt werden. Wegen der Schwerlöslichkeit von MgF_2 ist zu vermuten, daß die F-Vergiftung zu einer Ausschaltung der Mg-Funktion in Beziehung steht. Durch Zugabe von Mn-Ionen nun ist eine Reaktivierung der F-vergifteten Gärung möglich. Eine Erklärung dafür dürfte nach Ansicht genannter Forscher in dem Befund von O. WARBURG u. W. CHRISTIAN 1941 (1018) zu suchen sein, daß die Mn-Enolase erst durch erheblich größere F-Konzentrationen gehemmt wird als die Mg-Enolase.

In Wachstumsversuchen mit Aspergillus niger von K. PIRSCHLE 1935 (758) ergab sich eine klare Abstufung der Giftigkeit $F < Cl > Br > J$, also F am giftigsten, Cl bzw. Br am wenigstens, J wieder giftiger. Stimulation war in keinem der Versuche zu beobachten. Bei den F-Alkalien war deutlich Abstufung $K > Na > NH_4$, dieses am giftigsten, erkennbar. Sie ist in gleicher Weise auch bei anderen Anionen zu sehen und stimmt mit der früher gefundenen Reihenfolge der Alkalien überein. Wenn $NaHF_2$ und Na_2SiF_6 giftiger waren als NaF, so mag daran der um das 2- bzw. 6fach höhere F-Gehalt schuld sein, wohl aber auch der p_H sowie die komplexe Bindung. Übrigens zeigte sich bei Konservierungsversuchen von Häuten mit Na_2SiF_6 von C. KRITZINGER 1952 (500), daß die fungistatische Wirkung gegenüber Schimmelpilzen bei den in Frage kommenden Konzentrationen auf bestimmte Arten beschränkt ist. — Nach Versuchen von H. HAENEL u. W. MÜLLER-BEUTHOW 1954 (1114) wirkte auf die Keimung der Konidiensporen von Neurospora sitophila NaF etwa gleich hemmend wie Thalliumacetat, Titantrichlorid u. Ammoniumvanadinat, aber etwas weniger hemmend als Kaliumbichromat und Nickeloxydul in gleichen Konzentrationen, stärker als Aluminiumsulfat, Silberlaktat, Natriumarsenat, Borax, Zinksulfat u. a.

Bakterien: Durch Zugabe von NaF zum Boden wurden *Bodenbakterien* gefördert — L. GISIGER 1931 (312) —. Am intensivsten war die Bakterienentwicklung sogar bei der höchsten Gabe von 2 g NaF zu 1 kg Erde, allerdings abhängig vom Wassergehalt. Auch D. LEROUX 1940 (553) beobachtete bei Zusatz geringer F-Mengen (und anderer Spurenelemente) erhöhte Oxydation der organischen Substanz im Boden und erhöhte Nitrifikation, auch die N-Bindung der Knöllchenbakterien wurde dadurch erhöht. D. LEROUX 1941 (554) stellte bei in Töpfen gezogenen Erbsen in der Zeit vom 6. 4. bis 29. 6. bei Analyse von Pflanzen + Boden nur 26 mg neu gebundenen N fest, dagegen bei Zugabe von je 2 mg F = 243 mg und bei Zugabe von je 5 mg F = 334 mg. — Den Licht- und Dunkelstoffwechsel von Rhodospirillum rubrum unter dem Einfluß von Monofluoressigsäure untersuchten S. ELSDEN u. J. ORMEROD 1953 (226).

S. ISHII 1953 (1120) fand, daß die übliche auf Agar gezüchtete Darmflora gegen F wenig empfindlich ist. Wachstumshemmung trat erst bei Verdünnungen von 4,5 mg% ein, bei Milchsäurebakterien aus der Darmflora weißer Mäuse schon bei 0,9 mg%; Zusatz von Vitamin B_{12} steigerte die Resistenz der letztgenannten.

Die Wirkung von NaF auf *Mundbakterien*, Streptokokken vom α- und γ-Typ aus cariösem Dentin und Entzündungsherden wurde von L. REBREJEWA 1953

(790) untersucht. Auf Blutagar mit 10 bis 100 mg% NaF alle 3 bis 5 Tage übergeimpft, zeigte sich eine Zunahme der Empfindlichkeit gegenüber NaF, die zwischen der dritten und zehnten Generation am höchsten war. Bei den überlebenden Stämmen kam es nach etwa 12 bis 16 Überimpfungen dann zu einer erhöhten NaF-Resistenz. D. WRIGHT u. G. JENKINS 1954 (1078) prüften die Wirkung von F-Verbindungen auf die Säureproduktion von Speichel-Glucose-Gemischen; als geringste Konzentration, die Säureentwicklung in diesen noch zu hemmen vermochte, ergab sich 0,05 mg% F. R. und D. FITZGERALD u. F. BERNHEIM 1949 (265) untersuchten die Wirkung von fluoressigsaurem Natrium auf die Bildung der adoptiven Enzyme, die in Mycobacteria lacticola Oxydation von Oxybenzoesäure und von Benzoesäure bewirken. Schon sehr geringe Mengen hemmten stark.

2. F-Wirkung auf Keimung und Wachstum höherer Pflanzen

An Weizenkörnern, die gegen Calandra oryzae L. und Tribolium confusum Duv. mit Na_2SiF_6 bepudert waren, beobachtete R. ATTIA 1931 (32) eine bei höherer Konzentration und längerer Lagerung zunehmende Schädigung der Keimfähigkeit. Z. B. betrug die Keimfähigkeit bei einem praktisch allerdings wohl nicht in Frage kommenden Zusatz von 1 g Na_2SiF_6 auf 200 g Weizen nach 21 Tagen 66%, nach 6 Monaten 9,4%, bei einem Zusatz von 1:400 nach 21 Tagen 92%, nach 6 Monaten 14,3% und bei einem Zusatz von 1:1200, nach 6 Monaten noch 61,5% (gegenüber 86,7% bei Kontrolle). Bei L. GISIGER 1931 (142) wirkten wässerige Lösungen von 0,005% NaF, Na_3AlF_6 oder $(NH_4)_3FeF_6$ auf Mais, Roggen und Weizen nicht keimschädigend, 0,1% NaF schädigte, 0,2% tötete die Keimlinge. Bei Versuchen von K. SCHARRER u. W. SCHROPP 1932 (864) über den Einfluß von KF auf Keimung und Jugendwachstum von Hafer, Roggen, Weizen und Gerste war toxische Wirkung kleiner Gaben nicht zu bemerken. Auch bei höchsten Gaben bis 0,6 g KF auf 1 kg Boden war sie nur gering, auf saurem Boden etwas größer als auf alkalischem. In genannten Versuchen von GISIGER schädigten Mengen bis 0,5 g NaF auf 1 kg Boden ebenfalls nicht, durch 1 g trat deutlich Schädigung ein. Natürlich spielt bei derartigen Versuchen die schwer kontrollierbare Umwandlung der löslichen F-Salze in unlösliche bzw. schwerlösliche im Boden eine große Rolle. K. ROHOLM 1938 (829) weist auf die Arbeiten von O. LOEW u. W. PRICE hin, nach denen die Toleranz gegenüber NaF bedeutend erhöht wird, wenn der Boden reich an Ca ist, oder wenn Ca und P der Nährlösung zugesetzt werden. Das F wird dann wahrscheinlich als schwer lösliches Fluorapatit ausgefällt oder auch als CaF_2, in welcher Form es erfahrungsgemäß auch in hohen Konzentrationen keine bemerkenswerte Wirkung weder auf die Entwicklung der Pflanze noch auf ihren F-Gehalt ausübt, ebensowenig wie nach D. SCOTT u. E. KARR 1942 (897) natürliches Kryolith. — In diesem Zusammenhang ist es auch verständlich, daß 1—2%ige NaF-Lösung als Unkrautvertilgungsmittel oft nur unbefriedigende Wirkung zeigt (612), vgl. auch S. 95.

Daß neben der Löslichkeit der zugesetzten F-Verbindung vor allem der p_H-Wert des Bodens einen großen Einfluß auf die toxische Wirkung für die Pflanze ist, wird von allen neueren Forschern betont. Nach A. PRINCE et al. 1949 (722) ist sie auch stark vom Gehalt des Bodens an Kolloidsubstanz abhängig und wird von großem Gehalt verringert. Auch die Versuche von A. HURD-KARRER 1950 (417) zeigten das gleiche: Starke Schädigungen der Pflanzen durch NaF auf sauren Parzellen, Normalwuchs auf den gekalkten, verbunden mit hoher bzw. niedriger F-Aufnahme der Pflanzen, s. auch oben S. 71. —

In Gefäßversuchen setzten W. MACINTIRE et al. 1951 (596) den Gefäßen steigende Gaben von HF zu, arbeiteten nach 8 Tagen gut um und besäten mit Klee. Bei 200 cm³ auf 400 lbs Boden = rd. 1 cm³ auf 1 kg zeigte sich schon merkliche Schädigung des Wachstums, bei mehr vollkommene Abtötung. CaO setzte die Schädigung wesentlich herab. Der p_H-Wert wurde durch HF weniger beeinflußt als durch HCl. — Bewurzelte Zitronenstecklinge in Sandkultur zeigten schon bei Zugabe von 5 mg% NaF oder KF zur Nährlösung verringertes Wachstum und Spitzenverbrennungen der Blätter, 40 mg% verursachten starke Schäden, s. A. HAAS u. J. BRUSCA 1955 (1113).

Nach K. ROHOLM 1938 (829) werden mit dem Superphosphat alljährlich dem bebauten Boden etwa 130000 t F zugeführt. W. ROBINSON u. G. EDGINGTON 1946 (823) berechnen, daß in den USA und Territorien mit dem Superphosphat (rd. 1,5% F), Mischdünger (rd. 0,7% F), Rohphosphat (rd. 3,8% F) und Doppel-Superphosphat (rd. 1,56% F) den Kulturböden alljährlich 93800 t F zugeführt werden. Die mit dem Thomasphosphat (rd. 0,008% F) dem Kulturboden zugeführte F-Menge ist dagegen gering: Bei einem Weltverbrauch 1952/53 von 5,25 Millionen t = 420 t F, davon in der Deutschen Bundesrepublik mit einem Verbrauch 1952/53 von rd. 1,8 Millionen t = 145 t F. (Über die F-Zufuhr durch Regenwasser s. S. 32). Wieviel F im Boden zurückgehalten wird, hängt jedoch von der Beschaffenheit des Bodens ab, in schweren Böden mehr als in leichten, s. auch 588. Und S. GERICKE u. B. KURMIES 1955 (302) haben gezeigt, daß die F-Anreicherung des Bodens durch normale Gaben F-haltiger Düngemittel praktisch äußerst gering ist, s. auch S. 73. Auf einem kalkreichen Lehmboden z. B. war nach 40 Jahre lang jährlich erfolgter Düngung mit 2,8 dz/ha Superphosphat der F-Gehalt des Bodens von 24,5 nur auf 28,9 mg% F erhöht, auf einem sauren Sandboden in 50 Jahren bei jährlicher Düngung mit 2,8 bzw. 5,6 dz/ha Superphosphat von 7 mg% auf 8,6 bzw. 9,8 mg%! Also Mengen, die keinerlei nachteiligen Einfluß auf Keimung und Wachstum ausüben können. — Der natürliche F-Gehalt von Rohphosphaten und Superphosphat rief in Versuchen von G. BREDEMANN u. H. RADELOFF 1932 (121) selbst bei extremen Mengen bis 60 dz/ha Rohphosphaten mit 3—7% F bzw. 30 dz/ha Superphosphat keinerlei F-Schäden hervor, weder auf Keimung noch Entwicklung von Getreide, Raps usw. Ebenso übten in den Versuchen von W. MACINTIRE et al. 1942/49 (582/90) zum Teil sehr hohe F-Gaben keinen nachteiligen Einfluß auf die Keimung aus. Auch das Wachstum wurde nicht geschädigt (aber auch nicht gefördert) noch der F-Gehalt der Futterpflanzen merklich erhöht, wenn F in Form von CaF_2 verabreicht wurde, also in der Form, in welche in humiden Gebieten andere Fluoride im Boden rasch übergehen (s. 364, 584). Aus 10jährigen Erfahrungen (583) ergab sich sogar, daß Ca-Fluoride in Phosphatdüngern als gute Trägersubstanzen anzusehen sind und den kohlensauren Kalk ersetzen können, ein Ergebnis, welches zur Ausarbeitung und Patentierung eines Verfahrens zur Herstellung von CaF_2-haltigen Phosphorsäuredüngemitteln Veranlassung gab. H. Morse 1935 (686) beobachtete Keimschädigung bei Mais, allerdings nur, wenn Superphosphat unmittelbar mit der Saat in Berührung kam, nicht, wenn es ausreichende Zeit vorher mit dem Boden vermischt wurde. Verschiedene Superphosphate verhielten sich in ihrer Giftigkeit sehr verschieden. Nach neuerem Verfahren — Erhitzen in ventiliertem Raum auf 600° während verhältnismäßig kurzer Zeit — gelingt es jetzt übrigens, das F zu 80—99% aus dem Superphosphat zu entfernen. Solche Produkte mit weniger als 0,1% F sind sogar mit gutem Erfolg als Zusatz zu Viehfutter verwendet worden (271, 391, 1055/6). Vgl. auch S. 68.

In der gärtnerischen Praxis ist F-Schädigung in Gewächshäusern dadurch beobachtet worden — H. Ekstrand 1941 (224) —, daß sich das Holzimprägnierungsmittel Fluralsil (Zinkkieselfluorid $ZnSiF_6$), dessen gute Auslaugbarkeit schon W. Bavendamm 1936 (51) festgestellt hatte, aus dem Holz löste und von den Wurzeln aufgenommen wurde, wobei auch der Zinkgehalt mitwirkte. Die gelösten F- und Zn-Ionen konnten in den üblichen Sand-Torfmullmischungen nicht in unlöslichen Verbindungen gefällt werden, blieben löslich und daher in der vorliegenden Konzentration stark schädigend. H. Richter wies aber auf der Holzschutztagung in Hann. Münden 1952 sehr richtig darauf hin, daß im Gartenbau die Hauptschäden durch Holzschutzmittel nicht durch Wurzelkontakt mit den behandelten Holzteilen auftreten, sondern durch Gasbildung — vgl. auch S. 88.

Schwache *Begünstigung* der Keimgeschwindigkeit beobachtete Gisiger bei kurzer Einquellung von Mais in 0,33%iger NaF-Lösung. Auch nach A. Sčerbakow 1938 (860) begünstigte Zugabe von 0,06 bis 0,75 mg/kg Sand in Form geeigneter F-Salze die Entwicklung und Größe von Buchweizenpflanzen und bessere Aufnahme von N und P. Bei K. Pirschle 1932 (757) entfalteten kleine Mengen CaF_2 (Löslichkeit 1:58800!) stimulierende Wirkung auf das Längenwachstum junger Wurzeln von Gerste, Mais und Erbsen. Auch R. Bartholomew 1939 (50) beobachtete verbesserte Keimung durch CaF_2 und Na_2SiF_6. Lösliche F-Salze in kleiner Menge wirkten nicht ungünstig auf die Keimung. Das F wurde von den Pflanzen besonders in den Wurzeln gespeichert, nur bei F-Überschuß wanderte es auch in die übrigen Organe. Letztgenannte Ergebnisse sind von verschiedenen Forschern angezweifelt und zum Teil auch nicht bestätigt worden. Bei W. MacIntire et al. 1942 (590) war in allen Versuchen der F-Gehalt der Radieschenwurzeln nur 0,1 bis 0,2 mg%, im Kraut dagegen 0,2 bis 2,5 mg%. In einer weiteren Arbeit 1947 (587) dagegen fand bei Luzerne in den Wurzeln erheblich stärkere F-Speicherung statt, als im Kraut, etwa doppelte (1,5 bzw. 0,8 mg%) bis achtfache (7,0 bzw. 0,9 mg%). Inzwischen aber hat eine ganze Reihe anderer Forscher den Befund H. Bartholomews bestätigt, so daß die überragende F-Speicherung der Wurzeln gegenüber den oberirdischen Organen bei F-Düngung (bei F-Begasung umgekehrt!, s. S. 161) nicht mehr zu bezweifeln ist, s. Tab. 10, S. 55, sowie S. 72.

Aber auch die oberirdischen Organe besitzen verschiedene F-Speicherungstendenz. Besonders ist es das Getreidestroh, das sich durch große F-Speicherung auszeichnet und die Getreidekörner darin, wie Tab. 10 zeigt, oft wesentlich übertrifft. Das zeigen die bereits oben besprochenen Gefäßversuche von H. Nõmmik 1953 (722), in denen unschädlich wirkende NaF-Zugabe zu Sandboden in Weizenstroh eine immerhin etwa 15fache F-Anreicherung bewirkte, hohe toxische wirkende Gaben eine fast 200fache. Dabei wirkte NaF auf Sandboden bedeutend giftiger als auf Lehm: 10 g je Mitscherlich-Topf wirkten in Sandboden stark toxisch, eine Keimverzögerung um 90% und keinen Kornansatz, während gleiche Menge in Lehmboden gar nicht schädigte, sondern im Gegenteil sogar geringe Korn- und Strohzunahme bewirkte. Nõmmik vermutet, daß im Lehm das zugesetzte NaF zum großen Teil an der Oberfläche der Bodenkolloide adsorbiert wird. CaF_2 zeigte sogar in Gaben bis 200 g je Topf sowohl in Lehm wie in Sand keine Wirkung, höchstens in Sand geringen Mehrertrag an Stroh; dagegen bewirkte auch CaF_2-Zugabe im Korn und Stroh geringe Zunahme des F-Gehalts, besonders im Stroh auf Sand um das rd. 3fache.

Ein weiterer Versuch mit Sommerweizen auf saurem Boden, p_H 5,4, zeigte, daß die toxische Wirkung in saurem Boden viel größer ist als auf leichtalkalischem oder neutralem. Nõmmik weist darauf hin, daß H. Lundegårdh schon 1949 in Versuchen mit schwachen Säuren, die hemmende oder giftige Wirkung auf Atmung und Ionenadsorption haben (HCN, HF), gezeigt hatte, daß die Wirkung dieser Säuren auf junge Weizenpflanzen im umgekehrten Verhältnis zu ihrer Dissoziation steht, d. h. daß undissoziierte Moleküle leichter absorbiert werden als die betreffenden Anionen. Das würde genau das genannte Verhältnis zwischen der Giftwirkung der Fluoride und ihre Abhängigkeit von der Bodenazidität erklären.

Die bisweilen beobachteten Ertragserhöhungen bei F-Zugabe sieht Nõmmik nicht als direkte Düngerwirkung der F-Ionen an, sondern in Übereinstimmung mit S. Dickman u. R. Bray 1941 als wohl sekundären P_2O_5-Prozeß, indem die F-Ionen durch Komplexbildung mit Fe und Al verhindern, daß P_2O_5 durch Bildung schwerlöslicher Fe- oder Al-Phosphate festgelegt werden kann.

L. Wilson 1933 (1063) setzte Tabakpflanzen in Topfkulturen mit dem Gießwasser allmählich so viel Cl-, Br- und F-Verbindungen (KF, NaF, NH_4F) zu, bis sie beginnende Schädigungen zeigten. F schädigte am raschesten. In noch erträglichen Gaben bewirkten besonders Cl, aber auch Br und F starke Verdickung der Blätter durch Vergrößerung der Blattzellen, welche gleichzeitig gesteigerte Konzentration des Preßsaftes aufwiesen. Die Umwandlung von freiem Wasser in gebundenes nahm besonders durch NaF einen solchen Grad an, daß in den Tabakblättern ein Zustand körperlicher Trockenheit verursacht wurde.

Mit anderer Fragestellung untersuchten G. Bredemann u. H. Radeloff 1932 (121): In zahlreichen Wasser- und Bodenversuchen mit schwer- und leichtlöslichen F-Salzen, bei denen sich hinsichtlich der toxischen Wirkung ähnliche Ergebnisse zeigten wie in den vorgenannten, wurde die für die Rauchschadendiagnose überaus wichtige Frage geprüft, ob Pflanzen auf apatitreichen oder mit F-haltigen Phosphaten gedüngten Böden solch große F-Mengen aufnehmen, daß Pflanzen von solchen Böden die qualitativen Reaktionen nach Bredemann-Radeloff (Kristallfällung als Na_2SiF_6 — Näheres s. Abschn. IV, Diagnose der Fluorrauchschäden, s. 189) ebenso ergeben, wie durch F-haltige Rauchgase geschädigte Pflanzen. Es zeigte sich die wichtige Tatsache, daß bei erträglichen F-Mengen von den gesunden Pflanzen keine mittels genannter Reaktionen nachweisbaren F-Mengen aufgenommen wurden; erst wenn die F-Gaben so hoch waren, daß sie begannen toxisch zu wirken, war in den alsdann auch geschädigten oder absterbenden Pflanzen F-Aufnahme durch genannte mikrochemische Reaktionen nachweisbar. Daß aber unter bestimmten Umständen doch ganz erhebliche F-Mengen aus dem Boden ohne toxische Wirkung aufgenommen werden können, zeigen die vorhin besprochenen Versuche von W. MacIntire et al. 1942 und 1947 (587, 590), A. Hurd-Karrer 1950 (417), E. Brennan et al. 1950 (125), H. Nõmmik 1943 (722) sowie S. Gericke u. B. Kurmies 1955 (302); auch die von H. Churchill et al. 1948 (150), bei welch letztgenannten Befunden die F-Anreicherung (in gesund erscheinenden Blättern) allerdings auf F-Aufnahme aus der Atmosphäre beruht.

Aus allen diesen Versuchen ist in Zusammenhang mit älteren zu entnehmen, daß F im Boden und besonders in Nährlösung bei starker Verdünnung stimulierend auf Mikroorganismen und ebenso auf Keimung und Wachstum höherer Pflanzen wirken kann, es aber, wie auch negative Befunde zeigen, nicht immer tut. Diese Wirkung ist aber keine spezifische für das Fluor, weil auch andere Verbindungen gleiche Wirkung zeigen. Größere F-Gaben sind je nach Löslichkeit, Feinheit, Verbindungsform und Beschaffenheit des Bodens und seinem Gehalt an Ca, Mg und P_2O_5 unschädlich bis toxisch. Da F in höherer Verdünnung stimulierend, bei gewisser Konzentration aber giftig wirkt, meinte L. Gisiger 1931 (312), daß es nicht kurzweg als Pflanzengift, sondern vielmehr als typisches Reizmittel bezeichnet werden müsse. Aber man sollte doch wohl besser nicht allen Giften, die durchweg das gleiche Verhalten zeigen, das harmlose Prädikat „typisches Reizmittel" verleihen. — Die Pflanzen besitzen fraglos in ihren Wurzeln die Fähigkeit, auch die F-Aufnahme bis zu einem gewissen Grade zu regulieren. Das geht einerseits aus dem verschiedenen F-Gehalt verschiedener Pflanzen hervor, anderseits daraus, daß, wie wir gesehen haben, der F-Gehalt einer und derselben Pflanze auf verschiedenen Böden sehr verschieden sein kann (s. S. 69). Auf jeden Fall aber ist der natürliche F-Gehalt gesunder Pflanzen — abgesehen von bestimmten Ausnahmen (Tee, Dichapetalum S. 74 u. 100) — durchweg nur sehr gering, und erst unter anomalen Verhältnissen kann die Aufnahme aus dem Boden anomal groß werden. Sie bleibt aber unter natürlichen Verhältnissen trotzdem hinter der F-Aufnahme zurück, die Blätter bei Beschädigung durch *F-Rauchgase* aufweisen. Infolgedessen wird sie normalerweise auch *nicht* durch die zum Nachweis von F-Rauchgasschäden in den Blättern usw. von G. Bredemann u. H. Radeloff empfohlene mikrochemische Kristallbildungs-Reaktion als Na_2SiF_6 erfaßt, so daß also normalerweise weder lösliche noch unlösliche F-Salze im Boden diese mikrochemische Untersuchung auf F-Rauchschäden stören. Blindversuche mit unbeschädigten Blättern aus gleichen, aber rauchfreien Gebieten sind natürlich in allen Fällen vorzunehmen. Fallen sie — auch in unbeschädigten Blättern — positiv aus, so kann man sicher sein, daß „etwas Anomales" vorliegt und muß dieses zu erforschen versuchen. Vgl. auch Kapitel IV: Diagnose der Fluor-Rauchschäden, S. 186.

3. F-Wirkung auf pflanzliche Organe bei Verwendung F-haltiger Pflanzenschutzmittel — F als Unkrautvertilgungsmittel

a) F-haltige fungizide und fungistatische Mittel

Als *Fungizide*, pilztötende Spritz-, Stäube- oder systemische (innertherapeutische) Mittel haben F-Verbindungen sich im Pflanzenschutz bislang nicht bewährt. Die Schwierigkeit liegt darin, daß die in Frage kommenden F-Verbindungen zu stark phytotoxisch sind, also außer auf den Pilz auch auf die zu behandelnde Pflanze selbst stark giftig wirken können. Es ist offenbar schwerer, Stoffe zu finden, deren Giftigkeitsschwelle für so nahe verwandte Organismen wie Pilz und höhere Pflanze verschieden ist, als solche für die einander ferner stehenden Organismen wie Insekten und Pflanzen (126). Nur in Fällen, wo der „Wirt" des Pilzes von besonders kräftiger Konstitution ist, Mauerwerk bzw. Mörtelbewurf in feuchten Keller- und sonstigen Aufbewahrungsräumen, Holz für Bauzwecke u. dgl., lassen sich F-Verbindungen mit Erfolg und ohne Schädigung des „Wirtes"[1] anwenden. So hat sich das alte Montanin (Silfluoral), ein Kieselfluorwasserstoffpräparat, gut zur Schimmelverhütung in z. B. Brauereien bewährt. Für Aufbewahrungsräume von Obst, Gemüse und Kartoffeln empfiehlt M. Roisin 1951 (831) das aus einem Gemisch verschiedener F-Salze als Wirkstoff bestehende „Antimycos", J. Bárta 1952 (46) Zusatz von Fluoriden zum Mörtel oder Putz. Versuche von L. Teitell u. S. Beck 1952 (963) dagegen, Schimmelbildung auf optischen Instrumenten in den Tropen (Panamakanalzone) durch MgF_2 zu verhindern, waren ohne Erfolg, während sich Dämpfe von m-Kresylacetat bewährten. Neuerdings prüfte L. Tehon 1951 (962) die fungistatische, also die pilzliche Krankheitserreger im Wachstum hindernde (nicht tötende) Wirkung einiger fluorierter p-Benzo-

[1] Aber Vorsicht! In Räumen z. B., in denen bifluoridhaltige Holzschutzmittel, wie Osmol WB4 angewendet werden, darf wegen der HF-Abspaltung längere Zeit kein Obst gelagert werden. Nach K. Schuch 1952 (884) war Mg-Silicofluorid in gleicher Stärke angewandt unschädlich.

chinone in Sporenaufschwemmungen. Die keimungshemmende Aktivität von 2,5-Difluor-1,4-benzochinon gegen Sporen von Alternaria solani für LD_{50}[1] war 0,71, für $LD_{95} = 1,7$ mg%. Bei einer Reihe anderer Difluorverbindungen war sie gegen Sporen von Macrosporium sarciniforme für LD_{50} zwischen 0,3 und 3,6, für LD_{95} zwischen 0,6 und 7 mg%. Wahrscheinlich dürften entsprechende Tri- und Tetrafluoride noch wirksamer sein. Nach L. BERAHA u. D. POWELL 1953 (65) verhinderten Dämpfe von o-Fluordiphenyl bereits in einer Luftkonzentration von 25 mg% Sporenkeimung von Monilinia fructicola Wint. und beimpfte Äpfel, die 72 h lang einer Atmosphäre von 0,2 mg% ausgesetzt waren, faulten nicht. Aber die Verbindung beeinflußt das Aroma. — Verschiedene neuere organische Fluoride, das Silicofluorid des Methylamins $C_2H_{12}N_2SiF_6$, Anilins $C_{12}H_{16}N_2SiF_6$, Dibutylamins $C_{16}H_{40}N_2SiF_6$, alle wasserlöslich, des Äthylhexylamins $C_{32}H_{72}N_2SiF_6$, wachsähnlich, in organischen Lösungsmitteln löslich, sollen als Fungizide und Insektizide brauchbar sein (22). Nach E. P. 668 924 vom 11/1. 1950, ausg. 26/3. 1952 wirkt 3-Trifluormethyl-4-chlorphenol fungistatisch (und anthelmintisch, s. auch S. 105). Nach E. P. 687 962 vom 11/7. 1950, ausg. 25/2. 1953 sind Chlor- und/oder Bromfluornitroaromate Fungizide, besonders gegen Mehltau und nach E. P. 700 185 vom 27/12. 1950, ausg. 25/11. 1953 bestehen fungizide Mittel aus 1-Fluor-3-halogen-4,6-dinitrobenzolen; nach A. P. 2 628 972 vom 3/8. 1949, ausg. 17/2. 1953 pestizide Räuchermittel, besonders für Getreidekörner, Mehl, Textilien, Teppiche, aus 1.1-Difluoräthylfluorsulfonaten.

Unter den *Holzschutzmitteln* nehmen F-Verbindungen eine hervorragende Rolle ein. Das „Pflanzenschutzmittel-Verzeichnis 1954" der BBA führt eine ganze Reihe solcher geprüfter und anerkannter an. Von den wasserlöslichen enthält Gruppe II die FN-Salze (*F*luorsalze, *n*ormal), Hauptbestandteil Alkalifluoride; Gruppe III die U-Salze, Bezeichnung wegen ursprünglich angenommener *U*nauslaugbarkeit, Hauptbestandteile Alkalifluorid und Bichromat; Gruppe IV die UA-Salze (ursprünglich angenommene *U*nauslaugbarkeit bei gleichzeitiger Kennzeichnung des *A*rsengehalts), Hauptbestandteile Alkalifluorid, -arsenat und -bichromat; Gruppe V die SF-Salze, Hauptbestandteil *S*ilico-*F*luoride. Alle 4 Gruppen mit und ohne Zusatz von Dinitrophenolen, pilzwidrige Wirkung (Fäulnisschutz) und bei Tiefschutz auch vorbeugende gegen Insektenschäden. Ein Holzkonservierungsmittel, frei von Nitrophenol, das während des Imprägnierungsvorganges erhöhte Mengen von Na_3CrF_6 und $CrAsO_4$ gegenüber früheren Präparaten bilden soll, betrifft F. P. 1 042 371 vom 21/9. 1951, ausg. 30/10. 1953.

Für trockene Hölzer sind besonders ölige Mittel geeignet, die ebenfalls z. T. F enthalten. Bei allen diesen Schutzmitteln kommt es außer auf gute pilz-

---

[1] LD_{50} bedeutet nach TREVANS die Dosis, die sich im Versuch für 50% der Versuchsobjekte als tödlich erweist s. J. H. BURN, Biologische Auswertungsmethoden. Berlin, Julius Springer, 1937, S. 9). Der LD_{50}-Wert wird in vielen Fällen als besserer Vergleichswert angesehen, als z. B. der LD_{95}- oder gar der LD_{99}-Wert, für deren zuverlässige Ermittlung eine wesentlich größere Anzahl von Versuchen erforderlich ist.

bzw. auch insektenwidrige Wirkung auf gutes Eindringungsvermögen an, je nach Verwendungszweck auch auf schwere Auslaugbarkeit und darauf, daß sie Metalle möglichst wenig angreifen. As-haltige (Gruppe IV) dürfen natürlich nicht für Hölzer in geschlossenen Räumen verwendet werden. Die Wirksamkeit der verschiedenen F-Verbindungen auf die verschiedenen Holz bewohnenden bzw. zerstörenden Pilze kann mittels der sog. Holzklötzchen-Methode nach DIN 52 176, nach der Erdmethode oder im Röhrchenverfahren auf Agar-Nährboden geprüft werden, s. W. Bavendamm 1936 (51), 1951 (52), G. Becker u. Br. Schulze 1948 (59), G. Theden 1948 (967)[1]. Untersuchungen über die Eindringungstiefe wurden u. a. angestellt von G. Becker et al. 1948 (58), 1950/51 (56, 60) sowie von Br. Schulze et al. 1950 (892). Die sauren Fluoride besitzen größte, neutrale mittlere und Silicofluoride geringste Eindringstiefe. K. Schuch 1953 (886) ermittelt die Eindringtiefe durch quantitative F-Bestimmung (s. S. 202) und sagt, daß sie wesentlich rascher Aufschluß gebe als die biologischen Versuche, auch über die quantitative Verteilung im Holz und auftretende Verdampfungsverluste. Hinsichtlich der eisenangreifenden Wirkung ergab sich, daß gewisse Dreifachgemische aus Fluokieselsäure, Zinkfluosilicat und Ammoniumfluorid aussichtsreich erscheinen. Nach Br. Schulze 1951/53 (889/90) ist Eisenschädlichkeit in Schrauben- und Gaseinwirkungsversuchen bei KF·HF nicht vorhanden, $NH_4F \cdot HF$ dagegen korrodiert Eisen in Stand- und Schraubenversuchen. Bei dem aus einem Gemisch beider bestehenden „WB4“ wurde keine wesentliche Gaseinwirkung auf Fe festgestellt. Die Alkalihalogenfluoride (auch in Ölen) sind aber für Gewächshäuser nicht brauchbar, weil der von ihnen (auch in Ölen) abgegebene HF die Pflanzen schädigen und das Glas angreifen würde (s. auch S. 83 Fluoralsil). Diese Mittel finden aber wegen der Fähigkeit in den Hölzern HF abzuspalten in der Holzschutztechnik ausgedehnte Verwendung (891). Sie verlieren als Holzschutzmittel gegen Termiten wegen dieser F-Abgabe in den Tropen aber allmählich in der Wirkung (57). F. P. 1 025 380 vom 2/10. 1950, ausg. 14/4. 1953 versetzt als Korrosionen verhinderndes Mittel die aus, Na_3AsO_4, NaF, Na_2CrO_4 und Dinitrophenol bestehende Wolman-Salzlösung mit 0,5% eines Chinolinderivats, z. B. Oxychinolinsulfat.

Die Lagerbeständigkeit anorganischer Holzschutzmittel prüfte Br. Schulze 1955 (890a) und fand, daß Alkalihydrogenfluoride, besonders Ammoniumhydrogenfluorid, stärker hygroskopisch sind und leichter ihre flüchtigen Komponenten abgeben als Fluosilicate. Aber in Originalpackungen hatten 12 Proben WB 4 bei üblichen Lagerbedingungen nach 5 Jahren sich kaum verändert.

Diehl 1951 (205) hat die Lebensdauer von getränkten und ungetränkten Holzschwellen der Bayrischen Eisenbahnen untersucht. Von 474 500 Fichtenschwellen, die zwischen 1916 und 1921 ausgelegt waren, mußten nach 12 Jahren 21,6% der mit NaF behandelten ausgewechselt werden, bei Zinkchlorid 5,9% und bei Fluoxyl (NaF + 10% hochsiedende Kresole) 1,3%. Ähnliche Unter-

[1] S. auch G. Theden u. G. Becker 1954: Holzschutz — Grundlagen, Begriffe, Erläuterungen und Bemerkungen zum Normblatt DIN 52175 (967a).

suchungen machte J. Blew 1951 (80) in USA: Zaunpfähle aus Southern Yellow Pine (Pinus spp.), unten und an der oberen Spitze mit Osmoplastic (Mischung von NaF + Dinitrophenol + Kal. bichromat + raffiniertem Kohlenteer und Kohlenteer-Kreosot) hatten eine Lebensdauer von 12—15 Jahren. In voller Länge mit Osmosar (NaF, Dinitrophenol, Kal. bichromat, Na-arsenat und Gummi arabicum) behandelt, halten sie schätzungsweise 16 bis 22 Jahre.

Systemische Fungizide zeigen im Gegensatz zu den systemischen Insektiziden (s. diese S. 92) vorläufig keine einheitlich entwickelte Linie. Nach P. Brian 1952 (126) sind zwar verschiedene Einzeltatsachen gefunden worden, so Unterdrückung von Getreiderost nach Verabreichung von Chloramin-T und Pikrinsäure durch die Wurzeln, Unterdrückung des Botrytis fabae-Befalls an Ackerbohnen nach Aufnahme von 2,4,6-Trichlorphenoxyessigsäure durch die Wurzeln usw. Aber F-haltige systemische Fungizide, die nicht gleichzeitig die Wirtspflanze schädigen, sind anscheinend bislang nicht gefunden. Wohl aber gibt es eine ganze Reihe aussichtsreicher F-haltiger systemischer Insektizide, s. diese S. 92.

b. F-haltige Insektizide und rodentizide Mittel
— Spritz-, Stäube- und Ködermittel, systemische Insektizide —

In neuerer Zeit hat man häufig versucht, als Insektizide F-Verbindungen an Stelle des äußerst giftigen Arsens anzuwenden, welch letzteres lange Zeit das einzige Fraßgift gegen beißende Insekten war — s. O. Appel 1939 (25). Außer ihrer geringeren Giftigkeit für höherstehende Tiere, die bei Na_2SiF_6 für akute Vergiftung etwa 9mal geringer ist als die von Natriumarsenat, 4mal geringer als Kalziumarsenat — M. Sy 1938 (957); s. auch S. 99 — haben die F-Verbindungen den Vorzug vor den Arsenmitteln, daß sie auf die Schädlinge meist nicht fraßabschreckend wirken. Man verwendet Fluoride und auch Silicofluoride, anorganische sowohl wie mehr oder weniger kompliziert zusammengesetzte organische, und zwar als Spritz- oder Stäubemittel, neuerdings auch innertherapeutisch, oder als streufähige oder flüssige Köder. Als Spritz- oder Stäubemittel, wie sie besonders in USA in großem Umfange gegen die verschiedenen beißenden Insekten angewendet wurden — s. R. Carter 1937 (138) mit rd. 600 Schrifttumsangaben sowie S. Marcovitch u. W. Stanley 1942 (615) — kommen wegen der Verbrennungsgefahr der Blätter wie beim Arsen nur schwerlösliche F-Verbindungen in Betracht, von denen manche ebenso giftig oder giftiger als NaF wirken. Kryolith (Na_3AlF_6) erwies sich nach den langjährigen Erfahrungen von S. Marcovitch u. W. Stanley 1942 (615) in Form von Spritzbrühen und als Stäubemittel bei Obst, Gemüse usw. für die meisten Insekten als ebenso giftig wie Bleiarsenat. Es ist für Menschen und höhere Tiere ungiftig, bewirkt keine Bodenvergiftung und beschädigt das Blattwerk nicht, während Bariumsilikofluorid gelegentlich leichte Blattverbrennung verursacht. Auch das dänische Stäubemittel „Cryocid“, das 90% Kryolith enthält, hat sich nach P. Bovien 1939 (110) gegen verschiedene Schadinsekten gut bewährt. In Verbindung mit Kupferkalkbrühe allerdings sind

Blattbeschädigungen möglich. Man hat Kryolith-Bestäubung auch an Stelle von Derris gegen manche tierische Schädlinge mit Erfolg angewandt (N. TURNER 1944 [990]), E. ATKINS JR. 1953 (31) zur Bekämpfung der wichtigsten Orangenschädlinge.

Manche F-Verbindungen haben aber den Nachteil, daß sie wegen ihres hohen spezifischen Gewichtes ($BaSiF_6 = 4{,}29$, $Na_2SiF_6 = 2{,}75$) in Suspensionen und als Stäubemittel nicht schwebefähig genug sind — W. TRAPPMANN 1948 (986) —. Das bezieht sich besonders auf die handelsüblichen Fluosilikate. R. CARTER u. E. GOODEN 1943 (139) meinen aber, daß diese physikalischen Nachteile zu beseitigen wären. Das in USA als Giftköder für Heuschrecken an Stelle von Natriumarsenat früher viel verwendete Na_2SiF_6 ist erfolgreich durch das Gamma-Isomere des *B*enzol*h*exa*c*hlorids, BHC, $H_6C_6Cl_6$ = *H*exa*c*hlor*c*yclo*h*exan, HCH, = Hexa, 666, HCC, ersetzt, auch Aldrin und Dieldrin sind gut wirksam. J. FEYTAUD 1951 (257) verwendete gegen Mauertermiten als Beimengung zum Mörtel neben Calciumarsenat, Na- und Ca-Fluosilicat ebenfalls mit Erfolg $H_6C_6Cl_6$ (und DDT).

Insekten scheinen im Vergleich zu höherstehenden Tieren besonders empfindlich gegen F-Verbindungen zu sein, vielleicht weil ihr Ca- und P-Gehalt viel geringer ist als jener der Säugetiere (s. 829). — Die als Kontakt-Insektizide viel stärker als die Chlorkohlenwasserstoffe (DDT-Wirkstoff usw.) wirkenden fluorierten Halogenkohlenwasserstoffe (FC- bzw. DFDT-Wirkstoff sowie Fluorderivate von 666- und M410-Wirkstoff u. a.) sind, soweit bisher bekannt, für höhere Lebewesen und Pflanzen weitgehend unschädlich (813); Gix (= DFDT, *D*i*f*luor*d*iphenyl-*t*richloräthan) wird zur Bekämpfung von Fliegen Stechmücken, Kleiderläusen und Flöhen angewandt[1], s. H. KRIEG 1948 (499), R. BOTT 1948 (104), K. MAYER u. K. STRENZKE 1948 (624). Nach R. RIEMSCHNEIDER u. E. FRÖMMING 1951 (814) wirkte es auch besonders rasch gegen die als Zwischenwirt verschiedener Wasservögel bekannte Süßwasserschnecke Planorbis corneus L.

In Deutschland sind NaF bzw. Na_2SiF_6-haltige Insektizide besonders als Ködergift zur Bekämpfung der Rübenfliege (Pegomyia) empfohlen, auch als Giftzusatz zu Lockmitteln gegen Imagines von Kirschblütenmotte und Kirschfliege, gegen die Falter der Apfelgespinstmotte, gegen Erdraupen (Agrotis) und Maulwurfsgrillen (Werre), gegen letzte Na_2SiF_6-Kleieköder 1:25 (nicht NaF!)

[1] R. RIEMSCHNEIDER u. B. ROHRMANN 1950 (815) erhielten durch periodische Vergiftung mit p, p'-DFDT Drosophila-Stämme, die gegenüber p, p'-DFDT eine größere Widerstandsfähigkeit hatten als der normale Stamm. Prozentuale Sterblichkeit bei einer Einwirkungsdauer von 2½ Stunden: Normaler Stamm = 100, 11. Generation = 80, 16. = 70, 20. = 62, 32. = 50. Der für die 20. Generation erzielte Resistenzunterschied entspricht ungefähr den Ergebnissen, die A. LINDQUIST u. H. WILSON 1948 (s. 815) für die 14. Generation eines normalen und eines DDT-resistenten Stammes von Musca domestica beschrieben haben. Gegen DFDT-resistente Fliegen ist Dieldrin wirksam, längere Anwendung führt aber ebenfalls zur Resistenz. R. WIESMANN u. C. KOCHER 1951 (1048) fanden als gut wirksam gegen solche resistente Formen das Pyrolan = 1-Phenyl-3-methyl-pyrazolyl-(5)dimethylcarbamat. Auch Diazinon-Thiophosphorsäure-[2-isopropyl-4-methylpyrimidyl-(6)]-diäthylester zeigte guten Erfolg (s. 1048).

oder fertige Streupräparate, s. H. MAERCKS 1951 (602). Die bei der Rübenfliegenbekämpfung erhaltenen Blattschäden waren im allgemeinen ohne Bedeutung. Nach Bespritzung von Kirschen mit 0,4% NaF-Lösung ohne oder mit 4% Melasse oder 2% Zucker wurden Verbrennungserscheinungen an den Blättern und Kirschfrüchten beobachtet. — O. JANCKE 1935 (434) —. Bei den Blättern traten die Schäden zuerst in Erscheinung, an den Früchten erst etwa 14 Tage nach Bespritzung. Solche Kirschen färbten sich später wohl fast normal, ihr Fruchtfleisch bildete sich jedoch nicht richtig aus, sondern schrumpfte und legte sich als dünne ziemlich trockene Schicht dem Kern dicht an (12). Süßkirschen waren wesentlich empfindlicher als Sauerkirschen. Die Stärke des Schadens ist aber weitgehend von der Witterung abhängig: Wenn die Früchte wegen ungewöhnlicher Maikälte sich nicht rasch genug entwickeln und hohe Luftfeuchtigkeit und Taubildung wiederholte Lösung der angetrockneten Spritzflüssigkeit und damit Entstehung einer konzentrierten Lösung von NaF bewirken, ist die geschwächte Fruchthaut deren Angriff nicht gewachsen.

Das „Pflanzenschutzmittel-Verzeichnis 1954" der BBA führt nur 4 geprüfte und anerkannte F-Streuköder gegen obengenannte Schädlinge auf. F. SELLKE 1952 (904) weist aber darauf hin, daß die in Aaskäferjahren viel gestreuten Streuköder mit Na_2SiF_6 gegen die Rübenaaskäfer ihre Bedeutung praktisch eingebüßt haben. Ihre Hauptabnehmer waren die Zuckerfabriken zur Verteilung an die Vertragsrübenanbauer. Auf diesem Gebiet ihres größten Mengenverbrauchs sind sie weitgehend durch Kontaktinsektizide mit DDT und HCH verdrängt. Auch zur Bekämpfung der Tipula-Larven auf Grünland wendet man mehr und mehr Kontaktinsektizide an. Dagegen wird nach W. KAISER 1953 (451) zur Bekämpfung der Imagines der Zwiebelfliege die Giftködermethode von A. KÄSTNER (Auslegen von mit NaF + Zucker getränkten Zwiebelhälften) im Mitteldeutschen Anbaugebiet heute noch angewandt. In USA ist sie durch Samenbehandlung mit anfänglich Calomel, jetzt mit DDT-Präparaten abgelöst. Die von W. FUCHS 1952 (277) angeführten Spritz-, Gieß- und Stäubeversuche mit Fluokieselsäure und ihren Salzen gegen besondere Bodenschädlinge (Termiten, Möhrenfliege, Kohlfliege usw.) zeigen z. T. gute Wirkung (nicht gegen Drahtwürmer!). Es handelt sich aber ausschließlich um Versuche zwischen 1926 und 1945. Aus Westaustralien wird über erfolgreiche Bekämpfung der Imagines von Ceratitis capitata, der Fruchtfliege der dortigen Orangegärten mit Na_2SiF_6-Zuckerköder berichtet; neuerdings erfolgt sie aber mehr durch DDT-Präparate, auch HETP. — Aus Versuchsarbeiten der Isümschen aviochemischen Expedition 1950, UdSSR, teilt N. DARAGAN (s. L. BRAMMANIS 1955 — 1097 —) folgende Mortalitätszahlen bei Flugzeugbestäubung gegen die Kieferneule auf 23 831 ha und gegen Eichenschädlinge (Wickler, Frostspanner usw.) auf 782 ha mit: Natriumfluosilicat = 86,9%, Calciumarsenit = 15,0%, DDT = 97,7%, HCH = 99,3%. Schon 10% Beimischung von HCH zu Natriumfluosilicat erhöhte die Wirkung des Na_2SiF_6 bedeutend.

Über speziell Na_2SiF_6 zur Schädlingsbekämpfung s. CL. HAMPEL 1949 (354) und über weitere F-haltige Fraßgifte S. 105.

Nach A. P. 2 500 303 vom 10/1. 1946, ausg. 14/3. 1950 sind Nicotinfluosilicate (mit Füllmittel wie Kaolin und Talk) besonders gegen Läuse wirksam. Di-[β-fluoräthyl]-sulfit wird als wirksamer Nicotinersatz genannt. — Über die Chemie und Toxizität organischer F-Insektizide siehe W. SUMERFORD 1950 (954) mit 114 Schrifttumsangaben, auch G. GÉNIN 1951 (290).

Schon lange war man bemüht gewesen, *systemische Insektizide* (systemic insecticides, System-Insektizide, innertherapeutisch wirkende Insektizide, gefäßleitbare Bekämpfungsmittel, insecticides télétoxiques, insecticides cytotropes) zu finden, d. h. solche, die die Möglichkeit bieten, an der Wirtspflanze saugende Blatt- und Schildläuse und Spinnmilben (Rote Spinne), oder auch beißende, wie die Raupen des Kohlweißlings, mit Mitteln bekämpfen zu können, welche von der Pflanze mit ihren Wurzeln (Bodenbehandlung) oder durch den Stamm (Bohrlöcher, Manschettenbehandlung) oder durch Stengel- und Blattoberfläche (Spritzbehandlung) oder sogar bei Samenbehandlung aufgenommen und im Saftstrom in andere Teile ihres Körpers weitergeleitet werden, derart, daß die ganze Pflanze mit dem bei richtiger Dosierung für die Pflanze selbst verträglichen, für die Schädlinge aber abschreckenden oder tödlichen Wirkstoff durchtränkt, also gegen sie dauernd oder wenigstens zeitweilig immunisiert wird — O. JANCKE 1951 (435), E. RIEHM 1952 (812), W. RIPPER 1952 (817), A. CAPOZZI 1953 (137), P. GIANG 1954 (309) mit 1455 Schrifttumsangaben, M. SPINDLER 1955 (926a) mit 214 Schrifttumsangaben.

Eine natürliche systemische Erscheinung war schon 1936 von A. HURD-KARRER u. F. POOS (s. 435) entdeckt worden, als sie beobachteten, daß auf selenhaltigem Boden wachsender Weizen nicht von Blattläusen befallen wurde. Vom gleichen Jahre ab führten die genialen Forschungsarbeiten von G. SCHRADER (s. 880/1) zu einer Reihe aussichtsreicher synthetischer systemischer Insektizide auf Grund organischer Phosphorverbindungen. In den Acetalen des β-Fluoräthylalkohols wurden erstmalig kontaktinsektizide Stoffe mit ausgesprochen systemischer Wirkung gefunden, von denen sich aber das als solches von KÜKENTHAL festgestellte Fluorphosphorsäure-di-dimethylamid als für allgemein praktische Anwendung zu giftig zeigte (L. $D._{50}$ per os an der Ratte 0,05 mg/kg), für spezielle Zwecke jedoch sich bewährt hat, s. u. Von einer großen Zahl untersuchter Fluorphosphorsäureester zeigte das Di-isopropylfluorphosphat (DFP, Floropryl) sehr gute insektizide Eigenschaft und erwies sich gleichzeitig als stark pupillenverengend (wird im Ausland als Augenmittel verwendet, s. S. 102). Im Pflanzenschutz hat es wegen seiner starken Giftigkeit keine Verwendung gefunden. Das gleiche gilt für das monofluoressigsaure Natrium, das ebenfalls als natürliches systemisches Insektizid bezeichnet werden kann. Es wurde, wie S. 74 eingehender besprochen, in der für Säugetiere sehr giftig wirkenden südafrikanischen „Gifblaar“ Dichapetalum cymosum gefunden, und seine Auffindung ließ gleich vermuten, daß es möglicherweise allgemein wenig phytotoxisch sei und deshalb, synthetisch hergestellt, als systemisches Mittel in Betracht komme. Das konnte von W. DAVID et al. 1950/51 (189/90) durch Versuche mit Vicia faba und

Doralis fabae bestätigt werden. Es zeigte im Vergleich zu anderen Phosphorverbindungen eine besonders große Spanne zwischen insektizider und phytozider Dosis, also einen besonders günstigen chemotherapeutischen Index (191). Aber auch ihm stehen der praktischen Anwendung als systemisches Insektizid seine starke Giftigkeit für Warmblüter (s. S. 100) und die lange Dauerwirkung entgegen. Diese machen es aber zu einem erfolgreichen Rodentizid („1080"), das in neuerer Zeit freilich durch die neuen Rodentizide auf Oxycumarin-Basis verdrängt wird. Aber das monofluoressigsaure Na scheint in der Praxis doch bisweilen als Spritzmittel benutzt zu werden, wenigstens berichten T. Manefield u. W. McDouglas 1951 (609), daß in Queensland Bekämpfung der jungen Larven der Citrus-Gallwespe Eurytoma fellis Girauld vor Beginn der Gallenbildung durch Bespritzen mit „1080" 60% Abtötung erzielt habe.

Weitere Versuche G. Schraders (s. 880/1) ergaben dann, daß für die Hervorbringung einer systemischen Wirkung die Anwesenheit von F im Molekül nicht erforderlich ist. Sie führten zu den in der Praxis vielfach bewährten F-freien systemischen Insektiziden Bladane (TEPP, HETP), Pestox III[1] (Schradan, OMPA), Systox (8169), E 605 (Parathion, Thiophos, POX) usw. Die Hauptbedeutung dieser systemischen Insektizide liegt nicht, wie vielfach ursprünglich angenommen, in einer durch die Pflanzenwurzeln vermittelten Schädlingsabwehr. Die Wirkstoffverluste sind bei ihrer hierfür erforderlichen Anwendung als Bodenbehandlung oder als Gießmittel zu groß und ihre Anwendung wird damit unwirtschaftlich. Sie kommt daher praktisch im allgemeinen nur für Bodenbehandlung bei Zierpflanzen in Töpfen in Frage. Dagegen sind die neuartigen Wirkstoffe überlegene Spritzmittel zur Bekämpfung hartnäckig saugender Schädlinge (904).

Aber verschiedene der neuen F-haltigen organischen systemischen Verbindungen haben seit einiger Zeit wieder aussichtsreiche Verwendung gefunden, unter diesen besonders das genannte ebenfalls von G. Schrader entwickelte Bis-[dimethylamino]-fluorphosphinoxyd = Hanane, Dimefox, BFPO, Cr 409. Man hat in der Goldküste mit dem Mittel zur Bekämpfung der „Mealybugs", Kakaoschmierläuse, Pseudococcus njalensis und P. citri, Ferrisia virgata, der drei wichtigsten Überträgerinsekten (Vektoren) des Virus der gefürchteten die dortige Kakaoerzeugung in ihrer Existenz bedrohenden „Swollen Shoot"-Krankheit (Endknospen-Schwellung) gute Erfolge gehabt, s. A. Hanna et al. 1952/54 (356/7) sowie W. Ripper 1952 (817). Diese Schmierläuse leben meist in Symbiose mit Ameisen und diese erschweren die Bekämpfung der Schmierläuse dadurch, daß sie über deren Kolonien eine Art Schutzdecke machen. Da ihnen mit Spritzmitteln also nicht erfolgreich beizukommen ist, versprachen innertherapeutische Mittel am ehesten Erfolg. Allerdings ist

[1] Pestox 14 enthält neben weiteren Alkylaminen als Wirksubstanz Bis-(dimethylamino)-fluorphosphinoxyd, Pestox 15 = Bis-(monoisopropylamino)-fluorphosphinoxyd — s.S. 94 — und in Pestox 16 ist als Wirksubstanz Bis-(monomethylamino)-fluor-phosphinoxyd enthalten.

die Anwendung umständlich und auch kostspielig. Zugabe zum Erdboden direkt um den Stamm zeigte sich als beste Art der Behandlung: Gießen in flache Gräben um die Bäume herum oder ökonomischer in etwa 10 cm tiefe Löcher, die im Winkel von 45° um die Kakaobaumstämme gebohrt werden. Es wurde Verringerung auf 6,2% in 6 Wochen erzielt und auf 0,6% nach einer zweiten Behandlung. Die American Food and Drug Administration hat bestimmt, daß Kakaobohnen mit mehr als 0,01 mg% des Wirkstoffes nicht zulässig sind. Aber es scheint noch nicht festzustehen, ob die Bestimmungsmethode bereits zuverlässig genug ist, s. F. West 1951 (1038). — Auch gegen die Larven und jungen Tiere von Phaedon cochleariae Fab., dem Meerrettich-Blattkäfer, hat sich nach W. David u. B. Gardner 1954 (192) Dimefox als sehr toxisch erwiesen, sowohl bei Kontakteinwirkung wie bei peroraler Aufnahme, auch bei systemischer Anwendung (Fluoracetat war bei letztgenannter wirkungslos), wurde jedoch von Paraoxan = Diäthyl-p-nitrophenylphosphat wesentlich übertroffen. Die praktische Anwendung beider ist aber nach genannten Forschern wegen ihrer Toxizität für Säugetiere begrenzt.

Ein neues systemisches Mittel der Pest Control Lfd. London besteht aus einer Mischung von Bis-[dimethylamino]-fluorphosphinoxyd = Dimefox und Bis-[dimethylamino]-phosphoniumanhydrid, die, um direkte Berührung mit der giftigen Substanz zu vermeiden, in Kapseln geliefert wird. Diese werden mit einem kleinen Spieß in der Nähe der Wurzeln der zu behandelnden Pflanzen in die Erde gebracht. Im feuchten Boden zersetzt sich die Kapsel innerhalb von 24 h und das freiwerdende Präparat dringt in die Wurzeln ein. Für gärtnerische Zwecke, gegen Blattläuse an Blumen- und Zierpflanzen, wurde (s. 817) die „Capstik“-Methode entwickelt: Ein Stück eines festen Materials wird mit dem Insektizid getränkt und dann von einer Masse fest umschlossen, die in feuchter Erde zerfällt. Solche Capstiks enthalten 0,1 bis 1 g des Wirkstoffes. — S. Sundaram 1952 (955) erzielte in Indien mit Zusatz von Hanane zum Boden bei Kaffee merkliche Verringerung des Befalls mit Lecanium viride, und nach J. Bond 1953 (91) genügten in Kenya kleine Gaben, um die Kaffeebäume gegen Planococcus Kenyae Le Pelley zu schützen. Das Mittel wurde mittels eines um den Stamm gewickelten Stoffbandes (Manschettenmethode) aus absorbierenden Material auf die etwas angekratzte Rinde aufgebracht und wird so leicht durch den Stamm resorbiert und in die Blätter befördert. Bodenbehandlung ist ebenfalls wirksam, aber unökonomischer. Besonders wird hingewiesen, daß phytotoxische Wirkung nicht beobachtet wurde.

Über das den letztgenannten Mitteln sehr ähnlich zusammengesetzte Bis-[monoisopropylamino]-fluorphosphinoxyd = Isopestox, Pestox 15, Mipafox, E. P. 688 766 vom 23/12. 1949, ausg. 11/3. 1953, und D. B. P. 295 228 Kl. 451 vom 21/12. 1950, ausg. 2/11. 1953, beide der Pest Control Ltd., berichtet M. Spindler 1955 (926a) eingehend zusammenfassend. Es wird am besten zur Bodenbehandlung oder Angießen der Pflanzen benutzt, um durch die Wurzeln aufgenommen zu werden. Seine Dauerwirkung ist jedoch nicht groß. Trotzdem es für Warmblüter eine relativ geringe Toxizität besitzt (L D_{50} für Kaninchen und Meerschweinchen 80—100 mg/kg bzw. für Säuger bei oraler Verabreichung 25—50 mg/kg), sind doch einige Vergiftungsfälle beobachtet, die sich bei der Fabrikation ereigneten, schwere, mehrere Monate andauernde Lähmungen. Über das Mittel nach E. P. 679 631 vom 21/7. 1949, ausg. 24/9. 1952, bestehend aus einem Gemisch von Bis- [dimethylamino]-fluorphosphinoxyd und dazu passendem Kontaktinsektizid, z. B. Nicotin, dürften Versuchsergebnisse bald zu erwarten sein.

Die Giftigkeit von Fluorspritzmitteln auf Pflanzen ist wiederholt untersucht worden — s. O. Appel 1939 (25), Y. Nisikawa 1932 (719). — Nach S. Marcovitch u. W. Stanley 1936 (s. 613) waren gegen Fluorverbindungen in steigendem Maße empfindlich: Baumwolle, Bohnen, Kohl, Apfel, Kartoffel, Tabak, Gurken, Erdnuß, Pfirsich, Knöterich, letzterer so empfindlich, daß er als Testpflanze benutzt werden konnte. Fluosilikate wirken meist laubschädigender als die Fluoride, sehr abhängig von der Wasserlöslichkeit der betr. Verbindungen.

Für *Bienen* erwies sich nach G. Jones u. J. Connel 1954 (444) Dimefox (s. o.) bei Zufuhr in den Magen und bei direkter Kontakteinwirkung weniger toxisch als Parathion, Dieldrin, Aldrin, Chlordane u. Systox. Bei Einwirkung durch besprühte Oberflächen und der verdampften Substanz war es ohne Wirkung auf sie. Über weitere Möglichkeit der Schädigung der Bienen durch F-haltige Spritzmittel s. S. 182.

c) *F-haltige Mittel zur Unkrautvertilgung*
Entblätterungsmittel

Die Empfindlichkeit der Blätter gegen lösliche F-Verbindungen hat man auch zur *Unkrautvertilgung* benutzt (612), wobei erklärlicherweise (s. S. 81) die Wirkung auf Wurzelunkräuter nicht befriedigend war. Ein neues herbizides Mittel A. P. 2 624 662 vom 24/10. 1951, ausg. 6/1. 1953, besteht aus einer Öl-in-Wasser-Emulsion eines F-substituierten Diphenylsulfonats, z. B. 4,4'-Difluorphenylsulfonats; ein weiteres A. P. 2 626 211 vom 4/1. 1950, ausg. 20/1. 1950 aus einer Lösung von 0,1 bis 10 Gew.% NH_3BF_3 in Wasser mit Netzmitteln; A. P. 2 655 447 vom 14/2. 1952, ausg. 13/10. 1952 enthält 3-[m-Fluorphenyl]-l-methylharnstoff. „Penn-Salt NP-128", als Herbizid genannt, ist Ortho-chlorphenol-sulfonyl-fluorid.

Hier verdienen auch Erwähnung die in den USA bereits in sehr großem Umfang benutzten „Defoliants" und „Desiccants"[1], Präparate zur Erzielung künstlichen Blattabfalls bei z. B. Baumwoll-, Ramie-, Soja- usw. -Pflanzen, um die Ernte deren Kapseln bzw. Stengel und Samen zu erleichtern oder zu beschleunigen. A. Prugalow 1952 (768) fand die übliche Anwendung von trockenem Calciumcyanamid zur Entblätterung von Baumwollpflanzen nicht

---

[1] In den USA wurden bereits 1951 rd. 1,5 Millionen ha Baumwollfelder für mechanische Ernte mittels „Cotton picklers" mit Defolianten behandelt, s. L. Stahler: Contact herbicides as preharvest defoliants or desiccants. J. Agric. and Food Chemistry, Washington, 1, 1953, Nr. 2, 183—187.

zufriedenstellend, besonders nicht in Trockengebieten. Durch Zumischung von 40% Na_2SiF_6 wurde bei Anwendung von 40 kg/ha der Mischung eine 85,7%ige Vernichtung der Blätter erzielt.

d) Flußsäurehaltige Fensterputz- und sonstige Reinigungsmittel

Als Sonderfall sei hier die Verwendung aus Flußsäure bestehender oder diese in erheblicher Menge enthaltender Fensterputzmittel erwähnt. In einem Gartenbaugebiet, das durch Flugasche eines Industriewerks schwer behelligt wurde, beobachtete G. BREDEMANN (119) eine ungewöhnlich rasche und starke Verschmutzung der Frühbeet- und Glashausfenster. Sie bedeckten sich bald mit einer dichten, fest aufliegenden schwarzen Flugstaubschicht und ließen nach Entfernung dieser mittels verdünnter Salzsäure starke Anätzungen erkennen, so daß die Vermutung auftauchte, daß in dem Flugstaub lösliche F-Verbindungen vorhanden seien. Seine Untersuchung ergab, daß er an löslichen Bestandteilen vorwiegend CaS und $Ca(OH)_2$ enthielt, aber keinerlei F. Diese Zusammensetzung macht zwar die beschriebene Wirkung auf die Glasfenster einigermaßen erklärlich: Anätzung und festes Anhaften der sich bildenden Mörtel-Gips-Rußkruste auf der angerauhten Glasoberfläche. Aber zufällig wurde weiter beobachtet, daß sich die Gartenbaubetriebe des betr. Gebietes durchweg eines Glasreinigungsmittels „Landlob Glasputz" einer Leipziger Firma bedienten, das vorwiegend aus Flußsäure bestand. Es zeigte gute Reinigungswirkung, aber die Verbraucher waren sich nicht klar darüber, daß sie mit dem Mittel eine, wenn auch noch so geringe Anätzung der schon durch den Flugstaub angerauhten Glasoberfläche und damit eine weitere Rauhung erzielten, die wiederum bei neuem Flugstaubbefall das Anhaften des Staubes erleichtern half. Verwendung verdünnter Salzsäure wäre natürlich zweckmäßiger, ganz abgesehen von der an sich schon viel größeren Gefährlichkeit der Flußsäure für Mensch und auch Pflanze. — A. KOBS 1952 (492) erwähnt ebenfalls, daß Fensterputzmittel, nicht als gesundheitsgefährlich deklariert, nachteilig wirken können insofern, als sie bei beruflichen Fensterputzern und bei Hausfrauen, wenn diese die handelsübliche bis 8% Kieselfluorwasserstoff enthaltenden Mittel gewohnheitsmäßig benutzen, unangenehme Hautverbrennungen (s. S. 108) hervorzurufen vermögen. Nach D. DICKSON et al. 1951 (204) können auch bei der Herstellung von Neon-Leuchtzeichen, bei der HF als Reinigungsmittel benutzt wird, leicht Gesundheitsschäden eintreten.

4. F-Wirkung auf Menschen und höhere Tiere

a) Wirkungsweise im Körper

Über die physiologischen Wirkungen von F-Verbindungen in umfangreichen Fütterungsversuchen, Wirkung auf den Futterverbrauch, auf Wachstum, Zähne und Knochen, auf enzymatische Veränderungen, hauptsächlich im Fett-, Phosphat- und Kohlenhydratstoffwechsel, hat F. MCCLURE 1933 (642) unter Anführung von 217 Titeln zusammenfassend berichtet, später L. WILLIS 1935

(1059) und weiter J. SCHULZ 1938 (887). Letzterer führt 97 Schrifttumsangaben an, darunter eine deutsche! Sehr eingehende zusammenfassende Darstellungen unter besonderer Berücksichtigung der F-Vergiftungen und des Mechanismus der F-Wirkung mit sorgfältiger Berücksichtigung umfangreichen Schrifttums bis Ende 1938 verdanken wir ferner K. ROHOLM 1938/39 (829/30) und aus neuerer Zeit R. TRUHAUT 1948 (988) mit 290 Titeln. Auch D. GREENWOOD 1940 (330) gibt eine Übersicht über die Fluorvergiftungen mit zahlreichen Literaturangaben, desgleichen A. PEIRCE 1939 (740), H. MITCHELL 1942/43 (676/7) und R. PETERS 1954 (745) über die interessante Biochemie der Fluoressigsäurevergiftung, F. SMITH 1951 (915) über die Literatur der Pharmakologie und Toxikologie des Fluors und seiner Verbindungen. Die in genannten Zusammenstellungen berücksichtigten neueren Arbeiten sind in unserem Schrifttumsverzeichnis nicht wiederholt und die betreffenden Arbeiten im Text nur in Sonderfällen mit besprochen worden.

Die eigentlichen industriellen F-Schäden, wie sie durch direkte F-Gaswirkung und F-haltigen Flugstaub in F-exhalierenden Fabriken oder ihrer Umgebung hervorgerufen werden können, oder indirekt durch Aufnahme von durch solche F-Exhalationen vergiftete Nahrung werden wir in Kap. III: Fluor-Rauchschäden unter „F-Schäden bei Menschen und Nutztieren einschl. Bienen“ ausführlich behandeln.

Die Fluoride gehören nach O. LOEW 1903 und 1905 zur Gruppe der Ca-fällenden Stoffe, die u. a. Oxalsäure, Zitronensäure und Ölsäure sowie deren Salze umfaßt. Aber auch die große Affinität zu manchen wichtigen Enzymen spielt für die starke toxische Wirkung eine wesentliche Rolle — H. BOREI 1945 (100). Nach PRISSOK 1945 (767) zeichnet sich die Wirkungsweise des F im Körper durch vier ins Auge fallende Eigenschaften aus:

1. Die sog. „calcicoprive“ Wirkung, d. h. Erscheinungsbilder ähnlich den Vergiftungssymptomen der Ca-fällenden Gruppe (Oxal-, Zitronen-, Ölsäure) = mehr oder weniger manifestierte Tetanie mit Ca-Mangel bzw. Entkalkung der Knochen,
2. eine Hemmung im intermediären Kohlenhydratstoffwechsel. Die Abspaltung der Hexosemono- und -diphosphorsäure wird verhindert und damit die Bildung der Milchsäure,
3. Verhinderung der Tätigkeit der Cholinesterase, die Acetylcholin in Essigsäure und Cholin spaltet; durch die Hemmung kommt es zu einer Überschwemmung des Gewebes mit Acetylcholin, die sich in einem starken Parasympathicus-Reiz äußert,
4. Wirkung auf die Schilddrüse (s. auch S. 130).

Die Empfindlichkeit des Menschen gegenüber F ist wegen seiner größeren Empfindlichkeit gegenüber Ca-Mangel (826) wesentlich größer als die der Tiere und besonders auch der zu den Versuchen verwendeten Kleintiere. Bei der genannten Osteosklerose der Kryolitharbeiter lag die tägliche Dosis wahrscheinlich um 0,20 bis 0,35 mg F, somit eine weitaus kleinere Menge F als jene Dosen, bei denen Osteosklerose an der Ratte beobachtet wurde (um 5—20 mgF je kg täglich). Nach M. LAWRENZ et al. (540/41) kann für die menschliche Ernährung ein F-Gehalt von 2,4—4,8 mg F/kg in der Nahrung noch als unschädlich angesehen werden, das wären 3- bis 5fach so große Mengen, wie sie im Trinkwasser als Grenzkonzentration für die Trinkwasserfluorose gelten (s. S. 16). Damit stimmt die auch von anderen Forschern (320, 597) gemachte Feststellung überein, daß aus fester Nahrung weniger F aufgenommen wird als aus Trinkwässern.

In Rattenversuchen von A. BOND u. M. MURRAY 1952 (90) erzeugte Verfütterung von 5 bis 15 mg NaF pro Tag Polyurie und Polydipsie; bei länger dauernder Behandlung trat Nierenschädigung ein, die schließlich zu interstitieller Fibrose führte. Die geschädigten Tubularzellen zeichneten sich durch Abwesenheit von Phosphatase aus. — Versuche von B. WINIKOWA 1950 (1065) an Katzen und Kaninchen zeigten, daß NaF 1:5000, welches den normalen Ablauf des Kohlenhydratstoffwechsels stört, die Reaktion der Nebennieren auf Acetylcholin in einigen Fällen verstärkt, in anderen schwächt. Ihre Reaktion auf Nicotin wurde bei Durchströmung mit NaF abgeschwächt bzw. völlig gehemmt.

b) Toxische Dosen anorganischer F-Verbindungen und Gegenmittel

Ein großer Ca-Bedarf des Organismus (Wachstum, Gravidität, Lactation) erhöht die Empfindlichkeit gegen F, reichlicher Gehalt der Kost an Ca, P und Vitamin D erhöht die Widerstandsfähigkeit, verhindert aber nicht die Entstehung der Vergiftung (s. auch 537)[1]. L. SPIRA 1951 (931) spricht von schlagartiger Besserung tetanoider Erscheinungen bei chronischer F-Vergiftung nach Verabreichung massiver Ca-Gaben und gleichzeitiger Unterbindung weiterer F-Aufnahme.

In USA hat das Departement of Agriculture durch Verordnung vom 20. 6. 1933 als zulässige Grenze für Obst (herrührend von F-haltigen Schädlingsbekämpfungsmitteln, die sehr lange an dem bespritzten Obst und Gemüse haften bleiben können, s. S. 65), 1,43 mg F/kg festgesetzt (ebensoviel wie bei Arsentrioxyd), desgleichen für Wein (s. S. 64). Zur Entfernung F-haltiger Rückstände aus Spritzungen mit natürlichem Kryolith von Früchten benutzt E. KARR 1942 (457) doppeltes Waschen in automatischen Fruchtwaschmaschinen zuerst mit 9,6%iger Natriumsilicat-Lösung, dann mit 1,5% HCl enthaltenden Waschwasser jeweils 40 Sekunden bei 110° F (= 43,3° C). Infolge Festsetzung dieser Höchstgrenzwerte, die es erforderlich machte, das mit F behandelte Obst durch umständliche Waschungen von den F-Rückständen zu reinigen, ist man nach W. TRAPPMANN 1948 (986) übrigens in den USA inzwischen von der F-Anwendung gegen die Obstmade abgekommen. C. GRIEBEL et al. 1938 (331) berechnen aus praktischen Vergiftungsfällen, daß rd. 70 mg F als eine für den erwachsenen Menschen unmittelbar gesundheitsschädliche Dosis an-

---

[1] Zur Behebung von Fluorose in F-gefährdeten Gebieten gibt R. WOHINZ 1955 (1137) an Schwangere und Kinder täglich eine Tablette Magnesiumlactat (= 1 mg Mg), desgleichen M. WINIKER 1955 (160a, S. 72—77).

zusehen ist, wenn sie in Form eines konservierten Lebensmittels bei einer einzigen Mahlzeit genossen wird und Erbrechen, Durchfall und Leibschmerzen hervorruft, daß aber bereits 50 mg genügen, um bei vielen Personen Übelkeit oder Erbrechen hervorzurufen. Nach L. LEWIN 1929 (558) entstanden beim Einnehmen von 0,25 g NaF (NaF = 45,2% F) in Lösung beim Menschen Magenschmerzen, Erbrechen usw. „Größere Mengen erzeugen nicht viel anderes. Nach 1 g kamen auch Kopfschmerzen und nach etwa 5 g neben anderen Symptomen Herzschwäche. Der Tod soll nach 10 g, aber noch nach 50 g Wiederherstellung erfolgt sein. Von vier durch 5—10 g NaF vergifteten Frauen starben drei nach 45 Minuten bis 4 Stunden unter Leibschmerzen, Erbrechen, Durchfällen und Muskellähmung". P. PEYRE 1943 (747a) gibt als „dose toxique" an für: NaF = 30 g beim Menschen und 120 mg/kg für Tiere; Na_2SiF_6 = 7,3 g beim Menschen und 50 mg/kg für Tiere (Calciumarsenat 0,84 g beim Menschen und 14 mg für Tiere), EM. TILEMANS u. S. DORMAL 1952 (982) als mittlere letale Dosis LD_{50} per os in mg/kg Lebendgewicht: NaF = 250 für Katze, Na_2SiF_6 = 250 für Katze, 140 bis 150 für Schaf, 500 für Kaninchen. CL. HAMPEL 1949 (354) als kleinste letale Dosis für Kaninchen und Ratten = 125 mg Na_2SiF_6/kg Körpergewicht. R. ATTIA 1931 (32) hatte für Kaninchen 200 mg und für Ziegen 142 mg Na_2SiF_6/kg Körpergewicht als dosis letalis genannt — zum Vergleich: Natriumarsenat (bzw. Kupfercarbonat) für Kaninchen 57 (159), für Ziegen 110 (420) mg/kg. G. LILJESTRAND 1943 (566) berichtet über tödliche Vergiftung eines Kindes durch Genuß eines zur Rattenvertilgung bestimmten Bonbons, der 0,5—0,7 g Na_2SiF_6 enthielt. — K. KRÜCKEMEYER 1953 (504) konnte in einem Fall von suicider Vergiftung mit 100 g Tanatol (90% Na_2SiF_6) nach dem Tode durch zentrale Lähmung keine typischen morphologischen Erscheinungen beobachten. Als *Gegenmittel* nennt EM. TILEMANS 1952 (981) Brechmittel, Milch, schleimige Getränke, Magnesiumsulfat (20 bis 50 g in ½ Glas Wasser).

Für Kryolith (54% F), natürlichen und synthetischen, erwiesen sich Ratten als recht resistent; nach E. LARGENT 1948 (529) überlebten sie große Gaben bis 80 g/kg Körpergewicht, Kaninchen wurden durch orale Gaben von 9 bis 10 g/kg tödlich vergiftet, wohl weil das Kryolith weniger rasch aus dem Verdauungsgang wieder entfernt wird. J. FRANCAIS 1935 (s. 529) hatte mit synthetischem Kryolith die letale Dosis für Kaninchen bei nur 1,5 bis 2 g/kg Körpergewicht gefunden, bei Schafen bei etwa 1 g; eine Gabe von 3 g/kg wurde von Katzen vertragen, desgleichen von Rebhühnern; Hunde und Küken vertrugen 5 g/kg (s. auch S. 175).

Wie bereits S. 68 erwähnt, spielt bei Kalk- und Phosphat-Mineralstoff-Beifütterung an das Vieh der F-Gehalt dieser (s. Tabelle 15) eine wesentliche Rolle. Man muß daher darauf achten, daß die F-Zufuhr nicht zu hoch wird. Nach S. GERICKE 1951 (295) werden von Rindern 2 bis 3 mg F je kg Lebendgewicht in Form von Rohphosphat einige Zeit vertragen, führten aber später zu Erkrankungen. Andere Angaben nennen 1 bis 2 mg F je kg Lebendgewicht als äußerste Grenze der Verträglichkeit. Bei Schweinen wirkten 3,5 mg F/kg schädlich, bei Kaninchen 2,3 mg tödlich. Hühner können wesentlich größere Mengen vertragen, während bei der Ratte die Schädlichkeitsgrenze bei etwa 0,2 mg F/kg genannt wird. Diese Grenzwerte zeigen, daß die Empfindlichkeit der Tiere sehr verschieden sein kann. Außerdem muß dabei berücksichtigt werden, ob man schwerlösliche F-Verbindungen verfüttert oder leichtresorbierbare, z. B. ist beobachtet, daß das weicherdige Algier-Phosphat stärker schädigte als das harte Marokko-Phosphat. Das gelöste F im Wasser wirkt schneller schädlich als die schwerlösliche Form in den Kalk- und Phosphat-Futtermitteln. Weiter muß auch beachtet werden, ob nur eine kurzfristige Zufuhr stattfindet oder ob man längere Zeit hindurch verfüttert. Gericke meint, daß täglich fortgesetzte zusätzliche Gaben von 0,1 mg F/kg Lebendgewicht in den Mineralstoff-Futtermitteln bei Kühen und Schweinen auf gar keinen Fall schädlich wirken können, es seien daher bei normaler Anwendung der Mineralstoff-Futtermittel Schäden bei ihnen auch nicht zu befürchten.

H. J. Schmidt u. W. E. Brand 1952 (s. 760a) bezeichnen bei dauernder Verfütterung eines F-reichen Futters 1 mg F/kg Lebendgewicht als gefährlich. Das bedeutet, daß z. B. tägliche Verfütterung von 15 kg Heu mit einem F-Gehalt von etwa 3—4 mg% für eine Kuh von 500 kg bedenklich ist bzw. bei einer geringeren Tagesration von nur 10 kg ein F-Gehalt des Heus von 5—6 mg% — vgl. auch S. 175.

c) Toxische Dosen organischer F-Verbindungen und Gegenmittel

Von den organischen F-Verbindungen sind manche ungeheuer giftig, andere wiederum ganz oder fast ungiftig, wie z. B. das Dichlordifluormethan-Freon. Nach M. Gryszkiewicz-Trochimowski u. J. Wnuk 1947 (336) starb ein Pferd, dem wenige Tropfen Monofluoressigsäure in einem Eimer Wasser gegeben wurde, und Hunde, welche danach mit dem Fleisch des gefallenen Pferdes gefüttert wurden, gingen nach dem Genuß einer kleinen Menge zugrunde.

Die *Monofluoressigsäure* $F \cdot CH_2 \cdot COOH$, die (s. S. 74) als erste organische stark toxisch wirkende F-Verbindung in einer Pflanze, Dichapetalum cymosum, nachgewiesen wurde und die, synthetisch hergestellt, in Form des Na-Salzes unter der Bezeichnung „1080“ als sehr wirksames, aber auch sehr gefährliches Mittel gegen verschiedene Nagetiere im Handel ist, hat in den letzten Jahren das besondere Interesse vieler Forscher gefunden und es sind über die Biochemie der Giftwirkung dieser Verbindung sehr zahlreiche Arbeiten erschienen, von denen hier nur einige zusammengefaßt werden können. Für das Na-Salz der Monofluoressigsäure („1080“) wird von L. Karel 1948 (456) nach verschiedenen Forschern die letale Dosis für verschiedene Mäuse bei Darreichung im Futter zwischen 0,5 und 5 mg/kg angegeben, für verschiedene Ratten zwischen 0,1 und 5 mg/kg, von J. Hutchens et al. 1949 (418) LD_{50} für Mäuse 19,3 mg/kg, für Meerschweinchen i. p. 0,378 mg/kg, für Kaninchen s. c. 0,281 mg/kg; von Em. Tilemans u. S. Dormal 1952 (982) LD_{50} für Mensch 2, Ratte 2—4, Kaninchen 150—200. Nach Ch. Rankin 1948 (783) beträgt die letale Dosis für Hunde nur 0,1 mg/kg gegenüber 2 mg/kg bei NaF. J. Marais

1943 (610) hatte für Kaliumfluoracetat 0,5 bis 0,75 mg/kg als letale Dosis für Kaninchen gefunden, s. auch S. 74. Nach R. PETERS 1954 (745) ändert sich die tödliche Dosis der Monofluoressigsäure sehr von Tier zu Tier, Hund wird durch 0,06 mg/kg getötet, Kröte überlebt 500 mg/kg. Für andere Tiere liegen die Dosen zwischen diesen Extremen: Kaninchen 0,2 mg/kg, Ratte 5 mg/kg; Affen vertragen etwas größere Mengen, etwa 15 mg/kg und mehr; der Mensch ist glücklicherweise nicht so sehr empfindlich, er soll das 50fache der für Hunde tödlichen Menge vertragen. F. HÜTER 1951 (419) gibt nach J. HUGHES 1947 folgende letale Dosen für das Na-Salz an (in mg/kg Tiergewicht): Hausratte 1, Wanderratte 4, Albinoratte 5—7, Hausmaus 8—10, Hund 0,1—0,2, Katze 0,3, Schwein 0,3, Ziege 0,7, Pferd 1,0, Rhesusaffe 5—7,5, Haussperling 2,7, Huhn 6—7, Taube 10.

Wichtig ist, daß das Pestdiagnoseverfahren für Ratten, die mit „1080" vergiftet wurden, nicht gestört wird, weil „1080" gegenüber Pasteurella pestis keine bakterienhemmende Eigenschaften besitzt. Für Schiffsentrattung bezeichnet F. HÜTER 1952 (420) das HCN-Verfahren als überlegen.

Vergiftungssymptome sind bei Kühen: Futterverweigerung, leichtes Zittern der Oberschenkel, andauernde klonische Spasmen der Kopf- und Nackenmuskeln, mehrmalige Urin- und Fäcesabscheidung, schwach vernehmbares Stöhnen bei heftigen Krämpfen; bei Hunden: Kläffen, Umherirren, Husten, Beschleunigung der Atmung und der Herztätigkeit, heftige Zuckungen tetanischer Art mit Opisthotonus und Pupillenerweiterung; leichte Form wird durch Muskeltremor angedeutet. — Die starke Giftigkeit der Fluoressigsäure schränkt ihre Anwendung zur Nagetierbekämpfung sehr ein und hat schon vielerorts zum Verbot ihrer Anwendung geführt.

Der Reaktionsmechanismus, die Toxizität, Symptome und Therapie der Fluoracetat-Vergiftung ist von C. MARTIUS 1949 (619), R. PETERS, R. WAKELIN P. BUFFA, T. WILSON, W. LOTSPEICH, C. LIÉBECQ 1949—1954 (s. 745/6) und anderen (225, 350, 361/2) in vielen Versuchen untersucht worden. Es wurde festgestellt, daß die Monofluoressigsäure insofern eine merkwürdige Substanz ist, als sie im Gegensatz zu vielen anderen Giften keine Wirkung auf isolierte Enzyme ausübt. Sie ist an sich eine unschädliche Substanz, die erst im Körper durch Enzyme in Monofluorcitronensäure umgewandelt wird. Diese ihrerseits wirkt dann als toxisches Agens, indem sie die Akonitase hemmt, die eines der die Tricarbonsäurestufe des Zyklus steuernden Enzyme ist. Durch Unterbrechung des Tricarbonsäurezyklus auf der Citratstufe kommt es zu den Vergiftungserscheinungen. R. PETERS 1954 (745) hat die bemerkenswerte Geschichte der Monofluoressigsäure seit 1896 bis zur Gegenwart höchst anschaulich dargestellt; vgl. auch S. 74.

Sichere *Gegenmittel* gegen die außerordentlich schnell wirkende Monofluoressigsäure und ihre Salze sind nicht bekannt. Der California Agricultural Code 1947, Sec. 1066, bestimmt deshalb, daß der Verkauf oder der Besitz des Rodentizids „1080" — ebenso wie der von Thalliumsulfat — amtlichen Personen und zugelassenen Schädlingsbekämpfern vorbehalten bleibt — T. STORER

1949 (950). S. 75 wurde schon erwähnt, daß man bei Vergiftungen des Weideviehs durch die Blätter von Dichapetalum cymosum mit einigem Erfolg Acetamid und andere C_2-Gruppen enthaltende Substanzen angewandt habe. Nach S. GITTER et al. 1953 (313) ist die Wirkung des Acetamids um so größer, je rascher es bei beginnender Vergiftung gegeben wird. Sie nehmen an, daß das Fluoracetat durch das Acetamid in die wesentlich weniger giftigen Fluoracetamide übergeführt wird. Nach J. HUTCHENS et al. 1949 (418) sind vermutlich auch Äthylalkoholgaben, frühzeitig gegeben, von gewissem Wert. So kann man nach S. BLACK u. J. HUTCHENS z. B. bei fluoracetatvergifteter Hefe erst nach Zusatz von Äthylalkohol die Hemmung der Acetatoxydation wieder aufheben (s. 420). A. KANDEL u. M. CHENOWETH 1952 (453/4) fanden, daß Glycerinmonoacetat (nicht -butyrat) das Leben von mit Fluoressigsäure vergifteten Affen und Hunden verlängern und die Überlebungsquote steigern kann. EM. TILEMANS u. S. DOBMAL 1952 (982) empfehlen auch Injektion kleiner Dosen Barbiturate (Luminal oder Gardenal) und Magenspülung. F. HÜTER 1952 (420) nennt bei leichter Vergiftung als Gegenmaßnahme gründliche Schmerzbetäubung mit Pentobarbitalsalz durch Einspritzung in die Vene und sofort nach Beginn der Schmerzstillung Eingießen von 5% Traubenzucker enthaltende Ringerlösung. D. GAJDUSEK et al. 1950 (284) beschreiben den Fall eines 2jährigen Negerknaben, der nach Lecken an einer Flasche mit „1080“ anhaltendes Erbrechen bekam und nach 6 h mit tetanischen Krämpfen, unregelmäßiger Atmung und Herztätigkeit im Koma eingeliefert wurde. Auf Calciumgluconat i. V. hörten die Krämpfe sofort auf, doch traten nach einigen Stunden und an den folgenden 2 Tagen noch tonische Krämpfe auf; am dritten Tage erforderte wiederholter Atemstillstand künstliche Atmung und Sauerstoffzufuhr. Etwa 100 h nach Beginn trat dann schnelle Besserung mit völliger Erholung bis zum sechsten Tage ein.

Nach Versuchen von E. HAGAN et al. 1950 (350) an Ratten wird die Monofluoressigsäure im Organismus abgebaut. Mit der Methode von RAMSEY u. CLIFFORD wurden 5 h nach der Tötung 90—98% wiedergefunden, davon 10% im Magen-Darmkanal, 70% in Blut, Haut, Knochen, Hirn, Herz, Niere, Leber, 1% in den Ausscheidungsprodukten; 24 h nach der Tötung wurden nur 39% wiedergefunden, nach 48 h nur noch 22%. — Vgl. auch J. HARRISON et al. 1952 (361/2).

Das ebenfalls als Rodentizid im Handel befindliche „Fanyline“ (Fluoracetophenylhydracid) besitzt ähnliche Giftigkeit wie das Fluoracetat. L. KAREL 1948 (456) fand als mittlere letale Dosis in mg/kg für Ratten um 9, Mäuse 45, Tauben 7; die LD_{50} für Kaninchen wahrscheinlich geringer als 1,3, für Meerschweinchen zwischen 0,65 und 1,3, Katzen >0,25 bis <0,5, Hunde zwischen 0,1 und 0,25.

Von den vielen sonstigen organischen F-Verbindungen hat besonders das ebenfalls als Kontaktinsektizid sehr wirksame *D*iisopropyl*f*luor*p*hosphat (DFP), das auch Physostigmin-(Eserin-)Wirkung, pupillenverengende Eigenschaft besitzt und als Augenmittel verwendet wird, das Interesse vieler Forscher gefunden (1a, 234, 395, 725, 847, 1000, 1002, 1083a). Wie die im Ausland viel angewendeten Insektizide HETP = *H*exaa*e*thyl*t*etra*p*hosphat und TEPP = *T*etraa*e*thyl*pyro**p*hosphat ist auch DFP ein „cholinergisches Mittel". Es inaktiviert irrevisibel die Cholinesterase. Dadurch kommt es zu einer Anhäufung des Acetylcholins in den Geweben, welches wiederum einen dauernden Reiz auf das parasympathische zentrale und motorische Nervensystem ausübt. Die Abnahme der Cholinesterasewirkung führt sehr rasch zu schwersten Vergiftungserscheinungen. Alle Effekte lassen sich mit Atropin verhindern bzw. abschwächen, besonders in Kombination mit künstlicher Atmung. Procain und Thiamin zeigten eine dem Atropin ähnliche Wirkung (847). In Mäuseversuchen übt nach A. Biggins 1949 (76) auch Dibutolin eine gewisse Schutzwirkung aus. Nach R. Verbeke 1948/49 (1000/01) werden zentral bedingte Krampfwirkungen großer Dosen DFP nicht durch Atropin gehemmt, dagegen durch Barbiturate und Parpanit = 1-Phenyl-cyclopetan-1-carbonsäure-diäthylaminoäthylester-hydrochlorid. Auch C. Essig et al. 1950 (234) nennen Parpanit.

Die antimydriatische Wirkung des DFP wurde von G. de Ocampo 1952 (725) untersucht und bestätigt. Fast immer konnte schon nach sehr kurzer Zeit die oft recht lange anhaltende Atropinwirkung nach Augenuntersuchung mit ihren Unannehmlichkeiten aufgehoben werden. Er benutzte 0,1%ige Lösung in Erdnußöl („Floropryl" Merck & Co.). In Deutschland ist ein DFP-Öl „Dr. Winzer" der Chem.-Pharmaz. Fabrik Dr. Winzer, Konstanz, enthaltend 0,1% DFP im Handel. P. Tichomirow u. N. Dmitrijewa 1952 (977) fanden das DFP in öliger 0,05—0,1%iger Lösung ins Auge geträufelt als kräftiges antiglaukomatöses Mittel. Es hat den Nachteil, gelegentlich starke Schmerzen im Auge hervorzurufen bzw. den Ophthalmotonus zu erhöhen, so daß es dem Patienten nicht in die Hand gegeben werden sollte. — Über DFP als Kampfgas s. S. 165.

Von sonstigen ähnlichen organischen F-Verbindungen erwies sich nach J. Hutchens 1949 (418) bei Berücksichtigung des molekularen Verhältnisses das Methylfluoracetat für Meerschweinchen als gleich giftig wie Na-fluoracetat. Nach S. Gitter et al. 1953 (313) bewirkte subcutane oder intramuskulare Injektion der meisten Alkylfluoracetate in Dosen von 5—10 mg/kg bei 60 bis 100% der Tiere (Ratten) den Tod. Nur von geringer oder ohne Toxizität waren 2-Chloräthylfluoracetat, Fluoraceton, Natriumfluorsuccinat und das oben bereits erwähnte Fluoracetamid.

Außer genannten sind naturgemäß viele der besonders in den letzten Jahren hergestellten z. T. praktisch bislang wenig wichtigen organischen F-Verbindungen auf ihre Toxizität und Wirkungsweise untersucht worden. Sie können hier nicht besprochen werden. Besonders umfangreiche diesbezügliche Untersuchungen über die die C—F-Bindung enthaltenden F-Verbindungen verdanken wir B. Saunders, F. Buckle et al. 1947/50 (134/5, 855/7). Sie kamen bei diesen u. a. zu dem Ergebnis (855), daß es wesentlich für die Toxizität dieser Verbindungen ist, ob sich aus ihnen durch Hydrolyse bzw. Oxydation Fluoressigsäure im Organismus bilden kann. Übrigens reihen sie im Gegensatz zu den oben angeführten Angaben von S. GITTER et al. 1953 (313) Fluoracetamid in ihre zweitgradig toxische Klasse B ein, zusammen mit Na-fluoracetat. Von doppelter Wirksamkeit (Klasse A) erwies sich 2-Fluoräthyl-fluoracetat, zwischen A und B stehend 2-Chloräthyl-fluoracetat. — Erwähnt sei noch, daß 1936 die Methylate des β-Fluor-äthylalkohols von der damaligen Preuß. Landesanstalt für Wasser-, Boden- und Lufthygiene unter dem Namen „Giftpaste 2120“ amtlich empfohlen wurde (s. 420).

d) Vergiftungsfälle — F-haltige Mittel gegen Hausschädlinge

Nach K. ROHOLM 1939 (830), der auch eine Übersicht über 42 tödlich verlaufene Fälle, darunter mehrere in Deutschland, gibt, sind von 1873 bis 1935 112 Fälle von F-Vergiftungen am Menschen veröffentlicht, von denen 60 tödlich verliefen. Diese Vergiftungen nehmen an Häufigkeit zu, nur 6 der tödlichen Fälle kommen auf die Zeit vor 1918. W. PIGULLA 1936 (755) beschreibt eine ganze Reihe solcher akuter Vergiftungsfälle durch Na_2SiF_6 enthaltende oder aus solchen bestehende Ungeziefervertilgungsmittel, wie Rattengift Orwin und Erun, Mäusegift Orwin „giftfrei“ (Orwin enthält nach G. SCHÖNEBERGER 1937 (878) 93,2% Na_2SiF_6; GEHES Kodex 1937, 7, gibt an, Orwin sei ein Präparat der Meerzwiebel), Mausex[1], Ratten- und Mäusetod Rawatol „ungiftig, trotzdem aber mit Vorsicht zu gebrauchen“(!), Kakerlaken- bzw. Schwabenpulver und Tanatol (s. S. 99) und auch Montanin, letzteres eine zur Ungeziefervertilgung und Schimmelpilzverhütung in Brauereien und dgl. benutzten, 30% H_2SiF_6 enthaltende Flüssigkeit. G. SCHÖNEBERGER 1937 (878) beschreibt 3 tödliche Vergiftungen mit Montanin und eine solche mit Orwin. H. ROBBERS 1937 (819) eine mit Na_2SiF_6 („Servus Schwabentod“). Über eine Massenvergiftung nach Genuß von F-haltigem Brot, bei dem wahrscheinlich mit NaF zur Schwabenbekämpfung versetztes Mehl durch Verwechselung mitverbacken wurde, berichtet R. GUTZEIT 1948 (340). Die Erkrankung äußerte sich — je nach genossener Brotmenge — in Schwindelgefühl, Übelkeit, Leibschmerzen, Erbrechen, starkem Herzklopfen, Kältegefühl in Händen und Füßen, Schüttelfrost, Gliederzucken und epileptiformen Anfällen, die sich bis 19mal wiederholten. Durch sofortige Magenspülungen, Verabreichung von Luminal und Chloralhydrat wurden alle Kranken geheilt und es zeigten sich auch später keine nachteiligen Erscheinungen. — Einen tödlichen Unfall mit NaF teilte E. HAYHURST 1943 (s. 530) mit: Ein Garagenarbeiter hatte eine NaF-Lösung ohne Schutz mittels eines Respirators verspritzt, am nächsten Tage war er krank, aber noch arbeitsfähig, die Krankheit verschlimmerte sich jedoch und am 5. oder 6. Tage starb er. — Nach Genuß von Dauerlutschstangen erkrankten auf einem Jahrmarkt in Norddeutschland 1953 eine Anzahl Kinder. Untersuchung ergab, daß die Lutschstangen in einem Fall 41 mg% NaF enthielten,

[1] Nach R. ATTIA 1931 (32) soll Na_2SiF_6 fraßabschreckend auf Mäuse (nicht auf Ratten) wirken und daher nicht als Giftköder für Mäuse Verwendung finden können; nach CL. HAMPEL 1949 (354) lehnen auch Ratten Na_2SiF_6 enthaltendes Futter ab. Nach FR. MÜLLER 1953 (702) zeigte Zusatz von 5% Na_2SiF_6 zu Heringsfilet, Äpfel oder Quark keinerlei fraßabschreckende oder -anregende (anlockende) Wirkung bei Ratten.

im zweiten sogar 2580 mg%, die angeblich aus Mitverarbeitung unreiner Rohstoffe (!) herrührten. — Selbstmord durch HF, der nach 45 Minuten zum Tode führte, beschreiben L. DÉROBERT et al. 1952 (201). — Nach versehentlichem Trinken von 100 bis 150 cm³ „Fluat" (mit 13,2% H_2SiF_6) aus einer nicht beschrifteten Mostflasche starb ein 67jähriger Mann innerhalb 10 bis 15 Minuten, s. J. GERCHOW u. O. PRIBILLA 1954 (1108). — Erwähnt sei in diesem Zusammenhang auch, daß die bekannten akuten Tiervergiftungen im Frankfurter Zoo durch NaF verursacht waren (s. 958). — A. LEHMANN 1952 (546) untersuchte die Frage, ob das zum Einreiben von Backblechen oder Pfannen benutzte Polytetrafluoräthylen F an das Brot abgibt und fand, daß der F-Gehalt des Brotes nicht erhöht wurde; dagegen kann Polytrifluorchloräthylen, weniger hitzebeständig, F bei Verwendung von Trennemulsionen abgeben.

Außer den obengenannten Präparaten „1080" und „Fanyline" sind als weitere F-haltige Mittel gegen Hausschädlinge genannt Agrillan, Albisal, Antorgan, Cortilan, Cyronal, Eralbin, Firuli-Schwabenpulver, Fluoresan, Krixon, Perrit-Blitol, Pertipan, Rodax-Pulver D 7, Schwabex, Servus-Ameisentod, Sicherol, Styx-Paste, Styxol, Uba-Ginnes Schwabengift, Verminofix, Wanzex, Werrit. A. JORDI 1940 (448) berichtet über drei Fälle von Verätzung der Fingerspitzen durch ein Flußsäure enthaltendes Schuhputzmittel „Roxyd". — Daß das alte 1922 in den Handel gebrachte Motteneulan aus Aluminiumammoniumfluorid AlF_3NH_4F bestand, sei nur des Interesses halber erwähnt; jetzt sind alle im Handel befindlichen Eulan-Marken, auch die mit dem Zusatz F, wie Eulan NKF oder Eulan FL längst durch andere F-freie Verbindungen ersetzt.[1] — Sogar als „innerliches Schädlingsbekämpfungsmittel", als Anthelminticum, sind F-Verbindungen, besonders NaF bzw. NaF mit pflanzlichen Zusätzen (Suscaridin, Siuverm), aber auch organische F-Verbindungen wie 3-[Trifluormethyl]-phenol und andere bei Schweinen und anderen Nutztieren mit gutem, wenn auch wechselndem Erfolg benutzt. Darüber liegen zahlreiche Veröffentlichungen vor, s. R. HABERMANN et al. 1945 (345), R. FODEN et al. 1949 (269), G. BRANDER 1950 (113), M. DUNKER 1950 (210), W. SCHULZE 1952 (893), FR. PRÜGELHOF 1952 (769), L. MAYER-JONES 1954 (1123). N. DEMIDOW 1955 (1102) fand bei Injektion von 0,3 bis 0,6 cm³/kg Körpergewicht Difluortetrachloräthan (= Freon 112) fast 100%ige Wirksamkeit ohne toxische Erscheinungen gegenüber Fascicolose bei Schafen und anderen Schlachttieren. Auch zur Ungezieferbekämpfung an Hühnern wurden F-haltige Stäubemittel in reiner Form angewandt (25). E. MERCK 1940 (663) weist sogar darauf hin, daß NaF sich als gutes Mittel zur Vernichtung von Hunde- und Katzenflöhen in Wohnungen bewährt habe, als Pulver in Mengen von 2 g/qm ausgestreut (!).

[1] Ein Mottenschutzmittel der J. R. Geigy A. G., Schwz. P. 288 321 vom 18/7. 1950, ausg. 16/5. 1953, besteht aus Dimethyl-[3.4-dichlorbenzyl]-[4'-chlor-3'-trifluormethylanilinocarboxylmethyl]-ammoniumchlorid u. Dimethylaminoacetyl-4-chlor-3-trifluormethylanilid; und nach Oe. P. 176 533 vom 16/4. 1951, ausg. 26/10. 1953 der Variapat A. G. werden zum Schutz von Wolle, Pelzen, Federn, Haaren usw. gegen Textilschädlinge die Waren mit trifluormethylgruppenhaltigen quaternären NH_4-Verbindungen behandelt.

e) Vorschriften über Aufbewahrung, Färbung und Vertrieb F-haltiger Mittel

Obgleich die anorganischen F-Verbindungen weniger giftig sind als Arsen, sind sie in vielen Ländern durch gesetzliche Bestimmungen über Aufbewahrung, Färbung und Vertrieb den Arsenmitteln gleichgestellt. In Deutschland wurde durch das Fleischbeschaugesetz vom 3. 6. 1900 und das Milchgesetz vom 31. 7. 1930 die Verwendung von HF und deren Salzen verboten, desgleichen in dem Entwurf einer Verordnung über Konservierungsmittel, herausgegeben vom Reichsgesundheitsamt 1932 (835). F-Salze unterliegen seit dem 1. März 1926 den Vorschriften über den Handel mit Giften. Die Polizeiverordnung des Reichs- und Preußischen Ministers des Innern über den Handel mit Giften vom 11. 1. 1938 schreibt in § 18 vor, daß kieselfluorwasserstoffsaure oder fluorwasserstoffsaure Salze enthaltende Ungeziefermittel mit mindestens 2% Berliner Blau vermischt sein müssen. Ihre Abgabe darf nur in dichten, festen und gut verschlossenen Behältnissen erfolgen, die mit der Aufschrift „Gift“, dem Totenkopfabzeichen sowie mit der Inhaltsangabe (z. B. Natriumsilikofluorid-Zubereitung, natriumfluoridhaltig) deutlich und dauerhaft versehen sind (s. 232). In genannter Verordnung ist Fluorwasserstoffsäure (Flußsäure) unter den starken Giften (Abt. 1, weiße Schrift auf schwarzem Grunde) aufgeführt neben z. B. Arsen, Blausäure, Phosphor, Quecksilbersalzen, Strychnin usw., während fluorwasserstoffsaure Salze und Zubereitungen sowie Kieselfluorwasserstoffsäure und deren Salze und Zubereitungen unter den weniger gefährlichen Giften (Abt. 2, rote Schrift auf weißem Grunde) eingeordnet sind neben z. B. Brechweinstein, Chloralhydrat, Chloroform, Oxalsäure, strychninhaltigem Getreide, Sulfonal, Thalliumverbindungen. Diese Bestimmungen haben in der Deutschen Bundesrepublik inzwischen durch Länderverordnungen einige Abänderungen und Ergänzungen erfahren. Z. B. beläßt die Niedersächsische Verordnung über den Handel mit Giften vom 21. Juli 1954 (GVBl. S. 62) in Anlage 1 (Verzeichnis der Gifte) HF nach wie vor in Abt. 1, in Abt. 2 werden anorganische F-Verbindungen genannt, ferner Kieselfluorwasserstoffsäure und ihre Verbindungen; neu aufgenommen sind in Abt. 2 chlorierte Kohlenwasserstoffe enthaltende Insektizide, z. B. DFDT, ausgenommen Zubereitungen, soweit sie in Packungen in den Verkehr gebracht werden, die bestimmte vorgeschriebene Angaben enthalten (s. o.). In einer Verordnung des Senats der Freien und Hansestadt Hamburg zur Ergänzung der Verordnung über den Handel mit Giften vom 6. Mai 1952 (GVBl. S. 91) ist in Abt. 2 der Anl. 1 (Verzeichnis der Gifte) eingefügt: Fluoressigsäuren, deren Verbindungen und Zubereitungen; desgleichen in der entsprechenden Verordnung Schleswig-Holsteins vom 8. Dezember 1952 (GVBl. S. 183) usw.

Der Verkehr mit giftigen Pflanzenschutzmitteln ist durch die vom Reichsministerium des Innern erlassene Polizeiverordnung vom 13. Februar 1940 (RGBl. 1940, I. 349), die auch jetzt noch im ganzen Gebiet der Bundesrepublik Deutschland Gültigkeit hat, geregelt. Durch Gesetz vom 3. März 1953 (BGBl. I. S. 43) betr. Änderung und Ergänzung dieser Polizeiverordnung wurde der

Bundesminister des Innern ermächtigt, im Einvernehmen mit dem Bundesminister für Ernährung, Landwirtschaft und Forsten die Anlage 1 zu dieser Verordnung zu ändern und zu ergänzen. Das ist inzwischen durch Verordnung vom 13. Juli 1954 (BGBl. I. S. 216) geschehen. Die wichtigsten Bestimmungen dieser und einiger in der Zwischenzeit erlassener Ergänzungen sind: Alle anorganischen F-Verbindungen sind in Abt. 2 (Totenkopf, rote Schrift auf weißem Grunde) eingestuft, von den neu aufgenommenen Insektiziden DFDT in Abt. 3. Wesentlich ist, daß Pflanzenschutz- und Düngemittelhandlungen, Samenhandlungen, Genossenschaften, Kleingärtnerverbände usw. giftige Pflanzenschutzmittel nur abgeben dürfen, wenn deren Besitzer oder Leiter eine Erlaubnis der unteren Verwaltungsbehörde haben. Diese Erlaubnis darf nur an zuverlässige Personen erteilt werden, die den Nachweis der erforderlichen Sachkunde durch Ablegung einer Prüfung beim Gesundheitsamt erbracht haben. F-haltige Pflanzenschutzmittel müssen blau oder violett gefärbt sein, so daß sie wässerige Lösung deutlich anfärben; außerdem müssen sie einen vom Genuß abschreckenden Geschmack haben. Für ihre Aufbewahrung bestehen besondere Vorschriften. Im selben Raum mit Lebens- und Futtermitteln dürfen sie nicht aufbewahrt und abgegeben werden. Sie dürfen nur in abgabefertigen Packungen an zuverlässige Personen abgegeben werden, in Zweifelsfällen haben diese einen vom zuständigen Ordnungsamt auszufertigenden Erlaubnisschein vorzulegen. Die Abgabe von giftigen Pflanzenschutzmitteln der Abt. 1 und 2 ist in ein Abgabebuch für giftige Pflanzenschutzmittel einzutragen.

Das in der Deutschen Demokratischen Republik erlassene Gesetz über den Verkehr mit Giften (Giftgesetz) vom 6. September 1950 (GBl. S. 977) bzw. die erste Durchführungsbestimmung vom 26. November 1951 ordnet auch die Fluorwasserstoffsäure in Abt. 2 der Anlage 1 ein (neben Kieselfluorwasserstoff und dessen Salze, Chloralhydrat, Chloroform, Strychninhaltiges Getreide, Thalliumsalze, Sulfonal). Hinsichtlich der giftigen Pflanzenschutzmittel bestimmt sie in §§ 19 bis 22, daß ab 1. 1. 1951 nur noch die vom Ministerium für Land- und Forstwirtschaft anerkannten Mittel in den Verkehr gebracht werden dürfen. Die übrigen Bestimmungen sind ähnlich den alten.

In Frankreich sind durch Verordnung vom 15. November 1951 von den „substances veneneuses destinées au commerce, à l'agriculture" der Anlage 1 (Verzeichnis der Gifte) eingeordnet in Tab. A (entsprechend unserer Abt. 1) Fluoracetate (mono), alkalische, neben z. B. Arsenverbindungen, Phosgen, Curare, Cyanwasserstoffsäure, Eserin, organischen und anderen Quecksilberverbindungen, Nicotin, Phosphor, Selenverbindungen und anderen starken Giften; Tab. B enthält Morphin und -Salze, Opium, Haschisch usw; Tab. C „à séparer", Fluorwasserstoffsäure, anorganische Fluoride, Bariumfluorsilicat, lösliche anorganische Fluorsilicate, auch unlösliche, wenn über 25% enthaltend, neben Jod, Quecksilber, Oxalsäure und Salze, Pikrinsäure, Streptomycin, Vitamin D usw. (Ann. Pharm. Françaises, Paris, *10*, 1952, 12—15).

Über F-Erkrankungen als meldepflichtige Berufskrankheit s. S. 173.

f) Vorsichtsmaßnahmen beim manuellen Arbeiten mit Fluor

Im Anschluß sei erwähnt, daß auch beim experimentellen Arbeiten mit wässeriger HF, wie überhaupt beim Umgang mit F-Verbindungen Vorsichtsmaßnahmen erforderlich sind. Bereits der Dampf der heißen 40%igen HF ruft nach kurzer Einwirkung unter den Fingernägeln nahezu unerträgliche Schmerzen hervor, die sich ohne Wärmeeinwirkung erst nach mehreren Stunden einstellen — W. BOCKEMÜLLER 1940 (83) —. Konzentrierte (80%) und wasserfreie HF zerstören die Haut sofort beim Auftreffen. Bei diesen Verätzungen führt das F-Ion zu oft tiefgreifenden Nekrosen des Gewebes, die nur langsam ausheilen. In einem Falle wurde schon nach Einwirkungszeit von 2 Minuten der betreffende Finger innerhalb 5 Wochen bis auf den Rest des hervorragenden Knochensequesters größtenteils zerstört. Nach H. HAAR 1949/54 (342/3) dürfte diese starke Tiefenwirkung des HF auf ihrer Lipoidlösungsfähigkeit beruhen, so daß sie durch die Haut in die Tiefe eindringen und das Gewebe-Ca ausfällen kann. Gegenmittel: Rasches Abspülen mit Ätzkalksuspensionen oder heißer $NaHCO_3$-Lösung, verätzte Stellen rasch subkutan mit Ca-Sandoz-Lösung bzw. 10%iger Ca-Gluconatlösung umspritzen, auch in und unter das Blutgerinnsel der gesamten verätzten Stelle unter lokaler oder allgemeiner Anästhesie, dann mit feuchtem Dauerverband einer Glycerin-MgO-Paste bedecken, s. K. u. H. FREDENHAGEN 1939 (273), A. JONES 1939 (443), A. PALEY und J. SEIFTER 1941 (734), R. DAHLE 1951 (180), E. BECK 1950 (55). Auch sofortiges Baden (1—2 Stunden) der Hände in 20%igem Ammoniakwasser oder 3%iger KOH- oder Ammoniumcarbonat-Lösung wird empfohlen und Auftragen eines $Mg(NO_3)_2$-Breies mit Glycerin, zweimal täglich 3 Tage. Schwache Verbrennungen werden mit wässeriger $Mg(OH)_2$-Paste behandelt. Salbenbehandlung ist unter allen Umständen zu vermeiden (523). Nur zur Nachbehandlung können nach E. BARTALINI u. V. GRIANTI 1953 (47) Sulfathiazolpaste, Lebertransalbe, Scharlachrotsalbe oder Kompressen mit 1% Vitamin-C-Lösung verwandt werden. Die Keloid- und schwere Narbenbildung ist jedoch nicht zu vermeiden. — Einige Todesfälle durch schwere Ätzungen mit HF sind bekannt geworden, s. K. ROHOLM 1937 (826). — Eingehende Anweisungen für die industrielle Handhabung von Fluor geben R. LANDAU u. R. ROSEN 1947 (523).

Einen der HF-Verätzung sehr ähnlichen Fall einer akuten toxischen Kontaktdermatitis mit Beteiligung des Unterhautgewebes und der Gefäße nach einmaliger lokaler Einwirkung von Dinitrofluorbenzol auf die Haut beschreiben W. TEMPS u. H. BLANK 1953 (965). Es wurde dabei eine Latenzzeit von 10 Tagen zwischen Schadensfall und erstem Auftreten von Erscheinungen beobachtet.

F. STAUF 1953 (938) weist mit Genugtuung darauf hin, daß weder in dem großtechnischen Betrieb von Leverkusen, dessen Flußsäure- und Fluorid-Fabrik täglich 15—20 t HF herstellt und auf Fluoride verarbeitet, noch bei den anderen großen HF- und Fluoride-Erzeugern Westdeutschlands, Seelze bei

Hannover und Bad Wimpfen a. Neckar, in jahrzehntelanger Fabrikation bislang ernste Schäden der Arbeiter vorgekommen sind. Außer sorgfältiger Überwachung der Apparaturen und der Innehaltung der Sicherungsvorschriften werden genaue Anweisungen für Verhalten bei Betriebsstörungen gegeben: Bei versehentlicher Berührung mit HF oder Fluoriden sofortiges Nachspülen mit viel Wasser oder $CaCl_2$-Lösung oder auch mit Buttermilch. Wo HF-Dämpfe entstehen, ist Gasmaske Vorschrift, sonst Schutzbrillen und Gummihandschuhe, bei Arbeiten mit stäubenden trockenen F-Salzen Mundschützer oder Gasmaske.

g) Fluor und Zahncaries

Die vielseitigen Beziehungen Fluor/Zähne hatten wir schon S. 9 in ihren Grundzügen besprochen und die schädlichen Folgen eines sowohl Zuviel als auch eines Zuwenig an F-Aufnahme speziell auf die Zähne kennengelernt, gleichzeitig aber auch die günstige Wirkung, Verminderung des Caries-Auftretens, bei optimaler F-Aufnahme. Nachdem entdeckt war, daß zu starke F-Aufnahme sich als Hyperfluorose in den „gefleckten Zähnen“ und ihren Folgeerscheinungen und darüber hinaus u. U. in Knochenveränderungen bei Mensch und Tier äußert, daß aber anderseits in derartigen endemischen Gebieten auffallend wenig Caries vorkam, während in Gebieten mit F-armem Wasser Zahncaries stark aufzutreten pflegt, haben sich sehr viele Forscher dieser für die Volksgesundheit außerordentlich wichtigen Frage zugewandt. Vieles konnte bereits völlig geklärt werden, allerdings noch bei weitem nicht alles restlos. Besonders die cariesprophylaktische Wirkung des F hat, als die ersten Erfolge der in den USA durchgeführten Großversuche mit künstlicher Fluoridierung des Trinkwassers bekannt wurden und man darüber hinaus zu Versuchen der Cariesprophylaxe mit innerlicher und örtlicher Therapie überging, eine umfangreiche und zumal in den Jahren 1950/53 immer mehr anschwellende Anzahl von Arbeiten und Veröffentlichungen besonders in der zahnärztlichen Literatur ausgelöst. Die Tageszeitungen berichteten über die Frage mehr oder weniger, meist mehr, sensationell mit Schlagzeilen, die Industrie blieb mit prophylaktischen und therapeutischen Mitteln und wirkungsvoller Reklame für diese nicht aus, kurz, es entstand ein derartiger Wirbel um das F, daß das Wort „Fluorrummel“ fiel. Inzwischen ist es nun glücklicherweise wieder stiller geworden, wozu fraglos die ruhige und ernste Arbeit der am 15. 11. 1950 gegründeten „Deutschen Fluorkommission“ des Deutschen Ausschusses für Jugendzahnpflege (gegründet 8. 7. 1949) unter verdienstvoller Leitung ihres Geschäftsführers O.-Med.-Rat Dr. H. J. Tholuck in Heiligkreuzsteinach bei Heidelberg wesentlich beigetragen hat.

Die sozialhygienische Bedeutung der Bemühungen um die Einschränkung der Caries mögen einige Zahlen nach M. Bollkämper-Banaschewski 1952 (87) illustrieren. Danach betrugen in der Deutschen Bundesrepublik 1950 die Zahnbehandlungskosten allein der R. V. O.-Kassen 40 532 796 DM, die Ausgaben für Zahnersatz der gleichen Kassengruppe 33 188 360 DM, und zu letztgenannten muß der Sozialversicherte noch einen erheblichen Teil selbst beitragen. Die Ausgaben der Sozialversicherung für die zahnbedingten Folgekrankheiten werden auf 140 Millionen DM jährlich geschätzt. Nach dem Deutschen Ausschuß für Jugendzahnpflege (s. 969, 1. 10. 54) gaben 1953 die 397 deutschen Ortskrankenkassen für zahnärztliche Behandlung 78 928 000 DM aus, für Zahnersatz 48 495 000 DM (zum Vergleich für ärztliche Behandlung 336 728 000 DM, für Krankenhauspflege 289 499 000 DM und für Arznei- und Heilmittel 222 308 000 DM.

Die gewaltige Literatur über die Frage Fluor/Caries hier zusammenfassend aufzuführen, ist weder beabsichtigt noch im Rahmen des Buches möglich. Das erübrigt sich auch, weil wir besonders H. J. Schmidt in seinem Buche: „Kariesprophylaxe durch Fluortherapie“, 1951 (875) eine ausführliche Darstellung verdanken. Es beginnt mit 1874, als Dr. Erhardt, damals Bezirksarzt in Emmendingen bei Freiburg i. Br., auf die Eigenschaft des F hinwies, dem Schmelz Härte und Dauerhaftigkeit zu verleihen, und bespricht mit über 250 Literaturangaben bis 1950 die einschlägigen Arbeiten in den verschiedenen Ländern und die in ihnen niedergelegten Ergebnisse, Anschauungen und Erfahrungen und Möglichkeiten. Auch das Buch von P. Adler: „Die Beziehungen zwischen Zahncaries und Fluoriden“, J. A. Barth, Leipzig 1950 ist in diesem Sinne zu nennen. Dazu kommen regelmäßige Sammelreferate der Sekretäre der Deutschen Fluorkommission W. Kessler und H. J. Schmidt über das jeweils neue in- und ausländische Schrifttum zum Fluor/Caries-Problem in der Deutschen Zahnärztlichen Zeitschrift, München.

Wie S. 9ff. dargelegt, führte der von McKay seit 1915 (s. 875) ausgesprochene und später von H. Dean et al. (s. 193, 196) mehrfach bestätigte Hinweis, daß in endemischen Gebieten die Cariesfrequenz abnahm, daß sie dagegen dort, wo man das Trinkwasser F-arm machte, zunahm, und die weitere Erkenntnis — s. G. Cox 1939/40 (166/7) —, daß ein F-Gehalt um 1 mg/l einen optimalen prophylaktischen Cariesschutz darstellt dazu, das zum Trinken und Kochen dienende Leitungswasser auf diesen Gehalt einzustellen. Seit der ersten Fluoridierung 1945 in Grand Rapides, Mich., USA, (s. S. 17) hat man nun ausreichend Gelegenheit zur genauen Beobachtung eines großen Personenkreises gehabt. Es kann als erwiesen gelten, daß ein F-Gehalt des Wassers um 1 mg/l an Kindern von 12—14 Jahren einen wesentlichen Schutz gegen Caries bewirkt. D. h. die Zahl der wegen Caries extrahierten, an Caries erkrankten und wegen Caries gefüllten Zähne (MDF- oder CER-Zahl[1]) ist bei den ortsgeborenen und dauernd ortsansässigen Kindern in Gebieten mit rd. 1 mg/l F im Wasser wesentlich niedriger als bei gleichaltrigen Kindern, die in Gebieten mit F-armem Wasser aufgewachsen und dauernd ortsansässig sind, s. P. Adler 1951 (2).

Interessante Beispiele für die Beziehungen zwischen F-Aufnahme mit Trinkwasser und Nahrung und dem Auftreten der Zahncaries führt auch N. Larsen

[1] Statt der Indexbezeichnung MDF (Missing, Decayed, Filled) wird neuerdings im gleichen Sinne, aber die international medizinisch üblichen lateinischen Bezeichnungen abkürzend, auch CER (Caries, Extractio, Restauratio) benutzt.

1948 (536) an. Auch er beobachtete, daß in Gebieten mit F-armem Wasser mehr Zahncaries auftritt, weist aber darauf hin, daß durch ausreichende Seenahrung (Fische, Meeresfische) dem Körper auch genügende F-Mengen zugeführt werden können, die zur Erhaltung der Zähne beitragen, unter Umständen jedoch, falls zu reichlich genossen, sogar Zahnfluorose hervorrufen. Auf den Tristan-de-Cunha-Inseln (zwischen Südamerika und Südafrika) enthält das Wasser nur 0,02 mg/l F. Kartoffelmangel 1938 zwang die Bevölkerung größere Mengen Meeresfische zu essen, wodurch 15,8% des Jungvolkes weiße Flecken auf den Zähnen (milde Fluorose) bekam. Auch auf Hawaii mit F-armem Wasser (0,02—0,2 mg/l) verzehrt die Bevölkerung viel F-reiche Seenahrung, wahrscheinlich schluckt sie auch mehr Ozeanwasser, das ebenfalls hohen F-Gehalt aufweist. Die Küsteneingeborenen Neuguineas, die mehr Fische essen, haben geringere Zahnfäulnis als die Inlandeingeborenen. Und er meint, daß die ausgezeichneten Zähne der Eskimos vielleicht von dem hohen F-Gehalt ihrer Seenahrung herrühre.

Eine sehr ausführliche Darstellung der Zusammenhänge zwischen F-Gehalt des Trinkwassers, F-Gehalt der Zähne und Cariesanfälligkeit bzw. -resistenz (in der Schweiz) verdanken wir Hch. Schmid 1948 (873) mit 63 Schrifttumsangaben. Dieser Forscher weist übrigens darauf hin, daß die Maßnahmen, den als F-arm erkannten Trinkwässern aus zentralen Wasserversorgungen F zuzusetzen, angesichts der ungeheueren Verschwendung der dazu erforderlichen Ingredienzen (s. auch S. 22) eine unrationelle Art der Verabreichung sei und zitiert J. Wespi 1948, der Brot und Salz als Träger dieser zusätzlichen Ernährung vorschlage, unter Berufung auf die mit Jodsalz in der Kropfbekämpfung erzielten Erfolge; s. S. 120.

Der Prozentsatz des zu erzielenden Cariesschutzes wird nicht ganz gleichmäßig angegeben. F. McClure 1949 (648) spricht z. B. von 50% Rückgang der Caries; H. Faber 1949 (242) sagt daß in Städten, in denen der F-Gehalt des Wassers auf 1 bis 1,5 mg/l gehalten wird, die Zahncaries sofort um 65% zurückging. P. Adler 1951 (s. o.) gibt für Ungarn 60% an; die Wirkung an Knaben trat dabei deutlicher hervor als an Mädchen[1], wie denn überhaupt nach J. Muhler u. W. Shafer 1952 (698) das Cariesgeschehen bei den verschiedenen Geschlechtern verschieden zu sein pflegt. F. Njuschko u. G. Owrutzki 1952 (720) fanden, daß in Gebieten, in denen das Wasser weniger als 0,2 mg/l F enthielt, 68% der untersuchten 12 970 Schüler im Alter von 7—15 Jahren Caries hatten, bei 0,2—0,5 mg/l waren es 24%, bei 0,5—1,0 mg/l = 15 bis 20% und bei 1—1,5 mg/l nur 6 bis 11%; bei noch höherem F-Gehalt ging der Prozentsatz der Carieskranken nicht mehr herunter (bei über 2 mg/l nicht unter 6%). Untersuchungen von H. Frye u. I. Hill 1952 (276) in Evanston, Ill., zeigten, daß nach zweijähriger Einwirkungsdauer des F-Zusatzes zum Trinkwasser bei den 12—14 Jahre alten Kindern nur eine Cariesabnahme von 12,9% erfolgt war; dagegen zeigte sich nach 47 bis 58 Monaten

[1] Nach S. Ishii 1953 (1120) trat bei F-Vergiftung weißer Mäuse Schwarzfleckigkeit der Zähne bei den ♀ stärker auf als bei den ♂.

Einwirkungsdauer bei den 6—8 Jahre alten Kindern ein Rückgang des Cariesbefalls der zweiten Zähne um 46,4%. J. Knutson 1952 (484) sagt, daß bei kontrollierter Fluoridierung des Trinkwassers in USA bei der heranwachsenden Generation rd. 60% weniger Cariesbefall auftreten würde als bei der heutigen Bevölkerung. Auch nach C. Howell et al. 1952 (408) kann ein F-Gehalt von 1 mg/l im Trinkwasser nach Versuchen an 7 bis 17-jährigen (Beobachtungszeit 3 Jahre) in 60—65% der Fälle die Entstehung der Caries verhindern. Übereinstimmend stellte Fr. Heyroth 1953 (390) bei seit 8 Jahren vorgenommener systematischen Überprüfung des Zusatzes von 1 mg/l F in 4 Städten in USA einen Rückgang der Kindercaries um 60% fest; schädliche Wirkung konnte bei Zusatz bis zu 3 mg/l nicht beobachtet werden. Und ähnlich zeigten die statistischen Untersuchungen von Fr. Arnold jr. et al. 1953 (30) in Grand Rapids, Mich., an Schulkindern, daß nach 7 Jahre langem Gebrauch von fluoridiertem Trinkwasser (1 mg/l) die Carieshäufigkeit von 66,6% auf 18,1% zurückgegangen war. Ähnliche Erfolge nennen Fr. Erlenbach u. Ed. Tracy 1955 (1105).

Der Bericht der vom Brit. Gesundheits-Ministerium nach den USA zum Studium der dortigen Trinkwasserfluoridierungsfragen entsandten zahnärztlichen Kommission besagt (s. 675), daß künstliche Fluoridierung dieselbe Wirkung zeigt wie natürliches F-reiches Wasser, besonders bei noch nicht schulpflichtigen Kindern; bei 6 Jahre alten Kindern, die dies Wasser seit ihrer Geburt getrunken hatten, war der Cariesbefall um etwa 70% reduziert. Ferner wird bemerkt, daß in den zahlreichen Jahren keinerlei pathologische Erscheinungen bei der Bevölkerung, die Wasser mit 1—1,5 mg/l getrunken hatte, beobachtet wurden. — Die günstigen Ergebnisse seiner statistisch-vergleichenden Untersuchungen an 3000 Kindern von 5 und 12 Jahren in verschiedenen Gebieten Englands und von 100 Müttern hatten R. Weaver 1950 (1024) sogar zu dem Vorschlag geführt, dem Trinkwasser einen F-Gehalt von 2 mg/l zu verleihen.

Wir sehen aus obigem, daß immer nur eine teilweise Verhütung der Caries erzielt wird und daß überhaupt die F-Wirkung auf das Cariesgeschehen ähnliche Unregelmäßigkeiten und Schwankungen aufweist, wie wir sie schon bei den Pflanzen auf S. 72 in ihrem Verhalten gegenüber F-Aufnahme bei F-Zufuhr als charakteristisch kennengelernt haben. Verschiedene Forscher vertreten daher die Ansicht, daß außer dem F-Gehalt des Trinkwassers auch noch andere Faktoren eine Rolle spielen können.

Haack u. Zimmermann 1952 (341) meinen, daß die Ursache der oft voneinander abweichenden Wirkungszahlen vielleicht nur in der Anwendung verschiedenartiger Untersuchungsverfahren liegt, daß vielleicht aber der F-Gehalt im Trinkwasser nicht überall gleiche Wirkung habe und diese nicht einfach durch einen Zahlenwert ausgedrückt werden könne, sondern daß auch die Beschaffenheit des Wassers bedeutsam sei. Das aber könne die Fluoridierung sehr komplizieren, denn dann bestände die Gefahr, daß wenn man überall bis zu einem bestimmten F-Gehalt fluoridiere, es an diesem Ort zu einer Hyperfluorose käme, während an jenem Ort die Fluoridierung wirkungslos bliebe.

Entgegengesetzte Befunde, Wirkungslosigkeit höheren F-Gehalts des Trinkwassers auf die Carieshäufigkeit wurden selten bekannt und bedürfen wohl noch der Aufklärung. So konnte z. B. A. Kantorowicz 1952 (455) an Schulkindern verschiedener Gemeinden in Nordrhein-Westfalen keine Beziehungen zwischen dem F-Gehalt des Trinkwassers und dem Cariesbefall feststellen. Allerdings ist das Trinkwasser in genannten Gemeinden mit 0,01 bis 0,44 mg/l F-arm, also an sich schon unterschwellig und könnten daher die Unterschiede im Cariesbefall sehr wohl auf unbekannte örtliche Verhältnisse beruhen. Aber anderseits ist von H. Dean et al. in den USA eine deutliche Gesetzmäßigkeit zwischen dem Cariesbefall und dem F-Gehalt des Wassers bis weit in den angeblich unterschwelligen Raum hinein festgestellt; dieser Widerspruch bliebe also noch zu klären. — A. Rost sowie A. Ciarrapico 1955 (1130, 1100) konnten keine Beziehungen zwischen F-Gehalt des Wassers und der Carieshäufigkeit feststellen. Rost fand keine Korrelation zwischen dem F-Gehalt des Trinkwassers von 27 Orten im Landkreis Jena mit durchschnittlich 0,8 mg/l F und der Cariesstatistik der dort wohnenden Kinder Jahrgänge 1939 bis 1947, auch keine Reduktion der Caries gegenüber anderen Gegenden mit nur etwa 0,1 bis 0,2 mg/l F. Er sieht deshalb in der künstlichen Wasserfluoridierung keine Hilfe zur Reduzierung der Caries, hebt aber den F-Gehalt von Nahrungsmitteln, besonders mancher pflanzlicher hervor.

Daß fortgesetzter Genuß genannter F-Mengen keinerlei nachteilige Folgen hat, wird immer wieder betont. So zeigten die Befunde von E. Schlesinger et al. 1953 (870) an Kindern, die in Newburgh seit 6 Jahren fluoridiertes Wasser erhalten hatten, im Vergleich (Größe, Gewicht, Röntgen-, Blutuntersuchung u. dgl.) zu Kindern in Kingston ohne F-haltiges Wasser, daß keinerlei Anzeichen für eine nachteilige Beeinflussung durch das F zu verzeichnen waren. Auch A. J. Held u. V. Demole 1953 (376) stellten entgegen älteren Befunden von L. Spira 1942 (927), nach denen schon 1 mg/l F im Wasser Störungen im Organismus verursacht (Flecken an den Nägeln, Konstipation, Addinson'sche Krankheit u. a.) fest, daß fluoridiertes Trinkwasser mit 1 bis 1,4 mg/l F keine schädigende Wirkung hat, wohl aber deutliche Cariesresistenz auslöst. H. Wagenbichler 1951/53 (1111/2) erzielte in Versuchen an 400 Schulkindern von 6 bis 14 Jahren in Badgastein durch tägliche Darreichung von 200—250 cm^3 des radioaktiven Wildwassers der Elisabeth-Hauptquelle mit 4,95 mg/l F, also 1 bis 1,2 mg F täglich, schon im Zeitraum von 6 Monaten bedeutende Erfolge — bei Knaben ausgeprägter als bei Mädchen (s. auch S. 111) — ohne eine Schädigung beobachten zu können. Wobei allerdings offen gelassen wird, ob diese rasche günstige Wirkung des Gasteiner Thermalwassers, die sich auch auf andere krankhafte Erscheinungen der Zähne erstreckt, nicht durch Zusammenwirken des F mit anderen Bestandteilen des Wassers und seiner Radioaktivität gefördert wird.

E. Zimmermann et al. 1955 (1088a) hatten 1943 Einwohner von Barlett, Tex., dessen Trinkwasser 8 mg/l F enthält, auf Fluorose, Caries und sonstige Zahn- und Mundkrankheiten untersucht (Gingivitis, Osteitis, Leukoplakie,

Knochenresorption usw.) und wiederholten die Prüfung 1953, also nach 10 Jahren. Als Kontrolle diente die Bevölkerung von Cameron, Tex., mit 0,4 mg/l F im Trinkwasser. Außer dem in Barlett, wie erwartet, höherem Vorkommen von Fluorose konnte kein statistisch gesicherter Unterschied im physiologischen Verhalten der Bewohner der beiden Städte festgestellt werden.

Über die für einen cariesreduzierenden Erfolg nötige F-Konzentration des Trinkwassers herrscht keine Übereinstimmung und kann auch nicht herrschen, weil die örtlichen Gegebenheiten sehr verschieden sein können, wie S. 21 bereits aufgeführt. Wichtig sind jedenfalls einige Beobachtungen aus neuester Zeit, daß die bisher meist vertretene Ansicht, daß F-Gehalt unter 0,5 mg/l von keiner oder geringer Wirkung sei, nicht haltbar ist, s. auch S. 113. Die Untersuchungen von A. Williamson u. Jr. Svore 1953 (1058) aus 10 größeren Orten North Dakota's zeigten, daß der Zahnschutz eine direkte proportionale Funktion des F-Gehalts ist. Auch C. Coburn u. R. Knipe 1953 (155) fanden in Ontario, Canada, in einem Bezirk mit einem natürlichen F-Gehalt des Trinkwassers von 0,2 mg/l eine geringere Cariesanfälligkeit bei der dort lebenden Bevölkerung als bei Personen aus einem benachbarten Bezirk mit F-freiem Wasser. Und H. Bruce jr. u. B. Gunter 1953 (129) stellten bei statistischen Untersuchungen an 894 Kindern auch bei wechselndem F-Gehalt des Trinkwassers (0,2 bis 1 mg/l) eine geringere Carieshäufigkeit fest als bei Gebrauch F-freien Wassers.

Währenddes begann man auch die Ursachen der visuellen F-Wirkungen im Tierversuch und in vitro zu erforschen. Im *Tierversuch* war es von schlagendem Beweis, als es gelang, bei Ratten „gefleckte Zähne“ durch Verabreichung von auf $^1/_{10}$ eingedampftem Trinkwasser aus Gebieten mit Zahnfluorose zu erzeugen. Anderseits zeigten Fütterungsversuche an Ratten, die F. McClure 1941 (645) 15 Wochen bei einer carieserzeugenden Maismehldiät hielt, daß F-Zufuhr im Trinkwasser oder in der Diät die Caries deutlich hemmte. Durch Injektion zugeführtes F war ohne Einfluß. Durch die F-Fütterung wurde der Aschegehalt der Zähne nicht verändert, wohl aber fand eine F-Anreicherung im Zahn statt, deren Ausmaß jedoch in keiner Beziehung zur Verhinderung der Caries stand. Er faßt die F-Anreicherung im Zahn als resorptive Wirkung auf, nicht als eine Adsorption von F aus der Mundhöhle und deutet die Wirkung des F auf die Caries durch seine hemmende Wirkung auf fermentative Vorgänge. Auch nach J. McClendon u. W. Foster 1941 (635) trat bei Ratten bei niedrigem F-Gehalt des Futters (0,3 mg%) in 100% der Fälle Zahncaries ein. Beifütterung von F als Knochenmehl oder NaF wirkte hemmend auf die Caries. Dabei stieg der F-Gehalt der Knochen um das 11fache, im Dentin um das 6fache und im Schmelz um das 3fache an.

Ähnliche Zunahmen fand F. McClure 1942 (646) an Zähnen ausgewachsener Hunde. Bei 730 bis 1289 Tagen währender F-Zufuhr mit der Nahrung und dem Trinkwasser stieg der F-Gehalt des Dentins fortlaufend von 18 auf 72 mg%, der des Schmelzes von 6 auf 11 mg% (vgl. auch S. 41).

Auch in Versuchen von J. RESTARSKI et al. 1945 (802) zeigte Zusatz von NaF zum Trinkwasser bei Ratten gleich günstige Wirkung.

Ähnliche Versuche sind in großer Anzahl gemacht worden und führten durchweg zu gleichen Ergebnissen. I. ZIPKIN u. F. MCCLURE 1952 (1092) fanden ferner, daß die Fähigkeit der F-Speicherung in den Zähnen (und Knochen) mit dem Alter der als Versuchstiere dienenden Ratten abnimmt und auch um so geringer ist, in je höherem Alter mit der F-Zulage begonnen wird. Schwerlösliche F-Verbindungen wie Tennessee-Phosphat (mit 5,9% CaF_2) wirken nach J. MCCLENDON u. J. GERSHON-COHEN 1953 (639) schwächer, aber in genügenden Gaben bei Ratten auch cariostatisch. Sie ernährten weiter — 1954 (640) — Ratten völlig F-frei mit in F-freien Wasserkulturen gezogenem Mais und Sonnenblumensamen und F-freiem Trinkwasser. Es trat Caries und Erkrankung des Periodontiums auf, deren Entstehung durch Zugabe von 10 mg/l F zum Trinkwasser deutlich gehemmt wurde. Interessant ist, daß in weiteren Versuchen derselben Forscher 1954 (306) bei Ratten, die bei cariogener Diät gehalten wurden und dazu starken Teeaufguß mit 20 mg/l F enthielten, gleich viel cariöse Stellen an den Zähnen auftraten und die Knochen ebenso decalcifiziert waren wie bei den Kontrolltieren. Hier hatte also die im Tee enthaltene wasserlösliche F-Verbindung gar nicht cariostatisch gewirkt. Genannte Forscher meinen deshalb, daß auch für Menschen, die zudem den Tee in viel geringeren F-Konzentrationen trinken, kein schädlicher Einfluß anzunehmen sei, auch nicht bei Verwendung von fluoridiertem Wasser.

Auch A. RADIKE u. J. MUHLER 1953 (776) sowie J. MUHLER et al. 1953/54 (696/7) stellten verschiedene carieshemmende Wirkung verschiedener F-Verbindungen fest und bei diesen wiederum Unterschiede der Wirkung in verschiedenen p_H-Bereichen. SnF_2 im Trinkwasser war bei Hamstern deutlich wirksamer als NaF. Dagegen wurde im Knochengerüst der Sn-Tiere weniger F gespeichert als bei den NaF-Tieren. Die carieshemmende Wirkung der F-Verbindungen geht also nicht parallel mit der Höhe der F-Speicherung in den Knochen. — L. MOSIER u. W. WHITE 1951 (688) fanden in Tierversuchen das Natriummonofluorphosphat Na_2PO_3F besonders wirksam zur Verhinderung der Zahncaries; das Salz ist nur $^1/_9$mal so toxisch wie NaF. Beides, sowohl die bessere Wirkung des SnF_2 gegenüber NaF als auch die gute Wirkung von Na_2PO_3F konnte von C. HOWELL et al. 1952 (408) bestätigt werden. I. ZIPKIN u. F. MCCLURE 1954 (1093) fanden in Versuchen mit weißen Ratten, daß NaF und $(NH_4)_2SiF_6$ sich weder in F-cariostatischer Wirkung noch überhaupt in ihrer Toxizität unterscheiden. Auch die in den Zähnen und Knochen abgelagerten F-Mengen sind gleich groß.

SE. FIORENTINI 1950 (262) stellte an Ratten nach verträglichen oralen NaF-Gaben bei der nach 1—3 Monaten erfolgenden Obduktion deutliche Veränderung des Zahnkeimes fest, besonders charakterisiert durch starke Hyperämie. Er meint, daß im Gegensatz zu der Wirkung massiver toxischer NaF-Gaben, die Atrophie und Degeneration hervorrufen, dieser Befund die Resistenz des fluorierten Zahnes gegenüber Caries infolge einer Stimulierung des Zahnkeimes über den Kreislauf erklären könne. H. FLEMING 1953 (266) anderseits verpflanzte Versuchstieren, die NaF- bzw. CaF_2-Lösungen verschiedener Konzentration (1:50 000 u. 1:75 000) als Trinkwasser oder injiziert erhalten hatten, Zahnkeime von Embryonen. Untersuchung dieser Implantanten zeigte dann u. a. daß die Calcifizierung von Schmelz und Dentin durch F verzögert wird, möglicherweise infolge enzymatischer Wirkung des F-Ions; vgl. auch 266a.

An dieser Stelle müssen noch einige Arbeiten erwähnt werden, die untersuchten, ob man Caries auch durch andere Verbindungen vorbeugen könne. Nach Versuchen von J. MUHLER u. GRANT 1949 (s. 206) erfolgt Herabsetzung der Schmelzlöslichkeit nicht allein durch F-Verbindungen, sondern in ähnlicher Weise auch durch Thoriumoxyd, Urannitrat, Silbernitrat und Kupfersulfat. M. TWEDT u. F. CAJORI 1950 (993) setzten bei Syrischen Hamstern, an denen man durch längere Darreichung eines cariogenen Futters ausgedehnte Caries der Backenzähne entwickelt hatte, 0,5% Na-oxalat zu und stellten fest, daß die Caries auf etwa ein Zehntel zurückging. Der Gehalt der Zähne an Oxalsäure, der normal bei 0,06 bis 0,5% liegt, stieg nach Oxalsäuregabe auf 0,69 bis 1,75% an. Da für Oxalsäure bisher nicht die bakterienhemmende Wirkung der Fluoride bekannt ist, sehen genannte Forscher die Ursache der Resistenzerhöhung in einer Bildung von Oxalapatit, der gegen Säure resistenter sein soll als Hydroxylapatit. Ähnlich beobachtete J. SHAW 1949 (908), daß Zugabe von Na-oxalat zu cariogener Kost einen erkennbaren, allerdings statistisch nicht gesicherten Rückgang der Carieshäufigkeit bewirkte. Und R. SOGNNAES 1949 (925) untersuchte an Ratten, ob das Auftreten von Caries bei einem cariogenen Futter durch Zulage von 2 mg% Br als KBr vermindert werden könne. Wenn die Zulage nur bis zum Durchbruch der Zähne erfolgt, verminderte sich die Cariesbildung nicht; wurde Br jedoch längere Zeit gegeben, traten nur etwa 50% der bei den übrigen Tieren beobachteten cariösen Veränderungen auf. — Im Hinblick auf die cariesprophylaktische Wirkung des im Speichel vorkommenden Rhodans untersuchte FR. ERKES 1955 (1104) den Einfluß einer Verabreichung von Vitamin B 1. Vitamin B 1 erhöht den Rhodangehalt des Speichels deutlich und erniedrigt den Milchsäuregehalt ebenfalls deutlich. Es könnte also für die Cariesprophylaxe in Frage kommen, wobei seine völlige Unschädlichkeit (bis zu 5000 mg/kg Körpergewicht) besondere Vorteile hätte. — Vanadium s. S. 77.

Erschwerend für die Klärung der carieshemmenden Eigenschaft des Fluors ist, daß die Caries selbst fraglos verschiedene aber noch nicht sicher bekannte Ursachen hat und außerdem anlagebedingt ist.[1] Die verschiedenen Ansichten darüber sollen hier nicht diskutiert werden. Eine derselben, die über ein halbes Jahrhundert alte Säuretheorie für die Zahncariesentstehung scheint noch nicht überholt zu sein, d. h. also die Ansicht, daß die primäre Schädigung in einer Entkalkung der Schmelzoberfläche, hervorgerufen durch die sauren Stoff-

[1] S. „Survey of the literature of dental caries“. Food and Nutrition Board national research council. Acad. of Sci. Washington D. C. 1952, 565 S. — Auch A. MIRIMANOFF 1954 (675).

wechselprodukte kohlenhydratspaltender Mundbakterien zu suchen sei. In Versuchen von KITE, SHAW u. SOGNNAES 1950 (s. 18) sowie von J. HALDI et al. 1953 (351) wurde gezeigt, daß junge Ratten bei Sondenernährung mit cariogener Kost ohne Caries blieben im Gegensatz zur ohne Sonde ernährten Kontrollgruppe. Man erhoffte daher nähere Aufklärung durch *Invitro-Versuche*. So fand J. VOLKER 1939/40 (1005/6), daß Zahnschmelz und Zahnbein, fein gepulvert, und auch ganze Zähne nach Behandlung mit verdünnten NaF-Lösungen viel weniger von Säuren angegriffen wurden als unbehandelte, daß also das F mit der Zahnsubstanz durch Bildung weniger löslicher Produkte reagiert. Zu gleichen Ergebnissen kamen P. KOVALIO u. A. HELD 1947 (s. 251). Auch E. OSORINA 1949 (731) bestätigt das: Der mit NaF vorbehandelte Zahnschmelz löste sich in Säuren schwerer als der nicht vorbehandelte; am niedrigsten war die Löslichkeit in Essigsäure, sodann in Milchsäure, am größten in Salzsäure.

Untersuchungen von W. RATHJE 1952 (786/7) zeigen, daß in Gegenwart von Wasser nur reiner Hydroxylapatit und ein isomeres Gemisch von Hydroxyl- und Fluorapatit beständig ist, nicht dagegen reiner Fluorapatit. Das Gemisch besitzt deutlich geringere Löslichkeit als reiner Hydroxylapatit. RATHJE führt die carieshemmende Wirkung des F auf Bildung des Gemisches im Schmelz zurück; die Bildungsgeschwindigkeit ist von der F-Konzentration abhängig. Bei Konzentrationen über 18 mg/l F erfolgte Zersetzung des Gemisches in CaF_2 und Phosphat. Nach R. FISCHER u. J. MUHLER 1952 (263) ist die Geschwindigkeit der Umbildung sehr vom p_H-Wert der Lösung abhängig. PH. SUESS u. L. FOSDICK 1951 (953) untersuchten die Löslichkeit von unbehandeltem und fluoriertem Zahnschmelz in Pufferlösung; unbehandelter wurde bei p_H 5,2 beginnend, mit NaF behandelter bei p_H 4,7 beginnend decalcifiziert. J. MUHLER et al. 1952 (693/4), die schon in klinischen Untersuchungen an Ratten (s. o.) eine bessere cariesprophylaktische Wirkung von SnF_2 gegenüber NaF festgestellt hatten, wiesen auch in vitro mit gepulvertem Zahnschmelz nach, daß dieser mehr F aus SnF_2- als aus NaF-Lösung aufnimmt. An dieser Stelle sei auch ein Befund von E. KOVÁCS u. V. SZABÓ 1952 (494) mitgeteilt: Modellversuche mit pulverisiertem Schmelz zeigten, daß die F-Aufnahme aus verschiedenen F-Wässern unterschiedlich war und zwar abhängig von der Anwesenheit verschiedener Metallionen im Wasser; Zusatz von 10 γ sowohl Sn- wie Ag-Ionen je 50 cm^3 förderten die F-Aufnahme, nur 5 γ übten herabsetzende Wirkung aus. Versuche von J. GORE 1953 (324) mit gepufferten Lactatlösungen (p_H 3,6 bis 5,8) in vitro zeigten, daß zuerst $CaCO_3$ der interprismatischen Substanz, danach das $CaCO_3$ der Apatitprismen des Zahnschmelzes herausgelöst wird; der Schmelz wird dadurch porös und kann weiter angegriffen werden. GORE sieht diesen Vorgang als ersten Schritt bei der Entstehung cariöser Defekte an.

Die cariogene Wirkung verschiedener in Erfrischungsgetränken enthaltener Fruchtsäuren war schon 1948 von WYNN und HALDI an Ratten gezeigt und 1950 von S. MILLER bestätigt, s. 18. A. SPENCER u. L. ELLIS 1950 (926) riefen bei Ratten durch Tränkung mit Grapefruitsaft starke Ätzung der unteren Molaren hervor (bei neutralisiertem Saft keine Ätzung) und wiesen nach, daß auch bei diesem Schädigungsvorgang F schützend wirkt, indem er zu etwa 60% durch Zusatz von 50 γ NaF zu je 1 cm³ Saft = rd. 2,3 mg% F verhindert wurde.

Die F-Wirkung auf den für die Säurebildung im Speichel in erster Linie verantwortlichen Lactobacillus acidophilus untersuchten S. Finn u. D. Ast 1947 (260): Regelmäßiger Zusatz von 1 mg/l F in Form von NaF zum Trinkwasser bewirkte bei einem statistisch hinreichend großen Kreis von Schulkindern im Laufe dreier Jahre eine deutliche Abnahme des Lactobac. acidophilus im Speichel, was angesichts der Parallelität zwischen Lactobacillus-Gehalt und Caries durchaus auf eine prophylaktische Wirkung des F gegen diese hinweisen könnte. Wozu übrigens zu erwähnen wäre, daß E. Sauerwein 1952 (852/3) die Lactobacillen nicht als spezifische Erreger der Caries ansieht, sondern nur als Indikatoren einer Cariesbereitschaft oder vorhandenen Caries und W. Clapper et al. 1953 (151) darauf hinweisen, daß bei Auftreten mehr oder weniger zahlreicher besonders aggressiver Rassen, wie er sie im Speichel fand, vergleichende Ergebnisse (F-freies Wasser/fluoridiertes Wasser) verwischt werden können. H. Palmer et al. 1951 (735) fanden, daß durch Lactobacillus acidophilus gesäuerte F-Lösungen eine stärkere Reduzierung der Decalcification des Schmelzes bewirken als eine alkalische NaF-Lösung; sie führen dies auf eine chemische Wirkung auf das Apatitgitter des Schmelzes zurück. P. Pincus 1949 (756), der aus cariösen Zähnen einen gram-negativen, Lactose nicht vergärenden Bazillus isolierte, dessen Entwicklung schon durch 0,3% F in der Nährlösung gehemmt wurde, glaubt, daß diese Eigenschaft vielleicht neben der Bildung von CaF_2 bei der erfolgreichen Behandlung der Caries mit F-Salzen eine Rolle spiele. Nach H. Egyedi 1953 (216) können die Mikroorganismen, deren Stoffwechsel zur Entstehung von Zahncaries führt, nur dann genügend Nährstoffe vorfinden, wenn die Zähne, besonders der Schmelz, mehr Glycogen enthalten als für die Gesundhaltung physiologisch notwendig ist. Tatsächlich fand er in cariösen Zähnen mehr Glycogen als in gesunden. Außerdem konnte er nachweisen, daß Zähne hochresistenter Personen (Indonesier) wesentlich weniger Glucose enthalten als cariesanfällige Holländer.

Untersuchungen über die Beziehungen zwischen dem natürlichen F-Gehalt des Speichels und Caries führten zu verschiedenen Ergebnissen: F. McClure 1941 (644) konnte keine Unterschiede im F-Gehalt des Speichels von Kindern aus Gebieten mit F-freiem, mit mittlerem und mit starkem F-Gehalt des Wassers (0 bis 4 mg/l) finden; der F-Gehalt des Speichels betrug stets etwa 0,01 mg%. D. Hattyasy 1954 (371) dagegen fand in Speichel von Zigeunern in der Nähe von Szeged, bei denen Caries sehr selten ist, 0,074 mg% gegenüber ca. 0,008 mg% bei cariösen Personen; beiden Gruppen stand gleiches Wasser mit 0,2 mg/l zur Verfügung. Er meint, daß der hohe F-Gehalt die Fermente säurebildender Bakterien hemmt.

Die Fragen der verschiedenen Cariesresistenz verschiedener Personen gehören nicht direkt zu unserem Fragenkomplex und sind hier nur am Rande gestreift. Näheres s. z. B. H. GRANADOS et al. 1950 (326), FR. BRAMSTEDT et al. 1952/55 (111/112a u. 160a, S. 128/30). Nach Letztgenannten bestehen Unterschiede in der Aktivität der alkalischen Phosphatasen bei den cariesresistenten und cariesanfälligen Personen, und H. PFENNIGER 1953 (748) weist hinsichtlich der sauren Phosphatasen darauf ihn, daß entgegen den Angaben in der Literatur F kein spezifischer Hemmstoff für diese ist, sondern daß F in physiologischen Konzentrationen (0,01—0,02 mg%) aktivierend auf sie wirkt; höhere Konzentrationen (0,04 mg%) hemmen die Wirkung. Da die optimale Bildung der Zahnhartsubstanz von dem optimalen Vorhandensein der H_3PO_4 abhänge, könne durch F diese Bildung gefördert werden.

Nach A. KNAPPWOST 1951/52 (478/80) beruht die carieshemmende Wirkung peroraler F-Gaben nicht nur auf der teilweisen Bildung von Fluorapatit, sondern auch auf stoffwechsel-chemischer Wirkung von F auf die Speichelsekretion und die damit verbundene vermehrte Deckschichtenbildung. Die nämlich aus dem Speichel auf die Schmelzoberfläche sich niederschlagenden Hydroxylapatitschichten schützen die heterogene Schmelzoberfläche vor Korrosionsangriffen, wenn die Geschwindigkeit dieser Deckschichtenbildung größer ist als die Korrosionsangriffsgeschwindigkeit. Die Deckschichtenbildungsgeschwindigkeit hängt praktisch von der Speichelviskosität ab, die wiederum von verschiedenen Ernährungsfaktoren beeinflußt wird. KNAPPWOST konnte durch Versuche mit ^{32}P zeigen, daß perorale F-Gaben die Deckschichtenbildungsgeschwindigkeit erhöhen und damit carieshemmend wirken. — Bei einer derartigen Rolle des Speichels wäre allerdings das von M. IRWIN u. J. WALSH 1953 (426) empfohlene Überziehen der Zahnoberfläche mit einem beständigen festhaftenden öligen Gel mit Vorsicht zu betrachten, wenn es auch bei Versuchen in vitro bei 63% eine Schutzwirkung gegen Säureangriff zeigte.

Es ist verständlich, daß man bald versuchte, an Stelle der F-Zufuhr im Trinkwasser dem Körper F in anderer Form zusätzlich darzureichen[1]. Viele empfehlen Zusatz zur Milch durch die Molkereien. Dafür spricht manches, manches aber auch dagegen. E. ZIEGLER 1953 (1086) z. B. weist darauf hin, daß Milch gleicherweise von der schwangeren Frau, vom Säugling, Kleinkind und Schulkind aufgenommen werde, also regelmäßig während der ganzen Dauer der Zahnentwicklung. Zusatz von 2,2 mg NaF = 1 mg/l F verändere den Geschmack gar nicht; er entspräche etwa der mit Zunahme des Körpergewichts erforderlichen F-Menge. Wobei allerdings nicht vergessen werden darf, daß

[1] S. auch E. OTT: Organische F-Verbindungen zur Kariesprophylaxe, 1955 (160a, S. 138—141). Aus der Fluorstearinsäure und aus der 5-Fluor-n-valeriansäure hergestellte Fluorfette, stark verdünnt mit anderen Speisefetten, wurden von Ratten gut vertragen, wobei eine schnelle Fluoraufnahme in den Zähnen erfolgte. Verkalkungsstörungen wie bei CaF_2-Fütterung traten dabei im Schmelz oder Dentin nicht auf.

ein nicht unbeträchtlicher Teil des zugesetzten F durch das Ca der Milch zu schwerlösliches CaF_2 gebunden wird. Auch J. McKee 1953 (652) hält Milch für den geeigneten Träger einer zusätzlichen F-Zufuhr, zumal der Milchkonsum weniger vom Alter, Geschlecht, Jahreszeit oder Klima abhängig sei als Wasser. Auch die Kosten seien geringer als Fluoridierung des gesamten Wassers, allerdings für die Einzelperson leider höher. Das spräche gegen die Milch, auch daß die F-Bestimmung in der Milch schwieriger sei als im Wasser, ferner verböten noch vorhandene gesetzliche Bestimmungen F-Zusatz zur Milch und es sei bei vielen Molkereien Widerstand gegen einen solchen vorhanden (was bei der großen Verantwortung für richtige Dosierung verständlich ist). Sonst hätte die Milch große Vorteile. Aber man vergißt wohl, daß es unmöglich ist, jeden Milchmann im Lande zu kontrollieren. — Auf S. 22 erwähnten wir schon, daß man z. B. in Süd-Californien F bestimmten in Flaschen abgefüllten Getränken zusetze —.

Empfohlen zuerst wohl von H. Wespi 1948/50 (1036) ist auch F-Zusatz zum Kochsalz und zum Brot. Er empfiehlt Fluoridierung des Speisesalzes auf 100 bis 200 mg/kg NaF = rd. 50 bis 100 mg/kg F, des gesamten Kochsalzes für Nahrungszwecke jedoch nur auf 30 bis 50 mg/kg F und glaubt, daß in ähnlicher Weise wie bei der Prophylaxe des Kropfes in der Schweiz die Cariesresistenz der Bevölkerung gehoben werden könne. Durch Versuche an einer kleinen Zahl von Kindern, bei denen die Mütter schon vor der Geburt „verstärktes Vollsalz“ (20 mg KJ, 100 mg NaF, 100 mg KBr, 5 mg K-arsenit/kg NaCl) erhielten und die es weiter in der Zeit der Zahnentwicklung nahmen, zeigte sich, daß der sonst normal bei 4 mg% liegende F-Gehalt der Zahnasche bei den meisten Zähnen um 75—100% gestiegen war. Natürlich stößt die Fluoridierung des Salzes ebenso wie die der Milch auf Schwierigkeiten der Dosierung und Verteilung. Darauf weist A. Mirimanoff 1954 (675) hin und sagt, daß genaue Dosierung und Gabe nach dem Alter nur in Form von Tabletten möglich sei, wie sie z. B. in den „Zymafluor-Tabletten“ mit einem Gehalt von 0,25 mg NaF in der Schweiz versuchsweise angewandt würden: 1 Tablette je Tag für den Säugling, 1—2 für Kinder von 1—3 Jahren, 2—3 Tabletten für Kinder von 3—7 Jahren, 4 Stück = 1 mg F vom 7. Jahre ab. Werdende und stillende Mütter sollen täglich 4 Tabletten nehmen. Diese Dosierung gilt für einen F-Gehalt des Trinkwassers von 0—0,25 mg/l, bei entsprechend höherem F-Gehalt werden sie entsprechend geändert. Derartige Präparate sind inzwischen eine ganze Reihe in den Handel gekommen. Erwähnt sei z. B. „Enziflur“ = CaF_2 mit Ascorbinsäure in Tablettenform, „Strean-Tabletten“ ähnlicher Zusammensetzung, „Karidium-Tabletten“, enthalten NaF; alle drei USA-Präparate. Letztgenannte sind für werdende Mütter nach dreimonatiger Schwangerschaft, für Säuglinge ab einer Woche nach der Geburt, für Kleinkinder, Schulkinder und Jugendliche, jedesmal in verschiedener Dosierung, gedacht. Sie dürfen nur auf ärztliches Rezept abgegeben werden. Von deutschen Präparaten seien erwähnt z. B. „Calcipot F“-Tabletten, besonders empfohlen zur Cariesprophylaxe im Wachstumsalter zur Zeit des Zahnwechsels, enthalten je Tablette 0,16 mg F in Form von NaF sowie 28% Ca-citrat und 8% Ca-phosphat; „Fluorvit"-Tabletten enthalten MgF_2, Vitamin C und B und Ca-Salze und sollen zur Bekämpfung der Caries und Ausbildung cariesresistenter Zahnschmelz-Deckschichten dienen, für Säuglinge enthalten sie 0,1 mg F, für Kinder und Erwachsene 0,5 mg. Die „Fluortabletten Seck-Ulm" enthalten 0,25 mg F, die „Fluorantol-Tabletten" der gleichen Firma je 1 mg F in Form leicht resorbierbarer F-Ionen, kombiniert mit Fluorsilicationen. H. J. SCHMIDT 1951 (875) nennt noch „Ostocal"-Tabletten, die Ca, Vitamin D und Phosphor sowie das F im Knochenmehl enthalten, W. KESSLER 1953 (469) nennt ferner „Calciduran F", „Fluorcalcol". Im Anzeigenteil des Programmheftes der 2. Tagung der ORCA (s. S. 16) in Genf vom 17.—19. 5. 1955 sind weiter genannt: „Fluoretten-Albert", Dragées und Tabletten zu 0,25 mg bzw. 0,7 mg F als NaF, „D-Fluoretten-Albert", Tabletten zu 0,75 mg F als NaF + 500 I. E. Vitamin D in Milcheiweißbindung, ferner „Kauvit", Magnesium-Fluor-Tabletten zur Ausbildung gesunder Zähne beim Säugling und beim Kleinkind, „Karivit" mit natürlichem mineralischem Fluor, vorbeugend gegen Zahnfäule; ferner „Vitafluor", Tabletten mit NaF und Vitamin D und C, „Hygro-Nährschutz mit Fluor", führt zu einer ganz neuartigen mit biologischer Kalkprophylaxe verbundenen Fluoridierung, genau genormt, daher Fluorüberschuß ausgeschlossen. Nach D. B. P. 834 886 Kl. 30h vom 9/2. 1950, ausg. 24/3. 1952 besteht ein „Mittel zur Einführung von F in die Zähne" aus einem genießbaren Trägerstoff, z. B. Zucker, der NaF enthält, besonders in Pillenform, und F. P. 1 013 756 vom 14/2. 1950, ausg. 4/8. 1952 betrifft ein in Tafeln geformtes Schokoladenpräparat mit 11 mg F in 125 g und evtl. noch Zusatz von $CaH_4(PO_4)_2$. Das (gefährliche!) Produkt soll den Zähnen zur Verhinderung von Zahnfäule F unmittelbar durch den Kauakt zuführen und außerdem den Körper mit F und Ca versorgen. Zu bedenken ist nur, ob letztgenannte Präparate wegen ihres hohen Zuckergehalts wirklich ihren Zweck erfüllen können.

Der bei NaF-Tabletten immerhin möglichen Gefahr einer Überdosierung für versehentlich an die Tabletten geratene Kinder kann nach Anregung von KNAPPWOST durch Zusatz von $CaCO_3$ in einer so berechneten Menge vorgebeugt werden, daß auf jeden Fall die im Magen (außer der sich bildenden CaF_2-Menge) gelöst verbleibende F-Menge unterhalb der schädlichen Grenze bleibt.

HCH. SCHMID 1951 (874) berichtet über mehrjährige Versuche in der Schweiz an Kindern mit NaF-Tabletten (2,2 mg) + 30 mg Vitamin C + 1000 I. E. Vitamin D. Nach zweijähriger Medikation stieg der F-Gehalt in der Zahnmasse von anfangs 8—10 auf 21—26 mg%. F aus NaF wurde leichter aufgenommen als aus CaF_2. Die orale Verabreichung von F wirkte sich in der Schwangerschaft sehr günstig auf das Gebiß aus. Bei Stillenden kam es kaum zu einer Erhöhung des F-Gehalts der Milch. — Auch A. J. HELD u. F. PIGUET 1954 (376a) beobachteten an etwa 500 schweizer 5—8 Jahre alten Kindern, die 3 Jahre hindurch an je rd. 200 Tagen Knochenextrakt (Ossopan) und 0,5—1 mg NaF (insgesamt 330—500 mg NaF) erhalten hatten, deutlich Verminderung der Cariesanfälligkeit, auch bei Kindern, die erst nach ihrem 6. Lebensjahre behandelt wurden. Auffällig war, daß die ersten Molaren eine bedeutend geringere Resistenzzunahme zeigten als die übrigen Zähne.[1]

In der Deutschen Bundesrepublik wurde als Abschluß der ersten dreijährigen Tablettenfluoridierung im Bundesgebiet, in Offenbach/Main, bei der 300 Schulkinder des Geburtenjahrganges 1944/45 schultäglich 2 NaF-Tabletten zu je 0,5 mg F erhielten, eine Cariesreduktion von 23,4% gegenüber der gleichaltrigen Vergleichsgruppe derselben Schulen ermittelt (s. 969, 1. 12. 54). Außerdem läuft eine ganze Reihe analoger Versuche mit F-Tabletten-Darreichung in z. B. Marburg/Lahn, Schlüchtern, Ulm und besonders ein Großversuch an je 5000 Kindern eines industriellen, ländlichen und gemischten Kreises Hessens.

Von der Idee der Fluoridierung des Brotes oder der Brotkruste, letztgenannte durch F-Zusatz zum Streichwasser, das auf das Brot nach dem Backprozeß aufgestrichen wird (s. 969, 1. 11. 54) scheint man bald wieder abgekommen zu sein. Sie hat keinerlei Vorteile vor der F-Darreichung in Tablettenform, ganz abgesehen davon, daß man den Fluoridierungsvorgang doch wohl unmöglich einer Backstube verantwortlich überlassen darf und eine Kontrolle ebensowenig durchführbar ist wie bei der Milch (s. o.).

R. Schönwald 1948 (879) will beobachtet haben, daß Verabreichung von Calcarea fluorica D 12 und Calcarea phosphorica D 6 während der Schwangerschaft gute Entwicklung des Zahn- und Kiefersystems beim Kinde wesentlich förderte, ein Befund, der angesichts der mit der natürlichen Nahrung aufgenommenen F-Mengen von täglich mindestens 0,25 mg F wohl noch nachzuprüfen sein dürfte. — Nach D. B. P. 855 761 Kl. 30h vom 29/4. 1951, ausg. 17/11. 1952 erhält man ein F-haltiges Prophylakticum, indem CaF_2 in homöopathischer Verdünnung mit Milchzucker unter gleichzeitiger CO_2-Einwirkung auf $NaHCO_3$ aufgestäubt wird. Das fertige zur Cariesprophylaxe per os gedachte Produkt enthält in 1 kg 0,0001 g CaF_2.

Den ersten Versuchen zur Cariesverminderung durch innerliche Darreichung von F im Trinkwasser, in Milch, in Form von Tabletten u. dgl. folgte bald eine äußerliche, nachdem man schon früher (s. 873) zur F-Anreicherung im Schmelz und Zahnbein auf der Oberfläche der Zähne haftende Apatit enthaltende Zementpflaster verwendet hatte, die mehrere Monate auf dem Schmelz belassen wurden. Zuerst waren es B. Bibby, Knutson u. W. Armstrong 1942/44 (s. 877), die mit der äußerlichen F-Anwendung in USA überraschende Erfolge mit 30—40% Cariesreduktion melden konnten. Über die zweckmäßigste Art der Durchführung der *Zahnschutzhärtung durch F-Pinselung oder -Berieselung* und über deren Wirkungsweise entstand dann eine sehr umfangreiche Literatur. Im allgemeinen wird sie heute wohl vorwiegend in der Weise durch-

[1] Als zwar nicht direkt zur Cariesprophylaxe bestimmt seien noch genannt „Combionta-Dragees", Merck, eine Polyvitamin-Mineralsalz-Kombination mit 11 Vitaminen und 10 Mineralsalzen, darunter 0,055 mg NaF je Dragee, ferner die USA-„Revicaps"-Kapseln, die außer 10 Vitaminen 11 Mineralsalze enthalten, darunter 0,1 mg als CaF_2, außerdem 5 mg Amphetaminsulfat (Benzedrin), unserem Weckamin-Pervitin ähnlich, besonders für Entfettungskuren empfohlen — s. H. Römpp 1954 (1129).

geführt, daß — s. W. Kessler 1953 (469) — die Zähne zuerst mit $CaCO_3$ und H_2O_2 gesäubert und entfettet werden. Nach Trockenlegen erfolgt die Pinselung. Die Lösung läßt man 4 Minuten einwirken. Man behandelt viermal im Abstand von je 1 Woche. Als Behandlungsalter werden empfohlen das 3., 7., 11. und 13. Jahr, um die jeweils neu erscheinenden Zähne zu erfassen, jedoch muß man das Durchbruchsalter berücksichtigen, darf also nicht schematisch vorgehen. Nach der Pinselung sollen die Zähne 24 h lang nicht geputzt werden. Kessler empfiehlt, die Pinselung nicht nur bei Kindern zu erproben, sondern auch bei Erwachsenen, zumal bei Industriearbeitern mit Säuregefährdung. Auch A. Knappwost 1952 (479) sagt, daß für das Problem der Cariesprophylaxe durch lokale Fluoridierung die Feststellung von M. Massler 1951 von Bedeutung sei, daß sie keineswegs nur bei Kindern und Jugendlichen wirksam ist. Es sei auch theoretisch nicht verständlich, warum das F-Ion nur mit dem Hydroxylapatit des Zahnschmelzes jugendlicher Zähne reagieren und nur diesen erhöhte Cariesresistenz verleihen solle. Ebenso ist Wo. Breitner 1953 (s. 969, 1. 3. 55) der Ansicht, daß diese lokale F-Behandlung altersmäßig fast unbegrenzt vorgenommen werden kann und daß eine Prophylaxe bei Erwachsenen jüngeren Alters durchaus noch seine Berechtigung hat. B. Kutler u. R. Ireland 1953 (514) allerdings stellten bei Erwachsenen von 20—42 Jahren nach einmaliger Behandlung mit 2% NaF innerhalb 13 Monate langer Beobachtungszeit keinen Einfluß fest.

Die Erfolge betrugen nach H. Heuser u. W. Kessler 1952 (389) bei 379 elf bis dreizehn Jahre alten Kindern in Marburg/Lahn mit 2%iger NaF-Lösung rd. 40% Cariesreduktion, d. h. statt 100 Neuerkrankungen erfolgten nur 60. Wie lange der Schutz anhält ist noch nicht bekannt. Nach H. J. Schmidt 1951 (875) wird die Dauer der Schutzwirkung mit 5 Jahren angenommen und tut man gut, sie alle 3 Jahre zu wiederholen. Ursprünglich benutzte man wässrige NaF- oder CaF_2-Lösungen verschiedener Konzentration, auch Al_2F_6- und ZnF_2-Lösungen, bis man vorwiegend 2%iger NaF-Lösung den Vorzug gab. J. Muhler u. G. van Huysen 1947 (695) fanden, daß man auch z. B. Zinnfluorid verwenden kann. Nach Ch. Howell et al. 1952/54 (408/08a) haben KF und PbF_2, lokal appliziert, auf menschliche Zähne keinen Einfluß; Zinnchlorfluorid, 4%ig, zeigte wesentlich größere Wirksamkeit als NaF-Lösung.

Bei Behandlung mit NaF-Lösungen wurde bisweilen toxischer Einfluß auf die Pulpa und Abbau von Silicatfüllungen beobachtet. Nach H. Schlegel 1951 (869) können diese durch Verwendung von „Cervin“ (enthält $MgSiF_6$) und Nachbehandlung mit Reogan-Milch (= alkal. Ca-Caseinate) vermieden werden.

Hch. Schmid 1948 (873), welcher der Frage der F-Aufnahme des Zahnes durch Behandlung mit NaF-Lösungen eingehende Untersuchungen widmete und dabei auch fand, daß sich durch Vorbehandlung mit ½%iger Kaliumrhodanit-Lösung eine erhöhte Aufnahmefähigkeit erzielen läßt, da KCNS quellend und enthärtend auf die organische Substanz des Schmelzes wirkt, erreichte als Höchstwert (im Schmelzpulver) 4200 mg% F. Da der theoretische

F-Gehalt des Fluorapatits 3770 mg% beträgt, würde das 109% des Theoretischen ausmachen, also anzeigen, daß außer der chemischen Bindung noch eine Adsorption von F stattgefunden hat[1] (vgl. auch S. 38). In F-armen Zähnen aus Caries-Gebieten mit 3—4 mg% F ist nur etwa $^1/_{1000}$ des theoretisch möglichen F in den Apatit eingebaut. — An mehr als 1000 überprüften Fällen konnte in rd. 300 eine Caries vermindernde Wirkung der Pinselungen mit ½%iger KCNS-Lösung während 20 Minuten und angeschlossener gleich langer mit 2%iger NaF-Lösung festgestellt werden. Der F-Analysenwert nach solchen Pinselungen hob sich um 0,1 bis 0,5 mg%. — Über weitere 6 Jahre lang an 2000 Kindern durchgeführte Versuche berichtet derselbe Forscher 1951 (874): Bei regelmäßiger Pinselung mit 4%iger NaF-Lösung (nach vorausgegangener Pinselung mit 2%iger KCNS-Lösung) wurden je nach Alter 4 bis 10% mehr vollbezahnte cariesfreie Personen gezählt gegenüber den Kontrollgruppen. Eine absolute Erfolgssicherheit wurde jedoch nicht erzielt. — In Versuchen von E.-A. Boltes 1953 (88) an 100 Kindern mit lokaler Anwendung des Cariesprophylakticums „Ordinal“, = 2%ige NaF-Lösung p_H 7,3—7,5 + Harnstoff, wurden nach 1 Jahr 3,4% mehr neue cariöse Stellen gegenüber 7,1% bei unbehandelten Kontrollen gefunden. W. Schmitz 1952 (677) behandelte 400 Schulkinder mit „Fluorsol“ und stellte bei Kontrolluntersuchungen nach 2 Jahren 9% Caries-Erkrankungen bei behandelten Zähnen gegenüber 19% bei nichtbehandelten fest. Wegen des geringen Unterschiedes lehnt er die Zahnschutzhärtung in Form der Pinselung als allgemeine prophylaktische Maßnahme in der Schulzahnpflege ab, betont jedoch ihren selektiven Wert bei cariesanfälligen Gebissen.

Über den günstigsten p_H-Wert sind die Meinungen getrennt. Nach H. McCauley 1949 (633) zeigten zwar Versuche in vitro bei p_H 2,6 bis 5,5 erhöhte Schutzwirkung, jedoch ergaben die klinischen Befunde einen maximalen Erfolg ausschließlich bei Anwendung einer nicht angesäuerten 2%igen wässerigen NaF-Lösung. Schibalski 1949 (867) gibt an, daß bei p_H 4 besonders gute Erfolge erzielt wurden, und nach H. Euler 1949 (237) sind neutrale Lösungen vorzuziehen, da diese nicht die Gefahr in sich schließen, einen Defekt des Fluorhydroxylapatit-Kristallgitters entstehen zu lassen. N. Rickles u. H. Becks 1951 (809) bestätigen das. W. Perdok 1952 (743) fand, daß bei 24stündiger Behandlung von Zahnschmelz mit 2%iger KF-Lösung bei p_H 5,2 mehr F aufgenommen wird als bei p_H 7,0.

A. Ssuchowolskaja 1949 (933) führte eine Cariesprophylaxe mit 75%iger Fluorpaste in der $AgNO_3$-Abteilung einer chemischen Fabrik durch an 22 Arbeitern und 302 Zähnen. Die Behandlung wurde alle 2 bis 3 Monate wiederholt. Die Untersuchten standen 1 bis 10 Jahre unter Beobachtung. Es ergab sich ein ausgezeichneter Schutz gegen die Einwirkung von HNO_3-Gas, von $AgNO_3$-

[1] Nach A. Candeli u. G. Sforzolini 1953 (1098) besitzt verschieden aufgearbeitetes Zahnmaterial eine Fixationskapazität für F, die den Gehalt des Ausgangsmaterials um das 10—20fache übersteigt. Sie errechnen, daß die Mineralsubstanzen des Zahnes je 100 g des ganzen Zahnes 39 g F und die organischen Substanzen 3,75 g F binden können.

Staub und von SO_2. Bei 20 der beobachteten Arbeiter traten keine neuen cariösen Zahnveränderungen auf. Die Empfindlichkeit der Zahnhälse gegen Kälte verschwand bereits nach einmaliger Behandlung mit der F-Paste. Die Stauungserscheinungen am Zahnfleisch (wohl eine Folge der Einwirkung der HNO_3-Dämpfe und des SO_2) blieben dagegen unverändert. Auch M. TUSSINOWA 1950 (992), die 869 Schulkinder halbseitig mit einer 75%igen NaF-Paste behandelte, stellte wesentlich geringere Cariesanfälligkeit der behandelten Zähne fest.[1] Desgleichen T. ALBANSKAJA 1951 (4) bei Verwendung von NaF-Glycerin-Paste 3:1, die nach Versuchen an 2000 Kindern zwar nicht die Entstehung von Caries verhinderte, die Entwicklung des Cariesprozesses aber vielfach aufhielt. Über Schäden bei Verwendung solch konzentrierter Pasten wird nichts berichtet.

Von besonderer Bedeutung ist natürlich die Frage nach der Wirkungsweise der lokalen Fluoridierung der Zahnoberfläche. Folgen wir zunächst A. KNAPPWOST 1952/53 (479/81). Nach seiner Ansicht bildet sich bei der Behandlung des Hydroxylapatits mit der NaF-Lösung nicht sofort der gewünschte Fluorhydroxylapatit, sondern zunächst CaF_2, das sich erst langsam zu Fluorapatit umsetzt. Deshalb ist eine häufig nicht gegebene lange Haftzeit des CaF_2-Niederschlages an der Zahnoberfläche erforderlich. Man kann sie z. T. erreichen, indem man die Zähne vor der NaF-Pinselung mit Bimssteinpulver putzt. Wo. BREITNER 1953 behandelt mit Milchsäure und sauren P-Lösungen vor und H. ABEL 1955 (1094 u. 160a) benutzt zur besseren Diffundierung der NaF-Lösung galvanischen Strom. Wesentlich günstiger als NaF erwies sich nach KNAPPWOST Anwendung von $MgSiF_6$-Lösung, der man zweckmäßig geringe Mengen Cu-Ionen zusetzt: Bei kurzer Nachtouchierung mit $Ca(OH)_2$ oder mit alkalischen Ca-Caseinaten (Reaganmilch) wird der $MgF_2 + CaF_2 + Cu(OH)_2$-Niederschlag durch ein SiO_2-Gel auf der Zahnoberfläche festgehalten und bewirkt im Laufe der nächsten Tage eine wirkungsvolle Fluoridierung der Schmelzoberfläche, wobei die Cu-Ionen gleichzeitig auf die acidogenen Bakterien bactericide Wirkung ausüben.[2] Diese Anschauungen finden eine Bestätigung durch Befunde von H. MYERS et al. 1952 (708): Radioautographien von mit ^{18}F behandelten Zähnen zeigten, daß ein großer Teil der F-Ionen nur lose auf dem Schmelz haftete und durch Abspülen leicht entfernt werden kann, während nur makroskopisch nicht erkennbare defekte Stellen im Schmelz ^{18}F aufzunehmen vermögen. An diesen Stellen ist ^{18}F deutlich konzentriert nachzuweisen. Auch die Ergebnisse von R. FISCHER et al. 1954 (264) sprechen dafür: An Hand von Elektronen- und Röntgenbeugungsaufnahmen ließ sich zeigen, daß KF hauptsächlich auf der Oberfläche eine Umbildung der Apatit-

[1] T. BURKOFF 1955 (160a, S. 170—174) berichtet, daß in Bulgarien seit 3 Jahren massenhafte exogene Fluorierung aller Kinder im Alter bis zu 14 Jahren mittels Einreiben einer 75% NaF enthaltenden Paste auf eine Gruppe vorher gesäuberter und getrockneter Zähne vorgenommen wird.

[2] N. RICKLES u. H. BECKS 1952 (810) konnten bei äußerlicher Anwendung einer 2%igen NaF-Lösung keine Änderung der acidogenen Eigenschaften der Mundflora und des Lactobacillus acidophilus-Index feststellen (s. dazu auch S. 118).

zur CaF_2-Struktur verursacht, Na_2SiF_6 eine solche hauptsächlich im Inneren der Partikelchen. — W. PERDOK 1952 (743) will mit Hilfe von DEBYE-SCHERRER-Aufnahmen, auch von Schmelz fossiler Zähne, und vergleichende Untersuchung von Hydroxylapatit die Bildung von Fluorapatit im Schmelz nachgewiesen haben. Jedoch tritt keine Umwandlung von Hydroxylapatit in Fluorapatit ein, sondern die große Härte von fluoridiertem Schmelz wird von der festeren Bindung Fluorapatit-Protein verursacht, weil das F-Ion stärkere H-Brücken bildet als O- oder OH-Ionen. Damit wird auch die geringere Säurelöslichkeit von fluoridiertem Schmelz erklärt. — W. RATHJE 1953 (788) dagegen schließt aus seinen Versuchen in vitro, daß das bei der Applikation von F-Verbindungen auf der Zahnoberfläche entstehende Hydroxylfluorapatit mit dem Hydroxylapatit des Schmelzes isomorphe Mischkristalle bildet und die cariesvermindernde Wirkung der lokalen F-Behandlung auf langsame Bildung von schwerlöslichem Hydroxylfluorapatit am Zahnschmelz in Gegenwart von CaF_2 beruht.

CHR. LEIMGRUBER 1953 (549) lehnt eine lokale Cariesprophylaxe mit F-Lösungen ab weil sie zu einer Denaturierung der Zahnoberfläche durch Bildung einer CaF_2-Kruste führe, wobei Ca der Zahnsubstanz entzogen wird.

In einem Prospekt über den „F-Cu-Zahnhärter Seck-Ulm zur Zahnpinselung“, in dem die beabsichtigte Wirkungsweise des Präparates dargelegt wird (gleichzeitige F-Härtung des Zahnschmelzes durch Dauerwirkung des sich bildenden haftfesten Schutzniederschlages von Fluor-Kupfer-Kiesel-Gel und Bekämpfung der Fissurencaries durch Festigung des Kollagens gegen proteolytische Bakterien durch das Cu) wird auch genaue Gebrauchsanweisung „Nur für die Hand des Praktikers“ gegeben. Es muß jedoch eindringlich davor gewarnt werden, Zahnhärtungsexperimente etwa selbst ausführen zu wollen. Alle cariesprophylaktischen Behandlungen, ob intern oder extern, gehören ausschließlich in die Hand des Arztes bzw. Zahnarztes.

h) Fluorhaltige Zahn- und Mundpflegemittel

Es war naheliegend zu versuchen, ob gleiche carieshemmende Wirkung wie mit örtlicher allgemein nur vom Zahnarzt durchführbarer Zahnbehandlung mittels starker F-Lösungen sich auch durch tägliche Zahnpflege mit F-haltigen Zahnpasten oder Zahnwässern erzielen läßt Über die Erfolge wird verschieden berichtet So schreiben E. SHAUER u. R. SMITH 1946 (907), daß der Gebrauch von Zahnpulvern mit 0,005 bis 0,1% NaF nach Monaten keinerlei toxische Erscheinungen oder Reizungen erkennen ließ, dagegen waren die Lactobacilli stark zurückgegangen. MCCLENDON u. W. FOSTER 1948 (636) bürsteten die Zähne von Ratten täglich mit gepulvertem, braunem Tennessee Rock-Phosphat (71,4% Fluorapatit) und fanden, daß das Auftreten von Zahncaries bei einer Diät von gelbem Mais und Milch abnahm. Mit Ausnahme der Marmorierung nachwachsender Zähne war die Schädlichkeit der Fluoride gering. Fluoride in Rock-Phosphat wurden von Menschen kaum resorbiert. Nach einem Jahre Durchführungszeit trat bei Studenten, die ihre Zähne mit gepulvertem Rock-Phosphat oder gepulvertem Apatit bürsteten, weniger Caries auf als bei Kontrollen.

O. Eichler u. I. Appel 1952 (217) bürsteten 5 jungen Hunden mit Milchgebiß 30—100 Tage lang die Zähne mit 0,25—0,5 g einer F-haltigen Zahnpaste (= 0,5—1 mg F); die Schmelzoberflächen zeigten deutlich erhöhten F-Gehalt gegenüber unbehandelten Tieren. Auf Grund von Modellversuchen empfehlen sie ferner zur Erhaltung der Reaktionsfähigkeit der Fluoride neben $CaCO_3$ in Zahnpasten Zusatz von $(NH_4)_2CO_3$ und einer oberflächenaktiven Substanz, wobei sich besonders Monoäthanolammoniumfluorid bewährte; diese Zusätze sollen gleichzeitig den Einbau von F in die Zahnsubstanz fördern.

Nach Hch. Schmid 1948 (873) wiesen mit F-haltigen Zahnpasten gepflegte Zähne bei der Analyse keinen erhöhten F-Gehalt auf, was der Feststellung von B. Bibby 1947 entsprechen würde, wonach der Gebrauch F-haltiger Zahnpasten keinerlei Cariesrückgang bewirkte. Auch H. Hornung 1950 (405) schreibt, daß die Verwendung F-haltiger Zahnpasten und Zahnpulver bisher nicht zu einem sicher nachweisbaren Erfolg zur Vorbeugung der Zahncaries geführt habe, wozu allerdings noch hinzukomme, daß ein einmal angegriffener Zahnschmelz sich nicht von selber regeneriere. Desgleichen konnten K. Winkler et al. 1953 (1066) während 1½ Jahren bei 186 Kindern im Alter von 11—15 Jahren mit einer 0,15% NaF enthaltenden Zahnpaste keinen Einfluß auf die Carieshäufigkeit beobachten; Entstehung neuer cariöser Stellen an den Prämolaren und Molaren wurde nicht verhindert.[1]

W. Bossert u. J. Dunning 1945 (103) beobachteten, daß eine 0,1% NaF enthaltende wässerige Lösung beim Gebrauch als Mundwasser nach 2 Minuten nur noch 0,096%ig und nach 3 Minuten 0,0951%ig war. In einigen Fällen waren 6% der verwendeten Dosis verschluckt worden. Sie raten daher zur Vorsicht. Aber von anderer Seite wieder wird darauf hingewiesen, daß die prophylaktische Wirkung der Zahnfluoridierung durch die fortgesetzte Resorption kleinster F-Mengen in den Saftstrom des Körpers hierbei unterstützt werde.

Die oft mit mehr oder weniger über das Ziel hinausschießender Reklame im Handel erscheinenden F-haltigen Zahn- und Mundpflegemittel enthalten teils einfache Zusätze von NaF, teils organische F-Verbindungen. Zu erstgenannter Gruppe gehört z. B. „Kari-Ex“, das aus NaF + Na. biboric., Na. benzoic. in gepufferter Lösung, Alkohol + Menthol und äther. Ölen bestehend angegeben wird, oder „Kaliklora-Zahnpaste“, bzw. „Kaliklora-Granulat“, letztgenanntes 1% NaF enthaltend als Zahnpulver zu verwenden. Auch wohl das Mund- und Zahnpflegemittel „Fluomint-Lysoform“, das nach D. B. P. 844 343 Kl. 30h v. 1/6. 50, ausg. 21/7. 52 hergestellt wird, indem man Kaliseife mit einer Lösung von KF und mit 40%iger CH_2O-Lösung unter Zusatz von Geschmacksstoffen in solchem Verhältnis mischt, daß 1 cm^3 des fertigen Präparates 1 mg KF enthält. Präparate mit organischen F-Verbindungen sind

[1] Sehr ablehnenden Standpunkt vertritt H. Eggers-Lura 1954 (1103): Durch Zusatz von Zahnpaste zum Speichel werde allgemein die Speichelatmung verhindert, mithin die Cariesanfälligkeit erhöht. Einer Zahnpaste käme daher nur insofern hygienische Bedeutung zu, als sie zum Gebrauch der Zahnbürste anreize.

z. B. „Ondroly“ oder „Rorison's Nur 1 Tropfen“ (one drop only). Als Zusammensetzung des letztgenannten wird angegeben: Diphenyl-o-oxychinolin-Fluoradditionsverbindung mit bakterizider Wirkung + Na-p-oxybenzoesäuremethylester, entzündungswidrig und hyperämisierend wirkend + Menthol und äther. Öle; hierzu auch die „Ondrony-Zahnpasta mit optimaler F-Wirkung“, bei der als besonderer Vorzug angegeben wird: Gleichmäßige lokale Fluorierung der harten Zahnsubstanz sichernd, carieshemmend, ohne schleifende Putzkörper, zahnfleischfestigend, ferner „Biox-Fluor-Zahnpaste“, die als wirksamer F-Bestandteil β-Oxyäthylammoniumhydrofluorid enthält, ferner z. B. „Paradental F“ zur Behandlung von Paradentiden, Gingivitiden, Stomatiden, auch Paradentose, und zur prophylaktischen Behandlung kindlicher Gebisse, (o-Oxychinolinfluorid, Thymol, Phenylsalicylat, Alkohol, äther. Öle). Andere dieser Präparate haben noch kompliziertere Zusammensetzung, ebenfalls mit organischen F-Verbindungen unter Zusatz von Ammoniumverbindungen und/oder Chlorphyll[1], wie „Salviathymol“ (Gemisch aus Azulen, Chlorophyll und alkoholischen Auszügen aus Fol. Salviae, Herb. Alchemillae, Rad. Ratanhiae mit Zusatz von Salol, Thymol, Menthol und einer organischen F-Verbindung); auch „Ascodent“ (Ascorbinsäure, F-Ionen, Chlorophyll und äther. Öle) und die Spezialpaste „F“ der gleichen Firma mit Fluor und Ammon. biphosphoric. Beide zur Zahnpflege und als Zahnputzmittel bei und zur Prophylaxe von Paradentose, Caries und Mundgeruch, die Paste „F“ zur speziellen Festigung und Politur des Zahnschmelzes empfohlen. — Als besondere Bestandteile der „Aronal“-Zahnpaste wird ein standardisierter Gehalt an Vitamin A und D sowie Fluor und Sulforicinoleat angegeben.

Nach F. P. 1 066 270 v. 22/8. 52, ausg. 3/6. 54 besteht eine Zahnpaste mit aktivem Fluor aus bekannten Mitteln unter Zusatz von Monoäthanolaminfluorhydrat (s. auch D. B. P. 855 118 Kl. 12q v. 5/12. 50, ausg. 10/11. 52) und einem Emulgator. — E. P. 644 339 v. 11/3. 48, ausg. 11/10. 50 betrifft ein

[1] Die ursprünglich recht hoffnungsvoll erscheinenden sogen. ammonisierten, NH_3 entwickelnden Zahnpflegemittel mit 5% sekund. Ammoniumphosphat und 3% Harnstoff = Keselscher Kombination zur Verhinderung der Milchsäurebildung im Munde, wie z. B. Amident, Amion, Amurol, Duro-Dont-Zahnpaste, Blend-a-med, A. P. 2 542 518 v. 27/2. 47, ausg. 20/2. 51, A. P. 2 542 886 v. 1/10. 48, ausg. 20/2. 51 usw. haben ihre Erwartungen nicht erfüllt. Kesel selbst fand bei Nachprüfung an 1700 Schulkindern seine anfänglich mit einer geringen Anzahl von Versuchspersonen durchgeführten Versuche nicht bestätigt, s. H. Hafer 1952 (349). Dagegen wurde von H. Heuser u. W. Kessler 1952 (389) bei Verwendung neben NaF-Pinselung verstärkte Wirkung erzielt.

Von den übrigen als Zusatz zu Zahnpflegemitteln empfohlenen und versuchten, wie Chlorophyll (Chloresium), Natriumbicarbonat, Penicillin (Dentocillin, Lansodent-Zahnpaste) haben die beiden erstgenannten keine bakteriostatische oder gar bakterizide Wirkung und sind zumindest harmlos; Chlorophyll ist wegen seiner grünen Farbe zudem nicht gerade angenehm im Gebrauch. Gegen dauernden Gebrauch penicillinhaltiger Zahnpflegemittel werden von ärztlicher Seite Bedenken erhoben, sie können auch nicht als Kosmetica angesehen werden. Versuche, geeignete Fermentinhibitoren für das glykolytische System oder unmittelbar bakteriostatisch wirkende Verbindungen zu finden, führten bislang nicht zu befriedigendem Ergebnis.

Zahnpflegemittel mit einem Gehalt von ca. 0,5% eines wasserlöslichen komplexen Fluorids, z. B. K-Fluortitanat, K-Fluorgermanat, NH_4-Fluorzirkonat, K-Fluorhafniat, und das E. P. 656 478 v. 11/3. 48, ausg. 22/8. 51 derselben (amerikanischen) Firma ein Zahnputzmittel mit einem Gehalt an F-Verbindungen und Be-, Fe-, Th-, V- oder Zn-Salzen.

An Stelle F-haltiger Zahnpasten und Mundwässer hat man auch F-haltige Kaugummi empfohlen, ein solches deutsches Präparat ist z. B. F-Kaugummi „Karivit". Nach A. P. 2 627 493 v. 5/2. 49, ausg. 3/2. 53 löst man zur Herstellung von F-haltigem Kaugummi aus der Grundmasse das Ca durch Behandeln mit z. B. HCl heraus, um die Bildung von CaF_2 zu vermeiden und versetzt dann mit NaF.

S. Gericke u. B. Kurmies 1952 (299) haben eine ganze Reihe von Zahnpflegemitteln auf ihren F-Gehalt untersucht. Bei 4 Zahnpasten, die sich durch eine F-Wirkung auszeichnen sollen, auf die besonders hingewiesen wird, wurde ein F-Gehalt von 0,6 bzw. 70 bzw. 174 bzw. 192 mg% gefunden, bei 35 weiteren Proben zwischen 0,2 und 22,4 mg%, davon in 7 Proben zwischen 11,6 und 22,4 mg%, sonst meist um 2—3, im Durchschnitt aller 35 Proben bei 5 mg%. Dieser F-Gehalt rührt von dem $CaCO_3$ her, das meist als Grundlage für die Pasten dient. Genannte Forscher halten eine Anreicherung mit F für zwecklos, weil die Löslichkeit der F-Verbindungen durch das im Überschuß vorhandene $CaCO_3$ herabgesetzt wird; außerdem sei die kurzfristige Einwirkungszeit sowieso ohne Einfluß auf die Bildung von Fluorapatit im Zahn. Auch A. Knappwost 1952 (479) erwartet durch Verwendung F-haltiger Mundwässer keine Carieshemmung, dagegen hält er die Annahme, daß F-Lösungen mit dem $CaCO_3$ der Zahnpasten sich vollständig umsetzen, für irrig. Nach seinen Versuchen und Berechnungen ist es durchaus möglich, Zahnpasten mit wirksamen F-Konzentrationen und sogar auf $CaCO_3$-Basis, das als Schutz- und Entgiftungssubstanz wirkt, herzustellen, die dann als günstige Cariesprophylaxe anzusehen seien. Übrigens hält er den Mechanismus der Fluoridierung des Schmelzes durch eine solche Zahnpaste für nicht den gleichen wie den durch einfache NaF-Lösungen (s. S. 125), sondern für im wesentlichen direkten, d. h. unmittelbaren Austausch von OH-Ionen gegen F-Ionen.

i) Therapie mit anorganischen und organischen Fluorverbindungen

Abgesehen von der oben besprochenen cariesprophylaktischen F-Therapie ist therapeutische Verwendung von F-Verbindungen in neuerer Zeit auch für verschiedene andere Zwecke wieder versucht und z. T. empfohlen worden. Der Einfluß von F auf enzymatische Prozesse, besonders auf den Phosphatstoffwechsel, war Veranlassung zur innerlichen NaF-Behandlung bei Knochenverletzungen, zur Erweichung verhärteten Narbengewebes, bei offener und fistulöser Tuberkulose und Knochensarkomen, bei chronischen Gelenkerkrankungen, ja sogar zur geistigen und körperlichen Auffrischung — s. E. Rost 1937 (835); E. Merck 1937 (663) —, also etwa im Sinne der alten von Crichton-Browne bereits 1892, nach seinen eigenen Worten allerdings „rein spekulativ“ betriebenen „Stärkungstherapie“, daß therapeutische Behandlung mit F-Verbindungen auch die Callusbildung und das Wachstum der Knochen neben der Hemmung von cariöser Zahnentwicklung fördern solle. — PEPERKORN u. KÄHLING 1944 (742) fanden bei 47 Arbeitern einer F-Fabrik in keinem Falle aktive Tuberkulose. Nur ein 66jähriger Mann hatte einen alten cirrhotischen Oberlappenprozeß. Er hatte 32 Jahre mit HF gearbeitet. L. GOLDENBERG 1927 (s. 1020) führte die schon 1881 von E. WOAKES (s. 829) versuchte interne F-Therapie ein bei Hyperthyreosen und bei Morbus Basedow auf Grund der Vermutung, daß die Erkrankung des endemischen Kropfes und Kretinismus nicht durch Jodmangel, sondern durch F-Überschuß in Luft, Nahrung und besonders Wasser zu erklären sei. Er und verschiedene Forscher schrieben dem F die Rolle eines Antagonisten gegenüber Jod zu, besonders gegenüber der spezifischen Jodwirkung der Schilddrüse, und man untersuchte, ob durch F-Behandlung, intravenös oder in Salbenform, solche durch Jodüberschuß im Körper erzeugten klinischen Erscheinungen sich zurückbilden würden, s. O. GORLITZER 1933 (325) — Behandlung mit HF-Bädern —; B. PURJESZ et al. 1934 (779) — Behandlung mit F-haltigen Eiern von mit NaF injizierten Hühnern! —; R. WASICKY 1938 (829); E. MERCK 1931/40 (663); E. ROST 1937 (835) A. BERNARDI 1941 (70) —. Eine Klärung der sich teilweise widersprechenden zahlreichen experimentellen Ergebnisse ist noch nicht restlos erfolgt. An Stelle der anorganischen F-Verbindungen NaF und NH_4F sind jetzt organische Präparate für lang dauernden Gebrauch in Aufnahme gekommen, wie die Basedow-Therapeutica Pardinon-„Bayer“ (= 3-Fluortyrosin), Tyronorman und Solvitren; die mit letztgenannten täglich gegebene F-Gabe beträgt rd. 0,1 bis 0,2 mg. Nach H. CASTERRA 1947 (141) bewährte sich bei 500 Hyperthyreotikern „K 17“ = 3-Fluor-4-oxyphenylessigsäure der Knoll A.-G., Ludwigshafen, jetzt als Capacin im Handel, teils zur Operationsvorbereitung, teils zur Behandlung. Für Mäuse ist es erst in einer Dosis von 3500 mg/kg tödlich (NaF = 500 mg/kg, 3-Fluortyrosin 11 mg/kg). Bei chronischer Verabfolgung bewirkte es keine F-Schäden. Auch R. MAY 1949/50 (622/3) erzielte mit diesem Präparat gute Erfolge bei Schilddrüsenüberfunktionsstörungen und hebt seine geringe Giftigkeit hervor und unterstreicht die Steigerung der Eßlust und die rasche Gewichtszunahme als besonders erwünschte Nebenwirkungen. Es kann auch zu Injektionen verwendet werden. Über Herstellung und Anwendung dieser und anderer organischer F-Verbindungen vgl. auch K. KRAFT et al. 1948/52 (495/6).

Bei den Untersuchungen von TH. VON FELLENBERG 1938 (250) zu der Frage, ob ein Zusammenhang zwischen dem F-Gehalt des Trinkwassers und der Kropfendemie besteht — s. auch K. KRAFT u. R. MAY 1937 (497) —, ergab sich aus den 64 Analysen, daß ein nur schwaches Auftreten der Endemie stets mit einem F-armen Wasser zusammenfiel, während ein starkes Auftreten sowohl an Orten mit wenig als auch an Orten mit viel F im Wasser vorkommt. Inzwischen sind aber Hs.-R. HELD 1950 (377), H. WESPI 1950 (1037) sowie V. DEMOLE, TH. VON FELLENBERG, A. J. HELD u. HCH. SCHMID 1951 (200) auf Grund der umfangreichen Untersuchungen in der Schweiz zu dem Schluß gekommen, daß dort eine kropferzeugende Wirkung des F sich nicht feststellen läßt. Die Thyreoidea der Kinder entwickelte sich unabhängig davon, ob die Trinkwässer reich oder arm an F sind. Selbst in der Gegend mit dem höchsten bisher in der Schweiz festgestellten F-Gehalt des Trinkwassers von 1,4 mg/l (Sembrancher) konnte bei ortsansässigen Kindern von etwa 15 Jahren, die seit ihrer Geburt dieses stark F-haltige Wasser tranken, kein einziger Fall von Kropf festgestellt werden. Und Erfahrungen mit fluoridiertem und jodiertem Salz zeigten, daß die kropfverhütende Wirkung des jodierten Salzes durch F nicht abgeschwächt wird. Demnach wäre hier kein biologischer Antagonismus zwischen Jod und Fluor vorhanden. Zu gleichen Ergebnissen kam W. Hoffmann-Axtheim 1953 (399) bei seinen Untersuchungen in Berggießhübel (sächs. Erzgebirge) und Umgebung. Es war regelmäßig bei den an Zahnfluorose befallenen Kindern eine Vergrößerung der Schilddrüse festzustellen, jedoch war diese geringer als bei Kindern ohne Schmelzveränderungen aus F-armen Vergleichsorten. Somit scheint unter der Vielzahl kropfbildender Faktoren das F auch in diesem Bezirk keine Rolle als kropfbildender Faktor zu spielen.

Ss. Guschtschin 1951 (338) dagegen fand in Versuchen an Kaninchen, daß schon sehr kleine F-Mengen das Jod aus den Organen verdrängen können und meint, daß daher auch in solchen Gegenden, wo Jod in der Natur sich in genügenden Mengen vorfindet, bei F-Zufuhr Kropf auftreten könne.

Wegen seiner Eigenschaft, den Appetit zu steigern und rasche Gewichtszunahme zu bewirken, empfiehlt R. May 1950 (623) obengenanntes Capacin bei schweren Tuberkulosefällen. D. Windfuhr's 1952 (1064) Erfahrungen mit dem Präparat gegen die bei der Lungentuberkulose auftretende Appetitlosigkeit und Gewichtsabnahme waren allerdings weniger befriedigend. — A. Knappwost 1953 (482) fand in Rattenversuchen, daß F-Gabe in physiologischen Dosen zu rachitogener Kost ähnliche Wirkung hatte wie Vigantol (200 I. E. Vitamin D/Tier/Tag), was — außer der cariesverhütenden Wirksamkeit — eine viel weitergehende Schutzfunktion des F-Ions gegen Störungen im Ca-Stoffwechsel, also antirachitische Wirkung anzeigen würde. Vgl. auch H. J. Schmidt 1955 (876a).

Al. Goldfien et al. 1955 (1110) gelang es, durch Einführung eines Cl- oder eines F-Atoms in die 9α-Stellung des Hydrocortisons eine wesentliche Erhöhung der Stoffwechselwirkung gegenüber der Ausgangsverbindung zu erzielen. 9 α-Fluorhydrocortison erwies sich wirkungsvoller als 9 α-Chlorhydrocortison. Mit beiden Verbindungen konnte jedoch bei Addison-Kranken eine erfolgreiche Unterstützungstherapie durchgeführt werden. Auch R. C. V. Robinson 1955 (1127) stellte bei lokaler Behandlung Hautkranker mit „Fludrocortisone" = 9 α-Fluorhydrocortisonacetat eine beachtliche, dem Hydrocortison um das 5fache, dem Cortison um etwa das 25fache (quantitativ) überlegene therapeutische Wirkung fest.

Daß Fluoride auch im Stoffwechsel der Tumorzelle eine Rolle spielen können, zeigen Versuche von E. Sawicki u. F. Ray 1953 (858) sowie von Ph. Siekevitz

u. R. van Potter 1953 (911). — W. Bruce u. R. de Huber 1953 (130) stellten F-haltige Barbitursäurederivate her; alle zeigten sedative und hypnotische Wirkung, aber keines reichte an die besten bekannten Barbiturate heran; am stärksten wirkte 5-Allyl-5-[3'-fluorpropyl]-barbitursäure. — R. Virtue u. R. Weaver 1952 (1003) verglichen das chemisch sehr träge Schwefelhexafluorid SF_6 hinsichtlich seiner anästhetischen Wirkung in 70%iger Konzentration mit 30% N_2O. Die wahrscheinlich nicht von seiner chemischen, sondern von seiner physikalischen Eigenschaft abhängige Erhöhung der Schmerzschwelle betrug 19% gegenüber 22% bei N_2O. —

Prissok 1945 (767) weist zur Frage der inneren Verabreichung von F-Verbindungen darauf hin, daß besonders in früherer Zeit die Unkenntnis auf dem Gebiet der Dosierung neben vereinzelten Heilerfolgen eine Masse von Nebenwirkungen erscheinen ließ, welche den wirklichen Erfolg in Frage stellten. Als solche nennt er: Die Zähne wurden stumpf, die Schleimhäute gereizt und schmerzhaft, die Konjunktiven gerötet, quälender Husten und anhaltender Schnupfen, bisweilen Nasen- und Lungenbluten; oder es kam zu Übelkeit, Erbrechen, Kopfschmerzen, Schwindel, allgemeiner Schwäche, Ohrensausen, Sehstörungen, Koliken und Durchfällen, desgleichen zu Erregungen und Lähmungen des Gehirns, Beschleunigung und Vertiefung der Atmung, klonischen Krämpfen und kollapsähnlichen Zuständen.

III. FLUOR-RAUCHSCHÄDEN

Schäden durch F-Abgase und -Flugstaube, die mit der gewaltig fortgeschrittenen F-Chemie und -Industrie in den letzten 20 Jahren fraglos zugenommen haben und weiter zunehmen werden, sind auch früher häufig beobachtet, aber wohl nicht so häufig beachtet worden wie SO_2-Schäden. Sie sind aber weitaus gefährlicher. Die schädigende Wirkung auf die oberirdischen Pflanzenteile ist bei beiden stark, aber SO_2 verleiht ihnen keine toxischen Eigenschaften. SO_2-befallene Futterpflanzen können ohne weiteres frisch oder ensiliert als Viehfutter dienen. F-Abgase und F-Flugstaube dagegen „vergiften" die von ihnen befallenen Pflanzen durch mehr oder weniger starke F-Anreicherung, u. U. so stark, daß ihre toxischen Eigenschaften bei fortgesetzter Aufnahme durch das Weide- und Stallvieh größere wirtschaftliche Schäden hervorrufen können, als sie die an den Pflanzen selbst hervorgerufenen Schäden darstellen. Dasselbe gilt, wenn auch nicht im gleichen Umfange, für die toxische Wirkung der F-Abgase bei direkter fortgesetzter Aufnahme durch die Atmungsorgane. Während die SO_2-Abgase in vorkommenden Konzentrationen normalerweise die Atmungsorgane nur belästigen ohne weitgehende schädigende Wirkung, kann fortgesetzte Aufnahme von F-Gasen und -Flugstauben dauernde Gesundheitsstörungen zur Folge haben. Dabei wäre noch zu prüfen, ob sich aus den primär wohl meist vorhandenen anorganischen F-Verbindungen in der Luft nicht u. U. organische F-Verbindungen mit verstärkter Schadenswirkung bilden können, ähnlich wie H. Stockinger 1953 (947) bei seinen sorgfältigen Staub- und Nebeluntersuchungen beobachtete, daß z. B. in den Dünsten vorkommende Kohlenwasserstoffe durch O_2 oder N-Oxyde in organische Peroxyde und organische Verbindungen von besonders starker Reizwirkung umgewandelt werden können. Auch M. Amdur 1954 (7) weist darauf hin, daß die toxischen Wirkungen eines Gases durch die Gegenwart verschiedener Aerosole, die sein Eindringen in die Lunge entweder fördern (z. B. H·CHO) oder hemmen (z. B. HNO_3-Dämpfe), beeinflußt werden. Außerdem kann sich die Reizwirkung eines Gases durch Gegenwart anderer Gase erhöhen; auch die Körperbeschaffenheit und das Alter der Personen spielen eine Rolle.

1. F-Quellen

Die bekannten F-Rauchquellen (s. 368), welche bei Verarbeitung F-haltiger Rohprodukte oder Verwendung von F-Verbindungen für ihre Fabrikationszwecke *gasförmige* F-Verbindungen, HF, H_2SiF_6 oder SiF_4, mit den Abgasen abgeben, werden auch in den neuen Veröffentlichungen wieder genannt (172, 570, 671, 730, 826, 978, 988), also in erster Linie anorganische und organische F-Verbindungen herstellende bzw. verarbeitende chemische Fabriken (116, 121/2, 124, 204, 492, 775, 832, 851, 971, 988, 1010, 1087), Rohphosphate aufschließende (Superphosphat-) Fabriken (574, 894, 936), Aluminium- (aus Kryolith) Fabriken (671, 730), Beryllium[1]-, Antimon- und Zirkonium-Industrie (948, 988), Emaillierwerke (865), Glashütten (72, 77, 188, 310), Glasätzereien, Bleikristallschleifereien, Ziegeleien, Tonwaren- und Porzellanfabriken, Kalzinierungsbetriebe für Eisenmineralien (328) u a., Stahl- und Metallwerke, Magnesium- und Eisengießereien (534); dazu gelegentlich in Gewächshäusern Zerlegung von $ZnSiF_6$-Holzkonservierungsmitteln durch die Holzsäuren zu SiF_4 und H_2SiF_6, auch von NaF zu HF (224). Alkalihalogenfluoride spalten stets HF ab und sind deshalb für Gewächshäuser nicht brauchbar (s. S. 88). Bisweilen werden auch in der Portlandzementindustrie Flußspat und andere F-Verbindungen als Flußmittel dem Gemenge von Ton und Kalkstein beigemahlen bzw. zugesetzt, um dadurch die Sinterung herabzusetzen (570, 709). Ein steigender Verbrauch an Fluoriden setzte auch seit der Entwicklung des Katalyse-Prozesses unter Verwendung von HF in der Petroleum-Technologie ein; Verwendung von Borfluorid BF_3 erlangt ständig wachsende Bedeutung. Übrigens weist R. LESSING 1934 (556) auf das angeblich bisher unbekannte Vorkommen von F in Kohlen hin[2] und betont dessen technische Bedeutung. Auch C. BROMEHEAD et al. 1943 (127) erwähnen das Vorkommen von F (neben beachtlichen Mengen von P) in den englischen Südwales-Kohlen. Nach F. FRARY 1946 (s. 823) enthalten manche weichen Kohlen bis 10 mg% F. A. MONKHOUSE 1950 (683) fand in englischer Steinkohle zwischen 5 und 50 mg% F. Die von H. CHURCHILL et al. 1948 (150) mitgeteilten Werte liegen durchweg ähnlich. Nur eine der aus dem Gebiet der Rockey Mountains, Pennsylvania und Illinois stammenden Kohlen enthielt 8,5 mg%, die übrigen hatten zwischen 14,5 und 29,5 mg% F. Sie weisen darauf hin, daß die Gegenwart von F in Kohle darauf schließen ließe, daß F ein normaler Bestandteil des holzigen oder organischen Materials ist, aus dem die Kohle entstand. F-Bestimmungen in Sägespänen verschiedener Hölzer aus dem Staate Washington von A. PETREY (s. 150) ergaben Werte zwischen 0,20 und 0,36 mg% in der Trockenmasse. Über die F-Mengen, die in Gebieten, wo größere Kohlenmengen fortgesetzt

---

[1] Nach H. STOCKINGER et al. 1950 (748) wirkte kombinierte Inhalation von $BeSO_4$ und HF, wie sie in Berylliumwerken stattfinden kann, in Rattenversuchen verstärkend schädlich. Diese erhöhte Toxizität von Be durch F wird vielleicht durch in vivo-Bildung von BeF_2 verursacht, dessen größere Toxizität gegenüber $BeSO_4$ genannte Forscher nachwiesen.

[2] In Wirklichkeit wurde aber schon von ROGERS 1846, MENE 1860 und PHIPSON 1892 F in fossilem Holz und Steinkohlen nachgewiesen — s. R. TRUHAUT 1948 (988).

verfeuert werden, mit dem Regenwasser dem Erdboden zugeführt werden, s. S. 32.[1]

Nach M. THOMAS 1951 (972) fand KEHOE bei systematischer Untersuchung der Luft von Cincinnati 1947/49 zwischen 0,003 und 0,006 mg/l F, LARGENT in der Nähe einer Superphosphatfabrik 0 bis 0,029 mg/l. Beide erwähnen nichts von Blattschäden. V. MILLER et al. 1949 (s. 972) stellten in der Nähe stark F-geschädigter Fichten (Nadeln = 12,9 bis 46,2 gegen normal 0,2 bis 0,4 mg% F) im Bereich einer F-exhalierenden Fabrik bei Luftanalysen 0 bis 0,064 mg/l fest. Nach J. AGATE 1949 (s. 972) betrug der Gesamt-F-Gehalt der Atmosphäre nahe Fort William, Schottland, wo Fluorose bei Rindern und Schafen auftrat, 0,025 bis 0,270 mg/l, davon gasförmiges F 0,009 bis 0,140 mg/l in Entfernungen von rd. 100 m bis 1,6 km von der Rauchquelle (Al-Werk). Gras- und Bodenproben enthielten dort über 100 mg% statt normal 0,5 bis 1 mg%. Über Blattschäden erwähnt auch er nichts. D. HUNTER et al. 1949 fanden nach H. SYMANSKI 1953 (958) in den am stärksten gefährdeten Ofenräumen einer Kryolith verarbeitenden Fabrik 0,0036 mg/l Luft, ROHOLM 0,022 bis 0,048 mg/l Kryolithstaub, davon bis zu 53% kleiner als 5 μ.

Auch bei Vulkanausbrüchen — F-führende Vulkane gibt es u. a. in Italien, in Ostafrika, auf den Kanarischen Inseln, Island, Martinique, Japan, Hawaii, in Alaska und Nordkamtschatka (251, 308, 662, 830), — sind F-Schäden beobachtet worden, sei es direkt durch Beschädigung und Vergiftung der Vegetation durch F-Gase, sei es indirekt durch Beschmutzung der Futterpflanzen mit F-haltigem Flugstaub, der zu F-Erkrankungen der Weide- oder Stalltiere führte. F-Vergiftungen durch F-haltigen Staub sind auch bei Kryolith- und Phosphatarbeitern und bei Tieren in der Umgebung von z. B. Rohphosphatgruben, Flußspatbergwerken oder Flußspatmahlwerken bestimmter chemischer Fabriken zu befürchten (s. S. 162) und endlich bei Mensch und Tier durch F-haltiges Wasser (s. S. 9). Erwähnt sei übrigens, daß durch den Gebrauch F-haltiger Düngemittel eine F-Anreicherung des Grundwassers und damit auch des Trinkwassers stattfinden kann — s. W. MACINTIRE et al. 1942 (590).

C. LOESER 1940 (570) tritt für Ehrenrettung der Tonindustrie ein. Er meint, besondere Einzelfälle aus früherer Zeit hätten durch weitgehende, vollkommen unberechtigte Verallgemeinerung zu dauernd erneut auftauchenden Beschuldigungen ganzer in dieser Hinsicht harmloser Industrien im Schrifttum geführt, so auch der Tonindustrie, die immer wieder als Quelle der giftigen F-Abgase genannt würde. Ihm selbst sei in mehr als 40jähriger Praxis auf dem Gebiete der gesamten Keramik vom Ziegelstein bis zum Porzellan nichts von immer wieder vorkommenden typischen Schadenfällen dieser Art bekannt geworden. Das stimmt aber doch wohl nur insofern, als man genannte Industrie

[1] Wie unterschiedlich die F-haltigen Abgase sich über eine Stadt verteilen, zeigen Untersuchungen von W. FRIESE 1955 (1107) in Dresden. Die dort 1952 in der Jägerstraße aufgefangenen Niederschläge hatten folgenden F-Gehalt in mg/l: Regenwasser 12/3. = 2,40, schneeiger Regen 21/3. = 0,10, Schneeschmelzwasser 27/3. = 0,43, Regenwasser 12/5. = 0,48, 28/11. = 0,35.

allerdings nicht als F-Abgas-Gefahrenquelle ersten Grades bezeichnen kann, besonders nicht für Fernvergiftung; daß sie aber Gefahrenquelle ist, dafür hat die Praxis auch aus neuester Zei. (119) ausreichend Beweise.

K. ROHOLM 1937 (826) führt in seiner Tab. 8 nur 25 verschiedene Beispiele der Verwendung von meist HF, H_2SiF_6 und deren Salzen an. O. KAUSCH 1936 (460) bespricht sie auf S. 316—372 unter Anführung des umfangreichen Schrifttums ausführlich. Über Holzverzuckerung s. auch K. FREDENHAGEN u. G. CADENBACH 1933 (272), über Verwendung von HF für organisch-chemische Reaktionen s. K. WIECHERT 1943 (1043), ferner geben Übersichten über die für die Technik bedeutungsvollen anorganischen und organischen Verbindungen und die Verwendungsgebiete der Fluorkunststoffe W. BOCKMÜLLER 1940 (83), G. FINGER u. F. REED 1949 (258), A. MACQ 1949 (601), W. FERGUSSON 1949 (255), M. MÜLLER 1950 (703), V. GUTMANN 1950 (339), G. SCHIEMANN 1951 (868), A. BARBOUR u. L. BELF 1951 (45), O. HORN u. W. STARK 1952 (404), J. REMOND 1952/53 (797), G. BIER 1953 (75) und andere. — O. SCHERER 1949 (866) weist darauf hin, daß um etwa 1930 in Deutschland und den USA fast gleichzeitig die Bedeutung der organischen F-Verbindungen für die Praxis erkannt wurde. F- und Cl-haltige Methan- und Äthanderivate kamen als Sicherheitskältemittel in den USA unter dem Namen „Freon", in Deutschland als „Frigen", auch „Eskimon", „Arcton" genannt (s. 704a), in den Handel. Sie sind praktisch ungiftig, reiz-, farb- und geruchlos, nicht brennbar, nicht aggressiv, im Gemisch mit Luft nicht explosiv und besitzen ausgezeichnete Wärmeeigenschaften (229) — vgl. auch S. 165.

Das Freon-12, Difluordichlormethan, CCl_2F_2, ist ein wichtiges Kältemittel. Die Technik der Klimaanlagen ist durch dieses Mittel überhaupt erst ermöglicht worden. Auch zur Vernebelung von Insektiziden für die Bekämpfung von Schädlingen, z. B. Moskitos und Fliegen in Schiffen und festen Räumen ist es geeignet. Außer Freon-12 ist noch eine ganze Reihe anderer Freon-Typen in Gebrauch, Freon 11 (CCl_3F), 22 ($CHClF_2$)[1], 113 ($C_2Cl_3F_3$) usw.; hierzu auch Genetron 100 und 101 (Genetron 100 = 1-Difluoräthan) und Carrene 7 = C-7 (Gemisch aus Freon-12 und Genetron 100).[2] Sie dienen, auch in Mischungen, als Kühlmittel für besondere Zwecke, ebenso als Lösungsmittel. R. MÜLLER 1952 (704) gibt eine ausführliche Übersicht über ihre physikalischen Eigenschaften und technischen Anwendungsmöglichkeiten. W. LESSENICH 1953 (555) beschreibt ihre Anwendung für eine neue Aerosolverpackung, bei der der Wirkstoff (Insektizid, Luftreiniger, kosmetische Öle, Haar- und Zeichenfixative, Lacke, Rasiermittel, Shampoon usw.) in dem durch Kühlung verflüssigten, bei Normaltemperatur gasförmigen Treibstoff (Frigen) gelöst und in druckfeste Zerstäuberdosen abgefüllt wird. — H. KAUFMANN u. H. VOM ORDE 1955 (459a) stellten Versuche mit Frigen 113 = 1,2,2,-Trifluortrichloräthan als Lösungsmittel für Ölsaaten an und fanden sein Fettlösungsvermögen bei Sojabohnen

[1] s. H. v. CUBE u. J. SAUERBRUNN 1954 (1101): Heutiger Stand der Anwendung von Difluormonochlormethan.

[2] Über Freon 112 als Mittel gegen Fascicolose der Schafe s. S. 105.

und Baumwollsaat als ausreichend groß. Es gehört zur Gruppe der am wenigsten toxischen Fluor-Chlor-Kohlenwasserstoffe, ist nicht entflammbar, in Mischung mit Luft nicht explosiv, indifferent gegenüber Stählen und Legierungen, die Cu, Pb, Zn und Al enthalten. Sein sehr geringes Lösungsvermögen in Wasser läßt sogar die Möglichkeit offen, auch nicht getrocknete Ölsaaten zu extrahieren.

Die von SCHLOFFER u. SCHERER 1934 (s. 404) in Hoechst erstmalig erkannte leichte Polymerisierbarkeit Cl- und F-haltiger Äthylene führte zur Entwicklung der Fluor-Kunststoffe, deren technisch besonders wichtige Polytetrafluoräthylen (in USA „Teflon“) und Polytrifluormonochloräthylen, Kel-F, in Deutschland „Hostaflon“ und PF-Kunststoff Bayer geworden sind. Diese zeichnen sich durch eine ungewöhnlich große Widerstandskraft gegen chemischen Angriff aus. Sie sind darin den Vinyl-Kunsttoffen weit überlegen. Von verdünnten und konzentrierten Säuren und Alkalien, Halogenen, HF oder organischen Lösungsmitteln werden sie weder in der Hitze noch in der Kälte angegriffen, die Dauertemperaturbeständigkeit ist mit 200 bzw. 160° außerordentlich hoch. Sie sind unbrennbar. Ihre Wasseraufnahme ist praktisch gleich Null, was hohe elektrische Qualitäten bedingt. Ausgangsstoffe zur Herstellung sind F enthaltende ungesättigte Verbindungen.

Polytetrafluoräthylen, auch PTEE genannt, CF_2—CF_2, findet vielseitige Verwendung. Zahlreiche Patente illustrieren das. Um nur einige aus neuerer Zeit zu erwähnen: Herstellung von Polymeren des Tetrafluoräthylens (P 1)[1]; Herstellung von Gegenständen durch Verpressen nach Erhitzung (P 2/3a); Auswalzen zur Herstellung von Filmen, Folien usw. auf Kalandern nach Erhitzen auf 325 bis 500° (P 4); Herstellung von Stäben und Rohren, Überziehen von Cu-Drähten, auch in Mischung mit feinverteilten Metallen und anderen Substanzen (P 5); schmale Streifen des dünnen Filmes als elektrisches Isoliermaterial, Folien für Auskleidungen in Verbindung mit Asbest als Wärmeschutz (P 6); in Bandform aus einem Block in Dicke von 0,01 bis 8 mm spiralig abgedreht zum Umkleiden von Materialien (P 7); faserförmig oder in poröse Form gebracht und mit Schmieröl, flüssigen Siliconen, Graphit usw. verarbeitet für Dichtungen, Lager, Stopfbuchsen, in Geräten für Hochfrequenz usw. (P 8 u. 9); als Löschmittel für elektrische Lichtbögen (P 10); Zusatz fluorierter Kohlenwasserstofföle als Weichmacher in Mengen von 0,25 bis 9 Teilen auf 1 Teil Polytetrafluoräthylen erhöht die Biegsamkeit der Folien, aus Gemischen werden Filme für elektrische Isolierungen gepreßt und gewalzt, die Emulsion gibt wasserfeste Überzüge auf Glas und Metall usw. (P 11). Spritzbare wässrige Emulsionen als Lackierungs- und Überzugsmaterial für z. B. festhaftende Drahtisolierungen; der transparente glänzende Überzug läßt sich nicht abkratzen (P 12, 13, 14), oder in stärkerer Konzentration als dünne Paste zum Imprägnieren von Papier, Gewebe, elektrischem Isoliermaterial (P 15), als Klebmittel zum Verbinden von Glasgewebe als Formen für Metalle mit nied-

[1] (P 1), (P 2) usw. bedeutet, daß das betreffende Patent unter Nr. 1 bzw. Nr. 2 usw. in der Patentliste auf S. 282 genannt ist.

rigem Schmelzpunkt (P 16); in Mischung der kolloidalen Dispersion mit hydratisierter SiO_2 für dünne, glatte, transparente Überzüge auf Cu-Drahtnetz und Glas (P 17, 18). Weiter zum Verkitten von Glasflächen, wegen der Unbenetzbarkeit gegen wäßrige und organische Flüssigkeiten in kleinen Stückchen als Siedesteine zur Verhütung des Stoßens kochender Flüssigkeiten usw., usw.

Polytrifluormonochloräthylen, Kel-F, Hostaflon, PF-Kunststoff Bayer, Fluorothen, ist dem Polytetrafluoräthylen in seinen chemischen, elektrischen und thermischen Eigenschaften etwas unterlegen, dagegen ist die Fabrikation wesentlich leichter durchzuführen (P 19, 20, 21). Ein weiterer Vorzug besteht in der bequemeren Abstufung der Eigenschaften des Kel-F durch thermische Behandlung. Seine Verwendung ist daher nicht minder vielseitig. Auch hierfür einige Patente aus neuerer Zeit: Es dient zur Herstellung von Formkörpern mit guten physikalischen und chemischen Eigenschaften (P 21), auch als Dichtungsmaterial. Als Film auf Metallen soll es die meisten anderen plastischen Filme übertreffen, sie sind durchweg hitze- und chemikalienbeständig. Auf gute Bewährung im chemischen Apparatebau wird wiederholt hingewiesen. Suspensionen bzw. Lösungen (P 22/24a) finden zur Herstellung von Überzügen oder Imprägnierung Verwendung (P 23a, 24), ferner zur Herstellung von Isolierungen auf elektrischen Leitern (P 25, 26); mit Füllstoffen wie Bentonit, Glimmermehl usw. als Preßmasse, Schichtstoffe, Bindemittel (P 27, 28). Auch als Lot für 2 Metalle verwendbar (P 29). Mischpolymerisate mit besonders Vinylestern und Olefinen ergeben zähelastische bzw. spröde Harze, Material zur Herstellung von Kunststoff, Fasern, Folien, Klebstoff und isolierenden Anstrichmitteln (P 30, 31). Bevorzugter Ausgangsstoff für perfluorierte oder F und Cl enthaltende perhalogenisierte Olefine (P 32).

Diese wiederum können als Ausgangsstoffe für synthetische, korrosionsfeste und gegen hohe Temperaturen beständige *trocknende Öle* dienen. Mit der Herstellung solcher, auch aus langsam trocknenden Pflanzenölen mit Hilfe von F-Verbindungen befassen sich viele Patente (P 33/36). Bei letztgenannten wird meist in Gegenwart des FRIEDEL-CRAFTS-Katalysators (BF_3) polymerisiert (P 37/40), welche Verbindung, s. H. BOOTH u. D. MARTIN 1949 (95), in der organischen Chemie als Katalysator bei Alkylations-, Polymerisations- und Isomerisations-Reaktion auch sonst große Bedeutung erlangt hat, seit 1936 kommerziell hergestellt wird und sowohl in der Forschung wie in der Industrie einen sichergestellten Platz einnimmt. Fluorkohlenwasserstoffe dienen ferner als Ausgangsmaterial für *Schmiermittel*, die z. T. auch als Dielektrika, Lösungsmittel und Öl für Diffusionspumpen Verwendung finden (P 41/47).

Auch in der Metallurgie und Metallverarbeitung spielen Fluoride eine wichtige Rolle als Flußmittel.[1] Besonders zahlreich sind die neueren Patente betr. *Schweißen* und *Löten*, auch *Hartlöten* von Al und Mg und ihren Legierungen und überhaupt von Leichtmetallen (P 48, 49, 50/54, 55/59, 60, 61, 62/64). Flußmittel für Lichtbogenschweißung und für Schweißelektroden betreffen P 65/68 und

[1] s. Fußnote S. 1.

69/76. Beim Arbeiten mit bestimmten Arten dieser können übrigens den Arbeitern gesundheitliche Schäden oder doch Belästigungen erwachsen: In Stockholm war bei 110 mit sogen. kalkbasischen Elektroden „Kb“ arbeitenden Schweißern von 18 über Husten und Lungenschädigung geklagt, besonders bei feuchtem Wetter und Arbeit in engen Räumen, Zeichen chronischer Fluorose jedoch wurden nicht festgestellt. O. HETTCHE u. H. MERCK 1953 (388) wiesen im Rauchanteil solcher Elektroden beträchtliche F-Mengen nach; sie fordern zur Prophylaxe Halbmasken mit Feinstaubfiltern. Schutz durch solche ist, zumal auch ihr Atemwiderstand gering ist, technisch einfacher als Absaugung des Rauches. Auch JE. WORONZOWA u. T. KARATSCHAROW 1954 (1077) untersuchten die Gase, die beim automatischen Schweißen mit verschiedenen Flußmitteln entstehen. Sie stellten pro kg Schweißmaterial 30—40 mg HF (neben CO und N_2O_5) fest, außerdem feine Staubteilchen aus MnO, MnO_2 und SiO_2.[1] —Flußmittel zum Schweißen von Stahl und anderen Hartmetallen betreffen P 77/79, Lötmittel zum Verlöten von Silicium und -Legierungen P 80. Als von Bedeutung für die Metallurgie, Metallographie und Metallverarbeitung seien weiter kurz erwähnt: Zusatz von Fluoriden verschiedener Art zu z. B. elektrolytischen Vernickelungs- und Verzinnungsbädern (P 81) oder zu Bädern für chemisches und elektrolytisches Polieren (P 82, 83), zur Herstellung von Al-Überzügen (P 84, 84a), zum Metallisieren von Nichtleitern (P 85), als Flußmittel zum Aufschmelzen von Blei auf andere Metalle (P 86), dann als Zusatz von Bädern zum Chromieren von Eisen und Stahl (P 87) und zum Färben von Zink (P 88). M. STAESCHE 1948 (934) beschreibt ein neues Verfahren zur chemischen Erzeugung einer dickeren Magnesiumfluoridschicht auf Mg-Legierungen, die dadurch ausgezeichnete Korrosionsbeständigkeit erhalten. Weiter: Na_2SiF_6 im Gemisch mit Na_2CO_3 zur Entemaillierung defekter Ware, Lösungen von Alkalihydroxyd, -cyanid-, chlorid-, fluorid-, metasilicat und einem Netzmittel zum elektrolytischen Entfernen von Rost und anderen Niederschlägen von Metallgegenständen (P 89), Gewinnung wertvoller Metalle aus metallurgischen Rückständen (P 90, 91), Veredeln von Al und Al-Silicium-Legierungen (P 92, 93), Herstellung von Berylliumverbindungen (P 94, 95), von Legierungen aus Mg und Seltenen Erden (P 96), von Uran (P 97) und Beryllium (P 97a). Große Bedeutung für die Trennung der Uranisotope besitzt das Perfluorheptan C_7F_{16}; Ausgangsmaterial für dieses sind F-haltige Polyhalogenheptane.

---

[1] Vgl. auch J. FERRY 1953 (1106), der ebenfalls die Gefahren der beim Elektrodenschweißen entstehenden F-Gase untersuchte. Ihre Konzentration hing von so vielen verschiedenen Faktoren ab, daß eine exakte Auswertung nicht möglich ist. Der F-Gehalt der Luft lag sowohl unter dem als tragbar bezeichneten Grenzwert von 2,5 mg/m^3, als auch weit darüber. Zur Ausschaltung der gesundheitlichen Schäden, die beim Schweißen mit den üblichen kalkbasischen Elektroden durch das Auftreten von HF und SiF_4 infolge thermischer Zersetzung des CaF_2 entstehen können, verwendet F. P. 1 067 630 v. 12/12. 1952, ausg. 17/6. 1954 an Stelle von CaF_2 0,2—10% $B(OH)_3$. Um zu verhindern, daß der Zusatz von Verbindungen von $B(OH)_3$ zur Entmischung des Wasserglases führt, das Bestandteil der basischen Umhüllung ist, wird $B(OH)_3$ in gebundener Form, z. B. als Emaille, der Ummantelungsmasse zugesetzt.

Umfangreicher Gebrauch anorganischer F-Verbindungen für *Lumineszenzstoffe* zu verschiedener Verwendung muß noch besonders erwähnt werden. Zahlreiche Patente sind in den letzten Jahren für die Herstellung solcher erteilt worden. Nur einige seien hier genannt: Nach P 98 z. B. dienen als Grundstoff für Leuchtschichten für Kathodenstrahlröhren und Gasentladungsleuchtröhren Mischungen oder Mischkristalle aus Fluoriden, besonders der Erdalkalien, der Seltenen Erden oder der wenig gefärbten Fluoride liefernden Schwermetalle, oder aus Doppelfluoriden wie Silico-, B-, Ta-, Zr-Fluoriden der genannten Elemente; als Aktivoren dienen z. B. Cu, Ag, Zn, Bi, Mn, oder deren Fluoride. Nach P. 99 u. 100 ist ein Leuchtstoff für elektrische Entladungsröhren ein Gemisch aus den Elementen Zn, Cd, S, Au, Al und Ag, zur Begünstigung der Kristallisation erfolgt Zusatz eines Flußmittels, z. B. eines Fluorides des Al, Be, Mg, Ca, Sr, Ba, Zn oder Cd. Nach P 101 besteht die Leuchtmasse hauptsächlich aus einem mit Sb und Mn aktivierten Ca- oder Sr- Halogenphosphat, wobei das Halogen F, Cl oder Br sein kann. Solche Leuchtstoffe können außer zu genannten Zwecken zu Überzügen an Umhüllungen von Niederdruckentladungsröhren oder auch in Druck- und Malfarben und zu dekorativen Zwecken verwendet werden, s. auch Fr. KUNSTMANN 1950 (510) sowie H. HADERT 1951 (348).

In der Glas*industrie*[1] wird HF seit langer Zeit zum Ätzen oder Mattieren gebraucht, in besonderen Fällen (P 102) nach Auftragen einer kaum wahrnehmbaren Metalloxydschicht aus Al_2O_3, CrO_3 oder dgl. mittels Kathodenzerstäubung. Zum Abdecken der Stellen, die nicht angegriffen werden sollen, werden sie neuerdings mit Folien aus Polyvinylchlorid beklebt (P 103), zweckmäßig mit HF-beständiger Klebe. Wie zum Ätzen wird HF auch zum Polieren von Gläsern benutzt, s. A. HÜBLER 1952 (410). Trübglas wird durch Zusatz von Al_2O_3 erzielt. Die F-Trübung wird nach Fr. JOCHMANN 1952 (440) aber nicht durch AlF_3 bewirkt, sondern durch NaF, KF und ZnF_2. Glas bestimmter Zusammensetzung unter Zusatz bestimmter CaF_2-Mengen, das sich unmittelbar mit Eisen verbinden läßt, betrifft P 104; Glas mit hohem Widerstand oder Beständigkeit gegen HF und Fluoride s. P 105/07, Gläser für optische Zwecke bestimmter Zusammensetzung, z. B. solche mit hoher Blaudispersion, besonders hohen Abbé-Zahlen usw. s. P 108/12; dann zahlreiche Patente betr. Verfahren zur Verminderung der Lichtreflexion an der Oberfläche photographischer Linsen und anderer optischen Gläser, indem man in äußerst dünner Schicht LiF, NaF, CaF_2, MgF_2 Kryolith, Chiolith ($3\ AlF_3 \cdot 5\ NaF$) oder andere Fluoride nach Verfahren SMAKULA aufdampft (P 113/15) oder in Dispersion aufbringt (P 116). Erwähnt sei noch, daß sich in der Optik immer mehr Linsen aus Flußspat durchsetzen. Sie sind besonders klar und zeigen dreifach bessere Durchlässigkeit für Strahlen des violetten und ultravioletten Spezialbereiches als Quarz (851).

Es ist natürlich nicht möglich, die vielseitige Verwendung des F in Chemie und Technik hier auch nur annähernd erschöpfend auf gedrängtem Raum darzustellen. Um das Bild noch etwas zu vervollständigen, sei erwähnt, daß

[1] Über die Bestimmung kleiner F-Mengen in Glas s. R. ALLISON 1953 (5a); über Verflüchtigung des F während der Glasschmelze, M. ZARITZYM 1955 (1081a).

Erzeugung und Verbrauch von F und HF besonders anstiegen, seit sie als Katalysatoren bei der Herstellung von Treibstoffen hoher Oktanzahl, zur Gewinnung von Schmierölen und verbesserten Dieselkraftstoffen aus Braunkohlenschwelteer-Destillaten (246, 272, 630) dienen. Seit 1946 stellt die Pennsylvania Salt Mfg. Co. in Calvert City, Ky, komprimiertes F technisch dar, außerdem ClF_3, Metallfluoride und SF_6. Letztgenannte Verbindung, ein geruch- und geschmackloses Gas, findet wegen seiner hohen elektrischen Isolation und seiner Unverbrennlichkeit in Hochspannungsanlagen Verwendung (761). Auch in der *Farbenindustrie* spielen F-Verbindungen eine Rolle. So bringt die frühere I. G.-Farbenindustrie (Farbwerke Höchst) trifluormethylsubstituierte aromatische Basen als Naphthol-AS-Farbstoffe, z. B. Echtscharlachsalz VD, Echtorangesalz GGD heraus. Neue F-haltige Farbstoffe betreffende Patente s. P 117/28. A. KIPRIANOW u. L. JAGUPOLSKI 1950/52 (431, 474) beschreiben neue F-haltige Cyaninfarbstoffe. Nach J. DICKEY et al. 1953 (203) haben viele, aber nicht alle F-haltigen Azofarbstoffe größere Lichtechtheit als die nicht fluorierten Verbindungen; dagegen zeigen sie stets eine ausgezeichnete Gasechtheit. W. LAMB et al. 1953 (519) kamen bei ihren Untersuchungen über spezifische Farbstoffe für die Elektronenmikroskopie zu dem Ergebnis, daß man besonders kräftige Anfärbung im Sinne der Elektronenabsorption mit Reaktionsprodukten des 1-Fluor-2.4.-dinitrobenzols mit Pb bzw. Ag erhalten kann.

In diesem Zusammenhang ist es interessant, daß auch in der analytischen Chemie bisweilen F-Verbindungen sich vorteilhafter verwenden lassen als die der anderen Halogene. So z. B. verestert bei der MANNICHschen Morphinbestimmung nach W. AWE u. I. REINECKE 1951 (33) das ebengenannte 1-Fluor-2.4-dinitrobenzol bzw. nach O. DANN u. Fr. WIPPERN 1951 (187) das 4-Fluor-1.3-dinitrobenzol Morphin rd. zehnmal rascher als das von C. MANNICH 1942 verwendete 4-chlor-1.3-dinitrobenzol, so daß die Morphinbestimmung sich bequem in einem Tage durchführen läßt.[1] — Über die Anwendung von Thenoyltrifluoraceton in der Chromatographie zur Trennung einer ganzen Reihe von Metallionen und in der Papierchromatographie zur quantitativen Analyse von Proteinen s. E. BERG et al. 1954 (67) bzw. G. MILLS 1952 (672).

Angeschlossen sei noch eine Reihe von Patenten, die die Übersicht über die vielseitige Nutzanwendung von F-Verbindungen ergänzen möge[2]: P 129/32 = Herstellung von Katalysatoren zur Fluorierung, besonders von organischen Verbindungen, z. B. zur Isomerierung von Xylolen; P 133/34 = Herstellung von SnF_2, KF und anderen Verbindungen zum Feuerfestmachen von Papier und anderen Stoffen; P 135 zur Rostfleckenentfernung; P 136 Reinigungsmaterial für Fassaden; P 137 Herstellung kristallinisch erstarrender Silicatschmelzen; P 138 Herstellung von gehärtetem Porengips; weiter zur Herstellung von Netz- und Wasch-

---

[1] Nach F. McINTIRE et al. 1953 (1124) hat 1-Fluor-2,4-dinitrobenzol allgemeine Verwendbarkeit zur quantitativen Bestimmung primärer und sekundärer Amine und Diamine neben tertiären Aminen.

[2] Über die Verwendung organischer F-Verbindungen zur Schädlingsbekämpfung und für arzneiliche Zwecke s. S. 104 u. 129.

mitteln, von Schaumkautschuk, zum „chemischen Schneiden von Glas“ usw. Über die Verwendung von Na_2SiF_6 in Gerbereien und in der Häute- und Fellbehandlung sowie Konservierung berichtet eingehend C. Kritzinger 1952/53 (500/02).

Endlich sei noch erwähnt die Herstellung von gegen F und F-haltige Stoffe beständigem Material aus Magnetit + H_3PO_4 (P 140) oder aus $ZnCl_2$ bzw. $ZnBr_2$ + ZnO (P 139), oder aus Co oder Ni mit einem auf der Innenseite angebrachten Schutzüberzug aus für F nicht angreifbarem Cu- oder Ni-Fluorid (P 141). G. Whitaker 1950 (1039) macht darauf aufmerksam, daß es kein Metall und keine Legierung gibt, die universell gegen F oder HF brauchbar wäre; selbst Ag und Pt sind unter gewissen Bedingungen untauglich. Am meisten werden Ni-Cu-Legierungen, z. B. Monelmetall in der Praxis verwendet, für trockenen HF auch Flußstahl, Cu und rostfreier Stahl. Nach W. Wiederholt 1953 (1045) werden Al und seine Legierungen von HF ohne Bildung von Schutzschichten angegriffen; geringer Zusatz von CrO_3 zu HF wirkt nur angriffsverzögernd. Nachdem O. Hénault et al. 1949 (382) bereits die Herstellung kleiner keramischer Geräte mit großer Resistenz gegen Alkalimetalle bei hohen Temperaturen aus NaF und CaF_2 empfohlen hatte, beschreiben Ch. Eichner et al. 1951 (219) auch die Herstellung von Platten, Rohren und Tiegeln bis zu mehreren Litern Inhalt aus CaF_2.

Man sieht, H. Emeléus 1948 (229) hat Recht behalten, daß die damals noch junge aber doch bereits umfangreiche industrielle Verwendung von F-Verbindungen sich weiterhin ausdehnen würde. Der Bedarf an HF und -Verbindungen stieg besonders auch mit der Entwicklung der Aluminium-Produktion an (Weltproduktion 1950 = 1,5 Mill. t, 1954 = 2,9 Mill. t) und erfolgt jetzt in großtechnischem Maßstabe. 1952 wurden in Westdeutschland jährlich etwa 12000 t Flußsäure, berechnet als 100%iger HF hergestellt und auf Fluoride, insbesondere Kryolith, Natrium- und Aluminiumfluorit usw. verarbeitet, s. F. Stauf 1953 (938).

K. Roholm 1937 (826) gibt in Tab. 3 eine Zusammenstellung der 1883 bis 1935 in Europa bekanntgewordenen Pflanzenschädigungen aus der Umgebung bestimmter Fabriken durch gasförmige F-Verbindungen. Diese nur 13 Fälle enthaltende Übersicht ist aber natürlich selbst für damals nicht vollständig. Die ständige Zunahme der Anwendung von F-Verbindungen in Industrie und Handwerk macht es nötig, daß man den F-Rauchschäden (Gas + Staub + Abwässer) besondere Aufmerksamkeit widmet, zumal man sich im industriellen Rauchproblem (und auch in der wissenschaftlichen Forschung!) vornehmlich für die SO_2-Schäden interessiert hat. Selbst K. Roholm schreibt noch 1937 (826): „Diese (F-) Pflanzenschädigungen sind wenig bekannt“ und „Unsere Kenntnisse beschränken sich hauptsächlich auf ältere Arbeiten“. Weber und Orth erwähnen in der 2. Auflage ihres umfangreichen Lehrbuches 1942 (1029) nur Rauchschäden durch Schweflige Säure und Salpetersäure. Das hat sich inzwischen wesentlich geändert und die Neuveröffentlichungen über F-Schäden haben einen erheblich größeren Umfang angenommen als die über SO_2-

und andere Rauchschäden, zu denen nun als neueste noch die berüchtigten atmosphärischen „Smog" (Rauchnebel)-Verunreinigungen besonders der Großstädte hinzukommen: Zusammenwirken genannter anorganischer Verunreinigungen und fester und flüssiger Partikel polycyclischer Kohlenwasserstoffe und anderer organischer Verbindungen aus bestimmten Erdölindustrien mit synergistischem Effekt.

2. F-Einwirkung auf den Boden

Gasförmige F-Abgase oder solche, die mit Regen oder Nebel in flüssiger Form zugeführt werden, können theoretisch im Boden in ähnlicher Weise wie SO_2 einen Nährstoffentzug bewirken, allerdings nicht durch Entbasung bzw. Entkalkung im eigentlichen Sinne WIELERS (s. 368), sondern in diesem Falle durch Basenfestlegung als schwerlösliches CaF_2. Allerdings ist ein diesbezüglicher Nährstoffentzug in normalen Böden selbst bei langdauernder schwerer Einwirkung wohl kaum zu befürchten, vielleicht aber in nährstoffarmen Böden möglich. Im Boden gebildete unlösliche bzw. schwerlösliche F-Verbindungen sind, wie wir vorher gesehen haben, selbst in größeren Mengen für das Pflanzenwachstum und auch für die Kleinlebewelt des Bodens unschädlich. Unter Umständen könnte F im Boden vielleicht auch mit Ca-Phosphaten reagieren und neben CaF_2 für die Pflanzen schwer aufnehmbares Fluorapatit bilden, so daß außer „Entbasung" (hier Ca-Festlegung aus Ca-Verbindungen) auch Phosphorsäure festgelegt werden könnte. Daß das durch F-haltige Düngemittel praktische Bedeutung hat, wurde von W. JUNG 1953 (450) gezeigt. In Ausnahmefällen wäre es auch denkbar, daß in einem an sich sehr sauren Boden die mit den Abgasen oder atmosphärischen Niederschlägen zugeführten sauren F-Verbindungen nicht völlig neutralisiert würden. Aber auch in solchen extremen Fällen würde Schädigung der oberirdischen Pflanzenteile stets primär in Erscheinung treten (s. 121) und auch eine dauernde Schädigung selbst solch anomaler Böden durch Anhäufung löslicher und leicht auswaschbarer F-Verbindungen wohl kaum zu befürchten sein. Erfahrungen darüber liegen aber noch nicht vor.

3. F-Rauchschäden an Pflanzen

a) Physiologie der F-Wirkung

Als *Schädlichkeitsgrenzen* der drei wichtigsten Rauchsäuren haben sich nach R. HEILINGÖTTER 1927 (374) folgende Konzentrationen erwiesen:

HF	1: 300000 = 0,00033	Vol.-%
SO_2	1: 1000000 = 0,00010	„
HCl	1: 15000 = 0,00660	„

Er gibt jedoch keine näheren Beweise an und seine Werte stehen auch im Gegensatz zu der vorherrschenden Auffassung, daß HF für das Pflanzenwachstum schädlicher sei als SO_2 (s. 368, S. 228), wobei vor allem zu berücksichtigen ist, daß HF auch deshalb schädlicher wirkt als SO_2, weil HF rascher zur Erde niedersinkt, mit der Feuchtigkeit schwere Nebel bildet und länger in konzentrierter

Form zusammenbleibt. Trotzdem können F-Gase noch auf weite Entfernung schädigen. V. MILLER et al. 1948 (671) fanden in einer Entfernung bis zu 1,6 km von einem Aluminiumwerk höchste F-Aufnahme (16,8 mg%) der geschädigten Pflaumenblätter, dann zwar in der Windrichtung merklich mit der Entfernung abnehmend (3—8 km = 3,98; 16 km = 3,00 mg%), aber noch über 16 km = 1,9 mg% gegenüber 0,9 in rauchfreiem Gebiet. Ähnlich F. JOHNSON et al. 1950 (441) an Gladiolenblättern: 145 km N = 0,3 bis 0,5; 1,6 km SO = 24,3 mg% F. Desgleichen E. BOVAY 1954 (109) bei umfangreichen diesbezüglichen Untersuchungen im Rhonetal: z. B. Apfel, 15 km Entfernung in der Hauptwindrichtung Ende August = 2,10 mg%, in 500 m Entfernung = 93,0 mg% F. — J. HENDRIX et al. 1953 (383) untersuchten 373 Proben Apfel-, Birnen und Kirschblätter aus verschiedenen Entfernungen von einer Al-Fabrik im Staate Washington USA. Der mittlere F-Gehalt aller drei Pflanzenarten, mit abnehmender Entfernung von der Rauchquelle im Abstand von je 1 Meile (= 1,6 km) untersucht, war (in der Trockensubstanz) 39.1; 54,5; 32,2; 23,3; 11,9; 9,0; 8,5; 7,2; 5,8; 5,7; 4,6; 4,1 mg% F.

M. THOMAS 1951 (972) weist mit Recht darauf hin, daß kontrollierte Beräucherung mit HF schwierig ist, weil das Gas begierig von der Oberfläche des Raumes, vom Erdboden und von den Blättern absorbiert wird. H. WISLICENUS 1914 (s. 972) nennt als Grenzkonzentration etwa 0,2 mg% F, während P. ZIMMERMAN 1949 (s. 972) 0,005 mg% als für Pflanzen unbeschränkt verträglich hält. Bei P. ZIMMERMAN wurden Pflaumenblätter in 4 h bei 0,007 mg leicht geschädigt, Buchweizen, Süßkartoffeln, Pfirsich erst in 6,7 h bei 0,0085 mg%; diese Pflanzen und ebenso Gladiolen, „crabgrass“[1], Mais, Bohnen und Fichten wurden übereinstimmend bei 0,01 mg% geschädigt, Tomaten dagegen benötigten 0,067 mg% für 2,2 h, um leicht geschädigt zu werden; 0,15 mg% schädigte alle Pflanzen in 2,2 h. W. LA FLEUR et al. 1949 (s. 441) erhielten (in Begasungskästen) an Gladiolen ähnliche Ergebnisse: Bei 0,005 mg in 30 Tagen leichter Blattschaden und 2,2 mg% F in der Trockenmasse der Blätter (gegen 0,2 bis 0,8 bei unberäuchert); bei 0,01 mg% in 14 Tagen deutliche Schäden und 3,5 mg% F in den Blättern; bei 0,05 mg% in 23 Tagen deutliche Schäden und 2,4 mg% F in den Blättern; bei 0,1 mg% in 14 Tagen starke Schäden und 9,5 mg% F-Gehalt der Blätter. Wenn, wie DAINES ET AL. 1950 (s. 175, 972) das taten, die Luft in der Begasungskammer alle Minute wechselte, so zeigten Süßkartoffeln, „White pine“[1], Pfirsich und Gladiolen bei 0,001 bis 0,01 mg% F Schäden, Tomaten, Tabak, Sauerampfer, Polygonum, „Catbriar“[1] und „Crabgrass“[1], Begonie und Geranie bei 0,03—0,04, Spinat, Pfeffer und Mais bei 0,04—0,05, während Aster, Poinsettia, Zinnia, Wegerich, Petunie, „Ragweed“[1] und „Marigold“[1] etwa 0,1 mg% vertrugen. — In Versuchen von O. COMPTON u. L. REMMERT 1950 (s. 972) in Glashäusern mit häufigem Luft-

[1] Wenn die englische Bezeichnung nicht klar erkennen läßt, um welche botanische Art es sich handelt, sind die Originalbezeichnungen beibehalten worden. Für Crabgrass z. B. wird in der deutschen Literatur angegeben: Agrostis, Eleusine, Panicum, Polygonum, Salicornia, für Marigold: Calendula, Caltha, Chrysanthemum, Tagetes usw.

wechsel zeigten die empfindlichsten Gladiolenvarietäten bemerkbare Blattschäden schon nach wenigen Tagen bei 0,0001 bis 0,0002 mg% F. Die Varietät „Picardy" z. B. zeigte nach 5 Wochen bei 0,00001 mg% eine etwa 2,5 cm lange Verbrennung an der Blattspitze und ihre Blätter enthielten dann in den obersten 7—8 cm 14,8 mg% F (gegen rd. 0,5 normal). Bei 0,001 mg% während 22 h betrug die Beschädigung der Blattspitze über 10 cm und enthielten die obersten 7—8 cm Blattspitze 27,9 mg% F.

Diese Zahlen zeigen deutlich die außerordentliche Giftigkeit der HF, wenn sie sich auch, wie verständlich, unter den jeweils gegebenen Verhältnissen verschieden stark auswirkt. Nach R. Daines et al. 1952 (175) begünstigt z. B. hohe Luftfeuchtigkeit die Beschädigung, ebenso wie Feuchtigkeit der Blattoberfläche. Wir werden auf S. 158 gleich sehen, daß dabei auch die verschiedene Resistenz der Rasse und der Ernährungszustand eine wesentliche Rolle spielen, sicherlich aber auch Jahreszeit, Alter, Temperatur und andere Faktoren.

E. de Ong 1946 (730) beobachtete an Aprikosen- und Feigenpflanzungen in Kalifornien, daß die durch eine benachbarte Aluminiumfabrik hervorgerufenen Verbrennungen der Blätter erst 2—3 Wochen nach dem Austreiben einsetzten und glaubt, daß sich während dieser Zeit oder noch länger die Ablagerungen, wahrscheinlich feste Teilchen mit adsorbiertem F, auf den Blättern steigerten, bevor pathologische Symptome auftraten. Im Gegensatz dazu findet man bei uns auch schon an ganz jungen, noch in der Entwicklung befindlichen Blättern schwere Verbrennungen. Bei de Ong waren die Verbrennungen ohne Zweifel durch den Regenmangel in dem trockenen Sommer verstärkt, es war aber genügend Feuchtigkeit vorhanden, in Form von Tau und Nebel, um in irgendeiner Form lösliches F zu lösen. Auch V. Miller et al. betonen, daß in Gebieten, wo der sommerliche Regenfall gering ist, die Heftigkeit des Schadens auffiel und daß bewässerte Bäume geringeren Schaden zeigten als benachbarte unbewässerte. Damit stimmt der Befund E. Bovays überein, daß der F-Gehalt der Apfel-, Aprikosen- und Weinblätter während einer Trockenperiode erheblich zunahm (mg% F i. d. Trockensubstanz):

TABELLE 16

Mittel aus jeweils 9 Proben	nach Regenperiode 19. 6. 52	nach Trockenperiode 21. 7. 52	nach Regenperiode 21. 8. 52	nach weiterer Regenperiode 9. 10. 52
ohne sichtbaren Schaden . . .	1,48	3,24	2,38	—
mit Verbrennungsschäden . . .	7,45	24,61	11,14	21,73

Interessanterweise nahm, wie Tab. 16 zeigt, der hohe F-Gehalt nach einsetzender Regenperiode anfänglich wieder ab, sogar um rd. die Hälfte, erreichte dann aber während des weiter anhaltenden regnerischen und kalten Wetters am Schluß der Vegetationszeit am 9. 10. wieder fast die hohen Werte vom 21. 7. Wir werden darauf auf S. 158 zurückkommen.

Die Beobachtungen letztgenannter Forscher brauchen übrigens zu den obengenannten von DAINES et al. nicht in Widerspruch zu stehen, insofern als es sich bei DAINES um klimatische Faktoren (Luftfeuchtigkeit) handelt, bei den übrigen um ernährungsphysiologische (Wassermangel der Pflanze).

b) Die äußeren Schadensbilder F-geschädigter Blätter, Nadeln und Früchte

Die Schadensbilder, wie sie in den neueren Veröffentlichungen beschrieben werden (42, 77, 116/7, 119, 121, 224, 332, 441, 670/1, 730, 775, 832, 975) stimmen durchweg mit den aus früheren Veröffentlichungen bekannten (s. 368, S. 111) überein: An *Laubblättern* pflegen die Schäden sich zuerst an der Spitze und den Blatträndern bemerkbar zu machen. Jedoch macht L. GISIGER 1954 (312a) darauf aufmerksam, daß die allerersten Anzeichen von der Praxis meist wenig oder gar nicht beachtet würden, nämlich die Marmorierung der Blattfläche und bei stärkerem Schaden auch Bildung von Löffelformen infolge Störung des Wachstums des Blattes. Bei fortschreitender Erkrankung werden die Blätter in der Regel von der Blattspitze und vom Rande her in ganzer Fläche verfärbt, wobei oft nur ein schmaler grüner Streifen am Blattgrunde um den Mittelnerv herum verschont bleibt. Bisweilen treten auch kleinere isolierte Flecken in den Interkostalfeldern auf. E. DE ONG 1946 (730) beschreibt als erstes Anzeichen der Schädigung ein Welken der Blattränder bei Aprikosenblättern und ähnlich bei Flieder, Brombeere, Rose, Hortensie und Pflaume. V. MILLER et al. 1948 (671) nennen als erstes Anzeichen bei der Ital. Pflaume „water-soaked" Zonen rings um den Blattrand, seltener auf der Blattspreite. Die angegriffenen Gewebe dunkeln dann nach und sterben ab. Beide Forscher bilden solche verschiedenen Befallstufen der Blätter ab, ebenso I. LEONE et al. 1948 (551), DAINES et al. 1950 (s. 972) für Pfirsich und Tomaten, P. ZIMMERMAN 1950 (s. 972) für Pfirsich, J. JOHNSON et al. 1950 (441) für Gladiolen, L. GISIGER 1955 (312b) für Kastanie, Hain- und Schwarzbuche, Kartoffeln und Schneeball. Nicht alle Blätter zeigen gleichstarke Schäden. Man kann oft beobachten, daß die jüngeren Blätter an den Spitzen der Zweige auf größere oder kleinere Strecken beschädigt oder gar abgefallen sind, während die älteren kaum oder keine Verbrennungen zeigen. V. MILLER beobachtete, daß gewöhnlich die untere Hälfte der Baumkrone mehr geschädigt wurde als die obere. Bei stärkerer Verbrennung pflegen, wiederum besonders von den unteren Zweigen, die beschädigten Blätter im Sommer abzufallen. Das wurde auch an Feigen beobachtet. Folge des Blattabfalls (und sicherlich auch des durch F gestörten Befruchtungsvorganges) ist verringerte Ernte. Bei Gladiolen zeigen nach O. COMPTON et al. 1950 (s. 972) die Blätter der inneren Region einer Pflanze stärkere Schäden als die äußeren. Die Farbe der betroffenen Blatteile ist je nach Pflanzenart verschieden. Dunkle bis schwarzbraune Verfärbung herrscht vor. Bei Olivenblättern (77) wurden ebenfalls die Blattspitzen am stärksten betroffen und erschienen verdorrt und gebräunt, andere zeigten mehr oder weniger ausgedehnte Stellen, manchmal die ganze Blattspreite ausfüllend, von dunkler, braungrüner

Färbung und mit dem eigentümlichen Aussehen von Verbrühung. Apfelblätter werden oft rot bis rötlichbraun, ältere Pflaumenblätter gelbfleckig, Luzerne und Erbsen bekommen gelbliche bis hellbraune Randstreifen, Disteln werden einförmig grau. Bei Gladiolenblättern werden zuerst die Spitzen, dann die Ränder, dann Streifen auf der Blattspreite erst weißlich, dann braun und verdorren. Getreidehalme, -blätter und -spelzen bekommen rötliche bis rotbraune Streifen und Flecken. An *Koniferen* verfärben sich zunächst die Nadelspitzen, später die ganzen Nadeln fahlgrau bis gelb, schließlich rot. Alle diese Veränderungen sind aber nicht charakteristisch allein für F-Schäden und bieten daher keine absolut sicheren diagnostisch brauchbaren Merkmale. In ähnlicher Art und Weise können Blattflecke auch von anderen Rauchgasen und weiteren, besonders atmosphärischen Einflüssen, wie Frost oder Sonnenbrand hervorgerufen werden, auch von pilzlichen und tierischen Schädigern, Ernährungsstörungen u. dgl. Darauf macht auch L. Massey 1952 (621) wieder eindringlich aufmerksam.

Bemerkenswert ist, daß, wie G. Bredemann (119) nachwies, die von den Blättern aufgenommenen F-Verbindungen in ihnen in $\pm$ wasserlöslicher Form gespeichert werden. Je 5 g eines lufttrockenen Gemisches von Apfel-, Birnen-, Kirsch-, Johannisbeer-, Runkelrüben-, Kartoffel- und Erbsenblättern mit $\pm$ starken Beschädigungen und stark positiver F-Reaktion (s. S. 189) wurden je 1, 2 und 4 Stunden lang mit 200 cm^3 kaltem Wasser digeriert, bzw. 20 Minuten ausgekocht, filtriert, mit etwa 100 cm^3 Wasser ausgewaschen und wieder getrocknet, das Filtrat wurde mit Na_2CO_3 alkalisch gemacht und mit 4 g Sand zur Trockene gedampft. Je 1 g des eingedampften Filtrates ergaben die F-Reaktion als Na_2SiF_6 (s. S. 189) fast ebenso stark wie die Blätter selbst, während mit den ausgewaschenen bzw. ausgekochten Blättern die Reaktion etwas weniger stark, aber auch noch stark genug ausfiel. P. Reckendorfer 1952 (794) fand in den braunen Anteilen nekrotischer Kirschblätter von 45 mg% F bei 20° 4,3 mg% F wasserlöslich.

An *Früchten*, Kirschen, Zwetschen und Birnen, wurden bei nachgewiesenen F-Abgasschäden ebenfalls die typischen Schadbilder (s. 368) auch neuerdings wieder beobachtet (121, 978), also nekrotische Flecke mit Schrumpfungserscheinungen nur oder besonders am apikalen Ende bzw. um die Krone der Birnen herum. G. Bredemann (119) fand sie auch an reifen Äpfeln, die rings um die „Blume" herum große, tief eingefallene, scharfbegrenzte, schwarze, trockenrissige Flecke aufwiesen, ähnlich alten Fusicladiumflecken; manche Äpfel zeigten solche Flecke auch an der übrigen Oberfläche. Veränderungen der Lentizellen waren im Gegensatz zu F. Neger 1919 (121) nicht vorhanden. F war nicht nur in den Flecken, sondern auch in der unbeschädigten Epidermis vorhanden, wenn auch in viel geringerem Maße; auch das Fruchtfleisch reagierte bisweilen ebenfalls schwach positiv. Auch H. Rosenbaum 1939 (834) beobachtete diese Beschädigungen an Äpfeln und desgleichen an Birnen und weist mit Recht darauf hin, daß solche Schadstellen das Eindringen von Monilia und Gloeosporium besonders fördern. Ob ähnliche typische Schadensbilder an Früchten auch durch andere Rauchsäuren hervorgerufen werden, ist noch nicht bekannt.

Mit der Frage der *Lokalisation dieser Schäden* hat sich L. ROMELL 1941 (832) beschäftigt. Die bei verdünnten Dämpfen flüchtiger, leicht wasserlöslicher Säuren, HCl, HNO_3 und HF, charakteristischen streng lokalisierten Beschädigungen der Blattränder, von ROMELL als „Randeffekt" bezeichnet, werden von einigen Forschern für örtliche Vergiftung durch die in den Wassertropfen gelösten Säuren gehalten, die am Blattrande herunterrinnen oder sich an ihnen entlang sammeln. Andere halten sie für sekundär, hervorgerufen durch örtliche Schwierigkeiten in der Wasserversorgung. ROMELL studierte die Erscheinung experimentell an Blattmodellen aus Indikatorpapier, die verdünnten HF- oder HCl-Dämpfen ausgesetzt wurden und ganz ähnliche Randverfärbungen bekamen, wie sie durch HF- bzw. HCl-Wirkung an Blättern bekannt sind. Er betrachtet den Randeffekt als veranlaßt durch ungleichmäßige Aufnahme des Säuregases in einem gestörten Diffusionsfeld, wodurch eine kritische Schwelle an den vorspringenden Ecken erreicht wird, vergleichbar mit der Wirkung eines Blitzableiters, der das atmosphärische elektrische Feld um seine Spitze herum stört. In gleichen Versuchen mit einem Fruchtmodell aus Indikatorpapier, das zwischen künstlichem Blattwerk aus gleichem Papier so aufgehängt wurde, daß es nur mit dem unteren Fruchtteil aus ihm herausragte, wurde an der Frucht ebenfalls ähnliche lokale Beschädigung (Verfärbung) erzielt, wie sie für F-Schäden an Pflaumen und Kirschen typisch ist.

O. COMPTON u. L. REMMERT 1950 (s. 972), die bei Gladiolenblättern stets ähnlichen „Spitzeneffekt" mit ausgesprochener F-Anhäufung beobachteten, sind dagegen der Meinung, daß die F-Anhäufung und die sie begleitende Beschädigung an den Blattspitzen oder Blatträndern dadurch zustande komme, daß das von der ganzen Blattfläche absorbierte F mittels des Leitbündelsystems zu genannten Teilen weitergeleitet wird. Diese F-Wanderung zur Spitze demonstrierten sie so, daß sie die Gladiolenblätter an der Basis mit NaF-Lösung oder Kryolith-Suspension bespritzten, wobei die Blattspitze mit Cellophan geschützt wurde. Nach 1 bis 2 Tagen traten bei empfindlichen Sorten die charakteristischen Verbrennungserscheinungen der Spitze prompt ein. Ähnliche Resultate wurden bei Injektion von F-Lösungen in die Blattbasis erzielt oder durch Aufbringung solcher Lösungen in Lanolinpaste nahe der Blattbasis. Die F-Anhäufung zur Blattspitze hin ist oft sehr bedeutend. Unter Feldbedingungen wurde in den obersten 7 bis 8 cm der Blattspitze bis zu zehnmal mehr F gefunden als in den anschließenden 7 bis 8 cm und bisweilen enthielten die obersten 7 bis 8 cm der Blattspitze hundertmal mehr F als die 7 bis 8 cm des Blattgrundes. Hafer zeigte übrigens diese Abstufung auch, aber ohne irgendwelche Schäden aufzuweisen.

Ähnliche Schadbilder an den Blättern wie bei Rauchsäurevergiftung kann man bei der Kalkchlorose beobachten: Zuerst Vergilben des Parenchyms zwischen den Blattnerven an der Spitze oder am Rande der Blätter, während die Blattnerven mit den Gefäßbündeln ihre grüne Farbe behalten. Nach

W. ILJIN 1948 (423) ist die Kalkchlorose eine typische Stoffwechselkrankheit. Sie äußert sich besonders in Vergrößerung des Salzgehaltes, Störung des Gleichgewichtes zwischen den einwertigen und zweiwertigen Kationen und Ansammlung größerer Mengen von Zerfallsprodukten der Eiweißstoffe. Diese Stoffe vergiften das Protoplasma. Folge ist Hemmung der Chlorophyllbildung und damit ein Gelb- oder Weißwerden der Blätter. Genannte eigenartige Struktur der chlorotischen Blätter erklärte ILJIN durch die Verteilung der giftigen Stoffe in den Blättern. Der aufsteigende Strom bewegt sich von der Basis des Blattes zu seiner Spitze und zum Rande hin, er bringt die giftigen Stoffe mit sich, das Wasser verdunstet und die in ihm gelösten Stoffe verbleiben in den Zellen und wirken störend auf ihre normalen physiologischen Funktionen, so daß die Chlorophyllbildung unterbunden wird. Die Gefäßbündel der Blattnerven enthalten eine stark verdünnte Lösung, sie umspült die angrenzenden Stellen, in denen es nicht zu einer stärkeren Speicherung von Salzen und Zerfallsprodukten kommt. In diesen Zellen findet daher keine Vergiftung statt, die Chlorophyllbildung wird nicht gestört und die Nerven behalten ihre grüne Farbe. Die bei F-Gasschäden an jungen Blättern und Nadeln zuerst auftretende Spitzen- und Randverfärbung wird auch wohl durch das dort noch zartere Gewebe begünstigt. An älteren Blättern könnte man sich bei der Rand- und Interkostalverfärbung die Mitwirkung eines ähnlichen Vorganges wie ILJIN denken. Daß nämlich der in den Blattnerven aufsteigende Saftstrom in die Blätter eingedrungenes, aber noch nicht direkt tödlich wirkendes Fluor aus den unteren Blattpartien auswäscht und zum Rande hin befördert, wo es sich bei Verdunstung des Wassers anreichert und in jetzt stärkerer Konzentration die Zellen tötet.

In diesem Zusammenhang sei auch auf die Untersuchungen von A. MODER 1932 (679) hingewiesen, die zeigen, daß die „protoplasmatische“ Pflanzenanatomie“ die protoplasmatische Charakterisierung von Zonen der Blätter zu lehren vermag, die rein morphologisch nicht befriedigend gekennzeichnet werden können. Selbst in ihrem histologischen Aufbau so einfache und so wenig differenziert erscheinende Blätter wie die von Helodea canadensis können wesentliche regionäre protoplasmatische Unterschiede aufweisen. Solche protoplasmatischen Unterschiede ergaben sich nicht nur zwischen Ober- und Unterseite des Blattes, sondern auch zwischen verschiedenen Teilen der Oberseite, und zwar zwischen dem „Feld“ einerseits und der Mittelrippe und Basis anderseits. Der Blattrand verhielt sich in mancher Hinsicht wie Basis und Mittelrippe, während die Blattzähne besonderes Verhalten zeigten, desgleichen amphinekrotische Zellen. Bei Narkotikabehandlung (in Ätherwasser) z. B. starben die Zellen an den Blattspitzen rasch ab, während die Basiszellen am widerstandsfähigsten waren. Die Absterbefolge schritt also von der Spitze nach der Basis fort, zeigte somit ein ähnliches Bild wie viele Rauchschäden. In der Harnstoffpermeabilität erwiesen sich die Zellen der Blattunterseite weit stärker permeabel als die der Oberseite, die Zellen der Mittelrippen und der Blattbasis ungefähr fünfmal so durchlässig wie die Zellen des Blattfeldes. Nach Untersuchungen von FR. WEBER 1932 (1028), ebenfalls an Helodea canadensis, war die Harnstoffpermeabilität fast, aber doch nicht ganz entgegengesetzt der Säureempfindlichkeit: Mittelrippe, Basis und Blattrand also stark säureresistent, alle übrigen Zellen der Blattfläche und die Blattzähne recht säureempfindlich. Die protoplasmatische Ungleichheit zeigte sich auch durch abweichendes Verhalten genannter säureresistenter Zellen in Beziehung auf Vitalfärbung. Auch in Versuchen von H. ZINKERNAGEL 1937 (1089) erwies sich an den Blättern von Helodea canadensis die Region der Mittelrippe und der Blattgrund als am widerstandsfähigsten. Mit diesen Beobachtungen stimmt die Auffassung von A. WIELER 1933 (1046/7) überein, daß es sich bei den „Corrosionen", d. h. bei denjenigen Schäden, die in Form kleinerer oder größerer Blattstücke oder gefärbter Ränder absterben, um kleinere oder größere Gewebestücke handelt, deren Zellen empfindlicher sind als die des übrigen Gewebes und die schon bei Konzentrationen absterben, bei denen die letzteren noch nicht getötet werden. Welche Rolle das Licht dabei spielt, müsse noch untersucht werden, vielleicht wirke das Licht direkt und indirekt durch die Erwärmung auf die Permeabilität der Plasmamembran, wodurch das Eindringen der Säure erleichtert würde; vielleicht steigere das Licht die Wirkung auf das Plasma. Auch die Ursache des verschiedenen Verhaltens in den verschiedenen Vegetationsperioden — jugendliche Laubblätter sind empfindlicher als ausgewachsene und die einjährigen Nadeln der immergrünen Koniferen empfindlicher als die älteren —, desgleichen die geringere Säureempfindlichkeit der Koniferennadeln im Winter sieht A. WIELER im Gegensatz zu H. WISLICENUS in der zeitlich verschiedenen Empfindlichkeit des Plasmas der Blattzellen, einer zeitlichen Verschiedenheit im Gehalte säureantagonistischer Stoffe.

F. WILLE 1933 (1054), der die Beziehungen zwischen Säuregasschäden und Pufferung untersuchte, wobei er unter Pufferung eine Faktorengruppe versteht, die zu verhindern sucht, daß die Reaktion einer Lösung, hier des Preßsaftes, durch zugesetzte Säuren oder Basen verändert wird, fand ebenfalls, daß die Pufferung im Laufe der Vegetationszeit stark ausgeprägte Veränderungen zeigt. Er hält übrigens die Rauchgasschäden nicht für Reaktionskrankheiten. Bemerkenswert ist aber, daß die besonders gefährlichen HF und H_2SiF_6 sich als am wenigsten gut gepuffert erwiesen.

Es ist bislang nicht untersucht worden, ob die Flußsäure ähnlich wie andere Rauchsäuren, besonders SO_2, die Laubblätter und Nadeln zuerst und vorwiegend in ihrer Assimilationstätigkeit angreift (s. 122). Nach H. WISLICENUS 1914 (s. 976) ist HF bezüglich der Giftwirkung auf Pflanzen SO_2 vergleichbar, womöglich noch gefährlicher. Auch A. WIELER 1933 (1046/7) sagt, daß es sich bei der hohen Empfindlichkeit des Assimilationsapparates gegen SO_2 nicht um eine spezifische Wirkung der SO_2 handele, sondern daß andere gasförmige Säuren sich ebenso verhalten, zumal auch HCl gleiches Ergebnis hatte. Bei neuerlichen Versuchen mit SO_2-Verdünnungen, wie sie für Rauchschadengebiete vorausgesetzt werden können, hat nun A. WIELER 1933 (1046/7) seine früheren Ergebnisse bestätigt und erweitert. Danach können Säureverdünnungen, die das Blattgewebe nicht töten, durchaus ohne sichtbare Schäden hervorzurufen die Assimilation hemmen oder sistieren. Nach Aufhören der Säurewirkung wird die ursprüngliche Assimilationsgröße nicht wieder erreicht, bleibt aber dauernd beeinträchtigt. Jeder weitere Säureangriff drückt dann die Assimilationstätigkeit weiter herab, je nach Dauer und Konzentration. Diese Erscheinungen haben aber mit dem Auftreten sichtbarer Schäden nichts zu tun (das wären die sog. „unsichtbaren Schäden“). Da, wie wir eben gesehen haben, die Zellen eines Blattes nicht alle von gleicher Empfindlichkeit sind, können neben der Herabdrückung der Assimilation mehr oder weniger Zellen schon bei Konzentrationen getötet werden, bei denen die anderen nur die Assimilationshemmung aufweisen. Ihr Absterben würde also als unmittelbare Wirkung der Säure und nicht etwa der gestörten Assimilation erfolgen, wobei die Säure gleichzeitig auf das Plasma und die Chloroplasten einwirkt. Erst wenn das Gewebe abgestorben ist, treten schneller oder langsamer die für Rauchschäden charakteristischen Farbtöne als postmortale Vorgänge auf. Der gesund erscheinende Teil der Blattfläche bleibt aber in seiner Assimilationsfähigkeit herabgesetzt, und zwar erheblich, da es sich in diesen Fällen um Einwirkung verhältnismäßig hoher Konzentrationen handelt. G. Bredemann (119) konnte mikrochemisch (s. 116, 368) in aus größerer Entfernung von einer SO_2-Quelle entnommenen, äußerlich völlig unbeschädigt erscheinenden Blättern einwandfrei SO_2 nachweisen. Desgleichen konnte A. Biraghi 1938 (77) F nachweisen nicht nur in anscheinend gesunden Olivenblättern von gleichen Zweigen, an denen sich auch stark F-beschädigte befanden (aus der Nähe einer Glashütte), sondern auch in anscheinend gesunden in einer Entfernung von 200 bis 250 m von der Fabrik, nicht dagegen in solchen aus rauchfreien Gebieten. Er hält es für wahrscheinlich, daß auch durch solch kleine Mengen eine langsame Vergiftung stattfindet, die zuerst eine allgemeine Schwächung und später auch ihren Tod herbeiführt. Auch L. Romell 1941 (832) fand in den Blättern des rotblättrigen Acer platanoides L., 400 m von einer F-Quelle entfernt; in den Partien mit offensichtlicher Beschädigung 22 mg, in den restlichen Partien derselben Blätter 16 mg und in den Blättern mit nicht sichtlicher Beschädigung 6 mg F je kg Trockenmasse, in den wenig oder nicht beschädigten Blättern der grünblättrigen Acer und in Apfel allerdings 0 (spektrographisch), wobei er betont, daß es sich nur um Vergleichswerte handelt. Wieler meint, es sei möglich, daß die Assimilation in dem Maße sinke, wie Eisen aus dem Assimilationsapparat ausgeschieden werde. Solche Schäden, bei denen mehr oder weniger zahlreiche Zellen der Blattfläche direkt durch die eingedrungenen Säuren getötet werden, bezeichnet Wieler jetzt als *„akute“* Schäden. Im Gegensatz dazu treten *„chronische“* Schäden als Folge von Stoffwechselstörungen auf, zu denen die Säure den Anstoß gibt: sichtbare Veränderungen, Verfärbungen im Gefolge der Assimilationshemmung; bei Laubhölzern vorzeitige herbstliche Verfärbung, die mit vorzeitigem Laubfall verbunden sein kann, bei Nadelhölzern Vergilbung der Nadeln. Diese Verfärbungen wären also keine Absterbeerscheinungen, sondern spielen sich in der lebenden Zelle ab, und zwar auch nicht als direkte Wirkung der Säure auf das Chlorophyll, sondern als Stoffwechselstörungen, die von der herabgedrückten Assimilation eingeleitet werden.

Hier erhebt sich die Frage, ob es nicht an der Zeit ist, den Ausdruck „unsichtbare Schäden" aus der Rauchschadenliteratur verschwinden zu lassen und die Begriffe „akute" und „chronische" Schäden klarer zu definieren. Die neueren Untersuchungen haben, wie wir im Abschnitt „Beziehungen zwischen Fluorgehalt des Bodens und dem der Pflanzen" S. 69 bereits gesehen haben und unter den Abschnitten „F-Aufnahme durch die Rinde" und „Zunehmende F-Aufnahme der Blätter im Lauf der Vegetationszeit" auf S. 154 u. 155 weiter darlegen werden, zweifellos gezeigt, daß unter Umständen (wir müssen allerdings wohl einschränkend sagen: Unter günstigen Umständen) von den Pflanzen, Blättern sowohl wie Achsen und Wurzeln, sehr erhebliche Mengen von F aufgenommen werden können und zwar ohne jeden erkennbaren Schaden für die Pflanze weder im Befallsjahr noch nachwirkend in den folgenden. Wenn also wirklich die Assimilation vorübergehend gehemmt sein sollte (man hat aber schon Stimulation durch schwache Begasung mit Rauchsäuren beobachtet!), so hat sie sich dann praktisch nicht erkennbar ausgewirkt. Ein „Schaden" liegt jedenfalls gar nicht vor und ist somit auch der Ausdruck „unsichtbarer Schaden" abwegig. Liegt „erhöhter Gehalt" vor, so ist uns mit ihm naturgemäß ein Warnungssignal gegeben, aber er ist erst dann als schädlich anzusehen, wenn mit ihm wirklich bemerkliche Schäden verbunden sind. Solange das nicht der Fall ist, ist ein erhöhter F-Gehalt eher „unsichtbar unschädlich" als „unsichtbar schädlich". Es können natürlich Fälle vorkommen, daß z. B. im Frühjahr in den Blättern aus größerer Entfernung von der F-Quelle ein erhöhter F-Gehalt gefunden wird ohne daß die Blätter sichtbaren Schaden zeigen und daß sich dann im Laufe des Sommers bei fortgesetzter Beräucherung sichtbare Schäden einstellen. Aber auch das ist nicht zwangsläufig und von der Stärke der Beräucherung und der Abwehrbereitschaft der Pflanze abhängig. Wir sehen z. B. deutlich aus den neusten Untersuchungen von E. Bovay 1954 (109), daß bei Aprikosenblättern Blattverbrennungen sich „schon" bei 3 bis 10 mg% F-Gehalt in der Trockenmasse einstellten, während Weinblätter sich als empfindlicher erwiesen und Apfel- und Birnblätter größere Mengen vertrugen ohne daß sichtbare Schäden auftraten. Allerdings fügt Bovay hinzu „während die Vegetation doch etwas leiden kann", ohne das freilich näher zu definieren. Bei den Ausdrücken „akute" und „chronische" Schäden schaffen komplizierte Begriffserklärungen nur Verwirrung. Einfach und klar ist: Akute Schäden treten durch heftige kurzfristige Einwirkung auf, wie sie z. B. als Rauchstoß bei Betriebsstörung vorkommen kann; chronische Schäden sind Folge langandauernder fortgesetzter Einwirkung in meist schwächerer Konzentration, schleichende Erkrankung. In beiden Fällen kann die Wirkung gleich verheerend sein, nur ist sie im ersten Falle rasch, oft plötzlich, im zweiten langsam.

P. Reckendorfer 1952/54 (794/95a) definiert in ähnlicher Weise den „sichtbaren, akuten" Rauchschaden als entstanden durch forcierte unphysiologische

Einwirkung bis zur Nekrotisierung und setzt ihm den chronischen Schaden gegenüber, den er aber als „unsichtbaren, chronischen“ Schaden bezeichnet, hervorgerufen in Auswirkung milder temporärer Impulse, die dem jeweiligen Aufnahmevermögen der Zelle angeglichen sind und derart nur eine allmähliche gestufte Anreicherung ohne markante Verfärbung hervorrufen bzw. zulassen. Beide, seine „unsichtbaren, chronischen“ und die „sichtbaren, akuten“ Schäden glaubt er auf analytischem Wege unterscheiden zu können. Er meint, daß bei den unsichtbaren, chronischen Schäden stets ein ausreichender Nachschub von Ca-Ionen die F-Ionen abfange, ähnlich wie die Oxalat-Ionen beständig durch Ca-Ionen abgefangen werden. Reicht die Zufuhr von Ca nicht aus, so bliebe den nichtblockierten F-Ionen nichts anderes übrig, als sich mit dem Mg zu dem CaF_2 ähnlich schwerlöslichen MgF_2 zu verbinden, evtl. auch mit Fe zu FeF_3. Durch den Ausfall beider käme es dann aber zur Störung im Aufbau der Chloroplasten und damit, abgesehen von sonstigen Umsetzungen des F mit den rein organischen Zellelementen, zum Auftreten der bekannten Schadensbilder mit Vergilbung und Verfärbung. Damit wäre dann aber bereits der Zustand des sichtbaren, akuten Schadens erreicht. Analytisch müßten also beim unsichtbaren chronischen Schaden in den Blättern nur oder fast nur anorganische F-Verbindungen nachweisbar sein, bei den sichtbaren. akuten Schäden dagegen neben diesen wesentliche Mengen organischer (in Äther löslicher) F-Verbindungen.

In der Tat bestätigten die Analysen diese Annahme: 6 Proben grüne (unbeschädigte) Kirschblätter aus einem F-Gebiet z. B. enthielten i. M. 22 mg% Ges.-F, davon 0,6 mg% ätherlösliche organische Substanz; in starke Verbrennungserscheinungen aufweisenden Kirschblättern dagegen wurden 36,3 mg% Ges.-F, davon 10 mg% organisch gefunden und in den grünen Anteilen dieser 26,5 mg% Ges.-F (2 mg% organisch), in den braunen nekrotischen 45,0 mg% Ges.-F (davon 16,2 mg% organisch). P. Reckendorfer folgert daraus, daß in diesem Fall alle untersuchten grünen Blätter als im „Zustandsbild eines chronischen Schadens befindlich zu betrachten“ seien, während die sattbraunen nekrotischen Felder der beschädigten Kirschblätter mit ihrem bedeutenden Gehalt an ätherlöslichen F-Verbindungen dem gesamten Blattmuster das Gepräge eines akuten Rauchschadens gäbe, der auch bis in die benachbarten grünen Felder hinein ausstrahle.

Ob man nun wirklich so weitgehende Schlüsse aus solchen Befunden ziehen kann, wie P. Reckendorfer (795) das weiter versucht (Aussagen über die Dauer der F-Einwirkung, des Zeitpunktes einer besonderen Attacke, deren Stärke usw.) müßte zunächst aber doch wohl noch weiter erforscht werden, wozu allerdings zu sagen ist, daß solche Feststellungen für die Rauchschädenexpertise meist wohl nicht so wichtig sein dürften.

Die Annahme von Kurt Noack (s. 368), daß die Inaktivierung des Assimilationsapparates durch SO_2 die Zerstörung des übrigen Zellplasmas auslöse, wird auch von R. Thümmler 1941 (976) bezweifelt. Es müsse auch eine primäre Alternation des nicht im Chloroplasten organisierten Plasmas, besonders der den Stoffeintritt und -austritt regelnden Plasmaschichten durch Säuren auch bei hoher Verdünnung zumindest erwogen werden, auch wenn diese Änderungen durch die schneller vor sich gehende und für das Zelleben sich viel katastrophaler auswirkende Zerstörung des Assimilationsapparates sekundär irgendwie verdeckt würden. Die Zusammensetzung und Struktur des lebenden Protoplasmas durch Säuren schwanke offenbar zwischen zwei Extremen: zwischen Strukturänderung und Aktivierung der Lebensvorgänge einerseits und Strukturzerstörung und Tod anderseits. Die Begriffe Stimulation, chronische Schäden, akute Schäden trügen dieser Wirkungsspanne Rechnung. THÜMMLER bemühte sich, diese Strukturänderungen am lebenden und an dem infolge Säurewirkung im Absterben begriffenen Protoplasten mittels der plasmolytischen Methode mikroskopisch zu klären. An plasmolysierten Epidermen von Rhoeo discolor Hance (= Tradescantia discolor L'Hérit.) wurde der mehr oder weniger langsame Deplasmolyseverlauf der Protoplasten in Gegenwart von Säure verfolgt. Er versucht, mit Hilfe der Haftpunkttheorie FREY-WYSSLINGS eine Erklärung der Säurewirkung zu geben und von hier aus einige pathologische Deplasmolyseerscheinungen verständlich zu machen. Auf die Einzelheiten der interessanten, vorwiegend mit SO_2 erzielten Ergebnisse sei hier nur verwiesen.

Zu erwähnen wäre noch, daß H. ZINKERNAGEL 1938 (1090) fand, daß in einigen Fällen das Absterben bzw. die Schädigung der Zellen (von Helodea durch SO_2) *vor* dem Auftreten der Phäophytinbande erfolgte, allerdings handelte es sich nur um Zeitspannen von 5 bis 10 Minuten.

c) *F-Aufnahme durch die Rinde und deren Bedeutung*

Bei Untersuchung F-geschädigter Blätter fanden G. BREDEMANN u. H. RADELOFF 1937 (122) häufig auch *in der* (*unbeschädigten!*) *Rinde*, in schweren Fällen auch *im Holz F* in recht erheblichen Mengen. Es war daher die Entscheidung der Frage wichtig: Schädigen die während der Vegetationszeit aufgenommenen F-Gase die Pflanzen auch über die unmittelbare Beschädigung der Blätter und Blüten hinaus infolge ihres Eindringens in die Sprosse? Experimentelle Versuche ergaben, daß die Sprosse sowohl bei sommerlicher als auch bei winterlicher Begasung F bis zu großen Mengen in ihrer Rinde, auch bisweilen im Holzteil speichern, und zwar, ebenso wie in den — allerdings geschädigten! — Blättern (s. S. 147) größtenteils in wasserlöslicher Form. Diese wasserlöslichen F-Verbindungen diffundieren aber nicht aus der Rinde durch die Markstrahlen in den Holzkörper, gelangen also auch nicht in die im Frühjahr austreibenden Sprosse, Blätter und Blütenteile. Dieser Befund wurde von V. MILLER et al. 1948 (671) bestätigt. Diese Forscher bestimmten die F-Aufnahme ruhender Zweige auch quantitativ und fanden z. B. in Proben aus einem F-rauchfreien Gebiet, 160 km von der nächsten Aluminiumfabrik entfernt, in einjährigen Pflaumentrieben 0,07 mg% F, in zwei- bis dreijährigen 0,10 mg%, dagegen in aus 0,4 km Entfernung entnommenen 1,70 bzw. 1,60, bei 0,8 km Entfernung 0,93 bzw. 0,66 und zwischen 0,8 und 4,5 km 0,41 bzw. 0,35 mg% F. Auch E. DE ONG 1946 (730) hatte beobachtet, daß, nachdem eine starke F-Schäden an Blättern hervorrufende Al-Fabrik im August ihren Betrieb einstellte, drei Wochen später der neue Auswuchs der Aprikosenbäume normal und ohne Beschädigung der Blätter war.

Diese Befunde beantworten auch die für die Begutachtung wichtige Frage: Wie ist die Aufnahme F-haltiger Abgase durch die Rinde der Sprosse, speziell auch eine solche im Winter, in ihrer Schadenswirkung zu beurteilen? Sie ist, sofern die F-Gaswirkung nicht so heftig war, daß die Zweige überhaupt rasch absterben, ohne praktisch spürbaren Einfluß auf den Frühjahrsaustrieb. Eine wesentliche Verzögerung des Austriebes wurde ebensowenig bemerkt wie eine denkbare Beschleunigung. In allen Fällen wuchsen die Neutriebe mit ihren Blättern und Blüten ohne bemerkenswerte Nachwirkung und ohne Schaden heran und blieben frei von F. Größerer F-Gehalt in den Neutrieben weist also auf neuen F-Raucheinfluß bei oder nach dem Austreiben hin. Daß die Rindengewebe bei F-Begasung die F-Verbindungen in solch großen Mengen speichern können, ohne erkennbaren Schaden zu erleiden und selbst in ihrer Funktion nicht geschädigt werden, zeigt, daß sie, ähnlich wie z. B. die Blütenblätter ungleich widerstandsfähiger sind als im allgemeinen grüne Laubblätter. Es könnte sein, daß die aufgenommenen F-Gase in Rindenzellen zu unschädlichen, vielleicht organischen F-Verbindungen (wasserlöslichen!) umgewandelt werden, in welche, ist noch völlig unklar. Wir haben aber schon in Tab. 12 gesehen, daß auch Tee-*Blätter* einen solch hohen Gehalt an ebenfalls wasserlöslichen F-Verbindungen aufweisen können — allerdings mit der Wurzel aufgenommene —, an dem die der meisten anderen Pflanzen wohl längst zugrunde gegangen wären.

d) Zunehmende F-Aufnahme der Blätter im Laufe der Vegetationszeit — ungewöhnliche Werte

An dieser Stelle müssen die Ergebnisse von Untersuchungen besprochen werden, die von H. Churchill, R. Rowley und L. Martin 1948 (150) über den F-Gehalt von Pflanzen aus einer Gegend Westpennsylvaniens ausgeführt wurden, deren Atmosphäre durch den F-haltigen Kohlenrauch der dortigen Industrie mehr oder weniger große — analytisch leider nicht ermittelte — Mengen an F enthält. Sie fanden dort in den Blättern der Bäume, aber auch anderer Pflanzen, ganz unerwartet große F-Mengen. Und zwar nahm der F-Gehalt im Laufe der Vegetationsperiode mit zunehmendem Alter der Blätter deutlich zu und erreichte Mengen, wie wir sie bisher nur für Tee und Dichapetalum kannten. Die Forscher weisen aber wiederholt darauf hin, daß alle untersuchten Blätter von guter Beschaffenheit waren und das normale Aussehen der Blätter der jeweiligen Jahreszeit hatten. Sie bemerken auch, daß es auffällig erscheint, daß die gefundenen hohen F-Mengen keinerlei Beschädigung der Vegetation bemerken ließen und daß die Tatsache, daß alle untersuchten Fruchtbäume während der Jahre der Probeentnahme normale Ernten lieferten, auch zeige, daß tatsächlich keine Schäden eintraten. Also auch keine

„unsichtbare Schäden", s. S. 152. Alle Proben stammten aus dem Tal des Allegheny River in einer Entfernung von 16 bis 32 km von Pittsburg, und zwar:

1. Wohnbezirk mit industrieller Nachbarschaft,
2. Landwirtschaftliches Gebiet, entfernt von Industrie und Eisenbahn,
3. ebenso, nahe dem Allegheny River und der Eisenbahn,
4. Aluminium Research Laboratories-Grundstück, im Wohnbezirk gelegen,
5. Wohnbezirk, viel weniger Industrie als Nr. 1.

Die Untersuchungen wurden in der Weise ausgeführt, daß die frische Substanz mit Kalkwasser eingedämpft wurde; der alkalische Trockenrückstand wurde bei 500—550° C verascht und die Asche nach WILLARD und WINTER (s. S. 218) destilliert; nach Konzentration des Destillates wurde mit Thoriumnitrat titriert, Indikator alizarinsulfosaures Natrium.

In folgenden Tabellen sind die hauptsächlichsten Ergebnisse in mg% der Trockenmasse der Blätter wiedergegeben, geordnet nach obigen Probenahmegebieten 1—5. Da die englische Bezeichnung nicht immer genau erkennen läßt, um welche botanische Art es sich handelt, sind die Originalbezeichnungen beibehalten worden.

H. CHURCHILL et al. halten es für möglich, daß der höhere F-Gehalt der älteren Blätter daher rühre, daß sich an ihrer Oberfläche während der Vegetationsperiode F als F-haltiger Staub angereichert habe und ferner, daß die im Frühjahr genommenen Blattproben schon einen verhältnismäßig hohen F-Gehalt aufwiesen infolge der Anreicherung der Atmosphäre mit starkem F-haltigen Kohlenrauch der Luft während des frühen Frühjahrs. Bemerkenswert ist auch, daß ein wesentlicher Unterschied im F-Gehalt der aus den vorgenannten fünf verschiedenen Gebieten stammenden Proben nicht hervortritt außer bei den Frühjahrsproben aus Gebiet 5, die einen durchweg niedrigeren F-Gehalt haben als die aus Gebiet 4, allerdings aus einem anderen Jahre stammen.

Diese, wie gesagt, ungewöhnlichen F-Werte in gesund erscheinenden Pflanzen konnten mit Recht anfangs einigen Zweifeln begegnen. Inzwischen nun haben verschiedene Forscher ähnliche festgestellt. So blieben nach DAINES et al. 1950 (s. 972) Bohnen, Spinat, Petunien und Ringelblumen nach Absorption von 20—50 mg% F in den Blättern ganz unbeschädigt, während Gladiolen und Pfirsich schon bei 3—5 mg% Schaden zeigten. M. THOMAS et al. 1951 (s. 972) geben an, in unbeschädigten Baumwollblättern bis 500 mg% F festgestellt zu haben (z. T. Flugstaub ? ?). Auch Gräser können nach J. AGATE 1949 sowie O. COMPTON et al. 1950 (972) große F-Mengen ohne Schaden absorbieren.

Ebenso zeigen die Untersuchungen von E. BOVAY 1954 (109) die zunehmende F-Aufnahme äußerlich unbeschädigter sowohl wie geschädigter Apfel-, Birnen-, Kirsch-, Aprikosen-, Wein-, Erdbeer- und Pappelblätter. Bei äußerlich unbeschädigten aus weiter Entfernung von der F-Quelle (aber doch wohl etwas F-beeinflußt!) z. B. Aprikosenblättern: Mitte Juni = 0,30, Ende September

= 4,20 mg% F in der Trockenmasse; schwach geschädigt in größerer Nähe Mitte Juni = 0,50, Ende September = 16,88 mg%; stark geschädigt Mitte Juni = 9,25, Ende September = 51,30 mg% F.

1.

	Juni	August	Okt.
		1943	
Cedar	—	—	6,4
Oak	—	—	6,2
		1944	
Locust	5,3	7,6	10,4
Wild cherry	3,7	7,7	17,7

2.

	Juni	Okt.	Dez.
		1943	
Black oat	—	—	5,1
Norway pine	—	—	6,7
White pine	—	—	5,8
Gray pine	—	—	10,6
		1946	
Sweet cherry	3,3	11,5	—
Kieffer pear	1,5	17,7	—
Red grape	1,4	7,1	—
Apricot	3,0	23,3	—
Sour blue plum	3,2	12,6	—
Peach	1,0	3,8	—

3.

	Juni	Okt.	Nov.
		1943	
Pine	—	—	1,7
Sycamore	—	—	11,2
Willow	—	—	3,1
		1946	
Winesap apple	3,3	15,2	—
Italian prune	2,9	26,9	—
Yellow plum	2,2	12,4	—

4.

	Okt.	Juni	August	Okt.
	1943		1944	
Oak	—	2,1	3,3	7,7
Sycamore	14,7	3,5	5,3	12,6
Aspen	—	4,5	4,7	11,6
Elm	—	1,9	0,6	1,9

	Nov.	Mai	August	Okt.
	1944		1945	
Europ. beech	22,6	4,4	4,6	8,8
Orientalcherry	14,2	3,3	7,1	11,9
Plane	16,1	5,0	6,1	15,7
Rhododendron	4,8	3,2	3,5	10,5
Russian olive	13,9	7,6	7,5	12,0
Silver poplar	16,2	5,1	10,7	20,8
Sweet gum	7,3	3,6	3,5	5,8
Wildcrabapple	15,2	4,2	10,0	12,3
Pin oak	12,9	4,3	5,3	10,4

5.

	Juni	August	Okt.
		1946	
Concord grape	0,9	2,0	8,1
Early red apple	2,5	6,4	11,2
Golden delicious apple	1,3	5,0	11,2
Plum	1,4	5,9	10,5
Maple	2,2	4,3	5,5
Red winter apple	1,3	5,4	15,4
Summer apple	2,4	—	17,7
Pear	1,8	—	11,7
Damson plum	2,0	—	—
Sour cherry	1,7	—	12,0
Green gage plum	2,4	—	13,3
Damson plum	1,8	—	10,8

Nach F. Bingham et al. 1954 (1095) enthielten Citrusblätter in luftreinen Gegenden meist nicht mehr als 0,1—0,3 mg/% F. Mit Annäherung an rauchige Industriegebiete nahm der F-Gehalt graduell zu, bis zu 9,5 mg% nahe dem Schwerindustriezentrum Fontana. Von Juli bis Oktober erhöhte sich der F-Gehalt der Blätter stärker als von Januar bis März. Schäden infolge der erhöhten F-Konzentration wurden nicht festgestellt.

e) F-Abgabe durch Pflanzen an die Atmosphäre

P. ZIMMERMAN u. A. HITCHCOCK 1946 (1088) glauben, daß Pflanzen imstande sind, einen Teil des mit den Wurzeln aus dem Boden aufgenommenen Fluors gasförmig an die Atmosphäre abzugeben. Bei Untersuchung von Blättern war zwei Wochen nach der F-Aufnahme ein deutlicher F-Verlust nachzuweisen. Und ein bestimmtes Waldgebiet in Pennsylvanien enthielt vor dem Laubabfall mehr F in der Luft als nachher. Auch war die Luft innerhalb von Gewächshäusern im Winter F-reicher als außerhalb dieser. Auch E. BRENNAN et al. 1950 (125) glauben eine F-Abgabe in die Atmosphäre nachgewiesen zu haben, weil sie in den 7 Tage nach der künstlichen F-Begasung geernteten Tomatenblättern im allgemeinen geringeren F-Gehalt feststellten als unmittelbar nach der Begasung, während bei F-Aufnahme durch die Wurzel kein solcher Verlust zu bemerken war. M. THOMAS et al. 1951 (972) fanden ebenfalls F-Abgabe bei der Luftuntersuchung von Pflanzen, die in Sandkulturen mit NaF-Zusatz wuchsen. O. COMPTON et al. 1950 (s. 972) allerdings konnten eine F-Abgabe in die Atmosphäre nicht bestätigen. Diese Frage muß also auch noch weiter erforscht werden. M. THOMAS meint, daß möglicherweise beide Vorgänge nebeneinander stattfinden: Absorption durch die Blattfläche und Abgabe durch die Blattspitze oder den Blattrand entsprechend den auf (S. 148) beschriebenen Versuchen von O. COMPTON et al.

Ob an der von E. BOVAY 1954 (109) beobachteten Wiederabnahme des nach einer Trockenperiode stark angestiegenen F-Gehalts der Blätter, s. Tab. 16, S. 145, im Laufe einer folgenden Regenperiode um rd. das Doppelte F-Abgabe an die Atmosphäre beteiligt war oder Auswaschung durch Regen (vielleicht auch inzwischen eingetretener Abfall der am schwersten beschädigten und F-reichsten Blätter oder Ausbröckelung der am stärksten nekrotisierten F-reichsten Partien aus ihnen) stattgefunden hat, ist nicht ohne weiteres zu entscheiden; aber Auswaschung dürfte zumindest überwiegen. Daß in den anschließenden weiteren regnerischen Wochen bis zum Schluß der Vegetationszeit der F-Gehalt fast den unmittelbar nach der Trockenperiode festgestellten wieder erreichte, beweist, daß nach der Trockenperiode trotz des hohen F-Gehalts noch wesentliche Teile der Blattfläche am Leben waren und absorbieren konnten.

f) Verschiedene Resistenz gegen Fluor

Die verschiedene Resistenz der verschiedenen Pflanzen, und diese wiederum in den verschiedenen Alters- und Jahreszeiten, wird durch das Obenausgeführte ohne weiteres verständlich, desgleichen die oft recht verschiedene Resistenz verschiedener Einzelindividuen ein und derselben Pflanzenart. R. THÜMMLER 1941 (976) sagt, daß jede Säureeinwirkung, sei sie angezeigt durch Schädigung oder durch Wirkungsabwehr der Pflanze, stets das Ergebnis einer genotypischen und phänotypischen Disposition der lebenden Substanz sei. Die letztere hänge ab von der Gunst und Ungunst der Faktoren des Klimas, des Bodens und der

Ernährung. Die Schädigung könne abgeschwächt oder verstärkt sein, je nach dem Bestehen eines plasmatischen Kraft-, Normal- oder Schwächezustandes des pflanzlichen Organismus. Resistenzreihen können also nur mit dieser Einschränkung betrachtet werden, worauf übrigens fast alle älteren und neueren Forscher auch eindringlich hinweisen (368, 436, 834, 978). Immerhin zeigen verschiedene Arten fraglos verschiedene allgemeine Widerstandsfähigkeit. Wenn ihre inneren Ursachen, wahrscheinlich mit enzymatischen Vorgängen zusammenhängend, auch noch unerforscht sind, so vermag richtige Beobachtung der verschiedenen Arten und Rassen doch wertvolle Unterlagen für anbautechnische Maßnahmen zur Verringerung der Schäden zu liefern. In einem Rauchschadengebiet bei Pirna/Sa. fand G. Bredemann (119) — wobei die Reihenfolge innerhalb der einzelnen Abschnitte keine Resistenzreihe darstellt —:

1. Blätter besonders stark beschädigt
   a) Obstbäume: Süß- (auch Wald-)kirsche, Pflaume, Apfel, Birne, Walnuß, Holunder;
   b) Waldbäume: Hainbuche, Birke, Eiche, Ahorn, Esche, Weide, Echte Kastanie, Weißdorn, alle Nadelholzgewächse;
   c) Feld- und Rainunkräuter: Knöterich, Ackerwinde, Johanniskraut, Brennesseln;
2. Blätter äußerlich wenig stark beschädigt: Weizen, Luzerne, Kartoffeln;
3. Blätter äußerlich kaum oder gar nicht beschädigt: Zucker- und Futterrüben (Beta), Sauerkirschen, Hopfen, Schafgarbe, Königskerze, Hauhechel.

H. Rosenbaum 1939 (834) fand im gleichen F-Rauchschadengebiet die Anfälligkeit der einzelnen Obstarten sehr verschieden, sie nahm in der Reihenfolge zu: Apfel, Birne, Kirsche, Pflaume, Walnuß. Innerhalb einer Art ließen sich weitere Unterschiede feststellen. Von Birnen waren im Laub stark anfällig: Philippbirne, Diehls Butterbirne, Winter Diehl, Pastorenbirne; mittelanfällig bis unempfindlich: Williams Christbirne, Sommer Diehl, Gute Luise, Köstliche von Charneux. H. Radeloff 1937 (774) macht aber mit Recht darauf aufmerksam, daß Angaben über die Obstsorten in jedem Einzelfall zu erproben sind, weil sie weitgehend von der jeweiligen Anpassung der Sorten an den Standort abhängen. E. de Ong 1946 (730) erwähnt, daß ein junger Pfirsich, obgleich an die Aluminiumfabrik angrenzend, keine Beschädigung zeigte, während die Blätter von Aprikosen, Pflaumen, Walnuß und vielen anderen Pflanzen starke F-Verbrennungen erlitten. Nach F. Bear 1954 (54) zeigten sich in New Jersey besonders F-anfällig: Süßkartoffeln, White Pine, Day Lily und Gladiolen, besonders resistent Ragweed-Ambrosia artemisiifolia. Im Bezirk Sider (Rhonetal, Wallis), wo F zumindest einen wesentlichen Anteil an den dortigen Rauchschäden haben dürfte, war nach F. Wille 1933 (1054) Taxus baccata L. immer gesund, sehr rauchhart Betula verrucosa Ehrh. und Robinia pseudacacia L., die sich bei Aufforstung gut bewährten, recht empfindlich dagegen Prunus avium L. und P. domestica L. Nach Beobachtungen von L. Gisiger 1954 (312a) erwiesen sich im Gebiet von Rheinfelden und Möhlin (Schweiz) als besonders F-empfindlich: Föhren, Eiben, Hainbuchen und Schwarzbuchen, dann Nuß-, Kastanien- und Zwetschgenbäume (im Wallis Aprikosen), ferner Rotklee, Kartoffeln, Gerste, von den Gräsern das Knaulgras, während Weißklee, Apfel- und Kirschbäume in der Nähe der Al-Fabrik nur geringe Schäden aufwiesen. Vergleicht man hiermit die Resistenzreihen gegen SO_2 von SCHRÖDER u. REUSS, von STOKLASA und von JANSON (436), die allerdings untereinander große Unterschiede aufweisen, so zeigen sich manche Ähnlichkeiten, aber auch ebensoviele Abweichungen. Z. B. fällt auf, daß in ihnen übereinstimmend Eichen zu den SO_2-rauchharten gezählt werden, während diese nach eigenen Beobachtungen (119) durch F stark geschädigt wurden; die Birke dagegen gehört nach SCHRÖDER-REUSS und nach STOKLASA zu den SO_2-empfindlicheren und nach eigenen Beobachtungen desgleichen zu den F-empfindlichen Arten, die Eibe nach STOKLASA zu den stark SO_2-empfindlichen Arten, desgleichen nach W. MÜHLSTEPH 1942 (700) und L. GISIGER 1954 (312a) zu den besonders F-empfindlichen, während JANSON sie als SO_2-mittelempfindlich, H. RADELOFF 1937 (774) als für SO_2 wenig empfindlich und WILLE sie zu den F-widerstandsfähigen Arten rechnen. — Vgl. auch S. 144 u. 242.

F. JOHNSON, D. ALLMENDINGER, V. MILLER u. C. GOULD 1950/53 (441, 6, 679, 972) verdanken wir interessante Beobachtungen über die auffällig verschiedene Resistenz verschiedener Gladiolensorten hinsichtlich ihres Verhaltens gegen den F-Einfluß und den Umfang ihrer Blattbeschädigung. Von 72 Varietäten waren 7 resistent und 13 sehr empfindlich, die übrigen intermediär. Im allgemeinen nahmen, was besonders bemerkenswert ist, die resistenten Sorten mehr F in ihren Blättern auf als die empfindlichen. Z. B. absorbierte die Varietät „Algonquin", deren Blätter von der Spitze ab nur in der Länge von 7% Verbrennung zeigte, 61,1 mg% F, die benachbarte „Shirley Temple" mit 54% Verbrennung dagegen nur 13,8 mg%. Genannte Forscher führen das darauf zurück, daß die Blätter bei den empfindlichen Sorten früh getötet werden, während sie bei den resistenteren ihre Funktion fortsetzen und das F während einer längeren Zeitdauer absorbieren.

Beurteilt man die Resistenz nach dem F-Gehalt, bei dem die Blätter beginnen Verbrennungserscheinungen zu zeigen bzw. welche die geschädigten Blätter aufnehmen, so würden nach den diesbezüglichen Untersuchungen von E. BOVAY 1954 (109) besonders Weinblätter sich als empfindlich gegen F-Gase erweisen, ähnlich Aprikosen, weniger Apfel, Birnen und auch Erdbeeren. BOVAY folgert aus seinen Analysenbefunden, daß man für die untersuchten Arten (Wein, Apfel, Birne, Kirsche, Aprikose, Pappel, Erdbeere) einen F-Gehalt der Blätter von 0,1 bis 1,0 mg% in der Trockenmasse als normal und ungefährlich ansehen darf und daß bei zwischen 1 und 3 mg% F im allgemeinen sichtbare Schäden auftreten.

Auf Seite 71 hatten wir bei Besprechung der Versuche von E. BRENNAN et al. 1950 (125) gesehen, wie stark der jeweilige Ernährungszustand der Tomaten sich auf die F-Aufnahme *durch die Wurzel* (bei F-Zugabe zur Nährlösung) und auch auf den Grad der Beschädigung auswirken kann. Es hatte sich immer gezeigt, daß der Grad der Blattbeschädigung und die Menge der F-Aufnahme der Blätter ziemlich korrespondierten, aber nicht die der Wurzeln. In weiteren F-*Beräucherungs-Versuchen*, ebenfalls mit Tomaten, stellte sich heraus, daß eine $4\frac{1}{2}$ stündige Einwirkung von 0,048 mg/l F keinen Schaden hervorrief, weder an den Blättern noch an den Wurzeln, dagegen trat eine Erhöhung des F-Gehalts der Blätter (nicht der Wurzel) ein, die in den verschiedenen Nährstoffgruppen schwankte und bis zum vierfachen gegenüber Kontrolle betrug. Bei Begasung mit 0,47 mg/l F, $3\frac{1}{2}$ h, zeigten alle Pflanzen nach einem Tag mehr oder weniger starke Blattschäden. In der N-Gruppe z. B. waren diese am schwächsten bei sehr geringer N-Zugabe zum Nährsubstrat; also, man kann sagen bei besonders harten Pflanzen, während weiche, die die achtfache N-Menge erhalten hatten, starke Blattschäden aufwiesen. Aber bei 32facher N-Zugabe waren die Schäden dann wieder nur leicht. In der P-Gruppe stiegen die Blattschäden mit steigendem P-Gehalt an, ebenso wie in den S. 72 besprochenen Versuchen mit P-Zugabe zum Nährsubstrat. In der Ca-Gruppe waren die Blattverbrennungen durch Begasung am geringsten bei sehr geringen und sehr hohen Ca-Gaben. Also kein ganz klares Bild. Die Wurzeln zeigten bei diesen Begasungsversuchen in allen Fällen keinerlei Schädigung und auch kaum oder keine Zunahme des F-Gehaltes gegenüber den Kontrollen. Das zeigt, daß keine Abwärtsleitung von F aus den Blättern zu den Wurzeln vorliegt.

Bemerkenswert ist ferner, daß die typischen Anzeichen der F-Vergiftung, Verdorren der Spitzen und Ränder der jungen voll entwickelten Blätter (s. S. 146), sich sowohl bei F-Zugabe zu den Wurzeln als auch bei F-Beräucherung der oberirdischen Pflanzen durchaus glichen.

Früher hatten I. Leone, E. Brennan et al. 1948 (551) versucht, die Toleranz verschiedener Pflanzen gegen F ebenfalls in Gefäßversuchen in der Weise festzustellen, daß sie dem Quarzsand + Nährstoffen verschiedene F-Mengen zusetzten und das Auftreten von Blattschäden beobachteten. Am widerstandsfähigsten erwiesen sich Tomaten, dann Buchweizen, am wenigsten resistent Pfirsiche. Das Ergebnis gestattet natürlich nicht ohne weiteres, gleiches Verhalten auch bei Begasung anzunehmen. Es erscheint überhaupt nach vorgenannten Ergebnissen der gleichen Forscher nicht sehr beweiskräftig.

Daß verschiedene Pflanzenarten unter gleichen Bedingungen verschiedene, aber doch ähnlich große F-Mengen in ihren (beschädigten) Blättern aufnehmen, zeigt ein Großversuch von J. Hendrix et al. 1953 (383): Der mittlere F-Gehalt der Blätter von Apfel, Kirsche und Pflaume im Rauchschadengebiet war im Juli 19,4, 18,5 bzw. 24,5 mg%; bei der 2. Probenahme im September wurde ein Anstieg von 4,3 bzw. 10,4 bzw. 10,7, also ein Endgehalt von 23,7 bzw. 28,9 bzw. 35,2 mg% F festgestellt.

g) *Pflanzenfluorose*

Die S. 156 mitgeteilten ungewöhnlich hohen F-Werte, die H. Churchill et al. 1948 (150) im Laufe der Vegetationszeit in den Blättern völlig gesund erscheinender Bäume feststellten, zeigen im Verein mit den vorgenannten Befunden von G. Bredemann u. H. Radeloff 1937 (122), E. de Ong 1946 (730), V. Miller et al. 1948 (671), sowie von E. Brennan et al. 1950 (125), A. Hurd-Karrer 1950 (417) und anderen (F-Aufnahme durch die Achse und Wurzel- und

F-Speicherung in ihnen), daß, worauf R. CORTESIL 1953 (165) hinwies, wir von einer „Pflanzenfluorose" im Sinne einer Vergiftung der Pflanze bei hohem F-Gehalt mit für die Pflanze schädlichen Folgen, wie sie analog bei Mensch und Tier vorkommen, nicht sprechen können. Ein höherer F-Gehalt verursacht u. U. keinen Schaden, abgesehen von extremen Fällen und Ertrags- bzw. Zuwachsausfällen und eventueller Vergiftung des Futters im Befallsjahr; er macht jedenfalls die Pflanze nicht „krank", wobei wir allerdings die Grenze bis zu der eine F-Aufnahme und -Speicherung ohne nachteilige Folge stattfinden kann, noch nicht kennen. Sie wird auch für die Pflanze individuell und für ihre jeweiligen Umweltsbedingungen verschieden sein. Ob durch eine (für die Pflanze unschädliche) F-Anreicherung die Resistenz der Pflanzen gegen Bakterien, Pilze, Insekten usw. verändert wird, steht noch dahin.

P. RECKENDORFER 1952/53 (794/5) drückt das ähnlich aus, indem er sagt: „Dieser Umstand (Blattnekrose nach Fluorüberfall) ist aber für den Lebensablauf der Pflanze nur trostvoll zu werten ... Befreit sie doch der herbstliche Laubabfall von allen belastenden Fluordepots, um ihr solcherart im darauffolgenden Frühjahr wieder die ganz große Chance eines fluorfreien Erwachens zu sichern."

4. F-Schäden bei Menschen und Nutztieren, einschl. Bienen

a) Direkte F-Gaswirkung

Die *Schädlichkeitsgrenze für Menschen*, d. h. der höchstzulässige Grenzwert für gasförmigen HF in der Luft wird in den „Threshold Limit Values, adopted at the Meeting of the American Conference of Governmental Industrial Hygienists in Chicago in April 1950" (17) mit 3 ppm = 0,3 mg% angegeben (das wäre etwa gleiche Konzentration, wie wir sie eben als Schädlichkeitsgrenze für die Pflanzen nannten), für Fluoride im Flugstaub mit 2,5 mg/m³. Demgegenüber sind die von K. ROHOLM 1937 (827) in Innenräumen einer dänischen Kyrolithfabrik festgestellten Werte sehr hoch. Sie betreffen nur Kryolithstaub, 16 bis 497 mg/m³, aber umgerechnet auf HF würden das 1,80 bis 54,7 mg% sein. Diese Mengen verursachten bei 68 der ihnen längere Zeit ausgesetzten Arbeitern Fluorose, bei 86% von ihnen charakteristische Osteosklerose (s. S. 169), zu welch starker Wirkung sicherlich auch die Feinheit des Kryolithstaubes (bis zu 50% kleiner als 5γ) beigetragen haben dürfte. J. AGATE et al. 1949 (s. 17) fanden in den Innenräumen einer schottischen Fabrik nur 0,04 bis 3,77 mg/m³ in Form von Kryolithstaub = 0,005 bis 0,343 mg% HF, in der Umgebung 0,03 bis 0,22 mg/m³ in Form von Kryolithstaub = 0,004 bis 0,24 mg% HF. In der Luft einer Magnesium-Gießerei fand Ch. WILLIAMS 1942 (s. 534) zwischen 0,44 und 18 mg/m³, E. LARGENT et al. 1944 (534) zwischen 3,1 und 8,4 mg/m³ HF. E. LARGENT 1950/51 (530, 533) untersuchte auch die Luft einer Farm in der Umgebung einer US-Rockphosphatfabrik, in der die dort mehrere Jahre gehaltenen Kühe deutliche Merkmale von chronischer Fluorose zeigten und fand folgende interessante Werte:

TABELLE 17

F-Gehalt der Luft einer Farm in der Nachbarschaft einer Rockphosphat verarbeitenden Fabrik

(Fluoride in der Luft, ausgedrückt als HF, mg%)

Datum 1947	gasförmige Komponenten	Gesamt, einschließlich Flugstaub
Juni	0,0012	0,0012
„	0,0024	0,4300
Juli	0,0012	0,0024
„	0,0024	0,0056
August	nichts	nichts
„	0,0029	0,0040
Oktober	nichts	nichts
„	nichts	0,0173

Nach E. LARGENT 1950 (530) machen sich *akute Wirkungen* der Einatmung von HF folgendermaßen bemerkbar:

1. bei Konzentrationen von 0,3 mg% oder weniger: weder lokale noch sonstige unangenehme Wirkungen
2. bei 1 mg%: einige Personen empfinden Störung im Wohlbefinden[1]
3. bei 2 mg%: alle Personen beklagen sich und sind ernstlich bemüht, aus der Gaszone herauszukommen
4. Tiere (Kaninchen) konnten einer Konzentration von 3,7 mg% 6 Tage lang je 6 Stunden ohne bemerkliche nachteilige Wirkungen ausgesetzt werden
5. bei menschlichen Versuchsobjekten, die kurz einer 6 mg% enthaltenden Luft ausgesetzt wurden, stellte sich Reizung der Conjunctiva und Nasengänge und Schwellung und Behinderung des Schlundes und der Luftröhre ein
6. die höchste Konzentration, die länger als 1 Minute von 2 Männern ertragen wurde, wobei sie schmerzende Haut neben den unter 5 genannten Erscheinungen erhielten, waren 12 mg% (4,5 u. 6 nach W. MACHLE et al. 1934 [598])
7. Konzentrationen in Größen von 50 oder 100 mg% oder mehr in der Luft rufen beim Menschen hervor: starkes schmerzhaftes Brennen in Augen, Nase, Mund, Schlund und in der oberen Brust, wässerige Ausscheidungen aus Nase und Augen, Hautjucken und Brennen, Atembeschwerden und Husten, Kehlkopfkrämpfe.

Diese Erkenntnisse von der menschlichen Reaktion auf mehr oder weniger erträgliche HF-Konzentrationen in der Luft rühren von den Erfahrungen her, die man an den in HF exhalierenden Fabriken tätigen Leuten gemacht hat. Dabei muß besonders vermerkt werden, daß keine Komplikationen auftreten bis zu Konzentrationen von 1 mg%, ein Wert der viel höher liegt als in vorgenannten Fällen festgestellt.

HF entfaltet in erster Linie auf die oberen Atemwege weit stärkere Reizwirkung als HCl. Er verursacht in starker Konzentration ähnlich anderen Gasarten mit Lokalreiz außer genannten Erscheinungen u. U. Schleimhautblutungen, Erbrechen, Kolik, zerebrale Symptome, Sehstörungen u. a. m.. Der Tod tritt bei Unruhe und zunehmender Dyspnoë ein.

W. PAUL 1936/38 (737/8) nennt als Symptome akuter F-Gasvergiftungen: Schmerzen oder Reizung aller Schleimhäute bis zur Verätzung und Entstehung

[1] Nach E. BARTALINI et al. 1953 (47) bei 0,01 mg% HF in der Luft bereits conjunctivale und tracheale Schleimhautreizungen.

schwer heilender Geschwüre, auch bisweilen Geruchsverlust. Nach PRISSOK 1945 (767) kann sich die Reizung sowohl auf die Nasen-, Rachen-, Trachea- oder Bronchialschleimhaut erstrecken, die sich klinisch als Rhinitis, Laryngitis, Tracheitis oder Bronchitis äußern kann und auf der gleichen Grundlage kann es zu Gastritiden, Enteritiden und Konjunktivitiden kommen.

Akute Vergiftungen durch *gasförmige anorganische* F-Verbindungen sind bislang wenig beobachtet worden. K. ROHOLM 1937/39 (826, 830) führt einige ältere Fälle an, in denen Chemiker, die sich mit F beschäftigten, auch Superphosphatarbeiter und Glasbläser, die mit F-haltigem Glas arbeiteten, von Erkrankungen der Luftwege bzw. der Zähne ergriffen wurden bzw. starben. Er nennt zwei akute Vergiftungsfälle aus den Jahren 1933 und 1936 an Arbeitern aus einer chemischen Fabrik und einer Aluminiumfabrik; die lokalen Erscheinungen der Luftwege waren die vorherrschenden, während die ausgesprochenen Allgemeinsymptome als Zeichen einer resorptiven Wirkung des F aufgefaßt werden müssen. In zwei älteren Fällen aus 1887 in einer Superphosphatfabrik bestanden die Symptome in Atembeschwerden, einmaligem Erbrechen, Cyanose und Eintritt des Todes nach einigen Stunden. Bei der Autopsie fand man Ödem und Hyperämie der Lungen. Analytisch wurde das Vorhandensein von F und großen Mengen kolloidaler SiO_2 festgestellt, vermutlich durch Spaltung von SiF_4 in den Bronchien.

G. GORALEWSKI 1941 (321) beschreibt einen tödlich verlaufenen Fall von Lungengangrän bei einem in einer NaF-Fabrik beschäftigten Arbeiter. Es dürfte durch Einatmung von HF-Dämpfen zu akuter Wandschädigung der kleinen Luftröhrenverzweigungen, obliterierender Bronchitis und anschließender Lungengangrän gekommen sein. Nach R. LANDAU u. R. ROSEN 1947 (523) führt Einatmung von F zu Erstickung infolge Kehlkopf- und Bronchienkrämpfen mit sekundärem Lungenödem. A. KOBS 1952 (492) nennt direkte Verätzungen und Entzündungen des Kehlkopfes und des Rachenraumes, dabei Erschwerung der Atmung, Einengung- und Erstickungsgefühle, Husten, Heiserkeit, Räusperbedürfnis, Kitzeln u. a.

K. ROHOLM weist darauf hin, daß akute Vergiftungen durch gasförmige F-Verbindungen in der Umgebung F-Gase entlassender Fabriken besonderes Zusammentreffen verschiedener Faktoren zur Voraussetzung haben, nämlich bedeutende F-Abgabe verbunden mit Nebel, Windstille und topographischen Verhältnissen, die eine Erneuerung der Luft erschweren. Er führt eine ganze Reihe von Gründen für die Wahrscheinlichkeit an, daß die bekannte Nebelkatastrophe im Maastal (Huy, Lüttich) im Dezember 1930, bei der zahlreiche Menschen unter Erkrankung von akuter Kreislaufinsuffizienz und bronchitischen Symptomen erkrankten und 60 von ihnen starben, auch Vieh, Vögel und Ratten verendeten, in erster Linie akute F-Vergiftung durch Einatmen von F-Verbindungen gewesen sei. Auch F. FLURY 1937 (268) ist der gleichen Ansicht, während J. MAGE u. G. BATTA 1933 (603) ihre Ansicht aufrechterhalten, daß die Giftwirkung im wesentlichen durch SO_2 bzw. SO_3 hervorgerufen wurde. Ebenso ist die Ursache der Nebelkatastrophe im Monongahela-Tal, (Donora, Pa., USA) im Oktober 1948 nicht restlos geklärt. Während H. SCHRENK et al. 1949 (883) den Fluoriden keine wichtige Rolle bei dem Unglück zuschreiben, vertritt L. TELEKY 1952 (964) auf Grund der beobachteten Herz- und Kreislaufstörungen die Meinung, daß eine HF-Vergiftung die Hauptursache für die Todesfälle gewesen ist, wenngleich auch die von E. BAADER 1950 (34) vertretene Ansicht, daß es sich um eine akute Cd-Vergiftung handele, nicht von der Hand zu weisen sei.

L. LEWIN 1929 (558) beschreibt, daß ein Pferd, welches in den Abzugskanal einer chemischen Fabrik eingebrochen war und dort 10 Minuten lang die HF-Dämpfe eingeatmet hatte, Unruhe, Schweiß, Dyspnoë Mydriasis und Lähmung der Hinterhand bekam und nach 4 Stunden verendete.

Die als Kühlmittel verwendeten *gasförmigen organischen* F-Verbindungen Dichlordifluormethan und Dichlortetrafluoräthan, deren Gegenwart in der Luft an dem stechenden Geruch und der Reizung der Augen sofort bemerkbar ist, erwiesen sich nach Versuchen von W. YANT 1933 (1081) als von geringer Giftigkeit. Hunde und Affen, die einer Konzentration von 20 Vol.-% CCl_2F_2 täglich 8 Stunden ausgesetzt waren, zeigten deutliche, aber in frischer Luft rasch verschwindende Symptome, jedoch keine dauernde Schädigung. $C_2Cl_2F_4$ wirkte etwas stärker. Jedoch berichtet J. MENDELOFF 1952 (661) über einen Fall, der nach wiederholter Einwirkung von aus Methylchlorid, SO_2 und Dichlordifluormethan bestehendem Kühlgas infolge schwerer Lungen-, Leber- und Nierenschädigungen zum Tode führte. Nach vorgenannten „Threshold Limit Values" 1950 (17) ist der höchstzulässige Grenzwert in der Luft für Dichlordifluormethan und Dichlortetrafluoräthan 100 mg‰, desgleichen für Dichlormonofluormethan und Trichlorfluormethan. Nach anderen Angaben ist für Dichlordifluormethan der Maximalgehalt der Luft ohne Lebensgefahr für mehrere Stunden 40 Vol.-% (SO_2 0,01; NH_3 0,01); lebensgefährlich in 30—60 Minuten 80 Vol.-% (SO_2 0,14 bis 0,17; NH_3 0,25 bis 0,45). Kürzlich wurde darauf hingewiesen (21), daß selbst die Verarbeitung von Teflon (Polytetrafluoräthylen) nicht ganz ungefährlich ist. In Staubform eingeatmet ergeben sich Fieberstöße mit Schweißausbrüchen, wunde Kehlen und Nasen. Die Erscheinungen verschwinden nach einem Tag ohne weitere Folgen. Oberhalb etwa 180° C bildet Teflon ein feines Sublimat, welches vermutlich absorbierten HF enthält und daher die oberen Luftwege angreifen kann.

Manche organische F-Verbindungen sind in gasförmigem Zustand ungeheuer giftig. Besonders die Fluorphosphonate mit der charakteristischen Gruppe POF sind außer starken Injektionsgiften auch sehr starke Atemgifte. Hierzu gehört das unter den F-haltigen Kontaktinsektiziden S. 92 und 102 bereits genannte DFP, Diisopropylfluorphosphat, das schon in Konzentrationen von 10^{-10} Mol/l die Cholinesterase hemmt und ähnlich wie Eserin, Prostigmin oder Nicotin wirkt, jedoch irreversibel. Es zählt auch zu den gefährlichsten Gaskampfmitteln und verursacht noch in einer Verdünnung von 1:1 Millionen eine Woche lang anhaltende miotische Beschwerden; vgl. auch B. SAUNDERS 1947 (854), J. MACKWORTH u. E. WEBB 1948 (600), E. WEBB 1948 (1025), H. COOK et al. 1949 (163), M. SARTORI 1951 (850), A. EBERT 1953 (214). — R. TRUHAUT 1948

(988) erwähnt aus dieser Gruppe die deutschen Kampfgase „Sarin", auch T 144 oder T 46 genannt, und das noch giftigere, nach H. BAGGESGAARD-RASMUSSEN u. P. TERP 1951 (38) weniger giftige „Soman", beides Ester der Methylfluorphosphorsäure, sog. Trilone, Berührungsgifte von stark hemmender Wirkung auf die Cholinesterase im Körper. Von „Sarin" bewirken schon 0,05 mg, auf das Auge eines Meerschweinchens gebracht, in wenigen Minuten den Tod. Aus der Gruppe der Fluoracetate genügen nach M. GRYSZKIEWICZ-TROCHINOWSKI u. J. WNUCK 1947 (336) von Monofluoressigsäure und ihren Derivaten im geschlossenen Raum 0,1 mg/m³, um größere Säugetiere zu töten. Dieselbe Menge gibt R. TRUHAUT 1948 (988) als letale Konzentration bei einer Einwirkungsdauer von 10 Minuten für Kaninchen und Meerschweinchen an. Die Gefährlichkeit wird noch durch die Geruchlosigkeit erhöht. Affen und Menschen erwiesen sich als weniger empfindlich: 30 mg/m³ Monofluoressigsäure ließen noch keine Vergiftungserscheinungen bemerken. Trifluoressigsäure und andere Trifluorverbindungen sind nur wenig giftig. Eine große Reihe toxischer F-Verbindungen mit der für die Giftwirkung verantwortlichen CH_2F-Gruppe wurde neuerdings von B. SAUNDERS, G. STEACEY u. J. WILDING 1948/49 (856/7) sowie von F. BUCKLE, R. HEAP u. B. SAUNDERS 1949 (134) und anderen (135, 163, 855) untersucht. Als besonders gefährliches Atem- und Berührungsgift erwiesen sich Fluoressigsäuremethylester und einige verwandte Verbindungen, doppelt so wirksam aber Fluoressigsäure-2-fluoräthylester und Verwandte; manche wiederum, z. B. α-Fluorpropionsäure-methylester-Acetylfluorid u. a., sind nicht giftig. Über die Giftigkeit organischer F-Verbindungen bei innerlicher Darreichung s. S. 100.

Besonders gefährlich ist die *chronische* F-Vergiftung, die sog. „Fluorose". Die toxische Menge hat sich als sehr klein erwiesen und das F ist als ausgesprochenes Protoplasma- und Enzymgift zu bezeichnen, da es in den Geweben eine Kalkfällung hervorruft. Das gilt sowohl für F-Gase als auch für F-Salze (s. 826, S. 97). Die toxischen und letalen Konzentrationen von HF-Gas sind an *Tieren* mit meist viel höheren Konzentrationen studiert worden (826) als sie in Rauchschadengebieten vorkommen. Aber schon bei $25\,\gamma$ F/l = 25 Teile HF : 1 Million starben Meerschweinchen nach 6 Stunden, während Kaninchen nach 18—41 Stunden ernstlich geschädigt wurden. W. MACHLE et al. 1834 (598) bezeichnen auf Grund ihrer Versuche an Kaninchen und Meerschweinchen die Giftigkeit der HF als nur von gleicher Größenordnung wie bei HCl und SO_2. Nach H. LEHMANN 1933 (547) bewirkt längere Einatmung von $8\,\gamma$/l = 10 Teile HF : 1 Million im Tierreich schon chronische Vergiftungen, schwere Entzündungsprozesse an den Schleimhäuten, Abnahme der Zahl der roten Blutkörperchen und Rückgang des Ernährungszustandes der Tiere. Die Schädlichkeitsgrenze scheint bei $2{,}5\,\gamma$/l = 3 Teile : 1 Million zu liegen — vgl. auch W. PAUL 1936/38 (737/8) —. Am *Menschen* liegen Beobachtungen über Schädigungen durch so kleine Mengen nicht vor, so daß in lufthygienischer Hinsicht z. Z. nichts über deren Wirkung ausgesagt werden kann. Jedoch zeigt ein Bericht der Medical-Research-Council-Kommission, Glasgow, 1949 (69), daß in einer Al-

Fabrik, in der große Mengen F entstanden und in denen Arbeiter in den Schmelzofenräumen beträchtlichen Konzentrationen ausgesetzt waren, die Einwirkung auf ihren Gesundheitszustand nur gering war. Es wurden allerdings Knochen- und Zahnveränderungen festgestellt, aber ohne klinische Beschwerden. Und obgleich Boden-, Luft-, Trinkwasser- und Vegetationsuntersuchungen in verschiedener Entfernung von der Belästigungsquelle zeigten, daß sich beträchtliche F-Mengen niederschlagen, könne doch von einer Gefährdung der menschlichen Gesundheit außerhalb der Fabrik nicht gesprochen werden. Dagegen schienen die auf den nahegelegenen Weiden befindlichen Schafe und Rinder ernsthaft gefährdet zu werden. Beide sind wesentlich F-empfindlicher als der Mensch, wozu allerdings noch ihre Aufnahme stark F-haltigen Futters in der Umgebung der F-Quellen kommt.

Ähnlich berichten Bh. Sen Savara et al. 1954 (905) von einer im Staate Oregon USA gelegenen Al-Fabrik, die ständig HF in die Luft abgibt, sodaß die Bevölkerung dem Einfluß größerer F-Mengen, auch durch Trinkwasser und Nahrungsmittel ausgesetzt ist. Bei den Schulkindern konnten jedoch keine Merkmale irgendwelcher Beeinflussung der Zähne oder des Knochensystems beobachtet werden; es trat kein „mottled enamel“ auf, anderseits war aber auch die Häufigkeit von Cariesläsionen nicht geringer als in anderen Gegenden.

Versuche von J. Gadasskina 1938 (283) ergaben, daß der gesamte HF praktisch unabhängig von der Konzentration und Einwirkungsdauer von Kaninchen in den oberen Atemwegen absorbiert wird. Bei NO_2 findet eine Absorption erst in den tieferen Atemwegen statt. Es bestätigt sich somit, daß die selektive Wirkung verschiedener Reizgase auf die verschiedenen Teile der Atemwege in erster Linie von der Löslichkeit abhängt: Ein gut wasserlösliches Gas wird von der ersten feuchten Oberfläche absorbiert, ein in Wasser schlecht lösliches am stärksten durch die Lungen.

Über die Schädlichkeit von SiF_4 auf *Bienen* hat Himmer 1933 (394) Versuche angestellt. Es gelang zwar nicht, eine Schädlichkeitsgrenze festzusetzen, da mit der von ihm gewählten Versuchsanordnung eine geringere Verdünnung als 1:100000 nicht möglich war. Diese wirkte aber schädigend auf die Bienen. Gefährlicher als direkte Schädigung durch gasförmige F-Verbindungen wird den Bienen und überhaupt den Nutztieren im allgemeinen indirekte Schädigung durch Aufnahme F-vergifteter Nahrung sein können, die der nächste Abschnitt behandelt.

b) Indirekte F-Schäden auf Mensch und Tier, F-Vergiftung der Nahrung

Zu der temperamentvollen Meinungsäußerung von H. Witte 1936 (1071), eine Gesundheitsschädigung von Mensch und Tier durch Nahrungs- und Futtermittel, die aus einer Rauch- oder Abgasluft stammen, sei zwar mehrfach behauptet, aber einwandfrei noch nicht bewiesen worden, sie sei auch außerordentlich unwahrscheinlich, nimmt schon P. Danckwortt 1939 (183) Stellung und weist darauf hin, daß die Praxis gezeigt habe, daß derartige Vergiftungsfälle leider doch nicht selten sind, und daß im übrigen H. Witte sein Urteil in einem späteren Satz auch selbst mildere, in dem er sagt, daß in besonderen, aber seltenen Fällen auch eine Schädigung der Tiere durch gewisse Ablagerungen, wie Metallstaub und Arsen, auf Futterpflanzen vorkommen könne. Nach K. Roholm 1937 (826) besteht in der Umgebung F-haltige Verbindungen verarbeitender Fabriken außer der Gefahr einer Schädigung der Vegetation vor allem die einer daraus folgenden chronischen Vergiftung der Pflanzenfresser, wie sie zu wiederholten Malen beobachtet worden sei (s. auch S. 176). Auch Verunreinigung durch F-haltigen Staub[1] aus der Fabrik könne eine gewisse Rolle spielen. Tatsächlich sind an Menschen bei Arbeit im Staub auch *akute* Symptome beobachtet worden, die sich vor allem durch Appetitlosigkeit, Übelkeit und Erbrechen kennzeichnen, aber verhältnismäßig nur wenig stören, da sich die Leute daran gewöhnen.

Chronische Vergiftung der Bevölkerung in der Umgebung einer solchen Fabrik gäbe es auf diese Weise kaum, da Pflanzenkost nur einen Teil der menschlichen Nahrung bilde und vorher gereinigt werde. Außerdem wird chronische Vergiftung nur durch andauernde ununterbrochene F-Aufnahme hervorgerufen.

M. Lawrenz et al. 1940 (543) untersuchten das neuerdings an wachsenden Ratten. Bei fortgesetzter Darreichung von F als synthetischer Kryolith wurden größere F-Mengen in den Knochen und Zähnen zurückgehalten, als bei zeitlich unterbrochener Darreichung gleicher F-Mengen. Sie folgern daraus, daß die physiologische Wirkung von F aus z. B. Spritzrückständen auf Früchten oder Gemüsen, die in wechselnden Mengen und zeitlich unterbrochen genossen werden, geringer ist, als bei fortgesetzter F-Aufnahme. Sie hatten schon 1939 (541) nachgewiesen, daß das in fester Nahrung dargereichte F in geringerer Menge aufgenommen wird, als das in Trinkwasser gegebene. Damit stimmen die Befunde von W. Machle et al. 1939 (597) überein, daß es zur Hervorrufung der „geprenkelten Zähne" weniger auf den F-Gehalt der Nahrungsmittel als vielmehr auf den des Trinkwassers anzukommen scheint. Beim Menschen hat man bis vor einigen Jahren chronische F-Vergiftung nicht gekannt, abgesehen von einigen älteren Fällen, die wahrscheinlich auf F-Vergiftung durch F-haltigen Fabrikstaub, vielleicht zum Teil auch mit auf F-Gase, zurückgeführt werden

---

[1] L. McCabe 1950 (631a) gibt in zwei Zahlentafeln Standardwerte für den Schwebstoffauswurf bei verschiedenen Fabrikationsverfahren an, die von den Fabriken nicht überschritten werden sollten. Wenn die für das Gebiet von Los Angeles ermittelten Werte wegen der Verschiedenheit des Wetters, Klimas usw. auch für andere Bezirke nicht verwendet werden können, so lassen sie sich doch nach der gleichen Methode ermitteln. — K. Schmidt 1954 (1131) weist auf die lange bekannte Tatsache hin, daß in allen keramischen Betrieben, wo Flußspat und Quarz verarbeitet werden, besonders bösartige und heftige Silicosen auftreten und daß es jetzt in allerdings noch nicht ganz abgeschlossenen Versuchen gelungen sei, mit ganz reinem Flußspat, also mit einem kieselsäurefreiem Mineral, bei Tieren Erkrankungen hervorzurufen, die silicoseähnlich sind, aber viel schneller und schwerer in Erscheinung treten, als nur mit Quarz behandelte Vergleichstiere. Gleichzeitig teilt er aber auch mit, daß dank der Schutzeinrichtungen der keramischen Betriebe das Lebensalter der Arbeiter von 28—32 Jahren vor 150 Jahren auf 51—61 Jahre gestiegen sei.

können und von den „gesprenkelten Zähnen" infolge fortgesetzten Genusses stark F-haltigen Wassers, die wir bereits S. 9 besprachen, und die besonderen Anstoß zur Erforschung von F-Schäden an Mensch und Tier gegeben haben. E. REID 1936 (796) hält es sogar für möglich, daß der hohe natürliche F-Gehalt des Tees, wovon 81—96% wasserlöslich, eine Ursache für die in China häufige Fleckigkeit des Zahnschmelzes bildet. Bei Zusatz von 5—10% Tee mit hohem F-Gehalt zur Nahrung von Ratten traten bei diesen an den Zähnen Anzeichen von Fluortoxikose auf. Dabei ist es interessant, daß nach Versuchen von M. LAWRENZ u. H. MITCHELL 1941 (539) das F im grünen Tee von Ratten entschieden schlechter aufgenommen wird als mit dem Futter dargereichtes NaF oder CaF_2, aber stärker als F in Rock-Phosphat. F als NaF im Trinkwasser dargereicht, wurde zu 21% stärker aufgenommen als die gleiche auf NaF berechnete Menge im Futter.

Zu ähnlichem Ergebnis kam auch M. POURCHET CAMPOS 1953 (762b): Die in den Knochen von Ratten niedergelegte F-Menge war, wenn das F in Form des natürlichen F-Gehalts des Tees oder der Milch dargereicht wurde, geringer, als wenn es in Form von NaF im Trinkwasser gegeben wurde. Die Ansicht jedoch, daß die Bindung des F an die organische Substanz die Ursache für die geringere F-Fixierung in den Knochen der Ratten sei, erwies sich als nicht haltbar. Denn wenn man den Tee oder die Milch veraschte und die Asche wieder im Trinkwasser auflöste, so zeigte die Asche ebenfalls geringere Wirkung als NaF[1].

1932 wurde erstmalig in einer Kopenhagener Fabrik an Kryolith (Na_3AlF_6)-Arbeitern eine bisher unbekannte Art der Osteosklerose gefunden, s. P. MØLLER u. S. GUDJONSSON 1933 (682). K. ROHOLM 1937 (826/8) hat dieses Leiden eingehend studiert. Anzeichen dieser chronischen F-Vergiftung sind: leichte Funktionsdypsnoë, rheumatische Schmerzen, Steifheitsgefühl im Körper und Obstipation. Bei fast 90% der Arbeiter wurde Knochensklerose gefunden, die sämtliche Knochen angreift, besonders Wirbelsäule, Becken und Rippen. Beginnende Knochenveränderungen sind aber frühestens nach 2½ Jahren zu beobachten und die Sklerose beeinträchtigt das Allgemeinbefinden wenig, abgesehen von einer Behinderung der Beweglichkeit des Rückgrats, die in schweren Fällen völlig eingeschränkt werden kann. Der F-Gehalt betrug in der Knochenasche maximal 1310 mg% (normal 50 mg%). Da die Knochen zudem bis zum Dreifachen ihres normalen Gewichtes wogen, enthielt das Knochensystem somit rd. das 60fache der normalen F-Menge. Die Zahnasche enthielt 250 mg%F gegenüber normal 30 mg%. Der F-Gehalt der Lungen war erhöht (infolge F-Staub), jedoch kaum der anderen Organe. F ruft also in entsprechender Dosis

[1] Das würde vielleicht auch erklären, daß in den angloamerikanischen Ländern trotz ihres hohen Teekonsums starke Cariesanfälligkeit herrscht. H. THOLUCK 1956 (969, 43, Nr. 3) meint, genannte Tatsache brauche kein Gegenbeweis gegen die carieshemmende Wirkung des F zu sein; es sei durchaus möglich, daß sie dort von stärkeren cariesfördernden Faktoren überlagert werde.

eine Störung des Mineralstoffwechsels hervor, der sich durch eine übermäßige Ablagerung von Mineralsalzen im Knochensystem zu erkennen gibt.

Gleiche Krankheitserscheinungen sind dann später auch bei Arbeitern in Phosphat- und Aluminiumfabriken beobachtet worden und H. SHORTT et al. 1937 (s. 829) beschreiben sie an Eingeborenen in Gegenden von Indien, wo das Trinkwasser F-haltig ist.

Eine Beziehung zwischen dem F-Gehalt des Trinkwassers und der Knochenbrüchigkeit bei Schülern höherer Schulen und erwachsenen jungen Männern konnte von F. MCCLURE 1944 (647) nicht festgestellt werden, auch nicht zu ihrer Größe und ihrem Gewicht. Der F-Gehalt des Wassers bei diesen Untersuchungen schwankte zwischen 0 und 6 mg/l.

Die F-Aufnahme des Blutes, die Durchlässigkeit der Plazenta für Fluor und die F-Aufnahme der Milch bei verstärkter F-Gabe haben wir bereits S. 46 besprochen. Hier wären noch die Beobachtungen von E. HJORT 1938 sowie von K. EVANG 1938 (s. 592) zu erwähnen. Beide fanden bei etwa 20% der Arbeiter zweier norwegischen Al-Fabriken deutliche Veränderung des Blutes, nämlich Vermehrung der Eosinophilen und der Lymphocyten mit verstärktem Auftreten von Bronchialasthma, jedoch keine röntgenologische Erscheinungen, trotzdem viele der Patienten schon etwa 20 Jahre in den Fabriken arbeiteten. Die röntgenologischen Erscheinungen scheinen überhaupt kein so sicheres Merkmal für Knochensklerose zu sein. E. LARGENT et al. 1943 (535) fanden an Kaninchen, daß nach starker F-Aufnahme beachtliche F-Mengen in den Knochen niedergelegt werden bevor eine Veränderung der Knochen röntgenographisch feststellbar ist. Sie meinen, es sei wichtig festzustellen, ob das auch für Menschen zutrifft. Denn in manchen Fällen sei die Röntgenphotographie das einzige angewandte Verfahren zum Nachweis industrieller F-Einwirkung auf die Arbeiter. Und es sei gut möglich, daß ähnlich wie bei Tieren, solche Fälle übersehen worden sind. Man müsse auch noch feststellen, ob Beschränkung der Beweglichkeit in bestimmten Körperteilen sich auch einstellen kann, bevor Knochenveränderungen röntgenographisch nachweisbar sind. Von vielen Forschern sei zwar röntgenographisch die Anwesenheit von Fluorose nachgewiesen worden, aber z. B. P. HODGES 1938 (s. 535) habe Leute untersucht, die Trinkwasser mit 3 mg/l F über verschieden lange Zeit aufgenommen hatten, am längsten 61 Jahre, und habe bei ihnen keine Anzeichen von Knochenveränderungen auf röntgenographischem Wege gefunden.

Auch in Deutschland wurde Osteosklerose als Berufskrankheit bei den Arbeitern einer HF, NaF und Kryolith herstellenden Fabrik in Dohna/Sachsen gefunden. PEPERKORN u. KÄHLING 1944 (742) beschreiben die Erscheinung dieser Krankheit, für die sie den Namen Osteopetrose bevorzugen, ganz ähnlich wie ROHOLM: Rheumatische Beschwerden, wobei das Gefühl der Steife und bleiernen Schwere vielfach die Schmerzempfindungen übertraf. Besonders trat das nach körperlicher Ruhe in Erscheinung, nach einigen Schritten oder Bewegungen trat meist Besserung ein. Plötzliche ruckartige Bewegungen riefen besonders heftige Schmerzen hervor, gemäßigte keine oder nur geringe. Auch über Atembeschwerden bei Anstrengungen wurde geklagt. Sonst war das Allgemeinbefinden leidlich gut. Im Gegensatz zu ROHOLM traten Beschwerden seitens des Verdauungstraktes in den Hintergrund. Die röntgenologischen Veränderungen des Skeletts waren die bekannten. Die osteosklerotischen Knochenumwandlungen zeigten sich immer zuerst an Becken und Lendenwirbelsäule. Unter Fortschreiten des Prozesses verstärkt sich der Vorgang in dessen Bereich und dehnt sich dann von diesem Zentrum ausgehend weiter auf die übrige Wirbelsäule und die Rippen aus und gelangt bis in die untere Hälfte des Schädels und bis in die Gliedmaßen hinein, wobei Hände und Füße frei bleiben. Unter den 47 Arbeitern wurden in 34 Fällen = 72,3% Veränderungen am Knochensystem gefunden. 16 mal leichte, 11 mal mittlere, 7 mal schwere. Der Grad der Veränderungen nahm mit der Dauer der F-Intoxikation eindeutig zu. Von den 40 Männern, die jahrelang ganztägig einer F-Schädigung ausgesetzt waren, blieben 8 = 20% ohne röntgenologische Veränderungen am Skelett. Anderseits konnte festgestellt werden, daß schon nach dreijähriger Beschäftigung im Werk die ersten Anzeichen einer Osteopetrose auftraten. Der Übergang von leichter zu mittlerer Veränderung vollzog sich frühestens nach 7 Jahren, der von mittlerer zu schwerer nach 15 Jahren. Die dem F-Einfluß nicht ununterbrochen ausgesetzten Männer (Werkmeister, Zimmerleute, Schlosser) erkrankten trotz sehr langer Beschäftigungsdauer nicht oder nur geringfügig. Die subjektiven Beschwerden liefen meist mit der Schwere der röntgenologischen Veränderungen parallel, doch gab es auch bemerkenswerte Ausnahmen. Ob eine bestimmte F-Verbindung die ausschlaggebende Rolle spielt, ließ sich nicht feststellen, weil die Arbeiter in der Fabrik im Laufe der Jahre meist ihren Arbeitsplatz wechselten. Jedoch war auffällig, daß von den 7 schweren Fällen 6 Männer ausschließlich mit der Herstellung von HF beschäftigt waren, während nur einer der Kryolithabteilung entstammte. Ob die Knochenveränderung nach Aufhören der F-Einwirkung reversibel ist, konnte nicht gesagt werden. Bei zwei beobachteten Patienten blieb nach erfolgter Pensionierung bzw. Kurbehandlung das röntgenologische Bild unverändert, während sich die Beschwerden subjektiv besserten, nach der Kur allerdings nur vorübergehend. — Nach L. SPIRA 1942 (927) bestehen bei chronischer F-Vergiftung neben den gefleckten Zähnen auch noch meist Erscheinungen von seiten des Magendarmkanals (Obstipation), des peripheren Nervensystems (Parästhesien) und der äußeren Haut (Neigung zu Dermatosen, brüchige Nägel — s. auch S. 10 —).

Außerordentlich anschaulich und eindrucksvoll schildert A. KOBS 1952 (492) die Entwicklung der Krankheit. Er weist zunächst darauf hin, daß Rückwirkungen nicht nur auf die Knochen erfolgen, wie allzu stereotyp behauptet, sondern auf das gesamte Bindegewebe, speziell auf die elastischen Fasern. Außerdem sei eine gewisse Rückwirkung auf die Schilddrüse unverkennbar. F reichert sich in den Körperregionen am nachhaltigsten an, die einen relativ mäßigen Stoffwechsel besitzen, also Knochen, Zähne, Bindegewebe und Haut (vgl. S. 44). F-erkrankte Arbeiter berichten über besseres Befinden durch Abkühlung, Waschen, Baden und Abreiben mit kühlem Wasser und über entsprechende Verschlechterung durch Wärme. Es geht ihnen daher nachts gewöhnlich schlechter und sie sind gezwungen, die Füße ständig zum Bett hinauszustrecken. Genuß von Alkohol und Bohnenkaffee schränkt er von selbst ein. Mit der Zeit verfällt er in Nervosität, Reizbarkeit, in niedergeschlagene Stimmung und sein Gedächtnis läßt nach. Die Haut wird trocken, spröde und rissig, es wird reichlich übelriechender Schweiß gebildet, der zuerst die Handteller befällt. Im Gesicht zeigt sich frühzeitig eine infolge der Fältelung gealtert anmutende Haut. Es tritt juckender Schmerz auf, zuerst an Narben, auch abnorme Schwielenbildung, die nach und nach die gesamte Haut erfaßt. Zuerst entzünden sich die Narben, dann die übrigen Hautpartien, es treten Pusteln, Furunkeln und andere Eiterbildungen auf. Die Haare werden brüchig und fallen aus. Finger und Zehennägel zeigen zuerst beschleunigtes Wachstum, dann Stillstand und es treten an ihnen die S. 10 genannten Erscheinungen auf. Dann beginnen sich auch die ebenda beschriebenen Erscheinungen der Zahnfluorose bemerkbar zu machen. Charakteristisch ist starker Speichelfluß und ein beim Sprechen und Schlucken wie zusammengeschnürt erscheinender Hals. Gewisse schon zu beobachten gewesene Erscheinungen am Knochensystem machen sich nun zunehmend bemerkbar. Wie beim Weidevieh, s. S. 174, so schält auch beim Menschen sich langsam das klassische Bild der Osteomalazie heraus, angezeigt durch ziehende Schmerzen im Beckenraum, Rücken und Kreuz; später kommt Kurzatmigkeit und Atemnot hinzu; der Gang wird schwerfälliger, der Körper steifer aufrechterhalten, sodaß die Behinderung bei gebückter Arbeitsstellung unangenehm empfunden wird. Nach durchschnittlich mehrjährigem F-Einfluß beginnen dann die röntgenologischen Veränderungen des Skeletts sichtbar zu werden. Die übermäßige Ablagerung von Mineralsalzen im Knochensystem belastet mit der Zeit durch periostale Auflagerungen auch die Gelenke und Bänder. Am Becken und an der Wirbelsäule stellen sich Verkalkungen der Bänder ein, wodurch die Beweglichkeit der Wirbelsäule und des Brustkorbes beeinträchtigt werden. Typischerweise bleiben aber Zwischenwirbelscheiben und Gelenkknorpel frei. — H. Symanski 1953 (958) teilt einen bislang nicht beobachteten Befund von McLaughlin mit: Ein an F-Osteosklerose leidender Arbeiter einer chemischen Fabrik in Sheffield (wo bei 27 Mann in 12 Fällen F-Osteosklerose gefunden wurde), der 25 Jahre im Betrieb für HF tätig gewesen war, starb an den Folgen einer aplastischen Anaemie, die durch Verschmälerung des Markraumes der Röhrenknochen sekundär ausgelöst worden war. — Vgl. auch J. Champeix u. P. Fourrier 1954 (1099).

E. Largent et al. 1951 (533) fanden bei röntgenographischen Untersuchungen an 15 Arbeitern aus 2 Fabriken anorganischer Fluoride, daß eine Korrelation zwischen Höhe der F-Konzentration im Harn und An- bzw. Abwesenheit einer Änderung der Dichte der Knochen zu bestehen scheint. Die Grenze scheint bei etwa 10 mg/l F im Harn zu liegen. D. h. bis zu diesem Gehalt keine Änderung, bei größerem Gehalt mit zunehmender F-Konzentration zunehmende Dichtigkeit. Alter der Arbeiter und Dauer der Beschäftigung erwiesen sich als ohne Einfluß auf die Befunde. Auffälligerweise und im Gegensatz zu den dänischen Befunden wurde bei seinen und in allen in der amerikanischen Literatur bisher besprochenen Fällen menschlicher Fluorose (insges. 22) kein Fall von Arbeitsunfähigkit beobachtet bzw. erwähnt. Der Grund dafür ist unbekannt, zumal der F-Gehalt der Knochen bei allen Forschern gut übereinstimmt: Bei P. Bishop 1936 (79) 300 bis 700 mg%, bei J. Linsman u. C. McMuray 1943 (s. 533) 700 bis 800 mg%, bei K. Roholm 1937 (827) 800 bis 1000 mg%.

E. Largent et al. 1947/52 (528/32) haben auch die Wiederabnahme des im menschlichen Gewebe bei hoher F-Gabe gespeicherten F analytisch genau verfolgt. Es stellte sich (532) heraus, daß nach Aufhören der zusätzlichen F-Gabe die F-Ausscheidung im Harn größer sein konnte als die tägliche geringe F-Aufnahme mit der täglichen Nahrung. Largent nennt das „Spillage". Sie stellt einen progressiven F-Auswaschungsprozeß dar und kann sich über mehr als zwei Jahre fortsetzen. Die Abnahme erfolgt, wie an 4 Versuchspersonen gezeigt wurde, nach anscheinend bestimmten Regeln, für die E. Largent 1952 (531) eine Formel aufstellte. Auch bei einer F-kranken Kuh hatte E. Largent 1950 (530) beobachtet, daß der hohe F-Gehalt des Harns auch nach Überführung in ein F-freies Gebiet mit F-freiem Futter erst nach einigen Monaten auf normale Höhe zurückging, s. S. 45.

H. Symanski 1953 (958) empfiehlt der Erkrankung dadurch vorbeugen, daß man viele Jahre lange Exposition vermeidet und nach etwa 5 Jahren gefährdeten Arbeitsplatz mit einem anderen wechselt, möglichst innerhalb des Betriebes, ferner zur Früherfassung etwa alle drei Jahre röntgenologische Überwachung unter besonderer Berücksichtigung von Becken und Wirbelsäule.

R. Truhaut 1948 (988) empfiehlt ebenfalls Wechsel des Arbeitsplatzes, allerdings nur zur therapeutischen Behandlung bei berufsmäßiger Fluorose. In Frankreich ist durch Dekret vom 16. Oktober 1935 für den behandelnden Arzt die Anzeigepflicht der durch Fluor, Flußsäure, Fluoride und Fluokieselsäure hervorgerufenen Krankheiten eingeführt worden. Außerdem ist für Frauen die Arbeit in Flußsäure-Fabriken oder in Betrieben, die dieser Säure ausgesetzt sind, verboten worden. F. Koelsch 1948 (487) forderte, daß auch in Deutschland für Männer unter 18 Jahren und Frauen die Arbeit mit Staub und Dämpfe entwicklenden F-Verbindungen verboten wird.

Das geschah in der Deutschen Demokratischen Republik durch Verordnung zum Schutze der Arbeitskraft vom 25. Oktober 1951, Anlage 2 und 4 zu §§ 20 und 25 — s. A. Kors 1952 (492). Die betreffenden Verzeichnisse der Arbeiten, bei denen Beschäftigung von Frauen und Jugendlichen bis zum vollendeten 18. Lebensjahre verboten oder nur dann gestattet ist, wenn durch die Produktionstechnik im Betriebe für sie keine Gesundheitsgefährdung besteht, führen unter diesen Arbeiten auf solche in Glashütten, Glasbeizereien, Glasätzen mit Flußsäure, deren Gehalt in wäßriger Lösung mehr als 30% beträgt. Schon vorher waren nach der „Durchführungsverordnung zum Befehl Nr. 28 des Obersten Chefs der SMAD" vom 28. Januar 1947 über Berufskrankheiten (DVAS vom 27. 12. 1947; A. und S. 1948, 51) in der DDR „Erkrankungen der Knochen, Gelenke und Bänder durch Fluorverbindungen (Fluorose)" als vom Betriebe und vom Arzt meldepflichtige und entschädigungspflichtige Berufskrankheit anerkannt. Die 6. Berufskrankheitenverordnung vom 24. 4. 1950, Gesetzbl. der DDR 1950, Nr. 5, S. 389, führt dann diese Erkrankungen unter Ziffer 27 der Liste nochmals als in allen Unternehmen geltende entschädigungspflichtige Berufskrankheit auf.

Das gleiche gilt in der Deutschen Bundesrepublik durch die „Fünfte Verordnung über Ausdehnung der Unfallversicherung auf Berufskrankheiten“ (5. Berufskrankheitenverordnung) vom 26. 7. 1952, Bundesgesetzbl. Teil I, Nr. 30 vom 31. 7. 1952, S. 395, nach § 1, Ziffer 31. Gleichlautend ist auch die Saarländische Berufskrankheitenverordnung vom 15. 3. 1951, Ziffer 27 der Liste.

H. Symanski 1953 (958) schreibt, daß die Knochenfluorose mit Recht unter die Zahl der entschädigungspflichtigen Berufskrankheiten eingereiht sei. Doch dürfe man zum Ausdruck bringen, daß die Gefahr einer mit Erwerbsminderung einhergehenden schweren Knochenerkrankung auf sehr seltene Fälle bestimmter Arbeitsgruppen beschränkt bleibe und nach den bisherigen Erfahrungen bei uns kaum Anlaß zu verallgemeinernden Befürchtungen bestehe.

Nach Chem.-Ing. Techn. *25*, 1953, 151 sind auch Zahnschäden durch Mineralsäuren, wie HCl, HF, H_2SO_4, HNO_3 nach Ziffer 32 der 5. Berufskrankheitenverordnung entschädigungspflichtig. Ziffer 32 der Liste führt „Erkrankungen der Zähne durch Mineralsäuren“ in allen Unternehmen auf. HF dürfte dabei jedoch kaum in Betracht kommen, denn die bekannten Zahnschädigungen (s. S. 10), die schon durch ein geringes Zuviel an F entstehen können, erstrecken sich praktisch auf das wachsende bleibende Gebiß, während das Gebiß der späteren Lebensjahrzehnte beim Menschen wenig oder gar nicht in Mitleidenschaft gezogen wird (958). — Nach H. Dean et al. (193) ist die Periode der Empfänglichkeit für Zahnfluorose beim Menschen mit dem 7. Lebensjahr beendet; fortgesetzte F-Einwirkung in späteren Jahren kann dann wohl allgemeine F-Vergiftung, Magen- und Darmkrankheiten, später auch Knochenveränderungen hervorrufen, aber keine gefleckten Zähne mehr.

Auch Peperkorn u. Kähling 1944 (742) sahen bei Untersuchung von allerdings nur 47 Mann der Belegschaft einer HF, NaF und Kryolith herstellenden Fabrik in Sachsen verhältnismäßig wenig cariöse Zähne. „Gesprenkelte Zähne“ fanden sie bemerkenswerterweise nur bei einem einzigen Mann, der mit 22 Jahren in die Fabrik eingetreten war und in ihr 15 Jahre mit Unterbrechung gearbeitet hatte, während die übrigen Leute vielfach eine noch längere Beschäftigungsdauer hinter sich hatten.

Über *F-Schädigungen bei Tieren* liegen zahlreiche neuere Untersuchungen vor. Besonders bei Rindern und Schafen, seltener bei Pferden und Schweinen (s. S. 179), auch bei Ziegen und beim Wild sind derartige F-Vergiftungen zu beobachten — P. Cohrs 1941 (157), E. Hupka 1941 (415). Bienen können ebenfalls stark geschädigt werden, Hühner pflegen wenig zu leiden. Auch diese Schädigungen, soweit sie in der Umgebung von F-Verbindungen verarbeitenden Industriewerken oder dgl. vorkommen, dürften im allgemeinen wohl weniger direkt durch Einatmen F-haltiger Abgase verursacht werden, sondern vielmehr indirekt außer durch Aufnahme F-haltigen Wassers durch Aufnahme F-haltigen Futters, sowohl bei Weidegang als auch bei Stallhaltung, sei es, daß die betreffenden Futterpflanzen durch Aufnahme F-haltiger Abgase stark mit F angereichert, sei es, daß sie mit F-haltigem Flugstaub verunreinigt sind. Auch Schaden durch Beifutter zu großer Mengen stark F-haltiger Kalk- und Phosphat-Mineralstoff-Futtermittel (s. S. 68 u. 99) kann in Frage kommen. Ob eine schädliche Wirkung durch F-Abgase oder durch mit F-Flugstaub angereicherten Futterpflanzen herrührt, dürfte praktisch wenig unterschiedlich sein und mehr von der F-Konzentration als von der vorliegenden F-Verbindungsform abhängen. Denn soviel man weiß, haben die verschiedenen anorganischen F-Verbindungen etwa gleiche qualitative Wirkung. Im Hinblick auf den F-Gehalt ist die quantitative Wirkung der schwerlöslichen Verbindungen wie Kryolith und Flußspat vielleicht geringer bzw. langsamer, obgleich auch diese unter dem Einfluß der Magensäure gespalten werden. Wobei noch zu erwähnen ist, daß nach E. Largent 1948 (529) synthetisches Kryolith etwas stärker toxisch zu wirken scheint als natürliches. Auch vom weicherdigen Algier-Phosphat (als Kalk- und Phosphat-Beifutter) ist bekannt, daß es stärker schädigen kann als das harte Marocco-Phosphat (s. 295).

Eine wesentliche Rolle spielt jedoch die Korngröße, indem die Toxizität mit zunehmendem Feinheitsgrad steigt — K. Roholm 1937 (827) —. Und gerade bei Flugstaub pflegt die Korngröße nur gering zu sein und mit der Entfernung von der Schadensquelle abzunehmen, so daß unter Umständen mit abnehmendem Gehalt an F-Flugstaub dessen Giftigkeit zunimmt. In Versuchen von M. Smith u. R. Leverton 1934 (921) zeigten sich allerdings sehr große Unterschiede in der Wirkung der verschiedenen F-Salze auf Wachstum, Futterverwertung und Zahnzerfall junger weißer Ratten, welche nicht durch die verschiedene Löslichkeit erklärt werden kann. R. Evans u. P. Phillip 1939 (238) fanden für Ratten Kryolith in großer Verdünnung ebenso giftig wie NaF, bei höheren Konzentrationen war die Giftigkeit nur halb so groß. Nach M. Lawrenz et al. 1939 (540/1) waren Kryolith und CaF_2 für wachsende Ratten etwa gleich toxisch. C. Kempf et al. 1937 (467) fanden einen Unterschied in der Wirkung von Al_2F_6, $CaSiF_6$ und CaF_2, letztere beiden schädigten den Zahnschmelz im Gegensatz zu Al_2F_6; Zusatz einer genügenden Menge von Al_2Cl_6 oder $Al_2(SO_4)_3$ zu einer NaF-haltigen Kost verringert die toxische Wirkung oder hebt sie gänzlich auf (vgl. S. 13, Entgiftung F-haltiger Wässer, u. S. 181). Nach H. Euler u. O. Eichler 1942 (236) rufen organische F-Verbindungen (F-Tyrosin) bei chronischer Zufuhr die gleichen Veränderungen an den Knochen bei Ratten hervor wie anorganische, ihre Wirkung schien noch stärker zu sein. L. Lewin 1929 (558) schreibt, daß ein Gehalt von etwa 0,1 bis 1 F auf 1000 im Heu die Tiere in einigen Wochen töte.[1] Bemerkenswert ist, daß aus Na-fluoborat $NaBF_4$ nach E. Largent u. Fr. Heyroth 1949 (532) das F nicht im Körper gespeichert, sondern bald restlos ausgeschieden wird.

[1] Siehe auch S. 100.

Sie führen das auf die Festigkeit der Bindung des F im Fluoborat-Ion zurück. Eine frische wäßrige Lösung des $NaBF_4$ gibt bei der Thoriumnitrat-Titration (s. S. 224) keine brauchbaren Werte; erst wenn die Lösung einige Tage alt ist, können einige der F-Ionen in ihr nachgewiesen werden. Das zeigt, daß die Hydrolyse des $NaBF_4$-Ions sehr langsam ist. Das an das Bor gebundene F reagiert augenscheinlich nicht mit Ca und wird infolgedessen nicht im Knochengewebe gespeichert. — Über die letale Dosis verschiedener F-Verbindungen s. S. 98.

Neue Fälle von Fluorose an Nutzvieh, meist solchem, das in der Nähe von Chemischen-, Superphosphat- oder Aluminiumfabriken weidete, oder mit dem in deren Rauchgebieten geernteten Futter gefüttert wurde, sind wiederholt beschrieben. So von P. Danckwortt 1939/41 (183, 185), A. Meyn u. K. Vichl 1941 (665), E. Hupka 1941 (415) sowie von P. Cohrs 1941 (156) aus der Gegend von Hannover und Dresden, bei K. Roholm 1937 (826) aus Norwegen 1934 und Italien 1935, von L. Lourens 1941 (574) und M. Schuursma u. M. Stas 1941 (894, 936) aus Holland. Im letzteren Falle hatten Kühe je kg Heu bis 20 mg F zu sich genommen und auch das Trinkwasser hatte den abnorm hohen F-Gehalt von 0,7 bis 2,8 mg/l; ein Gehalt von 1 bis 2 mg/l kann, wie wir gesehen haben (s. S. 11), beim Menschen bereits leichte bis mäßig ausgeprägte Fluorose bewirken. H. Seddon 1945 (903) beobachtete in Australien an 3—6 Jahre alten Schafen, deren Trinkwasser den sehr hohen F-Gehalt von 12 und 19 mg/l enthielt, typische Zahn-Fluorose. H. Green 1946 (328) stellte in der Nähe von Kalzinierungsbetrieben für Eisenmineralien Fluorose fest. Analysen der betreffenden Eisenmineralien und des Urins der erkrankten Tiere zeigten einen beträchtlichen F-Gehalt. Auch Gras- und Wasserproben im Umkreis von 1 km von den Betrieben erwiesen sich als F-haltig. H. Velu 1932 (997) wies nach, daß die in bestimmten Gebieten Nordafrikas vornehmlich bei Pflanzenfressern auftretende Zahnverkalkung mit Verfärbung „Darmous", verbunden mit charakteristischen Knochenverdickungen, eine chronische F-Vergiftung ist, hauptsächlich durch das Trinkwasser aus den dortigen Phosphatlagern hervorgerufen, zum Teil auch durch den auf ihnen angesammelten Staub dieser F-haltigen Phosphorite. Auch das Zahn- und Knochenleiden „Gaddur", auch „Gaddjaxl" genannt, das viele Jahrhunderte Island unter den Pflanzenfressern, hauptsächlich Schafen, nach Vulkanausbrüchen immer wieder aufsucht, ist, wie K. Roholm 1934 (826) nachwies, ebenfalls auf F-Vergiftung zurückzuführen.

Nach neueren Mitteilungen von A. Peirce 1952 (741) sowie J. Harvey 1953 (366/7) aus Australien scheinen Schafe unter Umständen nicht so sehr F-empfindlich zu sein. Bei Peirce zeigten in Hürden gehaltene Schafe bei unbeschränktem Angebot von Tränkwasser mit 2,5 und 5 mg/l F außer einer schwachen Tüpfelung der Schneidezähne keinerlei Schädigung bezüglich der Futteraufnahme, Gewichtszunahme, des Wollertrages und der Sterblichkeit. Bei 10 mg/l war die Sterblichkeit erhöht, der Zusammenhang mit der F-Zufuhr aber nicht eindeutig und andere Schäden fehlten. Mit 20 mg/l traten z. B. schwere Gebißschäden auf, aber sonst waren ebenfalls keine signifikanten

Abweichungen von der Kontrollgruppe nachweisbar[1]. Und J. Harvey 1953 (366/7) stellte an Merinoschafen, die zunächst 24 Monate bei fluoriertem und dann noch 30 Monate bei F-freiem Tränkwasser gehalten worden waren, fest, daß Knochenschäden, die am Ende des Versuchs mit F-haltigem Wasser gefunden waren, im Verlauf der weiteren Versuchszeit größtenteils zurückgingen; nicht reversibel dagegen zeigten sich die Schäden an den Schneidezähnen. Er hält 10 mg/l F für ältere Merinoschafe für ungefährlich, auch für tragende Zuchttiere bzw. Mutterschafe, da das F weder auf den Fötus übergehe noch durch die Milch übertragen werde. Den Lämmern müsse zur Verhütung von Fluorosis aber wenigstens drei Monate lang F-freies Tränkwasser verabfolgt werden. Nach Erscheinen der 3. Molaren, im Alter von ca. 30 Monaten, seien F-Mengen bis zu 10 mg/l dann unschädlich.

E. Hupka 1941 (415) beobachtete auch Fälle, in denen die Vergiftung offensichtlich in erster Linie auf Aufnahme durch die Atmung erfolgte, in geringerem Grade mit den Pflanzen. Denn das abgemähte und sowohl frisch als auch als Heu verfütterte Gras war nicht in der Lage, bei Stallaufenthalt die Krankheit akut zu erzeugen, und Aufnahme F-haltigen Tränkwassers kam kaum in Frage. Hupka gelang es bei seinen fortgesetzten Untersuchungen, das Krankheitsbild der akuten und chronischen F-Vergiftung klinisch zu trennen und genau festzulegen. Akut einsetzende Vergiftungserscheinungen wurden vorwiegend bei hochtragenden und frischmelkenden Kühen beobachtet, während Jungrinder, güste Kühe und Kühe im frühen Trächtigkeitsstadium und mit geringer Milchleistung meist chronisch erkrankten. *Der akute Krankheitsausbruch* setzte mitunter schon einige Tage nach dem Austrieb ein. Die Kühe werden steif, zittern, trippeln und lassen ganz erheblich in der Milch nach, wobei der Appetit nicht im geringsten gestört ist. Zu gleicher Zeit oder kurz darauf beobachtet man sehr schmerzhafte Lahmheiten vorwiegend an einem der Vordergliedmaßen, oder an beiden, seltener hinten. Die Schmerzhaftigkeit kann sich in ganz kurzer Zeit so steigern, daß die Tiere kaum mehr aufstehen, sondern nur knieend von einer Futterstelle zur anderen rutschen. Auch beim Antreiben gehen die Tiere nur in die Knie, zeigen ausgesprochene Angst und wagen nicht, den lahmen Fuß aufzusetzen oder gar zu stützen. Springen sie schließlich hoch, so stöhnen sie vor Schmerz, setzen das kranke Bein weit vor und sind kaum von der Stelle zu bewegen. Sind beide Vorderbeine erkrankt, so werden sie ähnlich wie bei der Rehe vorgestellt und die Hintergliedmaßen unter den Bauch geschoben. Die Klauen fühlen sich heiß an und sind auf Druck und bei Drehbewegungen sehr empfindlich. Die Gefäße der Zehe zeigen eine erhebliche Blutfülle, die Arterien eine deutliche Pulsation. Gleichzeitig setzt eine schnell

[1] In Übereinstimmung damit stellte A. Peirce 1954 (741a) auch an freiweidenden ausgewachsenen Schafen bei freiem Angebot von Tränkwasser mit 0,3, 10 und 20 mg/l F innerhalb der Beobachtungszeit von 26 Monaten keine Unterschiede im Allgemeinzustand, Körpergewicht und Wollertrag fest. Die F-Konzentrationen in Knochen und Zähnen betrugen in der Gruppe mit 0,3 mg/l F 40—60 mg%, in den Gruppen mit 10 bzw. 20 mg/l F 80—130 bzw. 90—180 mg%.

fortschreitende Abmagerung ein, die zur hochgradigen Kachexie führen kann, wenn die Tiere nicht schnellstens von den Weiden entfernt werden. Umfangreiche Beobachtungen über die Luftströmungen zeigten, daß die akuten Anfälle immer dann einsetzten, wenn die Weiden mehrere Tage in der gleichen Windrichtung wie die Fabrik lagen, so daß die Fabrikabgase ohne längere Unterbrechung über die Weiden zogen. Diesiges und regnerisches Wetter schien weiter das Auftreten der Vergiftungserscheinungen zu beschleunigen und zu fördern. Änderte sich die Windrichtung, so konnten sich die Tiere wieder etwas erholen, um bei erneuter Winddrehung wieder schwerer zu erkranken. Ein Verschwinden der akuten Erscheinungen trat nach 2 bis 3 Wochen immer auf, wenn die Tiere in den Stall gebracht wurden.

Bei der *chronischen Form der Erkrankung* sieht man nach HUPKA bei den Kühen gegen Mitte und Ende der Weidezeit trotz besten Graswuchses ein langsames, aber stetiges Nachlassen im Futterzustand und beim Jungvieh ein Zurückbleiben im Wachstum. Die Abmagerung kann bei vorgerückter Weidezeit so hochgradig sein, daß sie der Kachexie nicht unähnlich ist. Immer sind aber Allgemeinbefinden und Futterzustand nicht gestört. Lahmgehen wird kaum oder nur ganz geringgradig beobachtet, dagegen bemerkt man mit der Zeit an den sichtbaren Knochen immer deutlicher werdende Erscheinungen einer chronischen Ostitis. An den Röhrenknochen, an den Rippen, an den Unterkieferästen und an den Schädelknochen, insbesondere am Nasenbein und an den Jochbögen und an den Gelenken sieht man teils diffuse, teils umschriebene, harte, schmerzlose Auftreibungen, die gegen Ende der Weidezeit Faustgröße erlangen können. Auch Störungen in der Hornbildung sind festzustellen. Am auffälligsten sind jedoch nach Ende der Weidezeit die Veränderungen an den Zähnen, wie sie auch schon von VELU und K. ROHOLM beschrieben wurden. Die Milchschneidezähne der Rinder zeigen keine auffallenden Abweichungen, sondern nur einige gelbe Längsstreifen auf der Schmelzschicht und geringes Zurückbleiben in der Entwicklung. Um so deutlicher sind die Zerstörungen an den bleibenden Schneidezähnen. Von einer Schaufelform ist nichts zu sehen, der scharfe Rand und der schmale Hals sind verlorengegangen, die Zähne sind niedrig, stummelförmig, braun gesprenkelt und voneinander durch mehr oder weniger weite Zwischenräume getrennt. Die Oberfläche ist glanzlos und hat die helle weiße Farbe völlig eingebüßt. An einigen Stellen ist die Schmelzschicht sogar verschwunden, so daß das Zahnbein zum Vorschein tritt. Bei Fohlen zeigen die bleibenden Schneidezähne ähnliche Veränderungen. Für die Backenzähne der Rinder ist die starke und unregelmäßige Abnutzung einzelner Zähne charakteristisch. Die Tiere sind dann oft nicht mehr in der Lage, das Futter zu kauen. Es wird halbgekaut, dann wieder in die Krippe fallengelassen oder verbleibt im Maul. Solche Tiere können gleichfalls noch Monate nach der Weidezeit, trotzdem sie sich von der Vergiftung bereits gut erholt haben, zum Skelett abmagern. Auch bei Schafen fällt eine rasche und unregelmäßige Abnutzung der Mahlzähne auf, verbunden mit Kaubeschwerden und sekundären Kieferverletzungen durch die spitzen Zahnreste.

Pferde, die zusammen mit Kühen auf der gleichen Weide gehalten wurden, auf der die Kühe durch Aufnahme von F-vergiftetem Futter und Abgasen (HF + Flugstaub) von einer benachbarten Rockphosphat verarbeitenden Fabrik fluorkrank wurden, blieben nach E. LARGENT 1950 (530) gesund. Ebenso *Schweine*. Grund dafür ist, daß das von der Kuh aufgenommene Futter längere Zeit im Wiederkäuermagen verbleibt und auch ein so schwerlösliches Material wie das Rockphosphat damit bei der Kuh mehr Gelegenheit zur Lösung und zur Aufnahme in den Blutstrom hat.

Daß auch das *Wild* in F-verseuchten Gebieten stark gefährdet ist, zeigen die Befunde von L. GISIGER 1954 (312a), der in der Knochenasche von Rehen, die im Schadengebiet von Rheinfelden-Schweiz tot aufgefunden wurden, F-Gehalte von 552 bzw. 1170 mg% F bestimmte gegen normal etwa 50 mg%. Allem Anschein nach dürften die Tiere also an Fluorose eingegangen sein.

Diese Krankheitsbilder werden von allen Forschern ziemlich übereinstimmend beschrieben (128, 156/7, 415/6, 570, 574, 829, 835), freilich wird selten ein Unterschied zwischen akuter und chronischer Form gemacht. Hingewiesen wird auch noch darauf, daß das Haarkleid glanzlos und struppig wird und daß hochträchtige Tiere und Tiere nach dem Entkalben besonders stark leiden (Ca-Mangel, s. S. 97).

Nächst den Zahnveränderungen sind für F-Vergiftung charakteristisch die oben genannten Erscheinungen am Knochensystem, gewisse Veränderungen der Kopfknochen, schon am lebenden Tier fühlbare und sichtbare Exostosen am Unterkiefer, an den Rippen, besonders aber an den Mittelhand- und Mittelfußknochen und den Unterschenkelknochen. Diese Erscheinungen sind von vielen Forschern (s. S. 176) untersucht worden. Meist beherrschen neben einer geringgradigen Porosierung der Spongia der meisten Knochen die Exostosen das Bild — P. COHRS 1941 (156) —. Die histologische Untersuchung zeigt, daß neben einem Knochenabbau ein tiefgreifender Umbau besonders der Kompakta, aber auch der spongiösen Teile erfolgt ist und daß überall osteoide Substanz angelagert ist. Der Umbau ist langsam ohne Überstürzung erfolgt und nach allen seinen Erscheinungen als Osteomalazie oder osteomalazie-ähnliche Knochenerkrankungen anzusprechen. Bei jüngeren wachsenden Tieren haben die Veränderungen größte Ähnlichkeit mit der Rachitis, s. F. LANG 1939 (525), ohne daß die Erkrankung aber als völlig identisch mit ihr angesehen werden kann — K. ROHOLM 1937 (827/8). Im übrigen wird Ablauf und Wirkung der F-Vergiftung stark vom Alter des Tieres und der Menge des aufgenommenen Giftes beeinflußt.

Nach M. LAWRENZ et al. 1939 (540) wurden bei Darreichung von CaF_2 und Kryolith an Ratten etwa 96% der vom Körper zurückgehaltenen F-Menge im Skelett deponiert, die restlichen 4% in ungefähr gleicher Menge in den Zähnen und im weichen Gewebe. Der Ca-Gehalt des Serums ist nicht erhöht (ROHOLM); weder in den Organen, noch in den Knorpeln wird Kalk abgelagert. Wenn die F-Aufnahme aufhört, kann das sklerotische Knochengewebe abgebaut und durch normales Gewebe ersetzt werden.

Über die Skelettveränderungen bei Kaninchen nach längerer F-Fütterung berichtet J. JOVANOVITS 1944 (449).

Um die Verteilung stärkerer F-Gaben in den Knochen und Zähnen zu untersuchen, bedienten sich J. VOLKER, R. SOGNNAES u. B. BIBBY 1941 (1007) radioaktiven Fluorids (^{18}F) mit einer Halbwertszeit von 112 Minuten. Intrapertoneale bzw. intravenöse Verabfolgung an Ratten und Katzen zeigten, daß die F-Konzentration im Blute rasch abnimmt, die der Gewebe entsprechend zunimmt. Der Gehalt an ^{18}F in den verschiedenen Skelettgeweben war annähernd direkt proportional zu ihrem Abstand vom Blut. Die Ausscheidung des Isotopen in Harn und Speichel erfolgte nur dann in merklichem Maße, wenn die Konzentration an radioaktivem F im Blute erhöht war — s. auch S. 125.

H. MITCHELL u. M. EDMAN 1945 (678) betrachten in Übereinstimmung mit A. PEIRCE 1939 (740) die Einlagerung von F in das Knochensystem, welches dabei die genannten Veränderungen erleidet, gleichsam als Schutzmaßnahme für die lebenswichtigen Organe und erklären so die lange latente Periode, ein Jahr oder länger bei Herbivoren, bis zur eigentlichen toxischen Wirkung: Bei fortgesetzter Aufnahme F-vergifteten Futters wird das F zuerst im Knochensystem eingelagert und verursacht erst nach dessen Sättigung degenerative Veränderungen der lebenswichtigen Organe, Nieren, Leber, Herz, zentrales Nervensystem usw.

C. COMAR et al. 1953 (159) sowie G. PAFF et al. 1952 (733) untersuchten die Wirkung von F auf das Knochenwachstum, erstgenannte bei Schweinen mit Injektion von ^{45}Ca, zweitgenannte in Gewebskulturen. Die in diesen beobachtete Störung des Längenwachstums bei hohen F-Gaben führen sie auf Störung im Ca-P-Stoffwechsel zurück.

Bemerkenswert ist, daß die meisten der oben besprochenen Krankheitsbilder mit denen der ebenfalls Ca-fällenden Oxalsäure nicht übereinstimmen. — Nach H. HAUCK et al. 1933 (372) kommen die genannten Veränderungen an den Zähnen und Knochen bei F-Vergiftung nicht über die Nebenschilddrüse zustande.

Nach P. COHRS 1941 (156) kann die Diagnose „chronische F-Vergiftung" beim Zusammentreffen des beschriebenen Zahnbefundes und der Knochenveränderung als gesichert gelten. Schon der Zahnbefund alleine, wenn er typisch ausgeprägt ist, berechtigt die Annahme einer chronischen F-Vergiftung. In allen minder typischen Fällen werde die chemische Untersuchung das letzte Wort zu sprechen haben, wie auch in forensischer Hinsicht der chemische Nachweis eines vermehrten F-Gehaltes im Zahn- und Knochengewebe verlangt werden müsse. Wie wir S. 40 gesehen haben, ist der F-Gehalt der Zähne und Knochen in allen Fällen stark erhöht. Nach P. DANCKWORTT 1941 (184) kann bei Erhöhung des F-Gehaltes um das 5—10fache der Nachweis einer F-Vergiftung als erbracht gelten.

Für die Frühdiagnose einer F-Vergiftung kann nach E. KRÜGER 1949 (507), wie bereits S. 50 erwähnt, möglicherweise auch Untersuchung des Harnes erkrankter Tiere ergänzend herangezogen werden. Denn Rinder, die mit F-haltigem Futter (etwa 10 bis 15 mg% in der Blatt-Frischmasse) gefüttert waren, schieden Harn mit 21,3 bis 89,6 mg F/l aus, gegenüber einem normalen F-Gehalt von etwa 0,4 mg/l.

Die wirtschaftlichen Schäden, die den Besitzern durch F-Vergiftungen erwachsen, sind erheblich. Durch die akuten Erkrankungen auf den Weiden ist die Milchnutzung sehr gering. Die chronisch-kranken Tiere sind zum größten Teil als Zuchttiere nicht mehr zu gebrauchen, aber auch die Fleischnutzung ist stark herabgesetzt. Auch die allgemeine Widerstandskraft durch vermehrten Krankheitsbefall (z. B. Tuberkulose, seuchenhaftes Verkalben) ist herabgesetzt, und in der Nachzucht treten durch Zurückbleiben der Jungtiere im Wachstum Mißerfolge ein. Das Jungvieh hat am Schluß der Weidezeit meist nur einen geringen Schlachtwert.

Als *Gegenmaßnahme* zur Verhinderung der Erkrankung landwirtschaftlicher Nutztiere in F-gefährdeten Gebieten hat man versucht zur Abmelkwirtschaft überzugehen (E. Krüger 1944, 506). Das setzt aber voraus, daß das benötigte Vieh ohne Schwierigkeiten beschafft werden kann und ebenso Kraftfutter und gesundes Rauhfutter aus einwandfreien Gebieten. Ein anderer Weg würde der der „Entgiftung" des in der Umgebung der Rauchquelle geernteten Futters sein. Laboratoriumsversuche von E. Krüger 1944 (506) zeigten, daß eine Entgiftung F-haltigen Futters durch Ensilierung mit Säurezusatz möglich ist, man muß nur den Saft ablaufen lassen und nicht zur Fütterung mitverwenden. Auch bezeichnet er es als rätlich, das Gärfutter vor der Verfütterung durch Abspülen von noch anhaftendem Saft zu befreien. Die Entgiftung erfolgte durch HCl rascher als durch Amasil (techn. Ameisensäure). Erfahrungen darüber, ob im praktischen Betriebe auf diese Weise wirklich eine ausreichende Entgiftung zu erzielen ist, stehen noch aus. Wir hatten übrigens gesehen, daß in F-geschädigten Pflanzen ein Teil des F-Gehaltes in wasserlöslicher Form vorhanden ist, ebenso auch der natürliche F-Gehalt (s. S. 147). Nach K. Roholm 1939 (s. 506) verringert Zusatz einer genügenden Menge Al_2Cl_6 oder $Al_2(SO_4)_3$ zu einer F-haltigen Kost die toxische Wirkung oder hebt sie auf. Auch höhere Ca-Zufuhr schützt nach M. Lawrenz u. H. Mitchell 1941 (537) sowie S. Ranganathan 1941 (782) in gewissem Grade gegen die toxischen Wirkungen des F, nach S. Marcovitch u. W. Stanley 1942 (614) außer $Al_2(SO_4)_3$ auch aktiviertes Al_2O_3; Borax und Leim wirkten gut, aber schwächer, noch weniger Knochenmehl, Ca-Phosphat und -Lactat, Mg $(OH)_2$, Ca $(OH)_2$, Al-Pulver, Bauxit oder Ton. Bei Kaninchen wirkte Zugabe per os von $Al_2(SO_4)_3$ im Verhältnis 2:1 zu einer in 1—3 Stunden tödlichen Gabe von 0,5 g NaF je kg lebensrettend, ebenso aktivierter Bauxit, ferner $Ca(OH)_2$ und $CaCO_3$ im Verhältnis 1:1. Bei Ratten konnte nach C. Kempf 1942 (465) die Giftwirkung von NaF, in letalen Dosen intraperitonal injiziert, merklich gemindert werden durch intraperitonale Gabe von $Al_2(SO_4)_3$. Al_2F_6 erwies sich bei intraperitonaler Injektion als ungiftig. E. Shauer u. R. Smith 1946 (907) fanden, daß die letale Dosis von NaF von Meerschweinchen gut vertragen wurde, wenn sie mit $CaCO_3$ und MgO gepuffert wurde. Tiere, die mit derselben Dosis NaF oder KF gefüttert wurden, starben innerhalb einer

Stunde. Kranke Tiere lassen sich nur durch Verbringen in ein F-freies Gebiet bzw. Aufstallen und Fütterung mit Futter aus nicht unter Rauchwirkung liegenden Gegenden dauernd heilen, s. S. 178. Nach längerem Aufenthalt dort können dann sowohl die akuten als auch die chronischen Krankheitszeichen verschwinden oder erheblich zurückgebildet werden. Selbst ausgedehnte Knochenauftreibungen können sich zurückbilden (156). Die Störungen im Wachstum können von Tieren jedoch nicht aufgeholt werden, oft sehen die 3—4 jährigen Kühe wie 1—2jährige Rinder aus. W. Dittrich 1932 (207) konnte nach experimentellen chemischen NaF-Vergiftungen an Kaninchen, Meerschweinchen und Ratten den Zustand der geschädigten Knochen durch reichliche Zufuhr von Ca-Lactat günstig beeinflussen. Nach P. Cohrs 1941 (156) hat sich bei Stallfütterung Zugabe von Vigantol, Tonophosphan, Nebennierenpräparaten oder Calzium als nützlich erwiesen, P. Hofmann 1944 (s. 506) erzielte an F-kranken Kühen ebenfalls gute Erfolge bei Fütterungsversuchen mit Calziumphosphat; sogar die charakteristische schwarze Verfärbung der Zähne wuchs sich dabei aus.

Bienensterben als Folge F-*haltiger Fabrikabgase* beschrieben G. Bredemann u. H. Radeloff 1939 (124), später beobachtete G. Bredemann (119) nochmals einen fast gleichen Fall. In seinem Wanderbienenstand, der bei einem Rapsfeld aufgestellt war, fand der Imker eines Morgens, nachdem sich am Abend vorher der Wind gedreht hatte und aus der Richtung einer der in der Nähe liegenden F-verarbeitenden chemischen Fabrik kam, große Mengen seiner Bienen tot oder in den letzten Zügen vor. Auch nach Entfernen des Standes aus dem rauchgefährdeten Gebiet setzte sich das Sterben fort, tagelang noch wurden zahlreiche tote oder sterbende Bienen vor dem Stand gefunden. Seuchenartige Bienenkrankheit lag nicht vor, Arsenreaktion war negativ. Dagegen wurde in den toten Bienen sowohl wie in den eingebrachten Rapspollen starke F-Reaktion erhalten, desgleichen in den beflogenen Rapspflanzen. Alle Kontrollen aus F-freien Gebieten reagierten F-negativ. Es konnte also nicht daran gezweifelt werden, daß die Bienen an der F-Aufnahme zugrunde gegangen waren, sei es aus der Luft oder aus der Nahrung oder vermutlich aus beiden.

Der vorliegende Fall zeigt gleichzeitig, daß Bienen F-betroffene Pflanzen nicht meiden und den F-vergifteten Pollen und vielleicht auch Nektar sammeln und eintragen und weiter, daß für die Stockbienen solcher F-haltiger Pollen nicht geschmacksabschreckend ist. Den Imkern ist also nur zu raten, Gebiete, in denen mit solchen Abgasen zu rechnen ist, sorgfältig mit den Wanderständen zu meiden. G. Kunze 1929 (511) hatte beobachtet, daß Spritzlösung gegen die Rübenblattfliege (50% Zucker + 0,05% NaF) zwar einen Teil der Bienen schon nach dem ersten Trinken abschreckt, daß andere, vielleicht ältere, aber erst nach 10 maligem Besuch fernblieben, und daß somit die abschreckende Wirkung nicht ausreicht, um die Bienen am Eintragen der Spritzlösung zu hindern. Doch zeigen die praktischen Erfahrungen, daß die in Deutschland zur Rüben- und Kirschfliegen-Bekämpfung angewandten F-Spritzungen keine Gefahr für die Bienen darstellen — Fr. Böttcher 1937 (105/6) —, vermutlich aber deswegen nicht, weil die benutzten F-haltigen Köder wie überhaupt die betreffenden Pflanzenarten zur Zeit der Bespritzung von ihnen nicht besucht werden; s. auch O. APPEL 1939 (25). Im übrigen werden allgemein Stäubemittel den Bienen stets gefährlicher als Spritzmittel. Bei Fütterungsversuchen von G. KUNZE 1929 (511), A. BORCHERT 1929 (96), A. KÖRTING 1933 (493), HIMMER 1933 (394), F. STELLWAAG 1938 (939), Fr. BÖTTCHER 1951 (107) und anderen erwies sich F als nicht ganz so giftig (12—15 γ für NaF je Biene) wie Arsen (0,9 γ As. met. nach BORCHERT, nur 0,15—0,23 γ As. met. nach HIMMER). Und nach KÖRTING ist die Giftwirkung der verschiedenen F-Verbindungen auf Bienen recht verschieden, am stärksten die von K_2SiF_6, NaF und KF, am geringsten die von CaF_2, das aber sehr lange Giftwirkung aufweist. Unter Umständen könnten solche F-Verbindungen als Flugstaub zusammen mit dem Pollen gehöselt werden.

E. LOEWEL u. W. LÜTTGAU 1936 (571) beobachteten bei Arsenspritzung ebenfalls nachträgliche Bienenschäden bei Imkern, die aus dem Altenlande auf ihre Heimatstände zurückgekehrt waren, und zwar fraglos infolge Aufnahme von Arsen aus den aufgespeicherten Pollen, in welchen H. PRELL 1937 (764) bis zu 88 γ As je Gramm Pollen fand. Bemerkenswert ist übrigens, daß E. LOEWEL u. F. SEEMANN 1941 (572) auch in unvergifteten Bienen einen recht hohen Arsengehalt nachwiesen, zwischen 0,04 und 0,23 γ je Biene (ob As_2O_3 oder As. met. wird nicht gesagt) und daß sie erst Werte zwischen 0,23 und 0,5 γ als beweisend dafür ansehen, daß Bienen durch Arsen vergiftet worden sind. H. PRELL 1937 (764) fand in arsenvergifteten Bienen bis zu 1,1 γ As je Biene und gibt die Dosis letalis minima mit 0,1 bis 0,2 γ As (= 1,3 bis 2,6 γ As_2O_3 je Gramm Bienen) an. Der F-Gehalt der vergifteten Bienen wurde von G. BREDEMANN (119) als viel höher gefunden. Die Erfassungsgrenze der von ihm angewandten qualitativen mikrochemischen Fällungsreaktion als Na_2SiF_6 (s. S. 193) liegt bei etwa 0,05 mg F. Da eine vergiftete Biene die Reaktion nur schwach, zwei Bienen sie aber schon stark gaben, kann der F-Gehalt einer vergifteten Biene also auf etwa 0,05 mg F geschätzt werden: 100 lufttrockene Bienen wogen rd. 4 g, woraus sich ein F-Gehalt von rd. 125 mg%, bezogen auf die lufttrockenen vergifteten Bienen ergeben würde.

Neuerdings berichtet auch A. MAURIZIO 1955 (621 a) über mehr oder weniger starke Bienenschäden durch F-Abgase eines Al-Werkes in der Schweiz. Die toten Bienen enthielten 5—112 mg F je 100 g trockener Bienen gegenüber 0—4 mg% in trockenem Leichenfall aus nicht F-betroffenen Gegenden. Bemerkenswert ist, daß der gefundene F-Gehalt von 112 mg% gut mit obigem berechnetem von 125 mg% übereinstimmt. Mikroskopische Untersuchung der sich unter dem Leichenfall befindlichen Bienen mit Pollenhöschen erlaubt die Feststellung der Pflanzenarten, die als Giftträger in Frage kommen, was für die Diagnose von wesentlicher Bedeutung sein kann.

Für *Fische* können F-haltige Abwässer gefährlich werden. M. STRELL 1931 (951) untersuchte an Bachforellen die Schädlichkeit HF-haltiger Abwässer, wie sie u. a. beim Desinfizieren von Gefäßen, Böden und Wänden in Brauereien, Brennereien und Molkereien entstehen können, und fand für diese die Schädlichkeitsgrenze bei einem Gehalt von 40—60 mg/l HF. Er ist der Ansicht, daß sich die Giftwirkung von HF und ihrer wasserlöslichen Salze durch Neutralisation und Fällung mit Kalkmilch und nachfolgende mechanische Klärung praktisch beheben läßt.

Nach K. Winogradow 1954 (1068a) dürfen gemäß den Bestimmungen der Sanitätshauptverwaltung der UdSSR Abwässer nur bis zu einem Gehalt bis zu 1,5 mg/l F in offene Gewässer abgelassen werden (zum Vergleich z. B. Pb, Cu, Ni, Cyan bis 0,1, Hg bis 0,005, As bis 0,05, CS_2 bis 1,0, Cl_4 bis 5,0, Cl bis 0,0 mg/l).

5. F-Schäden an Gebäuden

Außer den auffälligen HF-Schäden: Anätzung der Glasscheiben der Fenster, die anlaufen und mehr oder weniger blind und undurchsichtig weiß werden, findet man auch das Zinkblech der Dachrinnen und Fallrohre und andere Metalle stark angegriffen, weich und zerfressen. Desgleichen werden Farbanstriche bei längerdauernder Einwirkung infolge Zerstörung der in ihnen enthaltenen organischen Bestandteile mehr oder weniger unansehnlich. Ölfarben werden gleichfalls zerstört, vorzeitig hart, fleckig, brüchig und rissig und blättern ab. Auch der Putz wird angegriffen, besonders da, wo er z. B. durch Zerstörung des Ölfarbenanstriches nicht mehr genügend geschützt ist, selbst reine Zementschutzanstriche werden von HF-Gasen nicht verschont. Eine gewisse Verwitterung erleidet jeder nicht genügend geschützte Putz durch die Kohlensäure der Luft und des Regenwassers, die in den porösen Mörtel eindringen, wobei sich leicht wasserlösliches Calziumcarbonat bildet, das allmählich durch den Regen ausgewaschen wird. Dadurch lockert sich der Verband des Mörtels, und der zuletzt fast nur noch aus Sand bestehende Putz fällt ab:

$$CaCO_3 + CO_2 + H_2O = Ca(HCO_3)_2.$$

Während diese Verwitterung aber als normale Alterserscheinung in normaler Luft sehr langsam vor sich geht — s. auch A. Kieslinger 1932 (472), F. Rathgen u. J. Koch 1934 (789), W. Liesegang 1937 (562) —, vollzieht sie sich unter der Einwirkung von HF viel rascher und wird in kurzer Zeit sichtbar, besonders an Stellen, wo HF-haltiges Regenwasser durch die zerfressenen Dachrinnen und Fallrohre unmittelbar auf das Mauerwerk einwirkt:

$$CaCO_3 + 2\,HF = CaF_2 + CO_2 + H_2O$$
$$CaCO_3 + CO_2 + H_2O = Ca(HCO_3)_2.$$

Das neben Calziumbicarbonat gebildete CaF_2 ist zwar an sich ziemlich schwer löslich (s. S. 6), jedoch erhöht sich seine Löslichkeit in CO_2-haltigem Wasser erheblich.

F. Keil u. F. Gille 1950 (463) berichten, daß Ziegel und Fugenmörtel eines Ringofenschornsteins durch vermutlich aus dem Ton des Brenngutes stammendes F vollständig zerstört wurden. Primär gebildetes CaF_2 reagiert mit dem SO_3 der Rauchgase unter $CaSO_4$-Bildung mit neuerlichem Auftreten von HF, was zur völligen Zerstörung des Mörtels führt, während die Ziegel durch Auflösen der Silicate und des Quarzes ihren Zusammenhang verlieren.

Man könnte einwenden, daß im Bauwesen Anstrichzementierung der Oberfläche von Naturgesteinen, Beton und von Mörtelflächen mit F-Verbindungen als Oberflächenschutz zur Härtung und Wasserdichtmachung, zur Grundierung von Putz für nachfolgenden Anstrich, sogar gegen die korrodierenden Angriffe von Industriegasen erfolgreiche und ausgedehnte Anwendung finden. Diese für die sog. Fluatierung dienenden Präparate, z. B. die v. Keßler- und Hauenschild-Fluate, bestehen aber aus Fluosilikaten (Fluat = zusammengezogen aus Fluosilikat), meist Mg- oder Zn-, auch Al- und für Sonderzwecke Pb-(Schutz von Putz und Beton gegen SO_2!) oder Fe- bzw. Cu-(farbiges Fluatieren) Salzen der Fluokieselsäure H_2SiF_6; auch mit H_2SiF_6 allein ist günstige Wirkung zu erzielen. — V. Rodt 1934 (825), W. Mosskwin 1940 (690), F. Snell 1940 (923), L. John 1941 (439), H. Wagner 1943 (1013) H. de Jonge 1952 (446) —. Diese Salze bilden mit Kalk CaF_2 und MgF_2 bzw. ZnF_2 usw. und scheiden unlösliche gallertartige Kieselsäure aus, welche fest wird, die losen Teilchen verkittet und so eine harte Verkieselung der Oberfläche bewirkt:

$$2\,Ca(OH)_2 + MgSiF_6 = 2\,CaF_2 + MgF_2 + Si(OH)_4$$

bzw.:

$$2\,CaCO_3 + MgSiF_6 = 2\,CaF_2 + MgF_2 + SiO_2 + 2\,CO_2$$

oder nach E. Gruner u. U. Werther (s. 1013):

$$3\,Ca(OH)_2 + MgSiF_6 = 3\,CaF_2 + Mg(OH)_2 + H_4SiO_4.$$

Bei Einwirkung von HF allein geht die Bildung von CaF_2 leichter vor sich als die Bildung von H_2SiF_6 aus dem Sande des Mörtels, und das CaF_2 allein genügt nicht zur Härtung und Wasserdichtmachung des Mörtels.

IV. DIAGNOSE DER FLUOR-RAUCHSCHÄDEN

Qualitativer und quantitativer Fluor-Nachweis

1. Untersuchung des pflanzlichen und tierischen Materials auf Fluor-Rauchschaden

Daß für die Diagnose eines Rauchschadens alle in Frage kommenden Umstände zu berücksichtigen sind, also die örtlichen Gegebenheiten, die Schadensbilder, die anatomischen und die chemischen Befunde vereint und sich ergänzend, und daß nicht etwa einem oder einigen dieser alleine Beweiskraft zukommt, wird von allen erfahrenen älteren und neueren Forschern immer wieder betont, sei aber nochmals ausdrücklich vorausgestellt, damit es in den folgenden Abschnitten nicht wiederholt zu werden braucht und damit diese Abschnitte nicht zu Mißverständnissen Anlaß geben können. — s. auch 486.

Erörterungen darüber, wie sie in früherer Zeit nicht selten waren, aber auch in neuerer Zeit wieder zu finden sind (1071), wer zur Begutachtung von Rauchschäden berufen sei, ob z. B. der „Chemiker" oder der „Botaniker", können als zwecklos übergangen werden. Wenn aber ein „Vereidigter Sachverständiger für Rauch- und Abgasschäden" — H. Witte 1936 (1072) — bei seinen Arbeiten von der chemischen Untersuchung der Pflanzen grundsätzlich absieht, „weil die Ergebnisse dieser Untersuchungen absolut unzuverlässig und unbrauchbar für die Beurteilung sind", und zwar mit dem ausdrücklichen Hinweis, daß sich diese kategorische Äußerung nicht nur auf den Schwefelgehalt der Pflanzen bezieht, sondern auch auf den Gehalt an sonstigen Stoffen, die von den Pflanzen aus dem Rauch und den Abgasen aufgenommen werden können, so darf und muß der kritische Beurteiler wohl einigermaßen Zweifel an der Zuverlässigkeit derartiger Gutachten hegen, die sich auf solche extreme und an den neueren Forschungsergebnissen absichtlich oder unabsichtlich vorbeigehende Grundsätze stützen.

a) Voruntersuchung auf Rauchsäureschäden

— Phäophytinprobe, Aschenbildanalyse u. a. —

Voruntersuchung darauf, ob überhaupt Rauchsäureschaden vorliegt, kann in manchen Fällen zweckmäßig sein; auch wenn sich trotz offensichtlicher Schäden bestimmte Rauchsäuren nicht ohne weiteres mit Sicherheit nachweisen lassen, kann eine solche Entscheidung nützlich sein. Die Anwendungsmöglichkeiten der spektrographischen *Phäophytinprobe* mußten mit fortschreitender kritischer Beurteilung sehr eingeschränkt werden — R. Thümmler

1941 (976) —. Das Verfahren beruht bekanntlich darauf, daß das olivbraune Phäophytin, das sich durch Abbau des Chlorophylls unter Säureeinwirkung bildet, ein charakteristisches Absorptionsband im grünen Teil des Spektrums vor der Frauenhoferschen Linie E hat. Es läßt sich nicht nur qualitativ anwenden, sondern zur Ausschaltung möglicher subjektiver Beobachtungsfehler auch quantitativ unter Benutzung des Pulfrichphotometers als Spektralphotometer. Man muß dabei jedoch den Blattauszug möglichst sofort nach dessen Herstellung photometrieren, weil sich sein optisches Verhalten bei längerem Stehen ändert — E. Tiegs 1938/39 (979/80) —. Bei weiteren im Anschluß an die früheren von W. Dörries ausgeführten Untersuchungen von M. Röben 1933 (820), M. Röben u. M. Stern 1935 (821) sowie M. Stern 1938/41 (940/2) stellte sich dann heraus, daß es zahlreiche Pflanzen gibt, die ohne Einwirkung von sauren Abgasen dazu neigen, Phäophytin zu bilden. Und zwar wurde die Phäophytin-Bande sichtbar nicht nur nach Einwirkung von feuchter Hitze auf die Blätter, sondern auch, wenngleich weniger, nach gewöhnlichem Trocknen an der Luft, noch etwas weniger durch Einwirkung von —10 bis —12° Kälte, am wenigsten durch trockene Hitze. Dabei zeigte sich, daß zwischen Phäophytinbildung und p_H-Werten der Blätter Beziehungen bestehen. Für die Rauchschadenpraxis ergibt sich daraus die Notwendigkeit, spektroskopische Untersuchungen an Blättern mit höheren p_H-Werten auszuführen. Nach vorliegenden Untersuchungen würden sich besonders eignen: Roßkastanie, Linde, Zuckerrübe, Bohnen, Sonnenblumen, während infolge ihrer hohen Azidität wenig geeignet sind Pflanzen aus der Familie der Begoniaceen, Cupuliferen, Polygonaceen, Vitaceen, Pinaceen, Rosaceen, Saxifragaceen, Aceraceen u. a. Die Nadeln der Koniferen sahen übrigens auch bei Phäophytinreaktion teilweise noch völlig grün aus. Zusatz von Kreide bei der Extraktion der Blätter für die spektroskopische Untersuchung hebt die Wirkung der eigenen Pflanzensäure und damit die Phäophytinbildung durch diese auf bzw. setzt sie herab (falls sie nicht schon in den Blättern erfolgt ist). Alle Blattauszüge sollten unverzüglich photometriert werden. Außerdem ist bei diesen Untersuchungen zu berücksichtigen, daß auch während der Vegetationsperiode Änderung des p_H-Wertes erfolgt, und zwar bei den einzelnen Pflanzenarten in verschiedener Weise. Es wären also nur solche Werte vergleichbar, die zeitlich nahe beieinanderliegen. Die Werte der Herbstmonate sind in dieser Hinsicht besonders ungünstig, weil die einzelnen Pflanzenarten ihre Vegetationsperiode zu verschiedenen Zeiten abschließen.

Nach F. Wille 1933 (1054) soll die Aschenbildanalyse von Molisch 1920, das „*Spodogramm*", bei starken Säureschädigungen erlauben, solche mikroskopisch nachzuweisen. Er teilt mit, da er eine akute SO_2-Beschädigung bei Rubus spec. durch verändertes Aschenbild habe nachweisen können. Weitere Mitteilung darüber ist aber bislang nicht erfolgt.

F. Mazkov 1936 (629) empfiehlt zum Erkennen lebenden, toten und beschädigten Gewebes einer grünen Pflanze ein einfaches Verfahren, welches vielleicht auch bei Rauchschadenuntersuchung anzuwenden sein könnte: Er taucht das Gewebe 15—20 Minuten (jüngeres kürzer als älteres) in 0,1 bis 0,3 nHCl ein.

Die lebenden Gewebe behalten ihre grüne Farbe, abgestorbene werden braun, beschädigte bedecken sich mit braunen Flecken.

b) Qualitativer F-Nachweis in pflanzlichem Material bei Rauchschäden

Vorteilhafter als die S. 78 erwähnte *biochemische Methode* zum Nachweis geringer F-Mengen in Lebensmitteln von S. Amberg u. A. Loevenhart ist die von A. Contardi u. C. Ravazzoni 1935 (162) beschriebene zum Nachweis von F-Vergiftungen an Pflanzen. Sie benutzen die Beeinflussung der Enzymwirkung von Reisschalen-Phosphatase auf Glycerinophosphat: Man läßt die zu untersuchenden Blätter auf Na-Glycerinophosphatlösung unter Zusatz von aus Reisschalen hergestellter Enzymlösung einwirken und ermittelt nach bestimmter Zeit die abgespaltene Phosphorsäure. Gleichzeitige Versuche mit normalen Blättern würden entsprechend höhere Werte dieser geben. Die Methode dürfte darauf beruhen, daß es vor allem die in F-geschädigten Blättern vorhandenen wesentlich erhöhten und größtenteils auch wasserlöslichen F-Mengen sind, die die Phosphatasewirkung hemmen und nicht, wie genannte Forscher meinen, daß gelöstes HF auf den Blättern lange liegen bliebe und die Phosphatasewirkung beeinflusse, während in normalem Blattgewebe vorhandene unlösliche Fluoride diese Wirkung nicht zeigen. — Die Störung der Phosphatasewirkung durch F beim Abbau von Na-Glycerinophosphat wird von Fr. Mecca 1952 (656) auch zum Nachweis von F im Wein benutzt. Die Enzymlösung wird hergestellt durch 15stündiges Digerieren fein vermahlener frischer Reisschalen mit Wasser bei 47° in Gegenwart von etwas Toluol. Der mit Holzkohle entfärbte Wein wird mit der Glycerinophosphatlösung, Acetatpuffer und der Enzymlösung mit etwas Toluol 24 h bei 37° gehalten, dann in einer bestimmten Menge P_2O_5 bestimmt. Die starke Schädigung, die das F bei den Fermenten aus der Gruppe der Esterasen bewirkt, liegt auch der von B. Helferich u. H. Stetter ausgearbeiteten enzymatischen Mikroanalyse des Fluor-Ions zu Grunde, s. H. Stetter 1948/51 (943/4). Sie verwenden Kartoffelphosphatase, die leicht in Form von haltbaren Trockenpräparaten gewonnen werden kann und bestimmen das aus Phenylphosphat abgespaltene Phenol jodometrisch. Auch für quantitative Mikrobestimmungen ist die Methode geeignet, s. S. 229.

Qualitative makro- und mikrochemische Methoden zum Nachweis von F gibt es in großer Anzahl. F. Hernler u. R. Pfeningberger 1938 (387) geben eine zusammenfassende Übersicht bis 1936, die 63 Schrifttumsangaben über vorwiegend mikrochemische qualitative Bestimmungsverfahren umfaßt. Auch in den zusammenfassenden Übersichten von W. Geilmann 1931 (288) über F-Nachweis in Glas, von C. Mahr 1933 (605), von H. Hölemann u. C. Mahr 1933 (401), W. Bockemüller 1933 (82), J. Abelin 1934 (1), welch letzterer besonders die Methoden zum F-Nachweis in pflanzlichem und tierischem Material bespricht, und von F. Feigl 1936 (550), J. Lemberski 1939 (550) und anderen finden sich weitere Einzelheiten.

In der Praxis der Rauchschadenuntersuchung bediente man sich zum F-Nachweis früher vorwiegend der *Ätzprobe.* Sie empfiehlt sich in ihrer üblichen

Ausführung aber nur bei Anwesenheit größerer F-Mengen (387, 737/8) und erfordert daher die Verarbeitung größerer Proben, welche nicht immer vorhanden sind. Bei F-Anreicherung, wie sie schon A. WOODMANN u. H. TALBOT 1906 (s. 387) vornahmen, indem sie zuvor mit Ba-acetat in Gegenwart von K_2SO_4 fällen, wobei die geringen Mengen $BaSiF_6$ durch das ausfallende $BaSO_4$ mitgerissen werden, kann die Empfindlichkeitsgrenze der Ätzprobe zwar sehr verstärkt werden; sogar 150 cm^3 einer Lösung von 1 Teil KF in 10 Millionen Teilen Wasser gaben noch deutliche Ätzung, bei sorgfältiger Arbeit selbst bei weiterer fünffacher Verdünnung. H. WILLIAMS 1950 (1057) gelang es, durch systematische Untersuchung der Einflüsse von Temperatur, Zeitdauer, H_2SO_4-Menge und -Konzentration, Glassorte, Gegenwart von SiO_2 und Feuchtigkeit ein Verfahren zu entwickeln, mittels dessen nach 0,1 γ F durch Glasätzung erkannt werden kann. Bemerkenswert ist, daß nach A. BEYTHINS Laboratoriumsbuch für Lebensmittelchemiker, 6. Aufl. 1951 (73) die alte Ätzmethode (mit Wachsüberzug auf Uhrglas) oder, weniger empfindlich, mit Glasstab nach RUPP) immer noch amtliche Vorschrift zum qualitativen Nachweis von F in Fleisch, Milch, Wein, Speisefetten und Ölen ist[1].

Nun kommt es in der Praxis der Rauchschadenuntersuchung aber nicht auf *Spuren*suche von F an. Im Gegenteil, zu empfindliche qualitative Methoden sind unbrauchbar, weil sie auch den oft nicht ganz geringen natürlichen F-Gehalt der gesunden Pflanzen erfassen würden. G. BREDEMANN u. H. RADELOFF 1932 (121) wählten daher für den *mikrochemischen F-Nachweis* absichtlich ein nicht zu empfindliches Verfahren, bei dem normalerweise der natürliche F-Gehalt nicht stört. Sehr gut bewährte sich die sehr einfach, rasch und zuverlässig auszuführende Methode der *Kristallfällung als Kieselfluornatrium* (Natriumfluosilicat, Natrium-Hexafluorosilicat) Na_2SiF_6. Sie wird jetzt bei allen Untersuchungen grundsätzlich stets gleichmäßig in folgender Weise ausgeführt (119): Von dem zuvor lufttrocken gemachten und grob zerkleinerten pflanzlichen oder tierischen Material wird 1 g mit 1 g feinem, geglühtem Quarzsand in einem innen 65 mm hohen und 33 mm weiten Glaszylinder, am besten aus Jenaer Glas (für 2 g: 75 $\times$ 35 mm) vermischt, mit wenig Glaswolle überdeckt und mit soviel konzentrierter H_2SO_4 versetzt, daß die Masse gut durchfeuchtet ist. Die Menge der H_2SO_4 muß richtig bemessen werden, bei zu wenig verkohlt die Masse beim Erhitzen und springt der Glaszylinder leicht, bei zuviel tritt oft ein zu starkes Schäumen beim Erhitzen ein. Der Glaszylinder wird mit einem Objektträger 35 $\times$ 70 mm, an dessen Unterseite ein kleiner Tropfen 5%iger Natriumacetat-Lösung, mit NaOH ganz schwach alkalisch gemacht, p_H 7,8, so

---

[1] AR. VISWANATHAN u. SY. AZMATULLAH 1955 (1135) beschreiben F-Nachweis durch gebleites Glas. Sie erhitzen die Substanz mit H_2SO_4 und halten einen mit Pb überzogenen Glasstab über die Dämpfe (gewöhnl. Glasstab mit PbO bestreichen und mit oxydierender Flamme erhitzen bis Überzug durchscheinend, dann in reduzierender Flamme bis zum Erscheinen eines schwachen Überzuges von metallischem Pb). Bei Gegenwart von F verschwindet der Überzug. Für weitere Versuche kann der Pb-Überzug jeweils in reduzierender Flamme erneuert werden.

bedeckt, daß die obere Öffnung völlig abgeschlossen ist. Auf einem Asbest-Drahtgewebe wird alsdann mit kleiner Flamme etwa 2 Minuten lang erhitzt mit der Vorsicht, daß man unter Regulierung der Flamme die meist hochsteigende und bisweilen ziemlich schäumende Masse wieder öfters in sich zusammensinken und dabei puffen läßt, ohne daß die Masse jedoch das Deckglas bespritzt. Entweichendes SiF_4 destilliert in den hängenden Tropfen über, und es fallen Kristalle von Na_2SiF_6 aus. Man sorgt durch richtige Regulierung der Erhitzung dafür, daß der Tropfen während der Destillation weder eintrockne, noch auslaufe durch übergehendes Kondenswasser. Lufttrockenes Material ist daher frischem vorzuziehen. Der Tropfen behalte stets scharfen Rand und annähernd unveränderte Größe.

Nach beendeter Destillation läßt man den Objektträger noch wenige Minuten über dem Glaszylinder zur Abkühlung liegen damit gute Auskristallisation des Na_2SiF_6 stattfindet. Dann nimmt man den Objektträger ab, dreht ihn um und untersucht die ausgefallenen Kristalle in dem Tropfen, ohne diesen eintrocknen zu lassen unter dem Mikroskop bei zunächst etwa 150facher Vergrößerung. Dabei beginnt man zweckmäßig mit der Durchsuchung am scharfen Tropfenrande, weil die Kristalle sich stets am äußersten Rande des Tropfens zu bilden beginnen. Bei geringem F-Gehalt finden sie sich im frischen Tropfen nur in der Randzone, und zwar vereinzelt, bei stärkerem F-Gehalt bis zu großen Mengen, dann auch gleichzeitig in geringerer oder größerer Anzahl im gesamten Tropfen. Wenn bei sehr geringem F-Gehalt die Kristallbildung in der Randzone undeutlich ist, lasse man den Tropfen an der Luft etwas eindunsten und untersucht die eventuell sehr kleinen Kristalle mit stärkerer Vergrößerung. Bei hohem F-Gehalt kann man die Kristallbildung bisweilen schon mit bloßem Auge beobachten. Die Kristalle sind aber in allen Fällen mikroskopisch als Na_2SiF_6 zu identifizieren. Bei hohem F-Gehalt ruft der vorübergehend auftretende HF am Rande des hängenden Tropfens auch bisweilen Ätzwirkung auf dem Objektträger hervor. E. Olivier 1922 (s. 138) benutzte diese bei der „Wassertropfenmethode“ zur annähernden quantitativen Schätzung des F-Gehaltes.

Die im hexagonalen System kristallisierenden Na_2SiF_6-Kristalle sind in dem Tropfen leicht und sicher zu identifizieren. Sie bilden je nach vorliegender Konzentration entweder massive Prismen mit doppelter Pyramide oder tafelförmige Kristalle der gleichen Art oder sechseckige Tafeln oder stumpfe Doppelpyramiden. Nicht selten erscheint die Pyramide um ihre Hauptachse um 30° gegen das Prisma verdreht. Auch Sternfiguren kommen vor, desgleichen Zwillingskristalle und mehrfache Vereinigungen (s. Abbildungen 2 und 4). Blumenartige Kristallgebilde, wie sie W. Geilmann 1931 (288) als für höhere Konzentration charakteristisch beschreibt, wurden bei unseren sehr zahlreichen Untersuchungen seltener beobachtet. Diese Gebilde, s. Abb. 3, sehen aus, als ob rings um einen meist etwas exentrisch liegenden Kern (einem Kristall) herum feingezähnte Laubblättchen gruppiert sind. Die Na_2SiF_6-Kristalle fallen bei geeigneter Blendeneinstellung meist durch ihren rötlichen Schimmer sofort auf, aber nur im Tropfen, also feucht, nach dem Eintrocknen erscheinen sie völlig farblos.

Kieselfluornatrium-Kristalle

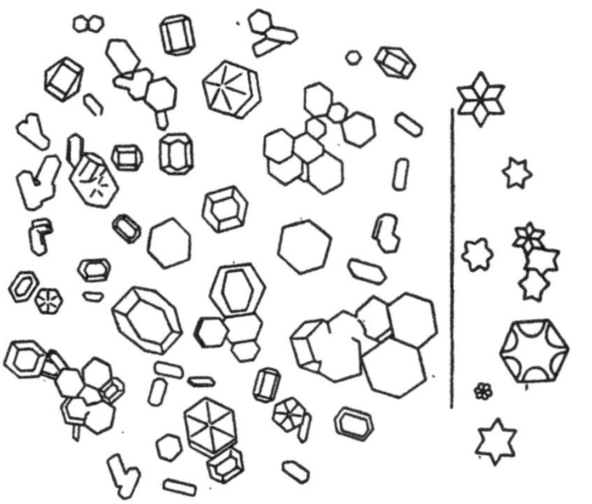

Abb. 2.
Mikrodestillat aus HF-beschädigten Blättern.
Links: Vorwiegend vorkommende Formen.
Rechts: Seltener auftretende Sternfiguren.
Aus: G. BREDEMANN u. H. RADELOFF 1932 (121).

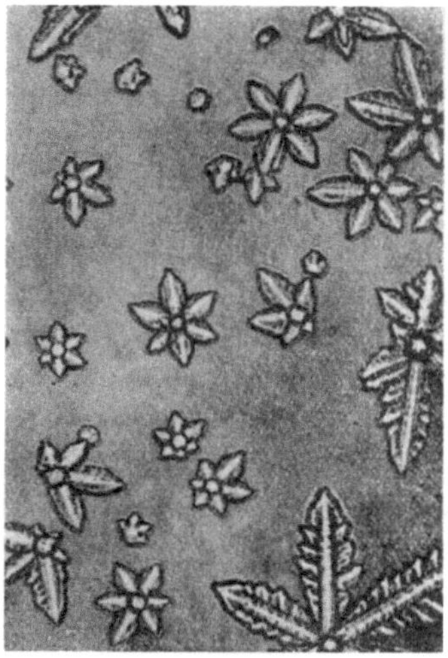

Abb. 3.
Sternförmige Wachstumsformen.
Aus: W. GEILMANN 1954 (289).

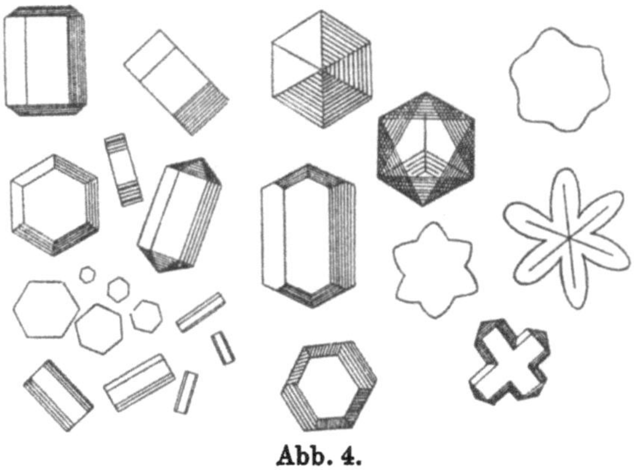

Abb. 4.
Aus: K. HAUSHOFER, Mikroskopische Reaktionen. Braunschweig 1885, Friedr. Vieweg u. Sohn.

Außer den Na_2SiF_6 Kristallen bilden sich auch im frischen Tropfen bisweilen mehr oder minder große Mengen von NaCl- oder Na_2SO_4-Kristallen oder beide. NaCl-Kristalle, wenn das zu untersuchende biologische Material reich an Chloriden ist, wie Blätter und Kraut der Kartoffeln und anderer sog. Wurzelgewächse, ferner Raps, Linsen, Gartenbohnen, Brennesseln, auch Gräser, Gersten- und Haferstroh, desgleichen Blut usw.; Na_2SO_4-Kristalle, wenn die Erhitzung mit H_2SO_4 zu stark war oder zu lange gedauert hatte, durch in den Tropfen übergehende H_2SO_4-Dämpfe. Diese Kristalle finden sich ebenfalls besonders am Tropfenrande, und wenn die Eintrocknung des Tropfens fortschreitet, bildet sich vom Rande her ein Kristallkranz dieser und vielleicht anderer Verbindungen. Dadurch kann bei geringerem F-Gehalt das Auffinden der wenigen kleinen Na_2SiF_6-Randkristalle erschwert werden. In solchen Fällen lasse man den Tropfen ganz eintrocknen, setze einen sehr kleinen Tropfen Glycerin zu und bedecke mit Deckglas so, daß das Glycerin die ganze Kristallkruste überzieht. Nach einiger Zeit sieht man alsdann unter dem Mikroskop, wie die störenden Kristalle sich lösen und, falls F vorhanden war, im klaren Präparat am Rande ein Kranz kleiner unveränderter Na_2SiF_6-Kristalle rötlichschimmernd hervortritt oder solche auch im Präparat liegen. E. KRÜGER (509) zieht überhaupt allgemein Eintrocknenlassen des Tropfens und Wiederauflösen störender Kristalle durch Zusatz eines Tropfens Glycerin vor, weil man dann besonders schöne klare Präparate erhalte, ev. bei aufgelegtem Deckglas auch mit Ölimmersion untersuchen könne, von der Zeit unabhängig sei und solch ein Präparat sich auch als Beleg aufheben ließe. In eigenen mit Glycerin-Gelatine hergestellten fast 15 Jahre alten Präparaten fanden wir (120) die Kristalle völlig unverändert vor. Man sollte aber nicht den eingetrockneten Tropfen direkt auf Na_2SiF_6-Kristalle durchmustern. A. BIRAGHI 1938 (77), der sich des gleichen Verfahrens bedient, dabei aber, wie er ausdrücklich betont, so lange mit der H_2SO_4 erhitzt, bis der Tropfen vollkommen ausgetrocknet ist, gibt in seinen mikrophotographischen Abbildungen die Bilder von solchen eingetrockneten Tropfen wieder, und man erkennt, daß das sichere Auffinden der Na_2SiF_6-Kristalle in dem Kristallgewirr viel schwieriger ist als z. B. in der mikrophotographischen Abbildung bei G. BREDEMANN 1932 (368) aus frischen Tropfen. Auch aus der Praxis sind uns einige Fälle (119) bekannt geworden, daß Untersuchung der eingetrockneten Tropfen Na_2SiF_6-Kristalle vorgetäuscht hatte, bis Schriftwechsel den Fall richtig stellte. Vor Ausführung der Reaktion sind in allen Fällen Blindversuche ohne und mit Zusatz von gleichem Pflanzenmaterial aus rauchfreien Gebieten selbstverständlich unerläßlich.

Mikroskopische Analyse auf Grund der charakteristischen Kristallformen der Fluorsalze haben nach freundlichem Hinweis von E. KRÜGER (509) wohl zuerst BOŘICKY (Arch. f. d. naturhist. Landesdurchforschung Böhmens 1877) und H. BEHRENS (Verslagen en Mededeelingen d. k. Akad. v. Wetensch. Amsterdam 1881. II. Reeks. Naturkunde, 17. Deel) angewendet, beide vorwiegend zur Untersuchung petrographisch wichtiger Silicate. K. HAUSHOFER (Mikroskopische Reaktionen, Braunschweig 1885, Friedr. Vieweg u. Sohn) läßt nach diesen zum Nachweis von F eine Probe der Silicate in einer Platinschale mit konzentrierter H_2SO_4 erhitzen und fängt das abdestillierende SiF_4 in einem auf der Unterseite des Platindeckels hängenden Tropfen sehr verdünnter H_2SO_4 auf. Das Tröpfchen wird auf eine mit Canadabalsam oder Firnis überzogene Glasplatte übertragen und 1 bis 2 mg NaCl hinzugefügt. Nach kurzem Eindunsten wird mikroskopiert.

E. PODA 1935 (759) verwendet die Kristallfällung als Na_2SiF_6 in natürlichen Wässern. Er destilliert in einen hängenden Tropfen von 1% NaCl-Lösung, läßt eintrocknen und löst die neben Na_2SiF_6 ausgeschiedenen NaCl-Kristalle in einem Tropfen Glycerin. W. GEILMANN 1931 (288) benutzt die Na_2SiF_6-Kristallfällung zum Nachweis von F in Glas. Er destilliert in einen hängenden Wassertropfen von etwa 0,1 cm^3 und gibt nach beendeter Destillation zu dem vorher erwärmten Tropfen ein Körnchen festes NaCl, beim Erkalten erscheinen die Na_2SiF_6-Kristalle und werden mikroskopisch identifiziert. Wir (119) erhielten mit Na-acetat klarere Bilder.

Die *Empfindlichkeitsgrenze* der Reaktion, wie sie von G. BREDEMANN u. H. RADELOFF ausgeführt wird (1 g lufttrockene Pflanzensubstanz + 1 g Sand) liegt bei etwa 50 γ (Zusatz von 100 γ CaF_2); allerdings pflegt die Kristallfällung bei dieser Konzentration nur schwach zu sein. Bei Zusatz von 150 γ CaF_2 = 75 γ F ist sie deutlich, bei 100 γ F stark. Bei Blindversuchen ohne Zusatz von Pflanzenmaterial, also nur mit 1 g Sand + CaF_2, ist die Empfindlichkeit naturgemäß größer; es wurde noch bei Zusatz von 10 bis 20 γ CaF_2 = 5 bis 10 γ F deutliche, wenn auch schwach positive, bei 20 γ stark positive Reaktion erzielt. W. GEILMANN 1931 (288) gibt die Empfindlichkeitsgrenze (aus 0,1 g der Verreibung von Gips + CaF_2) bei der von ihm angewandten Methodik mit rd. 5 γ F an, E. PODA 1935 (759) mit 10 γ F. K. HAUSMANN 1885 (s. o.) sagt, daß man bei 3,6 γ F noch ausreichende Reaktion erhalte. Durch die bei der Erhitzung mit H_2SO_4 verkohlende organische Substanz wird also F zurückgehalten und dieses in der kurzen Zeit der Destillation nicht restlos ausgetrieben. Das ist nicht verwunderlich; fast alle Untersucher, die sich mit der quantitativen F-Bestimmung befassen, machen auf die Schwierigkeit der restlosen Austreibung der SiF_4 bzw. H_2SiF_6 (aus anorganischer Substanz bzw. der Asche der zu untersuchenden organischen Substanz) aufmerksam und richten bei Ausarbeitung ihrer quantitativen Bestimmungsverfahren hierauf ihr besonderes Augenmerk (s. S. 211). Für die qualitative Prüfung ist das ohne Bedeutung, und die angegebene Methode der mikrochemischen Kristallfällung als Na_2SiF_6 kann, wenn man sie stets gleichmäßig ausführt, bei ausreichender Übung gut vergleichbare Resultate geben.

E. PODA 1935 (759) wertet die mikroskopische Untersuchung zur quantitativen Ermittlung des ausgeschiedenen Na_2SiF_6 aus und damit zur quantitativen Bestimmung des (im untersuchten Wasser) vorhandenen F-Gehalts. Auch A. BIRAGHI 1938 (77) benutzt Zahl und Größe der Kristalle zur orientierenden quantitativen Bestimmung des F-Gehalts. W. MÜHLSTEPH 1942 (700) unterscheidet bei Einhaltung einheitlicher Versuchsbedingungen (3 g lufttrockenes Material, Sand „Kahlbaum zur Analyse“, Versuchsdauer) folgende Abstufungen:

0 = negativ,

1 = Spuren, einzelne Kristalle am Rande des Tropfens sichtbar,

2 = deutliche Kristallbildung am Rande des Tropfens,
3 = starke Kristallbildung, in den Tropfen hineinreichend,
4 = überaus starke Kristallbildung, der ganze Tropfen davon erfüllt.

G. Bredemann u. H. Radeloff sprechen bei Anwendung ihrer Reaktion im allgemeinen nur von negativ oder positiv, ohne solche Abstufungen zu machen. Die Reaktion ist aber bei Einhaltung einheitlicher Versuchsbedingungen sehr wohl auch quantitativ auszuwerten oder zumindest als Vorprobe für eine folgende exakte quantitative Bestimmung (s. unten S. 208) zu benutzen. Z. B. wurde (119) bei Untersuchung F-geschädigter Äpfel in 1 g Trockenmasse = rd. 6,66 g Frischsubstanz (Wassergehalt 85%) schwach positive Reaktion erhalten. Da die Erfassungsgrenze nach genanntem Verfahren rd. 0,05 mg F beträgt, wären in 10 g Frischsubstanz mindestens 0,075 mg F enthalten gewesen oder in 1000 g mindestens 7,5 mg. Die USA lassen als höchstzulässige Grenze für Obst (und Wein) 1,43 mg F/kg zu. Die untersuchten Äpfel wiesen also einen mindestens 5 mal höheren F-Gehalt auf. Oder bei Untersuchungen von Teeproben des Handels ergaben je 1 g Ceylon-Tee bei einer Probe negative, bei einer anderen schwach positive Reaktion, Assam und Darjeeling Flowery Orange Pekoe schwach positive und Souchong- und Formosa-Tee sowie „Ostfriesen-Mischung“ stark positive Reaktion. In 1 g der Tee-Proben mit schwach positiver Reaktion waren also mindestens 0,05 mg F enthalten, in Souchong, Formosa und „Ostfriesen-Mischung“ noch größere Mengen. Der F-Gehalt der erstgenannten Tee-Proben betrug somit mindestens 5 mg%, der in Souchong, Formosa und „Ostfriesen-Mischung“ schätzungsweise annähernd 7,5 bis 10 mg%, welche Zahlen gut mit den in Tabelle 12, S. 58 zusammengestellten Analysenergebnissen anderer Forscher übereinstimmen.

Will man die Methode in genannter Weise zur *orientierenden quantitativen Bestimmung* benutzen, so kann man natürlich die Untersuchungsmenge vergrößern oder verkleinern. Bei mehr als 1 g Untersuchungsmaterial benutzt man zweckmäßig etwas größere Glaszylinder, 75 × 35 mm. Schwache positive Reaktion mit z. B. 2 g eines verdächtigen Untersuchungsmaterials würde dann etwa 0,02 mg F in 1 g = 2 mg% andeuten, noch ziemlich stark positive Reaktion in nur 0,5 g einen Gehalt von etwa 0,075 mg in 0,5 g = rd. 15 mg%. Je weniger organische Substanz die Probe enthält, desto empfindlicher wird die Reaktion natürlich. So gaben 0,005 g eines F-geschädigten Weißklees mit 150 mg% F-Gehalt noch deutlich positive Reaktion, Empfindlichkeit also 7,5 γ; desgleichen 0,001 g (0,01 g einer Verreibung 1:10 mit Milchzucker) Asche vom Unterkiefer eines F-kranken Rehes mit 1170 mg% F-Gehalt = Empfindlichkeit 12 γ, ebenfalls 0,05 g Heu mit 44,1 mg% F-Gehalt = Empfindlichkeit 22 γ (120).

Bei Teeblättern würde also der Versuch, eine F-Rauchgasbeschädigung durch unsere Reaktion auf üblichem Wege nachzuweisen, unter Umständen gestört werden können. Diese Gefahr ist bei unseren heimischen Pflanzen nicht gegeben, bei denen der Gehalt der oberirdischen Teile nach unseren bisherigen Kenntnissen meist unter 0,5 mg% liegt, s. Tab. 10—14, S. 53—63, aber trotzdem in jedem Einzelfall, wie schon erwähnt, durch Blindversuche mit gleichem Pflanzenmaterial aus F-freien Gebieten zu kontrollieren ist. Fällt bei Rauchschäden-Untersuchung die Reaktion also positiv aus und zeigt damit mindestens 5 mg% F an, so ist das ein Beweis, daß in diesem Falle die betr. Pflanzenorgane mindestens das Zehnfache, wenn nicht ein Mehrfaches davon an F aufgenommen haben, zumal durch die Reaktion der F-Gehalt nicht quantitativ erfaßt wird. Nach A. Mayrhofer 1938 (625) gehören von unseren einheimischen Pflanzen Aesculus hippocastanum L. und Sambucus nigra L. zu den Pflanzen mit höchstem natürlichen F-Gehalt (in 100 g lufttrockener Blätter 0,343 bzw. 0,254 mg%). Bei diesen würde also positiver Ausfall der Kristallfällungsreaktion mit 1 g lufttrockener Blattmasse schon Zunahme um mindestens rd. das 15—20fache bedeuten, bei Pinus silvestris L. (natürlicher F-Gehalt 0,073 mg%) um mindestens das rd. 70fache, bei Taxus baccata L. (0,036 mg%) um mindestens das 120fache. Daher erscheint es uns im Gegensatz zu W. Mühlsteph 1942 (700) doch nicht so schwierig herauszufinden, bei welcher Grenze wir berechtigt sind, Schadenswirkung anzunehmen. Wenn an 1 g beschädigter Blätter die Reaktion positiv ausfällt und damit der Beweis erbracht ist, daß die Blätter etwa das Zehn- bis Zwanzigfache, wenn nicht sogar ein Mehrfaches davon ihres normalen Gehaltes an F aufgenommen haben, und wenn dazu alle an Ort und Stelle berücksichtigten Umstände für die Möglichkeit eines F-Schadens sprechen, so liegt keine Ursache vor, den Beweis für eine tatsächliche F-Schädigung durch genannte Reaktion nicht als genügend erbracht anzusehen.

H. Ekstrand 1941 (224) bezeichnet unsere Reaktion als „grob". Das erscheint uns kein Nachteil, denn weshalb soll man „feine" Methoden anwenden, wenn man mit groben ebenso sicher und rascher zum Ziele kommen kann. Auch mit feinsten quantitativen Methoden kommt man für die Praxis zunächst nicht weiter als nachzuweisen, daß der F-Gehalt um ein ganz Bestimmtes gegenüber dem normalen Gehalt zugenommen hat. Wir wissen aber weder über den „normalen" Gehalt Ausreichendes, noch darüber, wann und unter welchen Umständen der Gehalt anfängt anormal bzw. toxisch zu werden. Das betont auch P. Danckwortt 1938 (182), und W. Mühlsteph weist sehr richtig darauf hin, daß offenbar die Aufnahmefähigkeit, die Wirkung und die Verarbeitung des F in den verschiedenen Pflanzen ganz verschieden sind. Und hinzuzufügen ist noch, daß auch ihr Alter, jeweiliger physiologischer Zustand nach Jahreszeit, Wetter, Standort, Ernährung, Rasse des Einzelindividuums usw. dabei eine große Rolle spielen, worüber wir im einzelnen auch noch viel zu wenig wissen — vgl. auch S. 160 —. Desgleichen kann die Art der Schädigung, ob durch gasförmige F-Verbindungen bewirkt oder durch direkte Ätzwirkung, bei Nebeltröpfchen oder Regen, von Bedeutung sein. Die im Zusammenhang mit diesen Fragen sehr interessanten unterschiedlichen Blattverbrennungen in dem bewässerten und unbewässerten Teil ein und derselben Obstpflanzung, über die uns V. Miller et al. 1948 (671) berichten, wurden schon S. 145 kurz erwähnt. Nicht nur, daß im unbewässerten Teil die Blätter stärkere F-Verbrennungen zeigten als im anstoßenden bewässerten Teil, war es auffällig, daß die stärkeren Schäden mit solch geringem F-Gehalt wie 2,5 bis 3,0 mg% im Blatt erschienen (gegenüber etwa 0,9 normal), während im bewässerten Teil, obgleich die Blätter hier 8,3 mg% F-Gehalt aufwiesen, die Verbrennungserscheinungen geringer waren.

Allerdings wird man in bestimmten Fällen ohne quantitative Bestimmung nicht auskommen. Wenn es sich nur um den Nachweis handelt, ob augenscheinliche Schäden an den Pflanzen F-Schäden sind, oder nicht, und die beschriebene qualitative Prüfung positive Reaktion ergibt, also anzeigt, daß die untersuchten Pflanzen mehr als 5 mg% F enthalten, also ein Vielfaches des Normalen, so wird man — Sonderfälle ausgenommen — sich im allgemeinen auf die qualitative Prüfung beschränken können. Aber wenn es sich z. B. darum handelt, die örtliche Ausdehnung des F-Gebietes festzustellen, so kann man in entferntere Zonen mit „unsichtbaren Schäden" (s. aber S. 152) kommen, in denen die Pflanzen keine Verbrennungsschäden an ihren Blättern mehr erkennen lassen, diese trotzdem mit F angereichert sind, aber nicht in dem Maße, daß sie unsere qualitative Na_2SiF_6-Kristallfällungsreaktion noch ergeben. Th. von Fellenberg 1948 (251) führt ein Beispiel an, daß in einem Heu aus der Nachbarschaft einer Ziegelei 1,270 mg% F gefunden wurde, in einem solchen aus entfernterem Gebiet nur 0,074 mg%. Das wäre immerhin das rd. 17fache. Aber in diesen Fällen hätten beide Proben auf die Na_2SiF_6-Kristallfällungsreaktion negativ reagiert. Wenn also begründeter Verdacht eines F-Schadens trotz negativen Ausfalls der Reaktion vorliegt (z. B. ob offensichtlicher F-Fütterungsschaden beim Vieh durch F-angereichertes Futter hervorgerufen wird), muß man zu quantitativer Untersuchung schreiten, wobei allerdings Heranziehung normalen Vergleichsmaterials aus F-freien Gebieten unerläßlich bleibt und auch qualitative Voruntersuchung mittels der empfindlicheren Molybdat-Benzidin-Farbmethode nach Feigl u. Krumholz (s. S. 201) gute Hilfsstellung geben kann.

Neuere Forscher haben den F-Gehalt beschädigter Blätter zum Vergleich mit gesunden auch quantitativ bestimmt. Auf die diesbezüglichen Untersuchungen von L. Romell 1941 (832) wurde schon oben (S. 151) hingewiesen. Chr. Schätzlein 1937 (865) fand in durch Abgase eines Emaillierwerkes ziemlich stark beschädigten lufttrockenen Weinblättern 9,1 mg% F, in den für sich untersuchten braunen abgestorbenen Teilen der geschädigten Blätter 17,4 mg und in gesunden aus einem weit davon entfernten Weinberge entnommenen 0. Wenn auch letzterer Wert 0 wohl nur auf zu geringer Erfassungsgrenze der angewandten Ätzmethode beruht und wir nach obigen Werten von Mayrhofer etwa 0,25 mg F in 100 g Weinblättern als natürlichen F-Gehalt annehmen können, so würde das eine Zunahme um das rd. 36- bzw. 70fache sein, also ganz ähnliche Werte, wie wir sie eben gesehen haben. In beiden Fällen hätten 1 g der beschädigten Weinblätter mit 0,091 bzw. 0,174 mg F bei Untersuchung nach dem mikrochemischen qualitativen Verfahren der Kristallfällung als Na_2SiF_6 (Empfindlichkeitsgrenze 0,05 mg) deutliche bzw. stark positive

Reaktion ergeben. Bei zwei Proben F-geschädigter Luzerne stellte E. KRÜGER 1944 (506) 61 und 450 mg F in 100 g Blatt-Trockenmasse fest. Das ist 0,61 bzw. 4,5 mg in 1 g, also in beiden Fällen sehr stark positive Kristallfällungsreaktion als Na_2SiF_6 gebend, und wenn man den von E. REID 1936 (796) gefundenen Wert von 0,39 mg% F in gesunder Luzerne als normal annimmt (s. Tab. 13), eine Zunahme um das rd. 150- bzw. 1200fache. E. HASELHOFF 1932 (368), (S. 182) fand bei F-geschädigten Birnblättern 54 mg F in 100 g sandfreier Trockenmasse. Bei einem angenommenen gleichen natürlichen Gehalt wie in den Weinblättern von 0,25 mg% F würde das eine Zunahme um das rd. 200fache bedeuten. Auch diese Probe hätte mit 0,54 mg F in 1 g sehr starke positive Kristallfällungsreaktion als Na_2SiF_6 ergeben. In ganz ähnlicher Größenordnung bewegen sich die von E. DE ONG 1946 (730) angegebenen Werte. Er stellte in F-geschädigten Aprikosenblättern aus der Nähe einer Aluminiumfabrik in Kalifornien 24,7—40,3 mg in 100 g fest. Das wären 0,247—0,403 mg in 1 g Blattmasse (starke Kristallfällungsreaktion!) und bei einem natürlichen Gehalt von etwa 0,25 mg F in 100 g Zunahmen um rd. das 100- bis 160fache in den beschädigten Blättern.

In umfangreichen Untersuchungen, die V. MILLER et al. 1948 (671) in der Gegend der Aluminiumfabriken von Tacoma, Vancouver, Washougal usw. im Staate Washington ausführten, wurde in 6 Proben Pflaumenblätter aus etwa 150 km Entfernung von den Fabriken zwischen 0,6 und 1,5 mg% F gefunden (0,006 bis 0,015 mg in 1 g Blattmasse = negative Na_2SiF_6-Reaktion!), in Entfernungen bis etwa 5 km von den Fabriken zwischen 13 und 140 mg% (0,13 bis 1,40 mg in 1 g Blattmasse = stark bis sehr stark positive Na_2SiF_6-Reaktion!). Das sind Zunahmen um etwa das 20- bis 200fache bzw. 10- bis 100fache in den beschädigten Blättern. Zunahmen um das 13- bzw. 25fache, und zwar noch auf Entfernungen bis über 5 km, zeigten auch folgende beiden Untersuchungen: 1945 wurde in den beschädigten Pflaumenblättern aus der Umgebung zweier Fabriken ein Gehalt von 12,1 bzw. 49,6 mg% gefunden, im nächsten Jahre 1946, als die beiden Fabriken außer Betrieb waren, nur ein Gehalt von 0,9 bzw. 2,0 mg%. Bei genanntem Gehalt würde die Na_2SiF_6-Reaktion 1945 stark bzw. sehr stark positiv ausgefallen sein, 1946 negativ.

Bisweilen kann es vorkommen, daß die Stärke dieser qualitativen Reaktion nicht mit der Stärke der Beschädigung übereinstimmt, daß also äußerlich wenig beschädigte Blätter die Reaktion stark geben, oder daß umgekehrt bei stark beschädigten Blättern die Reaktion nur schwach ausfällt. Es kann sogar vorkommen, daß den ganzen Umständen nach offensichtlich F-beschädigte Pflanzenteile keine positive Reaktion ergeben (richtige Ausführung der Analyse immer vorausgesetzt, s. S. 189). Unter den ersten Fall, daß die Reaktion stärker ausfiel als das nach der geringen äußeren Beschädigung der Blätter zu erwarten gewesen war, gehört die oben (S. 151) erwähnte Beobachtung von A. BIRAGHI 1938 (77), daß anscheinend gesunde Olivenblätter von gleichen Zweigen, welche auch stark F-beschädigte trugen, die Reaktion ebenfalls stark ergaben. Er meint, daß bei letzteren die Beschädigungen auf die heftig ätzende Wirkung der in kleinen Tropfen Wassers gelösten F-Verbindungen zurückzuführen seien, die einen schnellen Tod der Gewebe verursacht hätten, während die Blätter, die keine sichtbaren Veränderungen aufwiesen, das F in gasförmigem Zustande durch die Spaltöffnungen aufgenommen hätten und dieses noch keine Zeit gehabt habe, augenfällige Veränderungen hervorzurufen. Auch W. Mühlsteph 1942 (699/700) führt einige Beispiele an: Kirschblätter mit einer F-Reaktion 3 (s. o.) ließen äußerlich kaum eine Beschädigung erkennen, und nachweislich unter F-Abgasen gestandene Eiben, die neben akut durch diese F-Abgase geschädigten Fichten standen, aber selbst sogar gänzlich unbeschädigt geblieben waren, ergaben die Reaktion äußerst stark. Auch E. Krüger 1941 (505) fand gelegentlich bei unbeschädigt erscheinenden Blättern positive F-Reaktion. Im Gegensatz zu E. Krüger, der trotzdem der Meinung ist, daß die Stärke der Kristallfällung etwa dem Grade der äußeren Beschädigung entspricht, muß also betont werden, daß eine stark positive Reaktion an sich noch nicht ohne weiteres und in allen Fällen beweist, daß auch der Schaden stark ist. Nach dem vorher Ausgeführten ist das auch ohne weiteres verständlich (Über die Unterscheidung von F-Rauchgasschäden und „unschädlichen" F-Flugstaub s. Abschn. IV, S. 203). Aber auch umgekehrt kann, wie wir gesehen haben, eine schwache Reaktion nicht ohne weiteres beweisen, daß der Schaden nur schwach ist. Bei Kastanienblättern würde — die Richtigkeit der diesbezüglichen Mayrhoferschen Werte für den natürlichen F-Gehalt vorausgesetzt — „schon" eine Zunahme um das 15fache des natürlichen F-Gehaltes schwach positive Reaktion ergeben, bei Pinus silvestris L. erst eine solche um das 70fache (s. S. 195). Welche Mengen an F eine Pflanze aus der F-Gasatmosphäre verträgt und speichert, hängt außerdem ganz von den oben geschilderten Umständen ab, auch wohl von der kürzeren oder längeren Einwirkung und den F-Konzentrationen in den Abgasen. Wir hatten aber auch schon gesehen (s. S. 156), daß die Pflanzen unter Umständen in ihren Blättern, Achsen und Wurzeln selbst große F-Mengen ohne jeglichen Schaden speichern können. Es wäre auch denkbar, daß z. B. frisch geschädigte Blätter die Reaktion stärker geben als solche, bei denen die Schäden zeitlich weiter zurückliegen und bei denen möglicherweise kleine aufgenommene F-Mengen inzwischen durch das zunächst am Leben gebliebene Blattgewebe abgeleitet oder vielleicht an die Atmosphäre abgegeben worden sind. Wir wissen darüber noch zu wenig. Auch Auswaschung durch Regen aus den älteren Blättern ist sehr wohl möglich; s. S. 145.

Die chemische Untersuchung soll aber auch gar nicht die Stärke des Schadens feststellen, das ist in allen Fällen Sache der örtlichen Begehung, sondern sie soll nur nachweisen, ob durch die örtliche Begehung festgestellte Schäden tatsächlich auf F zurückzuführen sind oder nicht. Im übrigen sind derartige Feststellungen und Untersuchungen praktisch niemals an einer einzigen vielleicht etwas „schwierigen" Pflanze oder Pflanzenart zu machen, und der sorgfältige Gutachter wird und darf auch bei einer solchen stets das sich ihm bietende Gesamtbild berücksichtigen.

Die Kristallfällungsreaktion als Na_2SiF_6 ist wegen genannter Sonderfälle also nicht unzuverlässig. Das gilt auch für die Sonderfälle, daß den ganzen Umständen nach offensichtlich F-geschädigte Pflanzenteile keine positive Reaktion geben. Darauf wiesen schon G. Bredemann u. H. Radeloff 1932 (121) hin und erwähnen einige Fälle, daß an recht stark beschädigten Blättern verschiedener Gartenpflanzen aus dem Dunstkreis einer F-verarbeitenden Fabrik die Reaktion negativ ausfiel, desgleichen an vermutlich F-geschädigten reifen Kirschen und Birnen. G. Bredemann 1933 (116) weist darauf hin, daß z. B. auch Koniferennadeln und Getreidespelzen die Reaktion bisweilen — nicht immer — schwer oder gar nicht geben, obwohl nach dem makro- und mikroskopischen Bilde und dem Standort innerhalb F-geschädigter Bestände fraglos F-Schaden vorliegt. Auch W. Mühlsteph 1942 (699/700) konnte in einwandfrei und sichtbar F-geschädigten Fichtennadeln F häufig nicht nachweisen, besser dagegen in den Nadeln der Stechfichte oder der Kiefer.

Woher es kommt, daß in solchen Sonderfällen keine positive Reaktion erhalten wird, ist bislang nicht bekannt. Bei reifen Früchten, Kirschen, Birnen, Äpfeln usw. könnte es sein, daß die für F-Schäden typischen Bilder — Verfärbung und knorpelige Verhärtung am unteren Fruchtende, s. S. 147 — durch F-Einwirkung auf die jugendliche Frucht entstanden seien und die vielleicht geringen Mengen in der reifen Frucht so verdünnt oder zum Teil auch abgeleitet waren, daß sie sich nicht mehr nachweisen ließen, wenn keine weiteren F-Gase aufgenommen wurden, die in die wachsüberzogenen und spaltöffnungsarmen Früchte auch nur schwer eindringen können. Daß aber auch F-Speicherung in Früchten vorkommt und sich dann sicher auch die Na_2SiF_6-Kristallfällungsreaktion nachweisen läßt, haben wir gesehen, s. S. 194.

Desgleichen ist das häufige Ausbleiben der Reaktion bei Koniferennadeln und Getreidespelzen, auch bei Getreideblättern und -halmen leider noch nicht geklärt. Bei Gramineen, die selbst bei künstlicher Beräucherung oft F-negativ reagieren, spielt vielleicht der besonders hohe Kieselsäuregehalt dabei eine Rolle, sei es, daß vorhandene F-Gase zwar in das Zellgewebe eindringen und dort auch Beschädigungen hervorrufen, ohne aber im Zellgewebe festgelegt zu werden, sondern in flüchtiger Form wieder ganz oder soweit zu entweichen, daß die geringen Mengen durch die Reaktion nicht mehr erfaßt werden, sei es, daß die vorhandenen SiO_2-Mengen die Reaktion stören. Wiesengräser enthalten etwa 2—3% SiO_2 in der Trockenmasse, Halmfrüchte während der Blüte etwa 3%, Haferspreu 6%, Winterroggenspreu 7—8%, Winterweizenspreu 8—9%, Gerstengrannen 10%, dagegen: blühende Luzerne 0,6%, blühender Raps 0,4%, blühender Buchweizen 0,6%, Futterrunkelblätter 0,6%, Kartoffelblätter 0,7%, Rapsschoten 0,1% SiO_2. Daß amorphe SiO_2 die Destillation als H_2SiF_6 stört, weil sie erhebliche Mengen von F adsorbiert zurückhalten kann bzw. weil nichtflüchtige Oxyfluoride gebildet werden — F. Richter 1942 (807) —, wird von vielen Forschern betont — L. Gisiger 1931 (312), W. Geilmann 1931 (288), H. Willard u. O. Winter 1933 (1053), D. Reynolds 1935

(804), H. WULLE 1939 (1053) —. Allerdings kann es sich schwerlich nur um mechanische Störung der Destillation durch diesen Gehalt an amorpher SiO_2 handeln, denn bei künstlichem Zusatz von 0,1 mg F in Form von CaF_2 = dem Doppelten der Erfassungsgrenze unserer Reaktion zu wechselnden Mengen gesunder Getreideblätter, -halme und -ähren in verschiedenen Entwicklungsstadien, bis zu 2,5 g lufttrockene Substanz, wurde in allen Fällen eindeutig positive F-Reaktion erhalten (119). Es muß aber auch betont werden, daß F-beschädigte Gramineen durchaus nicht immer negativ reagieren. Bei Koniferen, die bekanntlich — mit Ausnahmen — zu den sehr rauchsäureempfindlichen Pflanzen gehören und deren Nadeln übrigens auch nach Art, Standort und Alter sehr verschieden hohen SiO_2-Gehalt haben, könnte man vielleicht auch daran denken, daß die Nadeln unter Umständen schon durch sehr geringe F-Mengen so weitgehend geschädigt werden, daß sie keine weiteren F-Mengen mehr aufzunehmen imstande sind, und daß die geringen F-Mengen, welche die Schädigung bewirkten und aufgenommen wurden, außerhalb der Erfassungsgrenze unserer Reaktion liegen. Wir hatten gesehen (s. S. 195), daß die Erfassungsgrenze bei Taxus baccata L. erst bei dem etwa 120fachen, bei Pinus silvestris L. bei dem 70fachen des natürlichen F-Gehaltes liegt, gegen z. B. bei dem 15fachen bei Kastanienblättern. Dem widerspricht nicht, daß in manchen Fällen die Reaktion auch bei Koniferennadeln positiv, ja sogar stark positiv ausfällt. Denn die Rauchsäureempfindlichkeit ist nicht nur bei den verschiedenen Koniferenarten recht verschieden, sondern innerhalb dieser wiederum bei verschiedenen Entwicklungsstadien usw. Nur systematische Versuche können darüber Aufschluß geben.

Diese Sonderfälle sind hier etwas ausführlicher behandelt worden, weil sie in Prozessen vielleicht Anlaß zu Kontroversen geben. An sich sind sie wenig bedeutungsvoll, denn, wie gesagt, werden in der Praxis wohl niemals nur Schäden an ausschließlich Koniferen oder Getreide usw. allein zu beurteilen sein. Für diese läßt sich aber auch ein überzeugender *indirekter Beweis* erbringen: Man untersucht in unmittelbarer Nachbarschaft stehende beschädigte Pflanzen, bei Koniferen z. B. die Blätter benachbarter Bäume, bei Getreide Unkräuter aus dem betreffenden Getreidefeld, wie Ackerwinde und Knöterich, deren Blätter bei beiden sehr empfindlich sind. Kein Richter dürfte auch bei negativem Ausfall der Reaktion an Proben z. B. der Ähren, Halme und Blätter aus einem beschädigten Weizenfeld den indirekten Beweis für das tatsächliche Vorliegen von F-Beschädigung nicht doch als erbracht ansehen können, wenn dieses Feld inmitten eines nachweislich F-geschädigten Gebietes liegt und an den innerhalb des Feldes wachsenden beschädigten Unkräutern, die also sogar noch rauchgeschützter standen, positiver F-Nachweis erbracht wird.

Fruchtschäden, sofern die Früchte selbst F-negativ reagieren, sind natürlich auch bei F-positiven Blattschäden am gleichen Baum nicht ohne weiteres als F-Schäden zu identifizieren, jedoch gestatten die S. 147 beschriebenen charakteristischen Veränderungen der Früchte dann doch eine Diagnose. Blütenschaden ist, auch wenn erwiesener F-Schaden an jungen Blättern vorliegt, nur am positiven Ausfall der F-Reaktion an den Blüten selbst beweisend.

Farbmethoden: Außer der mikrochemischen Kristallfällung als Na_2SiF_6 bedienten sich G. BREDEMANN u. H. RADELOFF 1932 (121) auch der *Molybdat-Benzidin-Farbmethode* nach FEIGL u. KRUMHOLZ 1929 (s. 121). Die lufttrockene Pflanzensubstanz wird mit wenig 5%iger Sodalösung angefeuchtet und vorsichtig verascht. Die Asche wird mit Quarzsand gemischt und mit konzentrierter H_2SO_4 in gleicher Weise der Mikrodestillation unterworfen, wie bei unserer Kristallfällungsmethode. Überdestillierendes SiF_4 wird jedoch in einem Tropfen von reinem Wasser aufgefangen[1], und in diesem wird nicht das F selbst nachgewiesen, sondern indirekt dadurch, daß die im Destillat aus den SiF_4 wieder freiwerdende Kieselsäure nachgewiesen wird. Man spült das Destillat mit wenig Tropfen Wasser in ein Bechergläschen, säuert mit HCl oder HNO_3 schwach an, versetzt mit 2 Tropfen einer salpetersauren Ammoniummolybdatlösung und erhitzt bis zum beginnenden Sieden. Nach dem Abkühlen gibt man 2 Tropfen Benzidinlösung hinzu und versetzt mit der gleichen Menge gesättigter Natriumacetatlösung. Enthält die Probe F-Verbindungen, so färbt sich die Lösung blau. Das überdestillierte SiF_4 hat sich mit dem Ammoniummolybdat zu Silicomolybdänsäure umgesetzt, die leicht unter Bildung des Molybdänblaues zerfällt und dabei zugleich das Benzidin oxydiert zu seiner blauen Oxydationsstufe. Die Blaufärbung muß sich mindestens mehrere Stunden halten. Manchmal fällt auch ein blauer flockiger Niederschlag aus, und die überstehende Flüssigkeit entfärbt sich größtenteils oder ganz. Alle verwendeten Reagentien sind jedesmal sorgfältig zu überprüfen, sie verändern sich recht leicht, besonders das Natriumacetat, und es kann dann leicht die Anwesenheit von F (bzw. Si) durch Eintritt einer Blaufärbung vorgetäuscht werden. Nach FEIGL u. KRUMHOLZ lassen sich so noch 5 γ (aus CaF_2) nachweisen. Die Reaktion ist also empfindlicher als die Kristallfällungsreaktion als Na_2SiF (Erfassungsgrenze aus CaF_2 = rd. 10 γ F, s. S. 193). Das ist aber kein Vorteil. Wenn auch bei Bestimmung aus organischer Substanz bzw. aus Pflanzenasche die Erfassungsgrenze nicht so tief liegt wie aus CaF_2 — bei der Kristallfällungsreaktion als Na_2SiF_6 um rd. 50 γ, s. S. 193 —, so kann sich bei der Farbmethode die Erfassungsgrenze bei manchen Pflanzenarten doch dem natürlichen F-Gehalt gesunder Organe nähern und ist bei der Auswertung des Befundes daher entsprechend größere Vorsicht nötig — vgl. auch P. DANCKWORTT 1941 (185) —. Auch ist die Farbmethode in ihrer praktischen Ausführung umständlicher als die Kristallfällung. Immerhin kann sie in bestimmten Fällen neben dieser gute Dienste leisten, besonders wenn man die Intensität der Blaufärbung berücksichtigt. Tritt eine deutliche, anhaltende Blaufärbung oder blaue Fällung ein (Reagentien-Kontrolle!), so kann man unter Berücksichtigung aller Umstände auf F-Aufnahme schließen; ist dagegen die Blaufärbung nur sehr schwach und schnell vorübergehend, so kann natürlicher F-Gehalt vorliegen, und man wird zur Entscheidung der Frage versuchen müssen, stärker beschädigtes

[1] P. RECKENDORFER 1955 (795b) konstruierte hierfür eine kleine praktische Apparatur.

Material vielleicht auch von anderen Pflanzen und aus größerer Nähe der Rauchquelle zu erhalten.

Die kolorimetrische Methode von J. H. de Boer u. J. Basart 1926 (85), s. S. 222 wenden J. Kolthoff u. M. Stansby 1934 (488) in der Weise an, daß sie das F aus der Asche mit konzentrierter H_2SO_4 als SiF_4 überdestillieren und in einem angeschmolzenen kleinen Reagenzrohr in 1 cm^3 einer stark salzsauren Zirkon-Purpurinlösung auffangen. Nach der Zeitdauer, in welcher der Umschlag der Farbe von Rot nach Gelb erfolgt, wird auf den F-Gehalt der Substanz geschlossen. Erfassungsgrenze 5 γ F bei einer Erhitzungsdauer von 40 Minuten. Leerversuch!

Dieselbe Reaktion (mit Zr-Alizarin-Papier) wendet R. Grogan 1951 (333) zum Nachweis von Fluorit in Sanden an. Man streut die entsprechend vorbereitete Bodenprobe in dünner Schicht gleichmäßig auf das feuchte Papier. Fluorit ruft auf dem anfänglich tiefrotem Papier nach 10—20 Minuten gelbe Flecke hervor. Nach vorläufigen Untersuchungen von G. Bredemann u. K. Garber (120) kann man diese Reaktion auch zum Nachweis von F in bzw. auf rauchgeschädigten Blättern benutzen: Man preßt die zu untersuchenden Blätter oder Blattstückchen frisch oder trocken auf oder zwischen das feuchte Papier; ist F vorhanden, so färben die betreffenden Stellen des Papiers sich nach einiger Zeit gelb. Die Gelbfärbung verschwindet je nach Intensität früher oder später wieder, kann also nicht als „corpus delicti" aufbewahrt werden. Das geschieht erforderlichenfalls besser als Glycerinpräparat oder Glyceringelatinepräparat der oben beschriebenen Kristallfällungsreaktion, die mindestens so rasch auszuführen und zudem auch zuverlässiger ist, weil bei Verwendung des Zr-Alizarin-Reagenz erfahrungsgemäß eine ganze Reihe von Kationen und Anionen (Fe, Mn, Al, PO_4 usw.) stören können, s. S. 216.

Auch der F-Nachweis von W. Crandall 1950 (170) mittels kreuzweise übereinander gelegte Streifen von Methylrot-Bromkresolpurpur-, Bromthymolblau- oder Thymolblau-Indikatorpapier und Al-Acetatpapier und Betupfen der Berührungsstelle mit der zu prüfenden Lösung hat vor unserer Kristallfällungsmethode als Na_2SiF_6 keinerlei Vorteile.

Erwähnt sei noch, daß K. Schuch 1953 (885) das Zr-Alizarin-Reagens benutzt, um die Eindringungstiefe von F-haltigen Holzschutzmitteln (s. S. 88) in die mit diesen imprägnierten Hölzer qualitativ festzustellen (auch quantitativ, s. S. 222).

Einen spektralanalytischen F-*Nachweis* mit dem Ziele, ein dem Arsenspiegel ebenbürtiges unbestechliches und überzeugendes „corpus delicti" (in Form der photographischen Platte) zu schaffen, arbeitete W. Paul 1936/38 (737/8) aus. Da aber F kein geeignetes Emissionsspektrum besitzt, wohl aber Si, wird das F in üblicher Weise in SiF_4 übergeführt und hierauf die spektralanalytische Untersuchung der Si vorgenommen. Chr. Karreth 1940 (458) konnte so noch einen Gehalt von 13 γ F quantitativ feststellen. Das Verfahren ist umständlich. Auch bei unserer viel einfacher durchführbaren Kristallfällungsreaktion als Na_2SiF_6 kann man, falls das für erforderlich gehalten wird, leicht ein „corpus delicti" durch mikrophotographische Aufnahme des Kristallniederschlages in dem Tropfen schaffen oder nach Eindunstung des Tröpfchens unter Zugabe von Glycerin oder Glyceringelatine ein Dauerpräparat herstellen, s. S. 192.

Über weitere spektralanalytische Methoden zum F-Nachweis s. das Sammelreferat von F. HERNLER u. R. PFENINGBERGER 1938 (387).

Bei *organischen F-Verbindungen*, von denen viele sich durch sehr große F-Beständigkeit auszeichnen, sind zum F-Nachweis u. U. besondere Verfahren erforderlich, s. S. 216 u. 235. Zum qualitativen Nachweis von Monofluoressigsäure bzw. deren Na-Salz, dem S. 74 unter der Bezeichnung „1080" genannten höchst giftig wirkenden Rodentizid, ist nach L. RAMSEY u. W. PATTERSON 1951 (781) die offizielle Methode der US Association Official Agr. Chemists zum Nachweis von Monochloressigsäure (Indigoprobe) bestens geeignet. L. RAMSEY 1951 (780) empfiehlt Isolierung mittels einer gepufferten chromatographischen Kolonne, wodurch eine Trennung der Monofluoressigsäure von Essigsäure, Di- und Trifluoressigsäure und anderen F-haltigen Säuren möglich ist. — Vgl. auch H. WICHMANN 1951 (1042), der eine Übersicht über Nachweis und Bestimmung von F und anderen giftigen Schädlingsbekämpfungsmitteln in Nahrungsmitteln gibt, sowie die auf der Jahresversammlung der US Assoc. Offic. Agr. Chemists 1953 beschlossenen und ab 15. 3. 1954 gültigen Änderungen der offiziellen Methoden (23a) zum qualitativen Nachweis von „1080" mittels Thiosalicylsäure und $K_3Fe(CN)_6$ und von F-haltigen Präservierungsmitteln (nach Zusatz von K_2SO_4 und Essigsäure mit Ba-acetat fällen, Niederschlag sammeln und veraschen: Asche im Porzellantiegel mit 2—3 Tropfen H_2SO_4 befeuchten und Tiegel mit Al-Oxin-Papier bedecken, 5 Min. auf 50—60° erwärmen; wenn F vorhanden, wird im ultravioletten Licht die Fluoreszenz des Al-Oxins an der Stelle des über dem Tiegel befindlichen Papiers ausgelöscht. Empfindlichkeitsgrenze etwa 0,05 mg F. Kontrolluntersuchung mit nur H_2SO_4 anstellen).

c) Unterscheidung von Fluor-Rauchgasschäden und Fluor-Flugstaubschäden

H. VELU 1932 (997), der das in bestimmten Gegenden von Algier, Tunis und Marokko besonders bei Pflanzenfressern auftretende Zahnleiden „Darmous" (s. S. 9) als chronische F-Vergiftung erkannte, hat bereits darauf hingewiesen, daß diese Vergiftung nicht nur durch das Trinkwasser hervorgerufen werde, nachdem es Ablagerungen F-haltigen Phosphorits passiert hat, sondern daß auch der hohe F-Gehalt der Pflanze und der auf ihnen angesammelte Staub eine Rolle spiele. Die nordafrikanischen Rohphosphate enthalten zwischen rd. 1—4% F, die nordamerikanischen rd. 3—4%. Ebenfalls 1932 wurde bei Kryolitharbeitern chronische F-Vergiftung mit Osteosklerose durch den Kryolithstaub nachgewiesen (s. 826, 829); und P. BISHOP 1936 (79) hat auch bei einem Arbeiter, der 18 Jahre mit der Verarbeitung von feingemahlenem Phosphorit beschäftigt war, typische Osteosklerose beobachtet, A. Frostad 1936 (s. 826) chronische Bronchitis und Anfälle von Dyspnoë oder auch plötzliche Bauchschmerzen und Erbrechen bei Arbeitern in einer norwegischen Aluminiumfabrik. K. Roholm 1937 (826) weist darauf hin, daß bei den wiederholt beobachteten chronischen F-Vergiftungen der Pflanzenfresser neben einer „Ätzung" der Pflanzen möglicherweise auch eine Verunreinigung durch F-haltigen Staub aus der Fabrik eine gewisse Rolle spielen könne. Und die schweren Fluortoxikosen, von denen z. B. auf Island nach Vulkanausbrüchen durch viele Jahrhunderte immer wieder besonders die Schafe heimgesucht werden, sind sicherlich auch nicht nur auf Aufnahme von Futter zurückzuführen, das infolge von F-Gaseinwirkung sich mit F angereichert hatte, sondern das auch stark mit F-haltigem Flugstaub verunreinigt war. Auch in der Lava des Ätna wies A. Giammona 1933 (308) F nach. Desgleichen führen der Vesuv, Kilauea (Hawaii) und viele andere Vulkane F (s. S. 135). Bei den Viehvergiftungen, über die M. Schuursma u. M. Stas 1941 (894, 936) berichten, handelte es sich um Rauchgase und Staub aus einer Superphosphatfabrik.

Solche F-haltigen Flugstaube können unter Umständen besonders heimtückisch sein: Da es sich bei ihnen durchweg um schwerlösliche Verbindungen handelt, rufen sie an den Pflanzen selbst meist keine Verbrennungserscheinungen hervor, werden dann also nicht rasch augenfällig, sondern erst, wenn sich Krankheitserscheinungen beim Vieh nach fortgesetzter Aufnahme solch vergifteten Futters bemerkbar machen. Die Schädlichkeit derartiger Flugstaube wird noch durch ihre Feinkörnigkeit erhöht. Werden solche F-haltigen Flugstaube gleichzeitig mit F-Gasen entlassen, was praktisch wohl der häufigere Fall sein dürfte, so tritt naturgemäß gleichzeitig mit der F-Verunreinigung des Futters auch eine mehr oder minder starke augenfällige F-Beschädigung desselben und gleichzeitig auch der übrigen angrenzenden Nutzpflanzen ein. Die Entscheidung, ob in einem solchen Fall die Vieherkrankung durch den F-haltigen Flugstaub oder durch die gasgeschädigten Pflanzen verursacht ist oder wird, ist praktisch belanglos und wohl dahin zu entscheiden, daß die Gefährlichkeit durch beide erhöht wird.

Es sind nun aber auch Fälle bekannt geworden, daß F-Mineralien verarbeitende Fabriken, in deren Umgebung Vegetationsschäden an den verschiedenen Nutz- und Wildpflanzen vorkommen, welche die Na_2SiF_6-Kristallfällung deutlich positiv ergeben, ihre Entschädigungspflicht mit dem Einwande abzulehnen versuchten, der positive Ausfall der F-Reaktion an den verbrannten Blättern usw. sei kein Beweis dafür, daß diese Schäden tatsächlich durch von ihr entlassene F-Gase verursacht wären; diese Verbrennungen könnten durch Abgase anderer Fabriken hervorgerufen sein, und der positive Ausfall der F-Reaktion könne darauf zurückgeführt werden, daß die betreffenden Pflanzenteile mit „unschädlichem" F-haltigen Flugstaub, z. B. Flußspat-Staub, bepudert gewesen seien, der zugegebenerweise von der Fabrik bzw. aus dem Mahlwerk entlassen werde. Daß derartige Einwände für die betreffende Fabrik aber unter Umständen unangenehm werden können, sei nur am Rande vermerkt, insofern nämlich, als die betroffenen Anlieger dann ihre Entschädigungsansprüche möglicherweise wesentlich erweitern können und nicht nur auf die direkt äußerlich beschädigten Pflanzen beschränken, sondern auch auf vielleicht äußerlich unbeschädigt erscheinende Futterpflanzen, die im Bereich dieses „unschädlichen" Flugstaubregens erwachsen, weil deren Verfütterung an das Vieh nicht mehr ohne Einschränkung erfolgen kann. Jedenfalls kann sich in der Praxis die Notwendigkeit ergeben, den Nachweis zu führen, ob es sich um F-Gasschäden oder um F-haltigen Flugstaub oder um beides handelt. Ein solcher Beweis läßt sich durch Luftuntersuchung erbringen, auf die wir noch zu sprechen kommen werden — S. 230 — (Erblindung der Fensterscheiben beweist auch ohne Luftuntersuchung die Anwesenheit von F-Gasen), ebenso und jedenfalls viel einfacher aber auch in Verbindung mit unserer mikrochemischen Na_2SiF_6-Kristallfällungsreaktion. Zunächst läßt sich F-haltiger Flugstaub natürlich direkt nachweisen, indem man den Staubbelag der Blätter, sofern ein solcher vorhanden ist, sorgfältig abspült, abpinselt oder abschabt und der Kristallfällungsreaktion aussetzt. Bei schwach positiver Reaktion ist kritisch zu entscheiden, ob sie von den Staubteilchen oder von zufällig mit abgeschabten Blatthautstückchen herrührt. Beim Abspülen mit Wasser, besonders von stark geschädigten Blättern und Eindampfen ist darauf Rücksicht zu nehmen, daß, wie wir gesehen haben, ein mehr oder minder großer Teil der von den Blättern aufgenommenen F-Verbindungen in Wasser oder organischen Lösungsmitteln löslicher Form vorliegt. Unter Umständen sind an Ort und Stelle weitere unmittelbare Staubuntersuchungen vorzunehmen (s. S. 230)[1]. Auch die weitere Frage, ob vorhandene Schäden an der Vegetation tatsächlich durch F-*Gase* hervorgerufen sind, oder ob positiver Ausfall der F-Reaktion durch F-haltigen Flugstaub bewirkt sein kann, ist auf direktem und indirektem Wege unschwer zu entscheiden: Wenn bei geschädigten Früchten, Äpfeln, Birnen usw., Proben, die sorgfältig aus dem Innern entnommen werden F-positiv reagieren, so kann die Reaktion nicht durch F-Staub hervorgerufen sein, sondern nur dadurch, daß F-*Gase* in das Innere der Frucht eingedrungen sind. Ebenso verhält es sich, wenn die inneren Schichten dicker Baumrinden F-positiv reagieren oder sogar das Holz selbst. Auch in die inneren Schichten der Rinde und in das Holz können nur gasförmige F-Verbindungen eindringen, keine Flugstaube. Sehr günstig für den indirekten Beweis zur Entscheidung der Frage, ob F-Gase oder F-Staube, erweisen sich die oben geschilderten Sonderfälle, daß bei Gramineen und Koniferen die Na_2SiF_6-Kristallfällungsreaktion

---

[1] A. Mason 1952 (1122) macht darauf aufmerksam, daß feiner atmosphärischer Staub sich an der Blattoberfläche sehr fest ansetzt. Exakte Analysen könnten daher zu falschen Ergebnissen führen. Mechanisches Abwischen vermag den Staub nicht restlos zu entfernen. Er empfiehlt auf Grund seiner Versuche ein Eintauchen in Teepol (oder 0,3 n-HCl) und nachfolgendes Abwischen. Teepol 610 der Shell A-G., ein sekundäres Alkylsulfat des Na, ist ein bekanntes Netzmittel von außerordentlich großer Oberflächenwirkung und dient zur Herabsetzung sowohl der Oberflächen- als auch der Zwischenflächenspannung. Von ähnlicher Wirkung ist das Atlas-Renex 30 der Atlas-Goldschmidt GmbH., Essen, ein Polyoxyäthylenalkyläther von ebenfalls ausgezeichneten Netzeigenschaften (120).

aus noch nicht ganz geklärten Gründen (s. S. 197) oft negativ ausfällt. Wenn z. B. in einem offensichtlich geschädigten Weizenfelde die Ähren oder Blätter oder beide negative Reaktion geben, zwischen dem Weizen stehende ebenfalls geschädigte Unkräuter aber positive, so ist das ein sicherer Beweis dafür, daß nur F-Gas vorlag. Denn wäre bei den zwischen dem Weizen stehenden Unkräutern die positive F-Reaktion durch auf ihnen lagernden F-Flugstaub hervorgerufen worden, so hätte der Flugstaub logischerweise auch auf den Weizenähren und -blättern liegen und hätte dann auch positive Reaktion ergeben müssen. Durch ihre rauhe Oberfläche würden zumindest die Ähren den Flugstaub sogar noch besser festgehalten haben als die glatten Blätter der zudem zwischen ihnen geschützter wachsenden Ackerwinden- und Knöterichpflanzen. Dem widerspricht der erwähnte Befund keineswegs, daß die Gräser die Reaktion an sich schwer geben, denn natürlich ergeben sie die Reaktion nur deswegen schwer, weil sie das F in ihrem Gewebe anscheinend nicht oder kaum, oder in Form nichtflüchtiger $SiOF_2$- bzw. anderer nicht- oder schwerflüchtiger Verbindungen speichern (s. S. 221). Setzt man aber sehr geringe Mengen eines F-Salzes zu, z. B. CaF_2, so reagiert dieses sofort positiv. Wir erhielten, wie oben bereits erwähnt, z. B. schon bei Zusatz von nur 0,2 mg $CaF_2 = 0{,}1$ mg F, also von dem Doppelten der Erfassungsgrenze unserer Kristallfällungsreaktion mit 1 g lufttrockener Ähren, Blätter oder Halme beliebiger Getreidearten in allen Fällen deutlich positive Reaktion, also noch bei Anwesenheit höchst geringer Spuren Flugstaub. Auch Koniferen sind zu diesem indirekten Beweis gut brauchbar. Wenn die Nadeln einer stark geschädigten Konifere negative F-Reaktion ergeben, die ebenfalls stark geschädigten Blätter eines unmittelbar benachbarten z. B. Nußbaumes aber stark positive, so kann es sich ebenfalls nur um gasförmige F-Verbindungen gehandelt haben. Denn wenn beim Nußbaum die stark positive Reaktion durch Anwesenheit von F-haltigem Flugstaub auf den Blättern hervorgerufen worden wäre, müßte dieser sich auch auf den dichten Nadeln der Koniferen befunden haben; er hätte sich auf ihnen sogar noch besser abgelagert und gehalten als auf den glatten Blättern des Nußbaums, und auch die Koniferennadeln hätten positive F-Reaktion ergeben müssen. Bei Zusatz von 0,2 mg CaF_2 zu wechselnden Mengen der Konifere, bis zu 3 g lufttrockene Nadeln, wurde in allen Fällen positive Reaktion erhalten. Solche Beispiele ließen sich beliebig erweitern. Z. B. auch die geschilderten Fälle des Bienensterbens (S. 182) erbringen den indirekten Beweis, daß es sich bei ihnen um F-Gase handelte: Die Stockbienen hatten eingebrachten F-vergifteten Rapspollen gefressen und waren davon in Massen eingegangen. Nur F-Gase konnten von den Pollen in solchen Mengen aufgenommen werden, daß diese eine derartig giftige Wirkung auf die Bienen als Futter ausübten. Es ist ausgeschlossen, daß derartige Mengen von F-haltigem Staub auf die Pollen gelangen konnten.

F. Krüger 1941 (505) hat vollständig recht, wenn er zum Ausdruck bringt, daß man aus dem Ergebnis der chemischen F-Analyse nicht unmittelbar auf Schäden an der Vegetation schließen könne, weil die Analyse auch Staub ergriffen haben kann[1], aber man kann, wie wir glauben genügend dargelegt zu haben, sehr wohl auch mittels einer so einfachen qualitativen Methode, wie sie die Kristallfällungsreaktion darstellt, feststellen, ob tatsächlich F-Staub ergriffen worden ist oder nicht. Darauf, daß bei allen derartigen Untersuchungen der gewissenhafte Gutachter alle nur möglichen Umstände berücksichtigen muß, haben wir eingangs dieses Kapitels und auch früher oft genug hingewiesen.

P. Reckendorfer 1952 (794) untersuchte 12 mehr oder weniger F-geschädigte Blatt- und Nadelproben, die nach einem mehrere Stunden anhaltenden Regen entnommen waren und i. M. 22,4 mg% F enthielten, auf anhaftenden Staub durch kurzes Überbrausen mit bidestilliertem Wasser und fand zwischen ungewaschen und gewaschen eine Differenz von i. M. 2,7 mg% F. Er schließt daraus, daß reichliche Niederschlagsmengen die Pflanzen nicht nur beträchtlich von schädlichem Staub befreien, sondern auch die Gefahr einer F-Aufnahme der Pflanze aus dem Staubbelag wesentlich herabsetzen.

Unter Umständen kann auch eine Entscheidung wichtig sein, ob beobachtete Schäden mit positiver Kristallfällungs-Reaktion überhaupt von gasförmigen F-Verbindungen bzw. von Flugstaub herrühren, oder ob sie durch ungewöhnlichen F-Gehalt des Bodens verursacht worden sind, etwa durch Verwendung F-haltiger Abfälle, böswillige Vergiftung u. dgl. Wir haben aus den Untersuchungen von H. Churchill et al. 1948 (150), R. Daines et al. 1950/52 (s. 175, 972), E. Brennan et al. 1950 (125), M. Thomas 1951 (972) und anderen gesehen, einerseits, daß ganz gesund erscheinende Blätter u. U. sehr große F-Mengen speichern können und anderseits, daß die typischen Anzeichen einer F-Vergiftung, Verfärbung der Blattspitze und Blattränder und großer F-Gehalt dieser beschädigten Blätter, sich sowohl bei F-Beräucherung der oberirdischen Pflanzenteile als auch bei hoher F-Gabe zu den Wurzeln (in Boden oder Nährlösung) durchaus gleichen können. Es wäre also der Fall denkbar, daß nach positiver Kristallfällungsreaktion und dem Augenschein auf F-Rauchschaden geschlossen werden könnte, ohne daß eine F-Rauchquelle für einen solchen überhaupt vorhanden wäre. Hier könnte es sich also um Einwirkung durch den Boden handeln. Beide Arten der Aufnahme, ob F-Einwirkung durch die Luft oder durch den Boden, können aber gut unterschieden werden, worauf M. Thomas 1951 (972) sowie R. Daines et al. 1952 (175) hinweisen. Man muß dann sowohl die Blätter als auch die Wurzeln auf F untersuchen. Wenn F aus dem Boden stammt, ist der F-Gehalt der Wurzeln sehr hoch, oft 100 bis 600 mg%, der der Blätter nur wenig über normal oder normal. Wenn das F dagegen aus der Atmosphäre in den Blättern aufgenommen ist, enthalten die Wurzeln nur sehr geringe Mengen, etwa 1 mg% (bei Getreide auch höher, s. Tab. 10, S. 53), die Blätter dagegen u. U. solch große F-Mengen, wie wir sie S. 155 — mit oder ohne Schaden — kennengelernt haben. Daß im erstgenannten Fall auch die Bodenuntersuchung auf F-Gehalt den Befund bestätigen muß, ist selbstverständlich.

---

[1] Er beobachtete (509), daß an einer Stelle die Viehschäden sprungartig anstiegen, als ein benachbartes Werk mit der Produktion von NaF begann und solchen Staub hinausjagte.

d) Quantitative F-Bestimmung in pflanzlichem und tierischem Material, Boden, Wasser und in Verbindungen mit organisch gebundenem F

Quantitative ältere F-Analysen müssen in der Regel mit Skepsis behandelt werden. Aber seit etwa 20 Jahren ist man eifrig bemüht, einfache zuverlässige und weitgehend brauchbare quantitative Verfahren zu finden. Jedoch zeigt die Entwicklung immer neuer Arbeitsvorschriften die Schwierigkeit dieser Bemühungen. Schon V. Mühlenbach 1938 (692) wies darauf hin, daß allein in einer einzigen Zeitschrift Industrial and Engineering Chemistry, Analytical Edition, Washington, im Laufe von zwei Jahren, 1933 und 1934, elf Arbeiten über die verschiedenen Bestimmungsmöglichkeiten des F erschienen sind. Das die Zeit bis 1936 umfassende Sammelreferat von F. Hernler u. R. Pfeningberger 1938 (387) über Mikrobestimmungen von Fluor weist 86 Schrifttumsangaben über quantitative Bestimmungsverfahren, neue und Modifikationen bekannter auf, der Zettelkatalog von G. Bredemann (119) für die 4 Jahre 1950/53 nicht weniger als 121 solcher (1950 = 29, 1951 = 35, 1952 = 25, 1953 = 32). Zusammenfassende Übersichten geben M. Stas 1941 (936), F. Grassner u. F. Abrahamczik 1942 (327), A. Wassiljew 1947 (1021), L. Dubnikow u. J. Tichomirow 1947 (212), F. McKenna 1951 (655), A. Kurtenacker et al. 1951 (513).

Noch 1940 sagen J. Hammond u. W. MacIntire (353), daß „quantitative determination of fluorine has been recognized as a difficult and tedious procedure". Immerhin kristallisieren sich in den letzten Jahren für die Untersuchung von biologischem Material einige Methoden als bevorzugt heraus. Und wenn nachstehend besonders diese, den neueren biochemischen F-Arbeiten vorwiegend zugrunde gelegten behandelt werden, so soll das keine abfällige Kritik an den übrigen hier nur kurz oder nicht genannten Methoden sein, deren vollständige Besprechung weit über den Rahmen dieser besonders für biochemische Untersuchungen gedachten Ausführungen hinausgehen würde.

Festlegung bestimmter „Einheitsmethoden" wäre sehr erwünscht. Denn wenn auch die bei größeren Untersuchungsserien nach einer bestimmten Methode erhaltenen Ergebnisse ohne weiteres untereinander vergleichbar sind, so trifft das doch für die nach den zahlreichen verschiedenen Methoden und ihren fast noch zahlreicheren Modifikationen erzielten Werte trotz Verfeinerung der Verfahren durchaus nicht ohne weiteres zu. Außerdem würde durch Festlegung von Einheitsmethoden auch in den leidigen Rauchschadenprozessen dem Prozeßgegner die bisweilen beliebte Möglichkeit genommen, in Ermangelung besserer Einwände wenigstens die Richtigkeit oder Zuverlässigkeit der von der Gegenpartei angewandten Untersuchungsmethodik abzustreiten. Auch K. Roholm 1939 (830) schreibt, daß die Ausarbeitung einer verläßlichen und raschen Standardmethode zur Bestimmung von kleinen Mengen F von großem Wert für die zukünftige Arbeit in bezug auf die F-Vergiftung wäre. Wozu allerdings zu bemerken ist, daß man wohl nicht von *einer* Einheitsmethode sprechen darf, sondern von Einheitsmethoden für das jeweilige Untersuchungsmaterial unter besonderer Berücksichtigung des Aufschlusses der organischen Substanz. Auch Th. von Fellenberg 1948 (251) unterstreicht das und betont, daß die Methodik, die zwar bei Wasser und Zähnen sehr zuverlässige Werte liefere, bei den organischen Materialien doch bedeutend schwieriger auszuführen ist, so daß gewisse Fehler nicht ganz auszuschalten seien: „Man müßte eigentlich die Untersuchungsmethodik für jeden einzelnen Fall besonders ausarbeiten".

Für die *quantitative Bestimmung des F im Wasser* finden wir genaue Vorschrift in dem Buche von L.-W. Haase: Deutsche Einheitsverfahren zur Wasser-, Abwasser- und Schlammuntersuchung 1954 (344). Die amerikanischen Einheitsverfahren zur Untersuchung von Wasser und Abwasser, 9. Ausg. (1947) hat F. Sierp in seinem 1951 erschienenen Buche (912) übersetzt. Siehe auch H. Lepper: Official Methods of Analysis of the Association of Official Agricultural Chemists, 7. Edit. 1950 (552) und American Public Health Association and American Water Works Association: Standard Methods for the Examination of Water and Sewage; 9th Edit., 1947, New York, Amer. Publ. Health Assoc., 76—79.

Vorbereitung zur F-Analyse

Wie die folgenden Ausführungen zeigen werden, muß die Vorbereitung zur F-Analyse mit größter Sorgfalt unter Berücksichtigung der Eigenart des Untersuchungsmaterials vorgenommen werden, wenn anders wesentliche Fehler unterlaufen können. Darauf weisen auch alle neueren Untersucher eindringlichst hin. S. Gericke u. B. Kurmies 1951 (301) sagen wörtlich, daß „das Gelingen der F-Bestimmung im wesentlichen von der richtigen Vorbereitung abhängig ist und diese bei fast jedem Untersuchungsmaterial eine andere sein kann".

1. Pflanzliches Material

Vor der eigentlichen Analyse muß das Pflanzenmaterial aufgeschlossen werden. Das geschieht meistens durch alkalische Veraschung, seltener durch Elektrolyse. Die F-Bestimmung erfolgt dann in der Asche bzw. dem Dialysat, die dafür zunächst von störenden Verbindungen, besonders P_2O_5, H_3BO_3, Fe(III), Al, Ca, befreit werden müssen. Das wiederum geschieht durch Abdestillieren des F in Form von SiF_4 oder H_2SiF_6 (s. u.).

a) Aufschluß durch alkalische Veraschung

Da KF im Gegensatz zu CaF_2 bei Rotglut flüchtig ist, wird das frische gut zerkleinerte oder das zuvor getrocknete und gemahlene Material mit 1—1,5% gelöschtem Kalk oder besser mit Kalkmilch (beide F-frei!) verrührt und nach dem Abdampfen im Muffelofen bei 550 bis 600° verascht, s. F. Hernler u. R. Pfeningberger 1938 (387). Bei Verwendung von Na_2CO_3 oder anderen Carbonaten kann beim späteren Ansäuern die auftretende CO_2 zu F-Verlusten führen, s. W. Geilmann 1931 (288). Außerdem bindet das Na_2CO_3 nach H. Rempel 1939 (s. 722) das F bei Temperaturen über 450° nicht. $Al_2(NO_3)_6$, von D. Dahle 1936 (s. 722) vorgeschlagen, empfiehlt sich nicht, weil größere Mengen von Al-Salzen die spätere quantitative Destillation stören. Verschiedene

Untersucher ziehen MgO_2 (527) bzw. Mg-Acetat (314) vor. Aber R. REMPEL 1939 und auch H. NÕMMIK 1953 (722) zeigten, daß $Ca(OH)_2$-Suspensionen bestes Mittel zur vollständigen Bindung des F ist. Sehr wichtig ist auch Innehaltung der richtigen Veraschungstemperatur. Nach W. HOSKINS u. C. FERRIS 1936 (407) treten bei Temperaturen über 800° beachtliche F-Verluste ein. Aber mit Veraschung bis zu 800° fanden sie in Apfelpulpe von dem zugesetzten F bis zu 97,3% wieder. E. LARGENT 1941 (527) verascht bei 570°, E. SCOTT u. H. HENNE 1935 (898) veraschen bei 600—700° während 24—48 h, J. CUMMINS u. W. HIGGINSON 1937 (174) während 12—16 h in der Muffel bei schwacher Rotglut, W. MACINTIRE 1945 (590) wiederum bei 500°. A. SCHLOEMER 1943 (871) vermengt mit Kupferaceatlösung, macht mit Kalkmilch gegen Phenolphthalein alkalisch, trocknet, erhitzt bis zum Verkohlen und verglüht in einem vorher angeheizten elektrischen Ofen bei 650°. Man feuchtet mit wenig Wasser an, dampft ein und bringt nochmals 2—3 Min. in den Ofen. — F. JACKL 1944 (432) kocht mit verdünnter NaOH oder besser Kalkwasser, dampft ein, verascht sehr sorgfältig über kleiner Flamme, neutralisiert die alkalische Asche mit H_2SO_4 (nicht HCl!), dampft vollends zur Trockene und verwendet den Trockenrückstand zur Destillation. H. v. ZEHMEN 1944 (1083) verascht so sorgfältig, daß die Masse auf keinen Fall zur schwachen Rotglut kommt, sondern nur verschwelt und langsam verglimmt. Helle Asche wird dann durch vorsichtige Zugabe von jedesmal einigen Tropfen Perhydrol und weiteres Erhitzen unter peinlichem Vermeiden der beginnenden Rotglut erzielt. Er weist auch darauf hin, daß man möglichst geringe Mengen $Ca(OH)_2$ verwende, größere stören die Veraschung. Auch sind nach P. CLIFFORD 1941 (154) die F-Verluste bei der Veraschung stark von der Menge der zugesetzten $Ca(OH)_2$-Aufschwemmung abhängig. R. GABOWITSCH 1951 (279) verascht nach dem Eintrocknen mit $Ca(OH)_2$ im Muffelofen bei 200°, zuletzt bei 450—500°, bis die Asche hellgrau ist. S. GERICKE u. B. KURMIES 1951 (300/1) veraschen 5 bis 20 g des trockenen oder entsprechende Mengen des frischen mit 25—50 cm^3 Kalkmilch (enthaltend 0,1—0,2 g CaO) verrührten und getrockneten Materials bei 500—550° im Muffelofen. TH. VON FELLENBERG 1951 (252) verrührt, wie auch J. CUMMINS u. W. HIGGINSON 1937 (174) mit n-Ca-Acetat auf dem Wasserbade und verascht vorsichtig über dem Pilzbrenner bis zur schwachen Rotglut und läßt dabei einen Parallelversuch ohne F und einen zweiten mit 10 γ F ansetzen.

H. BALLCZO u. O. KAUFMANN 1952 (44) verfahren bei Untersuchung von Heuproben so, daß sie unter Zusatz von 1 cm^3 n-Ca-Acetatlösung pro g Heu veraschen und die noch alkalisch reagierende Asche in einer Pt-Schale noch 15 Min. vor dem Gebläse glühen. Zur Zerstörung der die Destillation störenden Carbonate und Phosphate wird die Asche zusammen mit der halben Gewichtsmenge Mg-Pulver in einem V2A-Tiegel vorsichtig geglüht und darauf der Destillation mit $HClO_4$ in Gegenwart von Ferrosilicium unterworfen, s. u. — P. RECKENDORFER 1952 (794) verfährt so, daß er die Asche mit Mg-Pulver glüht; für die Veraschung des mit 2 g $Ca(OH)_2$ auf 10 g Trockenmasse alkalisierten Pflanzenmaterials hält er jedoch 700—800° für nicht zu hoch (793). — Auch L. REMMERT et al. 1953 (798) weisen darauf hin, desgleichen R. ROWLEY et al. 1953 (836), daß größere Mengen von Ca und besonders SiO_2 in der Asche die Destillation behindern können und daß man im Gegensatz zu der A.O.A.C.-Methode brauchbare Werte bei der Untersuchung von Heu und dgl. Proben nur erhalte, wenn man das veraschte Material mit NaOH schmilzt. Sie verfahren in der Weise, daß sie das Untersuchungsmaterial bis eben zur alkalischen Reaktion mit Kalkmilch durchtränken, trocknen, bei 600° mindestens 1 h veraschen, die Asche mit 5 g NaOH 5 Min. bei 650—700° schmelzen und diese Schmelze nach Lösen in möglichst wenig Wasser zur Destillation mit $HClO_4$ und wenig $AgClO_4$ bei 135° verwenden.

H. NÕMMIK 1953 (722) verascht zuerst vorsichtig über Bunsenbrenner, dann 1—8 h, je nach Material im elektrischen Ofen bei 550—600° (Schalen mit Deckel) bis zur weißen oder hellgrauen Asche; größere Kohlenstücke dürfen nicht zurückbleiben. Er weist auf einen Fall hin, bei dem große Unterschiede bei gleichem Material in 2 verschiedenen Muffelöfen erzielt wurden, einem seit Jahren gebrauchten und einem neuen. Untersuchung der Innenauskleidung des alten ergab 0,42 γ F/g, die des neuen 93,3 γ F/g.

Alle neueren Forscher, P. CLIFFORD 1941 (154), W. MACINTIRE 1945 (577), TH. VON FELLENBERG 1948/51 (251/2), S. GERICKE u. B. KURMIES (300/1) und H. NÕMMIK 1953 (722) machen auf die Wichtigkeit der Verwendung von F-freiem CaO bzw. $Ca(OH)_2$ bzw. Ca-Acetat aufmerksam und geben Vorschriften zur relativ einfachen Herstellung dieser. Nach Th. VON FELLENBERG 1951 (252) kann man statt Ca-Acetat auch das an sich bedeutend F-ärmere Mg-Acetat verwenden.

H. CHURCHILL et al. 1948 (150) glauben beim Eindampfen der mit Kalkwasser versetzten frischen Pflanzenproben beobachtet zu haben, daß gewisse F-Mengen beim Trocknen verloren gehen. V. MILLER et al. 1953 (670) fanden bei Untersuchung von Grünfutter keine Unterschiede, ob sie die Frischmasse sofort mit Kalkwasser bei 50° trockneten und dann untersuchten, oder ob sie die Frischmasse zuvor bis zu 90 Tagen bei —18° aufbewahrten.

b) Aufschluß mittels Elektrolyse.

Aufschluß mittels Elektrolyse für die F-Bestimmung schlug S. BAZILLE 1935 (53) bei tierischem Material vor. R. FABRE u. M. POURCHET DE CAMPOS 1950 (244) probierten dies Verfahren bei pflanzlichem Material aus und verglichen die gewonnenen Werte mit den durch F-Bestimmung nach Veraschung mit Na_2CO_3 bei 500° C nicht übersteigender Temperatur erzielten. Bei dem Elektrodialyse-Verfahren bedient man sich einer Apparatur, die aus drei konzentrisch ineinander angeordneten Behältern besteht. Alle drei werden mit destilliertem Wasser beschickt; der äußere enthält die Anode, der innere die Kathode, beide aus Platin. In den mittleren Behälter werden 5 bis 10 g der zu untersuchenden trockenen und gepulverten Substanz eingefüllt. Als Dialysiermembran dient Cellophanfolie (60 g/m^2). Nach 18stündiger Elektrolyse (120 Volt) wird die die Kathode umspülende Flüssigkeit des inneren Behälters herausgenommen, auf ein bekanntes Volumen verdünnt und mit Holzkohle entfärbt. Zur Entfernung der Chloride wird mit Ag_2SO_4 behandelt, filtriert und eine bestimmte Menge mit H_2SO_4 destilliert (s. u.). Das in NaOH-Lösung aufgefangene Destillat wurde mittels $Th(NO_3)_4$ und Alizarin als Indikator titriert (s. u.). — Die nach diesem Verfahren ermittelten Werte zeigten recht gute Übereinstimmung mit den nach dem Veraschungs-Verfahren erhaltenen. Meist waren die nach dem Elektrodialyse-Verfahren erhaltenen etwas höher.

2. Tierisches Material

a) Gewebe, Blut, Milch, Harn:

Die Veraschung erfolgt grundsätzlich wie beim pflanzlichen Material. Alle älteren und neueren Untersucher haben übereinstimmend die auffällig starke Zunahme des F-Gehalts besonders in den Zähnen und Knochen F-kranker Menschen und Tiere festgestellt, die das 5—10fache, aber auch bis zum 25fachen des normalen Gehalts betragen kann. P. Danckwortt 1939 (183) empfiehlt zu solchen Untersuchungen außer Zähnen und Knochen besonders Leber und Gehirn heranzuziehen. Nach neueren Untersuchungen ist die F-Speicherung aber auch in Leber und Gehirn nur gering, stärker in Galle und Milz und noch stärker in Hypophyse und Nebenniere, s. Tabelle 8, S. 45.

A. Brünig u. H. Quast 1931 (132) umgehen bei der toxikologischen Untersuchung tierischer Substanz auftretende F-Verluste während des Veraschens dadurch, daß sie entsprechend dem Vorschlag von A. Siopoe 1926 als Sauerstoffüberträger hochaktives (heißgefälltes) Kupferoxyd benutzen. K. Kraft u. R. May 1937 (497) weisen darauf hin, daß vollständige Veraschung (bei Blutuntersuchung) wichtige Vorbedingung sei, da selbst ganz geringe Kohlenrestchen viel zu niedrige F-Werte bedingen. H. Hartmann et al. 1940 (365) hatten bei Dauerveraschung von Blut beträchtliche F-Verluste und benutzten mit Erfolg Zersetzung mittels Perhydrol-Schwefelsäure in einem geschlossenem System mit zusätzlicher Verbrennung übergehender Fettsäuren an einem glühenden Platinkontakt. H. Wulle 1939 (1079) verascht das im Porzellantiegel verkohlte Blut im Goldtiegel unter Sauerstoffstrom bei dunkler Rotglut. Th. von Fellenberg 1951 (252) verwendet zur Vermeidung von F-Verlusten $Ca(OH)_2$, nicht Ca-Acetat, wie bei pflanzlichem Material und verbrennt über dem Pilzbrenner, allenfalls auch im Muffelofen bei möglichst niedriger Temperatur. Bei tierischen Organen empfiehlt er 1948 (251) die gepulverte Trockensubstanz mit verdünnter alkoholischer NaOH eine zeitlang auf dem Wasserbade am Rückflußkühler vorzubehandeln, damit das Material gut durchdrungen wird, und es dann unter Zusatz von $Ca(OH)_2$ einzudampfen und zu verbrennen. L. Epars 1952 (233) verbrennt 5—10 cm^3 Blut mit O_2 bei 20 at nach Zugabe von 1 cm^3 n-NaOH und Trocknen mittels Infrarotstrahlen in einem in der calorimetrischen Bombe aufgehängten Goldtiegel.

Zur Bestimmung von F in Oxalatblut[1] verfahren Fr. SMITH u. D. GARDNER 1951 (916) in der Weise, daß sie von 50 cm³ nach Mischen mit Wasser und Ansäuern mit konzentrierter H_2SO_4 140 cm³ abdestillieren, das Destillat in der Pt-Schale mit CaO zur Trockene dampfen und 15—16 h bei 350° veraschen. Zur Unterscheidung von Fluorid-, Oxalat- und Citratblut hat I. FLOTOW 1952 (267) qualitative Nachweisverfahren angegeben. — TH. VON FELLENBERG 1951 (252) verfährt bei Untersuchung von Oxalatblut, Milch oder Harn in der Weise, daß er 25 cm³ bzw. 10 cm³ Blut mit aus 0,2 g CaO frisch bereitetem $Ca(OH)_2$ zur Trockene bringt (bei Harn nach Zusatz von wenig Formaldehyd zur Bindung der Geruchsstoffe), schwach glüht, die Asche 3—4mal mit wenig Wasser auszieht, filtriert und im Filterrückstand das F bestimmt.

Um die zeitraubende alkalische Veraschung zu ersparen, entwickelten R. MILLER u. P. PHILLIPS 1953 (668) ein Verfahren ohne Veraschung, wobei die Urinprobe nach Bestimmung ihrer Dichte mit Wasser auf 1,04 gebracht und dann direkt nach Zusatz von $AgClO_4$ mit 72 %iger $HClO_4$ bei 135,5° destilliert wird. Vergleich der F-Werte nach und ohne Veraschung zeigte gute Übereinstimmung.

Aufschluß tierischen Materials mittels Elektrodialyse s. S. 211

b) Knochen und Zähne:

Auch in den Knochen und Zähnen erfolgt die Bestimmung des F-Gehalts in der Regel nach Veraschung. G. GOLDBERG 1953 (315) glaubt allerdings aus der von ihm gefundenen Tatsache, daß im Wasser-Glycerin-Auszug des organischen Anteils der Zähne kein F nachweisbar, F also nur im mineralischen Anteil enthalten ist, schließen zu können, daß eine Veraschung zur F-Bestimmung sich erübrigt. Aber nach TH. VON FELLENBERG 1948 (251) ist Veraschung zur Erzielung gesicherter Werte vorzuziehen, jedoch kommt es nicht darauf an, ob etwas weiter oder weniger weit verbrannt wird, ob man also eine dunklere oder weißere Asche erhält. Auf leicht mögliche Fehlerquellen bei Untersuchung von Zähnen (Silicatfüllungen, unterschiedlicher F-Gehalt von Kronen- und Wurzelanteil und dadurch bedingte weitere Fehlerquelle, daß vielleicht ein Teil der Krone zerstört bzw. bei Milchzähnen die Wurzel resorbiert ist) ist schon S. 42 hingewiesen worden. TH. VON FELLENBERG 1948/51 (251/2) verascht die gepulverten Zähne und Knochen direkt, ebenso H.-D. CREMER u. W. VOELKER 1953 (171), letztgenannte die Zähne 5 Min. bei 700° im Muffelofen. Ss. MOISSEJEW 1951 (680) dampft zuvor 200 mg mit 5 cm³ gesättigter CaO-Lösung = 5,5 mg CaO ein und verascht dann 48 h. S. GERICKE u. B. KURMIES 1951 (301) glühen Knochenmehl und Rohphosphate vor der Destillation vorsichtig — ohne CaO-Zusatz —, um das unangenehme Schäumen bei der Destillation zu vermeiden. R. NETTO 1953 (713) beobachtete bei Untersuchung von Rinderknochen,

[1] Den für Untersuchungszwecke entnommenen Blutproben wird oft ein kalkbindendes Salz zugesetzt, meist ein lösliches Oxalat- oder Citratsalz oder NaF, um die Blutgerinnung zu unterbinden und das Blut für weitere Untersuchungen, z. B. für die Blutzuckerbestimmung zu konservieren.

daß die Veraschungstemperatur der kritische Faktor zur Erzielung absoluter F-Werte ist. Bei Versuchen mit verschiedenen Temperaturen wurde gefunden, daß bei 800, 900, 1000, 1100 und 1200° C die erhaltenen Werte um 12,6%, 32%, 27%, 4% und 59% größer waren als die bei 600 und 700° erhaltenen.

Endlich sei noch darauf hingewiesen, daß TH. VON FELLENBERG 1951 (252) sagt, daß sich trotz aller von ihm beschriebenen und berücksichtigten Vorsichtsmaßnahmen erhebliche F-Verluste bei der Verbrennung organischer Stoffe nicht vermeiden ließen. Er empfiehlt daher neben den gewöhnlichen Bestimmungen stets solche mit F-Zusatz auszuführen, um in jedem Fall den Fehler berechnen und korrigieren zu können.

3. Böden, Gesteine

Diese müssen zuvor fein gepulvert werden. W. MACINTIRE 1945 (577) verascht den mit CaO bzw. $Ca(OH)_2$ versetzten Boden im Muffelofen bei 500° und steigert zum Schluß 30 Min. lang auf 900° C. 1951 wenden W. MACINTIRE et al. (580) direkte Doppeldestillation an. Die bisher angewandte Methode, Glühen mit Ca und nachfolgende F-Destillation mit $HClO_4$ sei zu umständlich und könne zu geringe F-Werte liefern. Deswegen destillieren sie 0,5—1 g der Bodenprobe direkt mit 50 cm³ H_2SO_4 (1 + 1) im Wasserdampfstrom bei 165° wobei das Destillat mit wenig verdünnter NaOH schwach alkalisch gehalten wird. Man destilliert 500 cm³ über, engt auf 10—15 cm³ ein und unterwirft diese der endgültigen F-Destillation mit 70%iger $HClO_4$ und Zusatz von Ag_2SO_4. TH. VON FELLENBERG 1948 (251) glüht den Boden ebenfalls zuvor vorsichtig mit wenig Ca-Acetat. Wenn bei darauffolgender direkter Destillation die Austreibung des F sehr schleppend erfolgt, neben säurelöslichem also auch säureunlösliches F vorhanden ist, bestimmt man neben dem säurelöslichen auch das säureunlösliche an Silicat gebundene F gesondert. Zur Bestimmung des säurelöslichen F wird 1 g der Probe mit gemessenen Mengen n-$HClO_4$ behandelt bis beim Erwärmen keine CO_2 mehr entweicht und dann ein bestimmter Teil der Lösung der F-Destillation unterworfen. Das säureunlösliche F wird in dem ungelöst gebliebenen Anteil bestimmt: Unter Zentrifugieren auswaschen, trocknen und mit einer Mischung gleicher Teile Na- und Kaliumcarbonat leise schmelzen; die Schmelze dann mit $HClO_4$ und etwas Ag_2SO_4 der F-Destillation unterwerfen.

Nach S. GERICKE u. B. KURMIES 1951 (300/1) hat sich bei Böden und SiO_2-reichen Mineralien als Aufschlußmittel eine Mischung von Na_2CO_3 + NaOH (2:3) gut bewährt, weil der Aufschluß bei niedriger Temperatur vor sich geht und die Schmelze sich sehr leicht in Wasser löst. Im übrigen halten sie bei Böden Aufschluß nicht unbedingt für erforderlich, da das F vorwiegend als Apatit vorliegt, auch direkte Destillation mit $HClO_4$ führe nach vorheriger Beseitigung organischer Substanzen und Chloride, evtl. auch Sulfide (s. u.) zum Ziel. Als unbedingt erforderlich bezeichnen sie Aufschluß bei kieselsäurereichen Mineralien und Böden, in denen das F sehr fest gebunden ist und deren Gehalt an SiO_2 und Al_2O_3 die Verflüchtigung des F bei der Destillation behindert. Den Aufschluß nehmen sie in bedecktem Platintiegel bei nicht höherer Temperatur vor als zum Schmelzen der Mischung erforderlich ist, bei höherer können F-Verluste eintreten. — Vor der Destillation wird die SiO_2 abgeschieden, indem man die Schmelze in Wasser löst, mit $HClO_4$ soweit neutralisiert, daß die Lösung gegen Methylorange noch schwach alkalisch bleibt, mit Ammoniumcarbonatlösung zum Sieden erhitzt und nach 1—2 h Stehen auf dem Wasserbad in einem hohen Glaszylinder absetzen läßt (nicht filtrieren, da Filter oft F-haltig!). Gemessene Teile der geklärten Lösung werden dann auf wenige cm^3 eingeengt und der F-Destillation mit $HClO_4$ unterworfen. Falls störende Stoffe vorhanden sind oder vermutet werden (Schwefelsäure, Phosphorsäure, Chlorate, Sulfide, Sulfite), müssen sie zuvor ebenfalls beseitigt werden, wofür S. GERICKE u. B. KURMIES 1951 (300) genaue Anleitung geben. Sulfidhaltige Mineralien schließen sie mit Na_2O_2 auf und beseitigen beim Eindampfen nicht zerstörte H_2O_2-Reste im Destillierkolben mit $FeSO_4$.

H. NÕMMIK 1953 (722) weist darauf hin, daß das F im Boden sich findet: 1. in Form von Ionen oder undissoziierten im Bodenwasser gelösten F-Verbindungen, 2. in Form von Ionen oder undissoziierten F-Verbindungen, die adsorptiv an Bodensubstanzen, besonders an die Bodenkolloide gebunden sind, 3. in Form von Ionen, die als Bauelemente im Kristallgitter F-haltiger Mineralien dienen, 4. als Bestandteil lebender oder Reste abgestorbener Organismen im Boden, besonders Pflanzenreste. Da diese F-arm sind, ist auch die organische Bodensubstanz F-arm, kann aber infolge gleichzeitiger Zersetzung mineralischer Bestandteile höheren F-Gehalt haben als die Pflanzen. Eine analytische Bestimmung genannter vier Formen des Boden-F stößt naturgemäß auf große Schwierigkeit. H. NÕMMIK bestimmte daher, um wenigstens einige charakteristische Daten für die F-Form in verschiedenen Bodenarten zu erhalten, wie bereits S. 8 dargelegt, folgende F-Formen: 1. das Wasserlösliche, erfaßt das im Bodenwasser lösliche F und z. T. auch das adsorptiv- und kristallgittergebundene F, 2. das Citronensäurelösliche (2% = p_H 1,8), erfaßt besonders das F aus dem Fluorit und Apatit und geringe Mengen gelösten F-Silicats. 3. das in konzentrierter $HClO_4$ Lösliche, erfaßt den ganzen F-Gehalt der organischen Substanz, das adsorptiv gebundene F, das F der Nicht-Silicat-F-Mineralien und Teile der F-Silicate, 4. den Gesamt-F-Gehalt (in Sodaschmelze).

4. Salzlagerstätten, Düngemittel, Mineralstoff-Futtermittel

s. die genauen Vorschriften bei S. GERICKE u. B. KURMIES 1951 (300/1) und speziell für Kochsalz die bei TH. VON FELLENBERG u.. M. POTTERAT 1949 (254) sowie D. MONNIER et al. 1950 (s. 513).

5. Wasser, einschl. Meer- und Mineralwasser

In normalen Trinkwässern kann die F-Bestimmung unter bestimmten Bedingungen ohne „Vorbereitung zur Analyse“, also ohne Eindampfen und Veraschung erfolgen. Man bedient sich dann meist colorimetrischer oder ähnlicher (s. u.) Schnellmethoden, die naturgemäß vor der Destillationsmethode den großen Vorteil der raschen Ausführung haben und in der Praxis auch viel benutzt werden, wo es nicht auf absolute Genauigkeit ankommt. Aber sie schließen verschiedene Fehlerquellen ein, da das Wasser eine Reihe anderer Ionen, auch organische Stoffe enthalten kann, welche die zur quantitativen Bestimmung gebräuchlichen Farbreaktionen beeinflussen (s. u.). Mineralwasser, Meerwasser und Abwasser müssen daher stets der Vorbereitung zur Analyse unterzogen werden. Die zulässigen Grenzen, bis zu denen andere Ionen direkte F-Bestimmung nicht stören, sind wiederholt untersucht worden. L.-W. HAASE 1954 (344) gibt in dem Buche „Deutsche Einheitsverfahren . . ." folgende für das Zr-Alizarinverfahren an:

Anionen	Kationen		
Sulfat (SO_4'') oberhalb 200 mg/l	Eisen (Fe) oberhalb	2	mg/l
Chlorid (Cl') oberhalb 500 mg/l	Mangan (Mn) „	1	„ „
Phosphat (PO_4''') oberhalb 1 mg/l	Aluminium (Al) „	0,5	„ „
Alkalität oberhalb 4 ml/l n/1 Lauge	freies Chlor „	0,1	„ „
Acidität oberhalb 4 ml/l n/1 Säure			

Gleiche Maximalwerte nennt die von The American Public Health Association 1946 erdachte selbe Methode (s. 722). R. GABOWITSCH 1951 (280) gibt als Maximalwert für sie an: SO_4 ab 300—500 mg/l (höhere steigern die F-Zahl), Cl nur ab 250 mg/l (höhere senken die F-Zahl), auch PO_4 nur 0,5 mg/l; Na, K, Cu, Ca, Mg in den gewöhnlich vorkommenden Konzentrationen stören nicht. W. THRUN 1950 (975) hat in gleicher Weise die Maximalgrenzen für seine Al-Eriochromcyanin-Methode störende Verbindungen ermittelt.

Die Entfernung solcher störenden Verbindungen kann auf verschiedene Weise erfolgen. Entweder durch direkte Destillation mit konzentrierter H_2SO_4 (975) oder mit vorheriger Konzentrierung des zuvor alkalisch gemachten Wassers (71,251,344), meist unter Zusatz von Ag_2SO_4 und Verwendung des Destillats zur endgültigen F-Bestimmung (s. u.). A. BOND u. M. MURRAY 1952/53 (89) beseitigen störende SO_4, PO_4, CO_3 und HCO_3 durch Behandlung des Wassers mit $BaCl_2$; F wird dabei nicht gefällt oder adsorbiert. Ca läßt sich evtl. durch Ionenaustausch (Zeokarb 215) entfernen. J. GRUTSCH et al. 1953 (335) behandeln die Probe zunächst mit Thioglykolsäure, dadurch werden Fe (III), Mn (IV), Cl_2 bzw. Hypochlorit reduziert und stören dann die F-Bestimmung nach SANCHIS-SCOTT (s. u.) nicht mehr. O. GÜBELL et al. 1950 (337) verwenden zur Abtrennung des F aus Mineralwasser Adsorption an Bleiphosphat und destillieren dann das F aus dem Adsorbat mit $HClO_4$ ab. Bei Vorhandensein organischer leichtflüchtiger Substanzen muß das alkalisch gemachte Wasser eingedampft und bei 300—400° verascht werden (280). Der Vorschlag von W. SHAW 1954 (1132), die kolorimetrisch störende Trübung und Eigenfärbung in Wasser und Bodenextrakten durch 30 Min. langes kräftiges Schütteln mit $CaSO_4$ und Entfärbungskohle auszuschalten, dürfte nur sehr beschränkte Anwendungsmöglichkeit haben.

6. Verbindungen mit organisch gebundenem F

Organische F-Verbindungen gewinnen, s. S. 136, ständig an Bedeutung. Die Bestimmung des F in ihnen ist einerseits durch die große Beständigkeit vieler F-Verbindungen, anderseits durch das Fehlen wirklich völlig befriedigender

F-Bestimmungsverfahren erschwert (s. 19). Die Überführung des organisch gebundenen F in das Fluorid-Ion kann bei einigen leicht hydrolysierbaren Verbindungen durch alkalische Hydrolyse erfolgen, im allgemeinen muß die Zersetzung aber durch Schmelzen mit Na- oder K-Metall im Bombenrohr oder Nickelautoklaven bei 550—600° (s. 62, 227, 411) oder durch Verbrennung mit Na_2O_2 vorgenommen werden. R. Rickard et al. 1951 (808) verbrennen direkt im Pt-Schiffchen in einem Quarz- oder Pt-Rohr über einem Pt-Kontakt bei 1100° im Wasserdampfstrom. Ebenso O. Milner 1950 (673) bei 1250—1275°. Dabei geht das F in HF bzw. SiF_4 und der C in CO_2 über, die in Wasser absorbiert werden. J. Neudorffer 1950 (714) verbrennt die in Dampfform überführte organische Verbindung, nachdem sie mit H_2 gemischt ist, in reinem O_2-Strom und fängt die Verbrennungsprodukte in alkalischem H_2O_2 auf. R. Wickbold 1954 (1136) verbrennt in einer von ihm entwickelten Quarzapparatur zuerst im O_2-Strom und schließlich in einem H_2-O_2-Gemisch vollständig, fängt den gebildeten HF in NaOH auf, isoliert als PbClF und titriert das Cl mit $AgNO_3$. Zersetzliche Verbindungen, wie Tetrazoborfluoride, werden mit Glykol übergossen und verbrennen auf diese Weise ruhig.

Zur Bestimmung organischer Monofluorverbindungen, wie Fluoressigsäure (s. S. 100), Methylfluoressigsäure, 2-Fluoräthanol, Di-isopropylfluorphosphat (= DFP, s. S. 92) in der Luft wird die F-Verbindung nach J. Salsbury et al. 1951 (848) durch Hexyl- oder Oktylalkohol absorbiert und mit Na-Metall das F als Ion abgespalten. In Wasser erfolgt die Umwandlung in das F-Ion durch Kochen mit Kaliummetaperjodat + $AgClO_4$ und $HClO_4$. Aus dem Zersetzungsgemisch wird das F dann durch Destillation als SiF_4 bzw. nach M. Gilbert u. J. Saylor 1950 (311) als H_2SiF_6 isoliert und im Destillat titrimetrisch oder colorimetrisch bestimmt, s. u. Nach H. Hill u. Ch. Reynolds 1950 (393) kann man die Reinheit des Monofluorphosphats in der Weise ermitteln, daß man die F-Bestimmung sowohl vor wie nach der Hydrolyse des Monofluorphosphat-Ions zu Fluorid und Orthophosphat vornimmt. Die Bestimmung vor der Hydrolyse ergibt die Verunreinigung des Präparats durch freies Fluorid.

H. Clark 1951 (152) weist darauf hin, daß die bei Verbrennung von organischen F-Verbindungen und alkalimetrischer Titration der Verbrennungsprodukte oft erhaltenen niedrigen F-Werte auf die Bildung einer nicht titrierbaren Oxyfluorborsäure HBF_3OH aus dem Borgehalt des Verbrennungsrohres und der Auffanggefäße zurückzuführen sind. Nach Zugabe von Mannit zu der bis zum Phenolphthalein-Endpunkt titrierten Lösung wurde ein weiterer Laugensatz bis zum endgültigen Neutralpunkt erforderlich, unter dessen Berücksichtigung nahezu theoretische F-Werte erhalten wurden. Die Fehlergrenze erreicht dann etwa die ähnlicher Halogenbestimmungsverfahren.

Destillation des zur Analyse vorbereiteten Materials

1. als Siliciumtetrafluorid SiF_4

A. Mayrhofer et al. 1932 (627) beschreiben die Destillation als SiF_4 aus biologischem Material mittels konzentrierter wasserfreier H_2SO_4 bei 200° unter

Zusatz von Glaspulver nach J. CASARES 1930 (s. 627) und entwässertem $CuSO_4$ unter ständigem Durchleiten eines trockenen Luftstromes in einem besonderen Apparat. Bei Verarbeitung von Pflanzenaschen konzentrieren sie diese zunächst durch Fällung mit Lanthanacetat. Auch W. ARMSTRONG 1933 (27) beschreibt einen einfachen Apparat zur quantitativen Destillation als SiF_4, der vollkommen trocken gehalten werden kann. J. KOLTHOFF u. M. STANSBY 1934 (488, s. auch 275 u. 497) destillieren so, daß sie die trockene Substanz mit Quarzpulver in völlig trockenem Kolben mit konzentrierter H_2SO_4 unter Durchleiten eines trockenen Luftstromes im Ölbad nicht länger als 1 Stunde auf 140 bis höchstens 160° erhitzen. H. LOCKWOOD 1937 (569) destilliert mit H_2SO_4 bei 135 bis 150° im CO_2-Strom. M. HERLEMONT u. J. DELABRE 1933 (386) verwenden zur Überführung des F in SiF_4 Ferrosilicium und H_2SO_4. Ferrosilicium reagiert schnell. Bei Verwendung von Kieselsäure oder Quarzsand + H_2SO_4 wurden stets bedeutend niedrigere Werte erhalten, welche Verluste entweder infolge Bildung von $SiOF_2$ oder infolge Entweichens kleiner Mengen HF entstehen dürften. Auch K. KRAFT u. R. MAY 1937 (497) konnten trotz Variation der verschiedenen Methoden zur Destillation als SiF_4 keine einwandfreien Werte erzielen. Restlose Erfassung angewandter F-Mengen von 10 bis 100 γ erhielten sie erst bei Destillation als H_2SiF_6 im Dampfstrom, wie es H. WILLARD u. O. WINTER 1933 (1053) angeben, s. u.

2. als Kieselfluorwasserstoffsäure H_2SiF_6

Die Destillation als H_2SiF_6 führten H. WILLARD u. O. WINTER 1933 (1053) anfänglich so aus, daß sie die Asche unter Zusatz von ausgekochtem Glaspulver mit 50%iger H_2SO_4 im Wasserdampfstrome bei 130° bis höchstens 140° der Destillation unterwarfen unter genauer Innehaltung der Temperatur, weil über 140° leicht störende H_2SO_4 übergeht, unter 130° zu wenig H_2SiF_6. Diese Methode WILLARD/WINTER hat sich mit verschiedenen Abwandlungen (s. u.) zu einem Standardverfahren entwickelt.[1] Der erste Nachteil, daß bei nicht genauer Innehaltung der Temperatur kleine Mengen H_2SO_4 mit übergehen können, die die colorimetrischen F-Bestimmungsmethoden beeinflussen, wurde von O. WINTER u. L. BUTLER 1933 (1069) abgestellt, indem sie statt H_2SO_4 zur Destillation $HClO_4$ benutzten. Das war ein wesentlicher Fortschritt, weil fast alle Perchlorate leicht löslich sind und etwa übergehende $HClO_4$ im Gegensatz zu H_2SO_4 die colorimetrische Messung nicht stört. Ein weiterer Fortschritt ergab sich, als W. ARMSTRONG 1936 (s. 722) Zusatz von $AgClO_4$ bei der Destillation zur Vermeidung übergehender ebenfalls störender HCl in das Destillat empfahl. In manchen Fällen mußte allerdings doppelt destilliert werden um alles F quantitativ auszutreiben. O. WINTER u. L. BUTLER destillierten zu diesem Zweck zuerst bei 160—165° mit H_2SO_4, dann mit $HClO_4$ bei 140°. D. DAHLE u. H. WICHMANN 1936/37 (177/9) prüften die Bedingungen genau unter denen das Destillationsverfahren WILLARD/WINTER auszuführen ist, um quantitative

[1] Über ihre Erfahrungen bei den F-Bestimmungen nach WILLARD/WINTER s. P. VON POLHEIM u. H. DIETRICH 1955 (760a).

Ergebnisse zu erhalten. Al-Salze und besonders kolloidale SiO_2, die F als $SiOF_2$ bindet und das F schwer wieder freigibt, stören; Fe-Salze stören nicht. Um weitere Verbesserungen bzw. Vereinfachung des Verfahrens besonders in Richtung restlose Erfassung des F und weniger Überwachung des Destillationsvorganges sind dann viele Forscher bemüht gewesen und noch bemüht. D. REYNOLDS et al. 1936 (805) beschreiben einen mehrfachen Destillationsapparat nach der Methode WILLARD/WINTER. W. EBERZ et al. (215) erhielten bei Destillation mit 60%iger $HClO_4$ bei 135 bis 138° in den ersten 25 cm^3 Destillat 85% der zugesetzten F-Menge (2,5 mg), in den zweiten 25 cm^3 weitere 11% zurück, in 200 cm^3 war alles F enthalten. H. WULLE 1939 (1079) empfiehlt zweimaliges Nachdestillieren. K. HENNIG u. F. VILLFORTH 1938 (385) verwenden als zusätzlichen Silicium-Spender Glasfrittescherben statt Quarz; infolge ihrer Porosität geben sie nicht nur ausgezeichnet Si ab, sondern verhindern auch lästiges Stoßen bei der Destillation. M. RAINESS u. B. FREIDLINA 1947 (777) sowie H. BALLCZO u. O. KAUFMANN 1951/52 (42/4) verwenden Ferrosilicium, wie schon früher M. HERLEMONT u. J. DELABRE 1933 (386); es reagiert rasch und verhindert gleichzeitig auch die Bildung gallertartiger SiO_2 bzw. von Oxyfluoriden. — F. JACKL 1944 (432) destilliert in einer von ihr näher beschriebenen Apparatur mit 50% iger H_2SO_4 im Wasserdampfstrom 1½ h bei 133 bis 138° unter ständiger Regulierung der Temperatur. Kontrollen mit 20—60 γ F als NaF ergaben gute Übereinstimmung. E. RINCK 1948 (816) destilliert mit 50% H_2SO_4 bei 160° oder mit 72% $HClO_4$ bei 140°. P. URECH 1942 (995) destilliert zuerst mit 50% H_2SO_4 bei 165°, dampft das alkalisch gemachte Destillat auf geringes Volumen ein und destilliert ein zweites Mal mit $HClO_4$ bei 135°. S. LACROIX u. M. LABALADE 1950 (516) destillieren 10 cm^3 mit 40 cm^3 konzentrierter H_3PO_4 und Glaswolle im Wasserdampfstrom bei 200° $\pm$ 5° C weil sie glauben, daß die bei der Destillation aus schwefel- oder perchlorsaurer Lösung zu erzielende Temperatur nicht zum quantitativen Austreiben der H_2SiF_6 ausreicht. Auch G. BRUNISHOLZ u. J. MICHOD 1954 (133a) arbeiten mit H_3PO_4 anstelle von $HClO_4$ und verwenden einen Apparat mit automatischer Temperaturregelung in Anlehnung an die NH_3-Bestimmung von PARNAS 1938.

Abbildung einer Destillationsbatterie für Serienbestimmungen nach WILLARD/WINTER bei konstanten Temperaturen finden wir bei W. MACINTIRE et al. 1942 (590) und desgleichen bei H. CHURCHILL 1945 (149). Einen mit „elektronisch gesteuertem" automatischen Wasserzufluß versehenen Apparat, der genaue Innehaltung der Temperatur gestattet, beschreiben H. WILLARD et al. 1947 (1052). H. BALLCZO u. O. KAUFMANN 1951 (42) verwenden das von ihnen durch Anbringen einer Rücksaugvorrichtung verbesserte Modell von W. HUCKABAY et al. 1947, außerdem ersetzen sie bei ihm das Tetrachloräthan als Siedeflüssigkeit im Doppelmantel durch Essigsäureamylester weil bei der hohen Siedetemperatur des Tetrachloräthans (Sp. 146,2° gegen 142° C) gegen Ende der Destillation merkliche Mengen $HClO_4$ im Destillat auftreten. Das Verfahren sieht ferner bei jeder F-Destillation eine Leerprobe-Destillation vor der Hauptdestillation und eine nach ihr vor, evtl. bei schwer aufschließbarem Material noch eine dritte und vierte. G. PIETZKA u. P. EHRLICH 1953 (754) haben eine Apparatur konstruiert um die notwendige Säurekonzentration während der Destillation durch Kreislaufführung des Wassers zu regeln und so eine unbeaufsichtigte Destillation zu ermöglichen und beschreiben Ausführung und Vorzüge dieser Art der Destillation. Konstante Temperatur wird nach J. SNADOW u. V. PETRILLO 1951 (924) auch durch Isolierung des Destillierkolbenhalses und Infrarotstrahlung in den Kolben erleichtert. Im Ind. Chemist London, 26, 1950, (544) wird für die Perchlorsäure-Destillation eine Apparatur beschrieben, bei der die Glasoberfläche auf ein Mindestmaß verkleinert und die Berührungsdauer des F mit der Glasfläche verringert ist. Die Destillation wird in einer Stunde bei 140° durchgeführt. Um einen großen Totraum zu vermeiden, wie ihn die von TH. VON FELLENBERG 1948/51 (251/2) benutzte und abgebildete Destillationsapparatur aufweist und die ein quantitatives Übertreiben des F beeinträchtigen könnte, konstruierten H.-D. CREMER u. W. VOELKER 1953 (171) ein Destillierungsgefäß, das praktisch keinen Totraum besitzt und bilden es ab. Zum Konstanthalten der Temperatur verwenden sie die SARTORIUSsche Pilzheizhaube, deren automatischer Regler die Temperatur einwandfrei hält. Sie weisen darauf hin, daß Innehaltung der Temperatur von 135° für die zu verwendende $HClO_4$-Mischung (5 Teile 70%ige $HClO_4$ + 3 Teile H_2O) besonders wichtig, ist nicht nur weil bei niedrigerer Temperatur Gefahr besteht, daß F nicht quantitativ übergeht und daß bei höheren Temperaturen mehr als Spuren $HClO_4$ übergehen können, sondern weil dann auch die Explosionsgefahr der Perchlorsäuresalze nicht zu vernachlässigen sei. TH. VON FELLENBERG 1951 (252) destilliert mit $HClO_4$ in spitz ausgezogenem Claisenkolben, dessen kürzerer Schenkel mit einem Tropfenfänger versehen ist, bei 125 bis 130°, erforderlichenfalls unter Zusatz von Ag_2SO_4. Bei stark Cl-haltiger Asche empfiehlt er das AgCl vor der Destillation abzutrennen um starkes Stoßen zu vermeiden. Eine $HClO_4$ von ungefährem Siedepunkt 130° erhält man durch Mischen von 5 cm³ 72%iger $HClO_4$ mit 3 cm³ H_2O. Er fängt (252) mehrere Fraktionen von je 40 cm³ auf, d.h. er destilliert eine 40 cm³-Fraktion nach der anderen ab, bis die letzte dem zuvor ermittelten Blindwert entspricht (bei geringen F-Gehalten drei, bei größeren fünf Fraktionen). Dabei wird die Schnelligkeit der Destillation so geregelt, daß die Zeit ausreicht, jedesmal die eine Fraktion zu titrieren während die nächste übergeht. Auch M. GILBERT u. J. SAYLOR 1950 (s. 513) destillieren fraktioniert drei- bis viermal je 110 cm³ und titrieren in je 50 cm³. S. GERICKE u. B. KURMIES 1951 (300/1) destillieren bei 130° (10 cm³ 60%ige $HClO_4$ + 3 cm³ H_2O) im gleichen Apparat so, daß in etwa 20 Min. 100 cm³ übergehen. Sie halten es für zweckmäßiger, nicht die zeitraubende und umständliche fraktionierte Destillation und F-Bestimmung in je 10 cm³ des Destillats wie VON FELLENBERG auszuführen, bei der sich zudem die Fehler der einzelnen Titrationen summieren, sondern auf einmal eine größere Menge zu destillieren und dann nur ein- bis zweimal zu prüfen. Bei dieser Art der Durchführung können auch gleichzeitig 4 Apparate nebeneinander betrieben werden. Das Destillat wird in einem Becherglase aufgefangen und mit 0,1 n-NaOH gegen Phenolphthalein dauernd neutralisiert. Nachdem etwa

150—200 cm^3 übergegangen sind, prüft man, ob alles F überdestilliert ist. Hierzu werden 10 cm^3 gesondert aufgefangen und wird darin die F-Menge bestimmt (s. u.). Wenn der Verbrauch nicht mehr als 0,005 cm^3 0,01 n-$Th(NO_3)_4$-Lösung beträgt, ist die gesamte F-Menge als übergegangen zu betrachten und wird die Destillation abgebrochen. Das Destillat wird auf dem Wasserbad auf etwa 20 cm^3 eingedampft, in ein 50 cm^3-Kölbchen gespült und die rote Farbe evtl. mit 0,1 n-HCl zum Verschwinden gebracht. Dann wird zur Marke aufgefüllt und in der Lösung der F-Gehalt titrimetrisch ermittelt, s. u.

P. Reckendorfer 1951/52 (793/4), der in seiner erstgenannten Arbeit doppelte Destillation der anfallenden Pflanzenasche beschreibt, erste mit verdünnter H_2SO_4, zweite des eingedampften Destillats mit 70—72%iger $HClO_4$ bei 135° C, nennt in seiner zweitgenannten Arbeit nur einmalige Destillation des Aschengutes mit 70—72%iger $HClO_4$ bei 138—140°. Er verwendet ebenfalls Claisenkolben und destilliert nach Zusatz von Ag_2SO_4 bzw. $AgClO_4$ und unter Einschaltung einer jedesmal zu regenerierenden Silberspirale im Destillationsbügel zur Zurückhaltung von Chloriden und Sulfiden auf einmal 400 cm^3 ab. Diese werden unter dauernder Kontrolle der Alkalität in einer Pt-Schale auf dem Wasserbade fast bis zur Trockene gebracht und dann gemäß der Analysenvorschrift von H. Ballczo 1949 (40) auf 50 cm^3 aufgefüllt und sofort mit $Th(NO_3)_4$ titriert, s. u.

Wie erwähnt, kann Anwesenheit kolloidaler Kieselsäure durch Bildung von nichtflüchtiger $SiOF_2$ zu wesentlichen Fehlerquellen Anlaß geben. A. Waldo u. R. Zipf 1952 (1014) suchen dem vorzubeugen, indem sie die Apparatur vor der Destillation mit kochender 1 : 1 verdünnter H_2SO_4 vorbehandeln. Sie destillieren dann mit $HClO_4$ bei 130—135° nicht zu schnell und sammeln 250—300 cm^3 Destillat. P. Tedesco 1952 (961), der mit 60%iger $HClO_4$ bei 128—130° destilliert, fand, daß die Destillation, die bei Gegenwart von Boraten, Silicaten sowie von Al- und Fe-Salzen sehr verzögert wird, sich durch Zusatz von granuliertem Zink stark begünstigen läßt. Außerdem schließt er die Apparatur an eine Wasserstrahlpumpe an und reguliert das Vacuum so, daß in der Minute 4—5 Blasen durch die Lösung gehen. E. Eberius u. W. Kowalski 1952 (213) leiten zur raschen F-Austreibung Luft durch die Aufschlußlösung. H. Nõmmik 1953 (722) destilliert grundsätzlich wie von Fellenberg, Gericke, Reckendorfer und andere bei 135—138° mit $HClO_4$ und zwar 150 cm^3 in 50 Min. (bei Böden länger!). Nach jeweils etwa 10 Destillationen kocht er die Destillationskolben mit 10%iger NaOH aus um evtl. mögliche kolloidale SiO_2 in Lösung zu bringen.

F-Bestimmung im Destillat (und in Wasser)

1. Kolorimetrische F-Bestimmung

Es gibt sehr zahlreiche kolorimetrische Verfahren, die auch gerne als „Schnellmethoden“ zur F-Bestimmung in natürlichen Wässern benutzt werden. Größtenteils beruhen sie auf der starken Neigung des F-Ions mit Metallen wie Al, Fe, Ce, Ti, Th, Zr Komplexe zu bilden. Diese Neigung ist so stark, daß aus

Farblacken, die z. B. das Zirkon mit bestimmten Anthrachinonderivaten bildet, letztgenannte verdrängt werden, wobei je nach vorhandener F-Menge völlige oder teilweise Entfärbung eintritt. Da das Ausmaß der Entfärbung von der F-Menge abhängig ist, gestattet es deren Bestimmung (s. 760).

J. H. de Boer 1924 (84) benutzte einen aus alizarinsulfosaurem Na und Zirkonoxychlorid hergestellten rotvioletten Farblack, der durch F-Ionen infolge Bildung des farblosen Komplexes ZrF_6 in Gelb umschlägt. Diese Entdeckung liegt der sog. *Zirkonalizarinmethode* zugrunde. Sie ist heute wohl die meist benutzte kolorimetrische F-Bestimmungsmethode, besonders auch bei der F-Bestimmung in Wasser, fand aber auch zur Bestimmung des F-Gehalts in Zähnen, in Lebensmitteln (569), für toxicologische Untersuchungen (132) usw. erfolgreich Anwendung. Die Methode, die in ganz ähnlicher Weise auch für die titrimetrische F-Bestimmung angewandt wird (s. diese S. 226), ist inzwischen ständig weiterentwickelt und hat unzählige Modifikationen erfahren. Mit solchen ist sie auch in die S. 208 genannten verschiedenen „Einheitsverfahren" aufgenommen worden.

Die entstandenen Färbungen werden mit in gleicher Weise angesetzten Vergleichslösungen bekannten F-Gehalts verglichen und zwar, wie besonders hervorgehoben, erst nach längerem Stehen. Nach H. v. Zehmen 1944 (1083) beträgt die Empfindlichkeit des Einheitsverfahrens etwa 30 γ, die der Methode von K. Kraft u. R. May 1937 (497) — s. unter Zirkontitration — 10 γ, nach W. Lamar 1945 (517) die seines modifizierten Verfahrens ebenfalls 10 γ. J. Kolthoff u. M. Stansby 1934 (488, s. auch 275, 387) benutzen zum Kolorimetrieren als Vergleichslösung eine wäßrige Kaliumdichromatlösung, mit der sie die Probeflüssigkeit nach Zusatz des Zirkonalizarinreagens und von HCl auf Farbengleichheit bringen. Diese kolorimetrische Methode bezeichnen sie als geeignet für Mengen von 10 bis 50 γ F, sie soll auf 2 γ genau sein.

Einige Forscher, z. B. M. Rainers u. B. Freidlina 1947 (777) sowie Ss. Moissejew 1951 (680) verwenden Zirkonnitrat anstelle von Zirkonoxychlorid.

Um die subjektiven Fehler bei der kolorimetrischen Bestimmung auszuschalten, mißt F. Jakl 1944 (432) die durch die F-Ionen hervorgerufene Ausbleichung (größere Lichtdurchlässigkeit) einer aus Zirkonoxychlorid in Salzsäure und Purpurin (= 1, 2, 4-Trioxyanthrachinon) in Alkohol hergestellten Standardlösung im Mikrophotometer nach Krumholz. Die Standardlösung wird nach dem Vorbild von K. Kraft u. R. May 1937 (s. o.) unmittelbar auf das alkalisch aufgefangene und zur Trockene gedampfte H_2SiF_6-Destillat einwirken gelassen, und zwar genau 90 Minuten und dann kolorimetriert. Durch Aufstellung einer F-Gehalt-Eichkurve kann mit deren Hilfe aus dem jeweils ermittelten Mikrophotometerwert nach Abzug des Blindwertes sofort der zugehörige F-Gehalt abgelesen werden mit einer Meßgenauigkeit von etwa 1 γ F. Bei Untersuchung von Mineralwässern, über deren F-Gehalt im Schrifttum bereits Angaben vorlagen, nach dieser Methode, wurden stets höhere, zum Teil wesentlich höhere F-Werte erzielt, was Verf. auf die größere Genauigkeit zurückführt, was aber anderseits wieder die Wichtigkeit der Einführung einer Einheitsmethode unterstreicht.

Um die Anwendung der Methode für die *F-Bestimmung in Wasser* haben sich besonders amerikanische Wasseranalytiker verdient gemacht im Bestreben, die Methode so auszubauen, daß sie für Serienuntersuchungen dienen kann, also rasch auszuführen ist, sichere Resultate gibt und möglichst zur direkten Wassertitration ohne vorherige H_2SiF_6-Destillation angewendet werden kann, wozu wiederum genau zu erforschen war, welche Fremdbestandteile und welche Mengen im Wasser anwesend sein dürten ohne die Reaktion zu stören (s. S. 216). Zu nennen sind hier besonders — s. auch R. Jacobson 1952 (430) — die Arbeiten von E. Elvove 1933 (228), J. Sanchis 1934 (849), B. Scott 1941/42 (899/900) sowie W. Lamar u. Chr. Seegmiller 1941 (518). Dann führten A. Todd 1947 (984), M. Taras et al. 1950 (960) sowie Jo. Iken u. B. Blank 1953 (422) die spectrophotometrische Untersuchung bei der Standard-Methode ein und verbesserten sie so durch Ausschaltung von Beobachtungsfehlern beim Farbenvergleich. Eine genaue Verfahrensvorschrift der Methode für die F-Bestimmung in Trinkwasser finden wir bei H. Nömmik 1953 (722). J. Boonstra 1951/52 (92/3) veränderte das Verhältnis Zirkon:Alizarin im Reagens wodurch die Empfindlichkeit der Standard-Methode um das 6fache gesteigert werden soll. Auch St. Megregian u. Fr. Maier 1952/53 (658/9) verfahren ähnlich und erreichen durch Änderung der Zusammensetzung im Verhältnis Zirkon:Alizarin eine sehr große Genauigkeit von 0 bis 3 mg/l bei spectrophotometrischer Bestimmung. Nachprüfung durch das „Standard Methods Subcommittee on Fluorides" zeigte gute Brauchbarkeit der Modifikation; sie sei zwar noch nicht letzte Lösung, aber doch ein Schritt in dieser Richtung. H. Medbery 1953 (657) hat einzuwenden, daß sie mehr Zeit benötige als die Standard-Methode, mit der er aber an sich auch durchaus nicht zufrieden ist.

Speziell für Wasseruntersuchungen benutzt R. Ferriger 1953 (256) den vom Pennsylvania Department of Health für die Fabrikkontrolle auf Fluoride empfohlen „Hellige Aqua Tester" Nr. 611, wobei zur Steigerung der Genauigkeit die Einstellung auf Farbgleichheit in völliger Dunkelheit sich am besten bewährte, was ebenfalls von N. Jackson et al. 1953 (429) betont wird. — Die Anwendung des „Aqua Tester" der Firma Hellige Inc., Garden City, N. Y. haben H. Hellige u. J. Kushner 1952 (381) genau beschrieben. Man arbeitet nach der in den Standard Methods aufgenommenen Modifikation des Zirkonalizarin-Verfahrens nach Sanchis-Scott (s. o.). Die Reagentien werden mit dem Apparat mitgeliefert. Mittels des „Fluoride Color Disc", einer Scheibe mit 10 eingesetzten Farbgläsern für Abstufungen von 0, 0,1, 0,2, 0,4 bis 1,6 p.p.m F (= 0 bis 1,6 mg/l F), wird auf Farbgleichheit der beiden Vergleichslösungen, der mit dem Zirkonalizarinreagens versetzten und der unbehandelten Wasserprobe, eingestellt und der F-Gehalt direkt abgelesen. Enthält das Wasser mehr als 1,6 mg/l, so muß es zur Untersuchung verdünnt werden. Schon geringe Mengen freies Cl stören die Farbreaktion und täuschen zu viel F vor; man kann sie aber mit arsenigsaurem Na (oder dem Spezialreagens OTA) leicht ausschalten. R. PHILLIPS 1951 (752) sowie A. BOND u. M. MURRAY 1953 (89) tun das mittels $Na_2S_2O_3$. Al erniedrigt den F-Gehalt, je 1 mg/l um rd. 0,1 mg/l F in der Ablesescheibe. Je 1 mg/l Fe oder 0,3 mg/l Metaphosphorsäure bzw. 0,2 mg/l Mn erhöhen den F-Gehalt um je 0,05 mg/l. Falls solche Korrekturen unerwünscht sind, muß man das Wasser vor der Photometrierung der H_2SiF_6-Destillation unterwerfen. Sulfate beeinflussen die Farbreaktion erst über 200 mg/l; darüber verursachen je 100 mg/l eine Erhöhung des F-Gehalts um 0,5 mg/l. Evtl. fällt man mit $BaCl_2$ und dann das Cl mit $AgNO_3$; Chloride stören erst über 500 mg/l; evtl. muß man sie mit $AgNO_3$ fällen. Zusätzliche „Color Discs" ermöglichen, den Gehalt des Wassers an diesen störenden und weiteren Substanzen leicht zu bestimmen.

An Stelle von Zirkon-Reagens verwenden einige Forscher auch *Thorium-Reagens*, N. TALVITIE 1943 (s. 722) sowie D. RAO u. P. VENKATESWARLU 1951 (784) $Th(NO_3)_4$ mit alizarinsulfosaurem Na bzw. Alizarinrot S als Indikator. H. NÕMMIK 1953 (722) beschreibt genau die Ausführung des Verfahrens und benutzte es für seine sehr zahlreichen F-Bestimmungen in pflanzlichem und tierischem Material und Böden mit Erfolg. A. HORTON et al. 1952 (406) sowie H. LIDDELL 1953 (559) ersetzen das alizarinsulfosaure Na durch „Thoron"-Indikator = 1-(o-Arsen(III)-phenyl-azo)-2-naphthol-3,6-disulfosäure, dessen Vorteil ist, daß die Umsetzung rascher verläuft als bei Alizarinsulfonat, so daß bereits nach einigen Minuten photometriert werden kann. Aufstellung einer Eichkurve ist aber ebenfalls erforderlich. — D. REVISON u. J. HARLEY 1953 (803) benutzen die durch F hervorgerufene Abschwächung der Farbe eines Chromazurol-S-Thorium-Farblackes zur spektralphotometrischen F-Bestimmung in der Luft (Durchleiten durch NaOH), Wasser (nach Destillation) und Harn (nach Veraschung und Destillation). Die Absorption wird bei 605 mμ gegen Wasser bestimmt.

G. STEIGER 1908 verwendete die Eigenschaft der *Titan*-(IV)-Salze, sich im sauren Medium unter Wirkung von H_2O_2 intensiv gelb zu färben, welche gelbe Verbindung bei Zugabe von Fluorid in das farblose $H_2(TiF_6)$ übergeht; die Farbe flaut also ab. Nach der Abnahme der Intensität der gelben Farbe wird die F-Menge photometrisch bestimmt. Es sind verschiedene Modifikationen vorgeschlagen, z. B. Messung der Entfärbung mit dem Pulfrich-Photometer (s. 387). Nach der Modifikation von J. KORENMAN 1934 (490) liefert die Bestimmung gute Resultate, wenn bis zu 40 γ HF kolorimetriert wird. D. MONNIER et al. 1948 (684) benutzten die im Absorptiometer von Specker und Hilger photoelektrisch gemessene Entfärbung der gelben Peroxytitansäure zur direkten Bestimmung des F in Zahnsubstanz und in natürlichen Wässern. L. EPARS 1952 (233) benutzt sie zur F-Bestimmung in Blut und photometriert mit Violettfilter. H. HILL u. CH. REYNOLDS (s. 513) stellten fest, daß man durch Zusatz starker HCl (10:100) die farbschwächende Wirkung von bis zu 15 mg PO_4 aufheben kann. Nach O. HACKL 1939 ist die Empfindlichkeit der Titanmethode wesentlich geringer als die der Zirkonalizarinmethode — s. auch

M. BENDIG u. H. HIRSCHMÜLLER 1940 (64). Aber A. BABKO u. P. CHODULINA 1952 (36) suchen diesen Nachteil zu verbessern, indem sie die Farbreaktion mit Titanchromotrop-Reagens ausführen. Chromotropsäure erwies sich als besonders empfindliches Reagens auf Ti. Die rote Farbe des Komplexes wird durch F geschwächt. Da das Auge Farbumschlag besser wahrnimmt als Intensitätsänderung, wird Methylenblau zugefügt; die entstehende braune Farbe schlägt bei Zufuhr von F ziemlich scharf in Blau um. Die Empfindlichkeit wird mit 1 γ angegeben; höchste Verdünnung 1:50000. Phosphate stören.

Auch die Farbabschwächung gefärbter *Eisenverbindungen* durch F-Ionen wird zur kolorimetrischen F-Bestimmung benutzt. P. URECH 1942 (995) gibt genaue Verfahrensvorschrift für die von ihm modifizierte Methode nach J. FAHEY 1939 mit Eisen (III)-Ferron (Ferron = Yatren = 7-Jod-8-oxychinolin-5-sulfonsäure) als Reagens. Nach Zusatz zu dem H_2SiF_6-Destillat kann sofort photometriert werden (Lichtelektrisches Kolorimeter). Der entsprechende F-Gehalt wird einer Eichkurve entnommen. Ob das Verfahren auch für sehr kleine F-Mengen ausreichend genaue Resultate gibt, ist noch zu erforschen. T. WADHWANI 1952 (1009) arbeitet nach gleichem Verfahren (mit Modifikationen), ebenfalls photoelektrisch-kolorimetrisch. Er fand es geeignet zur Bestimmung von 1,7 bis 170 mg F in 25 cm³ Endlösung, also für das meiste biologische Material nicht ausreichend. Auch fand er die Genauigkeit bei eingeübter Erkennung des Endpunktes geringer als bei der Titration mit $Th(NO_3)_4$; Vorteil sei, daß es weniger zeitraubend ist.

Die Farbabschwächung eines Eisensalicylatkomplexes durch F-Ionen nach C. VOEGTHIN u. H. HODGE 1951 wenden H.-D. CREMER u. W. VOELKER 1953 (171) zur kolorimetrischen F-Bestimmung zwischen 5 und 50 γ F in Knochen und Zähnen mit Erfolg an. Man dampft das H_2SiF_6-Destillat auf wenige cm³ ein und vergleicht den Farbton des zugesetzten Reagens mit dem einer Mischung von reinem Wasser + Reagens im Pulfrichphotometer unter Verwendung einer Mikroküvette. Die Fehlerbreite betrug bei F-Mengen oberhalb 15 $\gamma \pm 2\%$, bei kleineren war sie etwas höher. Eichkurve ist ebenfalls erforderlich. — Bei dem von S. LACROIX u. M. LABALADE 1950 (516) angewandten kolorimetrischen Verfahren (Abschwächung der Färbung des Ferrisulfosalicylcomplexes) soll die Probelösung 50—80 mg F in 1000 cm³ enthalten, was für biologisches Material kaum empfindlich genug sein dürfte. — Eine Arbeitsvorschrift zur F-Bestimmung in Wasser mit Ferrirhodanid geben R. INGOLS et al. 1950 (424).

P. EHRLICH u. G. PIETZKA 1951 (223, 754) meinen, daß die mancherlei Nachteile des Standardverfahrens (Überwachung der Destillation, unbestimmte Dauer derselben, Aufstellung einer Eichkurve, ev. Voruntersuchung zur Ermittlung des annähernden F-Gehalts) Anlaß für die Vielheit weiterer Verfahren in der Literatur gegeben habe. Unter diesen habe wohl die Methode von STARCK-HAWLEY 1911/27 die größte Bedeutung. Nach ihr wird das F als *Bleichlorofluorid* PbClF abgeschieden und in dem wiederaufgelösten Niederschlag durch argentometrische Bestimmung des Cl-Gehalts der F-Wert ermittelt. Mit

Erfolg verwenden sie aber entsprechend einem Vorschlage von A. WASSILJEW 1936 anstelle von PbClF die Fällung PbBrF. Dieses Verfahren hat verschiedene Vorteile, jedoch in erster Linie für größere Mengen, etwa 10—100 mg F im Destillat. — Die Bestimmung als Bleichlorofluorid scheint nach neueren Untersuchungen aber wenig zuverlässig zu sein; H. PETROW u. L. NASH 1950 (747) weisen auf die relativ hohe Löslichkeit des PbClF hin, verbesserten allerdings gleichzeitig das amperometrische Titrationsverfahren; J. SAYLOR et al. 1951 (859) machen auf die unterschiedliche Zusammensetzung unter verschiedenen Versuchsbedingungen aufmerksam. R. BELCHER u. P. BREWER 1953 (63) suchen mögliche Fehlerquellen bei der Volhard-Titration zur F-Bestimmung als PbClF auszuschalten, indem sie mit einem kleinen Überschuß an SCN-Lösung arbeiten — s. auch A. SCHULZ 1951 (886a).

2. *Titrimetrische F-Bestimmung*

Zirkon-Titration: Die auf S. 222 beschriebene kolorimetrische Zirkonalizarinmethode nach J. H. DE BOER kann in ähnlicher Weise auch für titrimetrische F-Bestimmung angewandt werden. Die ursprünglich für qualitativen F-Nachweis genutzte Eigenschaft des F, aus Zirkonalizarin-Farblacken Alizarin in Freiheit zu setzen, wobei ein Farbumschlag von Rotviolett in Gelb stattfindet, versuchten W. D. TREADWELL u. A. KOEHL 1925 (721) auch für die quantitative Bestimmung zu nutzen. Sie gaben bei der Titration die Probelösung zur Farblösung zu, bis nach Zerstörung die gelbe Alizarinfärbung eintrat. Aber wegen zu langsamer und daher ungenauer Einstellung des Endpunktes hatte das Verfahren keine guten Erfolge. J. H. DE BOER u. J. BASART 1926 (85) versuchten dann mit Erfolg, die Zirkontitration umzustellen, indem sie von zwei gleichen mit gleichviel HCl versetzten überschüssigen Zirkonoxychlorid-Lösungen die eine mit der Probelösung versetzen. Nach Zusatz gleicher Mengen einer alizarinsulfosauren Na-Lösung werden beide alsdann violette Lösungen mit einer gestellten KF-Lösung auf gleichen Orangefarbton titriert, nicht bis zum Endpunkt auf Gelb, weil sich dieser Punkt ähnlich wie bei TREADWELL u. KOEHL zu langsam einstellt. Dem Unterschied an verbrauchter Menge KF-Lösung entspricht dann der F-Gehalt der Probelösung. FR. NÖLKE 1941 (721) macht diese Titration dadurch genauer, daß er nur bis zum Freiwerden der ersten Spuren Alizarin titriert, wobei Zirkon im Überschuß sein muß. Die Titration verläuft jedoch nicht genau stöchiometrisch, weshalb zur Auswertung einmalige Aufnahme einer Eichkurve nötig ist. Verglichen wird mit einem Standard-Farbton, der durch Zusatz einer bestimmten Menge NaF-Lösung zur Farbstofflösung + Amylalkohol hergestellt wird. W. SCHWEDOW 1939 (895) empfiehlt an Stelle des DE-BOER-Indikators den Zirkonlack des Alizarincyanins als besonders empfindlich. Auch sonst ist das ursprüngliche Verfahren schon wiederholt abgeändert und erweitert worden, so von H. WILLARD u. O. WINTER 1933 (1053), W. ARMSTRONG 1933 (s. 387), J. KOLTHOFF u. M. STANSBY 1934 (275, 497). Letzteres Verfahren, nach dem mit einer Standard-Fluoridlösung und einer Vergleichslösung von Zirkonoxychlorid in HCl mit Zugabe einer alkoholischen Lösung von Purpurin (1, 2, 4-Trioxyanthrachinon) gearbeitet wird, benutzte mit einigen Änderungen auch H. Wulle 1939 (1079). K. Kraft u. R. May 1937 (497) modifizierten es für die speziellen Verhältnisse an biologischem Material. Es erwies sich als zweckmäßig, die Probelösung (das alkalisch aufgefangene H_2SiF_6-Destillat) vollkommen zur Trockene zu verdampfen und auf den Rückstand unmittelbar die Zirkonlösung einwirken zu lassen. Ferner wird eine genaue Titerbestimmung der Zirkonlösung und sorgfältige Analyse der verwendeten Reagentien auf F-Gehalt und entsprechende Berücksichtigung der gefundenen Werte vorgenommen. Nach diesem Verfahren arbeitete auch P. Danckwortt 1941 (185) und mit kleinen Abänderungen H. v. Zehmen 1944 (1083).

Thorium-Titration: Nachdem H. Willard u. O. Winter 1933 (1053) sich der Titration der H_2SiF_6 im Destillat mit Thoriumnitrat $Th(NO_3)_4$ in salzsaurer alkoholischer Lösung und Zirkonalizarinmischung als Indikator bedient und viele namhafte Forscher (102, 150, 176, 580, 796, 1066) mit Erfolg nach diesem Verfahren mit mehr oder weniger Variation gearbeitet hatten, wird neuerdings nach W. Armstrong 1933 (26) als Indikator nur alizarinsulfosaures Na benutzt. Thorium bildet, ebenso wie Zirkon mit Alizarinsulfosäure einen roten Farblack, dessen Auftreten durch Gegenwart von Fluor solange verhindert wird (Gelbfärbung) bis ein Überschuß von $Th(NO_3)_4$ gegeben wird (Umschlag in Rosa). Wenn man in alkoholischer Lösung arbeitet, ist der Verbrauch an $Th(NO_3)_4$ der F-Menge äquivalent. Der Farbumschlag ist nach S. Gericke u. B. Kurmies 1951 (300/1) aber in wäßriger Lösung empfindlicher und schärfer, doch ist dann der Verbrauch an $Th(NO_3)_4$ der F-Menge nicht äquivalent und Aufstellung einer empirischen Tabelle durch Titration von Standardlösungen bekannten Gehalts erforderlich. Wichtig ist sorgfältige Innehaltung des p_H und Titrierung bei Tageslicht auf weißer Grundlage (nicht im direkten Sonnenlicht), s. auch A. Bond u. M. Murray 1953 (89). Daß der Farbumschlag nicht immer befriedigend zu erkennen war, zeigen die vielen Vorschläge zur Anwendung anderer Indikatoren, z. B. Methylrot nach W. Sacharjewski 1937 (846), Chrome Azurol S nach R. Milton 1949 (674), Zugabe von wenig Methylenblau nach H. Ballczo 1949 (40/4), die den Endpunkt der Titration durch Farbumschlag von Gelb nach Grauviolett deutlicher machen soll und die auch P. Reckendorfer 1952 (794) anwendet. J. Rickson 1950 (811) empfiehlt Gallocyanin als Indikator (Farbumschlag von Blau in Rötlichpurpur) in einer auf p_H 5,3 gepufferten und 50% Alkohol enthaltenden Lösung. H. Willard u. Ch. Horton 1950 (1049) prüften zahlreiche Substanzen auf ihre Eignung als Indikatoren bei der Thoriumnitrat-Titration und fanden als am geeignetsten, angeordnet nach abnehmender Brauchbarkeit: Purpurinsulfonat, Alizarinrot S, Eriochromcyanin R, 2.3-Dicyanchinalizarin und Chromazurol S. Letztgenannten Indikator verwenden auch A. Waldo u. R. Zipf 1952 (1014) bei p_H 3,5.

Andere Verbesserungen und Vereinfachungen nahmen K. Hennig u. F. Villforth 1938 (385) vor; zwischen 1 und 200 γ in der Untersuchungsprobe sind gut zu bestimmen. H. BALLCZO 1949 (40) gibt zwischen 3 und $100 \pm 1\,\gamma$ an. Nach der Modifikation von H. REMPEL 1939 (799) lassen sich noch $10\,\gamma$ bestimmen.

J. STEVENS 1948 (945) gibt eine genaue Arbeitsvorschrift nach kombinierten Verfahren zur F-Bestimmung (in Wasser) durch Titration mit $Th(NO_3)_4$ mit einer Fehlergrenze von ± 1 mg/l F. Genaue Vorschriften der jetzt für die Bestimmung kleiner F-Mengen in biologischem Material und Böden, aber auch in Wasser viel benutzten Methode und der für sie erforderlichen Reagentien finden wir auch bei W. MACINTIRE 1945 (577), TH. VON FELLENBERG 1948/51 (249/52), S. GERICKE u. B. KURMIES 1951 (300/2)[1], P. RECKENDORFER 1951/52 (793/5), T. WADHWANI 1952 (1008)[2].

Wie schon erwähnt, haben viele Forscher darauf hingewiesen, daß bei der F-Titration mit $Th(NO_3)_4$ mit Hilfe von visuellen Farbindikatoren der Farbumschlag am Endpunkt schwierig zu erkennen ist. Um diesen Nachteil zu vermeiden, arbeiteten H. WILLARD u. CH. HORTON 1950/52 (1049/51) ein photofluorometrisches Titrationsverfahren unter Verwendung von Morin (2'.3.4'.5.7-Pentaoxyflavon), Quercetin (3.3'.4'.5.7-Pentaoxyflavon), Ferron (s. S. 229) und anderen Fluorescenzindikatoren aus. Um vorhandene zahlreiche Störungsmöglichkeiten auszuschließen, ist vorherige Isolierung des F anzuraten. Die Fluorescenzindikatoren eignen sich besonders zur F-Bestimmung in organischen Halogenverbindungen nach Zersetzung mit Alkali.

W. POWELL u. J. SAYLOR 1953 (763) benutzen die Abschwächung der Fluorescenz, die aus den Oxyazofarbstoffen Eriochromrot B und Superchrome Garnet Y mit $AlCl_3$ erzeugt wird, zur fluorometrischen Bestimmung sehr kleiner F-Mengen. Untersuchung reiner NaF-Lösungen mit 0,2—$100\,\gamma$ vor und nach der H_2SiF_6-Destillation ergab befriedigende Genauigkeit.

A. LANGER 1940 (526) nimmt amperometrische Titration mit $Th(NO_3)_4$ vor, er konnte Mengen bis zu $5\,\gamma$ herab gut bestimmen. G. LUSINA 1949 (575) bestätigt das und gibt als Bestimmungsfehler 1 bis 4% an. W. KEMULA et al. 1951 (468) fanden die amperometrische Bestimmung nach A. LANGER zur F-Bestimmung in natürlichem Wasser nicht empfindlich genug; man muß das Wasser zuvor eindampfen, s. auch C. CASTOR u. J. SAYLOR 1952 (142).

Nach O. BABKO 1947 (35) genügen die Alizarinkomplexverbindungen von Zr und Th insofern am besten den an solche zu stellenden Anforderungen, als sie sich durch Beständigkeit des gebildeten F-Komplexes und der Farbintensität auszeichnen. Da die Reaktionen aber von fremden Ionen, wie SO_4, PO_4 usw. stark beeinflußt werden, bezeichnet er Auffindung von Bestimmungs-

---

[1] Über ihre Erfahrungen bei der F-Bestimmung nach Methode GERICKE u. KURMIES s. P. VON POLHEIM u. H. DIETRICH 1955 (760a).

[2] Über vergleichende Untersuchungen an 10 verschiedenen USA-Versuchsstationen, bei denen die Exaktheit der offiziellen Thoriumnitrattitration bei der F-Bestimmung im Boden geprüft werden sollte und die bei diesen erprobte zweckmäßige Zusammensetzung der benötigten Reagentien berichtet L. HARDIN 1953 (1116).

methoden, bei denen eine Färbung statt Entfärbung eintritt, als besonders wünschenswert.

Cer-Titration: Eine Titration mit $CeCl_3$ in 50%iger Methanollösung und Murexid als Indikator ziehen G. BRUNISHOLZ u. J. MICHOD 1954 (133) der Thoriumtitration vor. Der Farbumschlag von Rosaviolett nach Rosaorange soll klar zu erkennen sein, und eines empirischen Faktors oder einer Eichkurve bedarf es nicht, da die Reaktion zwischen Ce und F stöchiometrisch verläuft. Letztgenannter Befund steht allerdings im Gegensatz zur Annahme anderer Forscher. D. HUBBART u. A. HENNE 1934 (409) titrierten mit $Ce(NO_3)_3$ und Methylrot als Indikator, dessen Umschlag durch Zusatz von wenig Bromkresolgrün empfindlicher gestaltet werden kann. Auch E. SCOTT u. A. HENNE 1935 (898) bedienen sich dieser Cer-Titration zur Bestimmung des F-Gehaltes in biologischen Substanzen nach Destillation als H_2SiF_6; 20 γ F konnten sie mit Sicherheit bestimmen. J. LAMBERT 1953 (520) beschreibt ein Verfahren zur Bestimmung geringer F-Mengen in Wasser, am besten zwischen 0,3 bis 0,9 mg/l. Es beruht auf der Zeitmessung des von der F-Konzentration abhängigen Auftretens der Jodstärkefarbe bei der Reaktion zwischen Jodionen und dem Hydrolyseprodukt von Cerisulfat. Er betont aber selbst, daß es in seinem derzeitigen Entwicklungszustand für Serienanalysen von Gebrauchswasser unzweckmäßig sei.

3. Indirekte F-Bestimmung

A. MAYRHOFER et al. 1932/36 (627/8) verfuhren in der Weise, daß sie das bei der Destillation als SiF_4 übergegangene Silicium kolorimetrisch bestimmen. Das im alkalischen Destillat außerdem vorhandene Na_2SiF_6 wird durch längeres Kochen hydrolytisch gespalten. Die Reaktion verläuft nach der Formel:

$$2\,NaF + SiO_2 + 2\,H_2SO_4 = SiF_4 + 2\,Na_2SO_4 + 2\,H_2O$$
$$3\,SiF_4 + 4\,NaOH = 2\,Na_2SiF_6 + Si(OH)_4$$
$$Na_2SiF_6 + 4\,NaOH = 6\,NaF + Si(OH)_4$$

Die Farbreaktion erfolgt mit Sulfomolybdänreagens + Hydrochinon + Natriumsulfit. Das gebildete Molybdänblau wird kolorimetriert durch Vergleich mit einer direkt mit Hydrochinon und Natriumsulfit reduzierten Standard-Silicomolybdänsäurelösung bzw. mit Standardlösungen aus Kupferoxydammoniak mit geringem Pikrinsäurezusatz in gegen eine Natriumsilikatlösung von genau bestimmtem Gehalt geeichten Verdünnungen. Die Methode ist jedoch wenig empfindlich und dürfte wohl als überholt gelten.

4. Biochemische F-Bestimmung

Die biochemische Methode von B. HELFERICH u. H. STETTER, s. H. STETTER 1948/51(943/4), die bereits auf S. 188 als qualitativer F-Nachweis genannt wurde, ist auch für quantitative F-Bestimmung geeignet. Diese „enzymatische Effektoranalyse" beruht, wie dort auseinandergesetzt, auf der Schädigung der Kartoffelphosphatase durch das F-Ion. Indem man eine bestimmte Menge Phenylphosphat diesem System zugibt, wird eine dem F-Gehalt entsprechende Menge

Phenol abgespalten und dieses jodometrisch bestimmt. H. KAUFMANN u. A. HEESCH 1953 (459) halten sie für Reihenuntersuchungen z. B. von Trinkwässern für besonders geeignet wegen ihrer großen Genauigkeit, der geringen Menge erforderlichen Untersuchungsmaterials und raschen Durchführbarkeit der analytischen Bestimmungen und benutzten sie mit einigen Abwandlungen zur Untersuchung zahlreicher Trinkwasserproben im Lande Nordrhein-Westfalen, s. S. 26. Sie machen allerdings darauf aufmerksam, daß große Sorgfalt und ziemlich viel Zeit für die Herstellung einer gut wirksamen Kartoffelphosphatase aufzuwenden sei. Außerdem sei das Ergebnis von der Konzentration des Substrat-Puffer-Gemisches, vom p_H-Wert und von der Temperatur des Ansatzes abhängig. Für die Güte des Ferments sind das Alter und die Sorte der Kartoffeln mitbestimmend, Frühkartoffeln und sehr alte Kartoffeln sind ungeeignet. Falsche F-Werte werden erhalten, wenn die Konzentration der schädigenden Begleitstoffe eine gewisse Grenze überschreitet; am wenigsten stört z. B. NH_4, K, Mg, Ca, Cl, CO_3, SO_4, NO_3, die bis zu 10 mg% vorhanden sein dürfen, am stärksten stören Al und MoO_4, bereits bei 0,25 mg%; Nitrit darf nicht vorhanden sein.

Hierbei wäre noch auf die Arbeit von G. SCHRAMM u. H. FLAMMERSFELD 1947 (882) hinzuweisen, denen die Herstellung einer noch reineren Kartoffelphosphatase als B. HELFERICH u. H. STETTER gelang, und auf die von H. NEUMANN 1948 (715), der anstelle von Glycerinophosphorsäure bzw. Phenylphosphorsäure (s. S. 188) Phosphorsäureester von Fluorescein, Eosin und 4-Methyl-7-oxycumarin verwendet, die nach Aufspaltung mit Phosphatase fluoreszierende Verbindungen mit meßbarer Fluoreszenz geben.

2. Untersuchung der Luft, einschl. Staub und Niederschläge

Einer der wundesten Punkte des Rauchschadennachweises ist die Rauchluftanalyse, d. h. der Nachweis der Abgasgifte, die man nach ihrer Wirksamkeit an den Pflanzen vermutet, in der verunreinigten Luft, sagt H. WISLICENUS 1933 (1070) und bezeichnet an gleicher Stelle die Luftuntersuchung als das *Windigste* einer Rauchschäden-Beweisführung, weil während der Entnahme von wenigen Litern Luft und erst recht von Hunderten und Tausenden Litern alle möglichen Ströme und Konzentrationen wechseln können, große Probenahme aber unumgänglich ist. Im Gegensatz dazu fordert H. WITTE 1936 (1071/2) als erste unbedingte Notwendigkeit für den Nachweis einer möglichen Beeinflussung der Pflanzen durch Rauchabgase oder Flugstaub die Untersuchung der Luft im Schadensgebiet; nur bei positivem Ausfall könne weiter untersucht werden, bei negativem Ausfall sei jede Möglichkeit einer Schädigung durch Rauch oder Abgase absolut ausgeschlossen. W. MÜHLSTEPH 1942 (701) weist schon darauf hin, daß H. WITTE allerdings gleichzeitig seine Forderung dadurch negiere, daß er angibt, man müsse oft „wochenlang hinter dem Winde herlaufen", wozu aber kaum jemand Zeit haben dürfte. Er wisse dann auch nicht, ob er nicht noch eine weitere Woche hätte laufen sollen. G. BREDEMANN u. H. RADELOFF 1937 (123) betonen, daß die Luftuntersuchung nur in Gebieten mit fortgesetzten oder öfter wiederkehrenden Schäden anwendbar ist. Bei einmaligen Schäden, wie sie gerade bei F häufig beschrieben sind, nütze es gar nichts, post festum Luftuntersuchungen anzustellen, und auch aus diesem Grunde sei WITTES Standpunkt durchaus irreführend.

Es ist hier nicht der Ort, sich über das Für und Wider der Luftanalyse zum Nachweis eines vorliegenden Rauchschadens näher zu ergehen. W. MÜHLSTEPH 1942 (701 s. auch 700) der — 1937 (699) — darauf hinweist, daß Luftanalysen bisher zuweilen höchst leichtsinnig ausgeführt werden, hat die zahlreichen Vorschläge zur Untersuchung der Luft auf ihren Gehalt an gasförmigen Verunreinigungen eingehend besprochen. Er ordnet sie in drei Gruppen: 1. Ermittlung relativer Werte, 2. Ermittlung des absoluten Gehalts durch kurzfristige Versuche, 3. Ermittlung des Gehalts durch Dauerversuche. Die meisten Verfahren beziehen sich auf die Bestimmung der SO_2, würden sich aber in entsprechender Abänderung auch für F-Bestimmung verwenden lassen. In die 1. Gruppe gehört an neuen Verbesserungen der „exakte Luftsäureprüfer“ von H. WISLICENUS 1933 (1070), bei dem die Barytlappen in einem Stoffgehäuse untergebracht sind, das den Staub zurückhält. Weiter die „Glockenmethode“ nach W. LIESEGANG 1932/40 (560/65) als Verbesserung des Barytlappenverfahrens von OST, für die vom *Bundesgesundheitsamt, Institut für Wasser- und Lufthygiene* (der damaligen Reichsanstalt für Wasser- und Luftgüte) in Berlin-Dahlem ein genormtes Gerät in Benutzung genommen wurde. Die Glocke wird in freiem Gelände 100 Stunden lang der Luft ausgesetzt. Der *Schwefel*gehalt, in mg ausgedrückt, wird dann als „Glockenwert“ oder „Schwefelwert“ bezeichnet. Bei Schwefelwerten unter 30 sollen Schäden an Pflanzen nicht auftreten, bei solchen von 30—50 nicht unmöglich sein. In gleicher Weise hat W. LIESEGANG 1938 den Gehalt der Luft an H_2S und Phenol, A. HELLER 1932 den an HCl ermittelt (s. 701). H. WITTE 1943 (1073) weist darauf hin, daß bei dem Glockenverfahren, das er als das einzige allgemein anwendbare und zuverlässige Verfahren bezeichnet, welches wir zur Zeit besitzen, mindestens drei Serien erforderlich sind, um zu einem abschließenden Ergebnis zu gelangen, selbstverständlich unter genauester Beobachtung von Wind und Wetter, örtlicher Lage und Entfernung von der Rauchquelle. Natürlich erfordere derartige Untersuchung der Luft viel Zeit, aber auch die Vegetationsbeobachtungen erforderten viel Zeit. — Auch zur Ermittlung des F-Gehaltes der Luft würde sich diese Glockenmethode in entsprechender Anordnung sicherlich verwenden lassen, wobei Grenzwerte der Schädlichkeit des F-Gehaltes (s. auch S. 143) freilich noch aufzustellen wären, sofern man nicht nur qualitativ prüfen will. Um möglichen mit dem Wind verfrachteten F-haltigen Flugstaub auszuschalten, der vielleicht gleichzeitig mit F-Abgasen aus Mahlwerken der Fabrik entlassen wird, wären dabei naturgemäß besondere Schutzeinrichtungen anzubringen. Das gilt für alle Luftuntersuchungsmethoden auf F. — Auf die Beeinflussung der Schwefelwerte durch das Fehlen eines Staubschutzmantels bei der Liesegangschen Glocke und andere Fehlermöglichkeiten weist auch H. SCHMEEL 1944 (872) hin.

W. MacIntire et al. 1952 (579) benutzten zum Nachweis von F in der Luft Spanisch Moos, das 3—4 Monate frei, aber vor Regen geschützt der Atmosphäre ausgesetzt wurde. Sie machen übrigens darauf aufmerksam, daß man eine Erhöhung des F-Gehalts der Luft bei längeren Trockenperioden findet, in denen die F-Verbindungen sich in der Luft als Aerosole ansammeln und dann beim nächsten Regen in besonders hoher Konzentration niedergeschlagen werden.

Ein dem vorgenannten Glockenverfahren ähnliches wenden V. Miller et al. 1953 (670) an, nämlich mit F-freiem Kalkwasser (28 g/l) getränktes und bei 50° getrocknetes Filtrierpapier, das in kleinen der Luft unbeschränkt zugänglichen Wetterhäuschen etwa 1,8 m über dem Boden an verschiedenen Stellen der Atmosphäre eine bestimmte Zeit ausgesetzt wird. Als Indikatorpflanze diente gleichzeitig die Gladiolenvarietät „Ethel Cave Cole", die sich nach F. Johnson et al. 1950 (441) besonders gut hierfür eignet. Der Grad der F-Beschädigung ihrer Blätter (s. S. 148) wird mittels „injury index" festgestellt: An allen Blättern von 10 Pflanzen wird die Gesamtlänge des beschädigten Gewebes in Inches gemessen, mit 100 multipliziert und durch die Gesamtlänge des Blattes dividiert. Dieser „injury index" erwies sich als zuverlässiger Ausdruck für den Grad der Beschädigung nicht nur verschiedener Varietäten (er schwankte auf einem Versuchsfelde bei 34 Varietäten zwischen 5 und 54, bei 38 anderen zwischen 5 und 60), sondern auch für den Grad der Beschädigung einer Varietät durch verschiedenen F-Gehalt der Luft (s. S. 143). Vergleich der F-Werte im Kalkpapier mit den Gladiolenblättern sowie ihrem „injury index" und dem F-Gehalt des Grünfutters der angrenzenden Felder nach jeweils 4 Wochen Beobachtungszeit zeigte, daß ein Zusammenhang zwischen F-Gehalt der Gladiolenblätter, ihrem „injury index" und dem F-Gehalt des Kalkpapiers bestand. Aus letztgenanntem könnte man also den „injury index" und den F-Gehalt der Gladiolenblätter voraussagen, wozu freilich noch, analog dem Schwefelwert beim Glockenverfahren (s. o.) ein F-Wert festzustellen wäre, bis zu welchem keine F-Schäden auftreten bzw. zu erwarten sind. Leider zeigte der F-Gehalt des Futters keine gute Übereinstimmung mit dem F-Gehalt des Kalkpapiers und dem „injury index" der Gladiolenblätter. Genannte Forscher meinen, beide seien doch eben heterogener Natur und außerdem seien die Gladiolenblätter und das Kalkpapier während der ganzen jeweils 4-wöchigen Beobachtungszeit den F-Gasen ausgesetzt gewesen, während das Grünfutter der Weiden vom Vieh z. T. wiederholt abgefressen worden sei.

J. Goldenberg 1932 (316) benutzt die Methode von G. Steiger 1908, die auf der Entfärbung einer gelben Titanlösung in Wasserstoffsuperoxyd durch Fluoride beruht (s. S. 224). Man läßt die Luft mit 120 l/h durch paraffinierte, mit Wasser gefüllte Absorptionsgefäße durchsaugen. Vorhandene flüchtige Phosphorverbindungen sind mit $AgNO_3$ aus der Luft zu entfernen. Ein Nachteil besteht in der gleichzeitigen Bestimmung von HF und SiF_4 als HF. J. Korenman 1934 (490) benutzt die gleiche Methode mit einigen Abänderungen zum Erkennen von F in der Luft einer Superphosphatfabrik. Gleichzeitig vorhandene Stickstoffoxyde stören diese F-Bestimmung nur in sehr großen Mengen. Man muß dann H_2O_2 im Überschuß zusetzen. Nach J. KORENMAN 1934 (490) eignet sich zum Nachweis von HF in der Luft auch die Zirkon-Alizarin-Farbmethode von J. DE BOER 1924 (s. S. 222). Er benutzt mit schwacher HCl befeuchtetes Zirkon-Alizarin-Filtrierpapier von heller Violettrosafärbung. An HF enthaltender Luft färbt es sich gelb. Die Empfindlichkeit ist groß, noch bei Konzentrationen von $2\,\gamma$ HF im Liter Luft reagiert es positiv. Die Reaktion kann als spezifisch angesehen werden, Stickstoffoxyde, SO_3, SO_2, HCl, H_2S üben keine Wirkung aus, bei großen Mengen Cl verblaßt die Rosafärbung, wird aber nicht gelb. Ähnlich verfährt ein *englisches Patent* (P. 142[1])): Filtrierpapier, gesinterte Glasplatten usw. werden mit einer Mischung von drei Teilen einer 45%igen Lösung von kristallisiertem Zr-Nitrat in destilliertem Wasser und zwei Teilen einer Lösung von 1,2 g Alizarin S in 100 cm^3 Alkohol imprägniert und bei 80° getrocknet. Die schwach rosa Färbung des Reagens schlägt in Gegenwart von HF in ein klares Gelb um.

L. TSCHEMODANOWA 1939 (989) beschreibt ein photokolorimetrisches Verfahren zur Bestimmung von HF aus der Entfärbung von $Fe(SCN)_3$ und hat das Verfahren auch für kontinuierlichen Betrieb entwickelt. Es soll einen Gehalt von 0,001 bis 0,015 mg HF in 1 Liter Luft erfassen können. Die Färbung wird aber durch Gegenwart von z. B. SiF_4, NO_2, SO_2 beeinflußt. Durch Änderung der Absorptionsbedingungen läßt sich die Empfindlichkeit des Verfahrens verändern. Kurze Anleitung zum Nachweis giftiger Luftverunreinigungen, darunter auch F, gibt ferner W. COOK 1936 (164). — L. ROMELL 1941 (832) schlägt zum Erkennen und vielleicht auch für die Schätzung des HF-Gehaltes der Luft Haematoxylinpapier vor (Filtrierpapier etwa 12 Stunden in gut gereifte 100fach verdünnte Delafieldsche Haematoxylinlösung legen, auswaschen, trocknen). Die Empfindlichkeit scheint größer zu sein als die von Zirkonpapier. Bei Gegenwart von HF entwickelt es einen rein gelben, gegen das klare Blauviolett der unveränderten Mitte scharf abgesetzten Rand. Dieser rein gelbe Rand ist deutlich unterscheidbar von dem ziegelroten bis roten Rande, der von Spuren von HCl hervorgerufen wird, während SO_2 das Papier bleicht, ohne seine Farbe weder in Gelb noch Rot zu verändern. Ein Nachteil ist, daß das Papier ziemlich rasch verschießt, wenn es offen dem Licht ausgesetzt wird; vgl. auch R. CIFERRI 1941 (150a).

G. HARROLD u. R. HURLBURT 1949 (363) saugen die zu prüfende Luft durch ein mit 2-nHCl angefeuchtetes Indikatorpapier, das nach FEIGL-RAJMANN 1933 mit p-Dimethylaminoazophenylarsinsäure und Zr-Oxychlorid präpariert ist. Bei Berührung mit Fluoriden entsteht farbloses ZrF_6-Ion und die rote freie Azobenzolarsonsäure. Die Gegenwart von Fluoriden in der durchgesaugten Luft gibt sich also durch einen rosafarbenen Fleck auf dem braunen Papier zu erkennen. Lösliche Fluoride reagieren unmittelbar mit dem Reagens. Elementares F wird durch HCl zu HF hydrolisiert. Unlösliche Fluoride, wie

[1] (P 142), (P 143) usw. bedeutet, daß das betr. Patent unter Nr. 142 bzw. 143 usw. in der Patentliste auf S. 282 genannt ist.

CaF_2, werden von dem Papier zurückgehalten und geben erst nach längerer Zeit die F-Reaktion. Das Verfahren ist auch zur halbquantitativen Bestimmung der Verunreinigung der Luft durch Fluoride zu verwenden. Störungen sind durch solche Anionen zu erwarten, die mit Zr unlösliche oder stabile Komplexverbindungen geben, wie Arsenate, Phosphate, Sulfate, Thiosulfate und organ. Oxysäuren. Unter den Versuchsbedingungen stören Sulfate und Arsenate in Konzentrationen unterhalb 0,05‰ nicht. In hoher Konzentration verursachen Sulfate einen Umschlag des Papiers in Lachsfarben. Phosphate geben die gleiche Färbung wie Fluoride.

Erwähnt sei in diesem Zusammenhang auch noch das von L. NASH 1949 (710) entwickelte Verfahren zur automatischen Bestimmung von 0 bis 20% gasförmigem F in Luft. Das Verfahren beruht auf der stöchiometrischen Umsetzung von festem NaBr mit F und kolorimetrischer Bestimmung des gasförmigen Br mit Hilfe eines photoelektrischen Kolorimeters.

Die Gruppen 2 und 3 der Einteilung von H. MÜHLSTEPH unterscheiden sich nur dadurch, daß der absolute Gehalt, d. h. die Konzentration der Luft an dem betreffenden Abgas entweder durch kurzfristige oder durch Dauerversuche ermittelt wird, je nach Fragestellung. Bei kurzfristiger Entnahme erfaßt man Augenblickskonzentrationen, also unter Umständen auch den Maximalgehalt, bei langfristigen wird der Durchschnittsgehalt eines längeren Zeitraumes bei verschiedenen Windrichtungen erfaßt. An neueren Apparaten ist das Verfahren von H. BERGERSHOFF 1933 (68) zu nennen, nach dem man die Luft mittels eines Kompressors in einen etwa 80 Liter fassenden, teilweise mit dem Absorptionsmittel für den zu bestimmenden Gasbestandteil gefüllten Behälter drückt, bis ein Druck von mindestens 10, zweckmäßig 30 at erreicht ist. Als Vorteil wird angegeben, daß die Luftprobeentnahme und Absorption in wenigen Minuten vor sich gehen und man keinen Wechsel in der Windrichtung und damit Heranschaffung von anders zusammengesetzter Luft zu befürchten braucht. Von P. WALTER 1934 (1015) wird ein Universalapparat zur Analyse von Rauchgasen und anderen industriellen Gasen beschrieben und abgebildet, der rasch, genau und automatisch arbeiten soll. Einen „Universalaspirator" zur Luftprobenentnahme „UAMK" konstruierten ferner MIGUNOW und KABANOW. Der von P. MIGUNOW 1950 (667) beschriebene Apparat soll sich durch große Universalität auszeichnen, geringes Gewicht und kleine Dimensionierung besitzen, einfache Handhabung, bequeme Transportierung und Aufstellung, Sicherung gegen Explosion, Austauschbarkeit der Meßgeräte, Druckregulierung in weiten Grenzen u. dgl. Eine einfache Apparatur für die Untersuchung von Luft, speziell SO_2, Cl, HCl und NH_3, die aber mit entsprechender Modifikation auch für F verwendbar wäre, beschreibt und bildet R. BALKS 1953 (39) ab. Nach P 143 werden bestimmte Mengen der Luft in geeignete Absorptionsflüssigkeit gedrückt und wird die absorbierte Menge mittels einer photoelektrischen Zelle auf ihr Lichtabsorptionsvermögen geprüft. M. RAINESS u. S. KASATSCHKOWA 1940 (778) bestimmen sehr geringe Mengen von F in der Luft (1—20 γ) photokolorimetrisch mit Zirkonalizarin. Die Empfindlichkeit wird durch Verlängerung der Küvette und Verwendung eines Lichtfilters erhöht. Die erreichte Empfindlichkeit beträgt 0,6 γ F je Skalenteil des Galvanometers. Auch I. ISSAKOW 1934 (427) gibt ein Verfahren zur F-Bestimmung in Gasen der Superphosphatfabriken an.

Nachweis fluororganischer Verbindungen in der Luft geschieht nach JE. PEREGUD u. B. BOIKINA 1953 (744) in der Weise, daß man die Luft in evakuierten Flaschen entnimmt, sie durch gesättigte NaCl-Lösung in den Verbrennungsapparat drückt (ist gasförmiger HF vorhanden, zunächst durch verdünnte NaOH leiten), im Quarzrohr bei 900° verbrennt, das gebildete SiF_4 in H_2O absorbiert und dann kolorimetrische Bestimmung des Si als blauen Siliciummolybdänkomplex vornimmt, s. auch S. 201. — Zum Spurennachweis von Sicherheitskältemitteln (Frigen = Eskimon, s. S. 136 u. 165) in der Raumluft bedienen R. MÜLLER u. H. FISCHER 1953 (704a) sich der bereits für Chlor-Kohlenwasserstoffe empfohlenen Reaktion nach FABRE, TRUHAUT und LAHAM mit Pyridin und NaOH (Rotfärbung). Für den Nachweis von Eskimon 22 leitet man die Luft über eine mit Pyridin getränkte Filtrierpapierrolle und tropft anschließend 20%ige carbonatfreie NaOH auf das Papier (nicht K_2CO_3-, Na_2CO_3- oder NH_4OH-Lösung). Für Eskimon 12 beträgt die Empfindlichkeit bei dieser Ausführungsform nur $^1/_7$; man leitet das Eskimon 12-Luftgemisch zweckmäßiger durch eine Frittenwaschflasche mit Pyridin. Nachweis von Eskimon 11 erfordert höhere Konzentration, für Eskimon 113 ist die Empfindlichkeit der Reaktion am geringsten.[1]

Die Apparatur für *langdauernde Probeentnahme* hat C. GERLACH 1939/40 (303/5) verbessert. H. WISLICENUS 1933 (1070) geht bei der Entwicklung eines neuen, allerdings nicht endgültig veröffentlichten Verfahrens davon aus (701), daß einzelne Luftströmungen sich nicht fassen lassen und daß die Entnahme einiger Liter Luft zur Analyse ebenso abwegig ist, wie Entnahme großer Mengen aus wechselnden Luftströmungen. Das von ihm ersonnene und weitgehend selbständige Gerät soll Angabe über den Gehalt der Luft an schädlichen Bestandteilen gesondert für acht Windrichtungen sowie Windstille zugleich mit der Windhäufigkeit am Probeort liefern.

Einen Ejektorapparat zur Entnahme von Gasproben aus der atmosphärischen Luft beschreibt E. RYCHTER 1951 (844); er kann an einen Kraftwagenmotor angeschlossen werden und im Laufe von 20 Min. 200 Liter Luft durch die Vorlage drücken, eignet sich also besonders auch für schnelle Luftprobenentnahmen an weit voneinander liegenden Orten. — Eine kritische Betrachtung der Methoden zur Entnahme von Luftproben mit 57 Literaturangaben finden wir bei W. INGRAM u. L. DIERINGER 1953 (425).

---

[1] Zum Nachweis von Luftverunreinigung in chemischen Fabriken durch organische Halogenverbindungen, von denen die meisten Frigene, Eskimone, Freone, Arctone fast völlig geruchlos sind und die infolge ihrer sehr niedrigen Oberflächenspannung besonders dazu neigen, durch Dichtungen hindurchzudiffundieren und durch porösen Guß zu entweichen, wird (s. 24a) die „halide detector lamp" empfohlen. Bei stärkeren Verunreinigungen der Luft zeigt die sonst farblos brennende Flamme eine grünliche bis grüne Färbung (Cu-Spirale), je nach Konzentration der Verunreinigung.

Zur Untersuchung der Luft auf F-haltigen *Staub* wird man, da es sich durchweg nur um qualitativen Nachweis handeln wird (s. S. 203), meist den sich auf den Blättern und Nadeln der Pflanzen abgelagerten Staub direkt heranziehen können. Wo solcher nicht ausreichend vorhanden ist und für quantitative Bestimmungen bedient man sich geeigneter Staubfanggeräte. R. Humery 1933 (413), W. Grundmann 1942 (334) und W. Mühlsteph 1942 (701) haben die dafür konstruierten Apparate zusammenfassend beschrieben, desgleichen L. McCabe 1950 (631), sowie H. Bourne jr. u. L. Fosdick 1950 (108), P. Magill et al. 1950 (604), D. Hasenclever 1954 (369).

G. Lusina 1950 (576) benutzt zur Bestimmung der in Form von Gasen und Aerosolen vorhandenen Fluoride einen elektrischen Entstauber, wobei die Aerosole getrennt und die gasförmigen Fluoride in Wasser aufgefangen werden können. P 144 behandelt die Aerosole mit einem elektrischen Lichtbogen. M. Shepherd et al. 1952 (910) halten die Verunreinigungen gemessener Luftmengen durch Ausfrieren und Filtrieren unter Kühlung mit flüssigem O_2 zurück. P. Holt 1951 (402) verwendet, da Filtration durch Papierfilter wegen Verstopfung durch feinen Staub und Aufnahme von Feuchtigkeit Nachteile hat, mit Vorteil Luftfiltration durch ein Filter, das mit einem flüchtigen Filtermaterial gefüllt ist, z. B. mit Naphthalin, welches nach der Untersuchung bei 80° verflüchtigt wird, oder auch mit Salicylsäure, die man nach der Untersuchung mit Alkohol weglöst, oder auch mit dem in Benzin löslichen Acenaphthen. P. Holt macht übrigens darauf aufmerksam, daß in der Lunge nur Staubteilchen von 0,5—5 μ gesundheitsschädlich wirken, da die kleineren Teile nicht in der Lunge behalten und wieder ausgeatmet werden und die größeren in den oberen Atmungswegen verbleiben. — Das A. C. E.- oder C. W. S -Luftfilter, ein asbesthaltiges Papierfilter, das 99,95% aller Staub-, Dampf- und Rauchteilchen bis zu einer Größe von 0,3 μ aus der Luft zurückhält und seine Anwendungsmöglichkeiten beschreibt D. Northrup 1953 (724).

H. Stokinger u. S. Laskin 1950 (949) geben eine ausführliche Übersicht über Nachweismethoden und Apparate für industrielle Hygienelaboratorien, die für Trennungsmessungen und Teilchengrößenbestimmungen besonders geeignet sind: Staubfiltersammler in Verbindung mit elektrostatischen Beschleunigern, Oberflächentechnik in Verbindung mit Elektronenmikroskop, indirekte optische Methoden (Penetrometer) sowie Äthanadsorption bei niedrigen Temperaturen. Auch K. Kay 1952 (461) gibt eine gute Übersicht mit 102 Literaturzitaten über die analytischen Methoden, die seit 1945 für die Untersuchung der Luft auf gasförmige und schwebestoffartige Verunreinigung Verwendung gefunden haben, einschließlich Elektronenmikroskop und solcher für kontinuierliche Feststellung bestimmter analytischer Merkmale.

Auch in den *atmosphärischen Niederschlägen*, Regen und Schnee, lassen sich Abgase und Flugstaube oft gut nachweisen. M. Schuursma 1941 (894) stellte im Regenwasser, das etwa 100 m von einer Superphosphatfabrik aufgefangen war, 2 mg F/l fest, in solchem aus 300 m Entfernung 1,3 mg F/l — s. auch S. 32 u. 135.

V. VERMEIDUNG VON FLUOR-RAUCHSCHÄDEN

1. Durch technische Maßnahmen

(Nutzbarmachung bzw. Entgiftung der Abgase, Entstaubung)

Wenn H. WITTE 1936 (1072) auch mit Recht darauf hinweist, daß anerkannt werden müsse, daß die Industrie — besonders in Deutschland— gewaltige Anstrengungen in technischer und finanzieller Hinsicht gemacht habe, um die Schäden zu beheben oder wenigstens auf ein technisch und wirtschaftlich erträgliches Maß zurückzuführen, so bleibt doch leider die Tatsache bestehen, daß immer noch viel zu viel Schäden auftreten, die durch zweckmäßige und auch wirtschaftlich tragbare technische Maßnahmen abstellbar sind. H. WISLICENUS 1933 (1070) macht in diesem Zusammenhang auch auf die *Betriebsstörungen* aufmerksam, die nicht selten Quellen starker Rauchstöße und damit oft unvermutet starker Schäden sind. Daß die Sicherstellung des Ertrages der landwirtschaftlichen Kulturpflanzen wichtig ist und unter allen Umständen mit allen Mitteln gefördert werden muß, um unsere Ernährungsbasis nicht zu gefährden, betont W. LIESEGANG 1937 (562). Anderseits dürfe aber auch die Entwicklung unserer Industrie in ihrem Aufbau nicht gehemmt und durch wirtschaftlich untragbare und technisch nicht oder nur schwer zur erfüllende Forderungen nicht mehr belastet werden, als im Allgemeininteresse unbedingt erforderlich. Er weist gleichzeitig darauf hin, daß die Industrieabgase in zweierlei Hinsicht von Bedeutung sind, einmal, weil sie Werte zerstören können, zum anderen, weil sie selbst einen oftmals recht großen Wertverlust, wenn auch nicht immer für den betreffenden Betrieb, so doch für unsere Gesamtwirtschaft bedeuten. So berechnet er, daß allein bei der deutschen Produktion an Viskosefasern (1937!) die Abgasverluste an Schwefelkohlenstoff rd. 7 Millionen Reichsmark erreichten, ganz abgesehen davon, daß gleichzeitig eine Schwefelmenge von 20000 Jahrestonnen aus dem Wirtschaftskreis verschwindet. WEISSNER 1953 (1032) gibt an, daß dank der verbesserten Abgas-Reinigungsanlagen aus dem Koksgas bei uns jährlich etwa 50000 bis 60000 t Schwefel gewonnen und wirtschaftlich nutzbar gemacht würden, so daß man zum großen Teil von der Importfrage unabhängig geworden sei. DE EDS hat 1933 berechnet (s. 826), daß in USA bei der Superphosphatfabrikation jährlich 25000 t F verloren gehen, die als Gas abgegeben werden. Das ist die rd. doppelte Menge der gegenwärtigen westdeutschen Gesamterzeugung (12000 t HF). K. JACOB et al. 1942 (428) stellten fest, daß bei der Fabrikation von gewöhnlichem

Superphosphat sich etwa 11—42% des F-Gehalts des Rohphosphats während des Mischens und Aufschlusses verflüchtigen. Der größere Teil des verflüchtigten F kann leicht als wässerige Lösung von HF wiedergewonnen werden. Weitere geringe F-Mengen werden während der folgenden Behandlung des frischen Superphosphats verflüchtigt. Der %-Satz des verflüchtigten F nimmt im allgemeinen mit zunehmendem Phosphorsäuregehalt des Rohphosphats ab. Bei gleichem Phosphorsäuregehalt ist die F-Verflüchtigung aus braunem Tennessee-Rock-Phosphat größer als aus Florida-Pebble. W. TIMOSCHEW 1934 (983) untersuchte die Bedingungen der Nutzbarmachung des SiF_4-Gehaltes (H_2SiF_6-Nebel) der Abgase der Superphosphatfabrikation. Als besonders geeignet hebt er hervor: Isolierung der SiF_4 bzw. H_2SiF_6 mit Elektrofiltern, Auswaschung unter Druck, aber nicht bis zum Gleichgewicht, Vergrößerung der Berührungsfläche zwischen den Phasen, Verwendung von Wasser oder wässeriger H_2SiF_6-Lösung als Auswaschmittel. N. JERMOLENKO u. W. KADENSKAJA 1940 (438) untersuchten mit Erfolg die Möglichkeit der vollständigen Abscheidung von SiF_4 aus den Abgasen des Apatit- oder Phosphoritaufschlusses durch zusätzliche Zugabe von genügenden Mengen Wasserdampf in den Kondensationskammern. Nach R. LANDAU u. R. ROSEN (1948 524) kann die Beseitigung von F und HF aus Abgasen im kontinuierlichen Prozeß durchgeführt werden:

$$\left.\begin{array}{lll} F_2 + 2\,NaOH & \longrightarrow & 2\,NaF + H_2O + \tfrac{1}{2}O \\ HF + NaOH & \longrightarrow & NaF + H_2O \end{array}\right\}\ \text{Absorption}$$

$$2\,NaF + CaO + H_2O \longrightarrow CaF_2 + 2\,NaOH \qquad \text{Regeneration}$$

Bei einem Überschuß von 2% CaO wird das als Zwischenverbindung entstehende giftige F_2O sofort zerstört. Die kaustifizierte Lösung kann, nachdem sich CaF_2 und überschüssiger Kalk abgesetzt haben, erneut den Absorptionstürmen zugeleitet werden. Nicht absorbiert werden gasförmige Fluor-Kohlenstoff-Verbindungen und geringe, nicht mehr schädliche F-Spuren. T. HIGNETT u. M. SIEGEL 1949 (392) beschreiben eine Versuchsanlage zur Wiedergewinnung des bei der Herstellung von geschmolzenem Tricalciumphosphat in den Schornsteingasen (7,8 m^3/Min.) enthaltenen HF (3,2 bis 6,4 gF/m^3). Das in einem Cyklon entstaubte Gas wird bei bestimmter Temperatur durch einen mit stückigem Kalk gefüllten Eisenturm gesogen. Von Zeit zu Zeit wird ein Teil der Füllung aus dem Unterteil des Turmes herausgenommen, durch ein Sieb mit 2,8 mm Maschenweite abgesiebt und der gröbere Anteil (zusammen mit frischen Kalksteinen) in den Oberteil des Turmes zurückgegeben. Das feine Material enthält bei Verwendung von Kalkstein geeigneter Struktur 80 bis 95% CaF_2 und entspricht in seiner Zusammensetzung den handelsüblichen Flußspatsorten. Auf diese Weise sollen 90 bis 96% des in den Schornsteingasen enthaltenen F wiedergewonnen werden. In einer weiteren Versuchsanlage, einem mit Kalkstein beschickten Turm zur Absorption des HF, wurden von N. GILBERT et al. 1953 (311a) die Einflüsse der Betriebsbedingungen, wie HF-Konzentration, Gasgeschwindigkeit, Gastemperatur, Kalksteinqualität u. a. auf den Absorptionskoeffizienten ermittelt und mathematisch für Planungsrechnungen formuliert. Auch eine ganze Reihe neuerer Patente (s.P. 145—162) betreffen die Unschädlichmachung gasförmiger F-Verbindungen aus industriellen Abgasen und ihre Verwertung.

Über die technischen Maßnahmen zur möglichsten Verhinderung von F-Schäden in der seit etwa 30 Jahren bestehenden Flußsäure- und Fluoride-Fabrik in Leverkusen, wo täglich 15 bis 20 t HF hergestellt werden und wo bislang noch keine ernstlichen Gesundheitsschäden der Arbeiter beobachtet worden sind, berichtete vor kurzem F. Stauf 1953 (938). Außer durch genaue Unterweisung der Arbeiter (s. auch S. 108) ist dieser Erfolg dadurch erreicht, daß man die Apparaturen so dicht wie möglich gestaltete. Die Flußsäure wird bekanntlich aus Flußspat und H_2SO_4 hergestellt. Das geschieht dort in großen Drehöfen von etwa 1,5 m Durchmesser und 15 m Länge, die, ebenso wie die an diese Flußsäureöfen anschließenden Kondensations- und Absorptionsanlagen so gasdicht wie möglich gebaut sind. Ein mit Luft betriebener Injektor erzeugt den nötigen Zug in der Apparatur und die Endgase gehen durch einen kleinen Kamin über Dach. Es erfolgt fast 100%ige Niederschlagung der F-Gase, und das über Dach gehende Endgas, im wesentlichen Luft mit geringen Mengen SO_2, enthält kaum noch HF-Spuren. Da die Apparatur fast gasdicht ist, wird zudem kaum Fremdluft angesaugt und ist die entstehende Abgasmenge praktisch unbedeutend. Für den Fall möglicher Betriebsstörung und erforderlicher Reparatur ist zudem an allen Stellen, an denen bei solchen Anlässen HF-Gase austreten könnten, eine weitere Absaugleitung aus Kunststoff angebracht, durch die von einem Ventilator Luft in solch großen Mengen angesaugt werden kann, daß die Gase sehr stark verdünnt abgeführt werden.

E. Krüger 1944 (506) berichtet, daß nach Inbetriebnahme einer 1942 fertiggestellten Naßreinigungsanlage in einer Zinnhütte in Freiberg (Sachsen) die früher beträchtlichen F-Schäden dieses Werkes schlagartig zurückgingen und sich nur noch auf ein ganz enges Gebiet unmittelbar bei der Hütte beschränkten. Die Naßreinigungsanlage wurde gebaut nach dem Prinzip der technischen Maßnahmen, wie sie in dem „Bericht über die zur Beseitigung von Ziegeleirauchschäden im Auftrage des Kgl. Sächs. Finanzministeriums vorgenommenen Versuche, 1911, 1912, 1913“ von Hammig, W. Hempel, O. Schiffner und H. Wislicenus dargelegt sind. Nach diesem gelingt es mit einfachen Mitteln, durch Waschung und nachfolgende Zurückhaltung der sauren Nebel die Abgase der Ringziegelöfen soweit von schädlichen Bestandteilen zu befreien, daß sie in einer Entfernung von rd. 20 m von dem Austritt der Gase so gut wie unschädlich sind. E. Krüger macht aber darauf aufmerksam, daß die Erfassung und Niederschlagung der F-Abgabe nicht überall sofort so vollkommen erfolgen kann wie im angezogenen Falle. Z. B. können bei Verwendung von neuem Rohstoff unerwartet F-Verbindungen auftreten, oder die F-Quellen treten an so vielen Stellen eines Werkes auf, daß sie nur durch umständlichen Umbau erreichbar sind, oder auch es kann am nötigen Wasser fehlen. In kleinen Betrieben kann die Errichtung einer Naßreinigungsanlage auch wirtschaftlich untragbar sein. In derartigen Fällen müsse man auf anderweitige Beseitigung der Schäden bedacht sein, wie Entgiftung des F-haltigen Viehfutters im Silo mittels HCl oder Amasil unter Verwerfung des sich bildenden Saftes (möglichst auch Abspülen des Futters vor der Verwertung mit Wasser) sowie durch Pflege und medikamentöse Behandlung gefährdeter Tiere (s. o. S. 181). Auch verständnisvolle Zusammenarbeit zwischen Industrie und Landwirtschaft vermag Erleichterungen zu schaffen, indem z. B. ein Werk, das über unzureichende Reinigungsanlagen verfügt, vom Tage des Eintritts der vollen Blüte benachbarter Obst-, Getreide- usw. Felder in dem Teil ihres Werkes feiern läßt, der als Schadensstifter in Frage kommt, und zwar so lange, bis die Hauptblüte beendet ist.

H. Wislicenus 1933 (1070) bespricht die allgemeinen Maßnahmen zur Verhütung von Abgasschäden, speziell der Restgase, die auch bei besten Entsäuerungsanlagen in gewissem Prozentsatz zurückbleiben. Die einzige Möglichkeit ihrer Entgiftung sieht er in beschleunigter Verwirbelung und Verdünnung mit großen Freiluftmengen möglichst an der Abgasquelle selbst während und vor dem Ausströmen, was durch Gitterschornsteine zu erreichen ist. Jedoch hat sich — E. Tiegs 1934 (978) — der planmäßige Bau von Gitterschornsteinen in der Praxis bisher nicht durchgesetzt. R. Humery 1933 (413) bringt eine Abbildung des Modells eines Schornsteins, um den Rauch rasch in der Atmosphäre zu verteilen (Dissipator, Kanalsteine). H. Wislicenus weist an genannter Stelle übrigens auf die Aussicht hin, daß mit zunehmender Einführung von elektrischer Kraft von Zentralwerken die Schornsteine allmählich verschwinden würden, was zwar noch lange Zeit dauere und sagt, daß bis dahin noch „zahlreiche Schornsteine als Giftgasgeschütze den Wald und den Acker belagern" würden. H. Witte 1943 (1073) meint, daß die Betrachtung jedes Fabrikschornsteines als Rauchschadenquelle zu einer Psychose geführt habe, der energisch entgegengetreten werden müsse. — Ausführliche Angaben über die Technik der Entrußung, Entstaubung und Entgiftung von Abgasen finden sich außer in dem erwähnten Buche von R. Humery 1933 (413) in dem Werk von C. Loeser 1940 (570). Beide Werke behandeln allerdings vorwiegend SO_2. Auch H. Uiblein 1943 (994) bespricht die Bekämpfung und Beseitigung übelriechender und schädlicher Abgase, desgleichen F. Lowdermilk et al. 1950 (573) — Untersuchung einer Versuchsanlage für Fluor —, A. Christie 1951 (148), E. Allcut 1951 (5), T. de Jong u. S. Koopmans 1953 (445), A. Bachmair 1953 (37). Die Bemerkung des letztgenannten, daß die Verbrennungsprodukte vielfach das Pflanzenwachstum beschleunigen, sollte allerdings zur Vermeidung von Mißverständnissen besser fehlen.

Große Fortschritte hat auch die Entstaubung der Abgase gemacht. Das ist besonders für die F-Industrie von Bedeutung, denn die Schäden, die durch Vergiftung des Futters durch F-haltigen Flugstaub entstehen oder entstanden, sind bestimmt mindestens so zu fürchten wie die Beschädigungen der Vegetation. Nach W. Sproull 1951 (932) finden Cottrell-Abscheider in verschiedenen Ausführungen bei der Entstaubung in Kraft- und Hüttenwerken, zur Niederschlagung des Katalysatorenstaubes in Ölraffinerien, von Säuredämpfen usw.

mit steigendem Effekt Anwendung. Rauchgase werden häufig erst durch Zyklone, die grobe Flugasche über 10 μ entfernen, dann über Abscheider geführt, rußhaltige Gase umgekehrt. Die elektrostatischen Abscheider — s. auch R. WERNER 1952 (1035) — sind in den Anschaffungskosten teurer als Zentrifugalabscheider, aber ungleich wirksamer. Beim Waschen ist die Beschaffung und Reinigung des Wassers schwierig. Ultraschallanlagen verarbeiten saure Dämpfe bei hohen Temperaturen mit 90% Wirkungsgrad, erfordern aber Nachschaltung eines Zyklons und damit erhöhten Kraftbedarf. M. NORD 1950 (723) bespricht die Fällung von Staubteilchen durch Schall, ihre Auffindung sowie Patente und Aussichten für wirtschaftliche Verwertung. S. RICHARDS 1951 (806) erläutert die Methoden und bewährten Apparate zur Bestimmung des Flugstaubgehalts der Luft, Rauchfilter, automatische Filter nach Owens; W. SMITH u. E. STAFFORD 1950 (922) beschreiben neue Staubfilter von unerreichter Wirksamkeit und FR. THOMAS JR. 1953 (970) bespricht Apparate für die Filterung von Gasen, bei denen die in den Gasen enthaltenen Staube durch versprühte Flüssigkeiten niedergeschlagen werden und ihre Unterhaltungskosten. M. ANDRITZKY 1950/54 (9/10) beschreibt die Wirkung verschiedener Fliehkraftabscheider und eine kombinierte Anlage, bei der dem Elektrofilter ein Vielzellen-Fliehkraftabscheider (Zyklon, Paraklon) vorgeschaltet ist und die zweckmäßige Anwendung einer solchen Anlage. WEISSNER 1953 (1032) erläutert die Verringerung des Flugascheauswurfs durch Verbesserung an Feuerungsanlagen und Einbau von Babcock-Zyklonen anhand instruktiver Abbildungen. Auch eine ganze Reihe neuerer Patente behandelt das Entstauben von Gasen und dgl. nach verschiedenen Verfahren, s. P. 163—168.

H. SCHMEEL 1944 (872) sagt, besser als alles Verteilen bis zur Unschädlichmachung oder möglichen Gefahrlosigkeit sei die völlige Reinhaltung der Luft. Sie bleibe das anzustrebende Ideal, aber sie sei, wie alle Ideale, nun einmal nicht zu verwirklichen. Immer blieben „Restgase" übrig. Er weist auf die Notwendigkeit der exakten Feststellung der Abgasverteilung in Form der hygienisch und biologisch bedeutsamen Konzentration hin, die in den USA schon seit geraumer Zeit vollzogen sei und teilt sechs praktische Formeln für die Ermittlung der Abgasausbreitung nach dem Vorbilde des Meteorologen W. SCHMIDT mit. Dieser hatte schon 1926 eine Reihe formulierter rechnerischer Beziehungen zwischen Restgasmenge, Windstärke, Turbulenzgrad der Luft, Kaminhöhe, Entfernung von der Emissionsquelle und aus allen diesen Faktoren resultierender Verdünnung der Verunreinigung der Atmosphäre aufgestellt. SCHMEEL betont, daß die Berechnung mittels Formeln die chemische Analyse nicht überflüssig mache, der Fachmann müsse im Einzelfall entscheiden, welche Untersuchungsmethode den Vorzug verdiene. Seiner Forderung, jedes Abgase entlassende Industrieunternehmen solle meteorologische Stationen unterhalten zu einer aufmerksamen Luftüberwachung steht leider noch entgegen, daß es zum Teil noch an dem erforderlichen Instrumentarium fehlt, z. B. werden die gerade für die F-Überwachung unentbehrlichen Nebel- und Tauschreiber in geeigneter Ausführung heute noch nicht gebaut.

2. Durch Anbaumaßnahmen

H. Radeloff 1937 (774) hat die Anbaumaßnahmen bei Gartenbestellung in Rauchschadengebieten besprochen. Er weist darauf hin, daß gegen nur eine Einfallrichtung Mauern und Planken zweckmäßige Schutzmaßnahmen sind, gegen schwächere Schäden auch breite Hecken — Liguster, keine Fichten —, ferner Mischbestände aus abwechselnd höheren und niedrigeren Kulturen, wodurch die niedrigeren besser geschützt sind, als wenn sie auf langer, freier Fläche allein stünden, schließlich Auswahl verhältnismäßig widerstandsfähiger Arten. Die verschiedene Widerstandsfähigkeit der verschiedenen Pflanzen gegen F haben wir auf S. 158 besprochen, dabei allerdings gesehen, daß unsere diesbezüglichen Kenntnisse noch recht lückenhaft sind, wozu kommt, daß die Widerstandsfähigkeit bzw. Anfälligkeit von sehr vielen verschiedenen Faktoren abhängt.

Direkte Abwehrmaßnahmen kommen wohl nur in besonderen Fällen in Frage. So versuchten D. Allmendinger et al. 1950 (6) Gladiolen-Feldbestände dadurch zu schützen, daß sie die Blätter mit verschiedenen alkalischen Stäube- und Spritzmitteln behandelten. Besonders Kalkmilch-Spritzungen verringerten die Verbrennungsschäden merklich. Der Kalk absorbierte beträchtliche F-Mengen und der F-Gehalt im Blattgewebe war geringer als bei unbehandelten Kontrollpflanzen.

Forstwirtschaftlich kommen zur Abwehr der Rauchwirkung einstweilen nur Kulturmaßnahmen in Frage. Weber u. Orth 1942 (1029) sagen, daß der Forstmann gegen Rauchschäden im allgemeinen machtlos ist, „die den Schaden hervorrufenden Fabriken sind schadenersatzpflichtig, doch ist der Nachweis schwierig“. W. Höricht 1938 (403) betont, daß, wenn auch die Standortsverhältnisse es zulassen, rauchwiderstandsfähigere Holzarten anzubauen, dieser Maßnahme doch meistens der schwerwiegende Umstand der Massenminderleistung entgegenstehe. Für die Begründung rauchharter Bestände kämen übrigens nur Laubhölzer in Betracht. Wo für solche zusagende Standortsbedingungen nicht gegeben sind, bliebe nur Überführung von Wald in Feld oder Wiese übrig. Sonst ist Mischung aller verwendbaren Laubhölzer im Plenter- oder Mittelwaldbetrieb angezeigt. Wo alle Betriebsformen versagen, rät er zu Niederwald mit kurzer Umtriebszeit, da dieser die Jungwüchse schützt und die Bodenfrische erhält, wobei möglichst mit Buche und Eiche zu durchkreuzen ist, um die dadurch bedingte Bodenverbesserung dem Gesamtbestand zugute kommen zu lassen und sich Mischbestände zu schaffen.

Optimistischer betrachtet E. Krüger 1951 (508) die Sachlage. Er hält es für durchaus möglich, gegen „Rauch“ resistente oder jedenfalls resistentere Formen der Kulturpflanzen auf züchterischem Wege zu schaffen. Material für die Auslese solcher sei in den Industriegebieten reichlich vorhanden. Man könne in allen Rauchgebieten beobachten, daß verschiedene Vertreter einundderselben Art sich hinsichtlich ihrer Rauchhärte ganz verschieden verhalten. Das brauche nicht immer, wie meist angenommen, darauf beruhen, daß das betreffende Individuum zur Zeit des Rauchangriffes sich in anderem Vegetations- oder Empfindlichkeitszustand befunden habe, sondern könne sehr wohl auf erblichem Unterschied beruhen, was im betreffenden Falle jeweils zu untersuchen wäre. Man würde zweckmäßig zunächst von solchen Arten ausgehen, die sich erfahrungsgemäß als am rauchfestesten erwiesen hätten. Unter den Waldbäumen werden als relativ wenig empfindlich (gegen SO_2) genannt: Pinus austriaca, Taxus baccata, Abies concolor, Picea pungens glauca, Eiche, Sorbus aria, Pappel, besonders die canadische, Platane, Ahorne. Besonders rauchfest ist Sambucus nigra. An Gemüse werden Grünkohl, Möhren, Porree, Sellerie und Meerrettich angegeben. Kartoffeln werden wenig geschädigt, am wenigsten die frühreifen. Auch indirekte Beeinflussung durch Schädigung der Insekten kann mitsprechen, z. B. bringen selbstfertile Obstbaumarten bzw. -sorten, wie Sauerkirschen und Rettichbirne, auch in stark gefährdeten Gebieten oft gute Ernten, selbststerile, wie der Apfel „Schöner von Boskop", dagegen sind mehr gefährdet. Das bezieht sich, wie gesagt, auf SO_2-Resistenz; ob und wieweit die F-Resistenz der Pflanzen mit dieser übereinstimmt, ist noch zu prüfen, aber nach den S. 158 mitgeteilten Beobachtungen scheint das nur zum Teil der Fall zu sein.

VI. RAUCHSCHADENPROZESSE

Hauptsatz bei allen Rauchschadensfällen muß sein, wie G. Bredemann u. H. Radeloff 1937 (123) ausführen: Wie läßt sich — und zwar alles mit größter Beschleunigung — der Schaden abstellen bzw. eine Wiederholung vermeiden, und wie läßt sich über den bereits eingetretenen Schaden eine Einigung zwischen Geschädigten und Schadensurheber herbeiführen?

Um eingetretene Schäden rasch melden zu können, sollten überall zuständige Gebietsstellen vorhanden und bekannt sein, die mit den örtlichen Verhältnissen (Klima bzw. Mikroklima, anderen Krankheitsursachen, Bodenstruktur usw.) gut vertraut sind; das wären zweckmäßig die Pflanzenschutzämter. „Beeidigte Sachverständige" für diese rein land- bzw. forstwirtschaftlichen, botanischen und chemischen Fragen sind darüber hinaus durchaus zu entbehren. Ein solches Netz von sachverständigen Gebietsstellen könnte sich im Laufe der Zeit zu einem organisierten Rauchschadendienst ausgestalten. Zur Ortsbesichtigung und zur Bearbeitung der weiteren technischen Fragen sollten die Pflanzenschutzämter jedesmal die Gewerbeaufsichtsämter mit heranziehen. Läßt sich eine Einigung nicht erzielen, so wäre weitere Verfolgung zweckmäßig Angelegenheit der Berufsstände, nicht des Einzelnen.

W. Haselhoff hat in dem Abschnitt „Rechtliche Würdigung der Beschädigung der Vegetation durch Rauch" in dem Rauchschadenbuch von E. Haselhoff, G. Bredemann u. W. Haselhoff 1932 (368) die Rechtslage betr. Zulässigkeit der Einwirkungen von Rauch sowie der Abwehr- und Entschädigungsansprüche ausführlich besprochen. Eine inzwischen ergangene Entscheidung des derzeitigen Reichsgerichts V 218/36 (13) fordert bei der Beurteilung von Schadensfällen die Berücksichtigung eines „nachbarlichen Gemeinschaftsverhältnisses", wobei es darauf ankommt, „im Einzelfalle den gerechten Ausgleich der widerstreitenden Belange, das für das Lebensverhältnis richtige Recht zu finden". Aus dieser Formulierung geht, wie H. Rosenbaum 1939 (834) bemerkt, hervor, daß man die unzureichende Lösung des Rauchschadenproblems empfindet. Auch die weitere Forderung des genannten Urteils, die Industrie müsse die bestmöglichen technischen Einrichtungen zur Schonung des landwirtschaftlichen Nachbarn treffen, und dieser habe die Pflicht, seinen Betrieb so einzurichten und so zu führen, daß er gegenüber den Industrieeinwirkungen möglichst wenig empfindlich sei, behebt die bestehenden Schwierigkeiten keineswegs. A. Janson 1936/37 (436) betont mit Recht, daß die Schwierigkeit der Rauchschadenprozesse damit zusammenhänge, daß es sich bei ihnen nicht um Juristen-, sondern um Sachverständigenprozesse handele, und die Richter ihren Entscheidungen die Feststellungen und Bekundigungen der Rauchschadensachverständigen zugrunde legen, deren Auffassungen also in überragendem Maße für die Urteile bestimmend sind. Auch W. MÜHLSTEPH 1937/42 (699/700) äußert sich in ähnlichem Sinne. Jede Ermittlung für gerichtliche Auseinandersetzungen umfasse einen ganzen Komplex von Beobachtungen, deren logischer Zusammenhang zu klären sei. Das Wort Rauchschaden aber dürfe nicht ein Schreckmittel sein, sondern müsse im Interesse der Allgemeinheit zu dauernd neuer Forschung anspornen. Mit der Ausdehnung der Industrie nimmt die Bedeutung dieser Frage zu, und ihre gründliche Klärung ist ein Beitrag für die zukünftige Gestaltung des deutschen Lebensraumes.

Eine eingehende Darstellung des tatsächlichen Standes unserer Kenntnisse — und Unkenntnisse —, wie wir sie in den Kapiteln III bis VI über die Fluor-Rauchschäden zu geben bemüht waren, wird daher nicht nur für den Forscher von Nutzen sein können, sondern auch für den Richter. Auch dieser wird sehen, daß vieles, aber noch nicht alles erforscht worden ist. Und wenn, wie das erfahrungsgemäß bei gerichtlichen Auseinandersetzungen leicht der Fall ist, eine Partei sich mit einer Kette von positiven (oder negativen) Beweisen nicht zufrieden geben will und gerade für diese noch nicht erforschten Fragen den schlüssigen Beweis fordert, so wird er derartige Forderungen als unberechtigt ablehnen. Man kann sich auch oft des Eindrucks nicht erwehren, daß sie zur Verschleppung des Prozesses und zur Zermürbung des Gegners gestellt werden. Schließlich kann ein Rauchschadenprozeß nicht zu einer Lebensaufgabe für einen oder gar eine ganze Gruppe von Forschern gemacht werden. Die entscheidenden Instanzen müssen beurteilen können, was nach dem Stande unserer Kenntnisse überhaupt beweisbar ist und was zunächst noch unklar bleibt und, sich auf den Boden des Gegebenen stellend, ihre Entscheidung treffen.

VII. SCHRIFTTUM AB 1932

1. ABELIN, J., Quantitative Bestimmung des Fluors, Chlors und Broms in biologischem Material. Z. analyt. Chem., München, 99, 1934, H. 3 u. 4, 154—156.

1a. ABRAHAM, S., Besondere Reaktionen auf das Myoticum Fluoropryl. Amer. J. Ophthalmol., Chicago, [3] 36, 1953, 1122—1123; rf. Chem. Zbl. 1955, 6333.

2. ADLER, P., Über den Einfluß protektiver, jedoch atoxischer Fluormengen im Trinkwasser auf den Zahndurchbruch, insbesondere auf den Wechsel der Seitenzähne. Acta Medica, Budapest, 2, 1951, 349—360.

3. — The connections between dental caries experience and waterborne fluorides in a popalution with low caries incidence. J. Dental Res., St. Louis, Mo., 30, 1951, 368—381.

4. ALBANSKAJA, T., Zur Frage der prophylaktischen Wirkung einer F-haltigen Pasta und des Strontiumchlorids. Stomatologie, Moskau, 1951, Nr. 4, 10—12; rf. Chem. Zbl. 1952, 4336.

5. ALLCUT, E., Lufthygiene. Engng. J., Montreal, Can., 34, 1951, 664—671; rf. Chem. Zbl. 1953, 7369.

5a. ALLISON, R., Die Bestimmung kleiner Fluormengen im Glas. J. Soc. Glass Technol., Sheffield, 37, 1953, Trans. 213—217; rf. Chem. Zbl. 1955, 3711.

6. ALLMENDINGER, D., MILLER, V., JOHNSON, F., The control of fluorine scorch of gladiolus with foliar dusts and sprays. Proc. Amer. Soc. horticult. Sci., Ithaca, N. Y., 56, 1950, 427—432; rf. Horticult. Abstracts, 21, 1951, 537.

7. AMDUR, M., Toxikologische Untersuchungen. Publ. Health Rep., Washington, 69, 1954, 724—726; rf. Chem. Zbl. 1955, 2249.

8. Amerikan. Bericht PB 18 950; rf. Angew. Chem. B., Verlag Chemie, 19, 1947, 256.

9. ANDRITZKY, M., Heutiger Stand der Rauchgasentstaubung. Elektrizitätswirtschaft, Berlin, 49, 1950, 136—142; rf. Chem. Zbl. 1954, 4228.

10. — Rauchgasentstaubung. Brennstoff, Wärme, Kraft, Berlin-Göttingen-Heidelberg, 6, 1954, 122; rf. Chem. Zbl. 1954, 7020.

11. ANNUAL Report of the County Analyst (County of Derby). Analyst, Cambridge, 62, 1937, 733—734.

12. ANONYM, Spritzschäden an Kirschen durch Verwendung von Fluornatrium zur Bekämpfung der Kirschfliege. Nachrichtenbl. f. d. Dtsch. Pflanzenschutzdienst, Berlin, 13, 1933, H. 8, 63—64.

13. — Reichsgericht für Gleichberechtigung von Industrie und Landwirtschaft. Dtsch. Landw. Presse, Berlin, 64, 1937, H. 15, 178.

14. — Flußspat in Neufundland. Min. J., London, 223, 1944, 634; rf. Chem. Zbl. Akad.-Verlag, 1945, II. 235.

15. — Fluorit, sein Vorkommen und seine Gewinnung in der Welt. Chem. Technik, Berlin, 2, 1950, 40—41; rf. Chem. Zbl. 1950, II. 2171.

16. — Synthetischer Glimmer. Electronics, New York, 23, 1950, 120; rf. Chem. Zbl. 1954, 3419.

17. — Thershold limit values adopted at the meeting of the American Conference of Governmental Industrial Hygienists in Chicago, April 1950. Arch. Industr. Hyg., 2, 1950, 98—100; rf. Rona-Ber. 144, 1951, 382.

18. — Food acids and caries. J. Amer. Med. Assoc., Chicago, 145, 1951, 321; rf. Naturw. Rdsch., 4, 1951, 492.

19. — Die Bestimmung des Fluors. Organische Fluorverbindungen. Chem. Age, London, 65, 1951, 47—48; rf. Chem. Zbl. 1952, 1216.

20. — Chemicals in food. Brit. med. J., London, 1951, 905; rf. Z. Lebensmittel-Unters. u. -Forsch. 98, 1954, 84.

21. — Die Verarbeitung von Teflon (Polytetrafluoräthylen). Nachr. a. Chemie u. Technik, Weinheim/Bergstr., 1, 1953, 169.

22. — Organische Silicofluoride. Ebenda, 1, 1953, 79.

23. — Fluorine in foods. Food Manufact., London, 28, 1953, 273—274; rf. Z. Lebensmittel-Unters. u. -Forsch. 99, 1954, 80.

23a. — Changes in official methods of analysis made at the sixty-seventh annual meeting, October 1953. J. Assioc. off. agric. Chemists, Washington, 37, 1954, 81—128.

24. — Der industrielle Wasserbedarf. Mineralwasser-Ztg., Stuttgart-N, 7, 1954, 38—39; rf. Z. Lebensmittel-Unters. u. -Forsch., 99, 1954, 257.

24a. — Detection of toxic gases. Chem. Age, London, 71, 1954, Nr. 1838, 725—730; rf. Chem. Zbl. 1955, 7284.

25. APPEL, O., Handbuch der Pflanzenkrankheiten. Bd. VI, Teil 1, Berlin, Paul Parey, 1939. Chemische Pflanzenschutzmittel: Fluorverbindungen. 435—447.

26. ARMSTRONG, W., Modification of the Willard-Winter method for fluorine determination. J. Amer. chem. Soc., Washington, 55, 1933, 1741—1742; rf. Chem. Zbl. 1933, I. 3982.

27. — Silicon tetrafluoride volatilization. Ind. Eng. Chem., Analyt. Edit., Washington, 5, 1933, 315—317; rf. Chem. Zbl. 1933, II. 3318.

28. ARMSTRONG, W., Microdetermination of fluorine. Elimination of effect of chloride. Ebenda, 8, 1936, 384.
29. ARNOLD JR., FR. and MCCLURE., F, Observations on induced dental caries in rats. II. The effect of subcutaneous injection of fluorides. J. Dental Res., New York, 20, 1941, No. 5, 457—463; rf. Exp. Sta. Rec., 88, 1943, 568.
30. — DEAN, H., KNUTSON, J., Einfluß von fluoriertem Trinkwasser auf die Verbreitung der Zahncaries. Publ. Health Rep., Washington, 68, 1953, 141—148; rf. Chem. Zbl. 1953, 6089.
31. ATKINS JR., E., Verfahren zur Bekämpfung von Orangenschädlingen in Südkalifornien. Calif. Citrograph., 38, 1953, 428; rf. Chem. Zbl. 1954, 4929.
32. ATTIA, R., A study on sodium fluo-silicate with special reference to its toxicity to farm animals. Ministry of Agric., Egypt; Techn. and scientif. serv. Plant Protect. Sect., Bull. No. 105, Cairo, 1951, 38 S.
33. AWE, W. u. REINECKE, I., Zur Kenntnis der Morphinbestimmung nach Mannich. Arzneimittel-Forsch., Aulendorf/Württ., 1, 1951, 417—418; rf. Chem. Zbl. 1952, 7059.
34. BAADER, E., Die Nebelkatastrophe im Monongahelatal. Dtsch. med. Wschr., Stuttgart, 75, 1950, 513—516; rf. Chem. Zbl. 1951, II. 1473.
35. BABKO, A., Methodik der colorimetrischen Bestimmung des Fluors. Betriebs-Lab., Moskau, 13. 1947, 803—807; rf. Chem. Zbl. 1947, E 87.
36. — u. CHODULINA, P., Farbreaktion auf das Fluorion mit Titanchromotropreagens. J. analytic. Chem., Moskau, 7, 1952, 281—284; rf. Chem. Zbl. 1953, 2811.
37. BACHMAIR, A., Zur Frage der Immission aus Rauchgasen. Mitt. Vereinig. Großkesselbesitzer, Düsseldorf, 1953, 347—348; rf. Chem. Zbl. 1954, 5142.
38. BAGGESGAARD-RASMUSSEN, H. u. TERP, P., Neue Kampfgasarten. Arch. Pharmac. og Chem., København, 56, 1951, 281; rf. D. Apoth. Z. 1952, 255.
39. BALKS, R., Die Untersuchung von Rauchschäden. Handbuch d. landw. Versuchs- u. Untersuchungsmethodik (Methodenbuch), Bd. XVI, Neumann Verlag, Radebeul u. Berlin, 1953, 85—126.
40. BALLCZO, H., Beitrag zur Analytik des Fluors mit besonderer Berücksichtigung des Fluorgehaltes in Mineralwässern. Österr. Chemiker-Ztg., Wien, 50, 1949, 146—148; rf. Chem. Zbl. 1950, II. 2228.
41. — Das Fluorvorkommen in Trink- und Thermalwässern des Gasteiner Tales und seine Bedeutung. Z. physik. Therapie, Bäder- u. Klimaheilkunde, Wien, 2, 1949, H. 9/10, 136—138.
42. — u. KAUFMANN, O., Mikromaßanalytische Bestimmung des Fluorions. Mikrochem. verein. Mikrochim. Acta, Wien, 38, 1951, H. 3, 237—257; rf. Chem. Zbl. 1953, 904 u. Z. analyt. Chem. 136, 1952, 213—215.
43. — — Die Bestimmung des Fluorgehaltes gesunder und kranker Rinderzähne und Kiefernknochen. Ebenda, 39, 1952, H. 1, 13—21; rf. Chem. Zbl. 1953, 2467.
44. — — (unter Mitarbeit von L. BITTNER), Die Bestimmung des Fluorgehaltes von Heuproben aus rauchgeschädigtem Gebiet. Ebenda, 39, 1952, H. 1, 9—12; rf. Chem. Zbl. 1953, 2046.
45. BARBOUR, A. u. BELF, L., Fluorhaltige chemische Produkte. Chem. Products chem. News., London, 14, 1951, 385—389, m. 100 Schrifttumsangaben.
46. BÁRTA, J., Fungicider Zement. Stavivo (Baumaterialien), Brno, 30, 1952, 74; rf. Chem. Zbl. 1953, 7162.
47. BARTALINI, E. u. GRIANTI, V., Die Fluorwasserstoffsäure als Ursache von Unglücksfällen in der chemischen Industrie. Rass. Med. ind., 22, 1953, 34—42; rf. Chem. Zbl. 1954, 2872.
48. BARTH, T., On the geochemical cycle of fluorine. J. Geolog., Chicago, 55, 1947, 420—426; rf. Chem. Zbl. 1947, E. 496.
49. BARTHOLOMEW, R., Fluorine, its effect on plant growth and its relation to the availability of phosphorus in phosphate rocks. Soil Sci., Baltimore, 40, 1935, 203—217; rf. Chem. Zbl. 1936, I. 414.
50. — Effect of fluorine content on availability of rock phosphates. Ark. Agr. Exp. Sta. Bull. Fayetteville, Ark., 312, 1939, 20.
51. BAVENDAMM, W., Aus der Praxis der mykologischen Holzschutzmittelprüfung. Angew. Bot., Berlin, 18, 1936, 132—141.
52. — Die Beurteilung der toxischen Wirkung der Holzschutzmittel. Holz als Roh- u. Werkst., Berlin-Göttingen-Heidelberg, 9, 1951, 101—105; rf. Chem. Zbl. 1952, 6952.
53. BAZILLE, S., Contribution à l'étude toxicologique du fluor. Thèse Doct. Univ. (Pharm.) Paris, 1935, 75 S.
54. BEAR, F., Trace elements. Progress Report on Research with Particular Reference to New Jersey Soils. Agric. Food Chem., Easton, Pa., 2, 1954, Nr. 5, 244—251.
55. BECK, E., Erkrankungen und Verletzungen durch Flußsäure. Zbl. Chirurg, Leipzig, 75, 1950, 414—418; rf. Chem. Zbl. 1951, I. 3232.
56. BECKER, G., Neue Erkenntnisse über Fluorverbindungen im Holzschutz. Angew. Chem., Weinheim/Bergstr., 62, 1950, 382—385; rf. Chem. Zbl. 1951, I. 1245.
57. — Prüfung der „Tropeneignung" von Holzschutzmitteln gegen Termiten. Wiss. Abh. dtsch. Materialprüf.-Anst. 1950 (2), Nr. 7, 62—76; rf. Chem. Zbl. 1954, 3132.
58. — GASDA, G., THEDEN, G., Versuche über den Vorgang der Schutzsalz-Eindringung in Holz und seine Abhängigkeit von der Luftfeuchtigkeit. Holzforschung, Berlin, 1, 1947, H. 4, 103—112; rf. Bot. oeconom., Hamburg, 1948, 1, 55.
59. — u. SCHULZE, BR., Zur Prüfung der vorbeugenden Wirkung von Holzschutzmitteln gegen Insekten. Mitt. Reichsinst. Forst- u. Holzwirtsch., Hamburg-Reinbek, 1948, Nr. 6, 1—12.
60. — u. WIEDERHOLT, W., Fluosilicathaltige Gemische f. d. Holzschutz m. herabgesetzter eisenschädigender Wirkung. Holz als Roh- u. Werkst., Berlin-Göttingen-Heidelberg, 9, 1951, H. 11, 409—146; rf. Rev. Appl. Mycol. 31, 1952, 525.
61. BEHRMAN, A. and GUSTAFSON, H., Removal of fluorine from water. A development in the use of tricalcium phosphate. Ind. Eng. Chem., Washington, 30, 1938, H. 9, 1011—1013; rf. Chem. Zbl. 1939, I. 1221.

62. Belcher, R. u. Tatlow, J., The determination of fluorine in organic compounds. Analyst, Cambridge, 76, 1951, 593—595; rf. Chem. Zbl. 1952; 7867 u. Z. Lebensmittel-Unters. u. -Forsch. 95, 1952, 54.
63. — u. Brewer, P., Bemerkung zu der Titration der Bleichlorfluorid-Niederschläge unter Benutzung der Volhard-Methode. Analytica Chim Acta, Amsterdam, 8, 1953, 235—238; rf. Chem. Zbl. 1954, 1554.
64. Bendig, M. u. Hirschmüller, H., Die spektralcolorimetrische Bestimmung von Titan, Peroxyd u. Fluor. Z. analyt. Chem., München, 120, 1940, H. 11 u. 12, 385—393.
65. Beraha, L. and Powell, D., The vapor phase toxicity of some Biphenyl derivates to Monilinia fructicola. Phytopathology, Lancaster, Pa., 43, 1953, Nr. 7, 383—386.
66. Beraud, P., Über die Verstärkung der Entwicklung von mit Fluor behandelten Hefen. C. R. Séances Soc. Biol. Filiales, Paris, 137, 1943, 579—581; rf. Chem. Zbl. 1945, I. 51.
67. Berg, E. u. McIntyre, R., Papierchromatographie von Metall-2-thenoxyltrifluoracetonchelaten. Analyt. Chem, Washington, 26, 1954, 813—814; rf. Chem. Zbl. 1954, 8863.
68. Bergershoff, H., Verfahren zur quantitativen Bestimmung des Gehalts von Rauchluft oder atmosphärischer Luft an Schwefeldioxyd, Schwefelwasserstoff, Chlor, Salzsäure u. Stickoxyden. DRP. 289 355 Kl. 42 1 v. 29. 6. 1930, ausg. 6. 12. 1933. Chem. Zbl. 1934, I. 1533.
69. Bericht der Medical-Research-Council-Kommission, Industriefluorose. Chem. Age, London, 60, 1948, 251—252; rf. Chem. Zbl. 1950, I. 102.
70. Bernardi, A., Die Chemie des Fluors in Organismen. Ann. Chim. appl., Roma, 31, 1941, 177—196; rf. Chem. Zbl. 1942, I. 2662.
71. Beveridge, J., Hunter, G., MacNulty, B., Bestimmung von Fluorid in Mikrogramm-Mengen. 2. Mitt.: Die Fluorbestimmung in Wässern u. Abwässern unter Anwendung des Aluminium-Hämatoxylin-Komplexes. Analytica chim. Acta, Amsterdam, 9, 1953, 330—337; rf. Chem. Zbl. 1954, 11021.
72. Beyersdorfer, P., Die Fluoridtrübung in Gläsern. Glashütte, Dresden, 76, 1949, 1—3, 19—23; rf. Chem. Zbl. 1950, I. 1137.
73. Beythin, A., Laboratoriumsbuch für den Lebensmittelchemiker. 6. Aufl., 1951, Verlag Theodor Steinkopf, Dresden u. Leipzig.
74. Bibby, B. u. Turesky, S., Notiz über die Dauer der Cariesverhinderung, die durch die Anwendung von Fluoriden verursacht wird. J. Dental Res., New York, 26, 1947, 105—108, rf. Chem. Zbl., Verlag Chemie, 1948, II. 498.
75. Bier, G., Herstellung u. Eigenschaften fluorhaltiger Kunststoffe. (Vortrag auf d. Hauptversammlung d. Ges. Deutscher Chemiker in Hamburg v. 14.—19. Sept. 1953) Pharmacie, Berlin, 8, 1953, 1073.
76. Biggins, Cl., Dibutoline as an antidote for diisopropylfluorophosphate poisoning in mice. J. Lab. clin. Med., St. Louis, Mo., 34, 1949, 123—135; rf. Rona-Ber. 148, 1951, 110.
77. Biraghi, A., Determinazione della presenza di fluoro nei tessuti vegetali colpiti da emanazioni gassose. Boll. R. Staz. Patolog. veget. Roma, Firenze, NS. 18, 1938, 360—366.
78. Bisanz, R. u. Kroupa, E., Bestimmung von Fluor u. Kieselsäure in den Gasteiner Thermen. Chem. Ztg., Köthen, 63, 1939, H. 88/89, 689—691.
79. Bishop, P., Bone changes in chronic fluorine intoxication. Amer. J. Roentgenol. Radium Therapy, Illinois, 35, 1936, H. 5, 577—585.
80. Blew, J., Comparison of wood preservatives in Mississippi post study (1951 Progress Report). Rep. For. Prod. Lab., U. S. Dep. Agric., R 1757 (revised), 1951, 11 S, (Mimeographed).
81. Bobko, E. u. Pyradilschikova, T., Der Einfluß von Fluor auf die Entwicklung der Pflanzen. Trudy Vsesoyuz. Akad. Selsk. Khoz. Nauk, Lenina 1940 (No. 23—24), 33—35.
82. Bockemüller, W., Der Nachweis und die Bestimmung von Fluor in organischen Verbindungen. Z. analyt. Chem., München, 91, 1933, H. 3 u. 4, 81—90.
83. — Neuere Methoden der präparativen organischen Chemie. 5. Die Einführung von Fluor in organische Körper. Angew. Chem., Berlin, 53, 1940, H. 37/38, 419—424.
84. de Boer, J.H., Een kleurreactie op Zirkonium en op Fluoor. Chemisch Weekblad, Amsterdam, 21, 1924, 404.
85. — u. Basart, J., Eine schnelle maßanalytische Bestimmung des Fluors auch in komplexen und unlöslichen Fluoriden. Z. anorgan. u. allgem. Chem., Leipzig, 152, 1926, 213—220.
86. Boissevain, C. and Drea, W., Spectroscopic determination of fluorine in bones, teeth, and other organs in relation to fluorine in drinking water. J. Dental Res., New York, 13, 1933, 495—500.
87. Bollkämper-Banaschewski, M., Die sozialhygienische Bedeutung der im Ausland gemachten Erfahrungen mit der Fluorierung zur Linderung des Kariesbefalls. Dissert. Hamburg 1952, 29 Schreibm.-Seiten.
88. Boltes, E.-A., Untersuchungen über Zahnschutzhärtung unter besonderer Berücksichtigung des Cariesprophylakticums „Ordinal", Dtsch. Zahnärztebl., München, 7, 1953, 244—249; rf. Chem. Zbl. 1953, 7342.
89. Bond, A. and Murray, M., Direct titrimetric determination of fluoride in natural waters. J. Physiology, London, 116, 1952, 18 P.; rf. Chem. Zbl. 1952, 7073 u. Biochem. J., London, 53, 1953, 642—645; rf. Chem. Zbl. 1953, 9595 u. Z. Lebensmittel-Unters. u. -Forsch. 98, 1954, 81.
90. — — Wirkungen chronischer Fluorintoxikationen auf die Nerven. J. Physiology, London, 116, 1952, 18 P., rf. Chem. Zbl. 1952, 6896.
91. Bond, J., Resorption einer systemischen Verbindung durch den Stamm beim Kaffeebaum. Bull. entomol. Res., London, 44, 1953, 97—100; rf. Chem. Zbl. 1953, 9523.
92. Boonstra, J., Modifikation der Sanchis-Methode zur Fluor-Bestimmung in Trinkwasser. Rec. Trav. Chim., Amsterdam, 70, 1951, 325.
93. — Modifikation der Fluorbestimmung nach Sanchis. Acta physiol. pharmacol. neerl., Amsterdam, 2, 1951/52, 292; rf. Chem. Zbl. 1953, 1858.
94. Boorsma, H., Die Fluorierung von Leitungswasser. Ingenieur, 's-Gravenhage, 65, 1953, G 35—39; rf. Chem. Zbl. 1954, 2247.

95. BOOTH, H. and MARTIN, D., Boron trifluoride and its derivates. John Wiley and Sons, New York; Chapman and Hill Ltd., London, 1949, 315 pp., m. ca. 1000 Literaturhinweisen.
96. BORCHERT, A., Über die Giftigkeit einiger Pflanzenschutzmittel (Arsenpräparate u. Fluornatrium) für die Bienen. Arch. f. Bienenkunde, Leipzig, 10, 1929, H. 1, 1.
97. BORCHERT, H., Zur Geochemie des Fluors. Heidelberger Beitr. Mineralog. Petrogr., Berlin-Göttingen-Heidelberg, 3, 1953, 36—43; rf. Chem. Zbl. 1954, 1670.
98. BOREI, H., Einwirkung von Fluorit auf Cytochrom u. Cytochromoxydase. Ark. Kem., Mineral. Geol., Ser. A, Stockholm, 13, 1939, No. 23, 1—13; rf. Chem. Zbl. 1940, I. 3936.
99. — Zur endogenen Atmung u. Gärung der Oberhefe. I. Verhalten der Atmung gegen Fluorid u. Azid. Biochem. Z., Berlin, 312, 1942, 160—187; rf. Chem. Zbl. 1943, I. 40.
100. — Inhibition of cellular oxidation by fluoride. Ark. Kem., Mineral., Geol., Ser. A, Stockholm, 20, 1945, No. 2—3, 1—215; rf. Exp. Sta. Rec., 94, 1946, 557.
101. BORUFF, C., Removal of fluorides from drinking waters. Ind. Eng. Chem., Washington, 26, 1934, H. 1, 69—71; rf. Chem. Zbl. 1934, I. 2017.
102. — and ABBOTT, G., Determination of fluorides in Illinois waters. Ind. Eng. Chem., Analyt. Edit., Washington, 5, 1933, H. 4, 236—238.
103. BOSSERT, W. u. DUNNING, J., Die Verdünnung von Natriumfluoridlösung 1:1000 durch den Speichel beim Gebrauch als Mundwasser. J. Dental Res., New York, 24, 1945, 311—134; rf. Chem. Zbl., Verlag Chemie, 1947, I. 69.
104. BOTT, B., Der Einfluß der Kontaktgifte „Gix" auf den Körper des Schädlings. Anz. Schädlingskunde, Berlin, 21, 1948, 91—95.
105. BÖTTCHER, FR., Die Wirkung der chemischen Schädlingsbekämpfungsmittel auf die Bienenzucht. Anz. f. Schädlingskunde, Berlin, 13, 1937, H. 9/10, 105—114, 121—126 (m. 101 Schrifttumsangaben).
106. — Bienensterben durch Schädlingsbekämpfung? Angew. Chem., Berlin, 50, 1937, H. 3, 81—84.
107. — Die Gefährdung der Bienen durch den Pflanzenschutz. Z. angew. Entomol., Berlin u. Hamburg, 33, 1951, 348—358.
108. BOURNE, JR. H. u. FOSDICK, L., Probenahme von Nebel u. Staub zwecks Teilchengrößenmessung durch elektrostatische Niederschlagung auf einem Hämacytometer. Analytic. Chem., Washington, 22, 1950, 1563—1565.
109. BOVAY, E., Détection des dépôts de fluor et de chlore sur la végétation aux alentours des usines de produits chimiques. Annuaire agricole Suisse, Bern, 55, 1954, 915—1047 u. Rev. rom. Agric., Lausanne, 10, 1954, 69—71; rf. Rev. Appl. Mycol. 34, 1955, 239.
110. BOVIEN, P., Natürliches Kryolith („Cryocid") als Bekämpfungsmittel. 7. Intern. Kongreß Entom. Verhandl., 4, 1939, 2961—2965; rf. Z. Pflanzenkh. u. Pflanzenschutz, Stuttgart, 55, 1948, H. 9/10, 317.
111. BRAMSTEDT, FR. u. VONDERLINN, R., Die Biochemie des Speichels in ihrer Beziehung zur Ernährung und Zahncaries. Dtsch. zahnärztl. Z., München, 8, 1953, 69—71; rf. Chem. Zbl. 1953, 8391.
112. — — Biochemische Speicheluntersuchungen. 2. Mitt.: Die Sauerstoffaufnahme des Speichels und ihre Beziehungen zur Zahncaries. Zahnärztl. Welt, Konstanz, 7, 1952, 505—509; rf. Chem. Zbl. 1953, 3105.
112a. — KRÖNCKE, A., NAUJOKS, R., Biochemische Untersuchungen zur Fluorwirkung im Speichel cariesanfälliger u. -resistenter Personen. Dtsch. zahnärztl. Z., München, 10, 1955, 311—313; rf. Chem. Zbl. 1955, 8883.
113. BRANDER, G., Natriumfluorid: Erörterung seiner Anwendung bei der Behandlung der Ascariasis bei Schweinen. Veterin. Rec., London, 62, 1950, 404—405; rf. Chem. Zbl. 1950, II. 2829.
114. BRATTON, G., Impact of municipal water fluoridation on the food and beverage industries. J. Amer. Water Works Ass., New York, 45, 1953, 364—368; rf. Chem. Zbl. 1954, 9598.
115. BRAUN, K., „Nchenchere" und „Lunkulwe", Giftpflanzen für Schafe, Ziegen u. dgl. in Deutsch-Ost-Afrika. Der Pflanzer, Amani, 4, 1908, Nr. 16, 241—250.
116. BREDEMANN, G., Untersuchung und Begutachtung von Rauchschäden. Jahresber. Inst. Angew. Bot. Hamburg f. d. Jahr 1932, 50, 1933, 116—122; ebenda, f. d. Jahre 1935 u. 1936, 53 u. 54, 1937, 187—188.
117. — Untersuchungen zur Diagnose von Rauchschäden. Mitt. Dtsch. Dendrolog. Ges., Berlin, 45, 1933, 212—217.
118. — Schädigung der Pflanzen durch Rauch und Abgase. Mitt. f. d. Landwirtsch., Berlin, 50, 1935, H. 22, 464—465.
119. — Bislang unveröffentlichte Untersuchungen.
120. — u. GARBER, K., Bislang unveröffentlichte Untersuchungen.
121. — u. RADELOFF, H., Zur Diagnose von Fluorrauchschäden, Phytopath. Ztschr., Berlin, 5, 1932, H. 2, 195—206.
122. — — Über Fluorrauchschäden. Fluoraufnahme durch die Rinde der Sprosse und ihre Wirkung. Angew. Botanik, Berlin, 19, 1937, H. 2, 172—181.
123. — — Gang und Methoden der Rauchschadenerhebungen. Angew. Chemie, Berlin, 50, 1937, H. 19, 331—334.
124. — — Bienensterben durch fluorhaltige Fabrikabgase. Deutscher Imkerführer, Berlin, 13, 1939, H. 2, 59—61.
125. BRENNAN, E., LEONE, I., DAINES, R., Fluorine toxicity in tomato as modified by alterations in the nitrogen, calcium, and phosphorus nutrition of the plant. Plant Physiol., Lancaster, Pa., 25, 1950, 736—747; rf. Hortic. Abstr. 21, 1951, 238.
126. BRIAN, P., Systemic fungicides. Plant Protection Overseas Rev., 3, 1952, Nr. 3, 5—10; rf. Z. Pflanzenkrankh. (Pflanzenpathol.) Pflanzenschutz, 60, 1953, 328.
127. BROMEHEAD, C., MURRAY, M., WILSON, D., Fluorine distribution. Lancet, London, 244, 1943, 490—491; rf. Chem. Zbl. 1943, II. 833.
128. BRÖSS, B., Beitrag zur Fluorose der Rinder. Fütterungsversuche mit Fluornatrium. Dissert. Tierärztl. H. Hannover, 1930, 59 S.

129. BRUCE, JR. H. u. GUNTER, B., Untersuchung der Wirkung eines Trinkwassers mit wechselndem Fluorgehalt. J. Dental Res., St. Louis, Mo., 32, 1953, 35—45; rf. Chem. Zbl. 1953, 6531. 34 Schrifttumsangaben.

130. BRUCE, W. u. DE HUBER, R., Fluorhaltige Barbitursäuren. J. Amer. chem. Soc., Washington, 75, 1953, 4668 bis 4670; rf. Chem. Zbl. 1954, 319.

131. BRUN, G., BUCHWALD, H., ROHOLM, K., Die Fluorausscheidung im Harn bei chronischer Fluorvergiftung von Kryolitharbeitern. Acta med. scand., Stockholm, 106, 1941, 261—273 u. Schweiz. med. Wschr., Basel, 71, 1941, 1486; rf. Chem. Zbl. 1941, I. 3111.

132. BRÜNING, A. u. QUAST, H., Zum Nachweis des Fluors in der chemisch-toxicologischen Analyse. Z. angew. Chem., Berlin, 44, 1931, H. 31, 656—658.

133. BRUNISHOLZ, G. u. MICHOD, J., Über die volumetrische Bestimmung des Fluors. Helv. chim. Acta, Basel u. Genf, 37, 1954, 598—602; rf. Chem. Zbl. 1954, 7475.

133a. — — Über die Abtrennung von Fluor durch Destillation nach Willard und Winter. Ebenda, 37, 1954, 874—878; rf. Chem. Zbl. 1955, 3927.

134. BUCKLE, F., HEAP, R., SAUNDERS, B., Toxic fluorine compounds containing the C—F link. Part III. J. chem. Soc., London, 1949, 912—916; rf. Chem. Zbl. 1950, I. 2096.

135. — PATTISON, F., SAUNDERS, B., Toxic fluorine compounds containing the C—F link. Part VI. Ebenda, 1949, 1441—1479; rf. Rona-Ber. 140, 1950, 255.

136. ÇAĞLAR, K., Die Mineral- u. Thermalquellen der Türkei, 1950 [türk.], rf. Z. Lebensmittel-Unters. u. -Forsch. 97, 1953, 32.

137. CAPOZZI, A., Ricerche sul potere fitodinamico di alcuni insetticidi sistemici fosforganici. Atti Ist. Bot. ecc. Pavia, Ser. 5, 10. 1953, 117—124; rf. Ber. wiss. Biolog., A, 87, 1954, 122.

138. CARTER, R., The fluorine compounds as insecticides. A monography with annotated bibliography (1898—1934). US-Dept. Agric., Bur. of Entom., Washington, 1937 (m. rd. 600 Schrifttumsangaben).

139. — and GOODEN, E., Fluorine insecticides: A study of the chemical and physical properties of commercial sodium fluoride and sodium fluosilicate in relation to their insecticidal use. Soap and Sanit. Chem., New York, 19, 1943, Nr. 3, 99, 101 117; rf. Exp. Sta. Rec. 90, 1944, 503.

140. DE CARVALHO, A., Bestimmung des Fluors. Anwendung b. d. portugiesischen Mineralwässern. Rev. Chim. pura appl., Porto, (5) 11, 1936, 99—117; rf. Chem. Zbl. 1936, II. 2767.

141. CASTERRA, H., Erfahrungen mit einem neuen, organischen F-Präparat bei Hyperthyresosen. Dtsch. Gesundheitswesen, Berlin, 2, 1947, 704—705; rf. Chem. Zbl., Akad.-Verlag, 1948, II., 829 u. Verlag Chemie, 1948, I. 587.

142. CASTOR, C. u. SAYLOR, J., Amperometrische Fluoridbestimmung. Analytic. Chem., Washington, 24, 1952, 1369—1371; rf. Chem. Zbl. 1953, 4419.

143. CAVAYÉ, E. u. HOYOS, A., Fluorgehalt des in Santander konsumierten Trinkwassers. Anal. Bromatolog., Madrid, 5, 1953, 287—295; rf. Z. Lebensmittel-Unters. u. -Forsch. 98, 1953, 38 u. 100, 1955, 411.

144. CHANG, CH., PHILLIPS, P., HART, E., The effect of feeding raw rock phosphate on the fluorine content of the organs and tissues of dairy cows. J. Dairy Sci., Columbus, Ohio, 17, 1934, 695—700; rf. Chem. Zbl. 1935, I. 492.

145. CHARONNAT, R. u. ROCHE, S., Das Fluor der französischen Mineralwässer. C. R. hebd. Seances Acad. Sci., Paris, 199, 1934, 1325—1328; rf. Chem. Zbl. 1955, II. 2990.

146. CHENG, F. u. TSAO, C., Fluorgehalt in chinesischem Kochsalz. J. Chin. chem. Soc., Peiping, 4, 1936, 388—392; rf. Chem. Zbl. 1937, I. 747.

147. CHENG, L. and CHOU, T., The fluorine contents of food stuffs in Szechuan. Chin. J. Physiol., Peking, 15, 1940, Nr. 3, 263—267; rf. Exp. Sta. Rec., 85, 1941, 418.

148. CHRISTIE, A., Luftverunreinigung. Ein Problem der Verfahrensindustrien. Mechan. Engng., Easton, Pa., 73, 1951, 570—571; rf. Chem. Zbl. 1952, 117.

149. CHURCHILL, H., Eine Destillationsbatterie zur F-Bestimmung nach Willard-Winter. Ind. Eng. Chem., Analyt. Edit., Washington, 17, 1945, 720—721; rf. Chem. Zbl., Akad.-Verlag, 1948, II. 1237.

150. — ROWLEY, R., MARTIN, L., Fluorine content of certain vegetation in a Western Pennsylvania area. Analytic. Chem., Washington, 20, 1948, Nr. 1, 69—71; rf. Chem. Zbl., Akad.-Verlag, 1949, I. 1130.

150a. CIFERRI, R., La reazione di Romell per il saggio rapido di gas tossici nell'aria. Boll. R. Staz. Patol. vegetale, Roma, Anno XXI — Nuova Serie, 19, 1941, Nr. 2, 117—122.

151. CLAPPER, W., DOWNS, R., HEATHERMAN, M., Die Beziehungen zwischen Cariesaktivität u. Anzahl u. Art der Lactobacillen u. dem Fluorgehalt des Trinkwassers. J. Dental Res., St. Louis, Mo., 32, 1953, 27—34 u. 440—441; rf. Chem. Zbl. 1953, 6531 u. 1955, 8205.

152. CLARK, H., Determination of fluorine in organic compounds. Analytic. Chem., Washington, 23, 1951, 659—661; rf. Chem. Zbl. 1951, II. 3498 u. Z. Lebensmittel-Unters. u. -Forsch. 93, 1951, 320.

153. CLAWSON, M., KHALIFAH, E., PERKS, A., Chronic endemic dental fluorosis (mottled enamel). J. Amer. Dental Assoc., Chicago, 27, 1940, Nr. 10, 1569—1575; rf. Exp. Sta. Rec., 86, 1942, 559.

154. CLIFFORD, P., Report on fluorine. J. Assoc. off. agric. Chemists, Menasha, Wisc., 24, 1941, 360—361.

155. COBURN, C. u. KNIPE, R., Fluor und Zahncaries. Canad. J. publ. Health, Toronto, 44, 1953, 111—116; rf. Chem. Zbl. 1953, 7595.

156. COHRS, P., Zur pathologischen Anatomie und Pathogenese der chronischen Fluorvergiftung der Rinder. Dtsch. Tierärztl. Wschr., Hannover, 40, 1941, H. 29, 352—357.

157. — Die chronische Fluorvergiftung der Haustiere vom Standpunkt der Fleischhygiene. Z. Fleisch- u. Milchhyg., Berlin, 52, 1941, 1—4; rf. Z. f. Unters. Lebensm. Berlin, 84, 1942, 73.

158. COLLINGS, G., FLEMING, R., MAY, R., BIANCONI, W., Absorption u. Ausscheidung von inhalierten Fluoriden. A. M. A. Arch. ind. Hyg. occupat. Med., Chicago, 6, 1952, 368—373; rf. Chem. Zbl. 1953, 4245.

159. COMAR, C., VISEK, W., LOTZ, W., RUST, J., Wirkungen von Fluor auf den Calciumstoffwechsel u. das Knochenwachstum bei Schweinen. Amer. J. Anatomy, Philadelphia, 92, 1953, 361—389; rf. Chem. Zbl. 1954, 1525—1526.

160. COMPAGNON, P. u. TIXIER, P., Über eine Möglichkeit, die Latexproduktion von Hevea brasiliensis durch Zufuhr von Spurenelementen zu verbessern. Rev. gén. Caoutchouc, Paris, 27, 1950, Nr. 9, 525—526; Nr. 10, 591—594; rf. Chem. Zbl. 1951, I. 939.
160a. Communications présentées au Deuxième Congrès de l'Organisme européen de coordination des recherches sur le fluor et la prophylaxie de la carie dentaire, Genève, 17—19 mai 1955. Sonderdruck aus Revue mensuelle suisse d'Odontologie, 65, 1955, Nr. 7/8, 1—177.
161. CONSTANTINI, A., Über die Anwesenheit von Fluor in der Tiermilch nach experimenteller Verabfolgung von Natriumfluorid. Biochim. Terap. sper., Milano, 21, 1934, 337—342; rf. Chem. Zbl. 1938, II. 2200 u. bei E. TELLMANN u. O. FREHDEN, Biogene Elemente in der Milch. Mikrochemie, Wien, 24, 1938, 215.
162. CONTARDI, A. u. RAVAZZONI, C., Eine neue biochemische Methode zur Erkennung von Fluorvergiftungen an Pflanzen. R. Ist. Lombardo Sci. Lettere, Rend, (2), Milano, 68, 1935, 363—373; rf. Chem. Zbl. 1936, I. 123.
163. COOK, H., SAUNDERS, B., SMITH, F., Esters containing phosphorus. Part VIII. Structural requirements for high toxicity and miotic action of esters of fluorophosphonic acid. J. chem. Soc., London, 1949, 635—638.
164. COOK, W., Chemische Verfahren zur Luftuntersuchung. Methoden zum Nachweis von giftigen Luftverunreinigungen. Amer. publ. Health Ass. Year Book 1935/36, 80—85. Suppl. zu Amer. J. publ. Health Nations Health, New York, 26, 1936, H. 3; rf. Chem. Zbl. 1936, II. 1976.
165. CORTESI, R., Fluor u. Fluorose der Pflanzen. Boll. chim. farmac., Milano, 92, 1953, 443—450; rf. Chem. Zbl. 1954, 10747.
166. COX, G., New knowledge of fluorine in relation to dental caries. J. Amer. Water Works Assoc., New York, 31, 1939, No. 11, 1926—1930; rf. Exp. Sta. Rec., 82, 1940, 856.
167. — The fluorine and dental caries problem. J. Amer. Dental Assoc., Chicago, Ill. 27, 1940, No. 7, 1107—1114; rf. Exp. Sta. Rec., 85, 1941, 129.
168. — u. NATHANS, J., Untersuchung über den Geschmack von Wasser mit Fluorzusatz. J. Amer. Water Works Assoc., New York, 44, 1952, 940—942; rf. Chem. Zbl. 1953, 3459.
169. — — Unterschwellige Geschmacksempfindung für verdünnte Salzlösungen mit besonderer Berücksichtigung von Natriumfluorid. J. appl. Physiol., Washington, 5, 1953, 395—398; rf. Chem. Zbl. 1954, 130.
170. CRANDALL, W., Schnelle Prüfung auf Fluoridion. Analytic. Chem., Washington, 22, 1950, 1449—1450; rf. Chem. Zbl. 1951, II. 1787.
171. CREMER, H.-D. u. VOELKER, W., Die Bestimmung des Fluors in Knochen u. Zähnen. Biochem. Z., Berlin-Göttingen-Heidelberg, 324, 1953, 89—92.
172. CRISTIANI, H., Emanations fluorées d'origine industrielle. Action du fluor sur les plantes et les animaux. Summaire. Chim. et Indus., Paris, 17, 1927, 158—169.
173. CROPPER, F., Eine Untersuchung der potentiometrischen Titration von Fluorid mit Blei. Analyst, Cambridge, 76, 1951, 370—375; rf. Chem. Zbl. 1954, 615.
174. CUMMINS, J. and HIGGINSON, W., Methods for the analysis of preservative-treated timbres. Part. 2. The determination of fluorine. J. Counc. scient. ind. res., Melbourne, 10, 1937, H. 2, 158—163.
175. DAINES, R., LEONE, I., BRENNAN, E., The effect of fluorine on plants as determined by soil nutrition and fumigation studies. Air pollution. Proc. U. S. Techn. Confer. Air Pollution, New York, Toronto, London, 1952, 97—105; rf. Rev. Appl. Mycol., 33, 1954, 547.
176. DAHLE, D., BONNAR, R., WICHMANN, H., Titration of small quantities of fluorides with thorium nitrate. J. Ass. off. agric. Chemists, Menasha, Wisc., 21, 1938, 457—474.
177. — u. WICHMANN, H., Eine quantitative Prüfung der Fluordestillation. Ebenda, 19, 1936, 313—320; rf. Chem. Zbl. 1936, II. 1977.
178. — — Fluorbestimmung in Gegenwart eines großen Überschusses von Aluminiumionen. Ebenda, 19, 1936, 320—327; rf. Chem. Zbl. 1936, II. 1977.
179. — — Further studies of fluorine distillation. Ebenda, 20, 1937, 297—303; rf. Chem. Zbl. 1937, II. 3203.
180. DALE, R., Die Behandlung von Flußsäureverbrennungen. Brit. med. J., London, 1951, I, 728—732; rf. Chem. Zbl. 1951, II. 3347.
181. DALL'ECO, D., Fluorbestimmung im Trinkwasser von Valsugana (Trentino). Ann. Chim. applicata, Roma, 29, 1939, 340—344; rf. Chem. Zbl. 1939, II. 4048.
182. DANCKWORTT, P., Chemische Untersuchung von Tiervergiftungen. Chem. Ztg., Köthen, 62, 1938, H. 89, 801—803.
183. — Tiervergiftungen durch Fabrikabgase. Dtsch. Tierärztl. Wschr., Hannover, 47, 1939, H. 18, 277—279.
184. — Der chemische Nachweis von Fluorvergiftungen. Ebenda, 49, 1941, 365—366; rf. Chem. Zbl. 1943, II. 53.
185. — Nachweis von Fluorvergiftungen durch Bestimmung des Fluorgehaltes der Zähne u. Knochen. Hoppe-Seylers Z. f. Physiol. Chem., Berlin, 268, 1941, H. 5 u. 6, 187—193.
186. DANILOVA, V., Fluor in den Wassern des Chibinagebietes. C. R. (Doklady) Acad. Sci. UdSSR,. Moskau, 26 (N. S. 8) 230—231; rf. Chem. Zbl. 1941, I. 633.
187. DANN, O. u. WIPPERN, FR., Verkürzte Morphinbestimmung nach Mannich. D. Apoth. Ztg., Stuttgart, 91, 1951, 905, rf. Chem. Zbl. 1952, 7537.
188. DAUWALTER, A., Verflüchtigung des Fluors beim Herstellen von Milchgläsern. Ceramics and Glass, Moskau, 1932, H. 4, 23—25; rf. Chem. Zbl. 1933, I. 1670.
189. DAVID, W., Sodium fluoracetate as a systemic and contact insecticide. Nature, London, 165, 1950, 493—494; rf. Hortic. Abstracts, 20, 1950, 218; Z. Pflanzenkrankh. (Pflanzenpathol.), Pflanzenschutz, 57, 1950, 470; Pharmaz. Zhalle, 91, 1952, 171.
190. — and GARDINER, B., Investigations on the systemic insecticida action of sodium fluoroacetate and of three phosphorus compounds on Aphis fabae Scop. Ann. appl. Biol., 38, 1951, 91—110; rf. Z. Pflanzenkrankh. (Pflanzenpathol.), Pflanzenschutz 60, 1953, 160.

191. DAVID and GARDINER, Die systemische insektizide Wirkung einiger Fluor- und Phosphorverbindungen auf Phaedon cochleariae Fab. Ann. appl. Bot., 41, 1954, 261—270; rf. Chem. Zbl. 1955, 2015.

193. DEAN, H., On the epidemiology of fluorine and dental caries. New York Institute of Clinical Oral Pathology, 30. Oktob. 1944 (hier sind auch alle früheren Veröffentlichungen von DEAN et al. zitiert).

194. — Der Fortschritt der Fluorierung. J. Amer. Water Works Assoc., New York 43, 1951, 17—21; rf. Chem. Zbl. 1951, II. 3620.

195. — u. ELVOVE, E., Tatsachen über Fluoride. Engng. News-Rec., New York, 120, 1938, 591—593; rf. Chem. Zbl. 1938, II. 740.

196. — JAY, PH., ARNOLD JR., F., ELVOVE, E., Trinkwasser und Zahncaries. I. Untersuchung der Zahncaries, mit Bestimmungen von L. acidophilus, bei einer stark mit gefleckten Zähnen befallenen Bevölkerung, die in den letzten 12 Jahren F-freies Wasser verwendet hatte. Publ. Health Repl., Washington, 56, 1941. 365—381; rf. Chem. Zbl. 1942, II. 68.

197. — and KITCHIN, P., Fluorine and dental health. Washington D. C. 1942.

198. DELGA, J. u. FOURNIER, J., Fluorgehalt der Organe kleiner Laboratoriumstiere. Trav. Soc. Pharmac. Montpellier, Montpellier, 10, 1950, 31—35; rf. Chem. Zbl. 1953, 9523.

199. DEMOLE, V., Iode, fluor, thyroide chez les écoliers en Suisse. Bull. Acad. Suisse Sci. Médic., 7, 1951, 430—439.

200. — VON FELLENBERG, TH., HELD A., SCHMID, HCH., Fluor, carie dentaire et thyroide. Observations récentes faites en Valais. Ebenda, 7, 1951, 440—462 u. Zyma-Journ., Nyon, Schweiz, Nr. 2, Okt. 1951, 6—13.

201. DÉROBERT, L., HADENGUE, A., MARTIN, R., Tödliche Vergiftung durch Zufuhr reiner Fluorwasserstoffsäure. Ann. Méd. légale Criminol., Paris, 32, 1952, 264—265; rf. Chem. Zbl. 1953, 1683.

202. DESTRÉE, G., La recherche des fluorures dans les vins, bières, confitures et gelées de fruits, et dans les beurres et margarines. J. Pharmac. Belg., Brüssel, 1939, 501—504; 527—530; rf. Chem. Zbl. 1939, II. 4611.

203. DICKEY, J., TOWNE, E., BLOOM, M., TAYLOR, G., HILL, H., CORBITT, R., MCCALL, M., MOORE, W., HEDBERG, D., Einfluß von Fluorsubstitution auf Farbe und Echtheit von Monoazofarbstoffen. Ind. Eng. Chem., Washington, 45, 1953, 1730—1734; rf. Chem. Zbl. 1953, 9641.

204. DICKSON, D. u. PAGANINI, O., Gesundheitsschäden bei der Herstellung von Neon-Leuchtzeichen. Amer. ind. Hyg. Assoc. Quart., Chicago, 12, 1951, 25—29; rf. Chem. Zbl. 1951, II. 3501.

205. DIEHL, Lebensdauer v. getränkten u. ungetränkten Holzschwellen nach bayerischen Erfahrungen. Glasers Ann. Gew., 75, 1951, H. 5, 103—107; rf. Rev. Appl. Mycol. 31, 1952, 310.

206. DIESCH, BR., Fluorversuche in der amerikanischen Zahnheilkunde. Dtsch. zahnärztl. Z., München, 4, 1949, 87; rf. Dtsch. Apoth. Z. 90, 1950, 982.

207. DITTRICH, W., Über Veränderungen der Knochen bei experimenteller chronischer Fluornatriumvergiftung. Naunyn-Schmiedebergs Arch. exp. Pathol. Pharmakol., Berlin, 168, 1932, 319—330; rf. Chem. Zbl. 1933, II. 3158.

208. DOMANGE, L. u. NEUDORFFER, J., Über die Chlorfluoride ClF und ClF_3. C. R. hebd. Séances Acad. Sci., Paris, 226, 1948, 920—922; rf. Chem. Zbl., Akad. Verlag, 1949, I. 578.

209. DRUM, J., Die Zusammensetzung von irischen Trinkwässern mit besonderer Beziehung auf die Verbreitung und Bedeutung des Fluors. Sci. Proc. Roy. Dublin Soc., 25 (N. S.), 1949, 85—92; rf. Chem. Zbl., 1950, II. 90.

210. DUNKER, M., Die anthelmintische Wirkung von Fluor-substituierten Phenolen. J. Amer. pharmac. Assoc., sci. Edit., Easton, Pa., 39, 1950, 437—440; rf. Chem. Zbl. 1953, 8922.

211. DŹULYŃSKA, J. u. JUST, J., Fluor in Brunnenwässern der Wojwodschaft Warschau. Gaz, Woda Techn. sanit. (Gas-, Wasser- u. Sanitätstechnik), Warszawa, 24, 1950, 186—187; rf. Chem. Zbl. 1951, II. 2093.

212. DUBNIKOW, L. u. TICHOMIROW, J., Bestimmung kleiner Mengen von Fluor. Betriebs-Lab., Moskau, 13, 1947, 773—796; rf. Chem. Zbl., Akad.-Verlag, 1948, I. 143.

213. EBERIUS, E. u. KOWALSKI, W., Fluorbestimmung in Erzen u. Schlacken. Z. Erzbergbau Metallhüttenwes., Stuttgart, 5, 1952, 131—136; rf. Chem. Zbl. 1953, 2494.

214. EBERT, A., Schädlingsbekämpfungsmittel als Kampfgifte. Chimia, Zürich, 7, 1953, 36—40; rf. Chem. Zbl. 1954, 8493.

215. EBERZ, W., LAMB, F., LACHELE, C., Determination of fluorine spray residue on tomatoes. Ind. Eng. Chem., Analyt. Edit., Washington, 10, 1938, H. 5, 259—262.

216. EGYEDI, H., Experimentelle Grundlage für die Glykogentheorie der Cariesentstehung im Schmelz. Dental Items Interest, Brooklyn, 75, 1953, 971—982; rf. Chem. Zbl. 1954, 7218.

217. EICHLER, O. u. APPEL, I., Über F-haltige Zahnpasten und: Über F-Aufnahme in Zähne, die mit F-haltiger Zahnpasta behandelt wurden. Dtsch. zahnärztl. Z., München, 7, 1952, 702—711; rf. Chem. Zbl. 1952, 7695 u. 7699.

218. — HINDEMITH, H., BARFUSS, F., Wirkung einiger organischer Fluoride auf Hefegärung u. Phosphatase. Naunyn-Schmiedebergs Arch. exp. Pathol. Pharmakol., Berlin, 206, 1949, 83—86; rf. Rona-Ber. 139, 1950, 33.

219. EICHNER, CH. u. CAILLAT, R., Herstellung von Sintergegenständen aus reinem Calciumfluorid. Bull. Soc. chim. France, Paris, (5), 18, 1951, 139; rf. Chem. Zbl. 1954, 1095.

220. EINECKE, E., Fünfzig Jahre Chemie des Fluors. Zur Erinnerung an seine Isolierung durch Henri Moissan. Angew. Chem., Berlin, 50, 1937, H. 46, 859—865.

221. Einheitsverfahren der Physikalischen u. Chemischen Wasseruntersuchung. Herausgegeben v. d. Arbeitsgruppe f. Wasserchemie d. Vereins Deutscher Chemiker e. V., Berlin, Verlag Chemie, 1940.

222. EHRENBERG, P. u. BUCHNER, A., Zur Wirkung von neuen Rohphosphaten auf saurem Mineralboden zu Gras. Z. Pflanzenernähr., Düng., Bodenkunde, Berlin, 1951, 52, H. 3, 211—225.

223. EHRLICH, P. u. PIETZKA, G., Die maßanalytische Bestimmung des Fluors nach Fällung als Bleibromofluorid Z. analyt. Chem., Göttingen-Berlin-Heidelberg, 133, 1951, 84—94.

224. EKSTRAND, H., Förgiftning av växter genom ett fluorhaltigt trä-impregneringsmedel (Vergiftung von Pflanzen durch ein fluorhaltiges Holzimprägnierungsmittel), Statens växtskyddanstalt, Stockholm, 1941, Medd. No. 36, 32 S und Växtskyddsnotiser, Stockholm, 6, 1942, Heft 6, 81—84.
225. ELLIOTT, W. u. KALNITSKY, G., Reaktionsmechanismus der Fluoracetathemmung. J. biol. Chemistry, Baltimore, 186, 1950, 487—493; 26 Schrifttumsangaben; rf. Chem. Zbl. 1951, I. 3054.
226. ELSDEN, S. u. ORMEROD, J., Einfluß von Monofluoracetat auf den Stoffwechsel von Rhodospirillum rubrum. Biochem. J., London, 55, 1953, III; rf. Chem. Zbl. 1954, 6748.
227. ELVING, P. and LIGETT, W., Determination of fluorine and other halogens in organic compounds. Ind. Eng. Chem., Analyt. Edit., Washington, 14, 1942, Nr. 6, 449—453; rf. Exp. Sta. Rec., 89, 1943, 6.
228. ELVOVE, E., Estimation of fluorides in waters. Publ. Health Repts., Washington, 48, 1933, 1219.
229. EMELÉUS, H., Die Entwicklung der Fluorchemie. Endeavour, London, 7, 1948, Nr. 28, 141—147.
230. ENGLER, A. u. DRUDE, O., Die Vegetation der Erde IX, Bd. III, 1., Wilh. Engelmann, Leipzig, 1915, 840.
231. — u. KRAUSE, K., Dichapetalaceae. In Engler-Prantl, Die natürlichen Pflanzenfamilien, Leipzig, Wilh. Engelmann, Bd. 19c, 1931, S. 1—10.
232. ENGWICHT, O., Der Gifthandel und der Handel mit giftigen Pflanzenschutzmitteln. Eberswalde, Berlin u. Leipzig, Verlagsges. Rud. Müller, 1942, 13. Aufl., 224 S.
233. EPARS, L., Bestimmung von Fluor im Blut. Bull. schweiz. Akad. med. Wiss., Basel, 8, 1952, 360—368; rf. Chem. Zbl. 1954, 8179.
234. ESSIG, C., HAMPSON, J., BALES, P., WILLIS, A., HIMWICH, H., Effect of Parpanit on brain wave changes induced by diisopropylfluorophosphate (DFP). Science, Lancaster, Pa., 111, 1950, 38—39; rf. Rona-Ber. 143, 1951, 348.
235. Etablissements Phillips et Pain Soc. An., Vervollkommnung der Verfahren zur Entfernung von Kieselsäure und gegebenenfalls Fluorverbindungen aus Wasser. F. P. 892 300 v. 16. 12. 1942, ausg. 3. 4. 1944, Chem. Zbl., Verlag Chemie, 1947, II., 260.
236. EULER, H. u. EICHLER, O., Über die Wirkung von Fluor in organischer Bindung auf das Zahnsystem der Ratte. Naunyn-Schmiedebergs Arch. exp. Pathol. Pharmakol., Berlin, 199, 1942, 179—187; rf. Chem. Zbl. 1942, II. 2608.
237. EULER, H., Fluor in der Zahnheilkunde. Neue Wege der Cariesprophylaxe? Zahnärztl. Welt, München-Berlin, 4, 1949, 136—140; rf. Chem. Zbl. 1950, I. 1120.
238. EVANS, R. and PHILLIPS, P., A study of the comparative toxicity of cryolite fluorine and sodium fluoride for the rat. Amer. J. Physiol., Baltimore, 126, 1939, No. 3, 713—719; rf. Chem. Zbl. 1940, I. 3955 und Exp. Sta. Rec., 82, 1940, 135.
239. — — A new low fluorine diet and its effect upon the rat. J. Nutrit., Philadelphia, 18, 1939, Nr. 4, 353—360; rf. Exp. Sta. Rec. 82, 1940, 855.
240. — — The fluorine content of various fractions of milk and commercial caseins. J. Dairy Sci., Columbus, Ohio. 22, 1939, Nr. 8, 621—622; rf. Exp. Sta. Rec., 82, 1940, 98.
241. FABER, H., Shall fluoride be added to public water supplies. Water Sewage Works, Chicago, 95, 1948, 393—395.
242. — Status of water fluoridation in 1949. Ebenda. 96, 1949, 465—471; rf. Z. Lebensmittel-Unters. u. -Forsch. 94, 1952, 299.
243. FABRE, H. u. BRÉMOND, E., Die Fluosilicate und die Weine. Ann. Falsificat. Fraudes, Paris, 27, 1934, 453—466; rf. Chem. Zbl. 1935, I. 1139.
244. FABRE, R. et POURCHET DE CAMPOS, M., Contribution à l'étude de la répartition du fluor dans le monde végétal. I. Feuilles de thé. Ann. Pharm. Français., Paris, 8, 1950, Nr. 5, 391—397.
245. FALKENHEIM, M. u. HODGE, H., Notiz über den Mechanismus der Fluoridbindung. J. Dental. Res., New York, 26, 1947, 241—246; rf. Chem. Zbl., Verlag Chemie, 1948, II. 617.
246. FEICHTINGER, H., Gewinnung von Schmierölen und verbesserten Dieselkraftstoffen aus Braunkohlenschwelteer-Destillaten mit Flußsäure. Chem.-Ing.-Technik, Weinheim/Bergstr., 21, 1949, Nr. 9/10, 180—184; rf. Chem. Zbl. 1950, I. 820.
247. FEIGL, F., Über die Verwendung von Tüpfelreaktionen zur Identifizierung von in Säuren schwer löslichen Substanzen. Mikrochemie, Wien u. Leipzig, N. F. 14, 1936, 198—208.
248. FEISSLY, R., FRIED u. ÖHRLI, H., Hämophilie und Blutfluor. Klin. Wochenschr., Berlin u. München, 10, 1931, H. 18, 829—830.
249. VON FELLENBERG, TH., Die Bestimmung kleinster Fluormengen in Lebensmitteln. Mitt. Lebensmittelunters. u. Hygiene, Bern, 28, 1937, H. 3, 150—169.
250. — Besteht ein Zusammenhang zwischen Fluorgehalt des Trinkwassers und Kropf? Ebenda, 29, 1938, H. 4 u. 5, 276—290.
251. — Zur Frage der Bedeutung des Fluors für die Zähne. Ebenda, 39, 1948, H. 1—3, 124—182.
252. — Zur Fluorbestimmung. Ebenda, 42, 1951, 158—168; rf. Chem. Zbl. 1954, 4912; Z. analyt. Chem. 136, 1952, 49—51; Z. Lebensmittel-Unters. u. -Forsch. 93, 1951, 320.
253. — Versuche über den Verlust von Fluor beim Kochen von Speisen. Ebenda, 42, 1951, 267—275 u. Bull. Schweiz. Akad. med. Wiss., 7, 1951, 159—169; rf. Chem. Zbl. 1953, 4784 u. Z. Lebensmittel-Unters. u. -Forsch., 94, 1952, 456 u. 97, 1953, 330.
254. — u. POTTERAT, M., Fluorbestimmung in Kochsalz. Ebenda, 40, 1949, 146—155; rf. Z. Lebensmittel-Unters. u. -Forsch. 93, 1951, 187.
255. FERGUSSON, W., Polytetrafluoräthylen, seine Entwicklung und Herstellungsverfahren. Chem. and Ind., London, 1949, 586—590; rf. Chem. Zbl. 1950, I. 1669.
256. FERRINGER, R., Fluoridation experiences in a small water plant. Water Sewage Works, New York, 100, 1953, 68—70; rf. Chem. Zbl. 1953, 7892.
257. FEYTAUD, J., Über die Verwendung giftigen Mörtels gegen Mauertermiten. C. R. hebd. Séances Acad. Agri. France, Paris, 37, 1951, 223—225 u. Progr. agric. viticole, Paris, 135, 1951, 300—303; rf. Chem. Zbl. 1952, 5159.

258. FINGER, G. u. REED, F., Fluor in der Industrie. II.: Technische Fluorchemikalien. Chem. Industries, New Haven, Conn., 64, 1949, 51—56; rf. Chem. Zbl. 1950, I. 1135.

259. FINK, G. u. LINDSAY, F., Beseitigung v. Fluoriden aus Trinkwasser d. aktiviertes Aluminium. Ind. Eng. Chem. Washington, 28, 1936. 947—948; rf. Chem. Zbl. 1937, I. 957.

260. FINN, S. u. AST, D., Gehalt des Speichels von Kindern an Lactobacillus acidophilus in Abhängigkeit vom Genuß fluorfreien u. künstlich mit Fluor versetzten Trinkwassers. Science, New York, 106, 1947, 292—293; rf. Chem. Zbl., Verlag Chemie, 1948, I. 1088.

261. FINN, W., Die Flußspat-Aufbereitung in Deutschland u. im Vergleich zu Nordamerika unter Berücksichtigung der mineralogischen Bedingungen. Z. Erzbergbau Metallhüttenwes., Stuttgart, 6, 1953, 13—19; rf. Chem. Zbl. 1954, 167.

262. FIORENTINI, SE., Das Fluor in der Natur als krankheitserzeugendes Mittel. 7. Mitt.: Die Hyperämie der Zahnpulpa bei der experimentellen Fluorvergiftung. Ist. super. Sanità, Rend., Roma, 13, 1950, 563—570; rf. Chem. Zbl. 1952, 886.

263. FISCHER, R. u. MUHLER, J., Die Wirkung von Natriumfluorid auf die Struktur von gepulvertem Zahnschmelz. J. Dental Res., St. Louis, Mo., 31, 1952, 751—755; rf. Chem. Zbl. 1953, 6706.

264. — — WÜST, C., Wirkung verschiedener Fluorverbindungen auf die Oberflächenstruktur von gepulvertem Zahnschmelz. Ebenda, 33, 1954, 50—54; rf. Chem. Zbl. 1954, 6772.

265. FITZGERALD, R., BERNHEIM, F., FITZGERALD, D., The effect of various compounds on adaptive enzyme formation in mycobacteria. Arch. Biochemistry, New York, 20, 1949, 83—89; rf. Rona-Ber. 139, 1950, 124.

266. FLEMING, H., Wirkung verschieden konzentrierter Fluoridlösungen auf die Bildung von Schmelz und Dentin in Transplantaten von Zahnkeimen und verwandte Untersuchungen. J. Dental Res., St. Louis, Mo., 32, 1953, 469—485; rf. Chem. Zbl. 1954, 2434.

266a. — u. GREENFIELD, V., Veränderung in den Zähnen u. Kiefern von neugeborenen Webster-Mäusen nach Verfütterung von NaF u. CaF_2 an das Muttertier während der Trächtigkeit. Ebenda, 33, 1954, 780—788; rf. Chem. Zbl. 1955, 7252.

267. FLOTOW, I., Unterscheidung von Fluorid-, Oxalat- u. Zitratblutproben. Pharmazie, Berlin, 7, 1952, 488.

268. FLURY, F., Die Todesursache bei der Nebelkatastrophe im Maastal. Arch. f. Gewerbepatholog. u. Gewerbehygiene, Berlin, 7, 1937, 117—125.

269. FODEN, R., HONDA, P., EDWARDS, L., Screening tests of certain new organic fluorine compounds for ascaricidal and ascaristatic activities. J. Amer. pharmac. Ass., Eaton, Pa., 38, 1949, 570—571; rf. Ronda-Ber. 143, 1951, 106.

270. FONTANA, M., Korrosionsfestigkeit von Metallen und Kunststoffen gegen Fluor und Fluorwasserstoff. Ind. Eng. Chem., Ind. Edit., Washington, 39, 1947, 3, 91a/92a; rf. Angew. Chem. B., Verlag Chemie, 19, 1947, 256.

271. FOX, E., HILL, W., JACOB, K., REYNOLDS, D., Thermische Defluorierung von Superphosphat. Ind. Eng. Chem., Ind. Edit., Washington, 38, 1946, 329—334; rf. Chem. Zbl., Akad.-Verlag, 1947, I. 251 und Chem. Zbl., Verlag Chemie, 1948, I. 705.

272. FREDENHAGEN, K. u. CADENBACH, G., Der Abbau der Cellulose durch Fluorwasserstoff und ein neues Verfahren der Holzverzuckerung durch hochkonzentrierten Fluorwasserstoff. Angew. Chemie, Berlin, 46, 1933, H. 7, 113—117.

273. FREDENHAGEN, K. u. FREDENHAGEN, H., Die wirksame Behandlung von Flußsäureverätzungen. Angew. Chemie, Berlin. 52, 1939, H. 9, 189—190 und Dermatolog. Wochenschr., Leipzig, 111, 1940, 703—706.

274. FROMMES, M., Bericht über die Fortschritte der analytischen Chemie. Fluor. Z. analyt. Chem., München, 96, 1934, H. 5 u. 6, 211—223.

275. — u. HAAS, P., Chemische Analyse anorganischer Stoffe. Fluor. Z. analyt. Chem., München, 99, 1934, H. 7 u. 8, 301—304.

276. FRYE, H. u. HILL, I., Fluorzusatz u. Zahnkontrolle. J. Amer. Water Works Assoc., New York, 44, 1952, 947—956; rf. Chem. Zbl. 1953, 3761.

277. FUCHS, W., Entseuchungsmaßnahmen. In APPEL, O., SORAUERS Handbuch d. Pflanzenkrankheiten, Bd. 6, 2. Aufl. 1952, Verlag Paul Parey, Berlin u. Hamburg, 226.

278. GABOWITSCH, R., Das Fluor im Trinkwasser u. sein Einfluß auf die Zähne. Stomatologie, Moskau, 1950, Nr. 3, 22—25; rf. Chem. Zbl. 1951, I. 3515.

279 — Fluor in Nahrungsmitteln. Hyg. u. Sanitätswes., Moskau, Nr. 6, 1951, 31—37; rf. Chem. Zbl. 1952, 2439.

280. — Bestimmung des Fluorgehalts im Trinkwasser. Hyg. u. Sanitätswes., Moskau, Nr. 10, 1951, 17—21; rf. Chem. Zbl. 1952, 2904.

281. — Experimentelle Untersuchung der Toxizität geringer Fluorkonzentrationen. Hyg. u. Sanitätswesen, Moskau, 1953, Nr. 1, 9—15; rf. Chem. Zbl. 1953, 7852.

282. GAD, G., Fluor im Wasser. Vom Wasser. Ein Jahrbuch f. Wasserchemie u. Wasserreinigungstechnik. Verlag Chemie, Weinheim/Bergstr., 19, 1952, 132—145.

282a. — u. FÜRSTENAU, E., Eine Betriebsmethode zur Bestimmung des Fluors im Wasser u. Ermittlung des Fluorspiegels im westdeutschen Raum. Gesundheits-Ing., München, 75, 1954, 352—356; rf. Chem. Zbl. 1955, 10600.

283. GADASSKINA, J., Absorption von Reizgasen in den Atemwegen. J. Physiol. UdSSR., Moskau, 23, 1937, 782—790; rf. Chem. Zbl. 1939, I. 3925.

284. GAJDUSEK, D. and LUTHER, G., Fluoroacetate poisoning. A review and report of a case. Amer. J. Diseases Children, Chicago, 79, 1950, 310—320; rf. Ronda-Ber. 143, 1951, 110.

285. GALAGAN, DO., Klima und Kontrolle der Fluorierung. J. Amer. Dental Assoc., Chicago, 47, 1953, 159—170; rf. Chem. Zbl. 1954, 2465.

286. GARBER, K., Persönliche Mitteilung.

287. GAUD, M. et CHARNOT, A., Note sur le „Darmous", fluorose chronique des zones phosphatées. Bul. mens. off. internatl. hyg. pub. 30, 1938, 1280—1293.

288. GEILMANN, W., Beiträge zur mikrochemischen Analyse der Gläser. IV. Der Nachweis des Fluors im Glase. Glastechn. Ber., Frankfurt/M., 9, 1931, H. 5, 274—279.
289. — Bilder zur qualitativen Mikroanalyse anorganischer Stoffe. 2. Aufl., Verlag Chemie, Weinheim/Bergstr., 1954, 120 S., (Tafel 40).
290. GÉNIN, G., Neue Insektizide und Parasitizide auf der Basis organischer Fluor- u. Phosphorverbindungen. Ind. chimique, Paris, 38, 1951, 241—245; rf. Chem. Zbl. 1952, 6752.
291. GEORGIJEWSKI, A., Fluorgehalt in der Milch u. seine hygienische Bedeutung. Hyg. u. Sanitätswesen, Moskau, 12, 1947, Nr. 8, 35—39; rf. Chem. Zbl., Akad-Verlag, 1949, I. 143.
292. GERICKE, S., Amerikanische Arbeiten über die Herstellung von Phosphorsäuredüngemitteln (Glühphosphaten) aus Rohphosphaten. Z. Pflanzenernähr., Düng., Bodenkunde, Berlin, 43, 1949, H. 2, 146—153.
293. — Fluor und Phosphorsäure. Z. Pflanzenernähr., Düng., Bodenkunde, Berlin, 46, 1949, H. 1 —3, 152—169.
294. — Zur Kenntnis der Phosphate. V, VI, VII. Angew. Chemie, Weinheim/Bergstr., 61, 1949, 410—411; 63, 1951, 193—194; 64, 1952, 164—165.
295. — Das Spurenelement Fluor in der Tierernährung. 2. Aufl., Tellus-Verlag, Essen, 1951, 8 S.
296. — Ernährung und Düngung der Speisezwiebel. Tellus-Verlag, Essen, 1951, 95 S.
297. — Thomasphosphat in der Landwirtschaft. Tellus-Verlag, Essen, 1954, 36 S.
298. — u. KURMIES, B., Bedeutung und Herkunft des Elements Fluor in der Thomasschlacke. Stahl u. Eisen, Düsseldorf, 71, 1951, H. 9, 454—457; rf. Chem. Zbl. 1953, 598.
299. — — Fluor in der Zahnpflege. Zahnärztl. Rdsch. Berlin, 61, 1952, H. 15, 434—437; rf. Chem. Zbl. 1953, 575.
300. — — Bestimmung von Fluor in landwirtschaftlich wichtigen Stoffen. Landw. Forschung, Darmstadt, 3, 1951, H. 1, 46—53; rf. Chem. Zbl. 1952, 1394 u. Z. Pflanzenernähr., Düng., Bodenkunde 56, 1952, 268 u. 61, 1953, 265.
301. — — Die Bestimmung kleiner Fluormengen in verschiedenen Substanzen. Z. analyt. Chem., Berlin-Göttingen-Heidelberg, 132, 1951, H. 5, 335—345; rf. Chem. Zbl. 1952, 1543.
302. — — Fluorgehalt und Fluoraufnahme von Kulturpflanzen. Die Phosphorsäure, Essen, 15, 1955, 50—63.
303. GERLACH, Ein transportabler Rauchluft- u. Rauchniederschlagwasser-Separator zur Feststellung von Rauchquellen und deren Abgasen. Der Deutsche Forstwirt, Berlin, 21, 1939, Heft 51, 640—642; 1. Abb.
304. — Ein selbstregistrierender transportabler Rauchluft- und Rauchniederschlagwasser-Separator zur Feststellung der innerhalb eines Rauchgebietes befindlichen stärkeren Rauchquellen und deren Abgasen. Ebenda, H. 93/94, 1045—1046; 1 Abb.
305. — Ein transportabler Separator zur Feststellung von Rauchschäden am und im Walde. Ebenda, 22, 1940, H. 57/58, 460—461.
306. GERSHON-COHEN, J. u. MCCLENDON, J., Fluor im Tee-Aufguß u. die Caries bei Ratten. Nature, London, 173, 1954, 304—305; rf. Chem. Zbl. 1954; 10281.
307. GEYER, C., Vanadium, ein carieshemmendes Spurenelement beim Syrischen Hamster. J. Dental Res., New York, 32, 1953, 590—595; rf. Chem. Zbl. 1954, 8160.
307a. — Die carieshemmende Wirkung des Vanadiums im Tierversuch. Dtsch. zahnärztl. Wschr., München, 9, 1954, 1420—1427; rf. Chem. Zbl. 1955, 7031.
308. GIAMMONA, A., Über die Chlor- u. Fluorbestimmung in den Ätnalaven. Ann. Chim. applic., Roma, 23, 1933, 120—124; rf. Chem. Zbl. 1933, II. 253.
309. GIANG, P., A bibliography of systemic insecticides. USDA, Agric. Res. Ser. Res. Branch, E—874, 1954, m. 455 Schrifttumsangaben.
310. GIK, D., TYKATSCHINSKI, J., SINGMANN, L., Zusatz von Flußspat als Mittel zur Erhöhung der Leistungsfähigkeit mechanisierter Tafelglasfabriken. Keramik u. Glas, Moskau, 5, 1948, Nr. 1, 4—7; rf. Chem. Zbl., Akad.-Verlag, 1949, I. 1024.
311. GILBERT, M. u. SAYLOR, J., Determination of fluorine in organic compounds by titration with aluminium chloride. Analytic. Chem., Washington, 22, 196—197; rf. Chem. Zbl. 1951, I. 97 u. Z. Lebensmittel-Unters. u. -Forsch., 94, 1952, 373.
311a. GILBERT, N., HOBBS, I., SANDBERG, W., Fluorwasserstoffabsorption in einem mit Kalkstein beschickten Turm. Chem. Engng. Progr., Philadelphia, 49, 1954, 120—127; rf. Chem. Zbl. 1955, 3705.
312. GISIGER, L., Zur Kenntnis des Fluorions. Seine mikrochemische Bestimmung u. seine Wirkung auf Pflanzen. Diss. E. T. H. Zürich, 1931, 76 S., 12 Abb.
312a. — Persönliche Mitteilung.
312b. — Die Fluorschäden im Gebiete von Rheinfelden und Möhlin. Mitt. f. d. Schweiz. Landwirtsch., 3, 1955, 81 bis 91.
313. GITTER, S., BLANK, I., BERGMANN, E., Untersuchungen an organischen Fluorverbindungen. I. Einfluß von Acetamid auf Fluoracetatvergiftung. II. Toxicologie von höheren Alkylfluoracetaten. Proc. Kon. nederl. Akad. Wetensch., Ser. C, 56, 1953, 423—426, 427—430; rf. Chem. Zbl. 1954, 2661.
314. GODFREY, P. and SHREWSBURY, C., Determination of fluorine in minerales and bones. J. Assoc. off. agric. Chemists, Menasha, Wisc., 28, 1945, 335—338; rf. Exp. Sta. Rec., 95, 1946, 19.
315. GOLDBERG, G., Zur Bestimmung von Fluor in Zähnen. Stomatologie, Moskau, 1953, Nr. 2, 8—9; rf. Chem. Zbl. 1954, 1978.
316. GOLDENBERG, J., Methodik der Bestimmung von Fluorwasserstoff in der Luft. Chem. J. Ser. B. J. Angew. Chem., Moskau-Leningrad, 5, 1932, 1088—1096; rf. Chem. Zbl. 1933, II. 1897.
317. GOLDSCHMIDT, V., M., The principles of distribution of chemical elements in minerals and rocks. J. chem. Soc., London, 1937, 1, 655—673.
318. — The geochemical background of minor-element distribution. Soil Sci., Baltimore, 60, 1945, Nr. 1, 1—7.
319. GOLDSTEIN, S., Über Fluorierung. J. Amer. pharmac. Assoc., pract. Pharmacy Edit., Easton, Pa., 13, 1952, 323—352; rf. Chem. Zbl. 1953, 4410.

320. GOODWIN, R. and LITTON, J., Removal of fluorides from public water supplies. Ind. Eng. Chem., Ind. Edit., Washington, 33, 1941, Nr. 8, 1046—1048; rf. Chem. Zbl. 1941, II. 3110 u. Exp. Sta. Rec., 88, 1943, 532.

321. GORALEWSKI, G., Tuberkulöse Kaverne oder Lungenabszeß im Anschluß an Flußsäureintoxikation? Arch. Gewerbepathol. Gewerbehyg., Berlin, 11, 1941, 185—197; rf. Chem. Zbl. 1943, I. 182.

322. GORDONOFF, T. u. MINDER, W., Versuche mit ^{45}Ca zum Caries-Fluor-Problem. Helv. physiol. pharmacol. Acta, Basel, 9, 1951, C 24—25; rf. Chem. Zbl., 1952, 1518.

323. — — Die Cariesprophylaxe mit Fluor auch ein physiologisches Problem. Schweiz. med. Wschr., Basel, 82, 1952, 972—973; rf. Chem. Zbl. 1953, 1682.

324. GORE, J., Die Bedeutung von Calciumcarbonat bei der Zahncaries. J. Amer. Dental Assoc., Chicago, 47, 1953, 180—189; rf. Chem. Zbl. 1954, 1757.

325. GORLITZER, O., Die Therapie der Thyreotoxikose mit Fluorwasserstoffsäure. Wien. klin. Wochenschr., Wien, 46, 1933, 1449—1453.

326. GRANADOS, H., GLAVIND, J., DAM, H., Beobachtungen über experimentelle Zahncaries. 13. Mitt.: Die Wirkung einer Zugabe von Speichel zweier Individuen mit verschiedener Cariesempfindlichkeit zum Trinkwasser. Acta pathol. microbiol. scand., København, 27, 1950, 65—68; rf. Chem. Zbl. 1951, I. 2905.

327. GRASSNER, F. u. ABRAHAMCZIK, F., Fortschritte in der Mikrochemie. Die Chemie, Berlin, 55, 1942, H. 39/40, 41/42, 299—305, 312—318.

328. GREEN, H., Industrielle Fluorose bei Vieh. Proc. Roy. Soc. Med., London, 39, 1946, 795—796; rf. Chem. Zbl., Verlag Chemie, 1947, I. 835.

329. GREENLEAF, C., Verwendung von fluoriertem Wasser in der Konservenindustrie. Canning Trade, Baltimore, 73, 1951, H. 9, Canner, Chicago, 112, Nr. 25, 13—14; rf. Chem. Zbl. 1952, 1419.

330. GREENWOOD, D., Fluoride intoxication. Physiologic. Revs., Baltimore, 20, 1940, 582—616; rf. Chem. Zbl. 1941, II. 775.

331. GRIEBEL, C., SCHLOEMER, A., ZEGLIN, H., Fluorhaltige, gesundheitsschädliche Aprikosenpulpe. Z. Unters. Lebensm., Berlin, 75, 1938, H. 4, 305—311.

332. GRIFFIN, S. and BAYLES, B., Some effects of fluorine fumes on vegetation. Air pollution. Proc. U. S. Techn. Confer. Air Pollution, New York, Toronto, London, 1952, 105—115; rf. Rev. Appl. Mycol., 33, 1954, 547.

333. GROGAN, R., Nachweis von Fluorit in Sanden mit Zirkonium-Alizarin-Lösung. Amer. Mineralogist, Washington, 36, 1951, 780—782; rf. Chem. Zbl. 1953, 3933.

334. GRUNDMANN, W., Verfahren zur Bestimmung der Staub- und Kernbeimengungen der Luft, Weimar, R. Wagner Sohn, 1942.

335. GRUTSCH, J., NEBERGALL, W., MUHLER, J., FISCHER, R., DAY, H., Ein Verfahren zur serienmäßigen Bestimmung von Fluor in eisen-, mangan-, aluminium- und chlorhaltigem Trinkwasser. J. Dental Res., St. Louis, 32, 1953, 463—468; rf. Chem. Zbl. 1954, 2248.

336. GRYSZKIEWICZ-TROCHIMOWSKY, M. u. WNUK, J., Ein allgemeines Verfahren zur Herstellung organischer F-Verbindungen. Recueil Trav. chim. Pays-Bas, Amsterdam, 65, 1947, 412—419; rf. Angew. Chem., 61, 1949, Nr. 3, 109.

337. GÜBELL, O. u. DORTA-SCHAEPPI, Y., Die Neuanalyse schweizerischer Mineralquellen. 1. Mitt., Mitt. Gebiete Lebensmitteluntere. Hyg., Bern, 41, 1950, 272—337.

338. GUSCHTSCHIN, SS., Einfluß von NaF auf den Jodgehalt in den Organen und Geweben des Kaninchens. Hyg. u. Sanitätswes., Moskau, 1951, Nr. 2, 45—48; rf. Chem. Zbl. 1951, II. 1920.

339. GUTMANN, V., Organische Fluorverbindungen. Übersichtsbericht. Österr. Chemiker-Ztg., Wien, 51, 1950, 165—169. m. 37 Schrifttumsangaben.

340. GUTZEIT, R., Eine Nahrungsmittelvergiftung durch fluorhaltiges Brot. Ärztl. Wschr., Berlin, 3, 1948, H. 11/12, 188—189.

341. HAACK u. ZIMMERMANN, Über den Fluorgehalt des Trinkwassers im Rheinisch-Westfälischen Industrieraum. Zbl. Bakteriol. 1. Abt. Origin., Jena, 158, 1952, 304—308.

342. HAAR, H., Flußsäureverätzung der äußeren Haut. Zbl. Chirurg., Leipzig, 74, 1949, 467—472; rf. Chem. Zbl. 1950, I. 2255.

343. — Flußsäureverätzung der äußeren Haut und ihre Behandlung. Med. Klin., Berlin-München-Wien, 49, 1954, 339—340; rf. Chem. Zbl. 1954, 8395.

344. HAASE, L.-W., Deutsche Einheitsverfahren zur Wasser-, Abwasser- u. Schlammuntersuchung. Verlag Chemie, Weinheim/Bergstr., 1954, 180 S.

345. HABERMANN, R., ENZIE, F., FOSTER, A., Tests with fluorides, especially sodium fluoride, as anthelmintics for swine. Amer. J. Vet. Res. 6, 1945, No. 20, 131—144; rf. Exp. Sta. Rec., 93, 1945, 772.

346. HACKL, O., Die Fluorbestimmung in Silicatgesteinen, anwendbar auch auf Wässer usw. Z. analyt. Chem., München, 97, 1934, H. 7 u. 8, 254—258.

347. — Untersuchungen über verschiedene Methoden zur Fluorbestimmnung in Silicatgesteinen. Ebenda, 116, 1939, 92—101.

348. HADERT, H., Leuchtfarbenprobleme. Fette, Seifen, Anstrichmittel, Hamburg, 53, 1951, 757—758.

349. HAFER, H., Prophylaktische Mundpflege. Fette und Seifen, Hamburg, 54, 1952, 282—284.

350. HAGAN, E., RAMSEY, L., WOODARD, G., Absorption, Verteilung u. Ausscheidung von fluoressigsaurem Natrium (1080) bei Ratten. J. Pharmacol. exp. Therapeut., Baltimore, 99, 1950, 432—434; rf. Chem. Zbl. 1950, I. 2325.

351. HALDI, J., WYNN, W., SHAW, J., SOGNNAES, R., Die relative cariogene Wirkung von Saccharose bei Verfütterung in fester und flüssiger Form an Albinoratten. J. Nutrit., Philadelphia, 49, 1953, 295—306; rf. Chem. Zbl. 1954, 7218.

352. HALLER, K., Beseitigung überschüssigen Fluors aus Trinkwasserversorgungen. Städtehygiene, Freiburg-Hamburg, 3, 1952, 73—74; rf. Chem. Zbl. 1952, 7872.

353. HAMMOND, J. and MACINTIRE, W., Thorium nitrate titration of micro quantities of fluorine in aqueous an alcoholic systems. J. Assoc. off. agric. Chemists, Menasha, Wis., 23, 1940, 398—404.

354. HAMPEL, CL., Natriumsilicofluorid — eine vernachlässigte chemische Verbindung. Chem. Engng. News, 27, 1949, 2420—2422, 2456; rf. Chem. Zbl. 1950, II. 1991.

355. HAMRICK, N. u. VOSKUIL, W., Fluor in der Industrie. I.: Wirtschaftliche Lage des Flußspats. Chem. Industries, New Haven, Conn., 63, 1948, 942—947, 974; rf. Chem. Zbl. 1950, I. 1135.

356. HANNA, A., HEATHERINGTON, W., JUDENKO, E., Control of the mealybug vectors of the swollen shoot virus by a systematic insecticide. Nature, London, 169, 1952, 334—335; rf. Hortic. Abstr. 22, 1952, 422.

357. — and NICOL, J., Application of a systemic insecticide by trunk implantation to control a mealybug vector of the cacao swollen shoot virus. Ebenda, 173, 1954, 730—731; rf. Hortic. Abstr. 24, 1954, 438 u. Chem. Zbl. 1955, 3466.

358. HARPER, L., Zumessung von Fluorchemikalien. J. Amer. Water Works Assoc., New York, 43, 1951, 744—762; rf. Chem. Zbl. 1952, 4042.

359. HARRISON, M., Fluorine content of teas consumed in New Zealand. J. Nutrit., Philadelphia, 3, 1949, 162—166; rf. Z. Lebensmittel-Unters. u. -Forsch., 93, 1951, 194.

360. HARRISON, M., Urinary excretion of fluorine in some New Zealand subjects. Ebenda, 3, 1949, 166—170; rf. Z. Lebensmittel-Unters. u. -Forsch., 93, 1951, 246.

361. HARRISON, J., AMBRUS, J., AMBRUS, CL., Fluoracetat-(1080-)Vergiftung. Ind. Med. Surgery, Chicago, 21, 1952, 440—442; m. 58 Schrifttumsangaben.

362. — AMBRUS, J. u. CL., REES, E., PETERS JR., R., REESE, L., BAKER, TH., Acute poisoning with sodium fluoracetate (Compound 1080). J. Amer. med. Assoc., Chicago, 149, 1952, 1520—1522; rf. Chem. Zbl. 1953, 1210 u. Pharmaz. Zhalle 93, 1954, 32.

363. HARROLD, G. u. HURLBURT, R., Vorrichtung und Verfahren zur schnellen Bestimmung ausströmender Fluoride. Analytic. Chem., Easton, Pa., 21, 1949, 1504—1506; rf. Chem.Zbl. 1950, II. 799 u. Z. analyt. chem. 133, 1951, 284.

364. HART, E., PHILLIPS, P., BOHSTEDT, G., Relation of soil fertilization with superphosphates and rock phosphate to fluorine content of plants and drainage waters. Amer. J. publ. Health Nation's Health, New York, 24, 1934, 936—940; rf. Chem. Zbl. 1935, II. 2078.

365. HARTMANN, H., CHYTREK, E., AMMON, R., Über den Fluorgehalt des menschlichen Blutes. Hoppe-Seyler's Z. f. physiol. Chem., Berlin, 265, 1940, 52—58.

366. HARVEY, J., Weitere Untersuchungen über Fluorosis bei Merinoschafen. Queensland J. agric. Sci., Brisbane, 10, 1953, 109—124; rf. Chem. Zbl. 1954, 3518.

367. — Bekämpfung der Fluorosis bei Merinoschafen bei Herdenhaltung in Queensland. Ebenda, 10, 1953, 127 bis 159; rf. Chem. Zbl. 1954, 10281.

368. HASELHOFF, E.. BREDEMANN, G., HASELHOFF, W., Entstehung, Erkennung und Beurteilung von Rauchschäden. Berlin, Gebr. Bornträger 1932, 472 S., 36 Abb.

369. HASENCLEVER, D., Bestimmung des Feinstaubgehalts der Luft. Chemie-Ing.-Techn., Weinheim/Bergstr., 26, 1954, 180—187.

370. HASLAUER, J., Adrenalininaktivierung durch das Thermalwasser von Badgastein. Z. Biol., München, 105, 1953, 371—379; rf. Chem. Zbl. 1954, 8387.

371. HATTYASY, D., Ungewöhnlich hohe Fluorwerte im Speichel cariesfreier Personen. Acta med. Acad. Sci. hung., Budapest, 5, 1954, 419—420; rf. Chem. Zbl. 1955, 136.

372 HAUCK, H., STEENBOCK, H., PARSONS, H., Wird der Effekt des Fluors auf die Zähne über die Nebenschilddrüse bewirkt? Amer. J. Physiol., Baltimore, 103, 1933. 480—488; rf. Chem. Zbl. 1933, I. 2716.

373. HEBERER, G., Der Fluor-Test und seine Bedeutung für das „Präsapiens"-Problem. Forschungen und Fortschritte, Berlin 26, 1950, H. 13/14, 187—190.

374. HEILINGÖTTER, R., Die chemischen Untersuchungsmethoden des Luftsäureschädenexperten. Chem. Ztg., Köthen, 51, 1927, H. 45, 429—430.

375. HEINERTH, E., Neue Erkenntnisse auf dem Gebiet der Wasserenthärtung mittels Soda. Die Chemie, Berlin, 58, 1945, H. 1/4, 19—22.

376. HELD, A. J. u. DEMOLE, V., Unschädlichkeit von Fluor in optimalen Dosen. Schweiz. Mschr. Zahnheilkunde, Zürich, 63, 1953, 41—49; rf. Chem. Zbl. 1953, 4075.

376a. — u. PIGUET, F., Prophylaxe der Zahncaries mit Fluorverbindungen; erste Ergebnisse. Bull. schweiz. Akadem. med. Wiss., Basel, 10, 1954, 249—259; rf. Chem. Zbl. 1955, 6335.

377. HELD, HS.-R., Statistische Betrachtungen des Fluorproblems. Zyma-Journ., Nyon/Schweiz, Juni 1950, 15—18.

378. — Ist die Verabreichung eines Fluorzusatzes zur Nahrung angezeigt? Ebenda, Juni 1951, 22—43.

379. — Der Durchtritt des Fluors durch die Placenta und sein Übertritt in die Milch. Schweiz. med. Wschr., Basel, 82, 1952, H. 12, 297—301; rf. Chem. Zbl. 1952, 4798.

380. — Fluormedikation u. Blutfluor. Ebenda, 84, 1954, 251—254; rf. Chem. Zbl. 1954, 8831.

380a. — Fluortablettenprophylaxe u. ihre Dosierung. Ebenda, 85, 1955, 11—13; rf. Chem. Zbl. 1955, 6334.

381. HELLIGE, H. and KUSHNER, J., How to test for fluorides. Publ. Works, New York, 83, 1952, 92—94, 118—120; rf. Chem. Zbl. 1952, 7552.

382. HÉNAULT, O. u. POLYDOROFF, B., Vorläufige Mitteilung über die Herstellung neuer keram. Gefäßmaterialien, die aus leichten Atomen bestehen (Metallfluoride). Bull. Cl. Sci., Acad. roy. Belgique, Bruxelles, (5), 28, 1942, 67—72; rf. Chem. Zbl. 1944, II. 1215.

383. HENDRIX, J., ADAMS, D., MAYHEW, D., MANKIN, C., GNAGY, R., KOPPE, R., Influence of date of collection and distance from pollution source upon foliar fluoride content of apple, cherry, and prune. Phytopathology, Baltimore, 43, 1953, 587; rf. Hortic. Abstr., 24, 1954, 196.

384. HENNEMANN, W., Ein weiterer Beitrag zur Fluorose des Rindes. Fütterungsversuche mit Natriumbifluorid u. Natriumsilicofluorid. Dissert. Tierärztl. H. Hannover 1931, 64 S.

385. HENNIG, K. u. VILLFORTH, F., Spurenelemente im Most u. Wein. I. Die quantitative Mikrobestimmung des Fluors. Vorratspflege u. Lebensmittelforschg., Neudamm u. Berlin, 1, 1938, H. 10, 563—579.

386. HERLEMONT, M. u. DELABRE, J., Verbesserung der Carnotschen Methode zur Bestimmung von Fluor. C. R. hebd. Séanc. Acad. Sci., Paris, 196, 1933, 1502—1504; rf. Chem. Zbl. 1933, II. 1556.

387. HERNLER, F. u. PFENINGBERGER, R., Mikro-Halogenbestimmungen. Fluor und Chlor. Sammelreferat. Mikrochem., Wien, 25, 1938, 267—348.

388. HETTCHE, O. u. MERCK, H., Prophylaxe von Fluorschäden in der Schweißtechnik. Zbl. Arbeitsmed. Arbeitsschutz, Darmstadt, 3, 1953, 15—16; rf. Chem. Zbl. 1953, 5381.

389. HEUSER, H. u. KESSLER, W., Verminderung der Zahl von Neuerkrankungen an Zahncaries durch Fluorpinselungen und ammoniumhaltige Zahnpflegemittel. Zahnärztl. Rdsch., Berlin, 61, 1952, 603—605; rf. Chem. Zbl. 1953, 1526.

390. HEYROTH, FR., Effectiveness and safety of fluoridation of public water supplies. Ind Eng. Chem., Washington, 45, 1953, 2369—2370; rf. Z. Lebensmittel-Unters. u. -Forsch. 99, 1954, 254 u. Chem. Zbl. 1954, 8646.

391. HIGNETT, T. u. HUBBUCH, T., Geschmolzenes Tricalciumphosphat. Ind. Eng. Chem., Ind. Edit., Washington, 38, 1946, 1208—1216; rf. Chem. Zbl., Akad.-Verlag, 1947, I. 501.

392. — u. SIEGEL, M., Wiedergewinnung von Fluor aus Schornsteingasen. Ind. Eng. Chem., Washington, 41, 1949, 2493—2498; rf. Chem. Zbl. 1950, II. 1860.

393. HILL, H. u. REYNOLDS, CH., Colorimetrische Bestimmung des Fluorid-Ions. Anwendung zur Bestimmung des Monofluorphosphat-Ions. Analytic. Chem., Washington, 22, 1950, 448—451; rf. Chem. Zbl. 1951, I. 1046.

394. HIMMER, A., Der Einfluß von Rauchgasen u. Abgasen industrieller Anlagen auf die Bienen. Verhandl. Dtsch. Ges. f. angew. Entomologie, Erlangen 1933; Berlin, Paul Parey, 1934, 115—126.

395. HIMWICH, HA., Einige Wirkungen von DFP (Diisopropylfluorphosphat) und Atropin. Arzneim.-Forsch., Aulendorf/Württ., 3, 1953, 228—231; rf. Chem. Zbl. 1953, 8401.

396. HOATHER, R., Fluoride im Leitungswasser. J. Roy. Sanit. Inst., London, 73, 1953; 202—223; rf. Chem. Zbl. 1953, 7627.

397. HODGE, H., LUCE-CLAUSEN, E., BROWN, E., Fluorosis in rats due to contamination with fluorine of commercial casein. J. Nutrit., Philadelphia, 17, 1939, Nr. 4, 333—346; rf. Exp. Sta. Rec., 83, 1940, 427.

398. HOFMANN, O., Mit der Fluorierung des Trinkwassers zusammenhängende Rechtsfragen. Gas- u. Wasserfach, Ausg. Wasser, München, 94, 1953, 524; rf. Chem. Zbl. 1954, 6800.

399. HOFFMANN-AXTHELM, W., Beobachtungen über den Einfluß des Fluors auf Zahnschmelz u. Schilddrüse. Dtsch. zahnärztl. Z., München, 8, 1953, 757—765; rf. Chem. Zbl. 1954, 371 u. Pharmaz. Zhalle, 93, 1954, 390.

400. — — Weitere Beobachtungen über den Einfluß chronisch zugeführten Fluors auf den Organismus. Ebenda, 9, 1954, 558—565; rf. Chem. Zbl. 1954, 11229.

401. HÖLEMANN, H. u. MAHR, C., Chemische Analyse anorganischer Stoffe. Nachweis u. Bestimmung der Halogene. Z. analyt. Chem., München, 91, 1933, H. 5 u. 6, 210—211.

402. HOLT, P., Die Untersuchung von Staub in der Industrieluft. 4., 5. u. 6. Mitt., Metallurgia, Manchester, 43. 1951, 309—310, 44, 1951, 52—54 u. 108—110; rf. Chem. Zbl. 1953, 8167.

403. HÖRICHT, W., Waldverwüstung durch Rauch. Die kranke Pflanze, Dresden, 15, 1938, H. 5, 90—92.

404. HORN, O. u. STARCK, W., Über Fluor-Kunststoffe. Angew. Chem., Weinheim/Bergstr., 64, 1952, 533—536.

405. HORNUNG, H., Die Prophylaxe der Zahncaries durch Fluorzusatz zum Trinkwasser. Dtsch. Gesundheitswes. Berlin, 5, 1950, 48—50; rf. Chem. Zbl. 1950, II. 1021 u. Pharm. Zhalle 89. 1950, 289.

406. HORTON, A., THOMASON, P., MILLER, F., Spectrophotometric determination of inorganic fluoride. Analytic. Chem., Washington, 24, 1952, 548—550; rf. Chem. Zbl. 1953, 105 u. Z. Lebensmittel-Unters. u. -Forsch. 96, 1953, 359.

407. HOSKINS, W. u. FERRIS, C., A method of analysis for fluoride. Application to determination of spray residue on food products. Ind. Eng. Chem., Analyt. Edit., Washington, 8, 1936, 6—9; rf. Chem. Zbl. 1936, I. 3393.

408. HOWELL, C., BURNEY, L., DAY, H., MUHLER, J., Auswahl von Substanzen zur Fluorierung b. d. Bekämpfung d. Zahncaries. Amer. J. publ. Health Nation's Health, New York, 42, 1952, 44—48; rf. Chem. Zbl. 1952, 3532.

408a. — u. MUHLER, J., Wirkung von auf die Oberfläche der Zähne appliziertem Zinnchlorfluorid auf die Entstehung von Zahncaries bei Kindern. Science, Washington, 120, 1954, 316—317; rf. Chem. Zbl. 1955, 7494.

409. HUBBART, D. u. HENNE, A., Mikrobestimmung von Fluor in organischen Substanzen. J. Amer. chem. Soc., Washington, 56, 1934, 1078—1080; rf. Chem. Zbl. 1934, II. 1655.

410. HÜBLER, A., Das Polieren mit Flußsäure — ein Lösungsvorgang. Glas-Email-Keramo-Techn. 3, 1952, 155—158; rf. Chem. Zbl. 1953, 3782.

411. HUCKABAY, W., BUSEY, R., METLER, A., Bestimmung von Spuren Fluor in organischen Verbindungen. Analytic. Chem., Easton, 19, 1947, 59—63; rf. Chem. Zbl., Verlag Chemie, 1948, II. 399 und Akad.-Verlag, 1947, I. 757.

412. HUGELMANN, H., Die Fluorierung des Trinkwassers in Kassel. Gas- u. Wasserfach, Ausg. Wasser, München, 94, 1953, 507—510; rf. Chem. Zbl. 1954, 4006.

413. HUMERY, R., La lutte contre les fumées poussières et gaz toxiques. Paris, Dunod, 1933, 351 S.

414. HUNTER, G., MACNULTY, B., TERRY, E., Die Bestimmung von Fluorid in Mikrogramm-Mengen. 1. Mitt.: Die Verwendung des Aluminium-Hämatoxylinkomplexes. Analytica chim. Acta, Amsterdam, 8, 1953, 351—368; rf. Chem. Zbl. 1953, 9251.

415. HUPKA, E., Klinische Beobachtungen über Fluorvergiftungen bei Weidetieren. Dtsch. Tierärztl. Wschr., Hannover, 49, 1941, H. 29, 349—352.

416. — u. LUY, P., Gehäuftes Auftreten von Osteomalacie unter Weiderindern, verursacht durch Fluorwasserstoffsäure enthaltenden Fabrikrauch. Arch. f. wiss. u. prakt. Tierheilkunde, Berlin, 60, 1929, 21—39.

417. HURD-KARRER, A., Comparative fluorine uptake by plants in limed and unlimed soils. Soil Sci., Baltimore, 70, 1950, 153—159; rf. Z. Pflanzenernähr., Düng., Bodenkunde 53, 1951, 79.

418. HUTCHENS, J., WAGNER, H., PODOLSKY, B., MCMAHON, T., The effect of ethanol and various metabolites on fluoroacetate poisoning. J. Pharmacol., Baltimore, 95, 1949, 62—70; rf. Rona-Ber. 139, 1950, 104.
419. HÜTER, F., Neue biologische Erkenntnisse, gewonnen mit chemisch synthetisierten Nagetiergiften. Anz. f. Schädlingskunde, Berlin, 24, 1951, H. 2, 23—26.
420. — Über einige Nagetiergifte vom Fluoressigsäure-Typ. Ebenda, 25, 1952, H. 9, 137—140.
421. HUTTON, W., LINSCOTT, B., WILLIAMS, D., Der Brantford-Fluorversuch. Vorläufiger Bericht nach fünfjähriger Wasserfluoridierung. Canad. J. publ. Health, Toronto, 42, 1951, 81—87; rf. Chem. Zbl. 1951, II. 1319.
422. ICKEN, JO. u. BLANK, B., Bestimmung von Fluoriden. Spektrophotometrische Abwandlung der Methode der AOAC. Analytic. Chem., Washington, 25, 1953, 1741—1742; rf. Chem. Zbl. 1954, 7936.
423. ILJIN, W., Der biochemische Typus der Pflanzen und die Diagnose der Krankheit. Planta, Berlin, 35, 1948, H. 5/6, 701—749.
424. INGOLS, R., SHAW, E., EBERHARDT, W., HILDEBRAND, J., Bestimmung des Fluorid-Ions mit Ferrirhodanid. Analytic. Chem., Washington, 22, 1950, 799—803; rf. Chem. Zbl. 1950, II. 2951.
425. INGRAM, W. u. DIERINGER, L., Kritische Betrachtung der Methoden zur Entnahme von Luftproben. Amer. ind. Hyg. Assoc. Quart., Chicago, 14, 1953, 121—132; rf. Chem. Zbl. 1954, 2238.
426. IRWIN, M. u. WALSH, J., Überziehen der feuchten Zahnoberfläche mit einem öligen Gel. Brit. Dental J., London, 94, 1953, 181—182; rf. Chem. Zbl. 1954, 141.
427. ISSAKOW, J., Fluorbestimmung in Gasen und Lösungen der Superphosphatfabrikation. Betriebs-Lab., Moskau, 1934, 3, 896—898; rf. Chem. Zbl. 1935, II. 3567.
428. JACOB, K., MARSHALL, H., REYNOLDS, D., TREMEARNE, T., Zusammensetzung u. Eigenschaften von Superphosphaten. Verflüchtigung von Fluor bei der Superphosphatfabrikation. Ind. Eng. Chem., Ind. Edit., Washington, 34, 1942, 722—728; rf. Chem. Zbl. 1945, I. 83.
429. JACKSON, N., EULER, L., WILLSON, R., LESSLIE, J., WELLS, W., Fluoridation planning and operating experience. A symposium (District of Columbia — Washington Suburban Sanitary District — Hagerstown, Md. — Fort Mill, S. C. — Aberdeen, S. D.) J. Amer. Water Works Assoc., New York, 45, 1953, No. 3, 275—288.
430. JACOBSON, R., Überwachung der Fluorierung. J. Amer. Water Works Assoc., New York, 44, 1952, 1169—1173; rf. Chem. Zbl. 1953, 9270.
431. JAGUPOLSKI, L. u. KIPRIANOW, A., Fluor enthaltende Cyaninfarbstoffe. 3. Mitt. J. allg. Chem., Moskau-Leningrad, 22, 1952, 2216—2220: rf. Chem. Zbl. 1954, 773.
432. JAKL, F., Eine objektive Mikrobestimmung von Fluor. Mikrochem., Wien, 32, 1944, H. 3 u. 4, 195—209.
433. JANCKE, O., Über die Giftigkeit einiger im Pflanzenschutz gebräuchlicher Fluorverbindungen. Anz. f. Schädlingskunde, Berlin, 10, 1934, H. 5 u. 6, 55—58, 68—71.
434. — Über Spritzschäden an Kirschen nach Anwendung von Fluornatriumlösungen zur Bekämpfung der Kirschfliege. Anz. f. Schädlingskunde, Berlin, 11, 1935, H. 7 u. 8, 81—84, 92—94.
435. — Beiträge zur innertherapeutischen Schädlingsbekämpfung. III. Mitt. Z. Pflanzenkrankh. (Pflanzenpathol.) Pflanzenschutz, Stuttgart, 58, 1951, 179—185.
436. JANSON, A., Rauchsäurevergiftungen in der Sachverständigen-Praxis. Die kranke Pflanze, Dresden, 13, 1936, H. 10, 179—187; H. 11, 198—207; H. 12, 221—223; 14, 1937, H. 1, 2—7.
437. JEFFRIES, C., Vorkommen von Fluor in Kalksteinen und Dolomiten. Soil Sci., Baltimore, 71, 1951, 287—296; rf. Chem. Zbl. 1951, II. 1344.
438. JERMOLENKO, N. u. KADENSKAJA, W., Absorption von SiF_4 in der Dampfphase. Ber. Inst. Chem. Acad. Wiss. Ukr. SSR., Kiew, 7, 1940, 407—413; rf. Chem. Zbl. 1942, I. 400.
439. JOHN, L., Dichten und Fluotieren von Betonstein. Betonstein-Ztg., Berlin, 7, 1941, 195—197; rf. Chem. Zbl. 1942, I. 95.
440. JOCHMANN, FR., Fluorgehalt in Trübgläsern. Glas-Email-Keramo-Techn. 3, 1952, 69—71; rf. Chem. Zbl. 1953, 4927.
441. JOHNSON, F., ALLMENDINGER, D., MILLER, V., GOULD, C., Leaf scorch of gladiolus caused by atmospheric fluoric effluents. Phytopathology, Lancaster, Pa., 40, 1950, 239—246; rf. Rev. Appl. Mycolog., 29, 1950, 466.
442. — u. FISCHER, L., A Report on fluorides in wine. Amer. J. Pharm., Philadelphia, 107, 1935, H. 12, 512—514.
443. JONES, A., Über die Behandlung von Flußsäureverätzungen. J. ind. Hyg. Toxicol., Baltimore, 21, 1939, 205—212; rf. Chem. Zbl. 1940, II. 662.
444. JONES, G. u. CONNELL, J., Untersuchungen über Toxizität einiger zum Pflanzenschutz verwendeter Chemikalien für Arbeitsbienen (Apis mellifera). Ann. appl., Biol., 41, 1954, 271—279; rf. Chem. Zbl. 1955, 2015.
445. JONG DE, T. u. KOOPMANS, S., Verunreinigung von Boden, Wasser und Luft durch Fluorverbindungen. Ingenieur, Utrecht, 65, 1953, G 17—20.
446. JONGE DE, H., Die Fluorsilikate u. ihre Verwendung. Ind. Vernice, Milano, 6, 1952, 76—79; rf. Chem. Zbl. 1953, 932.
447. JORDAN, B. u. FRARY, G., Fluorgehalt in den Wasserversorgungen von Süd-Dakota. Proc. South Dakota Acad. Sci., Vermillion, 18, 1938, 86—94; rf. Chem. Zbl. 1939, I. 4512.
448. JORDI, A., Verätzung durch Flußsäure. Gesundh. u. Wohlfahrt, Zürich, 20, 1940, 238—243; rf. Chem. Zbl. 1942, I. 381.
449. JOVANOVITS, J., Beitrag zur experimentellen Fluorosteopathie. Arch. Gewerbepathol. Gewerbehyg., Berlin, 12, 1944, 233—276; rf. Chem. Zbl., Akad.-Verlag, 1945, II. 849.
450. JUNG, W, Pflanzenphysiologische Untersuchungen über die Einwirkung von Fluor auf Phosphate. Die Phosphorsäure, Essen, 13, 1953, Nr. 1—3, 101—116.
451. KAISER, W., Beitrag zur Bekämpfung der Zwiebelfliege. Z. Pflanzenkrankh. (Pflanzenpathol.), Pflanzenschutz, Stuttgart, 60, 1953, H. 2, 78—83.
452. KALNITZKY, G. u. BARRON, E., Die Wirkung von Fluoracetat auf den Stoffwechsel von Hefe und Bakterien. J. biol. Chemistry, Baltimore, 170, 1947, 83—96; rf. Chem. Zbl., Akad.-Verlag, 1948, II., 406.

453. KANDEL, A. u. CHENOWETH, M., Stoffwechselstörungen durch einige Fluorfettsäuren. Beziehungen zur pharmakologischen Aktivität dieser Verbindungen. J. Pharmacol. exp. Therapeut., Baltimore, 104, 1952, 234—247; rf. Chem. Zbl. 1952, 6394.
454. — — Toleranz gegenüber Fluoracetat u. Fluorbutyrat bei Ratten. Ebenda, 104, 1952, 248—252; rf. Chem. Zbl. 1952, 6394.
455. KANTOROWICZ, A., Cariesbefall von Gemeinden in Nordrhein-Westfalen u. der Fluorgehalt ihrer Trinkwässer. Dtsch. zahnärztl. Z., München, 7, 1952, 1017—1020; s. auch 8, 1953, 330—335.
456. KAREL, L., The rodenticidal activity of fluoroacetphenylhydrazide („Fanyline") and its oral toxicity to several species. J. Pharmacol. exp. Therapeut., Baltimore, 93, 1948, 287—293.
457. KARR, E., Experiments with several wetting agents in the removal of fluorine spray residue from apples sprayed with natural cryolite. J. econ. Entomol., Menasha, Wisc., 34, 1941, Nr. 5, 676—684: rf. Exp. Sta. Rec. 86, 1942, 356.
458. KARRETH, CHR., Die quantitative spektralanalytische Bestimmung von Fluor in organischer u. anorganischer Substanz. Diss. Erlangen, 1941. Dasselbe: PAUL W. u. KARRETH, CHR., Angew. Chem., Berlin, 53, 1940, H. 49/50, 573—576.
459. KAUFMANN, H. u. HEESCH, A., Über den Fluorgehalt der Trinkwässer im Lande Nordrhein-Westfalen. Z. Lebensmittel-Unters. u. -Forsch., München-Heidelberg-Berlin, 96, 1953, H. 5, 317—329; rf. Pharmaz. Zhalle, 93, 1954, 317 u. Chem. Zbl. 1955, 10350.
459a. — u. VOM ORDE, H., Über die Extraktion von Ölsaaten mit aliphatischen Fluor-Chlor-Kohlenwasserstoffen. I. Die Extraktion von Soja- u. Baumwollsaat mit 1,2,2-Trifluor-trichlor-äthan. Fette, Seifen, Anstrichmittel, Hamburg, 57, 1955, 399—401.
460. KAUSCH, O., Flußsäure, Kieselflußsäure u. deren Metallsalze, Eigenschaften, Herstellung u. Verwendung. Enkes Bibliothek für Chemie u. Technik, Bd. 24, Stuttgart 1936, 438 S.
461. KAY, K., Analytische Methoden zur Untersuchung der Verunreinigungen der Luft. Ind. Eng. Chem., Washington, 44, 1952, 1383—1388; rf. Chem. Zbl. 1955, 885.
462. KEIL, A., Einfluß der Hormone, Vitamine u. des Mineralstoffwechsels auf die Zähne. Der Biologe, München, 10, 1941, H. 1, 13—20.
463. KEIL, F. u. GILLE, F., Zerstörung eines Ringofenschornsteins durch F-haltige Rauchgase. Tonind.-Ztg. keram. Rdsch., Goslar/Harz, 74, 1950, 226—230; rf. Chem. Zbl. 1951, I. 772.
464. KEMP, F., MURRAY, M., WILSON, D., Spondylosis deformans in Hinsicht auf das Fluor u. die allgem. Ernährung. Lancet, London, 243, 1942, 93—97; rf. Chem. Zbl. 1943, I., 2212.
465. KEMPF, C., A biochemical study on fluorine. Iowa State Coll. J. Sci., Ames, 17, 1942, No. 1, 91—92.
466. — GALLIGAN, W., GREENWOOD, D., NELSON, V., Untersuchungen über die Beseitigung von Fluor aus Trinkwässern im Staate Iowa. Proc. Iowa Acad. Sci., Des Moines, 43, 1936, 191—195; rf. Chem. Zbl. 1939, I. 1221.
467. — GREENWOOD, D., NELSON, V., Untersuchungen über die Toxizität der Fluorverbindungen. J. Lab. clin. Med., St. Louis, 22, 1937, 1133—1137; rf. Chem. Zbl. 1938, I. 115.
468. KEMULA, W., MISCHALKI, M., ZDRODOWSKI, Z., Die polarographische Bestimmung des Fluors. Prace Glównego Inst. Chem. przemyslowej, 1951, Warschau, 5—11; rf. Chem. Zbl. 1954, 8876.
469. KESSLER, W., Kariesprophylaxe durch Fluor. Zahnärztl. Rdsch., Berlin, 62, 1953, H. 9.
470. KICK, C., BETHGE, R., EDGINGTON, B., Effect of fluorine on the nutrition of swine, with special reference to bone and tooth composition. J. Agr. Res., Washington, 46, 1933, H. 11, 1023—1037, m. 41 Schrifttumsangaben.
471. KICK, C. u. sieben Mitarbeiter. Fluor in der tierischen Ernährung. Ohio Agr. Exp. Stat. Bull. 558, 1935, 72 S.; rf. Chem. Zbl. 1936, II. 2745.
472. KIESLINGER, A., Zerstörungen an Steinbauten, ihre Ursache u. ihre Abwehr. Leipzig-Wien. Franz Deuticke, 1932.
473. KILBORN, L., OUTERBRIGDE, T., LEI, H., Beschreibung eines Falles von fortgeschrittener Fluorose. Canad. med. Assoc. J,. Montreal, Que., 62, 1950, 135—141; rf. Chem. Zbl. 1951, I. 2621.
474. KIPRIANOW, A. u. JAGUPOLSKI, L., Fluor enthaltende Cyaninfarbstoffe, 1. u. 2. Mitt., J. allg. Chem., Moskau-Leningrad, 20, 1950, 2111—2117 u. 22, 1952, 2209—2215; rf. Chem. Zbl. 1951, II. 1429 u. 1953, 7806.
475. KLEMENT, R., Der Fluorgehalt der Knochen u. Zähne. Ber. Dtsch. Chem. Ges., Berlin, 68, 1935, H. 11, 2012—2019 und Naturwissenschaften, Berlin, 1933, H. 36, 662.
476. — u. TRÖMEL, G., Hydroxylapatit, der Hauptbestandteil der anorganischen Knochen- und Zahnsubstanz. Hoppe-Seilers Z. Physiol. Chem., Berlin u. Leipzig, 213, 1932, 263—269.
477. KLINGENSMITH, C., A note on the natural occurrence of fluoroacetic acid, the acid of the new rodenticide „1080". Science, New York, City 102, 1945, No. 2659, 622—623; rf. Exp. Sta. Rec., 94, 1946, 635.
478. KNAPPWOST, A., Zur Kinetik der Bildung von Hydroxylapatitdeckschichten auf Zahnschmelzschichtoberflächen. Z. Elektrochem. angew. physik. Chem., Weinheim/Bergstr., 55, 1951, 586—590; rf. Chem. Zbl. 1952, 2531.
479. — Zur Kenntnis der lokalen Fluorierung durch Fluoride, Fluosilikate und fluorierte Zahnpasten. Dtsch. zahnärztl. Z., München, 7, 1952, 681—692; rf. Chem. Zbl. 1952, 7695.
480. — Grundlagen der Resistenztheorie der Caries mit einem Beitrag über die carieshemmende Wirkung peroraler Fluorgaben. Ebenda, 7, 1952, 670—680; rf. Chem. Zbl. 1952, 7695.
481. — Über die das Fluor ergänzende Wirkung des Kupfers in der lokalen Kariesprophylaxe. Ebenda, 8, 1953, 611; rf. Chem. Zbl. 1953, 7861 u. Pharmaz. Zhalle, 93, 1954, 159.
482. — Über die antirachitische Wirkung physiologischer Fluordosen. Ebenda, 8, 1953, 927—935; s. auch 10, 1955. 629; rf. Chem. Zbl. 1954, 1529 u. 1955, 11620.
483. KNOUFF, R. et al., Permeability of placenta to fluoride. J. Dental Res., New York, 15, 1936, 291—294.
484. KNUTSON, J., Die Gründe zur Wasserfluorierung. New England J. Med., Boston, 246, 1952, 737—743; rf. Chem. Zbl. 1953, 2962.

485. KOCH, FR., Zur Wirkung des Fluors auf die Löslichkeit der Phosphorsäure im Thomasphosphat. Z. Pflanzen ernähr., Düng., Bodenkunde, Berlin, 60, 1953, H. 3, 282—284.

486. KÖCK, G., Über einige bei Rauchschädenerhebungen an landwirtschaftlichen Kulturpflanzen häufig begangene Fehler und ihre Vermeidung. Landw. Jahrb., Berlin, 79, 1934, H. 2, 197—204.

487. KOELSCH, F., Arbeitshygiene. FIAT Review. Naturforschung und Medizin in Deutschland. Bd. 67, 105—158 in Hygiene, Teil II. Herausgeg. v. E. RODENWALDT. 213 S. Wiesbaden, Dieterichsche Verlagsbuchhandlung 1948.

488. KOLTHOFF, J. and STANSBY, M., Detection and estimation of small amounts of fluorine. Application of the zirconium purpurin test. Ind. Eng. Chem., Analyt. Edit., Washington, 6, H. 2, 1934, 118—121; rf. Chem. Zbl. 1934, II. 97.

489. KOŃÍŘ, H.-K., Der Fluorgehalt im Flußgebiet der böhmischen Elbe. Voda, Praha, 32, 1952. 67—68, 90—91; rf. Chem. Zbl. 1954, 10671.

490. KORENMAN, J., Nachweis u. Bestimmung von Fluoriden. Z. anorg. u. allg. Chemie, Leipzig, 216, 1934, H. 1, 33—40.

491. KORITNIG, S., Ein Beitrag zur Geochemie des Fluors (Mit besonderer Berücksichtigung der Sedimente). Geochim. Cosmochim. Acta, London, 1, 1951, 81—116; rf. Chem. Zbl. 1952, 345.

492. KORS, A., Berufskrankheiten. Verlag Technik, Berlin, 1952, 740 S.

493. KÖRTING, A., Untersuchungen über die insektizide Wirkung einiger Fluorverbindungen. Z. Pflanzenkrankh. (Pflanzenpath.) u. Pflanzenschutz, Stuttgart, 43, 1933, H. 8/9, 502—516.

494. KOVÁCS, E. u. SZABÓ, V., Fluoraufnahme und Abgabe durch den Zahnschmelz unter verschiedenen Bedingungen. Acta physiol. Acad. Sci. hung., Budapest, 3, 1952, 507—512; rf. Chem. Zbl. 1953, 2467.

495. KRAFT, K., Über einige neue, physiologisch interessante Fluor-Verbindungen. Angew. Chem. A., Verlag Chemie, 60, 1948, Nr. 9, 241.

496. — u. DENGEL, F., Über die Synthese einiger aromatischer Fluorverbindungen. 2. Mitt. Chem. Ber., Weinheim/Bergstr., 85, 1952, 577—582; rf. Chem. Zbl. 1953, 40.

497. — u. MAY, R., Beiträge zur Biochemie des Fluors. II. Fluorbestimmungen an Blut und Wässern. Hoppe-Seyler's Z. Physiol. Chem., Berlin u. Leipzig, 246, 1937, 233—243.

498. KRAMER, S., The removal of fluorides from water by sand filtration. Science. New York, N. S. 80, 1934, 593 u. Chem. Ztg. 59, 1935, H. 87, 886.

499. KRIEG, H., Versuchsergebnisse bei der Seuchenverhütung mit DFDT-Präparaten. Med. Klin., Berlin, 43, 1948, 242—244; rf. Chem. Zbl., Akad.-Verlag, 1949, I. 1407.

500. KRITZINGER, C., Natriumsilicofluorid, seine chemischen und physiologischen Eigenschaften und seine Verwendung in der Häute- und Fellbehandlung. J. Soc. Leather Trades Chemists, Croydon, Surrey, England, 36, 1952, 217—225; rf. Chem. Zbl. 1953, 6600.

501. — Die Verwendung von Natriumsilicofluorid zur Konservierung von Häuten und Fellen. Ebenda, 37, 1953, 193—203 u. 252—257; rf. Chem. Zbl. 1954, 693.

502. — Die Verwendung von Natriumsilicofluorid während der Lagerung trockener Häute und Felle. Ebenda, 37, 1953, 235—240; rf. Chem. Zbl. 1954, 1867.

503. KRÖNCKE, A. u. NAUJOKS, R., Die Speichelphosphatasen u. ihre Beziehungen zur Zahncaries. Dtsch. zahnärztl. Z., München, 8, 1953, 71—74; rf. Chem. Zbl. 1953, 8381.

504. KRÜCKEMEYER, K., Beitrag zur Frage der akuten Vergiftung des Menschen mit Fluorsalzen u. Chinin. Zbl. allg. Pathol. pathol. Anatom., Jena, 90, 1953, 429—435; rf. Chem. Zbl. 1954, 3751.

505. KRÜGER, E., Über den Nachweis von Fluor in rauchbeschädigten Pflanzen. Metall u. Erz, Halle/Saale, 38, 1941, H. 11, 265—266.

506. — Die Verhütung der schädlichen Wirkung fluorhaltiger Industrieexhalationen. Dtsch. Tierärztl. Wschr. u. Tierärztl. Rdsch., Kriegsgemeinschaftsausg. Hannover, 52/50, 1944, H. 29/30.

507. — Nachweis fluorhaltiger Industrieexhalationen durch Analyse von Rinderharn. Dtsch. Tierärztl. Wschr., Hannover-Waldhausen, 56, 1949, 325; rf. Chem. Zbl. 1950, II. 912.

508. — Die Verhütung von Rauchschäden als pflanzenzüchterisches Problem. Die Bergakademie, S.-A. aus Freiberger Forschungshefte, H. 2, 1951, 3 S.; rf. Züchter, 22, 1952, 288 u. Rev. appl. Mycolog. 32, 1953, 394.

509. — Persönliche schriftliche Mitteilung.

510. KUNSTMANN, FR., Anorganische Luminiscenzstoffe u. ihre Verwendung. Chemiker-Ztg. verein. dtsch. Chemiker-Z., Berlin-Charlottenburg, 74, 1950, 360—362.

511. KUNZE, G., Geschmacks- und Giftwirkungen des Fluornatriums auf die Honigbiene. Nachrichtenbl. f. d. Dtsch. Pflanzenschutzdienst, Berlin, 9, 1929, H. 2, 13—14.

512. KURMIES, B., Über den Einfluß von Fluoriden auf die Löslichkeit der Phosphorsäure im Thomasphosphat. Z. Pflanzenernähr., Düng., Bodenkunde, Berlin, 63, 1953, H. 3, 212—222.

513. KURTENACKER, A., TROFINOW, A., EICHLER, A., Bericht über die Fortschritte der analytischen Chemie (Sammelreferat). II. Fluor. Z. analyt. Chem, Berlin-Göttingen-Heidelberg-München, 133, 1951, 283—294.

514. KUTLER, B. u. IRELAND, R., Einfluß einer Applikation von NaF auf die Carieshäufigkeit bei Erwachsenen. J. Dental Res., St. Louis, Mo., 32, 1953, 458; rf. Chem. Zbl. 1954, 371.

515. KUTSCHER, W. u. WÜST, H., Über die Fluoridhemmung der Phosphatase mit saurem p_H-Optimum. Biochem. Z., Berlin, 310, 1942, 292—301; rf. Chem. Zbl. 1942, I. 3107.

516. LACROIX, S. u. LABALADE, M., Genaue colorimetrische Bestimmung der Fluoridionen. Analytica chim. Acta Amsterdam, 4, 1950, 68—90; rf. Chem. Zbl. 1953, 8676.

517. LAMAR, W., Determination of fluoride in water: A modified zirconium-alizarin method. Ind. Eng. Chem., Analyt. Edit., Washington, 17, 1945, Nr. 3, 148—149; rf. Exp. Sta. Rec., 95, 1946, 300.

518. — and SEEGMILLER, CH., Determination of small quantities of fluoride in water. Ebenda, 13, 1941, 901—902.

519. Lamb, W., Stuart-Webb, J., Bell, L., Bovey, R., Danielli, J., Spezifische Farbstoffe für die Elektronenmikroskopie. Exp. Cell. Res., New York, 4, 1953, 159—163; rf. Chem. Zbl. 1954, 1793.
520. Lambert, J., Eine induzierte Reaktion als Methode zur Bestimmung von Fluoridionen. Analytic. Chem., Washington, 25, 1953, 271—274; rf. Chem. Zbl. 1953, 8174.
521. Lammers, Th. u. Hafer, H., Phosphataseaktivität und ihre Hemmung durch Fluor. Arzneim.-Forsch., Aulendorf/Württ., 3, 1953, 564—565.
522. Land, W. and Mosenthal, Ed., Court decisions on municipal water fluoridation. J. Amer. Water Works Ass., New York, 45, 1953, 387—396.
523. Landau, R. u. Rosen, R., Industrielle Handhabung von Fluor. Ind. Eng. Chem., Washington, 39, 1947, 281—286; rf. Chem. Zbl., Verlag Chemie, 1948, I. 225.
524. — — Beseitigung von Fluor u. Fluorwasserstoff aus Abgasen. Ind. Eng. Chem., Ind. Edit., Washington, 40, 1948, 1389—1393; rf. Chem.-Ing.-Technik, 21, 1949, 194—195.
525. Lang, F., Knochenveränderungen bei chronischer experimenteller Fluorvergiftung. Klin. Wochenschr., Berlin u. München, 18, 1939, 1035.
526. Langer, A., Amperometrische Titration des Fluors mit Thoriumnitrat. Ind. Eng. Chem., Analyt. Edit., Washington, 12, 1940, 511—514; rf. Chem. Zbl. 1942, I. 1404.
527. Largent, E., Aliquant food samples in the determination of fluorides in mixed foods. Ind. Eng. Chem., Analyt. Edit., Washington, 13, 1941, 93; rf. Chem. Zbl. 1943, I. 2739.
528. — The urinary fluoride excretion among men employed in alkylation plants using the hydrogen fluoride process. J. ind. Hyg. Toxicol., Baltimore, 29, 1947, 53—55; rf. Z. Lebensmittel-Unters. u. -Forschg. 90, 1950, 137.
529. — The comparative toxicity of cryolite for rats and for rabbits. Ebenda, 30, 1948, No. 2, 92—97.
530. — Effects of fluorides on man and animals. Proceed, first Nation. Air Pollution Symposium, Pasadena, Californ., 1950, 129—134.
531. — Rates of elimination of fluoride stored in the tissues of man, A. M. A. Arch. ind. Hyg. occupat. Med., Chicago 6, 1952, 37—42.
532. — and Heyroth, Fr., The absorption and excretion of fluorides. III. Further observations on metabolism of fluorides at high levels of intake. J. ind. Hyg. Toxicol., Baltimore, 31, 1949, No. 3, 134—138.
533. — Bovard, P., Heyroth, Fr., Roentgenographic changes and urinary fluoride excretion among workmen engaged in the manufacture of inorganic fluorides. Amer. J. Roentgenol. Radium Therapy, Springfield, Ill., 65, 1951, No. 1, 42—48.
534. — and Ferneau, I., Exposure to fluorides in magnesium founding. J. ind. Hyg. Toxicol., Baltimore, 26, 1944, No. 4, 113—116.
535. — Machle, W., Ferneau, I., Fluoride ingestion and bone changes in experimental animals. Ebenda, 25, 1943, No. 9, 396—408.
536. Larsen, N., Tooth decay in relation to diet and general health. J. med. assoc., Chicago, 137, 1948, No. 10, 832—838.
537. Lawrenz, M. and Mitchell, H., The effect of dietary calcium and phosphorus of the assimilation of dietary fluorine. J. Nutrit., Philadelphia, 22, 1941, No. 1, 91—101; rf. Chem. Zbl. 1942, II. 57 u. Exp. Sta. Rec., 86, 1942, 559.
538. — — The assimilation of fluorine by rats from natural and synthetic cryolite and from cryolite-sprayed fruits. Ebenda, 22, 1941, 451—462; rf. Chem. Zbl. 1942, II. 189.
539. — — The relative assimilation of fluorine from fluorine-bearing minerals and food (tea) and from water and food. Ebenda, 22, 1941, No. 6, 621—631; rf. Exp. Sta. Rec., 87, 1942, 454.
540. — — Ruth, W., The comparative toxicity of fluorine in calcium fluoride and in cryolite. Ebenda, 18, 1939, No. 2, 115—125; rf. Chem. Zbl. 1940, I. 2339 u. Exp. Sta. Rec., 82, 1940, 421.
541. — — —, A comparison of the toxicity of fluorine in the form of cryolite administered in water and in food. Ebenda, 18, 1939, No. 2, 127—141; rf. Chem. Zbl. 1940, I. 2339 u. Exp. Sta. Rec., 82, 1940, 714.
542. — — —, Adaptation of the growing rat to the ingestion of a constant concentration of fluorine in the diet. Ebenda, 19, 1940, 531—546.
543. — — —, The comparative assimilation of fluorine by growing rats during continuous and intermittent dosage. Ebenda, 20, 1940, No. 4, 383—390; rf. Exp. Sta. Rec., 86, 1942, 127.
544. Lee, J., Cheap way to remove fluorides from water. Chem. Eng., New York, 59, 1952, No. 7, 211—400; rf. J. Amer. Water Works Ass., 45, 1953, P & R 92 u. Chem. Zbl. 1954, 7259.
545. Léemann, A., Contribution à l'étude de Dichapetalum cymosum (Hook.) Engl. et à l'écologie du Transvaal. Bull. Soc. Bot., Genève, 29, 1939, 63 pp., 6 Tafeln, 86 Schrifttumsangaben.
546. Lehman, A., Chemicals in foods: A report to the association of food and drug officials on current developments. Part I. Assoc. Food Drug Officials [USA] 16, 1952, 82—89; rf. Z. Lebensmittel-Unters. u. -Forsch. 99, 1954, 164.
547. Lehmann, H., Die Wirkung von Reizgasen auf den menschlichen Organismus u. ihre Bedeutung für die öffentliche Gesundheitspflege. II. Salpetersäure, Nitrose Gase, Salzsäure, Chlor, Ammoniak, Schwefelsäure, Fluorwasserstoff. Kl. Mitt. Ver. f. Wasser-, Boden- u. Lufthygiene, Berlin-Dahlem, 9, 1933, H. 11—13, 276—285.
548. Lehnartz, E., Über die Einwirkung von Fluorid auf die intermediären Vorgänge bei der Glykolyse in der Hefe. Hoppe-Seyler's Z. physiol. Chem., Berlin u. Leipzig, 230, 1934. 90—95; rf. Chem. Zbl. 1935, I. 1265.
549. Leimgruber, Ch., Die Fluorprophylaxe: Eine große Illusion? Dtsch. zahnärztl. Z., München, 8, 1953, 419—423; rf. Chem. Zbl. 1953, 6300.
550. Lemberski, J., Über den Nachweis von Fluoriden in der gerichtschemischen Analyse. Pharm. Journ., Kiew, 12, 1939, Heft 4, 24—27; rf. Chem. Zbl. 1940, II. 940.
551. Leone, I., Brennan, E., Daines, R., Robbins, W., Some effects of fluorine on peach, tomato, and buckwheat when absorbed through the roots. Soil Sci., Baltimore, 66, 1948, 259—267; rf. Z. Pflanzenernähr., Düng., Bodenkunde, 52, 1951, 171.

552. LEPPER, H., Official methods of analysis of the Association of Official Agricultural Chemists. 7. Edit., Washington, D. C., 1950, 910 S.
553. LEROUX, D., Influence de quelques oligo-éléments sur la combustion de la matière organique et la nitrification dans le sol. C. R. hebd. Séanc. Acad. Sci., Paris, 210, 1940, 770—772; rf. Chem. Zbl. 1941, I. 948.
554. — Influence de quelques oligo-éléments sur la fixation de l'azote atmosphérique au cours de la végétation d'une Légumineuse. C. R. hebd. Séanc. Acad. Sci., Paris, 212, 1941, 504—507; rf. Chem. Zbl. 1941, II. 1314.
555. LESSENICH, W., Der Einsatz von „Frigen" für Aerosole. Seifen-Öle-Fette-Wachse, Augsburg, 79, 1953, 344; rf. Chem. Zbl. 1954, 4684.
556. LESSING, R., Fluor in Kohle. Fuel Sci. Pract., London, 13, 1934, 347—348; rf. Chem. Zbl. 1935, I. 335.
557. LEVIN, G. and JACKSON, N., Use of fluoride as a tracer in distribution system studies. J. Amer. Water Works Assoc., New York, 45, 1953, No. 3, 264—274.
558. LEWIN, L., Gifte u. Vergiftungen. 4. Ausgabe des Lehrbuches der Toxikologie. Berlin, Georg Stilke 1929, 1087 S.
559. LIDDELL, H., The colorimetric determination of small amounts of fluorine. Analyst, Cambridge, 78, 1953, 494—496; rf. Chem. Zbl. 1954, 6549 u. Z. Lebensmittel-Unters. u. -Forsch. 99, 1954, 253.
560. LIESEGANG, W., Über den Nachweis von Verunreinigungen durch Industriegase in der freien atmosphärischen Luft. Kl.Mitt. Ver. f. Wasser-, Boden- u. Lufthygiene, Berlin-Dahlem, 8, 1932, H. 7/11, 174—181.
561. — Die Bedeutung der chemischen Luftuntersuchung für die gewerbepolizeiliche Genehmigung von Industrieanlagen. Ebenda, 12, 1936, H. 14/15, 395—413.
562. — Die Bedeutung der Industrieabgase im Rahmen der deutschen Volkswirtschaft. Ebenda, 13, 1937, H. 1/5, 102—119.
563. — Das Verhalten von Abgasen in der Luft. Ebenda, 15, 1939, H. 6/9, 185—203.
564. — Die Luft. Lunge-Berl, Chem.-Techn. Untersuchungsmethoden. Ergänzungswerk z. 8. Aufl. Hrsg. J. D'Ans, Tl. II, Berlin, 1939, 164—178.
565. — Das Glockenverfahren, Ergebnisse von Luftuntersuchungen im Freien. Kl. Mitt. Ver. f. Wasser-, Boden- u. Lufthygiene, Berlin-Dahlem, 16, 1940. H. 4/6, 157—174.
566. LILJESTRAND, G., Tödliche Vergiftung eines Kindes mit Natriumkieselfluorid. Fühner-Wielands Sammlung von Vergiftungsfällen, Berlin, 13, 3, 1943, 65—66; rf. Z. f. Lebensm.-Unters. u. -Forschg., Berlin, 86, 1943, H. 5/6, 500.
567. LIPMANN, F., Potentiometrische Versuche über die Bildung des Gärungsreduktans. Biochem. Z., Berlin, 274, 1934, 412—422; rf. Chem. Zbl. 1955, I. 911.
568. LLOYD, D., Bericht über die Verwendung von Fluoriden bei der Häutekonservierung. Collegium, Darmstadt, 1933, 698—700; rf. Chem. Zbl. 1934, I. 988.
569. LOCKWOOD, H., Fluorine in food products. Analyst, Cambridge, 62, 1937, H. 740, 775—783; rf. Z. Unters. d. Lebensmittel, Berlin. 77, 1939, 217 u. Chem. Zbl. 1938, I. 2087.
570. LOESER, C., Abgase, Technik ihrer Entrußung, Entstaubung und Entgiftung. Berlin, Gebr. Borntraeger, 1940, 554 S., 45 Abb.
571. LOEWEL, E. u. LÜTTGAU, W., Obstbaumspritzung und Bienensterben im Altländer Obstbaugebiet. Gartenbauwiss., Berlin, 10, 1937, 521—536.
572. — u. SEEMANN, F., Das Verhalten der Bienen gegenüber den gebräuchlichen Spritzmitteln des Obstbaues. Forschungsdienst, Berlin, 12, 1941, H. 1, 75—87.
573. LOWDERMILK, F., DANEHOWER, R., MILLER, H., Untersuchung einer Versuchsanlage für Fluor und seine Verbindungen. J. chem. Educat., Easton, Pa., 28, 1950, 246—252; rf. Chem. Zbl. 1951, II. 3080.
574. LOURENS, L., Fluorose beim Rind. Tijdschr. Diergeneeskunde, Utrecht, 68, 1941, 229—243; rf. Chem. Zbl. 1941, II. 1170.
575. LUSINA, G., Bestimmung kleiner Fluormengen durch amperometrische Titration. Betriebs-Lab., Moskau, 15, 1949, 1412—1414; rf. Chem. Zbl. 1950, II. 1851.
576. — Getrennte Bestimmung von Fluoriden, die in Form von Gasen und Aerosolen abgeschieden werden. Betriebs-Lab., Moskau, 16, 1950, 623—624; rf. Chem. Zbl. 1951, I. 1197 u. Z. analyt. Chemie 136, 1952, 306.
577. MACINTIRE, W., Soil content of fluorine and its determination. Soil Sci., Baltimore, 59, 1945, No. 1, 105—109.
578. — and HAMMOND, J., Removal of fluorides from nature waters by calcium phosphates. Ind. Eng. Chem., Ind. Edit., Washington, 30, 1938, H. 2, 160—162.
579. — HARDIN, L., HESTER, W., Messung von atmosphärischem Fluor. Analysen von Regenwasser und Bewitterungsversuche mit Spanischem Moos. Ind. Eng. Chem., Washington, 44, 1952, 1365—1370; rf. Chem. Zbl. 1953, 3052.
580. — — JONES, L., Berichte über Fluor. Direkte Doppeldestillationsmethode zur Bestimmung des Fluorgehalts in Böden. J. Assoc. off. agric. Chemists, Washington, 34, 1951, 597—603; rf. Chem. Zbl. 1954, 7038.
581. — and HATCHER, B., Evidence in support of a new concept as to the end product of superphosphate in limed soils. Soil Sci., Baltimore, 53, 1942, 43—54.
582. — (u. Mitarb.), Effects of fluorine in Tennessee soils and crops. Ind. Eng. Chem, Washington, 41, 1949, 2466—2475; rf. Z. Pflanzenkrankh. (Pflanzenpathol.), Pflanzenschutz, 56, 1949, 395 u. Chem. Zbl. 1950, II. 2847.
583. — SHAW, W., HARDIN, L., WINTERBERG, S., Differential effects of various calcium carriers upon transitions in phosphate mixtures. Soil Sci., Baltimore, 65, 1948, Nr. 1, 27—43 (m. 24 Schrifttumsangaben).
584. — — ROBINSON, B., The fate of added $BaSiF_6$ and its effect upon sulfates and other soil components. Univ. Tenn. Agr. Exp. Sta. Bull. 155, 1935.
585. — — — A barium-fluoride study. The fate of added barium silicofluoride and its effect upon sulfates and other soil components, as influenced by limestone and dolomite. Tenn. Agr. Exp. Sta. Bull. 155, 1935.
586. — and STERGES, A., Role of solvated silicia in promoting migration of fluorine, phosphorus and calcium in 10 years, rainwaterdrainage from slagged and wollastonited soils. Soil Sci., Baltimore, 74, 1952, 233—248; rf. Pflanzenernähr., Düng., Bodenkunde, 63, 1953, 78—80.

587. MALINTIKE, W. WINTERBERG, S., CLEMENTS, L., DUNHAM, H., The effects of calcium fluoride incorporations upon plant growth, fluorine and phosphorus uptake, and soil p_H. Soil Sci., Baltimore. 63, 1947, Nr. 3, 195—207.

588. — — — JONES, L., ROBINSON, B., Einfluß von Fluorverbindungen auf Ertrag und Bodenwasser. Ind. Eng. Chem, Washington, 43, 1951, 1797—1799; rf. Chem. Zbl. 1955, 3465.

589. — — — HARDIN, L., JONES, L., Wachstums- und Bodenreaktion auf Gaben von Flußsäure. Ebenda, 43, 1800—1803; rf. Chem. Zbl. 1955, 3465.

590. — — THOMPSON, J., HATCHER, B., Fluorine content of plants fertilized with phosphates and slags carrying fluorides. Ind. Eng. Chem., Washington, 34, 1942, 1469—1479; rf. Chem. Zbl., Akad.-Verlag, 1945, I. 935.

591. MACHLE, W., Normal urinary fluorine excretion and the problem of mottled enamel. Dental Cosmos, Philadelphia, 78, 1936, 612—616; rf. Chem. Zbl. 1936, II. 1961.

592. — and EVANS, E., Exposure to fluorine in industry. J. ind. Hyg. Toxicol., Baltimore, 22, 1940, No. 6, 213—217.

593. — and KITZMILLER, K., The response following exposure to low concentration. Ebenda, 17, 1935, 223.

594. — and LARGENT, E., The absorption and excretion of fluorine: II. The metabolism at high levels of intake. Ebenda, 25, 1943, 112—123.

595. — and SCOTT, E., III. Fluorine storage following exposure to sub-lethal concentration. Ebenda, 17, 1935, 230.

596. — — LARGENT, E., The absorption and excretion of fluorides: I. The normal fluoride balance. Ebenda, 24, 1942, 199—204.

597. — — TREON, J., Normal urinary fluorine excretion and the fluorine content of food and water. Amer. J. Hyg., Lancaster, 29, 1939, No. 3, Sect. A, 139—145.

598. — THAMANN, F., KITZMÜLLER, K., CHOLAK, J., The effects of the inhalation of hydrogen fluoride. I. Response following exposure to high concentrations. J. ind. Hyg. Toxicol., Baltimore, 16, 1934, 129—145; rf. Chem. Zbl. 1934, I. 3767.

599. MACNULTY, B., REYNOLDS, B., TERRY, E., Polarographische Fluoridbestimmung. Nature, London, 169, 1952, 888—889; rf. Chem. Zbl. 1953, 425.

600. MACKWORTH, J. u. WEBB, E., Hemmung von Cholinesterase des Serums durch Alkylfluorphosphonate. Biochemic. J., London, 42, 1948, 91—95; rf. Chem. Zbl., Akad.-Verlag, 1949, I. 213.

601. MACQ, A., Das Fluor und seine Derivate. Ind. chim. belge. 14, 1949, 117—120; 156—164; 191—204; rf. Chem. Zbl. 1950, II. 1271.

602. MAERCKS, H., Lebensweise u. Bekämpfung der Wiesenschnaken. Biolog. Bundesanstalt Braunschweig, Flugblatt C 17, 1951, 8 S.

603. MAGE, J. u. BATTA, G., Die Rolle der Flußsäure bei der Schädlichkeit des Maasnebels. Chim. et Ind., Paris, 30, 1933. 787—788; rf. Chem. Zbl. 1934, I. 258.

604. MAGILL, P., ROLSTON, M., MACLEOD, J., CADLE, R., Probenahme gewisser atmosphärischer Verunreinigungen mit einem kleinen Venturi-Wäscher. Analytic. Chem., Washington, 22, 1950, 1174—1177; rf. Chem. Zbl. 1951, II. 2081.

605. MAHR, C., Chemische Analyse anorganischer Stoffe, Nachweis und Bestimmung des Fluors. Z. analyt. Chem. München, 91, 1933, H. 1 u. 2, 47.

606. MAIER, F., Technische Probleme bei der Wasserfluorierung. Amer. J. Publ. Health Nation's Health, New York, 42, März 1952.

607. — Defluoridation of municipal water supplies. J. Amer. Water Works Ass., New York, 45, 1953, 879—888.

608. MALM, M., Permeabilität der Hefezellen und die von den permeierenden Stoffen, insbes. Fluorwasserstoff, bedingten Plasmaveränderungen. Ark. Kem., Mineral., Geol., Ser. A, Stockholm, 25, 1948, Nr. 1, 1—187; rf. Chem. Zbl., Akad.-Verlag, 1948, II. 1424.

609. MANEFIELD, T. and MCDOUGAL, W., The citrus gall wasp and sodium fluoroacetate („1080"). J. Aust. Inst. agric. Sci., 17, 1951, 220—221; rf. Hortic. Abstr. 22, 1952, 415.

610. MARAIS, J., The isolation of the toxic principle „Potassium Cymonate" from „Gifblaar" Dichapetalum cymosum (Hook.) Engl. Onderstepoort J. Veter. Sci. and Animal Ind., Pretoria, 18, 1943, No. 1/2, 203—206.

611. — Monofluoroacetic acid, the toxic principle of „Gifblaar" Dichapetalum cymosum (Hook.) Ebenda, Pretoria 20, 1944, No. 1, 67—73.

612. MARCOVITCH, S., Natriumfluorid als Unkrautvertilgungsmittel. J. amer. Soc. Agronom, Geneva, N. Y. 33, 367; rf. Chem. Ztg., Chem.-Techn. Übers. 67, 1943, H. 3/4, 6.

613. — and STANLEY, W., Control of the Mexican bean beetle by a new and improved form of cryolite. Tenessee Agr. Exper. Stat. Circ. 56, 1936.

614. — — A study of antidotes for fluorine. J. Pharmacol. exp. Therapeut. Baltimore, 74, 1942, Nr. 2, 235—238; rf. Exp. Sta. Rec. 87, 1942, 87 u. Chem. Zbl. 1943, I. 1908.

615. — — Fluorine compounds useful in the control of insects. Bull. Tenn. agric. Exp. Sta. Knoxville, No. 182, 46 pg., 1942, rf. Z. Pflanzenkh. u. Pflanzenschutz, Stuttgart, 55, 1948, H. 9/10, 315 und Exp. Sta. Rec., 88, 1943, 785.

616. MARCUSE, R., Studien über Hemmung der Gärung durch Hefemacerationssaft. Science, New York, (N. S.) 94, 1941, 466—467; rf. Chem. Zbl. 1942, I. 3005.

617. — u. RUNNSTRÖM, J., Die Fluoridhemmung des Stoffwechsels der frischen u. der destruierten Bäckerhefe. Ark. Kem., Mineral., Geol., Ser. A, Stockholm, 16, 1943, H. 20, 1—27; rf. Chem. Zbl. 1944, II. 855.

618. MARTIN, D., Untersuchungen über Zahncaries in Evanston. 8. Mitt. Fluorgehalt von in fluorhaltigem Wasser gekochtem Gemüse. J. Dental Res., St. Louis, 30, 1951, 676—681; rf. Chem. Zbl. 1953, 2159.

619. MARTIUS, C., Über die Unterbrechung des Citronensäure-Cyclus durch Vergiftung mit Fluoressigsäure. Angew. Chem., Weinheim/Bergstr., 61, 1949, Nr. 6, 257.

620. MASART, L. u. DUFAIT, R., Fluoridhemmung u. Metallaktivierung der Hefephosphatase. Naturwiss., Berlin, 27, 1939. 806—807; rf. Chem. Zbl. 1940, I. 393.

621. MASSEY, L., Similarities between disease symptoms and chemically induced injury to plants. Air pollution. Proc. U. S. Techn. Confer. Air Pollution, New York, Toronto, London, 1952, 48—52; rf. Rev. Appl. Mycol., 33, 1954, 547.

621a. MAURIZIO, A., Pflanzenschutzmittel und Industrieabgase als Ursache von Bienenvergiftungen. Schweiz. Landw. Monatshefte, Bern-Bümpliz, 1955, Heft 4, 8 S.

622. MAY, R., Erfahrungen in der Behandlung von Hyperthyreose- und Basedow-Kranken mit einer organischen Fluorverbindung (Fluoroxyphenyessigsäure, „Capacin"). Dtsch. med. Wschr., Leipzig, 74, 1949, 374; rf. Pharmaz. Zhalle, 89, 1950, 66.

623. — Therapie mit organischen Fluorverbindungen. Med. Mschr. 7, 1950, 489; rf. Dtsche. Apoth. Z., 91, 1951, 151.

624. MAYER, K. u. STRENZKE, K., Versuche mit Gix zur Bekämpfung von Fliegen u. Mücken. Anz. Schädlingskunde, Berlin, 21, 1948, 74—76.

625. MAYRHOFER, A., Biochemische Studien über das Vorkommen kleiner Mengen von Jod und Fluor im Organismus. III. Biochem. Z., Berlin, 295, 1938, 302—314.

626. — u. WASITZKI, A., Biochemische Studien über das Vorkommen kleiner Mengen von Jod u. Fluor im Organismus. I. Ebenda, 204, 1929, H. 1, 62—77.

627. — SCHNEIDER, CHR., WASITZKI, A., Biochemische Studien über das Vorkommen kleiner Mengen Jod und Fluor im Organismus. II. Ebenda, 251, 1932, H. 1—3, 70—86.

628. — WASITZKI, A., KORN, W., Die Bestimmung kleiner Mengen von Fluor in pflanzlichem und tierischem Material. Mikrochemie, Wien u. Leipzig, 20, 1936, N. F. 14, H. 1, 29—48.

629. MAZKOW, F., Eine neue rasche Methode zum Erkennen lebender, toter und beschädigter Gewebe einer grünen Pflanze. C. R. (Doklady) Acad. Sc. UdSSR., Moskau, 1, (10, 1936, H. 6 (83), 265—266; rf. Bot. Zbl., Jena, N. F. 30, 1937/38, H. 3/4, 71.

630. MCBEE, E., Fluor-Chemie. Ind. Eng. Chem., Ind. Edit., Washington, 39, 1947, 236—237 u. ebenda, 305—309; rf. Chem. Zbl., Verlag Chemie, 1947, II. 162 u. Angew. Chem. B., Verlag Chemie, 20, 1948, No. 11, 304.

631. MCCABE, L., Verunreinigung der Atmosphäre. Ind. Eng. Chem., Washington, 42, 1950, 73A—74A; rf. Chem. Zbl. 1951, I. 1205.

631a. — Luftverunreinigung durch industrielle Dämpfe, Gase u. Staube. Mining Engng., New York, 189, 1950, 971—973; rf. Chem. Zbl. 1955, 8228.

632. MCCANN, H., Reaktionen von Fluoridion mit Hydroxylapatit. J. biol. Chemistry, Baltimore, 201, 1953, 247—259; rf. Chem. Zbl. 1954, 1757.

633. MCCAULEY, H., Über Lokalbehandlung mit Fluoriden bei Caries. J. Amer. Dental. Assoc., Chicago, 38, 430; rf. Chem. Zbl. 1950, I. 1879.

634. MCCLENDON, J. and FOSTER, W., Determination of dietary fluorine. Ind. Eng. Chem., Analyt. Edit., Washington, 13, 1941, Nr. 4, 280—283; rf. Exp. Sta. Rec., 87, 1942, 178 u. Chem. Zbl. 1942, II. 1302.

635. — — Die Hemmung der Zahncaries durch Fluor. J. biol. Chemistry, Baltimore, 140, Proc. 85, Juli 1941; rf. Chem. Zbl. 1943, II. 1818.

636. — — Vorbeugung von Zahncaries durch Bürsten der Zähne mit Fluorapatit enthaltenden Pulvern. J. Dental Res., New York, 26, 1947, 233—239; rf. Chem. Zbl., Verlag Chemie, 1948, II. 1043.

637. — — SUPPLEE, G., The inverse ratio between fluoride in food and drink and dental caries. Arch. Biochem., New York, 1, 1942, Nr. 1, 51—57; rf. Exp. Sta. Rec., 90, 1944, 572.

638. — and GERSHON-COHEN, J., Trace element deficiencies. Water-culture crops designed to study deficiencies in animals. J. Agricult. and Food Chemistry, Washington, 1, 1953, No. 6, 464—466.

639. — — The prevention of dental caries by rock phosphate in the died of rat. Science, Washington, 117, 1953, 595—596; rf. Chem. Zbl., 1954, 3517 u. Z. Lebensmittel-Unters. u. -Forsch., 99, 1954, 179.

640. — — Die Wirkung von fluorfreier Nahrung auf die Struktur der Zähne u. des Periodontiums an Hand von Röntgenuntersuchungen. Amer. J. Roentgenol., Radium Therapy, Springfield, 71. 1954, 1017—1020; rf. Chem. Zbl. 1954. 10281.

641. MCCLURE, F., A review of fluorine and its physiological effects., Physiolog. Rev., New York, 13, 1933, H. 3, 277—300, m. 217 Schrifttumsangaben; rf. Exp. Stat. Rec., 69, 1933, 754.

642. — A review of fluorine, its effect on plant growth and its relation to the availability to plants of phosphorus in phosphate rocks. Soil Sci., Baltimore, 40, 1935, 203.

643. — Fluorides in food and drinking water. A comparison of effects of water-ingested versus food-ingested sodium fluoride. Nat. Inst. Health Bull., Washington, Nr. 172, 53 S. m. 89 Schrifttumsangaben.

644. — Domestic water and dental caries. III. Fluorine in human saliva. Amer. J. Diseases Children, Chicago, 62, 1941, Nr. 3, 512—515; rf. Exp. Sta. Rec., 87, 1942, 890.

645. — Beobachtungen an experimenteller Caries bei Ratten. II. Mitt.: Wirkung von Fluorid auf Rattencaries und die Zusammensetzung von Rattenzähnen. J. Nutrit., Philadelphia, 22, 1941, 391—398; rf. Chem. Zbl., Akad. Verlag, 1946, I. 81.

646. — Die Fluoraufnahme durch die Zähne ausgewachsener Hunde. Science, New York, (N. S.), 95, 1942, 256; rf. Chem. Zbl., Akad.-Verlag, 1946, I. 1004.

647. — Fluoride domestic waters and systemic effects. I. Relation to bone-fracture experience, heigh and weight of high school boys and young selectees of the Armed Forces in the United States. Publ. Health Rep., Washington, 59, 1944, 1543—1558; rf. Exp. Sta. Rec., 94, 1946, 687.

648. — Fluorine and other trace elements in nutrition. J. amer. med. Assoc., Chicago, 139, 1949, 711—716; rf. Z. Lebensmittel-Unters. u. -Forsch. 91, 1950, 294.

649. — and KINSER, C., Fluoride domestic waters and systemic effects. II. Fluorine content of urine in relation to fluorine in drinking water. Publ. Health Rep., Washington, 59, 1944, No. 49, 1575—1591; rf. Exp. Sta. Rec., 94, 1946, 687.

650. McClure, F., u. Likins, R., Untersuchungen über den Fluorgehalt menschlicher Zähne in Beziehung zum Fluorgehalt des Trinkwassers. J. Dental Res., St. Louis, Mo., 30, 1951, 172—176; rf. Chem. Zbl. 1952, 1353.
651. McHargue, J. and Hodgkiss, W., Report on less common elements in soils. Fluorine in soil, and other materials related to agriculture. J. Assoc. off. agric. Chemists, Washington, 22, 1939, 249—251.
652. McKee, J., A rational approach to fluoridation. J. Amer. Water Works Ass., New York, 45, 1953, 376—386.
653. — Ist Wasser oder Milch der beste Träger bei der Fluorierung? J. New England Water Works Assoc., Boston, Mass., 67, 1953, 9—23; rf. Chem. Zbl. 1954, 5792.
654. McKee, R. and Johnston, W., Removal of fluorides from drinking water. Ind. Eng. Chem., Washington, 26, 1934, 849—850.
655. McKenna, F., Analytische Methoden zum Nachweis von Fluor und Fluoriden. 1. u. 2. Mitt. Nucleonics, New York, 8, 1951, 24—33 u. 9, 1951, 40—49.
656. Mecca, Fr., Methode zur biochemischen Fluoridbestimmung im Wein. Chim. e Ind., Milano, 34, 1952, 345—346; rf. Chem. Zbl. 1954, 2291.
657. Medbery, H., Fluoridation costs and problems. J. Amer. Water Works Ass., New York, 45, 1953, 745—756, m. 5 Abb.
658. Megregian, St., Critical factors in fluoride distillation techniques. J. Amer. Water Works Ass., New York, 45, 1953, 1110—1116.
659. — and Maier, Fr., Modified zirconium-alizarine reagent for determination of fluoride in water. Ebenda. 44, 1952, 239—248.
660. Menczer, L., Untersuchung über Trinkwasserfluorierung in 98 Gemeinden. Amer. J. publ. Health Nation's Health, New York, 42, 1942, 1414—1419; rf. Chem. Zbl. 1953, 2501.
661. Mendeloff, J., Tod nach wiederholter Einwirkung von Kühlgasen. A. M. A. Arch. ind. Hyg. occupat. Med. Chicago, 6, 1952, 518—524; rf. Chem. Zbl. 1953, 5705.
662. Menjailow, A., Danilowa, W., Inditschenko, L., Chrom und Fluor in vulkanischen Produkten. Mém. Soc. russe Minéral, Moskau, (2), 76, 1947, 139—146; rf. Chem. Zbl., Akad.-Verlag, 1948, I. 1090 u. Verlag Chemie, 1948, II. 788.
663. Merck, E., Jahresbericht, Darmstadt, 45, 1931; 46, 1932; 47, 1933; 50, 1936; 51, 1937; 52, 1938; 53, 1939; 54, 1940; 56, 1942; 61/62, 1947/48.
664. van der Merwe, P., Entfernen von Fluor aus Trinkwässern. Nature, London, 144, 1939, 668; rf. Chem. Zbl. 1939, II. 3861.
665. Meyn, A. u. Viohl, K., Über chronische Fluorvergiftungen bei Rindern. Arch. wiss. u. prakt. Tierheilkde., Berlin, 76, 1941. 329—339.
666. Michael, G. u. Blume, B., Über den Fluorgehalt Thüringer Buntsandstein- u. Muschelkalkböden und dessen Bedeutung für die Löslichkeit der Phosphorsäure. Chem. d. Erde, Jena, 16, 1952, 27—48; rf. Chem. Zbl. 1953, 3854.
667. Migunow, P., Universalaspirator zur Luftprobenentnahme. Betriebs-Lab., Moskau, 16, 1950, 114—117; rf. Chem. Zbl. 1950, II. 2228.
668. Miller, R. u. Phillips, P., Rapid method for determination of urinary fluorine. Analytic. Chem., Washington, 25, 1953, 172—173; rf. Chem. Zbl. 1953, 6323 u. Z. Lebensmittel-Unters. u. -Forsch. 97, 1953, 218.
669. Miller, V., The effect of atmospheric fluoride on Washington agriculture. Air pollution. Proc. U. S. Techn. Confer. Air Pollution, New York, Toronto, London, 1952, 116—122; rf. Rev. Appl. Mycol., 33, 1954, 547.
670. — Allmendinger, D., Johnson, F., Polley, D., Air pollution effects. Lime papers and indicator plants in fluorine air pollution investigations. J. Agric. Food Chem., Washington, 1, 1953, No. 7, 526—529; rf. Hortic. Abstr. 24, 1954, 14, Fette, Seifen, Anstrichmittel, 56, 1954, 748 u. Chem. Zbl. 1955, 885.
671. — Johnson, F., Allmendinger, D., Fluorine analysis of italian prune foliage affected by marginal scorch. Phytopathology, Lancaster, Pa., 38, 1948, 30—37.
672. Mills, G., Beobachtungen über die Anwendung von Fluordinitrobenzol auf die quantitative Analyse von Proteinen. Biochem. J., Cambridge, 50, 1952, 707—712; rf. Chem. Zbl. 1954, 5821.
673. Milner, O., Bestimmung von Fluor (u. Kohlenstoff) in fluorierten Kohlenwasserstoffen, Hochtemperatur-Verbrennungsverfahren. Analytic. Chem., Washington, 22, 1950, 315—317; rf. Chem. Zbl. 1951, I. 1504.
674. Milton, R., Titrimetrische Bestimmung von Fluor. Analyst, Cambridge, 74, 1949, 54; rf. Chem. Zbl. 1950, I. 588.
675. Mirimanoff, A., Fluor et carie dentaire. Schweiz. Apotheker Ztg., Zürich, 92, 1954, Nr. 28, 516—524.
676. Mitchell, H., The fluorine problem in livestock feeding. Natl. Res. Council, Reprint and Circ. Ser. 113, Washington, 1942.
677. — The use of phosphorus-containing substitutes for bone meal in livestock feeding with particular reference to the fluorine hazard. Natl. Res. Council, Com. Animal Nutrition, Reprint 10, Washington, 1943.
678. — u. Edman, M., Fluorine in soils, plants, and animals. Soil Sci., Baltimore, 60, 1945, No. 1, 81—90; rf. Exp. Sta. Rec., 94, 1946, 178.
679. Moder, A., Beiträge zur protoplasmatischen Anatomie des Helodea-Blattes. Protoplasma, Leipzig, 16, 1932, H. 1. 1—55.
680. Moissejew, Ss., Kombiniertes Verfahren zur Bestimmung von Fluor in den Zähnen. Stomatologie, Moskau, 1951, Nr. 1, 32—34; rf. Chem. Zbl. 1952, 271.
681. — (mit A. Michailowa), Experimentelle Untersuchungen über die Entfernung von Fluor aus dem Wasser. 6Hyg. u. Sanitätswes., Moskau, 1951, Nr. 1, 49—51; rf. Chem. Zbl. 1951, II. 1492.
682. Møller, P. and Gudjonsson, S., Massive changes of bones and ligaments. Acta radiolog., Stockholm, 13, 1932, 269.
683. Monkhouse, A., Die Niederbestandteile der Steinkohle. Int. chem. Engng. Process Ind., London, 31, 1950, 510—514 u. Colliery Engng., London, 28, 1951, 336—341; rf. Chem. Zbl. 1954, 7089.

684. MONNIER, D., VAUCHER, R., WENGER, P., Eine colorimetrische Methode zur Bestimmung des Fluorions in Gegenwart von Phosphaten. Helv. chim. Acta, Basel u. Genf, 31, 1948, 929—932; rf. Chem. Zbl., Akad.-Verlag, 1949, I. 628.
685. — — — Über eine colorimetrische Bestimmung des Fluorions. Ebenda, 33, 1950, 1—10; rf. Chem. Zbl. 1950, II. 447.
686. MORSE, H., The toxic influence of fluorine in phosphatic fertilizers on the germination of corn. Soil Sci., Baltimore, 39, 1935, H. 3, 177—193.
687. MÖSE, J. u. EXNER, H., Untersuchungen über den Fluorgehalt steirischer Trinkwässer. Gas, Wasser, Wärme, Wien, 6, 1952, 124—126; rf. Chem. Zbl. 1953, 430.
688. MOSIER, L. u. WHITE, W., Fluorchemikalien. Ind. Engng. Chem., Washington, 43, 1951, 246—248; rf. Chem. Zbl. 1951, II. 1947.
689. MOSSEL, D., Einfluß des in natürlichen Grundstoffen vorhandenen Fluorid-Ions auf den Ausfall der Gärprobe zum Nachweis von Konservierungsmitteln in Limonaden und verwandten Getränken. Pharmac. Weekbl., Amsterdam, 87, 1952, 757—760; rf. Z. Lebensmittel-Unters. u. -Forsch., 98, 1954, 68.
690. MOSSKWIN, W., Fluatierung als Mittel zur Bekämpfung der Betonkorrosion. Neuheiten Techn., Moskau, 9, 1940, H. 1; rf. Chem. Zbl. 1940, II. 2666.
691. MUEGGE, O., Natural and applied fluoridation census. Task Group E 5—10 on Fluoridation, Materials and Methods. J. Amer. Water Works Assoc., New York, 44, 1952, Nr. 6, 553—559 u. Nr. 10, 943—945; rf. Chem. Zbl. 1953, 1702.
692. MÜHLENBACH, V., Über die Trinkwasserfluorose oder die „gesprenkelten Zähne" (mottled enamel der Amerikaner). Kl. Mitt. Ver. f. Wasser-, Boden- u. Lufthygiene, Berlin-Dahlem, 14, 1938, H. 4—7, 76—103; m. 95 Schrifttumsangaben.
693. MUHLER, J. u. DAY, H., Beziehungen zwischen dem p_H-Wert und der Wirksamkeit von Natriumfluorid und Zinnfluorid bei der Herabsetzung der Löslichkeit von Zahnschmelz. J. Dental Res., St. Louis, Mo., 31, 1952, 102—104; rf. Chem. Zbl. 1952, 8013.
694. — — NEBERGALL, W., Beziehungen zwischen p_H-Wert, Alter u. Konzentration von Zinnfluorid- u. Natriumfluoridlösungen und der Herabsetzung der Löslichkeit von Zahnschmelz sowie der Fluoraufnahme. Ebenda, 31, 1952, 756—760; rf. Chem. Zbl. 1953, 4904.
695. — u. VAN HUYSEN, G., Löslichkeit von mit Natriumfluorid und anderen Verbindungen vorbehandeltem Zahnschmelz. Ebenda, 26, 1947, 119—127; rf. Chem. Zbl., Verlag Chemie, 1948, II. 498.
696. — NEBERGALL, W., DAY, H., Vergleich der carieshemmenden Wirkung von Zinnfluorid- u. Natriumfluoridlösungen bei der Ratte. J. Amer. Dental Assoc., Chicago, 46, 1953, 290—295; rf. Chem. Zbl. 1953, 7341.
697. — — — Untersuchungen über die Beziehungen zwischen Zinnfluorid u. anderen Fluoriden zu der Löslichkeit von Schmelz im sauren Bereich u. der Verhütung von experimenteller Zahncaries. J. Dental Res., St. Louis, Mo., 33, 1954, 33—49; rf. Chem. Zbl. 1954, 6772.
698. — u. SHAFER, W., Experimentelle Zahncaries. I. Die Wirkung von Orchi- u. Ovarektomie auf die Zahncaries bei unreifen Ratten. Ebenda, 31, 1952, 798—804; rf. Chem. Zbl. 1955, 2005.
699. MÜHLSTEPH, W., Rauchschaden u. chemische Industrie. Chem. Ztg., Köthen, 61, 1937, H. 42, 435—436.
700. — Notwendigkeit der Erforschung von Abgasschäden in der Natur. Ebenda, 66, 1942, H. 39/40, 436—437.
701. — Wege zum chemischen Nachweis von Abgas-(Rauch-)Schäden mit besonderer Rücksicht auf den Wald. Tharandter Forstl. Jahrbuch, Berlin, 93, 1942, H. 11/12, 631—658.
702. MÜLLER, FR., Weitere Versuche mit Zusätzen zu Rattenködern. Anz. f. Schädlingskunde, Berlin u. Hamburg, 26, 1953, H. 9, 140—141.
703. MÜLLER, M., Fluorhaltige Kunststoffe. Chem. Weekbl., Amsterdam, 46, 1950, 143—144; rf. Chem. Zbl. 1950, I. 827.
704. MÜLLER, R., Fluorchemie, 1. Mitt.: Über fluorhaltige Kältemittel. Chem. Techn., Berlin, 4, 1952, 394—402; rf. Chem. Zbl. 1953, 3617.
704a. — u. FISCHER, H., Fluorchemie, 2. Mitt.: Der Spurennachweis von Sicherheitskältemitteln. Ebenda, 5, 1953, 298—301; rf. Chem. Zbl. 1955, 3701.
705. MUNROE, H., Übersicht über die praktische Fluorierung. Ind. Eng. Chem., Washington, 45, 1953, 105—111; rf. Chem. Zbl. 1954, 6081.
706. MURDEN, X., Natural-fluoride well water added to Portsmouth surface supply. J. Amer. Water Works Ass., New York, 45, 1953, 363.
707. MURRAY, M., Maternal transference of fluorine. J. Physiology, London, 87, 1936, 388—393; rf. Chem. Zbl. 1937, II. 615.
708. MYERS, H., HAMILTON, JO., BECKS, H., Eine Traceruntersuchung der Aufnahme von ^{18}F durch Zähne bei Applikation auf die Oberfläche. J. Dental Res., St. Louis, Mo., 31, 1952, 743—750; rf. Chem. Zbl. 1953, 4904.
709. NAGAI, S. u. TAKAHARA, M., Untersuchungen über den Einfluß verschiedener Fluoride auf die Sinterung von Portlandzementrohmischungen. J. Soc. chem. Ind., Japan (Suppl.), Tokyo, 39, 1936, 183 B—184 B; rf. Chem. Zbl. 1937, I. 158.
710. NASH, L., Indirekte colorimetrische Bestimmung von gasförmigem Fluor. Analytic. Chem., Easton, Pa., 21, 1949, 980—982; rf. Chem. Zbl. 1950, II. 1264.
711. National Research Council of Canada, Effect of sulphur dioxide on vegetation (M. Katz, G. A. Ledingham, A. E. Harris) 1939, Ottawa, Canada.
712. NEKOMOTO, R., Fluorine in Hawaiian water. Honolulu, Univers. of Hawaii, Library, 1945 (s. Larsen, N., 536).
713. NETTO, R., Influencia da temperatura de calcinação, sôbre o teor de fluor das cinzas de ossos de bovinos. An. Facul. Farmac. Odontol. Univ. São Paulo, 11, 1953, 47—54.

714. NEUDORFFER, J., Halbmikrobestimmung von Fluor u. Schwefel in flüchtigen u. gasförmigen organischen Verbindungen. C. R. hebd. Séances Acad. Sci., Paris, 230, 1950, 750—752; rf. Chem. Zbl. 1951, II. 3641.
715. NEUMANN, H., Some new substrates for determinations of phosphatase. Experientia, Basel, 4, 1948, 74—75; rf. Rona-Ber. 138, 1949, 396.
716. NICHOLS, M., Occurence, pathological aspects, and treatment of fluoride waters. Amer. J. Publ. Health, New York, 29, 1939, 991—998 rf. Exp. Sta. Rec., 82, 1940, 286.
717. NIGGLI, P., Gesteine und Minerallagerstätten. Bd. 1: Allgemeine Lehre von den Gesteinen und Minerallagerstätten. Basel, Verlag Birkhäuser, 1948.
718. NILSSON, R., ALM, FR., BURSTRÖM, D., Mangan als Vertreter für Magnesium im Betriebsstoffwechsel u. im Baustoffwechsel der Zelle. Arch. Mikrobiol., Berlin, 12, 1942, 353—376.
719. NISIKAWA, Y., Chemical properties of solutions prepared from the sodium fluorsilicatehydrated lime mixtures with special reference to their toxicity to plants. Mem. Coll. Agr. Kyoto Imp. Univ., Kyoto, No. 21, 1932 (Entomol. Series No. 4), 1—15.
720. NJUSCHKO, F. u. OWRUTZKI, G., Über den Einfluß von Wasser mit hohem Fluorgehalt auf die Zähne. Stomatologie, Moskau, 1952, Nr. 2, 24—25; rf. Chem. Zbl. 1953, 5380.
721. NÖLKE, FR., Maßanalytische Fluorbestimmung mittels Zirkon-Alizarin-Farblackes. Z. analyt. Chem., München, 121, 1941, H. 3 u. 4, 81—84.
722. NÕMMIK, H. Fluorine in swedish agricultural products, soil and drinking water. Acta polytechn., Stockholm, No. 127, Chem. incl. Metallurgy Ser. 3, No. 7, 1953, 1—121; m. 206 Schrifttumsangaben.
723. NORD, M., Fällung von Rauch-, Dunst- und Staubteilchen durch Schall. Chem. Engng. chem. metallurg. Engng., New York, 57, 1950, 116—119; rf. Chem. Zbl. 1951, I. 1358.
724. NORTHRUP, D., Der A. C. E.- oder C. W. S.-Luftfilter. Chem. Engng. Progr., Philadelphia, 49, 1953, 513—517; rf. Chem. Zbl. 1955, 1112.
725. OCAMPO DE, G., Diisopropylfluorphosphat (DFP) als Antimydriaticum. Amer. J. Ophthalmol., Chicago, [3], 35, 1952, 1484—1489; rf. Chem. Zbl. 1953, 4237.
726. OCKERSE, T., The chemical composition of enamel and dentin in high and low caries areas in South Africa. J. Dental Res., New York, 22, 1943, 441—446.
727. OHLMEYER, P. (u. FUCHS, W.), Hemmung der Phosphatase durch Fluorid. Z. f. Naturforschg., Wiesbaden, 1, 1946, H. 1, 21—23.
728. OLSEN, R., The fluorine content of some miocene horse bones. Science, Lancaster, Pa., 112, 1950, 620—621; rf. Chem. Zbl. 1951, II. 1308.
729. OLSZEWSKI, WO., Beurteilung des Trink- u. Brauchwassers auf Grund der chemischen u. physikalischen Untersuchung. In BAMES, E., BLEYER, B. u. GROSSFELD, J., Handbuch d. Lebensmittelchemie, Berlin, Julius Springer. 1940, Bd. 8/2, (Wasser u. Luft), 308—309.
730. DE ONG, E., Injury to apricot leaves from fluorine deposit. Phytopathology, Lancaster, Pa., 36, 1946, No. 6, 649—471; rf. Exp. Sta. Rec., 95, 1946, No. 4, 517.
731. OSORINA, E., Einfluß von Fluor auf die Zersetzbarkeit des Schmelzes in Säuren. Stomatologie, Moskau, 2, 1948, 15; rf. Pharm. Zhalle, 88, 1949, 287.
732. OTTEMANN, J., Untersuchungen zur Verteilung von Spurenelementen, insbesondere Zinn, in Tiefengesteinen u. einigen gesteinsbildenden Mineralien des Harzes. Z. angew. Mineralog., Berlin, 3, 1940, H. 2, 142—169.
732a. OVALLE, C., Fluor-Untersuchungen an Trinkwasser in Guatemala. An. Acad. Cien Med. Fisic. Nat. 1949.
733. PAFF, G. u. BOYD, M., Wirkung von Fluoriden auf die Entstehung von Knochen in Gewebskulturen. Proc. Soc. exp. Biol. Med., New York, 79, 1952, 518—520; rf. Chem. Zbl. 1953, 2632.
734. PALEY, A. u. SEIFTER, J., Behandlung d. experiment. Fluorwasserstoffschädigung d. Haut. Proc. Soc. exp. Biol. Med., New York, 46, 1941, 190—192: rf. Chem. Zbl. 1943, II. 643.
735. PALMER, H., OVERSTREET, S., SACKS, M., Alkalische und angesäuerte Fluorlösungen für die Reduzierung der Decalcification des Schmelzes. J. Dental Res., St. Louis, Mo., 30, 1951, 363—367; rf. Chem. Zbl. 1951, II. 3480.
735a. PARAJE, R., Beitrag zur Untersuchung des Fluors, Vanadiums und Arsens in den Wässern des Südens der Provinz Córdoba (Departement General Roca). Rev. Asoc. Bioquim. Argent., 15, 1950, 214—232; rf. Chem. Zbl. 1954, 1204.
736. PATRIKEJEW, W., Fleckigkeit des Schmelzes u. Zahncaries bei der Bevölkerung aus Gebieten mit einem erhöhten Fluorgehalt des Trinkwassers. Stomatologie, Moskau, 1950, Nr. 3, 19—22; rf. Chem. Zbl. 1951, I. 3514.
737. PAUL, W., Über einen neuen spektrographischen Nachweis des Fluors. Angew. Chemie, Berlin, 49, 1936; H. 50, 901—902 u. Deutsche Apoth. Ztg., Berlin, 51, 1936, 1445.
738. — Über einen neuen Nachweis des Fluors in der toxikologischen Analyse. Pharm. Zhalle, Leipzig, 79, 1938, H. 21, 332—335.
739. PEIRCE, A., Observations on the toxicity of fluorine for sheep. Commonwealth Australia. Council sci. ind. Res. Bull. Melbourne, 121, 1938; rf. Chem. Zbl. 1939, I. 4854.
740. — Chronic fluorine intoxication in domestic animals. Nutrition Abs. and Rev., Aberdeen, Scotl., 9, 1939, 253—161.
741. — Untersuchungen über die Fluorose des Schafes. 1. Mitt.: Die Toxizität von fluorhaltigem Wasser für in Hürden gehaltene Schafe. Austral. J. agric. Res., Melbourne, 3, 1952, 326—340; rf. Chem. Zbl. 1954, 8387.
741a. Ebenso. 2. Mitt.: Die Toxizität von fluorhaltigem Wasser für ausgewachsene freiweidende Schafe. Ebenda, 5, 1954, 545—554; rf. Chem. Zbl. 1955, 8659.
742. PEPERKORN, u. KÄHLING, Osteopetrose als Folge einer chronischen Fluor-Intoxikation. Reichsarbeitsblatt, Berlin, 24, 1944, H. 14/15, III. 64—67.
743. PERDOK, W., Die Aufnahme von Fluorionen durch Zahnschmelz. Schweiz. Mschr. Zahnheilkunde, Zürich, 62, 1952, 249—269; rf. Chem. Zbl. 1953, 2321.

744. PEREGUT, JR. u. BOIKINA, B., Bestimmung von Dämpfen fluororganischer Verbindungen in der Luft. J. analyt. Chem., Moskau, 8, 1953, 178—181; rf. Chem. Zbl. 1954, 7936.
745. PETERS, R., Der Chemismus einer altbekannten Vergiftung: die Synthese zum Gift. Endeavour, London, 13, 1954, Nr. 51, 147—154.
746. — WAKELIN, R., BUFFA, P., Biochemie der Fluoracetatvergiftung. Isolierung u. einige Eigenschaften des Fluortricarbonsäureinhibitors des Citratstoffwechsels. Proc. Roy. Soc. London, Ser. B., 140, 1953, 497—507; rf. Chem. Zbl. 1954. 6025.
747. PETROW, H. u. NASH, L., Amperometrische Titration von Fluorid mit Blei. Analytic. Chem., Washington, 22, 1950, 1274—1277; rf. Chem. Zbl. 1951, II. 1787.
747a. PEYRE, P., Le fluor et les composés fluorés, in: Les noisetiers et coudriers, Paris, Jouve et Cie., 1945, 128—133.
748. PFENNIGER, H., Beitrag zum Cariesproblem. Fluorwirkung auf die saure Phosphatase menschlicher Speicheldrüsen. Schweiz. Mschr. Zahnheilk., Zürich, 63, 1953, 157—170; rf. Chem. Zbl. 1953, 6272.
749. PHILLIPS, P., The development of chronic fluorine toxicosis and its effect on cattle. Proc. Second National Air Pollution Symposium, Los Angeles, Calif., 1952, 135—144.
750. — HALPIN, J. HART, E., The influence of chronic fluorine toxicosis in laying hens upon the fluorine content of the egg and its relation to the lipoid content of the egg yolk. J. Nutrit., Philadelphia, 10, 1935, 93—98; rf. Chem. Zbl. 1935. II.
751. — HART, E., BOHNSTEDT, G., The influence of fluorine ingestion upon the nutritional qualities of milk. J. biol. Chemistry, Baltimore, 105, 1934, 123—134.
752. PHILLIPS, R., Fluorzusatz zum Trinkwasser in Charlotte, North Carolina. Water Sewage Works, Chicago, 98, 1951, 98—102; rf. Chem. Zbl. 1951, II. 3363.
753. — Census of fluoridation in the United States and Canada. 1952. Committee Report. J. Amer. Water Works Assoc., New York, 45, 1953, Nr. 8, 893—908.
754. PIETZKA, G. u. EHRLICH, P., Fluor-Bestimmung mit Destillation als H_2SiF_6 unter Kreislaufführung des Wassers. Angew. Chem., Weinheim/Bergstr., 65, 1953, 131—135.
755. PIGULLA, W., Akute Kieselfluor-Natrium-Vergiftungen. Fühner-Wieland's Sammlung von Vergiftungsfällen, Berlin, 7, 1936, C 31, 21—40.
756. PINCUS, P., Fluor und Caries. Brit. Dental J., London, 87, 1949, 325; rf. Chem. Zbl. 1950, II. 2208.
757. PIRSCHLE, K., Untersuchungen über die physiologische Wirkung homologer Ionenreihen II. Jahrb. Wiss. Bot., Leipzig, 76, 1932, H. 1, 1—92.
758. — Vergleichende Untersuchungen über die physiologische Wirkung der Elemente nach Wachstumsversuchen mit Aspergillus niger (Stimulation u. Toxizität). Planta, Berlin, 23, 1935, H. 1 u. 2, 177—224.
759. PODA, E., Nachweis u. chemisch-mikroskop. Bestimmung d. Fluors in natürlichen Wässern. Ann. Chim. applicata, Roma, 25, 1935, 225—227; rf. Chem. Zbl. 1935, II. 3808.
760. POHLOUDEK-FABINI, R., ENGST. R., MÖRTZSCHKY, I., Beitrag zur Kenntnis des Fluorgehaltes im Trinkwasser. Pharmazie, Berlin, 8, 1953, H. 9, 707—717; rf. Chem. Zbl. 1955, 1351.
760a. VON POLHEIM, P. u. DIETRICH, H., Natürlicher Fluorgehalt wirtschaftseigener Futtermittel und Erfahrungen bei Anwendung der Destillationsmethode nach Gericke und Kurmies. Landwirtsch. Forsch., Frankfurt/Main, 8, 1955. 118—125.
761. PORTER, R., Fortschritte auf dem Fluorgebiet. Chem. Engin., New York, 55, 1948, No. 4, 102—105; rf. Chem. Zbl., Verlag Chemie, 1948, II. 514.
762. POURCHET CAMPOS, M., Wasserversorgung der Stadt São Paulo und ihr F-Gehalt. An. Facult. Farmac. Odontolog. Univ. São Paulo, 7, 1948/49, 202—227.
762a. — Teor de flúor em chás cultivados em São Paulo. Ebenda, 9, 1951, 57—59.
762b. — Contribuição para o estudo da fixação do flúor alimentar. Ebenda, 9, 1953, 93—148.
763. POWELL, W. and SAYLOR, J., Fluorometric determination of small amounts of fluoride. Analytic. Chem., Washington, 25, 1953, 960—964; rf. Chem. Zbl. 1954, 3289 u. Z. Lebensmittel-Unters. u. -Forsch. 98, 1954, 374.
764. PRELL, H., Die Schädigung der Tierwelt durch die Fernwirkungen von Industrieabgasen. Arch. f. Gewerbepatholog. u. Gewerbehygiene, Berlin, 7, 1937, H. 5, 656—670.
765. PRICE, M. u. WALKER, O., Fluoridbestimmung in Wasser nach der Aluminium-Hämatoxylin-Methode. Analytic. Chem., Washington, 24, 1953, 95; rf. Chem. Zbl. 1953, 5891.
766. PRINCE, A. et al., Fluorine, its toxicity to plants and its control in soil. Soil Sci., Baltimore, 67, 1949, 269—277.
767. PRISSOK, Vorkommen und therapeutische Bedeutung des Fluors in Mineralwässern. Dissertation Breslau (Mediz. Fakultät), Januar 1945.
768. PRUGALOW, A., Neue Präparate zur Entfernung der Blätter der Baumwollpflanze. Baumwoll-Wirtsch., Moskau, 1952, Nr. 7, 42—47; rf. Chem. Zbl. 1953, 3140.
769. PRÜGELHOF, FR., Natriumfluorid als Wurmmittel beim Schwein. Wiener tierärztl. Mschr. 39, 1952, 490—495; rf. Chem. Zbl. 1953, 1681.
770. PURJESZ, B., BERKESSY, L., GÖNCZI, KL., KOVÁCS-OSKOLÁS, M., Biologische Speicherung der halogenen Elemente in Hühnereiern u. im tierischen Organismus. III. Fluor. Naunyn-Schmiedebergs Arch. f. experim. Patholog. u. Pharmakol., Berlin, 176, 1934, 578—582.
771. QUENTIN, K.-E., Der Fluorgehalt des Wassers und seine Bedeutung. Münchener med. Wschr., München, 94, 1952, Nr. 11, 495—500; rf. Chem. Zbl., 1952, 6403; Pharm. Zhalle, 92, 1953, 31; Z. Lebensmittel-Unters. u. -Forsch. 96, 1953, 383.
772. — Die Bedeutung des Elementes Fluor als Bestandteil natürlicher Wässer. In K. SALLER, Gesundes Land, gesundes Leben, Verlag Richard Pflaum, München, 1953, 181—189.
773. — Fluor als Bestandteil natürlicher Wässer. Z. Lebensmittel-Unters. u. -Forsch., München-Berlin-Göttingen-Heidelberg, 98, 1954, H. 4, 302—303.
773a. — Fluor als Bestandteil natürlicher Wässer. Heilbad und Kurort, Gütersloh, Nr. 7, 1955, 6 S.

774. RADELOFF, H., Gartenbestellung im Rauchschadengebiet. Welche Pflanzen kann man verwenden? Gartenschönheit, Berlin, 18, 1937, H. 6, 276—277.
775. — Untersuchung u. Begutachtung von Rauchschäden. Jahresber. Inst. Angew. Bot. Hamburg f. d. Jahr 1937; 55, 1938, 119—120; ebenda f. d. Jahr 1938: 56, 1939, 126—127.
776. RADIKE, A. u. MUHLER, J., Auftreten von Zahncaries bei mit zwei verschiedenen wasserlöslichen Fluoriden niedriger Konzentration gefütterten Hamstern. J. Dental Res., New York, 32, 1953, 807—810; rf. Chem. Zbl. 1954, 6267.
777. RAINESS, M. u. FREIDLINA, B., Bestimmung kleiner Mengen von Fluor in weißem Ruß. Betriebs-Lab., Moskau 13, 1947, 819—822; rf. Chem. Zbl. 1947, E 88.
778. — u. KASATSCHKOWA, S., Photocolorimetrische Bestimmung von Fluor in Luft mit Zirkonalizarin. J. Chim. appl.; Moskau-Leningrad, 13, 1940, 153—156; rf. Chem. Zbl. 1940, II. 1477.
779. RAMAKRISHNAN, T., BALASUNDARAM, S., RAJAGOPALAN, R., PILLAI, S., Behandlung u. Verwendung von Kaffeebohnenschalen zur Herstellung von Ionenaustauschermaterial. J. Indian. Inst. Sci., Bangalore, 35, 1953, 231—237; rf. Chem. Zbl. 1954, 3582.
780. RAMSEY, L., Bericht über Natriumfluoracetat (1080). J. Assoc. off. agric. Chemists, Washington, 34, 1951, 536; rf. Chem. Zbl. 1954, 7038.
781. — u. PATTERSON, W., Neuer qualitativer Nachweis von Monofluoressigsäure. Ebenda, 34, 1951, 827—831; rf. Chem. Zbl. 1953, 6962.
782. RANGANATHAN, S., Calcium intake and fluorine poisoning in rats. Indian J. med. Res., Calcutta, 29, 1941, No. 4, 693—697; rf. Exp. Sta. Rec., 87, 1942, 86.
783. RANKIN, CH., Spektrographische Bestimmung von Fluor in organ. Substanzen. Analytic. Chem., Easton Pa., 20, 1948, 1128; rf. Chem. Zbl., Akad.-Verlag, 1949, II. 1112.
784. RAO, D. u. VENKATESWARLU, P., Colorimetrische Bestimmung von Fluor in natürlichen Wässern. Verbesserung der Thorium-Alizarin-Methode. Indian J. med. Res., Calcutta, 39, 1951, 223—227; rf. Chem. Zbl. 1952, 4672.
785. RAO, G. u. PILLAI, S., Behandlung und Anwendung von Kaffeesatz zur Herstellung von Ionenaustauschmaterial. J. Indian, Inst. Sci., Bangalore, 36, 1954, Sect. A 70—75; rf. Chem. Zbl. 1955, 3458.
786. RATHJE, W., Zur Verminderung der Cariesanfälligkeit durch fluoridhaltiges Trinkwasser. Dtsch. zahnärztl. Z., München, 7, 1952, 693—701; rf. Chem. Zbl. 1952, 7695; m. 80 Schrifttumsangaben.
787.— Die Bildung von Hydroxylfluorapatit in Zahnschmelz durch fluorhaltiges Trinkwasser. J. Dental Res., St. Louis, Mo., 31, 1952, 761—766; rf. Chem. Zbl. 1953, 4889.
788. — Zur cariesverhindernden Wirkung der örtlichen Fluoridbehandlung des Zahnschmelzes. Dtsch. zahnärztl. Z., München, 8, 1953, 1055—1062; rf. Chem. Zbl. 1954, 11241.
788a. — Zur Chemie der Fluorierung des Zahnschmelzes. Ebenda, 10, 1955, 292—302; rf. Chem. Zbl. 1955, 8913.
789. RATHGEN, F. u. KOCH, J., Verwitterung und Erhaltung von Werksteinen. Berlin: Zement u. Beton G. m. b. H., 1934.
790. REBREJEWA, L., Über den Mechanismus der Wirkung von Fluornatrium auf die Streptokokken vom α- und β-Typ der Mundhöhle. Stomatologie, Moskau, 1953, Nr. 4, 6—10; rf. Chem. Zbl. 1954, 4184.
791. RECKENDORFER, P., Das Fluor und seine Beziehung zur Pflanze. Fortschr. Landwirtsch., Berlin-Wien, 5, 1930, 481—484.
792. — Über den Nachweis von Fluor in Pflanzen- und Bodenproben. Mikrochemie, Wien, N. F. 3, 1931, 126—131.
793. — Die Bestimmung von Fluor in rauchgeschädigten Pflanzen. Pflanzenschutz-Berichte, Wien, 6, 1951, H. 7/8, 113—124; rf. Chem. Zbl. 1952, 579.
794. — Ein Beitrag zur Mikrochemie des Rauchschadens durch Fluor. Die Wanderung des Fluors im pflanzlichen Gewebe. I. Die unsichtbaren Schäden. Ebenda, 9, 1952, H. 3/4, 33—55; rf. Chem. Zbl. 1954, 813; Z. Pflanzenernähr., Düng., Bodenkunde, 63, 1953, 177; Hortic. Abstr. 23, 1953, 395.
795. — Ebenso. II. Teil: Die sichtbaren Schäden (Schluß). Ebenda, 10, 1953, H. 7/8, 112—124; rf. Z. Pflanzenkr. (Pflanzenpath.), Pflanzenschutz, 61, 1954, 19; Hortic. Abstr. 23, 1953, 592.
795a. — Theorie u. Praxis der durch Pflanzenschutzmittel verursachten Schäden. Mikrochemie der Verbrennungserscheinungen. Ebenda, 13, 1954, H. 9/10, 129—153.
795b. — Über eine Mikro-Apparatur zum Nachweis von Fluorwasserstoffsäure. Mikrochim. Acta, Wien, 1955, 1008—1011.
796. REID, E., The fluorine content of some chinese food materials. Chin. J. Physiol., Peking, 10, 1936, H. 2, 259—270; rf. Chem. Zbl. 1936, II. 1196.
797. REMOND, J., Die fluorhaltigen Kunststoffe. Rev. Produits chim., Paris, 55, 1952, 425—430 u. 465—471 u. 56, 1953, 21—26, m. 79 Schrifttumsangaben.
798. REMMERT, L., PARKS, TH., LAWRENCE, A., MCBURNEY, E., Determination of fluorine in plant materials. Analytic. Chem., Washington, 25, 1953, 450—453; rf. Chem. Zbl. 1954, 620 u. Z. Lebensmittel-Unters. u. -Forsch. 98, 1954, 167.
799. REMPEL, H., Die Bestimmung von Fluorid im Wein. Eine Modifikation der Methode von Willard u. Winter. Ind. Eng. Chem., Analyt. Edit., Washington, 11, 1939, 378—380; rf. Chem. Zbl. 1939, II. 3206.
800. Report of the Ad Hoc Committee on Fluoridation of Water Supplies. National Research Council Viewpoint on Fluoridation. J. Amer. Water Works Assoc., New York, 44, 1952, 1—9.
801. Report of the United Kingdom Mission. London, H. M. S. O. (for Ministry of Health), 1953, 112 S. (Fluoridation of domestic water supplies in North America as a mean of controlling dental caries).
802. RESTARSKI, J., GORTNER, R., MCCAY, C., Effect of acid beverages containing fluorides upon the teeth of rats and puppies. J. Amer. Dental Assoc., Chicago, 32, 1945, No. 11, 668—675; rf. Exp. Sta. Rec., 94, 1946, 271.
803. REVINSON, D. u. HARLEY, J., Spektralphotometrische Bestimmung des Fluoridions mit Chromazurol S. Analytic. Chem., Washington, 25, 1953, 794—797; rf. Chem. Zbl. 1954, 3289.

804. REYNOLDS, D., Weitere Studien über die Bestimmung von Fluor nach der Willard- u. Wintermethode. J. Assoc. off. agric. Chemists, Menasha, Wis. 18, 1935, 108—113; rf. Chem. Zbl. 1935, II. 2095.
805. — KERSHAW, J., JACOB, K., Ein mehrfacher Destillationsapparat zur Fluorbestimmung nach der Methode von Willard u. Winter. Ebenda, 19, 1936, 156—162; rf. Chem. Zbl. 1936, II. 2574.
806. RICHARDS, S., Messung und Überwachung der atmosphärischen Verunreinigungen. J. Roy. Sanit. Inst., London, 71, 1951, 216—226; rf. Chem. Zbl. 1951, II. 2232.
807. RICHTER, F., Die colorimetrische Bestimmung von Fluor in einfachen und komplexen Fluoriden mittels Zirkon-Alizarin-Farblackes. Z. analyt. Chem., München, 124, 1952, H. 5/6, 161—216.
808. RICKARD, R., BALL, FR., HARRIS, W., Mikro-Fluorbestimmung in festen Halogenkohlenstoffverbindungen. Analytic. Chem., Washington, 23, 1951, 919—921; rf. Chem. Zbl. 1952, 1216.
809. HICKLES, N. u. BECKS, H., Einfluß einer sauren und einer neutralen NaF-Lösung auf das Auftreten von Zahncaries bei jungen Erwachsenen. J. Dental Res., St. Louis, Mo., 30, 1951, 757—765; rf. Chem. Zbl. 1952, 5935.
810. — — Wirkung lokaler Applikationen von NaF auf die Mundflora junger Erwachsener. Ebenda, 31, 1952, 94—101; rf. Chem. Zbl. 1953, 5380.
811. RICKSON, J., Eine verbesserte Mikromethode zur Fluorbestimmung auf Grund des Fluorid-Fluorsilicat-Gleichgewichtes. Analyst., Cambridge, 75, 1950, 84—91; rf. Chem. Zbl. 1950, II. 447.
812. RIEHM, E., Innere Therapie im Pflanzenschutz. Naturw. Rdsch., Stuttgart, 5, 1952, H. 10, 397—400.
813. RIEMSCHNEIDER, R., Kontakt-Insectizide auf Basis fluorierter Halogenkohlenwasserstoffe. Z. Naturforsch., Wiesbaden, 2b, 1947, 245—246; rf. Z. Lebensmittel-Unters. u. -Forsch. 92, 1951, 395.
814. — u. FRÖMMING, E., Über die Wirkung von Insektiziden auf Gastropoden. I. Mitt. Anz. Schädlingskunde, Berlin, 24, 1951, 106—108.
815. — u. ROHRMANN, B., Über die Zucht DFDT-resistenter Drosophila melanogaster M. Anz. Schädlingskunde, Berlin, 23, 1950, H. 10, 148—149.
816. RINCK, E., Trennung und Bestimmung des Fluors. Bull. Soc. chim. France, Mém., Paris VI, (5) 15, 1948, 305—324; rf. Chem. Zbl., Akad.-Verlag, 1949, I. 714.
817. RIPPER, W., Systemische Insektizide (Vortrag a. d. Intern. Kongreß f. Phytopharmazie, Paris, Sept. 1952); rf. Anz. Schädlingskunde, Berlin, 26, 1953, 86—88. S. auch Chem. Age, London, 46, 1952, 407—408; rf. Z. Pflanzenkrankh. (Pflanzenpathol.), Pflanzenschutz, 60, 1953, 158.
818. RITTERMANN, V., Häufigkeit der Zahncaries in Lika u. Norddalmatien. Extraordin. Edit. Inst Pharmacol. Zagreb, 7, 1953, 39—44; rf. Pharmaz. Zhalle, 93, 1954, 312 u. Chem. Zbl. 1955, 4382.
819. ROBBERS, H., Tödliche Vergiftung mit Kieselfluornatrium („Servus Schwabentod"). Fühner-Wieland's Sammlung v. Vergiftungsfällen, Berlin, F. C. W. Vogel, 8, 1937. A 695, 159—160.
820. RÖBEN, M., Über die Phäophytinbildung in Blattorganen nach Hitze- u. Kältewirkung. Kl. Mitt. Ver. f. Wasser-, Boden- u. Lufthygiene, Berlin-Dahlem, 9, 1933, H. 7—10, 194—206.
821. — u. STERN, M., Phäophytinbildung in Blattorganen nach Temperatureinwirkungen. Kl. Mitt. Ver. f. Wasser-, Boden- u. Lufthygiene, Berlin-Dahlem, 11, 1935, H. 1—4, 47—56.
822. ROBINSON, W. and EDGINGTON, G., Minor elements in plants and some accumulator plants. Soil Sci., Baltimore, 60, 1945, 15—28; rf. Z. Pflanzenernähr., Düng., Bodenkunde, 54, 1951, 70.
823. — — Fluorine in soils. Ebenda, 61, 1946, No. 5, 341—353; rf. Exp. Sta. Rec., 95, 1946, 788.
824. ROHDE, G., Phosphataufschließungsvermögen der Pflanzen. II. Teil. Die Deutsche Landwirtsch., Berlin, 4, 1953, H. 3, 136—138.
825. RODT, V., Über das Fluotieren. Chem. Ztg., Köthen, 58, 1934, H. 41, 420—421.
826. ROHOLM, K., Fluorschädigungen. Heft 7 d. Arbeitsmedizin, Abhandl. über Berufskrankheiten u. deren Verhütung. Leipzig, Joh. Ambros. Barth, 1937, 70 S., 28 Abb. m. 118 Schrifttumsangaben.
827. — Fluorine intoxication, a clinical-hygienic study, with a review of the literature and some experimental investigations. Copenhagen-London, 1937, 364 S. m. rd. 900 Schrifttumsangaben.
828. — Fluorvergiftung bei Kryolitharbeitern. Arch. f. Gewerbepatholog. u. Gewerbehygiene, Berlin, 7, 1937, 255—277.
829. — Fluor u. Fluorverbindungen. Hefter-Heubner, Handb. experim. Pharmakolog., Berlin, Jul. Springer, 7, 1938, 1—62.
830. — Fluorvergiftung. Eine Übersicht über die Rolle des Fluors in der Pathologie und Physiologie. Erg. inn. Med., Berlin, 57, 1939, 822—915.
831. ROISIN, M., Schimmelverhütende Anstriche von Aufbewahrungsräumen für Obst, Gemüse und Kartoffeln. Ber. Allunions Landwirtsch. (Lenin-Orden), Lenin-Akad., Moskau, 16, 1951, Nr. 9, 39—41; rf. Chem. Zbl. 1952, 7100.
832. ROMELL, L., Localized injury to plant organs from hydrogen fluoride and other acid gases. Svensk Botan. Tidskr., Stockholm, 35, 1941, H. 3, 271—286.
833. ROSE, H., Spurenelemente in Gesteinen des Harzes und des Sächsischen Erzgebirges. Fortschr. Mineralog., Stuttgart, 26, 1947, 108—115; rf. Chem. Zbl. 1952, 4587.
834. ROSENBAUM, H., Untersuchungen über Rauchschäden. Die kranke Pflanze, Dresden, 16, 1939, H. 1, 3—7, H. 2, 33—36, H. 3, 50—54.
835. ROST, E., Zur Toxikologie der Fluoride. Arch. Gewerbepathol. u. Gewerbehyg., Berlin, 8, 1937, H. 3, 256—265 u. Reichsgesundh.-Amt, Berlin, 72, 1937, 303—313; rf. Chem. Zbl. 1938, I. 3360.
836. ROWLEY, R., GRIER, J., PARSONS, R., Determination of fluoride in vegetation. Analytic. Chem., Washington, 25, 1953, 1061—1065; rf. Chem. Zbl. 1954, 3533 u. Z. Lebensmittel-Unters. u. -Forsch. 98, 1954, 375.
837. RUNNSTRÖM, J., Variationen der Fluoridhemmung der Hefeatmung und -gärung. Naturwiss., Berlin, 29, 1941, 690—691; rf. Chem. Zbl. 1943, I. 404.
838. — BOREI, H., SPERBER, E., Wo setzt die Hemmung der Hefeatmung durch Fluorid ein? Ark. Kem., Mineral., Geol., Ser. A, Stockholm, 13, 1939, H. 22, 1—29; rf. Chem. Zbl. 1940, I. 3935.

839. RUNNSTRÖM, J. u. BRANDT, K., Einfluß v. Kohlenmonoxyd, Cystein, Glutathion, Jodessigsäure und Fluorid auf den Umsatz der Brenztraubensäure durch Bäckerhefe. Ebenda, 15, 1941, H. 6, 29 S.; rf. Chem. Zbl. 1942, I. 1008.
840. — GURNEY, R., SPERBER, E., Über den Schutz gegen die hemmende Wirkung von Fluorid. Schutz durch das Substrat bei der Atmung und Gärung von Preßhefe. Enzymologia, Den Haag, 10, 1941, 1—39; rf. Chem. Zbl. 1942, II. 2277.
841. — u. MARCUSE, R., Die Fluoridhemmung der Gärung in lebender u. in destruierter Bierhefe. Ark. Kem., Mineral., Geol., Ser. A, Stockholm, 16, 1943, H. 16, 30 S.; rf. Chem. Zbl. 1944, II. 854.
842. — u. SPERBER, E., Zur Kenntnis der Beziehungen zwischen Permeabilität u. Stoffwechsel der Hefezellen. Biochem. Z., Berlin, 298, 1938, 340—367.
843. RUSSELL, A. u. ELVOYE, E., Leitungswasser u. Zahncaries. 7. Mitt. Eine Untersuchung der Beziehung zwischen Fluorid u. Zahncaries bei Erwachsenen. Publ. Health Rep., Washington, 66, 1951, 1389—1401; rf. Chem. Zbl. 1953, 2144.
844. RYCHTER, E., Ein Ejektorapparat zur Entnahme von Gasproben aus der atmosphärischen Luft. Hyg. u. Sanitätswesen, Moskau, 1951, Nr. 5, 15—18; rf. Chem. Zbl. 1951, II. 3495.
845. RYGH, O., Recherches sur les oligo-éléments. II. De l'importance du thallium et du vanadium, du silicium et du fluor. Bull. Soc. Chim. biol., Paris, 31, 1949, 1403—1407; rf. Rona-Ber. 144, 1951, 342.
846. SACHARJEWSKI, W., Methylrot als Indikator bei der Titration von Fluor mit Thoriumsalzen. Betr.-Lab., Moskau, 6, 1937, 1019—1020; rf. Chem. Zbl. 1938, I. 948;
847. SALERNO. P. and COON, J., A pharmacologic comparison of hexaethyltetraphosphate (HETP) and tetraethylpyrophosphate (TEPP) with physostigmine, neostigmine and DFP. J. Pharmacol., Baltimore, 95, 1949, 240—255; rf. Rona-Ber. 138, 1949, 344.
848. SALSBURY, J., COLE, JR., J., OVERHOLSER, L., ARMSTRONG, A., YOE, J., Determination of fluorine in monofluorinated organic compounds in air. Analytic. Chem.; Washington, 23, 1951, 603—608; rf. Chem. Zbl. 1951, II. 3357 u. Z. Lebensmittel-Unters. u. -Forsch. 93, 1951, 321.
849. SANCHIS, J., Determination of fluorides in natural waters. Ind. Eng. Chem., Analyt. Edit., Washington, 6, 1934, 134.
850. SARTORI, M., Neue Entwicklungen in der Chemie der Kampfstoffe. Chem. Reviews, Baltimore, 48, 1951, 225—257, m. 121 Schrifttumsangaben; rf. Chem. Zbl. 1951, II. 3119.
851. SAUERBREI, E., Vorkommen und Einsatz fluorhaltiger Rohstoffe, namentlich von Flußspat, in der Industrie. Technik, Berlin, 2, 1947, 315—318; rf. Chem. Zbl., Verlag Chemie, 1947, II. 1884 u. Angew. Chem. B., Verlag Chemie, 19, 1947, 257.
852. SAUERWEIN, E., Kohlenhydrate-Bact. acidophilum-Caries. Ein Überblick über die bakteriologische Cariesforschung in den USA im Spiegel neuzeitlichen Schrifttums. Dtsch. zahnärztl. Z., München, 4, 1949, 1291—1295.
853. — Das Spaltungsvermögen einiger Carieskeime und des Bact. acidophilum gegenüber verschiedenen Kohlenhydraten und deren Reaktion auf das Speichel-p_H. Dtsch. zahnärztl. Z., München, 7, 1952, 73—87; rf. Chem. Zbl. 1952, 4161.
854. SAUNDERS, B., Giftige organische Fluorverbindungen. Pharmac. J., London, 159, 1947, 87; rf. Chem. Zbl., Verlag Chemie, 1947, II. 338.
855. — Toxic fluorine compounds containing the C—F link. V. (b) Relationsship between physiological action and chemical constitution. J. chem. Soc., London, 1949, 1279—1282; rf. Rona-Ber. 140, 1950, 245.
856. — and STEACEY, G., Toxic fluorine compounds containing the C—F link. I., Ebenda, 1948, 1773—1779; IV., Ebenda, 1949, 916—919; rf. Chem. Zbl. 1950, I. 2095 u. 2097 u. Rona-Ber. 140, 1950, 253.
857. — — WILDING, I., Toxic fluorine compounds containing the C—F link. II., Ebenda, 1949, 773—777; rf. Chem. Zbl. 1950, I. 2095 u. Rona-Ber. 140, 1950, 252.
858. SAWICKI, E. u. RAY, F., N-Fluoracetylderivate von carcinogenen Aminen. J. Amer. chem. Soc., Washington, 75, 1953, 4346; rf. Chem. Zbl. 1953, 9466.
859. SAYLOR, J., DEAL JR., C., LARKIN, M., TAVENNER, M., VOSBURGH, W., Eine Untersuchung der Bleichlorfluoridmethode für Fluoridion. Analytica chim. Acta, Amsterdam, 5, 1951, 157—159; rf. Chem. Zbl. 1952, 5059.
860. ŠČERBAKOV, A., Über die physiologische Rolle von Elementen, die in geringen Mengen für die Pflanzen unentbehrlich sind. C. R. (Doklady) Acad. Sci. UdSSR, Moskau, 21, (N. S. 6), 1938, 189—193; rf. Chem. Zbl. 1939, I. 4825.
861. SCHAEFFER, C., Das Fluor in der Wasserleitungstechnik, Natuurwetensch. Tijdschr., Gent, 32, 1950, 86—88; rf. Chem. Zbl. 1952, 6730.
862. SCHARRER, K., Biochemie der Spurenelemente, 3. Aufl. 1955. Paul Parey, Berlin u. Hamburg. Fluor; 115 bis 119, 339—343.
863. — GERICKE, S., JUNG, W., Untersuchungen über das Verhalten einiger Phosphate gegenüber der Einwirkung von Fluoriden in wässeriger Lösung. Z. Pflanzenernähr., Düng., Bodenkunde, Berlin, 60, 1953, H. 3, 250—270.
864. — u. SCHROPP, W., Die Wirkung des Fluor-Ions auf Keimung und Jugendwachstum einiger Kulturpflanzen. Landw. Versuchsstat., Berlin, 114, 1932, H. 3—4, 203—214.
865. SCHÄTZLEIN, CHR., Untersuchungen über Weinbergschäden durch Flußsäure. Tätigkeitsber. Staatl. Lehr- u. Versuchsanstalt f. Wein- u. Obstbau, Neustadt a. d. Weinstr. f. d. Zeit v. 1. 7. 1922 bis 31. 3. 1937, 188—189, Neustadt a. d. Weinstraße, 1937.
866. SCHERER, O., Organische Fluor-Verbindungen. Angew. Chem., Weinheim/Bergstr., 61, 1949, Nr. 12, 490.
867. SCHIBALSKI, Natriumfluorid in der Cariesprophylaxe und -therapie. Zahnärztl. Welt, Konstanz, 4, 1949, 607—608; rf. Chem. Zbl. 1950, II. 674.
868. SCHIEMANN, G., Die organischen Fluorverbindungen in ihrer Bedeutung für die Technik. Verlag Steinkopf-Darmstadt, 1951, 221 S.
869. SCHLEGEL, H., Neuere Untersuchungen über die lokale Fluorierung. Dtsch. dentist. Z., München, 5, 1951, 633—636; rf. Chem. Zbl. 1952, 1869.

870. SCHLESINGER, E., OVERTON, D., CHASE, H., Caries-Fluor-Untersuchungen in Newburgh und Kingston. 5. Mitt. Weitere kinderklinische Beobachtungen. Amer. J. publ. Health Nation's Health, New York, 43, 1953, 1011—1015 rf. Chem. Zbl. 1954, 141.
871. SCHLOEMER, A., Die Genauigkeit der Bestimmung von Fluor in kleinen Mengen ohne Destillation. Mikrochem., Wien, 31, 1943, H. 2, 123—128.
872. SCHMEEL, H., Zur Theorie u. Praxis der Abgasverteilung im Luftraume (Meteorophysik u. Meteorochemie) Beiheft Nr. 50 zu d. Z. d. Vereins Deutscher Chemiker, Berlin, Verlag Chemie, 1944, 19 S.
873. SCHMID, HCH., Das Problem Fluorgehalt des Zahns—Kariesresistenz. Mitt. Lebensmittelunters. u. Hygiene, Bern, 39, 1948, H. 1—3, 183—245; m. 63 Schrifttumsangaben.
874. — Fluorverbindungen und Cariesprophylaxe. Klinische und experimentelle Untersuchungen. Schweiz. Mschr. Zahnheilkunde, Zürich, 61, 1951, 697—700; rf. Chem. Zbl. 1952, 2213 u. Dtsch. Apoth. Ztg. 93, 1953, 300.
875. SCHMIDT H. J., Kariesprophylaxe durch Fluortherapie? Die Grundlagen wissenschaftlicher und praktischer Fluorforschung in Amerika, Schweiz, Deutschland und anderen Ländern. Heidelberg, A. HÜTIG, 1951, 117 S. m. Fig. u. 1 Tafel.
876. — Wasserhärte und Fluoridierung. Dtsch. Zahnärztebl., München, 9, 1954, 899—905; rf. Chem. Zbl. 1954, 11513.
876a. — Wirkungsbeginn des Hochleistungselements Fluor und Abgrenzung zur Rachitis. Zahnärztl. Rdsch., Berlin, 64, 1955, 195—200; rf. Chem. Zbl. 1955, 9838.
876b. — Wasserumhärtung, Kochvorgang und Fluorresorption. 2. Mitt. Dtsch. zahnärztl. Z., München, 10, 1955, 679—684; rf. Chem. Zbl. 1955, 9371.
877. SCHMITZ, W., Zahnschutzhärtung durch Fluorpinselung. Dtsch. zahnärztl. Z., München, 7, 1952, 204—208; rf. Chem. Zbl. 1952, 4183.
878. SCHÖNEBERGER, G., Über Fluorvergiftungen. Dissert. Würzburg, 1937, 18 S.
879. SCHÖNWALD, R., Zur Kariesprophylaxe durch Fluorverbindungen. Zahnärztl. Rdsch., Berlin, 20, 1948, 318; rf. Südd. Apoth. Ztg., Stuttgart, 89, 1949, Nr. 23, 442.
880. SCHRADER, G., Die Entwicklung neuer Insektizide auf Grundlage organischer Fluor- u. Phosphorverbindungen. Monographie Nr. 62 zu „Angewandte Chemie" und „Chemie-Ingenieur-Technik". 2. Aufl., 1952, Verlag Chemie, Weinheim/Bergstr. 96 S.
881. — Die Entwicklung systemischer Insektizide auf Grundlage organischer Phosphorverbindungen. Höfchen-Briefe, Leverkusen, 5, 1952, 161—170; rf. Z. Pflanzenkrankh. (Pflanzenpatholog.) Pflanzenschutz, 60, 1953, 286.
882. SCHRAMM, G. u. FLAMMERSFELD, H., Versuche zur Reindarstellung einer Kartoffelphosphatase. Naturwiss., Berlin-Göttingen-Heidelberg, 34, 1947, 216—217; rf. Rona-Ber. 138, 1949, 396.
883. SCHRENK, H. (u. Mitarb.), Air pollution in Donara, Pa. Epidemiology of the unusual smog episode of october 1948. I. Report. U. S. Publ. Health Bull. Nr. 306, 1949.
884. SCHUCH, K., Über die Schädigung von lagerndem Obst durch ein bifluoridhaltiges Holzschutzmittel. Nachrichtenbl. dtsch. Pflanzenschutzdienstes, Braunschweig, 4, 1952, 136—137; rf. Chem. Zbl. 1953, 785 u. Rev. Appl. Mycol., 33, 1954, 157.
885. — Über die Bestimmung des Fluors im Holz. Holz Roh- u. Werkstoff, Berlin-Göttingen-Heidelberg, 11, 1953, H. 2, 64—66; rf. Rev. Appl. Mycol., 32, 1953, 654.
886. — Zur Methodik der Fluorbestimmung in der Holzschutzforschung. Holzforschung, Berlin, 7, 1953, 18—25; rf. Chem. Zbl. 1953, 8482 u. Z. Pflanzenkrankh. (Pflanzenpathol.), Pflanzenschutz, 61, 1954, 175.
886a. SCHULZ, A., Versuche über den Fluorstoffwechsel bei Kaninchen und Verfahren zur Fluorbestimmung. Arch. Tierernähr., Berlin, 1, 1951, 329—341; rf. Chem. Zbl. 1952, 715.
887. SCHULZ, J., Fluorine toxicosis in the albino rat. Agr. Exper. Stat. Iowa State Colleg. Agric., Ames, 1938. Res. Bull. 247; 168—242; m. 97 Schrifttumsangaben.
888. SCHULZE, BR., Neue Schutz- und Bekämpfungsmittel gegen holzzerstörende Insekten und Pilze II. Holzforschung, Berlin, 3, 1949, H. 2, 32—47 u. H. 4, 97—117.
889. — Das Verhalten von Alkalihydrogenfluoriden, insbesondere des Hydrogenfluoridgemisches „WB_4" gegenüber Eisen. Werkstoffe u. Korrosion, Weinheim/Bergstr., 4, 1953, 349—356; rf. Chem. Zbl. 1954, 8662.
890. — Steigerung der holzschutztechnischen Eigenschaften von Fluosilicaten. Chemiker-Ztg., Berlin, 75, 1951, 456—457; rf. Chem. Zbl. 1952, 1758.
890a. — Zur Haltbarkeit (Lagerbeständigkeit) anorganischer im Holzschutz verwendeter Fluorverbindungen. Holzforschung, Berlin, 9, 1955, 18—20; rf. Chem. Zbl. 1955, 8287.
891. — u. MÜLLER, RU., Über das Verhalten von freiem Fluorwasserstoff im Holz. Angew. Chem., Weinheim/Bergstr., 65, 1953, H. 13, 344.
892. — THEDEN, G., STARFINGER, K., Ergebnisse einer vergleichenden Prüfung der pilzwidrigen Wirksamkeit von Holzschutzmitteln. Wiss. Abh. dtsch. Materialprüf-Anst. 1950 (2), Nr. 7, 1—40; rf. Chem. Zbl. 1954, 4974.
893. SCHULZE, W., Über die Anwendung von Suscaridin, einem Spulwurmmittel für Schweine auf Fluornatriumbasis. Mh. Veterinärmed., Leipzig, 7, 1952, 66—67; rf. Chem. Zbl. 1953, 5220.
894. SCHUURSMA, M., Fluoorvergiftiging tengevolge van luchtverontreiniging door een superphosphaatfabriek. Chem. Weekbl., Amsterdam, 38, 1941, H. 42, 583—584; rf. Chem. Zbl. 1942, I. 511.
895. SCHWEDOW, W., Neue colorimetrische Methode der Fluoridbestimmung. Laboratoriumspraxis, Moskau, 14, 1939, H. 2/3, 22—25; rf. Chem. Zbl. 1940, I. 1713.
896. SCHWEIGART, H., Integrierende Spurenelemente in biologischen Systemen. Z. Pflanzenernähr., Düng., Bodenkunde, Berlin, 54, 1951, H. 1, 36—58.
897. SCOTT, D. and KARR, E., The influence of insecticides added to soils on growth and yield of certain plants. J. econ. Entomol., Menasha, Wisc., 35, 1942, 702—708.
898. SCOTT, E. and HENNE, A., Titration of fluorine in biological materials. Ind. Eng. Chem., Analyt Edit., Washington, 7, H. 5, 1935. 299—300; rf. Chem. Zbl. 1936, I. 3727.

899. SCOTT, R., Modification of the fluoride determination. J. Amer. Water Works Assoc., New York, 33, 1941, 2018.
900. — Modification of the fluoride determination — Addendum. Ebenda, 34, 1942, 522.
901. — KIMBERLEY, A., VAN HORN, A., EY, L., WARING, F., Fluoride in Ohio water supplies, its effect, occurence and reduction. Ebenda, 29, 1937, 9—25; rf. Wasser u. Abwasser 36, 1938, 70.
902. SCOTT, W., Fortschritt und Erfahrung mit dem Fluorzusatz in Connecticut. J. New England Water Works Assoc., Boston, Mass., 66, 1952, 87—96; rf. Chem. Zbl. 1952, 7716.
903. SEDDON, H., Chronic endemic dental fluorosis in sheep. Austral. Vet. Jour., Sydney, 21, 1945, No. 1, 2—8; rf. Exp. Sta. Rec., 1945, 93, 499.
904. SELLKE, K., Die Pflanzenschutzmittel der Deutschen Demokratischen Republik. D. Dtsche Landwirtsch., Berlin, 4, 1953, Nr. 1, 27—33.
905. SEN SAVARA, BH., NOYES, H., SUHER, TH., Wirkungen von durch die Luft übertragenen Fluoriden auf in Sauvie Island lebende Kinder. J. Amer. Dental Assoc., Chicago, 49, 1954, 39—45; rf. Chem. Zbl. 1955, 385.
906. SHARPLESS, G. and MCCOLLUM, E., Is fluorine an indispensable element in the diet? J. Nutrit., Philadelphia, 6, 1933, 163—178.
907. SHAUER, E. u. SMITH, R., Klinische und bakteriologische Studien über den Nutzen eines fluorhaltigen Zahnpulvers. J. Dental Res., New York, 25, 1946, 3; rf. Südd. Apothek. Ztg., Stuttgart, 87, 1947, H. 4, 79.
908. SHAW, J., Ineffectiveness of certain essential nutrients in prevention of teeth decay in cotton rat molars. Proc. Soc. exp. Biol. Med., New York, 70, 1949, 479—483.
908a. — u. SOGNNAES, R., Experimentelle Zahncaries bei Ratten. V. Einfluß von Fluor auf die cariogene Wirkung einer gereinigten Diät. J. Nutrit., Philadelphia, 53, 1954, 207—214; rf. Chem. Zbl. 1955, 8900.
909. SHEPHERD, E., Note on the fluorine content of rocks and ocean-bottom samples. Amer. J. Sci., New Haven, 238, 1940, 117—128; rf. Chem. Zbl. 1940, I. 2925.
910. SHEPHERD, M., ROCK, S., HOWARD, R., STORMES, J., Isolierung, Identifizierung u. Bestimmung gasförmiger Luftverunreinigungen. Untersuchung des Rauches im Gebiet von Los Angeles, Californien. Analytic. Chem., Washington, 23, 1952, 1431—1440; rf. Chem. Zbl. 1952, 6414.
911. SIEKEVITZ, PH. u. VAN POTTER, R., Wirkung von 2.4-Dinitrophenol u. von Fluorid auf die Oxydation im normalen Tumorgewebe. Cancer Res., Chicago, 13, 1953, 513—520; rf. Chem. Zbl. 1955, 1991.
912. SIERP, F., Die amerikanischen Einheitsverfahren zur Untersuchung von Wasser und Abwasser. 9. Ausg. (1947), 1951. München, Oldenburg, 328 S. (F = S. 112—115).
913. SIMONIS, W., Beobachtungen zur Hemmung der Photosynthese durch Natriumfluorid bei verschiedener Lichtintensität. Z. Naturforschg., Tübingen, 4b, 1949, H. 2, 109—114.
914. SMITH, D., HARRIS, H., KIRK, H., Fluorosis in Butana, Sudan. J. trop. Med. Hyg., London, 56, 1953, 57—58; rf. Chem. Zbl. 1953, 7596.
915. SMITH, F., An annotated bibliography of the literature on the pharmacology and toxicology of fluorine and its compounds. Univ. of Rochester, Rochester, N. Y., 1951.
916. SMITH, FR. u. GARDNER, D., Untersuchungen über den Fluormetabolismus. 1. Mitt.: Die Bestimmung von Fluor im Blut. J. Dental Res., St. Louis, Mo., 30, 1951, 182—188; rf. Chem. Zbl. 1952, 1058.
917. SMITH, H. and DAVEY, W., The development and use of the bone filter for removing fluorine from drinking water. Arizona Sta. Techn. Bull. 81, 1939, 247—292; rf. Exp. Sta. Rec., 82, 1940, 261.
918. — and VAVICH, M. Fluorine in milk, plant foods, and foods cooked in fluorine-containing water. Arizona Sta. Mimeog. Rpt., 77, 1945, 7 pp.; rf. Exp. Sta. Rec., 95, 1946, 273.
919. SMITH, L., Fluoridation as practiced at Madison. Water Sewage Works, Chicago, 96, 1949, 125—129; rf. Z. Lebensmittel-Unters. u. -Forsch. 92, 1951, 378.
920. SMITH, M., Fluorine toxicosis, a public health problem. Amer. J. publ. Health Nation's Health, New York, 25, 1935, 696—702; rf. Chem. Zbl. 1935, II. 2238.
921. — and LEVERTON, R., Comparative toxicity of fluorine compounds. Ind. Eng. Chem., Washington, 26, 1934, H. 7, 791—797; rf. Chem. Zbl. 1934, II. 3405.
922. SMITH, W. u. STAFFORD, E., Neue Staubfilter unerreichter Wirksamkeit. Chem. Engng. chem. metallurg. Engng., New York, 57, 1950, 105; rf. Chem. Zbl. 1951, II. 116.
923. SNELL, F.. Behandeln von unabgebundenen feuchten Zementgegenständen. A. P. 2195587 v. 5. 11. 1938, ausg. 2. 4. 1940; rf. Chem. Zbl. 1942, II. 704.
924. SNOWDON, J. u. PETRILLO, V., Verbesserte Destilliereinrichtung für die Bestimmung von Fluor in Textilien. Chemist-Analyst, Phillipsburg, New Jersey, 40, 1951, 87—89; rf. Chem. Zbl. 1953, 7979.
925. SOGNNAES, R., Experimental rat caries. III. The effect of bromide on experimental rat caries. J. Nutrit., Philadelphia, 39, 1949, 147—157; rf. Rona-Ber. 143, 1951, 302.
926. SPENCER JR., A. and ELLIS, L., The effect of fluoride and grapefruit juice on the etching of teeth. J. Nutrit., Philadelphia, 42, 1950, 107—114; rf. Z. Lebensm.-Unters. u. -Forsch. 93, 1951, 186.
927. SPIRA, L., Chronische Fluorvergiftung, Anzeichen u. Symptome. Edingburgh med. J., Edinburgh, 49, 1942, 707—711; rf. Chem. Zbl. 1944, II. 673.
928. — Mottled nails: An early sign of fluorosis. J. of Hyg., London, 43, 1943, Nr. 1, 69—71; rf. Exp. Sta. Rec., 91, 1944, 364.
929. — u. GRIMBLEBY, F., Fluor im Trinkwasser. J. of Hyg., London, 43, 1943, 142—145; rf. Chem. Zbl. 1944, II. 1101.
930. — Some sources of intake and methods of elimination of fluorine. Acta med. scand., Stockholm, 130, 1948, 78—96; rf. Z. Lebensmittel-Unters. u. -Forsch. 92, 1951, 286.
931. — Tetanoide Erscheinungen bei chronischer Fluorvergiftung. Dtsch. med. Wschr., Stuttgart, 76, 1951, 1558—1560; rf. Chem. Zbl. 1953, 2160.

932. SPROULL, W., Verhinderung von Staub und Rauch durch Abscheider. Chem. Engng., New York, 58, 1951, 151—154; rf. Chem. Zbl. 1952, 1059.

933. SSUCHOWOLSKAJA, R., Cariesprophylaxe in chemischen Betrieben. Stomatologie, Moskau, 1949, Nr. 4, 29—30, rf. Chem. Zbl. 1950, II. 1978.

934. STAESCHE, M., Chemische Erzeugung einer dickeren Magnesiumfluorid-Schutzschicht auf Magnesium-Legierungen. Arch. f. Metallkde., Weinheim/Bergstraße, 2, 1948, 99—102; rf. Chem.-Ing.Technik, 21, 1949, 232.

935. Standard Methods for Examination of Water and Sewage. Amer. Public Health Assoc. & Amer. Water Works Assoc., New York, (9th ed., 1946).

936. STAS, M., Fluoor-vergiftiging door rookgassen en stof van een superphosphaatfabriek; bepaling van het fluoridegehalte van de afzetting op planten, van water, van hooi en van beenderen. Chem. Weekbl., Amsterdam, 38, 1941, H. 42, 585—593 (m. 101 Schrifttumsangaben); rf. Chem. Zbl. 1942, I. 511.

937. — KOOIJMANS, L., VAN IJSSEL, J., Onderzoek naar de aanwezigheid van fluor in het water in Nederland. Water, s'Gravenhage, 21, 1937, H. 1/2, 1—28 (m. 50 Schrifttumsangaben); rf. Chem. Zbl. 1937, II. 641.

938. STAUF, F., Erfahrungen über technische Schutzmaßnahmen bei Arbeiten mit Fluor und seinen Verbindungen. Verhandl. Deutsch. Ges. f. Arbeitsschutz. Bd. I: Die 5. Verordnung über Ausdehnung der Unfallversicherung auf Berufskrankheiten. Darmstadt, 1953, 106—108.

939. STELLWAAG, F., Stand der Bemühungen der Wissenschaft u. Industrie um den Ersatz giftiger Pflanzenschutzmittel durch ungiftige und bienenungefährliche. Die Hessische Biene, Gießen, 1938, H. 11.

940. STERN, M., Phäophytinbildung in Blattorganen nach Temperatureinwirkungen (2. u. 3. Mitteilg.). Kl. Mitt. f. Wasser-, Boden- u. Lufthygiene, Berlin-Dahlem, 14, 1938, H. 1—3, 39—53.

941. — Phäophytinbefunde und p_H-Werte in Blattextrakten. Ebenda, 15, 1939, 1939, H. 10/12, 321—326.

942. — Phäophytinbefunde u. p_H-Werte in Blattextrakten: p_H-Werte alkoholischer Blattextrakte. Ebenda, 17, 1941, H. 10/12, 27—34.

943. STETTER, H., Enzymatische Mikroanalyse des Fluor-Ions. Chem. Ber., Weinheim/Bergstr., 81, 1948, Nr. 6, 532—540; rf. Z. Lebensmittel-Unters. u. -Forsch. 93, 1951, 246.

944. — Enzymatische Analyse. Verlag Chemie, Weinheim/Bergstr., 1951, 210 S.

945. STEVENS, J., Die Bestimmung des Fluors in Wasser. J. South African chem. Inst., Johannesburg, (N. S.) 1, 1948, 1—4; rf. Chem. Zbl., Akad. Verlag, 1949, II. 344.

946. STEWART, T., The fluorine content of associated human and extinct animal bones from the Conkling Cavern, New Mexico. Science, Lancaster, Pa., 116, 1952, 467—468; rf. Chem. Zbl. 1954, 576.

947. STOKINGER, H., Toxicologische Erkenntnisse für planmäßige Staubuntersuchungen. Amer. J. publ. Health Nation's Health, New York, 43, 1953, 742—751; rf. Chem. Zbl. 1954, 10766.

948. — ASHENBURG, N., DE VOLDRE, J., SCOTT, J., SMITH, F., Acute inhalation toxicity of beryllium. II. The enhancing effect of the inhalation of hydrogen fluoride vapor on beryllium sulfate poisoning in animals. Arch. ind. Hyg. occupat. Med., Baltimore, 1, 1950, 398—410; rf. Rona-Ber. 144, 1951, 100.

949. — u. LASKIN, S., Luftverunreinigung und Teilchengröße-Vergiftungsproblem. II. Nucleonics, New York, 6, 1950, Nr. 3, 15—31; rf. Chem. Zbl. 1951, I. 1207.

950. STORER, T., Control of field rodents in California. Calif. agric. Extens. Serv., Univ. Calif., Coll. Agric., Berkeley, Circ. 138, Nov. 1949, 8—9.

951. STRELL, M., Chemisch-biologische Versuche über die Schädlichkeit von Fluorwasserstoffsäure auf Fische. Allg. Fischerei-Ztg., München. 56, 1931, 167—201.

952. STUART, L., DAHLE, D., FREY, R., Der Fluorgehalt von Gelatine, die aus mit Salz unter Zusatz von Fluoriden konservierten Kalbfellen gewonnen wurde. J. Amer. Leather Chemists Ass., New York, 32, 1937, 205—210; rf. Chem. Zbl. 1937, II. 713.

953. SUESS. PH. u. FOSDICK, L., Die Löslichkeit von normalem und fluoriertem Zahnschmelz. J. Dental Res., St. Louis, Mo., 30, 1951, 177—181; rf. Chem. Zbl. 1952, 255.

954. SUMERFORD, W., Chemistry and toxicity of some organo-fluorine insecticides. Advances Chem. Ser. Nr. 1, 1950, 160—174.

955. SUNDARAM, S., Some new organic and systemic insecticides for the control of green bug of coffee. Indian Coffee, 16, 1952, 195—202 u. Plant. Chron. 47, 1952, 657—663; rf. Hortic. Abstr. 23, 1953, 334.

956. SWOPE, H. and HESS, R., Removal of fluorides from natural waters by defluorite. Ind. Eng. Chem., Washington, 29, 1937, H. 4, 424—427; rf. Chem. Zbl. 1937, II. 832.

957. SY, M., Die Gefährdung von Mensch und Nutztier durch Pflanzenschutzmittel. Z. Pflanzenkrankh. (Pflanzenpathol.), Pflanzenschutz, Stuttgart, 48, 1938, H. 1, 1—17.

958. SYMANSKI, H., Fluor, ein Problem von allgemein hygienischer u. arbeitsmedizinischer Bedeutung. Verhandl. Deutsch. Ges. f. Arbeitsschutz. Bd. I: Die 5. Verordnung über Ausdehnung der Unfallversicherung auf Berufskrankheiten. Darmstadt, 1953, 106—118.

959. TANANAEFF, IW., Beitrag zur Methodik der Bestimmung von Fluor im Flußspat. Z. analyt. Chem., München, 99, 1934, H. 1 u. 2, 21—26.

960. TARAS, M., CISCO, H., GARNELL, M., Interferences in Alizarin Method of fluoride determination. J. Amer. Water Works Assoc., New York, 42, 1950, 583.

961. TEDESCO, P., Die Bestimmung kleiner Fluormengen. Monit. farmacia, 58, 439—442; rf. Pharmaz. Zhalle, 93, 1954, 67.

962. TEHON, L., Fungistatic potencies of some fluorinated p-benzoquinones. Science, Washington, 114, 1951, 663—664; rf. Chem. Zbl. 1952, 6713 u. Rev. Appl. Mycol. 31, 1952, 193.

963. TEITELL, L. u. BERK, S., Verhinderung des Schimmelwachstums in optischen Instrumenten, die dem Einfluß der Panamakanalzone ausgesetzt waren. Ind. Eng. Chem., Washington, 44, 1952, 1088—1095; rf. Chem. Zbl. 1953, 7147.

964. TELEKY, L., Die Nebelkatastrophen. Aerztl. Wschr., Berlin-Göttingen-Heidelberg, 7, 1952, 17—20; rf. Chem. Zbl. 1952, 7533.
965. TEMPS, W. u. BLANK, H., Ein Fall von schwerer Schädigung der Haut und des tieferen Gewebes mit folgender Hepatopathie nach einmaliger lokaler Einwirkung von Dinitrofluorbenzol. Z. Haut- u. Geschlechtskrankh. 15, 1953, 286—288; rf. Chem. Zbl. 1954, 3518.
966. THATCHER, R., Vorschlag für eine Klassifikation der chemischen Elemente nach ihren Funktionen bei der pflanzlichen Ernährung. Science, New York, 79, 1934, 463—466; rf. Chem. Zbl. 1934, II. 2943.
967. THEDEN, G., Betrachtungen über die Laboratoriumsprüfung der pilzwidrigen Wirksamkeit von Holzschutzmitteln. Nachr. Bl. Dtsch. Pfl. Schtzdienst., Berlin, 2, 1948, 10—15; rf. Rev. Appl. Mycol, 29, 1950, 595.
967a. — u. BECKER, G., Holzschutz — Grundlagen, Begriffe, Erläuterungen u. Bemerkungen zum Normblatt DIN 52175 Holzzentralblatt 80, 1954, 671—672.
968. THÉVENARD, M., Recherches sur la teneur en ion fluor des eaux d'alimentation de l'agglomération lyonnaise. Thèse Doct. Univ. (Pharm.) Lyon, 1949, Édit. Bosc. frères, Lyon, 96 S.; rf. Ann. Pharm. Français, 8, 1950, Nr. 7/8, 592.
969. THOLUCK, H., Mitteilungen des Deutschen Ausschusses für Jugendzahnpflege und seiner Kommissionen. Zahnärztl. Mitt., Köln, ab 42, 1954, Nr. 3 und laufend weiter.
970. THOMAS JR., FR., Die Wirksamkeit der Nebelfilter. Heating and Ventilating. New York, 50, 1953, Nr. 2, 113—115; rf. Chem. Zbl. 1954, 2243.
972. THOMAS, M., Gas damage to plants. Ann. Rev. Plant Physiology, Stanford, Calif., 2, 1951, 293—322; rf. Hortic. Abstr., 21, 1951, 475.
973. THOMPSON, J. and MCGARVEY, FR., Ion-exchange treatment of water supplies. J. Amer. Water Works Ass., New York, 45, 1953, 145—152.
974. THOMPSON, TH. and TAYLOR, H., Determination and occurence of fluorides in sea water. Ing. Eng. Chem., Analyt. Edit., Washington, 5, 1933, 87—89; rf. Chem. Zbl. 1933. II. 103.
975. THRUN, W., Schnellmethoden zur Bestimmung von Fluor in Wässern. Analytic. Chem., Washington, 22, 1950, 918—920; rf. Chem. Zbl. 1951, II. 1797.
976. THÜMMLER, R., Einige Beiträge zur physiologischen Analyse der Rauchschäden. Protoplasma, Berlin-Zehlendorf, 36, 1941, H. 2, 254—315.
977. TICHOMIROW, P. u. DMITRIJEWA, N., Wirkung von Diisopropylfluorphosphat auf den intraokularen Druck beim Glaukom. Nachr. Ophthalmol., Moskau, 31, 1952, Nr. 1, 27—31; rf. Chem. Zbl. 1953, 5073.
978. TIEGS, E., Rauchschäden. In Handbuch d. Pflanzenkrankheiten, 1934, Berlin, Paul Parey, Bd. I, 2. Teil, 6. Aufl., 243—309.
979. — Über den spektralphotometrischen Phäophytinnachweis in Chlorophyllextrakten. Kl. Mitt. Ver. f. Wasser-, Boden- u. Lufthygiene, Berlin-Dahlem, 14, 1938, H. 1—3, 34—38.
980. — Über den spektralphotometrischen Phäophytinnachweis in Chlorophyllextrakten. Ebenda, 15, 1939, H. 10/12, 313—320.
981. TILEMANS, EM., Toxicité des produits phytopharmaceutiques et précautions à prendre. Rev. Agricol., Bruxelles, 5, 1952, 199—205.
982. — u. DORMAL, S., Toxiciteit der phytopharmaceutische producten voor de mens en de warmbloedige dieren. Med. Landbouw-Hogeschool Gent, Gent, 17, 1952, Nr. 1, 134—156.
983. TIMOSCHEW, W., Auffangen von fluorhaltigen Gasen in der Superphosphatindustrie. J. chem. Ind., Moskau, 11, 1934 H. 1, 66—72; rf. Chem. Zbl. 1934, II. 1833.
984. TODD, A., Fluorine determination in water using an Electrophotometer. Water Sewage Works, Chicago, 94, 1947, 369.
985. TOMIĆ, D., Untersuchungen über den Fluorgehalt jugoslavischer Thermal-, Trink-, Fluß- und Seewässer. a) Farmac. Glasnik, Zagreb, 3, 1947, 129—131 — b) Arh. kemiju, Zagreb, 18, 1946, 77—81 — c) ebenda, 22, 1950, 187—190 — d) Acta pharmac. jugoslav., Zagreb, 1, 1951, 47—51; rf. Chem. Zbl. 1953, 7751 — e) ebenda, 2, 1952, 53—57, rf. Chem. Zbl. 1953, 4461—f, ebenda 3, 1953, 41—45 — g) ebenda, 4, 1954, 97—104 — h) Extraordin. Edit. Inst. Pharmacol. Toxicol., Zagreb, 3, 1946, 27—37 — i) ebenda, 7, 1953, 31—38; ref. Chem. Zbl. 1955, 4304.
986. TRAPPMANN, W., Arsenmittel im Pflanzenschutz — Rückblick u. Ausblick. Z. Pflanzenkrankh. (Pflanzenpathol.) Pflanzenschutz, Stuttgart, 55, 1948, H. 1/2, 35—53.
987. TRÖMEL, G., Die chemischen u. technischen Grundlagen der Herstellung von Phosphatdüngemitteln. 2. Aufl., Tellus-Verlag, Essen, 1953, 84 S.
988. TRUHAUT, R., Les fluoroses, leur importance en hygiène industrielle et en hygiène alimentaire, les méthodes analytiques applicables à leur étude. Sedes, Paris 1948, 126 S. m. 290 Schrifttumsangaben.
989. TSCHEMODANOWA, L., Automatische Bestimmung und Anzeige von gefährlichem Fluorwasserstoff. Betriebs-Lab., Moskau, 8, 1939, 1248—1253; rf. Chem. Zbl. 1942, I. 1404.
990. TURNER, N., Fluorine compounds as alternates for rotenone-bearing dusts. J. econ. Entomol., Menasha, Wisc., 37, 1944, Nr. 2, 242—245; rf. Exp. Sta. Rec., 91, 1944, 438.
991. TURNER, R. and RICE, H., Role of the fluoride ion in release of phosphate adsorbed by aluminium and iron hydroxydes. Soil Sci., Baltimore, 74, 1952, 141—148; rf. Z. Pflanzenernähr., Düng., Bodenkunde, 63, 1953, 68.
992. TUSSNOWA, M., Fluorierung der Zähne mit dem Ziel der Cariesverhütung. Stomatologie, Moskau, 1950, Nr. 2, 11—12; rf. Chem. Zbl. 1951, I. 3077.
993. TWEDT, M. and CAJORI, F., The prevention of caries in the Syrian hamster with sodium oxalate. J. Nutrit., Philadelphia, 40, 1950, 393—401; rf. Rona-Ber. 144, 1951, 260.
994. UIBLEIN, H., Bekämpfung und Beseitigung übelriechender u. schädlicher Abgase. Chem. Ztg., Köthen, 67, 1943, H. 112, 12—14.

995. URECH, P., Beitrag zur kolorimetrisch-photoelektrischen Bestimmung des Fluors. Helvet. chim. Acta, Basel, 25, 1942, 1115—1125.
996. VAN VALKENBURG, AL. u. PIKE, R., Synthese von Glimmer. J. Res. nat. Bur. Standards, Washington, 48, 1952, 360—369; rf. Chem. Zbl. 1954, 3650.
997. VELU, H., Le darmous (ou dermes), fluorose spontanée des zones phosphatées. Arch. Inst. Pasteur d'Algérie, Alger, 10, 1932, H. 1, 41—118.
998. — Rapports entre l'intoxication fluorique et la calcification de la denture de remplacement chez le mouton. Compt. rend. Soc. Biol., Paris, 127, 1938, 854—855.
999. VENKATARAMANAN, K., KRISHNASWAMY, N., RAMAKRISHNAN, T., Untersuchungen über die Beseitigung von Fluoriden aus dem Wasser. Indian J. med. Res., Calcutta, 39, 1951, 211—222; rf. Chem. Zbl. 1952, 4203.
1000. VERBEKE, R., Sur la pharmacologie du di-isopropylfluorophosphonate (DFP). Arch. int. Pharmacodynam., Thérap., Gand, Belgique, 75, 1948, 415—416; rf. Rona-Ber. 142, 1951, 234.
1001. — Nouvelles contributions à la pharmacologie du di-isopropylfluorophosphonate (DFP). Ebenda, 79, 1949, 1—31; rf. Rona-Ber. 142, 1951, 358.
1002. VINCENT, D., LAGREU, R., PARANT, M., L'action du D. F. P. (di-isopropylfluorophosphonate) sur les cholinestérases. Ann. pharmac. franç., Paris, 11, 1953, Nr. 11, 714.
1003. VIRTUE, R. u. WEAVER, R., Die leichten anästhesierenden Eigenschaften des Schwefelhexafluorids. Anesthesiology, Philadelphia, 13, 1952, 605—607; rf. Chem. Zbl. 1953, 5072.
1004. VOGEL, FR., Zur Chemie des Kryoliths. Chemiker-Ztg., Berlin, 75, 1951, 603—607; rf. Chem. Zbl. 1953, 3135.
1005. VOLKER, J., Effect of fluorine on solubility of enamel and dentine. Proc. Soc. expt. Biol. Med., New York, 42, 1939, No. 3, 725—727; rf. Exp. Sta. Rec., 83, 1940, 572.
1006. — Solubility of fluorosed enamel and dentine. Proc. Soc. expt. Biol. Med., New York, 43, 1940, No. 4, 643—645, rf. Exp. Sta. Rec., 85, 1941, 419.
1007. — SOGNNAES, R., BIBBY, B., Untersuchungen über die Verteilung von radioaktivem Fluorid in den Knochen und Zähnen von Versuchstieren. Amer. J. Physiol., Baltimore, 132, 1941, 707—712; rf. Chem. Zbl. 1943, II. 329.
1008. WADHWANI, T., Das Titrationsverfahren mit Thoriumnitrat zur Fluorbestimmung. 1. u. 2. Mitt. J. Indian Inst. Sci., Sect. A, Bangalore, 34, 1952, 123—147; rf. Chem. Zbl. 1952, 8022.
1009. — Photoelektrisch-colorimetrisches Verfahren zur Fluorbestimmung. Ebenda, 34, 1952, 149—157; rf. Chem. Zbl. 1952, 8022.
1010. WAESER, B., Fortschritte der anorganisch-chemischen Großindustrie. X. C. Fluor und Fluorverbindungen. Chem. Fabrik, Berlin, 14, 1941, H. 1, 17—18, m. zahlr. Schrifttums- u. Patenthinweisen.
1011. WAGENBICHLER, H., Die Wirkung des fluorhaltigen Gasteinerwassers auf die Schulkinder. Z. f. Stomatologie, Wien, 48, 1951, H. 3, 123—129.
1012. — Das Gasteiner Wasser und die Zähne. Österr. Z. f. Stomatologie, Wien, 50, 1953, H. 12, 631—638.
1013. WAGNER, H., Taschenbuch des chemischen Bautenschutzes, 2. Aufl. Stuttgart, Wissensch. Verlagsges. 1943, 26—34, 120—129.
1014. WALDO, A. u. ZIPF, R., Determination of fluorids in drinking water and in biological material. J. Lab. clin. Med., St. Louis, Mo., 40, 1952, 601—609; rf. Chem. Zbl. 1953, 4741 u. Z. Lebensmittel-Unters. u. -Forsch., 97, 1953, 218.
1015. WALTER, P., Gasanalyse. Chim. et Ind., Paris, 31, 1934. Sond.-Nr. 4 bis, 210—212; rf. Chem. Zbl. 1934, II. 1497.
1016. WANG, T., Fluoride in den Wässern von Foochow u. Zahnschäden. I. Chim. chem. Soc., Peiping, 4, 1936, 172—177; rf. Chem. Zbl. 1937, I. 2423.
1017. WANG, T.-H., LIN, CH.-S., WU, CH., LIAO, CH.-E., LIN, H.-Y., Der Fluorgehalt von Fukien-Teesorten. Food Res., Champain, Ill., 14, 1949, 98—103; rf. Z. Lebensmittel-Unters. u. -Forsch. 92, 1951, 236.
1018. WARBURG, O. u. CHRISTIAN, W., Chemischer Mechanismus der Fluoridhemmung der Gärung. Naturwiss., Berlin, 29, 1941, 590; rf. Chem. Zbl. 1942, I. 61.
1019. — — Isolierung und Kristallisation des Gärungsferments Enolase. Biochem. Z., Berlin, 310, 1942, 384—421; rf. Chem. Zbl. 1942, I. 2888.
1020. WASICKY, R., Die biologische Rolle der Mikroelemente. Österr. Chem. Ztg., Wien, 41, 1938, H. 1, 1—9.
1021. WASSILJEW, A., Über die Methoden der Bestimmung kleiner Mengen von Fluor. Betriebs-Lab., Moskau, 13, 1947, 797—802; rf. Chem. Zbl., Akad.-Verlag, 1948, I. 143.
1022. WATTENBERG, H., Zur Chemie des Meerwassers. Über die in Spuren vorkommenden Elemente. Z. Anorg. allg. Chem., Leipzig, 236, 1938, 339—360; rf. Chem. Zbl. 1938, I. 4026.
1023. — Ergänzung zu der Mitteilung: Zur Chemie des Meerwassers. Über die in Spuren vorkommenden Elemente. Ebenda, 251, 1943, 86—91.
1024. WEAVER, R., Fluor und Kriegsernährung. Brit. Dental J., London, 88, 1950, 231—239; rf. Chem. Zbl. 1951, II. 1156.
1025. WEBB, E., Die Wirkung von Alkylfluorphosphonaten auf Esterasen und andere Enzyme. Biochemic, J., London, 42, 1948, 96—98; rf. Chem. Zbl., Akad. Verlag, 1949, I. 213.
1026. WEBBER, H. u. TAYLOR, L., Überblick über den Fluorgehalt von Bier u. Brauereimateralien. J. Inst. Brewing London, 58, (N. S. 49) 1952, 134—136.
1027. — — Fluorogehalt des Malzes. Ebenda, 58 (N. S. 49), 1952, 197—198; rf. Chem. Zbl. 1953, 4457 u. Z. Lebensmittel-Unters. u. -Forsch. 97, 1953, 86.
1027a. — — Die Wirkung von Fluor auf die Gärung. Ebenda, 60, (N. S. 51), 1954, 427—430; rf. Chem. Zbl. 1955, 8988.
1028. WEBER, FR., Unterschiede in der Säureresistenz der Helodea-Blattzellen. Protoplasma, Leipzig, 16, 1932. 286—290.

1029. WEBER u. ORTH, Der Forstbetriebsdienst. Lehrbuch für den gehobenen Forstdienst. 2. Aufl., Berlin u. Neudamm, 1942, 803 S.
1030. WEIR, W., Considerations in supplying fluoridated water to industry. J. Amer. Water Works Ass., New York, 45, 1953, 369—375; rf. Chem. Zbl. 1954, 9830.
1031. WEISS, OSW., Pharmakologie des Meerwassers, Brücken-Verlag, Bremen, 1952, 137 S., m. 354 Schrifttumsangaben.
1032. WEISSNER, Neuzeitliche Forschungen über Rauchschäden. Industriekurier, Wochenausgabe Technik u. Forsch., Düsseldorf, 6, 1953, Nr. 46 (11) 95—96.
1033. WELLER, J., GROGAN, R., TIPPIE, F., Geologie der Flußspatlagerstätten von Illinois. State Illinois, Divis. State geol. Surv., Bull. Urbana, Nr. 76, 1952, 1—147; rf. Chem Zbl. 1953. 3051.
1034. WENSE, TH., Adrenalin-Inaktivierung durch das Gasteiner Thermalwasser u. ihre Beziehung zur Gasteiner Kur. Wiener Z. inn. Med. Grenzgebiete, Wien, 32, 1951, 282—288; rf. Chem. Zbl. 1952, 2541.
1035. WERNER, R., Die elektrostatische Gasreinigung u. ihre Anwendung in der Industrie. Z. österr. Ing. u. Architekten-Ver., Wien, 97, 1952, 169—172; rf. Chem. Zbl. 1954, 4228.
1036. WESPI, H., Fluoriertes Kochsalz zur Cariesprophylaxe. Schweiz. med. Wschr., Basel, 1950, 561—564; rf. Rona-Ber. 144, 1951, 260.
1037. — Kariesproblem und Kropfprophylaxe, Zyma-Journ., Nyon/Schweiz, Juni 1950, 19—27.
1038. WEST, J., Progress of work at WACRI on systemic insecticides carried outh with Pest Control, Ltd. Rep. Cocoa Conf. Lond., 1951, Cocoa, Choc. Confect. Alliance Ltd., 1951, 86—92; rf. Hortic. Abstr. 22, 1952, 259.
1039. WHITAKER, G., Beständigkeit von Metallen gegen Fluor und Fluorwasserstoffsäure. Corrosion, Houston, Tex., 6, 1950, 283—285; rf. Chem. Zbl. 1954, 1816.
1040. WHITE, J. u. MUNNS, D., Hemmwirkung der üblichen Elemente gegenüber Hefewachstum. J. Inst. Brewing, London, 57 (N. S. 48), 1951, 175—179; rf. Chem. Zbl. 1952, 1564.
1041. WHITE, W., GILLESPIE, J., SMITH, O., Flural, ein neues Flockungs- und Fluorzusatzmittel. J. Amer. Water Works Assoc., New York, 44, 1952, 71—79; rf. Chem. Zbl. 1952, 7394.
1042. WICHMANN, H., Bericht über (schädliche) Metalle u. andere Elemente sowie Rückstände (von Schädlingsbekämpfungsmitteln) in Nahrungsmitteln. J. Assoc. off. agric. Chemists, Washington, 34, 1951, 524—529; rf. Chem. Zbl. 1954, 7075.
1042a. — u. DAHLE, D., Bestimmung kleiner Fluormengen I u. II. Ebenda, 16, 1933, 612—624; rf. Chem. Zbl. 1934, I. 2008.
1043. WIECHERT, K., Neue Methoden der präparativen organischen Chemie II. 2. Verwendung von Fluorwasserstoff für organisch-chemische Reaktionen. Die Chemie, Berlin, 56, 1943, H. 49/50, 333—342 (m. 125 Schrifttumsangaben).
1044. WIECHERT, Fluorverbindungen in der Pharmazie. Vortrag; rf. Die Pharmazie, 6, 1951, 697, Pharm. Zhalle, 91, 1952, 39, D. Apoth. Z., 91, 1951, 907.
1045. WIEDERHOLT, W., Verhalten von Aluminium gegenüber Flußsäure, Phosphorsäure, Chromsäure u. ihren Gemischen. Metall, Berlin, 7, 1953, 343—347; rf. Chem. Zbl. 1954, 2483.
1046. WIELER, A., Über die Einwirkung von Säuren auf die Assimilation der Holzgewächse. Jahrb. wiss. Bot., Berlin, 78, 1933, H. 4, 483—543.
1047. — Über akute und chronische Rauchschäden. Z. Pflanzenkrankh. (Pflanzenpathol.), Pflanzenschutz, Stuttgart, 43, 1933, H. 10, 594—620.
1048. WIESMANN, R. u. KOCHER, C., Untersuchungen über ein neues, gegen resistente Musca domestica L. wirksames Insektizid. Z. angew. Ent., Berlin-Hamburg, 33, 1951, H. 1 u. 2, 297—321, s. auch Anz. Schädlingskunde, Berlin, 26, 1953, 65—71.
1049. WILLARD, H. u. HORTON, CH., Indicatoren für die Fluoridtitration mit Thorium. Analytic. Chem., Washington, 22, 1950, 1190—1194; rf. Chem. Zbl. 1951, II. 2227.
1050. — — Photofluorometrische Fluoridtitration. Ebenda, 22, 1950, 1194—1197; rf. Chem. Zbl. 1951, II. 1787.
1051. — — Fluorometrische Bestimmung von Spuren Fluorid. Ebenda, 24, 1952, 862—865; rf. Chem. Zbl. 1953, 584.
1052. — TORIBARA, T., HOLLAND, L., Elektronisch gesteuerter Apparat zur Destillation von Fluor als Kieselfluorwasserstoffsäure. Analytic. Chem., Easton, Pa., 19, 1947, 343—344; rf. Chem. Zbl., Akad.-Verlag, 1948, I. 142.
1053. — and WINTER, O., Volumetric method for determination of fluorine. Ind. Eng. Chem., Analyt. Edit., Washington, 5, 1933, H. 1, 7—10; rf. Chem. Zbl. 1933, I. 3982, u. Exp. Stat. Rec. 66, 1933, 489.
1054. WILLE, F., Puffergröße und Auftreten von Pflanzenkrankheiten. Zbl. f. Bakt. II. Abt., Jena, 87, 1933, H. 13—16, 301—331.
1055. WILLIAMS, D., McLEOD, F., MORELL, E., Fused phosphates of varying fluorine content as a phosphorus supplement to rats. Tennessee Sta. Cir. Inform. 70, 1944, Supl. 1, 5 S., auch Tennes. Sta. Cir. Inform. 70, 1944, 8 S.; rf. Exp. Sta. Rec., 1945, 93, 224.
1056. — — — JONES, F., Geschmolzenes Tricalciumphosphatdüngemittel. Ind. Eng. Chem., Ind. Edit., Washington, 38, 1946, 651—654; rf. Chem. Zbl.. Akad.-Verlag, 1947, I., 251.
1057. WILLIAMS, H., Fluoridbestimmung durch Ätzverfahren. Analyst, Cambridge, 75, 1950, 510—521; rf. Chem. Zbl. 1951, I. 3093.
1058. WILLIAMSON, A. u. SVORE, JR., Effects of fluoride in North Dakota water supplies. J. Amer. Water Works Assoc., New York, 45, 1953, 873—878.
1059. WILLIS, L., Bibliography of references to the literature on the minor elements and their relation to plant and animal nutrition. New York, N. Y., Chilean Nitrate Educational Bureau, Inc. I. 1935, II. 1936, III. 1939; dazu die Supplements (6. 1945, 7. 1947); ferner die von H. BREWER herausgegebene Fortsetzung, IV. 1948, Vol. 1, 1948 (abgeschlossen 30. 6. 1947). — Umfangreiches Schrifttumsverzeichnis mit kurzen Referaten.

1060. WILSON, D., Distribution of fluorosis in India and in England. Nature, London, 144, 1939, Nr. 3638, 155; rf. Exp. Sta. Rec., 83, 1940, 706.
1061. — Fluor und Zahncaries. Lancet, London, 240, 1941, 375—376; rf. Chem. Zbl. 1942, II. 2883.
1062. — Fluorgehalt einiger Wässer in Nigeria. Nature, London, 173, 1954, 305; rf. Chem. Zbl. 1954, 10903.
1063. WILSON, L., Effects of chlorine, bromine and fluorine on the tobacco plant. J. Agric. Res., Washington. 46, 1933, H. 10, 889—899.
1064. WINDFUHR, D., Erfahrungen mit der Fluoroxyphenylessigsäure bei der Behandlung der Lungentuberkulose. Z. Tuberkulose, Leipzig, 101, 1952, 315—318; rf. Chem. Zbl. 1953, 5878.
1065. WINIKOWA, B., Einfluß von Fluornatrium auf die Erregbarkeit der Markschicht der Nebennieren. J. Physiol. UdSSR., Moskau, 36, 1950, 723—727; rf. Chem. Zbl. 1951, II. 1319.
1066. WINKLER, K., DIRKS, O., VAN AMERONGEN, J., Eine reproduzierbare Methode zur Begutachtung von Carieserkrankungen. Anwendung bei einem therapeutischen Versuch mit einem fluorhaltigen Zahnpflegemittel. Brit. Dental J., London, 95, 1953, 119—125; rf. Chem. Zbl. 1954, 1778.
1067. WINOGRADOW, A., Geochemie seltener u. nur in Spuren vorhandener chemischer Elemente im Boden. Akademie-Verlag, Berlin, 1954, 249 S., Fluor 44—48.
1068. — DANILOVA, V., SELIVANOV, L., Fluorgehalt in den Flüssen der Union. C. R. (Doklady) Acad. Sci. UdSSR. (N. S.), Moskau, 14, 1937, 361—364; rf. Chem. Zbl. 1937, II. 1765.
1068a. WINOGRADOW, K., Erlaubte Grenzkonstentrationen schädlicher Stoffe im Wasser von Wasserbecken. Chem. Ind. Moskau, 1954, Nr. 6, 56; rf. Chem. Zbl. 1955, 4905.
1069. WINTER, O. u. BUTLER, L., Zusammenfassung über eine Methode z. Bestimmung d. Fluors. J. Ass. Agric. Chemists, Menasha, Wisc., 16, 1933, 105—117; rf. Chem. Zbl. 1933, I. 3982.
1070. WISLICENUS, H., Grundsätzliches zur technischen Abgas- u. Rauchschädenfrage u. zu den Aussichten auf ihre Lösung. Angew. Chemie, Berlin, 46, 1933, H. 6, 104—105 (Auszug), Orig.: Beihefte z. Angew. Chem. Nr. 3, 1933, 9 S.
1071. WITTE, H., Rauchschäden u. chemische Industrie. Chemiker Ztg., Köthen, 60, 1936, H. 87, 881—883.
1072. — Zur Rauchschadenfrage. Braunkohle, Halle/Saale, 15, 1936, H. 14, 209—216.
1073. — Luftanalyse und Vegetationsbeobachtungen in der Rauchschadenpraxis. Chemiker Ztg., Köthen, 67, 1943, H. 11/12, 119—121.
1074. WOLFF, H., Bedeutung und Problemstellungen der Spurenstofforschung für die Balneologie. Die Medizinische, Stuttgart-Feuerbach, 1952, Nr. 17, 566—572; rf. Chem. Zbl. 1952, 7368.
1075. WOLFF, W. and KERR, E., The composition of human bone in chronic fluoride poisoning. Amer. J. med. Sci. Philadelphia, 195, 1938, 493—497.
1075a. WOLLMANN, E., Internationale Heilwassernormung. Der Balneologe, Berlin, 10, 1943, H. 2, 35—42.
1076. WOOD, G., Erfahrung mit Fluorbehandlung in New Britain. J. New. England Water Works Assoc., Boston, Mass., 66, 1952, 82—86; rf. Chem. Zbl. 1952, 7716.
1077. WORONZOWA, JE. u. KARATSCHAROW, T., Die hygienische Bewertung der Atmosphäre beim automatischen Schweißen mit einem Flußmittel. Hyg. u. Sanitätswes., Moskau, 1954, Nr. 1, 15—24; rf. Chem. Zbl. 1955, 660.
1078. WRIGHT, D. u. JENKINS, G., Die Wirkung von Fluorid auf die Säureproduktion von Speichel-Glucose-Gemischen. Brit. Dental J., London, 96, 1954, 30—33; rf. Chem. Zbl. 1954, 10268.
1079. WULLE, H., Beiträge zur Mikro-Fluor-Bestimmung im Blut. Hoppe-Seyler's Z. physiol. Chem., Berlin, 260, 1939, 169—174.
1080. WYATH, J., Beseitigung von Fluor aus der Wasserversorgung. Southwest Water Works, Temple, Texas, 20, 1939, 21—23; rf. Chem. Zbl. 1939, I. 3045.
1081. YANT, W., Giftigkeit von organischen Fluoriden. Amer. J. publ. Health Nation's Health, New York, 23, 1933, 930—934; rf. Chem. Zbl. 1933, II. 2869.
1081a. ZARITZYN, M., Verflüchtigung des Fluors während der Glasschmelze in Wannen- u. Hafenöfen. Glas u. Keram., Moskau, 12, 1955, 15—17; rf. Chem. Zbl. 1955, 10353.
1082. ZAVYALOV, J., Fluor in den Untergrundwässern des Chibinagebietes. C. R. (Doklady) Acad. Sci. UdSSR., Moskau, 26 (N. S. 8), 1940, 232—233; rf. Chem. Zbl. 1941, I. 633.
1083. v. ZEHMEN, H., Zur Bestimmung kleiner Mengen Fluor-Ion in pflanzlichem Material. Die Chemie, Berlin, 57, 1944, H. 21/24, 159.
1083a. ZEKMAN, TH. u. SNYDACKER, D., Erhöhter Augeninnendruck, bewirkt durch Diisopropylfluorphosphat (DFP). Amer. J. Ophthalmol., Chicago, [3] 36, 1953, 1709—1715; rf. Chem. Zbl. 1955, 6333.
1084. ZETTLEMOYER, A., ZETTLEMOYER, E., WALKER, W., Aktives Magnesiumoxyd. II. Die Adsorption von Fluorid aus wäßriger Lösung. J. Amer. chem. Soc., Washington, 69, 1947, 1312—1315; rf. Chem. Zbl., Verlag Chemie, 1948, II. 450.
1085. v. ZEZSCHWITZ, E., Zur Frage der Festlegung von Phosphorsäure im Boden. Die Phosphorsäure, Essen, 13, 1953, 117—144.
1086. ZIEGLER, E., Cariesprophpylaxe durch Fluorierung der Milch. Schweiz. med. Wschr. 83, 1953, 723—724 u. Schweiz. Apoth. Ztg., Basel, 91, 1953, 818—820; rf. Chem. Zbl. 1954, 6757.
1087. ZIMMERMAN, P., Impurities in the air and their influence on plant life. Proc. nat. air pollution symposium 1949, Pasadena 1950, 135—141; rf. Hortic. Abstr. 22, 1952, 167.
1088. — and HITCHCOCK, A., Fluorine compounds given off by plants. Suppl. to Amer. J. Bot., Burlington, Vt., 33, 1946, 233 (Abstract).
1088a. ZIMMERMANN., E., LEONE, N., ARNOLD, JR., FR., Orale Auswirkungen von übermäßigem Fluorgehalt im Trinkwasser. J. Amer. Dental Assoc., Chicago, 50, 1955, 272—277; rf. Chem. Zbl. 1955, 8426.
1089. ZINKERNAGEL, H., Einige Versuche über den Einfluß verschiedener Säuren auf Elodea canadensis. Kl. Mitt. Ver. f. Wasser-, Boden- u. Lufthygiene, Berlin-Dahlem, 13, 1937, H. 6/8, 226—240.
1090. — Über den Nachweis von Säureschädigung grüner Pflanzenzellen. Ebenda, 14, 1938, H. 1/3, 29—33.

1091. ZIPKIN, I. u. MCCLURE, F., Verhütung von Caries und Fluorablagerung in Knochen und Zähnen von weißen Ratten. Publ. Health Rep., Washington, 66, 1951, 1523—1532; rf. Chem. Zbl. 1952, 3532.

1092. — — Deposition of fluorine in the bones and teeth of the growing rat. J. Nutrit., Philadelphia, 47, 1952, 611—620; rf. Chem. Zbl. 1954, 3507 u. Z. Lebensmittel-Unters. u. -Forsch. 97, 1953, 337.

1093. — — Cariostatische Wirkung und Stoffwechsel von Ammoniumfluorsilicat. Publ. Health Rep., Washington, 69, 1954, 730—733; rf. Chem. Zbl. 1955, 2242.

1094. ABEL, H., Fluorierung mit galvanischem Strom. Dtsch. zahnärztl. Z., München, 10, 1955, 188—189; rf. Chem. Zbl. 1955, 8675.

1095. BINGHAM, F., MCCOLLOCH, R., LIEBIG, G., VANSELOW, A., Fluorschäden bei Citrus. Calif. Agric, Berkely, 8, 1954, 12; rf. Chem. Zbl. 1955, 4621.

1096. BOUMANN, J., Bestimmung von Fluoriden in Leitungswasser. Abwandlung des Verfahrens von Willard-Horton. Chem. Weekbl., Amsterdam, 51, 1955, 33—34; rf. Zbl. 1955, 11442.

1097. BRAMMANIS, L., Die Forstentomologie in der russischen Zeitschrift „Lesnoje Chosjaistwo" (Forstwirtschaft), Jahrgang 1950—1952. Z. ang. Ent., Berlin u. Hamburg, 37, 1955, 372—397.

1098. CANDELI, A. u. SFORZOLINI, G., Neuere Untersuchungen über die Fixierung des Fluors. Boll. Soc. ital. Biol. sperim., Napoli, 29, 1953, 1726—1727; rf. Chem. Zbl. 1955, 8185.

1099 CHAMPEIX, J. u. FOURRIER, P., Vier Fälle von Osteopathien durch chronische Fluorintoxikation. Ann. Méd. légale Criminol., Paris, 34, 1954, 253—259; rf. Chem. Zbl. 1955, 9140.

1100. CIARRAPICO, A., Aktuelle Probleme der Beziehungen zwischen Fluor u. Zahncaries. Minerva med., Torino, 46 I, 1955, 365—371; rf. Chem. Zbl. 1955, 8186.

1101. v. CUBE, H. u. SAUERBRUNN, J., Heutiger Stand in der Anwendung von Difluormonochlormethan (F 22). Kältetechnik, Karlsruhe, 6, 1954, 193—199; rf. Chem. Zbl. 1955, 7995; m. 48 Schrifttumsangaben.

1102. DEMIDOW, N., Difluortetrachloräthan und Filixan bei Fascicolose der Schafe. Tierheilkunde, Moskau, 32, 1955. Nr. 4, 29—32; rf. Chem. Zbl. 1955, 8674.

1103. EGGERS-LURA, H., Die Zahnpaste vom biologischen Gesichtspunkt. I. Mitt. Dtsch. zahnärztl. Z., München, 9, 1954, 609—616; II. Mitt. Ebenda, 1128—1133; rf. Chem. Zbl. 1955, 5844. S. dazu HAFER, H., Ebenda, 1121—1128.

1104. ERKES, FR., Über die Möglichk it der Cariesprophylaxe mit Vitamin B_1. Zahnärztl. Rdsch., Berlin 64, 1955, 105—108; rf. Chem. Zbl. 1955, 8427.

1105. ERLENBACH, FR. u. TRACY, ED., Die Cariesfluoruntersuchung in New Britain. I. Zahnbefunde drei Jahre nach Beginn der Trinkwasserfluorierung. Connecticut Health Bull., Hartford, Conn., 69, 1955, 3—11; rf. Chem. Zbl. 1955, 11041.

1106. FERRY, J., Fluorentstehung während des elektrischen Schweißprozesses. Amer. ind. Hyg. Assoc. Quart., Chicago, 14, 1953, 173—176; rf. Chem. Zbl. 1955, 5845.

1107. FRIESE, W., Die Bedeutung des Fluorgehaltes im Trinkwasser. Pharmaz. Zhalle, Dresden u. Leipzig, 94, 1955, H. 9, 337—341.

1108. GERCHOW, J. u. PRIBILLA, O., Fahrlässige Tötung mit Kieselfluorwasserstoffsäure infolge unvorschriftsmäßiger Abgabe u. Aufbewahrung von Fluat. Arch. Toxicol. 15, 1954, 34—40; rf. Z. Lebensmittel-Unters. u. -Forsch. 100, 1955, 432.

1109. GESCHWIND, ZO. u. JURKIEWICZ, JA., Fluor in den Wässern des Bezirks Danzig. Gáz, Woda Techn. sanit., Warszawa, 26, 1952, 116—119; rf. Chem. Zbl. 1955, 11538.

1110. GOLDFIEN, AL., LAIDLAW, JO., HAYDAR, ND., RENOLD, AL., THORN, G., Fluorhydrocortison u. Chlorhydrocortison, hochwirksame Abkömmlinge der Verbindung F. New England J. Med., Boston, 252, 1955, 415—421; rf. Chem. Zbl. 1955, 9830.

1111. GRAHAM, B., Trockene u. flüssige Chemikalien für die Wasserfluorierung. Water Works Engng., New York, 108, 1955, 413—414, 442—443; rf. Chem. Cbl. 1955, 10599.

1112. GRUNE, W. u. SLOAD, R., Einfluß der Fluoridkonzentration auf die Schlammfaulung. Sewage ind. Wastes, Champaign, Ill., 27, 1955, 1—3: rf. Chem. Zbl. 1955, 9167.

1113. HAAS, A. and BRUSCA, J., Fluorine toxicity in citrus. Calif. Agric., Berkely, 9, 1955, 15—16; rf. Hortic. Abstr. 25, 1955, 473.

1114. HAENEL, H. u. MÜLLER-BEUTHOW, W., Über den Einfluß exogen benötigter Wirkstoffe auf die Keimfähigkeit von Konidien (Neurospora, Phycomyces). Vitamine u. Hormone, Leipzig, 6, 1954, 255—269.

1115. HAM, M. u. SMITH, M., Fluoruntersuchungen in bezug auf die menschliche Ernährung. Canad. J. Res., Sect. 7, Ottawa, 28, 1950, 227—233; rf. Chem. Zbl. 1955, 11413.

1116. HARDIN, L., Bericht über Fluor in Böden. Eine Untersuchung der Titrationsphase bei der Fluorbestimmung. J. Assoc. off. agric. Chemists, Washington, 36, 1953, 237—243; rf. Chem. Zbl. 1955, 11455.

1117. HEIDE, F. u. KAEDING, J., Der Halogengehalt des Saalewassers. Naturwissenschaften, Berlin-Göttingen-Heidelberg, 41, 1954, 256; rf. Chem. Zbl. 1955, 7634.

1118. TEN HOUTEN, J., Luchtverontreiniging door industriegassen en de nadelige gevolgen voor land- en tuinbouw. Meded. Dir. Tuinb., 16, 1953, 675—688; rf. Pflanzenschutzber. Wien, 14, 1955, 95 u. Rev. Appl. Mycol. 34, 1955, 388.

1119. HÜRNY, TH., Über die Möglichkeit der Wasserfluoridierung mit natürlichem Flußspat (CaF_2). Schweiz. Mschr. Zahnheilkunde, Zürich, 65, 1955, 253—262; rf. Chem. Zbl. 1955, 8940.

1120. ISHII, S., Untersuchung über die Wirkung von Fluor auf den Organismus. Tokyo Jikeikai med. J. 68, 1953, 260—279; rf. Chem. Zbl. 1955, 9131.

1121. JAPANISCHES MINISTERIUM f. Volksgesundheit, Japanische Mineralquellen (Nihon-Kosenhsi). Tokio, Aoyama-Shoin, 1954, 785 S.

1122. MASON, A., Das Reinigen von Blättern vor der Analyse. Annu. Rep., East Malling Res. Stat., Near Maidstone, Kent, 40, 1952, 104—107; rf. Chem. Zbl. 1955, 5384.

1123. MAYER-JONES, L., Einige Antiparasitica interna u. ihre praktische Anwendung in den USA. Wiener tierärztl. Mschr., 41, 1954, 321—327; rf. Chem. Zbl. 1955, 6076.
1124. MCINTIRE, F., CLEMENTS, L., SPROULI, M., 1-Fluor-2.4.-dinitrobenzol als quantitatives Reagens für primäre u. sekundäre Amine. Analytic. Chem., Washington, 25, 1953, 1757—1758; rf. Chem. Zbl. 1955, 4899.
1125. MINCH, A., Fluor in Nahrungsmitteln. Stomatologie, Moskau, 1953, Nr. 2, 5—8; rf. Chem. Zbl. 1955, 8280.
1126. LA MOREAUX, PH., Fluoride in ground water of Alabama. Mining Engng., New York, 187, 1950, 886—888; rf. Chem. Zbl. 1955, 11538.
1127. ROBINSON, R. C. V., Anwendung von „Fludrccortisone“ bei Dermatosen. J. Amer. med. Assoc., Chicago, 157, 1955, 1300—1302; rf. Chem. Zbl. 1955, 11027.
1128. ROBINSON, S. u. ROBINSON, A., Chemische Zusammensetzung des Schweißes. Physiol. Rev., Washington, 34, 1954, 202—220; rf. Chem. Zbl. 1955, 4622; m. 223 Schrifttumsangaben.
1129. RÖMPP, HERM., Spurenelemente. Kosmosbändchen 203, Stuttgart, 1954, Franckh'sche Verlagsbuchhandlung. F.: 71—73.
1130. ROST, A., Was erwarten wir von einer Trinkwasserfluorierung? Zahnärztl. Rdsch., Berlin, 64, 1955, 83—87; rf. Chem. Zbl. 1955, 6563.
1131. SCHMIDT, K., Welche Stäube in der keramischen u. Glas-Industrie sind gesundheitsschädlich? Ber. Dtsch. Keram. Ges., Bonn, 31, 1954, 355—363; rf. Chem. Zbl. 1955, 8228.
1132. SHAW, W., Colorimetric determination of fluorin in waters and soil extracts. Analytic. Chem., Washington, 26, 1954, 1212—1214; rf. Pharmaz. Zhalle, 94, 1955, 278.
1133. SPINDLER, M., Innertherapeutische Insektizide. Eine Übersicht. Z. Pflanzenkrankh. (Pflanzenpathol.), Pflanzenschutz, Stuttgart, 62, 1955, 97—165; m. 214 Schrifttumsangaben.
1134. TALENTI, M. u. BORGIOLI, N., Die Wasser der Egeriaquelle (Heiligen Quelle) in Rom. Ann. Chimica, Roma, 43, 1953, 365—372; rf. Chem. Zbl. 1955, 11538.
1135. VISWANATHAN, AR. u. AZMATULLAH, SY., Fluoridnachweis durch gebleites Glas. Chemist-Analyst, Phillipsburg, New Jersey, 44, 1955, 28; rf. Chem. Zbl. 1955, 11431.
1136. WICKBOLD, R., Die quantitative Verbrennung fluorhaltiger organischer Substanzen. Angew. Chem., Weinheim/Bergstr., 66, 1954, 173—174; rf. Chem. Zbl. 1955, 7741.
1137. WOHINZ, R., Ursachen u. Bekämpfung der Dentalfluorose in Berggießhübel. Dtsch. zahnärztl. Z., München, 10, 1955, 306—308; rf. Chem. Zbl. 1955, 8900.

VIII. PATENTLISTE

(C . . . = referiert im Chem. Zbl. . . .)

P 1. F. P. 917 431 v. 14/11. 45, ausg. 7/1. 47; C 1949, E 2723.
P 2. A. P. 2 396 629 v. 29/3. 44, ausg. 19/3. 46; C 1949, E 2334.
P 2a. A. P. 2 586 357 v. 30/6. 50, ausg. 19/2. 52; C 1955, 4950.
P 3. Schwed. P. 137 624 v. 23/3. 49, ausg. 14/10. 52; C 1954, 2064.
P 3a. E. P. 707 966 v. 26/1. 50, ausg. 28/4. 54; C 1955, 4469.
P 4. A. P. 2 593 583 v. 14/3. 51, ausg. 22/4. 52; C 1954, 8679.
P 5. F. P. 1 015 400 v. 30/7. 47, ausg. 16/9. 52; C 1954, 8911.
P 6. A. P. 2 578 522 v. 8/6. 49, ausg. 11/12. 51; C 1954, 4497.
P 7. E. P. 682 351 v. 2/8. 50, ausg. 5/11. 52; C 1954, 1370.
P 8. E. P. 642 269 v. 18/3. 48, ausg. 30/8. 50; C 1953, 7622.
P 9. F. P. 1 036 435 v. 2/5. 51, ausg. 8/9. 53; C 1954, 7752.
P 10. Can. P. 484 965 v. 5/3. 48, ausg. 15/7. 52; C 1954, 2463.
P 11. E. P. 664 546 v. 13/4. 49, ausg. 9/1. 52; C 1953, 2037.
P 12. A. P. 2 613 193 v. 10/1. 50, ausg. 7/10. 52; C 1954, 6352.
P 13. Can. P. 486 628 v. 30/4. 51, ausg. 16/9. 52; C 1954, 3343.
P 13a. A. P. 2 662 065 v. 10/5. 51, ausg. 8/12. 53; C 1955, 7706.
P 14. E. P. 650 399 v. 21/5. 48, ausg. 21/2. 51; C 1954, 3087.
P 15. E. P. 615 125 v. 20/3. 40, ausg. 27/1. 49; C 1949, E 1450.
P 16. F. P. 1 019 304 v. 19/5. 50, ausg. 20/1. 53; C 1954, 3812.
P 17. A. P. 2 592 147 v. 23/5. 47, ausg. 8/4. 52; C 1954, 6598.
P 18. E. P. 690 031 v. 23/8. 49, ausg. 8/4. 53; C 1954, 2505.
P 19. A. P. 2 600 804 v. 13/4. 48, ausg. 17/6. 52; C 1954, 9403.
P 20. D. B. P. 850 810 Kl. 39c v. 31/8. 50, ausg. 29/9. 52; C 1953, 934.
P 21. A. P. 2 600 821 v. 30/3. 48, ausg. 17/6. 52; C 1954, 8911.
P 22. Can. P. P. 488 890/92 v. 1/11. 50, ausg. 10/12. 52; C 1954, 4274.
P 23. Can. P. 488 893 v. 1/11. 50, ausg. 10/12. 52; C 1954, 4274.
P 23a. A. P. 2 686 770 v. 29/12. 49, ausg, 17/8. 54; C 1955, 8507.
P 24. A. P. 2 581 453 v. 25/11. 49, ausg. 8/1. 52; C 1953, 9648.
P 24a. A. P. 2 686 767 v. 22/12. 50, ausg. 17/8. 54, C 1955, 9207.
P 25. E. P. 659 977 v. 14/10. 49, ausg. 31/10. 51; C 1954, 2687.
P 26. A. P. 2 600 202 v. 28/6. 50, ausg. 10/16. 52; C 1954, 8909.
P 27. D. B. P. 862 514 Kl. 39b v. 25/11. 50, ausg. 5/6. 53.
P 28. A. P. 2 542 069 v. 25/11. 49, ausg. 20/2. 51; C 1953, 614.
P 29. A. P. 2 638 523 v. 24/5. 52, ausg. 12/5. 53.
P 30. D. B. P. 828 595 Kl. 39c v. 29/10. 49, ausg. 17/1. 52; C 1952, 8055.
P 31. A. P. 2 599 640 v. 4/8. 44, ausg. 10/6. 52; C 1954, 8911.
P 32. A. P. 2 567 954 v. 25/2. 48, ausg. 18/9. 51; C 1952, 6939.
P 33. A. P. 2 588 639 v. 4/5. 48, ausg. 11/3. 52; C 1954, 891.
P 34. A. P. P. 2 622 108/09 v. 29/5. 48, ausg. 16/12. 52; C 1954, 10108.

P 35. A. P. 2 481 498 v. 26/12. 45, ausg. 13/9. 49; C 1949, E 946.
P 36. F. P. 1 017 858 v. 30/3. 50, ausg. 19/12. 52; C 1954, 3113.
P 37. E. P. 677 428 v. 26/5. 49, ausg. 13/8. 52; C 1954, 891.
P 38. A. P. 2 623 890 v. 3/12. 48, ausg. 30/12. 52; C 1954, 10822.
P 39. A. P. 2 624 717 v. 27/8. 49, ausg. 6/1. 53; C 1954, 3578.
P 40. A. P. 2 616 863 v. 28/10, 50, ausg. 4/11. 52; C 1954, 10108.
P 41. A. P. 2 585 644 v. 25/11. 46, ausg. 12/12. 52; C 1954, 3144.
P 42. A. P. 2 548 471 v. 30/9. 48, ausg. 10/4. 51; C 1952, 2238.
P 43. A. P. 2 559 628 v. 13/12. 48, ausg. 10/7. 51; C 1953, 2192.
P 44. E. P. 642 139 v. 14/8. 47, ausg. 30/8. 50; C 1953, 8717.
P 45/47. A. P. P. 2 611 744/6 u. 2 611 748 v. 17/12. 49, ausg. 23/9. 52; C 1954, 7793/4.
P 48. A. P. 2 470 763 v. 13/9. 46, ausg. 24/5. 49; C 1949, E 1395.
P 49. Can. P. P. 489 569/71 v. 11/10. 49, ausg. 13/1. 53; C 1954, 1113.
P 50. D. B. P. 866 133 Kl. 49h v. 25/1. 41, ausg. 9/2. 53; C 1953, 4937.
P 51. D. B. P. 887 437 Kl. 49h v. 8/1. 42, ausg. 24/8. 53; C 1954, 877.
P 52. D. B. P. 903 776 Kl. 48b v. 12/11. 42, ausg. 11/2. 54; C 1953, 4441.
P 53. D. B. P. 909 789 Kl. 49h v. 26/7. 44, ausg. 26/4. 54; C 1954, 10096.
P 54. D. B. P. P. 909 790/91 Kl. 49h v. 22/11. 42, ausg. 26/4. 54; C 1954, 11041.
P 55. E. P. 678 081 v. 12/6. 47, ausg. 27/8. 52; C 1953, 5571.
P 56. E. P. 684 081 v. 28/7. 47, ausg. 10/12. 52, C 1954, 4032.
P 57. E. P. 684 083 v. 10/7. 47, ausg. 10/12. 52; C 1954, 2705.
P 58. E. P. 642 869 v. 14/9. 48, ausg. 13/9. 50; C 1953, 5923.
P 59. E. P. 677 616 v. 14/12. 49, ausg. 20/8. 52; C 1954, 1114.
P 60. Finn. P. 25 935 v. 13/8. 47, veröff. 30/9. 52; C 1953, 5923.
P 61. N. P. 78 929 v. 17/4. 47, ausg. 13/8. 51; C 1953, 4441.
P 62. Schwed. P. 132 302 v. 25/7. 47, ausg. 10/7. 51; C 1953, 4763.
P 63. Schwed. P. 136 163 v. 13/10. 44, ausg. 17/6. 52; C 1954, 2705.
P 63a. A. P. 2 658 981 v. 8/8. 50, ausg. 10/11. 53; C 1955, 10372.
P 64. Schwed. P. P. 137 242/43 v. 30/7. 41, ausg. 9/9. 52; C 1954. 4032.
P 65. D. B. P. 829 849 Kl. 49h v. 25/2. 50, ausg. 28/1. 52; C 1954. 7050.
P 65a. F. P. 1 029 712 v. 11/12. 50, ausg. 5/6. 53; C 1954, 7050.
P 66. D. B. P. 896 749 Kl. 49h v. 19/9. 42, ausg. 16/11. 53; C 1954, 3328.
P 66a. F. P. 1 029 519 v. 14/12. 50, ausg. 3/6. 53.
P 67. Schwed. P. P. 117 873 v. 12/12. 44, ausg. 31/12. 46 u. 124 089 v. 25/2. 46, ausg. 22/2. 49; C 1949, E 1562.
P 67a. F. P. 1 059 702 v. 11/7. 52, ausg. 26/3. 54; C 1955, 10133.
P 68. E. P. 672 333 v. 27/1. 50, ausg. 21/5. 52; C 1953, 5923.
P 69. E. P. 638 731 v. 1/4. 48, ausg. 14/6. 50; C 1953, 6133.
P 70. E. P. 639 626 v. 30/12. 47, ausg. 7/7. 50; C 1953, 6133.
P 71. F. P. 1 002 819 v. 15/12. 49, ausg. 11/3. 52; C 1954, 2488.
P 72. A. P. 2 632 080 v. 20/7. 50, ausg. 17/3. 53; C 1954, 8664.
P 73. N. P. 79 953 v. 22/8. 44, ausg. 24/3. 52; C 1953, 7892.
P 74. Dän. P. 73 923 v. 21/9. 46, ausg. 24/3. 52; C 1953, 7915.
P 75. Schwed. P. 137 707 v. 26/9. 51, ausg. 21/10. 52; C 1954, 2912.
P 75a. F. P. 1 027 823 v. 17/11. 50, ausg. 15/5. 53.
P 76. A. P. 2 641 560 v. 12/7. 49, ausg. 9/6. 53; C 1954, 7050.
P 77. N. P. 79 353 v. 11/12. 47, ausg. 12/11. 51; C 1953, 6352.
P 78. E. P. 680 588 v. 16/8. 50, ausg. 8/10. 52; C 1954, 3104.
P 79. Schwed. P. 136 127 v. 21/3. 42, ausg. 17/6. 52; C 1954, 2912.
P 80. D. R. P. 754 996 Kl. 49h v. 7/8. 41, ausg. 24/11. 52; C 1953, 8452.
P 81. A. P. 2 552 920 v. 27/8. 47, ausg. 15/5. 51; C 1953, 7919.
P 82. F. P. P. 998 185/86 v. 25/10. 49, ausg. 15/1. 52; C 1953, 8980.
P 82a. A. P. 2 682 502 v. 19/7. 50, ausg. 29/6. 54; C 1955, 9900.
P 83. A. P. 2 593 447 v. 27/6. 49, ausg. 22/4. 52; C 1953, 6353.

P 84. F. P. 1 034 061 v. 16/3. 51, ausg. 17/7. 53; C 1954, 11042.
P 84a. A. P. 2 671 737 v. 10/10. 50, ausg. 9/3. 54; C 1955, 9187.
P 85. E. P. 674 630 v. 1/11. 48, ausg. 25/6. 52; C 1954, 2245.
P 86. A. P. 2 596 466 v. 15/3. 48, ausg. 13/5. 52; C 1953, 6565.
P 87. D. R. P. 753 671 Kl. 48b v. 20/2. 40, ausg. 20/7. 53; C 1954, 410.
P 88. A. P. 2 631 951 v. 30/11. 50, ausg. 17/3. 53; C 1954, 7512.
P 89. E. P. 693 951 v. 17/8. 51, ausg. 8/7. 53; C 1954, 2706.
P 90. F. P. 999 405 v. 18/10. 49, ausg. 31/1. 52; C 1954, 1111.
P 91. A. P. 2 588 041 v. 5/4. 46, ausg. 4/3. 52; C 1953, 6112.
P 92. E. P. 635 318 v. 19/12. 47, ausg. 5/4. 50; C 1953, 9296.
P 93. D. B. P. 866 551 Kl. 40b v. 21/12. 41, ausg. 9/2. 53; C 1954, 1341.
P 94. E. P. 692 678 v. 28/8. 51, ausg. 10/6. 53; C 1954, 630.
P 95. Can. P. 480 628 v. 6/11. 47, ausg. 29/1. 52; C 1954, 1093.
P 96. F. P. 987 541 v. 2/4. 49, ausg. 14/8. 51; C 1953, 5735.
P 97. D. B. P. 880 210 Kl. 40a v. 19/6. 51, ausg. 18/6. 53; C 1953, 9297.
P 97a. E. P. 709 552 v. 2/6. 48, ausg. 26/5. 54; C 1955, 9662.
P 98. D. B. P. 859 858 Kl. 57b v. 8/12. 49; C 1953, 5720.
P 99. Oe. P. 169 181 v. 11/1. 50, ausg. 25/10. 51; C 1952, 3716.
P 100. Oe. P. 171 336 v. 14/7. 50, ausg. 26/5. 52; C 1953, 1069.
P 101. Can. P. 473 982 v. 13/10. 44, ausg. 29/5. 51; C 1954, 891.
P 102. D. B. P. 865 645 Kl. 32b v. 3/5. 51, ausg. 2/2. 53; C 1953, 7163.
P 103. D. B. P. 853 801 Kl. 32b v. 8/2. 51, ausg. 27/10. 52; C 1953, 3942.
P 104. D. B. P. 846 285 Kl. 32b v. 21/9. 50, ausg. 11/8. 52; C 1953, 4266.
P 105. A. P. 2 511 225 v. 29/1. 46, ausg. 13/6. 50; C 1950, II. 1862.
P 105a. Schwz. P. 267 079 v. 5/2. 47, ausg. 1/6. 50; C 1950, II. 1862.
P 106. A. P. 2 577 627 v. 1/5. 47, ausg. 4/12. 51; C 1953, 2341.
P 106a. Schwz. P. 296 300 v. 20/7. 51, ausg. 17/4. 54; C 1955, 6108.
P 107. D. B. P. 825 738 Kl. 32b v. 14/9. 49, ausg. 20/12. 51; C 1952, 3889.
P 108. A. P. 2 496 824 v. 9/8. 46, ausg. 7/2. 50; C 1950, II. 1862.
P 109. Schwed. P. 131 825 v. 29/1. 47, ausg. 29/5. 51; C 1952, 7400.
P 110. Schwed. P. 182 648 v. 29/1. 47, ausg. 7/8. 51; C 1953, 4928.
P 111. Schwz. P. 263 909 v. 15/12. 42, ausg. 1/2. 50; C 1952, 1067.
P 112. Schwz. P. 273 593 v. 10/12. 47, ausg. 16/5. 51; C 1952, 1067.
P 113. F. P. 961 929 v. 7/8. 47, ausg. 23/5. 50.
P 114. D. B. P. 887 103 Kl. 32b v. 23/7. 41, ausg. 20/8. 53; C 1954, 2031.
P 115. D. B. P. 853 804 Kl. 32b v. 3/3. 50, ausg. 27/10. 52; C 1953, 4266.
P 116. A. P. P. 2 601 123/4 v. 5/4. 47 u. 18/1. 46, ausg. 17/6. 52; C 1954, 1605.
P 117. A. P. 2 552 268 v. 27/9. 47, ausg. 8/5. 51; C 1953, 4448.
P 118. E. P. 661 045 v. 28/1. 49, ausg. 14/11. 51; C 1954, 2714.
P 119. D. B. P. 825 577 Kl. 22b v. 18/6. 49, ausg. 20/12. 51; C 1953, 1247/8.
P 119a. A. P. 2 567 822 v. 20/6. 49, ausg. 11/9. 51; C 1953, 1247/8.
P 120. F. P. 979 688 v. 26/1. 49, ausg. 30/4. 51; C 1953, 1404.
P 121. F. P. 979 711 v. 21/1. 49, ausg. 2/5. 51; C 1953, 1404.
P 122. F. P. 991 360 v. 25/7. 49, ausg. 4/10. 51; C 1953, 1404.
P 123. A. P. 2 568 966 v. 9/3. 45, ausg. 25/9. 51; C 1953, 1404.
P 124. D. B. P. 824 816 Kl. 22b v. 11/7. 50, ausg. 13/12. 51; C 1953, 1404.
P 125. A. P. 2 590 092 v. 6/8. 49, ausg. 25/3. 52; C 1954, 3575.
P 126. A. P. 2 615 013 v. 21/7. 50, ausg. 2/10. 52; C 1954, 3575.
P 127. A. P. 2 615 014 v. 23/5. 51, ausg. 21/10. 52; C 1954, 3575.
P 127a. Schwz. P. 300 590 v. 10/7. 51, ausg. 16/10. 54; C 1955, 6140.
P 128. A. P. 2 618 630 v. 9/9. 49, ausg. 18/11. 52; C 1954, 3575.
P 129. A. P. 2 510 864 v. 22/1. 43, ausg. 6/6. 50; C 1951, II. 895.
P 130. E. P. 680 122 v. 2/9. 49, ausg. 1/10. 52; C 1954, 4229.
P 131. E. P. 680 138 v. 2/12. 49, ausg. 1/10. 52; C 1954, 4229.

P 132. E. P. 676 801 v. 2/10. 49, ausg. 6/8. 52; C 1954, 4229.
P 133. A. P. 2 606 812 v. 31/8. 51, ausg. 12/8. 52; C 1953, 3300.
P 134. Schwed. P. 133 530 v. 3/10. 47, ausg. 6/11. 51; C 1953, 6555.
P 135. A. P. 2 558 013 v. 16/9. 48, ausg. 26/6. 51; C 1952, 6137.
P 136. Schwz. P. 286 504 v. 14/9. 50, ausg. 10/2. 53; C 1954, 2505.
P 137. D. B. P. 863 176 Kl. 80b v. 20/8. 50, ausg. 15/1. 53; C 1953, 7163.
P 138. F. P. 993 148 v. 7/6. 49, ausg. 20/10. 51; C 1952, 3889.
P 139. E. P. 670 435 v. 15/3. 49, ausg. 16/4. 52; C 1954, 11265.
P 140. E. P. 691 773 v. 11/3. 49, ausg. 20/5. 53; C 1954, 6074.
P 141. Can. P. 483 281 v. 10/1. 44, ausg. 13/5. 52; C 1954, 1092.
P 142. E. P. 566 389, ausg. 28/12. 44; C (Akadem. Verlag) 1947, II. 1778.
P 143. E. P. 404 660 v. 13/6. 32, ausg. 15/2. 34; C 1934, I. 3504.
P 144. N. P. 77 201 v. 4/9. 47, ausg. 31/7. 50; C 1951, II. 1644.
P 145. N. P. 57 289 v. 18/5. 34, ausg. 9/11. 36; C 1937, I. 1501.
P 146. F. P. 805 568 v. 18/5. 36, ausg. 19/12. 36; C 1937, I. 2841.
P 147. F. P. 853 303 v. 21/4. 39, ausg. 13/3. 40; C 1940, II. 3530.
P 148. Belg. P. 449 725, ausg. 7/12. 43; C (Akadem. Verlag) 1945, I. 1161.
P 149. D. R. P. 751 848 Kl. 12i v. 30/4. 38, ausg. 17/5. 51; C 1951, II. 1493.
P 150. D. R. P. 751 907 Kl. 12i v. 22/3. 42, ausg. 26/7. 51; C 1952, 430.
P 151. A. P. 2 515 112 v. 12/12. 46, ausg. 11/7. 50; C 1951, I. 2942.
P 152. A. P. 2 573 704 v. 27/2. 50, ausg. 6/11. 51; C 1952, 6423.
P 153. A. P. 2 584 894 v. 28/10. 49, ausg. 5/2. 52; C 1953, 114.
P 154. N. P. 79 344 v. 25/9. 50, ausg. 5/11. 51; C 1953, 3940.
P 155. Schwz. P. 289 677 v. 9/10. 50, ausg. 1/7. 53; C 1954, 9115.
P 156. Oe. P. 172 923 v. 3/11. 50, ausg. 25/10. 52; C 1953, 6949.
P 157. Can. P. 470 656 v. 28/5. 49, ausg. 9/1. 51; C 1951, II. 1042.
P 158. Can. P. 470 657. v 19/9. 49, ausg. 9/1. 51; C 1951, II. 1042.
P 159. E. P. P. 669 518/19 v. 14/9. 50, ausg. 1/4. 52; C 1953, 2979.
P 160. F. P. 969 728 v. 27/7. 48, ausg. 26/12. 50; C 1951, I. 2068.
P 161. A. P. 2 661 266 v. 28/4. 51, ausg. 1/12. 53; C 1954, 11342.
P 162. A. P. 2 661 319 v. 21/3. 50, ausg. 1/12. 53; C 1954, 11343.
P 163. A. P. 2 579 282 v. 18/11. 47, ausg. 18/12. 51; C 1953, 428/9.
P 164. Schwz. P. 277 292 v. 7/11. 47, ausg. 16/11. 51; C 1953, 428/9.
P 165. Oe. P. 174 050 v. 7/7. 51, ausg. 11/5. 53; C 1954, 7021.
P 166. F. P. 1 029 146 v. 16/12. 50, ausg. 4/3. 53; C 1954, 7022.
P 167. F. P. 998 743 v. 7/10. 49, ausg. 20/1. 52; C 1954, 2463.
P 168. F. P. 1 067 108 v. 25/11. 52, ausg. 11/6. 54; C 1955, 1113.

IX. SACHREGISTER

Bei Fragen zur Produktsicherheit wenden Sie sich bitte an:
If you have any questions regarding product safety,
please contact:

Walter de Gruyter GmbH
Genthiner Straße 13
10785 Berlin
productsafety@degruyterbrill.com